重庆市仿古建筑工程计价定额

CQFGDE—2018

批准部门：重庆市城乡建设委员会

主编部门：重庆市城乡建设委员会

主编单位：重庆市建设工程造价管理总站

参编单位：中煤科工集团重庆设计研究院有限公司

重庆市园林建筑工程(集团)股份有限公司

施行日期：2018年8月1日

U0281787

重庆大学出版社

图书在版编目(CIP)数据

重庆市仿古建筑工程计价定额/重庆市建设工程造
价管理总站主编. —— 重庆:重庆大学出版社,2018.7(2021.2重印)
ISBN 978-7-5689-1221-1

Ⅰ.①重… Ⅱ.①重… Ⅲ.①仿古建筑—建筑工程—
工程造价—重庆 Ⅳ.①TU723.34

中国版本图书馆 CIP 数据核字(2018)第 141101 号

重庆市仿古建筑工程计价定额

CQFGDE — 2018

重庆市建设工程造价管理总站 主编

责任编辑:张 婷 版式设计:张 婷
责任校对:关德强 责任印制:赵 晟

＊

重庆大学出版社出版发行

出版人:饶帮华

社址:重庆市沙坪坝区大学城西路 21 号

邮编:401331

电话:(023) 88617190 88617185(中小学)

传真:(023) 88617186 88617166

网址:http://www.cqup.com.cn

邮箱:fxk@cqup.com.cn (营销中心)

全国新华书店经销

POD:重庆新生代彩印技术有限公司

＊

开本:890mm×1240mm 1/16 印张:30 字数:952 千

2018 年 7 月第 1 版 2021 年 2 月第 2 次印刷

ISBN 978-7-5689-1221-1 定价:120.00 元

前　言

　　为合理确定和有效控制工程造价,提高工程投资效益,维护发承包人合法权益,促进建设市场健康发展,我们组织重庆市建设、设计、施工及造价咨询企业,编制了2018年《重庆市仿古建筑工程计价定额》CQFGDE—2018。

　　在执行过程中,请各单位注意积累资料,总结经验,如发现需要修改和补充之处,请将意见和有关资料提交至重庆市建设工程造价管理总站(地址:重庆市渝中区长江一路58号),以便及时研究解决。

领导小组

组　　　长:乔明佳

副 组 长:李　明

成　　　员:夏太凤　张　琦　罗天菊　杨万洪　冉龙彬　刘　洁
　　　　　　黄　刚

综 合 组

组　　　长:张　琦

副 组 长:杨万洪　冉龙彬　刘　洁　黄　刚

成　　　员:刘绍均　邱成英　傅　煜　娄　进　王鹏程　吴红杰　任玉兰　黄　怀
　　　　　　李　莉

编 制 组

组　　　长:王鹏程

编制人员:杨清珍　胡　艳

材 料 组

组　　　长:邱成英

编制人员:徐　进　吕　静　李现峰　刘　芳　刘　畅　唐　波　王　红

审查专家:江　丰　谢德超　张新全　任作富　王小群　陈家玉　冯大成　王　斌
　　　　　　余　新　詹　靖　段杨阳　雷　敏　邓国瑜　陈红梅

计算机辅助:成都鹏业软件股份有限公司　杨　浩　张福伦

重庆市城乡建设委员会

渝建〔2018〕200 号

重庆市城乡建设委员会
关于颁发 2018 年《重庆市房屋建筑与装饰工程计价定额》
等定额的通知

各区县（自治县）城乡建委，两江新区、经开区、高新区、万盛经开区、双桥经开区建设局，有关
单位：

为合理确定和有效控制工程造价，提高工程投资效益，规范建设市场计价行为，推动建设
行业持续健康发展，结合我市实际，我委编制了 2018 年《重庆市房屋建筑与装饰工程计价定
额》、《重庆市仿古建筑工程计价定额》、《重庆市通用安装工程计价定额》、《重庆市市政工程计
价定额》、《重庆市园林绿化工程计价定额》、《重庆市构筑物工程计价定额》、《重庆市城市轨道
交通工程计价定额》、《重庆市爆破工程计价定额》、《重庆市房屋修缮工程计价定额》、《重庆市
绿色建筑工程计价定额》和《重庆市建设工程施工机械台班定额》、《重庆市建设工程施工仪器
仪表台班定额》、《重庆市建设工程混凝土及砂浆配合比表》（以上简称 2018 年计价定额），现予
以颁发，并将有关事宜通知如下：

一、2018 年计价定额于 2018 年 8 月 1 日起在新开工的建设工程中执行，在此之前已发出
招标文件或已签订施工合同的工程仍按原招标文件或施工合同执行。

二、2018 年计价定额与 2018 年《重庆市建设工程费用定额》配套执行。

三、2008 年颁发的《重庆市建筑工程计价定额》、《重庆市装饰工程计价定额》、《重庆市安
装工程计价定额》、《重庆市市政工程计价定额》、《重庆市仿古建筑及园林工程计价定额》、《重
庆市房屋修缮工程计价定额》，2011 年颁发的《重庆市城市轨道交通工程计价定额》，2013 年颁
发的《重庆市建筑安装工程节能定额》，以及有关配套定额、解释和规定，自 2018 年 8 月 1 日起
停止使用。

四、2018 年计价定额由重庆市建设工程造价管理总站负责管理和解释。

重庆市城乡建设委员会

2018 年 5 月 2 日

目 录

E　木作工程

K　措施项目

附　录

总　说　明

一、《重庆市仿古建筑工程计价定额》（以下简称本定额）是根据《仿古建筑及园林工程预算定额》（建标字第〔1988〕451 号）、《仿古建筑工程工程量计算规范》（GB50855－2013）、《重庆市建设工程工程量计算规则》（CQJLGZ－2013）、《重庆市仿古建筑及园林工程计价定额》（CQFGYLDE－2008）、现行有关设计规范、施工验收规范、质量评定标准、国家产品标准、安全操作规程等相关规定，并参考了行业、地方标准及代表性的设计、施工等资料，结合本市实际情况进行编制的。

二、本定额适用于本市行政区域内新建、扩建、改建的仿照古建筑式样而运用现代结构、材料及技术设计和建造的建筑物、构筑物（包括亭、台、楼、阁、塔、榭、庙）等仿古工程及现代建筑中的仿古项目。

三、本定额是本市行政区域内国有资金投资的建设工程编制和审核施工图预算、招标控制价（最高投标限价）、工程结算的依据，是编制投标报价的参考，也是编制概算定额和投资估算指标的基础。非国有资金投资的建设工程可参照本定额规定执行。

四、本定额按正常施工条件，大多数施工企业采用的施工方法、机械化程度和合理的劳动组织及工期进行编制的，反映了社会平均人工、材料、机械消耗水平。本定额中的人工、材料、机械消耗量除规定允许调整外，均不得调整。

五、本定额综合单价是指完成一个规定计量单位的分部分项工程项目或措施项目所需的人工费、材料费、施工机具使用费、企业管理费、利润及一般风险费。综合单价计算程序见下表：

定额综合单价计算程序表

序号	费用名称	计费基础
		定额人工费＋定额施工机具使用费
	定额综合单价	1＋2＋3＋4＋5＋6
1	定额人工费	
2	定额材料费	
3	定额施工机具使用费	
4	企业管理费	(1＋3)×费率
5	利　润	(1＋3)×费率
6	一般风险费	(1＋3)×费率

（一）人工费

本定额人工以工种综合工表示，内容包括基本用工、超运距用工、辅助用工、人工幅度差，定额人工按 8 小时工作制计算。

定额人工单价为：砌筑、混凝土综合工 115 元/工日，模板、钢筋综合工 120 元/工日，抹灰、木工、油漆综合工 125 元/工日，石作、镶贴、仿古综合工 130 元/工日，木作综合工 135 元/工日，彩画综合工 150 元/工日

（二）材料费

1.本定额材料消耗量已包括材料、成品、半成品的净用量以及从工地仓库、现场堆放地点或现场加工地点至操作或安装地点的运输损耗、施工操作损耗、施工现场堆放损耗。

2.本定额材料已包括施工中消耗的主要材料、辅助材料和零星材料，辅助材料和零星材料合并为其他材料费。

3.本定额已包括材料、成品、半成品从工地仓库、现场堆放地点或现场加工地点至操作或安装地点的水平运输。

4.本定额已包括工程施工的周转性材料 30km 以内，从甲工地（或基地）至乙工地的搬迁运输费和场内运输费。

（三）施工机具、使用费

1.本定额不包括机械原值（单位价值）在2000元以内、使用年限在一年以内、不构成固定资产的工具用具性小型机械费用，该"工具用具使用费"已包含在企业管理费用中，但其消耗的燃料动力已列入材料内。

2.本定额已包括工程施工的中小型机械的30km以内，从甲工地（或基地）至乙工地的搬迁运输费和场内运输费。

（四）企业管理费、利润

本定额企业管理费、利润的费用标准是按《重庆市建设工程费用定额》规定专业工程取定的，使用时不作调整。

（五）一般风险费

本定额包含了《重庆市建设工程费用定额》所指的一般风险费，使用时不作调整。

六、人工、材料、机械燃料动力价格调整

本定额人工、材料、成品、半成品和机械燃料动力价格，是以定额编制期市场价格确定的，建设项目实施阶段市场价格与定额价格不同时，可参照建设工程造价管理机构发布的工程所在地的信息价格或市场价格进行调整，价差不作为计取企业管理费、利润、一般风险费的计费基础。

七、本定额的自拌混凝土强度等级、砌筑砂浆强度等级、抹灰砂浆配合比以及砂石品种，如设计与定额不同时，应根据设计和施工规范要求，按"混凝土及砂浆配合比表"进行换算，但粗骨料的粒径规格不作调整。

八、本定额中所采用的水泥强度等级是根据市场生产与供应情况和施工操作规程考虑的，施工中实际采用水泥强度等级不同时不作调整。

九、本定额特、大型机械进出场中已综合考虑了运输道路等级、重车上下坡等多种因素，但不包括过路费、过桥费和桥梁加固、道路拓宽、道路修整等费用，发生时另行计算。

十、本定额的缺项，按其他专业计价定额相关项目执行；再缺项时，由建设、施工、监理单位共同编制一次性补充定额。

十一、本定额的工作内容已说明了主要的施工工序，次要工序虽未说明，但均已包括在内。

十二、本定额中未注明单位的，均以"mm"为单位。

十三、本定额中注有"×××以内"或者"×××以下"者，均包括×××本身；"×××以外"或者"×××以上"者，则不包括×××本身。

十四、本定额总说明未尽事宜，详见各章说明。

A　砖作工程

说　明

一、一般说明

1.定额中的各种砖件用量均已包括了砍制及砌筑的损耗。

2.砖细工程的工程量按已加工后的砖构件考虑,砖的损耗已包括在定额内。

3.糙砖加工成细砖执行砖雕刻(砖细加工)相关定额子目。

4.本章各种规格的标准砖、城砖、大城样砖、停泥砖是按常用规格编制的,规格不同时,砖消耗量按实调整,其余不变。

5.本章各种规格的方砖是按常用规格编制,规格不同时不作调整,单块面积大于 0.25m² 时按《重庆市房屋建筑与装饰工程计价定额》相应定额子目执行。

6.本章各定额子目按常用规格尺寸编制的,若构件的规格尺寸不符时,可按实调整。

7.本定额砖作工程子目缺项时,按《重庆市房屋建筑与装饰工程计价定额》相应定额子目执行。

8.砖碹、砖过梁、腰线、砖垛、砖挑檐(包括二飞砖以内的砖檐)等砌体,除注明者外,均并入墙体内计算。砖过梁、砖圈梁等砌体内需加钢筋者执行"砖砌体内钢筋加固"定额子目。

9.定额所采用砂浆强度等级如与设计规定不同时,可按"混凝土及砂浆配合比表"换算,但定额人工和砂浆消耗量不变。

10.砖作工程未单独说明的砖砌体以机制红色标砖(240mm×115mm×53mm)为准。

二、砌砖墙

1.清水墙执行糙砖墙相关定额子目,人工乘以系数 1.18,其余不作调整。

2.砖砌圆弧墙时,圆弧形部分执行砌墙相关定额子目,人工乘以系数 1.12,砖的消耗量乘以系数 1.03。

3.中间作十字形砖柱,然后在四角浇钢筋混凝土的柱,应分别执行砖柱和钢筋混凝土柱相关定额子目。

4.砖砌空心柱定额适用于空心内浇钢筋混凝土柱的做法,不论空心为圆形或方形均以柱的外形执行相关定额子目。

5.基础与墙身(柱)的划分:砖基础与墙、柱以防潮层为界,无防潮层以室内地坪为界,以上为墙身(柱),以下为基础。台基、月台以设计室外标高为界,以下为基础,以上为墙身(柱)。

6.砖围墙执行砖砌外墙相关定额子目。砖围墙以设计室外地坪为界,以上为围墙,以下为基础。

7.地垄墙、台基内的拦土墙执行墙基相关定额子目。地楞砖墩执行零星砌体定额相关定额子目。

三、贴砖

砖细贴陡板执行本章砖细贴勒脚相关定额子目。

四、砖檐

细砖砖檐执行本章糙砖砖檐定额,人工乘以系数 1.18,其余不作调整。

五、砖帽

1.细砖砖帽执行本章糙砖砖帽相关定额子目,人工乘以系数 1.18,其余不作调整。

2.墙帽做脊执行屋脊相关定额子目。

3.云墙执行本章相关砖砌体定额子目,每立方米砌体增加 0.3 工日。云墙墙帽执行砖帽相关定额子目,人工乘以系数 1.1。

4.滚水(编码:020104003)未编制。

六、砖券(拱)、月洞、地穴及门窗套

1.直折线形门窗樘套侧壁和顶板定额子目按双线、单线、无线单出口编制定额,若是双出口执行单出口相关定额子目,其人工乘以系数 1.1,其余不作调整。

2.曲弧线形门窗樘套定额子目按双线、单线、无线单出口编制定额,若是双出口执行单出口相关定额子目,其人工乘以系数 1.1,其余不作调整。

3.月洞、地穴砌套(编码:020105003)未编制,执行门窗樘套相关定额子目。

七、砖细漏窗

1.砖细漏窗芯子中普通窗芯为六角景、宫万式;复杂窗芯为六角菱花及乱纹式。

2.漏窗边框为弧形者,按相关定额子目人工乘以系数1.15。

3.砂浆漏窗(编码:020106001)未编制。

八、须弥座

细砌须弥座执行糙砌须弥座定额,人工乘以系数1.18,其余不作调整。

九、影壁、看面墙、廊心墙

1.壁(墙)其他小件(编码:020108010)未编制。

2.壁(墙)心以不带雕饰做法计算,如带雕饰应另执行砖浮雕相关定额子目。

十、槛墙、槛栏杆

1.栏杆包括面砖四角起木角线,侧柱,芯子砖,双面起木角线拖泥等。

2.有线脚是按双面一道线脚编制,若遇二道及二道以上线脚时,其人工、材料按实调整。

十一、砖细构件

1.砖细抛方中平面带枭混线脚抛方定额子目以一道线脚为准,若设计超过一道线脚者,执行砖细加工相关定额子目。

2.下枋定额子目中已包含两头的线脚脚头在内。

3.兜肚定额子目以起线不雕刻为准,若设计需雕花卉图案者,另执行砖浮雕相关定额子目。

4.上枋定额中已包含两头的线脚起线、安装挂落的燕尾槽在内。

5.风拱板的规格为:11.2cm×36.8cm。

6.其他配件清单项目(编码:020110031)未编制。

十二、小构件及零星砌体

1.砖细斗拱(编码:020111001)未编制。

2.干摆博风包括两层直檐或托山混及衬砌金刚墙。

3.砖细垛头工程量以兜肚以上为准,若设计下部全部做砖者,下部的工程量套相关墙面、勒脚定额子目,人工乘以系数1.05。

4."零星砌体"定额子目适用于花池、花台、石墙门窗立边等构件体积小于0.3m³的砌筑。

十三、砖浮雕及碑镌字

1.砖细加工,作为一道施工工序,仅考虑人工及辅助材料费。

2.砖雕作为一道施工工序,不计算原材料,仅考虑人工及辅助材料。

3.凡是作砖雕工序者,方砖需预先加工的,执行砖细加工相应定额子目。

4.砖透雕不包括在定额范围内,如有发生可按实计算。

5.方砖雕刻:一般以几何图案、绦回、卷草、回纹、如意、云头、海浪及简单花卉为"简单";以夔凤、刺虎、宝相、金莲、牡丹、竹枝、梅桩、座狮、奔鹿、舞鹤、翔鸾花卉鸟兽及各种山水、人物为"复杂"。

工程量计算规则

一、砌砖墙

1.城砖墙按设计图示尺寸以体积计算,嵌入墙身的钢筋、铁件、螺栓和钢筋混凝土梁头、垫头、板头、木屋架头、桁条垫木、木楞头、木砖、门窗走头、半砖墙的木筋等体积不予扣除;应扣除门窗洞口、过人洞、空圈、嵌入墙身的梁、柱、圈梁等和单个面积在 $0.3m^2$ 以上孔洞所占的体积;但突出墙身的门窗套、虎头砖、压顶线、山墙泛水和腰线(在三皮砖以下者)等体积也不增加。

2.基础按设计图示尺寸以体积计算。

(1)外墙墙基的长度按外墙中心线长度计算。

(2)内墙墙基的长度按内墙净长计算。

(3)台明由设计室外地坪算至阶条石的下皮,无阶条石的算至台明的上皮。

(4)不扣除通过墙基的 $0.3m^2$ 以内的孔洞所占体积。

3.墙身按设计图示尺寸以体积计算。

(1)外墙墙身按外墙中心线长度计算,高度按图示尺寸计算;女儿墙工程量并入外墙工程量内;内墙长度按内墙净长计算,高度按设计图示尺寸计算。

(2)山墙部分的高度算到山尖部分的二分之一处。

(3)砖墙厚度按下表计算:

砖数(厚度)	1/4	1/2	3/4	1	3/2	2	5/2
计算厚度(mm)	53	115	178	240	365	490	615

(4)计算墙身体积时,不扣除嵌入墙身的钢筋、铁件、螺栓和钢筋混凝土梁头、垫头、板头、木屋架头、桁条垫木、木楞头、木砖、门窗走头、半砖墙的木筋及伸入墙内的暖气片、壁龛等体积;扣除门窗洞口、过人洞、空圈、嵌入墙身的梁、柱、圈梁及细砖面所占的体积;突出墙身的门窗套、虎头砖、压顶线、山墙泛水和腰线(在三皮砖以下者)等体积也不增加。

4.空斗墙按设计图示外形尺寸以体积计算。墙角、门窗洞口立边、内外墙节点、钢筋砖过梁、砖碹、楼板下和山尖处以及屋檐处的实砌部分已包括在定额内不另计算,但附墙垛(柱)实砌部分,应按砖柱另行计算。

5.围墙按设计图示尺寸以体积计算,围墙的砖垛工程量,应并入围墙体积内计算。

6.砖柱按设计图示尺寸以体积计算,应扣除混凝土和钢筋混凝土梁垫,但不扣除伸入柱内的梁头、板头所占的体积。

7.空花墙按空花部分的外形尺寸以体积计算,不扣除空洞部分。

8.砖砌空心柱按设计图示尺寸(扣除空洞体积)以体积计算。

二、贴砖

1.贴墙面按设计图示面积乘以砖的厚度以体积计算,嵌入墙身的钢筋、铁件、螺栓和钢筋混凝土梁头、垫头、板头、木屋架头、桁条垫木、木楞头、木砖、门窗走头、半砖墙的木筋及伸入墙内的暖气片、壁龛等体积不予扣除;但应扣除门窗洞口、过人洞、空圈、嵌入墙身的梁、柱、圈梁等和单个面积在 $0.3m^2$ 以上孔洞所占的体积,但突出墙身的门窗套、虎头砖、压顶线、山墙泛水和腰线(在三皮砖以下者)等体积也不增加。

2.贴勒脚、贴角景墙面按设计图示尺寸以面积计算,计算工程量时应扣除门窗洞口和空洞所占的面积,但不扣除≤ $0.3m^2$ 以内的空洞面积。四周如有镶边者,镶边工程量按相应的镶边定额另行计算。

三、砖檐

砖檐按设计图示尺寸以所在墙中心线长度计算。

四、砖帽

砖帽按设计图示尺寸以墙帽中心线长度计算。

五、砖券（拱）、月洞、地穴及门窗套

1.砖券脸以券脸中心线长度计算。

2.月洞、地穴、门窗套按设计图示外围周长以长度计算。

六、砖细漏窗

1.漏窗边框按设计图示外围周长以长度计算。

2.漏窗芯子按设计图示边框内空净尺寸以面积计算。

3.花瓦什锦窗按设计图示尺寸以面积计算。

七、须弥座

须弥座按设计图示尺寸以各立面垂直投影面的面积计算，均含上下枋、上下枭、上下混、炉口、束腰、圭角及盖板等全部线条。

八、影壁、看面墙、廊心墙

1.壁（墙）心按设计图示尺寸以露明面的面积计算。

2.枋子、影壁及看面墙的箍头枋子、廊心墙的上、下槛均按其设计图示中心线以长度计算。

3.墙立八字按设计图示尺寸以长度计算。

4.壁（墙）三岔头、壁（墙）耳子、马蹄磉按设计图示数量计算。

5.壁心墙的小脊子、穿插档不分长短按设计图示数量计算。

九、槛墙、槛栏

1.砖细半墙半槛面，按设计图示水平投影以长度计算。

2.坐槛栏杆中坐槛面砖、拖泥、芯子砖按设计图示水平投影以长度计算。

3.坐槛栏杆、槛身侧柱，按设计图示高度以长度计算。

十、砖细构件

1.砖细抛方、台口砖按图示外包尺寸以长度计算。

2.拖泥锁口、线脚、上、下枋，台盘浑，斗盘枋，五寸堂，字碑，飞砖，晓色分别按其设计图示尺寸以长度计算。

3.八字垛头勒脚、墙身按设计图示尺寸以面积计算。

4.大镶边、字碑镶边工程量按设计图示外围周长以长度计算。

5.兜肚、荷花柱头、将板砖、挂芽、靴头砖按设计图示数量计算。

6.砖细包檐按三道线，增减一道线按设计图示尺寸以长度计算。

7.屋头脊、梁垫（雀替）按设计图示数量计算。

8.戗头板、风拱板按设计图示数量计算。

9.桁条、梓桁、椽子、飞椽按设计图示尺寸以长度计算，椽子、飞椽深入墙内部分的工程量并入椽子、飞椽的工程量计算。

十一、小构件及零星砌体

1.博风按设计图示尺寸以上皮长度计算，方砖博风扣除博风头所占长度。

2.挂落按设计图示尺寸以上皮长度计算。

3.垛头工程量按设计图示数量计算。

4.梢子、盘头、砖细博风板头按设计图示数量计算。

十二、砖浮雕及碑镌字

1.砖加工按设计图示尺寸以长度计算。

2.砖雕刻按设计图示雕刻部分的最大外接矩形以面积计算。

3.字碑镌刻按设计图示镌刻数量计算。

A.1 城砖墙(编码:020101)

A.1.1 城砖墙(编码:020101001)

工作内容: 1.选砖及砖件加工。2.调运、铺砂浆、砌砖(清理基槽、基坑)。
3.砌窗台虎头砖、腰线、门窗套。4.砖过梁、砖平拱模板、制作、安装、拆除。
5.安放木砖、铁件、清洗、清扫场地。

计量单位:10m³

定 额 编 号						BA0001
项 目 名 称						城砖墙
综 合 单 价(元)						**13483.85**
费用	其中	人 工 费(元)				1513.17
		材 料 费(元)				11504.47
		施工机具使用费(元)				38.07
		企 业 管 理 费(元)				275.50
		利 润(元)				127.82
		一 般 风 险 费(元)				24.82
	编码	名 称	单位	单价(元)	消 耗	量
人工	000300100	砌筑综合工	工日	115.00	13.158	
材料	810105010	M5.0混合砂浆	m³	174.96	1.640	
	310900010	城砖 402×200×65	千块	6837.00	1.640	
	002000010	其他材料费	元	—	4.86	
机械	990610010	灰浆搅拌机 200L	台班	187.56	0.203	

A.1.2 细砖清水墙(编码:020101002)

工作内容: 1.调制砂浆。2.勾缝、清洗、清扫场地。

计量单位:100m²

定 额 编 号					BA0002	BA0003
项 目 名 称					勾缝	
					加浆勾缝	原浆勾缝
综 合 单 价(元)					**982.32**	**508.38**
费用	其中	人 工 费(元)			727.61	368.23
		材 料 费(元)			53.90	38.52
		施工机具使用费(元)			—	—
		企 业 管 理 费(元)			129.22	65.40
		利 润(元)			59.95	30.34
		一 般 风 险 费(元)			11.64	5.89
	编码	名 称	单位	单价(元)	消 耗	量
人工	000300100	砌筑综合工	工日	115.00	6.327	3.202
材料	810201030	水泥砂浆 1:2(特)	m³	256.68	0.210	—
	810104010	M5.0水泥砂浆(特 稠度70～90mm)	m³	183.45	—	0.210

A.1.3 糙砖实心墙(编码:020101003)

工作内容:1.选砖、调运、铺砂浆、砌砖(清理基槽、基坑)。2.砌窗台虎头砖、腰线、门窗套。
3.砖过梁、砖平拱模板、制作、安装、拆除。4.安放木砖、铁件、清洗、清扫场地。

计量单位:10m³

定 额 编 号					BA0004	BA0005	BA0006	BA0007	BA0008	BA0009
项 目 名 称					砖基础	砖砌内墙				
						1/4 砖	1/2 砖	3/4 砖	1 砖	超 1 砖以上
综 合 单 价 (元)					4388.68	5937.99	4962.42	4962.48	4623.75	4570.85
费 用	其 中	人 工 费 (元)			1309.97	2429.72	1718.56	1734.89	1486.95	1446.47
		材 料 费 (元)			2671.46	2813.97	2731.95	2707.12	2682.13	2678.25
		施工机具使用费 (元)			35.82	18.57	29.45	32.64	34.70	36.76
		企 业 管 理 费 (元)			239.01	434.82	310.45	313.91	270.24	263.42
		利 润 (元)			110.89	201.74	144.04	145.64	125.38	122.22
		一 般 风 险 费 (元)			21.53	39.17	27.97	28.28	24.35	23.73
	编码	名 称	单位	单价(元)	消 耗 量					
人工	000300100	砌筑综合工	工日	115.00	11.391	21.128	14.944	15.086	12.930	12.578
材料	810104010	M5.0 水泥砂浆(特稠度70～90mm)	m³	183.45	2.430	1.250	2.000	2.210	2.350	2.490
	041300010	标准砖 240×115×53	千块	422.33	5.270	6.120	5.600	5.450	5.330	5.260
机械	990610010	灰浆搅拌机 200L	台班	187.56	0.191	0.099	0.157	0.174	0.185	0.196

工作内容:1.选砖、调运、铺砂浆、砌砖(清理基槽、基坑)。2.砌窗台虎头砖、腰线、门窗套。
3.砖过梁、砖平拱模板、制作、安装、拆除。4.安放木砖、铁件、清洗、清扫场地。

计量单位:10m³

定 额 编 号					BA0010	BA0011	BA0012	BA0013	BA0014
项 目 名 称					砖砌外墙				
					1/2 砖	3/4 砖	1 砖	3/2 砖	2 砖及 2 砖以上
综 合 单 价 (元)					5037.51	5090.55	4684.16	4676.73	4617.00
费 用	其 中	人 工 费 (元)			1767.67	1825.63	1519.73	1503.28	1461.77
		材 料 费 (元)			2742.96	2718.68	2699.75	2710.92	2703.20
		施工机具使用费 (元)			30.57	33.20	35.45	37.32	38.07
		企 业 管 理 费 (元)			319.37	330.13	276.20	273.61	266.37
		利 润 (元)			148.17	153.17	128.15	126.95	123.59
		一 般 风 险 费 (元)			28.77	29.74	24.88	24.65	24.00
	编码	名 称	单位	单价(元)	消 耗 量				
人工	000300100	砌筑综合工	工日	115.00	15.371	15.875	13.215	13.072	12.711
材料	810104010	M5.0 水泥砂浆(特稠度70～90mm)	m³	183.45	2.060	2.250	2.400	2.530	2.580
	041300010	标准砖 240×115×53	千块	422.33	5.600	5.460	5.350	5.320	5.280
机械	990610010	灰浆搅拌机 200L	台班	187.56	0.163	0.177	0.189	0.199	0.203

A.1.4 糙砖空斗墙(编码:020101004)

工作内容:1.选砖、调运、铺砂浆、砌砖(清理基槽、基坑)。2.砌窗台虎头砖、腰线、门窗套。
3.砖过梁、砖平拱模板、制作、安装、拆除。4.安放木砖、铁件、清洗、清扫场地。　　　　　　计量单位:10m³

定 额 编 号					BA0015	BA0016	BA0017	BA0018
项 目 名 称					空斗墙			
					一斗一卧	二斗一卧	单顶全斗墙	双顶全斗墙
综 合 单 价 (元)					3605.59	3436.99	3347.33	3553.75
费用	其中	人 工 费 (元)			1158.05	1144.94	1140.57	1158.05
		材 料 费 (元)			2101.83	1952.84	1871.14	2051.42
		施工机具使用费 (元)			20.44	18.19	16.32	19.32
		企 业 管 理 费 (元)			209.30	206.57	205.46	209.10
		利 润 (元)			97.11	95.84	95.33	97.02
		一 般 风 险 费 (元)			18.86	18.61	18.51	18.84
	编码	名 称	单位	单价(元)	消	耗	量	
人工	000300100	砌筑综合工	工日	115.00	10.070	9.956	9.918	10.070
材料	041300010	标准砖 240×115×53	千块	422.33	4.360	4.070	3.910	4.250
	810102010	M5.0 水泥砂浆(特 稠度 50~70mm)	m³	176.77	1.330	1.180	—	—
	050303800	木材 锯材	m³	1547.01	0.010	0.010	0.010	0.010
	030100650	铁钉	kg	7.26	0.100	0.100	0.100	0.100
	810104010	M5.0 水泥砂浆(特 稠度 70~90mm)	m³	183.45	0.050	0.050	1.110	1.310
机械	990610010	灰浆搅拌机 200L	台班	187.56	0.109	0.097	0.087	0.103

A.1.5 糙砖空花墙(编码:020101005)

工作内容:1.选砖、调运、铺砂浆、砌砖(清理基槽、基坑)。2.砌窗台虎头砖、腰线、门窗套。
3.砖过梁、砖平拱模板、制作、安装、拆除。4.安放木砖、铁件、清洗、清扫场地。　　　　　　计量单位:10m³

定 额 编 号					BA0019	BA0020	BA0021
项 目 名 称					填充墙 3/2 砖		空花墙
					炉渣	轻质混凝土	
综 合 单 价 (元)					3819.96	3901.03	4329.30
费用	其中	人 工 费 (元)			1158.05	1087.10	1871.51
		材 料 费 (元)			2308.31	2482.54	1920.68
		施工机具使用费 (元)			26.63	24.57	16.13
		企 业 管 理 费 (元)			210.40	197.43	335.24
		利 润 (元)			97.62	91.60	155.54
		一 般 风 险 费 (元)			18.95	17.79	30.20
	编码	名 称	单位	单价(元)	消	耗	量
人工	000300100	砌筑综合工	工日	115.00	10.070	9.453	16.274
材料	041300010	标准砖 240×115×53	千块	422.33	4.430	4.210	4.070
	810104010	M5.0 水泥砂浆(特 稠度 70~90mm)	m³	183.45	1.800	1.660	1.100
	040700050	炉渣	m³	56.41	1.900	—	—
	041502110	泡沫混凝土砌块	m³	166.67	—	2.400	—
机械	990610010	灰浆搅拌机 200L	台班	187.56	0.142	0.131	0.086

A.1.6 砖柱、砌体加筋(编码:020101B01)

工作内容:1.选砖、调运、铺砂浆、砌砖(清理基槽、基坑)。2.砌窗台虎头砖、腰线、门窗套。
　　　　　3.砖过梁、砖平拱模板、制作、安装、拆除。4.安放木砖、铁件、清洗、清扫场地。

定 额 编 号				BA0022	BA0023	BA0024	BA0025	BA0026
项 目 名 称				砖柱		砖砌空心柱		砌体加筋
				方形	圆形	外形呈方形	外形呈圆形	砖砌体内钢筋加固
单 位				10m³				t
综 合 单 价 (元)				**5268.52**	**6281.46**	**5657.61**	**6508.69**	**5585.58**
费用	其中	人 工 费 (元)		1965.47	2254.92	2160.97	2320.47	1896.96
		材 料 费 (元)		2717.02	3354.87	2861.21	3498.46	3165.06
		施工机具使用费 (元)		34.14	38.64	30.57	38.64	—
		企 业 管 理 费 (元)		355.13	407.34	389.22	418.98	336.90
		利 润 (元)		164.77	188.99	180.58	194.39	156.31
		一 般 风 险 费 (元)		31.99	36.70	35.06	37.75	30.35
	编码	名 称	单位	单价(元)	消	耗	量	
人工	000300070	钢筋综合工	工日	120.00	—	—	—	—	15.808
	000300100	砌筑综合工	工日	115.00	17.091	19.608	18.791	20.178	—
材料	010100013	钢筋	t	3070.18	—	—	—	—	1.030
	010302020	镀锌铁丝 22#	kg	3.08	—	—	—	—	0.900
	041300010	标准砖 240×115×53	千块	422.33	5.430	6.810	5.880	7.150	
	810104010	M5.0 水泥砂浆(特 稠度 70~90mm)	m³	183.45	2.310	2.610	2.060	2.610	
机械	990610010	灰浆搅拌机 200L	台班	187.56	0.182	0.206	0.163	0.206	—

A.1.7 其他砖砌体(编码:020101B02)

工作内容:1.选砖、调运、铺砂浆、砌砖(清理基槽、基坑)。2.砌窗台虎头砖、腰线、门窗套。
　　　　　3.砖过梁、砖平拱模板、制作、安装、拆除。4.安放木砖、铁件、清洗、清扫场地。　　计量单位:10m³

定 额 编 号				BA0027
项 目 名 称				砖地沟
综 合 单 价 (元)				**4330.95**
费用	其中	人 工 费 (元)		1245.57
		材 料 费 (元)		2698.29
		施工机具使用费 (元)		33.95
		企 业 管 理 费 (元)		227.24
		利 润 (元)		105.43
		一 般 风 险 费 (元)		20.47
	编码	名 称	单位	单价(元)	消 耗 量
人工	000300100	砌筑综合工	工日	115.00	10.831
材料	041300010	标准砖 240×115×53	千块	422.33	5.390
	810104010	M5.0 水泥砂浆(特 稠度 70~90mm)	m³	183.45	2.300
机械	990610010	灰浆搅拌机 200L	台班	187.56	0.181

A.2 贴砖(编码:020102)

A.2.1 贴墙面(编码:020102002)

工作内容:1.选砖、调运、铺砂浆、砌砖(清理基槽、基坑)。2.砌窗台虎头砖、腰线、门窗套。
3.砖过梁、砖平拱模板、制作、安装、拆除。4.安放木砖、铁件、清洗、清扫场地。

计量单位:10m³

定 额 编 号					BA0028	BA0029
项 目 名 称					贴砖	
					60mm 厚	120mm 厚
综 合 单 价 (元)					**7213.72**	**5754.22**
费用	其中	人 工 费 (元)			3123.52	2215.59
		材 料 费 (元)			3168.03	2874.48
		施 工 机 具 使 用 费 (元)			47.08	41.26
		企 业 管 理 费 (元)			563.10	400.82
		利 润 (元)			261.26	185.96
		一 般 风 险 费 (元)			50.73	36.11
	编码	名 称	单位	单价(元)	消 耗	量
人工	000300100	砌筑综合工	工日	115.00	27.161	19.266
材料	041300010	标准砖 240×115×53	千块	422.33	6.120	5.590
	810104010	M5.0 水泥砂浆(特 稠度 70～90mm)	m³	183.45	3.180	2.800
机械	990610010	灰浆搅拌机 200L	台班	187.56	0.251	0.220

A.2.2 贴勒脚(编码:020102003)

工作内容:选料、场内运输、锯砖、刨面、刨缝、做榫、补磨、铁件制作、油灰加工、安装、
内侧灌砂浆、清洗、清扫场地。

计量单位:10m²

定 额 编 号					BA0030
项 目 名 称					砖细贴勒脚
综 合 单 价 (元)					**3747.74**
费用	其中	人 工 费 (元)			1342.74
		材 料 费 (元)			2034.41
		施 工 机 具 使 用 费 (元)			—
		企 业 管 理 费 (元)			238.47
		利 润 (元)			110.64
		一 般 风 险 费 (元)			21.48
	编码	名 称	单位	单价(元)	消 耗 量
人工	000300100	砌筑综合工	工日	115.00	11.676
材料	360500660	方砖 380×380×40	百块	1880.34	0.970
	140100200	熟桐油	kg	6.84	2.290
	040902040	细灰	kg	5.83	5.710
	032130010	铁件 综合	kg	3.68	10.500
	002000010	其他材料费	元	—	122.89

A.2.3 贴角景墙面(编码:020102004)

工作内容:选料、场内运输、锯砖、刨面、刨缝、做榫、补磨、铁件制作、油灰加工、安装、内侧灌砂浆、清洗、清扫场地。

计量单位:10m²

定 额 编 号					BA0031	BA0032	BA0033
项 目 名 称					砖细贴角景墙		
					八角景	六角景	斜角景
综 合 单 价 (元)					**6556.75**	**6290.14**	**5225.85**
费用 其中		人 工 费 (元)			2506.20	2581.64	1966.50
		材 料 费 (元)			3358.84	2995.96	2716.60
		施工机具使用费 (元)			—	—	—
		企 业 管 理 费 (元)			445.10	458.50	349.25
		利 润 (元)			206.51	212.73	162.04
		一 般 风 险 费 (元)			40.10	41.31	31.46
	编码	名 称	单位	单价(元)	消 耗		量
人工	000300100	砌筑综合工	工日	115.00	21.793	22.449	17.100
材 料	360500660	方砖 380×380×40	百块	1880.34	—	1.520	—
	360500650	方砖 310×310×35	百块	1709.40	1.890	—	1.510
	140100200	熟桐油	kg	6.84	2.370	2.670	2.860
	040902040	细灰	kg	5.83	5.920	6.670	7.140
	032130010	铁件 综合	kg	3.68	16.380	16.380	16.380
	002000010	其他材料费	元	—	17.07	20.42	13.94

A.3 砖檐(编码:020103)

A.3.1 菱角檐抽屉檐(编码:020103002)

工作内容:选砖、调运、铺砂浆、砌砖、清洗、清扫场地。

计量单位:10m

定 额 编 号					BA0034
项 目 名 称					菱角檐、抽屉檐
综 合 单 价 (元)					**322.03**
费用 其中		人 工 费 (元)			183.54
		材 料 费 (元)			85.92
		施工机具使用费 (元)			1.50
		企 业 管 理 费 (元)			32.86
		利 润 (元)			15.25
		一 般 风 险 费 (元)			2.96
	编码	名 称	单位	单价(元)	消 耗 量
人工	000300100	砌筑综合工	工日	115.00	1.596
材料	041300010	标准砖 240×115×53	千块	422.33	0.160
	810104010	M5.0 水泥砂浆(特 稠度 70~90mm)	m³	183.45	0.100
机械	990610010	灰浆搅拌机 200L	台班	187.56	0.008

A.4 砖帽(编码:020104)

A.4.1 蓑衣顶(编码:020104002)

工作内容:选砖、调运砂浆、铺底灰、运瓦、铺瓦、砌瓦头、安沟头、滴水、嵌缝、刷黑水二度、清洗、清扫场地。　　　　　　**计量单位:10m**

定　额　编　号					BA0035	BA0036	BA0037	BA0038
项　目　名　称					蓑衣顶			
					二层	三层	四层	五层
综　合　单　价　(元)					**209.01**	**356.32**	**452.57**	**570.50**
费用	其中	人　工　费　(元)			121.33	208.73	248.06	296.13
		材　料　费　(元)			53.24	88.31	133.65	189.28
		施工机具使用费　(元)			0.75	1.31	1.88	2.63
		企业管理费　(元)			21.68	37.30	44.39	53.06
		利　润　(元)			10.06	17.31	20.59	24.62
		一般风险费　(元)			1.95	3.36	4.00	4.78
	编码	名　称	单位	单价(元)	消　耗　量			
人工	000300100	砌筑综合工	工日	115.00	1.055	1.815	2.157	2.575
材料	041300010	标准砖 240×115×53	千块	422.33	0.100	0.170	0.260	0.370
	810104010	M5.0 水泥砂浆(特 稠度 70~90mm)	m³	183.45	0.060	0.090	0.130	0.180
机械	990610010	灰浆搅拌机 200L	台班	187.56	0.004	0.007	0.010	0.014

A.5 砖券(拱)、月洞、地穴及门窗套(编码:020105)

A.5.1 砖券(拱)(编码:020105001)

工作内容:1.选砖、调运、铺砂浆、砌砖(清理基槽、基坑)。2.砌窗台虎头砖、腰线、门窗套。
　　　　　　3.砖过梁、砖平拱模板、制作、安装、拆除。4.安放木砖、铁件、清洗、清扫场地。　　**计量单位:10m³**

定　额　编　号					BA0039
项　目　名　称					砖圆、半圆拱
综　合　单　价　(元)					**6495.12**
费用	其中	人　工　费　(元)			2475.61
		材　料　费　(元)			3289.10
		施工机具使用费　(元)			36.95
		企业管理费　(元)			446.23
		利　润　(元)			207.03
		一般风险费　(元)			40.20
	编码	名　称	单位	单价(元)	消　耗　量
人工	000300100	砌筑综合工	工日	115.00	21.527
材料	041300010	标准砖 240×115×53	千块	422.33	5.500
	050303800	木材 锯材	m³	1547.01	0.300
	810104010	M5.0 水泥砂浆(特 稠度 70~90mm)	m³	183.45	2.500
	030100650	铁钉	kg	7.26	6.000
机械	990610010	灰浆搅拌机 200L	台班	187.56	0.197

A.5.2 砖券脸(编码:020105002)

工作内容: 选料、场内运输、锯砖、刨面、刨缝、做榫、补磨、油灰加工、安砌、清洗、清扫场地。　　　　　计量单位:10m

定　额　编　号					BA0040	BA0041
项　目　名　称					券脸	
					18cm 以内贴脸	18cm 以外贴脸
综　合　单　价　(元)					**1836.97**	**2542.54**
费用	其中	人　工　费　(元)			1007.29	1337.22
		材　料　费　(元)			551.67	836.24
		施工机具使用费　(元)			—	—
		企 业 管 理 费　(元)			178.89	237.49
		利　　　润　(元)			83.00	110.19
		一 般 风 险 费　(元)			16.12	21.40
	编码	名　称	单位	单价(元)	消　耗　量	
人工	000300100	砌筑综合工	工日	115.00	8.759	11.628
材料	360500620	尺二方砖 384×384×64	块	20.51	—	40.000
	360500640	尺四方砖 448×448×64	块	29.91	18.000	—
	850401150	白灰浆	m³	269.90	0.030	0.040
	002000010	其他材料费	元	—	5.19	5.04

A.5.3 门窗套(编码:020105004)

工作内容: 选料、场内运输、锯砖、刨面、刨缝、起线、做榫、开槽、制椎簧、过墙板、补磨、铁件制作、油灰加工、安装、清洗、清扫场地。　　　　　计量单位:10m

定　额　编　号					BA0042	BA0043	BA0044	BA0045	BA0046	BA0047
项　目　名　称					直折线形单料门窗檐套 (侧壁)宽在 35cm 以内			直折线形单料门窗檐套 (顶板)宽在 35cm 以内		
					双线单出口	单线单出口	无线单出口	双线单出口	单线单出口	无线单出口
综　合　单　价　(元)					**2668.24**	**2448.42**	**2228.90**	**3935.15**	**3714.62**	**3495.08**
费用	其中	人　工　费　(元)			1565.61	1393.34	1221.30	2285.05	2112.21	1940.17
		材　料　费　(元)			670.52	670.52	670.52	1019.43	1019.43	1019.43
		施工机具使用费　(元)			—	—	—	—	—	—
		企 业 管 理 费　(元)			278.05	247.46	216.90	405.82	375.13	344.57
		利　　　润　(元)			129.01	114.81	100.64	188.29	174.05	159.87
		一 般 风 险 费　(元)			25.05	22.29	19.54	36.56	33.80	31.04
	编码	名　称	单位	单价(元)	消　　耗　　量					
人工	000300100	砌筑综合工	工日	115.00	13.614	12.116	10.620	19.870	18.367	16.871
材料	360500660	方砖 380×380×40	百块	1880.34	0.340	0.340	0.340	0.340	0.340	0.340
	140100200	熟桐油	kg	6.84	0.400	0.400	0.400	0.400	0.400	0.400
	040902040	细灰	kg	5.83	1.000	1.000	1.000	1.000	1.000	1.000
	032130010	铁件 综合	kg	3.68	3.710	3.710	3.710	—	—	—
	050303800	木材 锯材	m³	1547.01	—	—	—	0.235	0.235	0.235
	002000010	其他材料费	元	—	8.99	8.99	8.99	8.00	8.00	8.00

工作内容：选料、场内运输、锯砖、刨面、刨缝、起线、做榫、开槽、制椎簧、过墙板、补磨、铁件制作、
油灰加工、安装、清洗、清扫场地。
计量单位：10m

定 额 编 号				BA0048	BA0049	BA0050	BA0051	BA0052	BA0053
项 目 名 称				曲弧线形单料门窗樘套			窗台板		
				宽在35cm以内					
				双线单出口	单线单出口	无线单出口	双线单出口	单线单出口	无线单出口
综 合 单 价 （元）				3169.04	2905.64	2629.39	2449.18	2234.51	2014.97
费用	其中	人 工 费 （元）		1911.88	1705.45	1491.32	1404.84	1236.60	1064.56
		材 料 费 （元）		729.48	729.48	726.47	656.60	656.60	656.60
		施工机具使用费 （元）		—	—	—	—	—	—
		企 业 管 理 费 （元）		339.55	302.89	264.86	249.50	219.62	189.06
		利 润 （元）		157.54	140.53	122.88	115.76	101.90	87.72
		一 般 风 险 费 （元）		30.59	27.29	23.86	22.48	19.79	17.03
	编码	名 称	单位	单价（元）	消	耗		量	
人工	000300100	砌筑综合工	工日	115.00	16.625	14.830	12.968	12.216	10.753	9.257
材料	360500660	方砖 380×380×40	百块	1880.34	0.370	0.370	0.370	0.340	0.340	0.340
	140100200	熟桐油	kg	6.84	0.440	0.440	—	0.400	0.400	0.400
	040902040	细灰	kg	5.83	1.090	1.090	1.090	1.000	1.000	1.000
	032130010	铁件 综合	kg	3.68	3.970	3.970	3.970	—	—	—
	002000010	其他材料费	元	—	9.78	9.78	9.78	8.72	8.72	8.72

A.5.4 镶边（编码：020105005）

工作内容：选料、场内运输、锯砖、刨面、刨缝、做榫、补磨、铁件制作、油灰加工、安装、清洗、清扫场地。
计量单位：10m

定 额 编 号				BA0054	BA0055
项 目 名 称				镶边一道枭混线脚	
				宽15cm以内	宽10cm以内
综 合 单 价 （元）				1914.75	1636.63
费用	其中	人 工 费 （元）		1218.20	1091.35
		材 料 费 （元）		360.33	244.07
		施工机具使用费 （元）		—	—
		企 业 管 理 费 （元）		216.35	193.82
		利 润 （元）		100.38	89.93
		一 般 风 险 费 （元）		19.49	17.46
	编码	名 称	单位	单价（元）	消 耗	量
人工	000300100	砌筑综合工	工日	115.00	10.593	9.490
材料	360500660	方砖 380×380×40	百块	1880.34	0.170	0.110
	140100200	熟桐油	kg	6.84	1.010	0.920
	040902040	细灰	kg	5.83	2.520	2.300
	032130010	铁件 综合	kg	3.68	3.840	3.840
	002000010	其他材料费	元	—	4.94	3.40

A.6 漏窗(编码:020106)

A.6.1 砖细漏窗(编码:020106001)

工作内容:选料、场内运输、放样、锯砖、刨面、刨缝、起线、做榫、补磨、铁件制作、油灰加工、安拆模撑、安装、清洗、清扫场地。

定 额 编 号				BA0056	BA0057	BA0058	BA0059	BA0060	BA0061
项 目 名 称				矩形边框				漏窗芯子平直线条	
				单边双出口	单边单出口	双边双出口	双边单出口	普通	复杂
单 位				10m				10m²	
综 合 单 价 (元)				3084.63	2404.76	5244.61	3091.49	4598.50	7401.18
费用	其中	人 工 费 (元)		1490.52	1296.28	2935.84	1710.74	2722.51	4323.89
		材 料 费 (元)		1182.72	750.71	1498.49	908.59	1124.58	1883.90
		施工机具使用费 (元)		—	—	—	—	—	—
		企 业 管 理 费 (元)		264.72	230.22	521.40	303.83	483.52	767.92
		利 润 (元)		122.82	106.81	241.91	140.96	224.33	356.29
		一 般 风 险 费 (元)		23.85	20.74	46.97	27.37	43.56	69.18
	编码	名 称	单位	单价(元)	消	耗		量	
人工	000300100	砌筑综合工	工日	115.00	12.961	11.272	25.529	14.876	23.674	37.599
材料	360500670	方砖 430×430×45	百块	2564.10	0.440	0.280	0.560	0.340	—	—
	310900070	双开砖 240×120×25	百块	110.00	—	—	—	—	9.540	16.290
	140100200	熟桐油	kg	6.84	0.740	0.440	1.020	0.580	—	—
	040902040	细灰	kg	5.83	1.850	1.100	2.550	1.450	—	—
	032130010	铁件 综合	kg	3.68	8.360	4.980	8.360	4.980	—	—
	144106810	黏合剂 502	kg	19.46	—	—	—	—	3.180	3.570
	002000010	其他材料费	元	—	7.90	5.01	9.99	6.05	13.30	22.53

A.6.2 砖瓦漏窗(编码:020106002)

工作内容:放样、选料、加工、场内运输、调运砂浆、安拆砖模、砌筑安装、抹面、
刷水(包括边框)清洗、清扫场地。

计量单位:10m²

定 额 编 号				BA0062
项 目 名 称				花瓦什锦窗
综 合 单 价 (元)				3359.25
费用	其中	人 工 费 (元)		1742.60
		材 料 费 (元)		1098.59
		施工机具使用费 (元)		29.07
		企 业 管 理 费 (元)		314.65
		利 润 (元)		145.99
		一 般 风 险 费 (元)		28.35
	编码	名 称	单位	单价(元)	消 耗 量
人工	000300100	砌筑综合工	工日	115.00	15.153
材料	041700510	小青瓦	千疋	529.91	0.650
	041300010	标准砖 240×115×53	千块	422.33	0.630
	810104010	M5.0 水泥砂浆(特 稠度 70~90mm)	m³	183.45	0.240
	810201030	水泥砂浆 1:2(特)	m³	256.68	1.730
机械	990610010	灰浆搅拌机 200L	台班	187.56	0.155

A.7 须弥座(编码:020107)

A.7.1 糙砌须弥座(编码:020107002)

工作内容:选料、场内运输、灰浆调制、砖料砍磨、砌筑灌缝、打点背里、清扫场地等。　　　　　　　计量单位:m²

定 额 编 号					BA0063	
项 目 名 称					糙砌须弥座	
综 合 单 价 (元)					**1973.60**	
费用	其中	人 工 费 (元)			815.01	
		材 料 费 (元)			834.57	
		施工机具使用费 (元)			77.65	
		企 业 管 理 费 (元)			158.54	
		利 润 (元)			73.55	
		一 般 风 险 费 (元)			14.28	
	编码	名 称	单位	单价(元)	消 耗 量	
人工	000300100	砌筑综合工	工日	115.00	7.087	
材料	360500640	尺四方砖 448×448×64	块	29.91	27.440	
	040902030	白灰	kg	0.25	27.800	
	002000010	其他材料费	元	—	6.89	
机械	990610010	灰浆搅拌机 200L	台班	187.56	0.414	

A.8 影壁、看面墙、廊心墙(编码:020108)

A.8.1 壁(墙)心(编码:020108001)

工作内容:选料、场内运输、砖件砍制雕作、调制灰浆、砌筑、打点、清洗、清扫场地。　　　　　　　计量单位:m²

定 额 编 号					BA0064	
项 目 名 称					影壁、廊心墙、槛墙方砖心	
综 合 单 价 (元)					**541.18**	
费用	其中	人 工 费 (元)			244.72	
		材 料 费 (元)			228.92	
		施工机具使用费 (元)			—	
		企 业 管 理 费 (元)			43.46	
		利 润 (元)			20.16	
		一 般 风 险 费 (元)			3.92	
	编码	名 称	单位	单价(元)	消 耗 量	
人工	000300100	砌筑综合工	工日	115.00	2.128	
材料	360500620	尺二方砖 384×384×64	块	20.51	11.000	
	850401150	白灰浆	m³	269.90	0.010	
料	002000010	其他材料费	元	—	0.61	

A.8.2 壁(墙)柱、枋子(编码:020108002)

工作内容:选料、场内运输、砖料砍磨、调制灰浆、砌筑灌缝、打点背里、清洗、清扫场地。　　　　计量单位:m

定　额　编　号					BA0065	BA0066	BA0067
项　目　名　称					细作影壁、廊心墙、槛墙箍头枋子	细作影壁、廊心墙、槛墙柱子	细作影壁、廊心墙、槛墙线枋子
综　合　单　价　(元)					**83.72**	**128.47**	**55.07**
费用	其中	人　工　费　(元)			38.30	73.37	32.89
		材　料　费　(元)			34.85	34.85	13.10
		施工机具使用费　(元)			—	—	—
		企　业　管　理　费　(元)			6.80	13.03	5.84
		利　　润　(元)			3.16	6.05	2.71
		一　般　风　险　费　(元)			0.61	1.17	0.53
	编码	名　称	单位	单价(元)	消　耗　量		
人工	000300100	砌筑综合工	工日	115.00	0.333	0.638	0.286
材料	310900020	大城样砖 480×240×130	块	13.00	2.600	2.600	—
	850401150	白灰浆	m³	269.90	0.003	0.003	0.001
	310900100	小停泥砖 280×140×70	块	3.00	—	—	4.250
	002000010	其他材料费	元	—	0.24	0.24	0.08

A.8.3 墙上、下槛(编码:020108003)

工作内容:选料、场内运输、砖料砍磨、调制灰浆、砌筑灌缝、打点背里、清洗、清扫场地。　　　　计量单位:m

定　额　编　号					BA0068
项　目　名　称					细作影壁、廊心墙、槛墙上、下槛
综　合　单　价　(元)					**142.82**
费用	其中	人　工　费　(元)			101.66
		材　料　费　(元)			13.10
		施工机具使用费　(元)			—
		企　业　管　理　费　(元)			18.05
		利　　润　(元)			8.38
		一　般　风　险　费　(元)			1.63
	编码	名　称	单位	单价(元)	消　耗　量
人工	000300100	砌筑综合工	工日	115.00	0.884
材料	310900100	小停泥砖 280×140×70	块	3.00	4.250
	850401150	白灰浆	m³	269.90	0.001
	002000010	其他材料费	元	—	0.08

A.8.4 墙立八字(编码:020108004)

工作内容:选料、场内运输、砖料砍磨、调制灰浆、砌筑灌缝、打点背里、清洗、清扫场地。　　　　　计量单位:m

定　额　编　号					BA0069	
项　目　名　称					细作影壁、廊心墙、槛墙立八字	
综　合　单　价　(元)					**102.91**	
费 用	其 中	人　工　费　(元)			70.38	
		材　料　费　(元)			13.10	
		施工机具使用费　(元)			—	
		企　业　管　理　费　(元)			12.50	
		利　润　(元)			5.80	
		一　般　风　险　费　(元)			1.13	
	编码	名　称	单位	单价(元)	消　耗　量	
人工	000300100	砌筑综合工	工日	115.00	0.612	
材 料	310900100	小停泥砖 280×140×70	块	3.00	4.250	
	850401150	白灰浆	m³	269.90	0.001	
	002000010	其他材料费	元	—	0.08	

A.8.5 马蹄磉(编码:020108005)

工作内容:选料、场内运输、砖料砍磨、调制灰浆、砌筑灌缝、打点背里、清洗、清扫场地。　　　　　计量单位:对

定　额　编　号					BA0070	
项　目　名　称					细作影壁、廊心墙、槛墙马蹄磉	
综　合　单　价　(元)					**154.33**	
费 用	其 中	人　工　费　(元)			110.17	
		材　料　费　(元)			13.75	
		施工机具使用费　(元)			—	
		企　业　管　理　费　(元)			19.57	
		利　润　(元)			9.08	
		一　般　风　险　费　(元)			1.76	
	编码	名　称	单位	单价(元)	消　耗　量	
人工	000300100	砌筑综合工	工日	115.00	0.958	
材 料	310900020	大城样砖 480×240×130	块	13.00	1.000	
	850401150	白灰浆	m³	269.90	0.002	
	002000010	其他材料费	元	—	0.21	

A.8.6 壁(墙)三岔头(编码:020108006)

工作内容:选料、场内运输、砖料砍磨、调制灰浆、砌筑灌缝、打点背里、清洗、清扫场地。　　　　　　　　　　计量单位:对

定　额　编　号					BA0071	
项　目　名　称					细作影壁、廊心墙、槛墙三岔头	
综　合　单　价（元）					**93.91**	
费用	其中	人　工　费（元）			49.68	
		材　料　费（元）			30.53	
		施工机具使用费（元）			—	
		企　业　管　理　费（元）			8.82	
		利　　润（元）			4.09	
		一　般　风　险　费（元）			0.79	
	编码	名　　称	单位	单价（元）	消　耗　　量	
人工	000300100	砌筑综合工	工日	115.00	0.432	
材料	360500640	尺四方砖 448×448×64	块	29.91	1.000	
	850401150	白灰浆	m³	269.90	0.002	
	002000010	其他材料费	元	—	0.08	

A.8.7 壁(墙)耳子(编码:020108007)

工作内容:选料、场内运输、砖料砍磨、调制灰浆、砌筑灌缝、打点背里、清洗、清扫场地。　　　　　　　　　　计量单位:对

定　额　编　号					BA0072	
项　目　名　称					细作影壁、廊心墙、槛墙耳子	
综　合　单　价（元）					**66.98**	
费用	其中	人　工　费（元）			49.68	
		材　料　费（元）			3.60	
		施工机具使用费（元）			—	
		企　业　管　理　费（元）			8.82	
		利　　润（元）			4.09	
		一　般　风　险　费（元）			0.79	
	编码	名　　称	单位	单价（元）	消　耗　　量	
人工	000300100	砌筑综合工	工日	115.00	0.432	
材料	310900100	小停泥砖 280×140×70	块	3.00	1.000	
	850401150	白灰浆	m³	269.90	0.002	
	002000010	其他材料费	元	—	0.06	

A.8.8 墙穿插档(编码:020108008)

工作内容:选料、场内运输、砖料砍磨、调制灰浆、砌筑灌缝、打点背里、清洗、清扫场地。　　　　　　　　　计量单位:份

定　额　编　号					BA0073	
项　目　名　称					细作影壁、廊心墙、槛墙穿插档	
综　合　单　价　(元)					**226.69**	
费用	其中	人　工　费　(元)			130.76	
		材　料　费　(元)			59.85	
		施工机具使用费　(元)			—	
		企　业　管　理　费　(元)			23.22	
		利　　润　(元)			10.77	
		一　般　风　险　费　(元)			2.09	
	编码	名　　称	单位	单价(元)	消　耗　量	
人工	000300100	砌筑综合工	工日	115.00	1.137	
材料	360500640	尺四方砖 448×448×64	块	29.91	2.000	
	002000010	其他材料费	元	—	0.03	

A.8.9 墙小脊子(编码:020108009)

工作内容:选料、场内运输、砖料砍磨、调制灰浆、砌筑灌缝、打点背里、清洗、清扫场地。　　　　　　　　　计量单位:份

定　额　编　号					BA0074	
项　目　名　称					细作影壁、廊心墙、槛墙小脊子	
综　合　单　价　(元)					**176.29**	
费用	其中	人　工　费　(元)			126.16	
		材　料　费　(元)			15.30	
		施工机具使用费　(元)			—	
		企　业　管　理　费　(元)			22.41	
		利　　润　(元)			10.40	
		一　般　风　险　费　(元)			2.02	
	编码	名　　称	单位	单价(元)	消　耗　量	
人工	000300100	砌筑综合工	工日	115.00	1.097	
材料	310900100	小停泥砖 280×140×70	块	3.00	5.000	
	850401150	白灰浆	m³	269.90	0.001	
	002000010	其他材料费	元	—	0.03	

A.9 槛墙、槛栏杆(编码:020109)

A.9.1 砖细半墙坐槛面(编码:020109001)

工作内容:选料、场内运输、锯砖、刨面、刨缝、起线、开槽、制木雀簧、补磨、
油灰加工、安装、清洗、清扫场地。

计量单位:10m

定 额 编 号					BA0075	BA0076	BA0077	BA0078
项 目 名 称					宽度在40cm以内			
					有雀簧有线脚	有雀簧无线脚	无雀簧有线脚	无雀簧无线脚
综 合 单 价 (元)					**3956.53**	**3517.48**	**2733.80**	**2293.73**
费用	其中	人 工 费 (元)			2451.00	2106.92	1524.90	1180.02
		材 料 费 (元)			829.05	829.05	788.03	788.03
		施工机具使用费 (元)			—	—	—	—
		企 业 管 理 费 (元)			435.30	374.19	270.82	209.57
		利 润 (元)			201.96	173.61	125.65	97.23
		一 般 风 险 费 (元)			39.22	33.71	24.40	18.88
	编码	名 称	单位	单价(元)	消 耗 量			
人工	000300100	砌筑综合工	工日	115.00	21.313	18.321	13.260	10.261
材料	360500670	方砖 430×430×45	百块	2564.10	0.300	0.300	0.300	0.300
	140100200	熟桐油	kg	6.84	0.400	0.400	0.400	0.400
	040902040	细灰	kg	5.83	1.000	1.000	1.000	1.000
	050303800	木材 锯材	m³	1547.01	0.026	0.026		
	002000010	其他材料费	元	—	11.03	11.03	10.23	10.23

A.9.2 砖细(坐槛)栏杆(编码:020109002)

工作内容:选料、场内运输、锯砖、刨面、刨缝、起线、凿空、制木芯、油灰加工、补磨、安装、清洗、清扫场地。

计量单位:10m

定 额 编 号					BA0079	BA0080	BA0081	BA0082
项 目 名 称					四角起木角线坐槛面砖	栏杆、槛身侧柱(高)	栏杆、槛身芯子砖(长)	双面起木角线拖泥
综 合 单 价 (元)					**2363.48**	**3613.22**	**3196.40**	**2896.39**
费用	其中	人 工 费 (元)			1625.87	2492.28	1969.95	1755.82
		材 料 费 (元)			288.88	433.07	682.75	655.97
		施工机具使用费 (元)			—	—	—	—
		企 业 管 理 费 (元)			288.75	442.63	349.86	311.83
		利 润 (元)			133.97	205.36	162.32	144.68
		一 般 风 险 费 (元)			26.01	39.88	31.52	28.09
	编码	名 称	单位	单价(元)	消 耗 量			
人工	000300100	砌筑综合工	工日	115.00	14.138	21.672	17.130	15.268
材料	310900060	嵌砖 360×190×90	百块	560.00	0.360	—	—	—
	360500670	方砖 430×430×45	百块	2564.10	—	0.160	—	0.250
	360500660	方砖 380×380×40	百块	1880.34	—	—	0.340	—
	140100200	熟桐油	kg	6.84	0.520	0.800	1.600	0.300
	040902040	细灰	kg	5.83	1.300	2.000	4.000	0.750
	050303800	木材 锯材	m³	1547.01	0.042	—	—	—
	002000010	其他材料费	元	—	11.17	5.68	9.17	8.52

A.10 砖细构件(编码:020110)

A.10.1 砖细抛方(编码:020110001)

工作内容:1.选料、场内运输、锯砖、刨面、刨缝、做榫、补磨、油灰加工、铁件制作、方砖铁件安装、清洗、清扫场地。2.带枭混线脚者包括刨线脚。

计量单位:10m

定 额 编 号					BA0083	BA0084	BA0085	BA0086	BA0087	BA0088
项 目 名 称					平面抛方		平面带枭混线脚抛方		台口抛方	
					高(cm)以内					
					25	40	25	40	30	
综 合 单 价 (元)					2122.24	2464.62	2341.78	2684.14	2464.62	2093.05
费用	其中	人 工 费 (元)			1061.45	1290.88	1233.49	1462.92	1290.88	1102.05
		材 料 费 (元)			767.84	817.46	767.84	817.46	817.46	686.84
		施工机具使用费 (元)			—	—	—	—	—	—
		企 业 管 理 费 (元)			188.51	229.26	219.07	259.81	229.26	195.72
		利 润 (元)			87.46	106.37	101.64	120.54	106.37	90.81
		一 般 风 险 费 (元)			16.98	20.65	19.74	23.41	20.65	17.63
	编码	名 称	单位	单价(元)	消 耗 量					
人工	000300100	砌筑综合工	工日	115.00	9.230	11.225	10.726	12.721	11.225	9.583
材料	360500670	方砖 430×430×45	百块	2564.10	—	0.300	—	0.300	0.300	—
	360500650	方砖 310×310×35	百块	1709.40	0.420	—	0.420	—	—	—
	360500660	方砖 380×380×40	百块	1880.34	—	—	—	—	—	0.340
	140100200	熟桐油	kg	6.84	1.170	1.200	1.170	1.200	1.200	1.150
	040902040	细灰	kg	5.83	2.930	3.000	2.930	3.000	3.000	2.870
	032130010	铁件 综合	kg	3.68	4.610	3.200	4.610	3.200	3.200	3.710
	002000010	其他材料费	元	—	7.84	10.76	7.84	10.76	10.76	9.27

A.10.2 圆线台口砖(编码:020110002)

工作内容:选料、场内运输、锯砖、刨面、刨缝、做榫、补磨、油灰加工、铁件制作、方砖铁件安装、清洗、清扫场地。

计量单位:10m

定 额 编 号					BA0089	BA0090
项 目 名 称					圆线台口砖	
					高 40cm 以内	高 30cm 以内
综 合 单 价 (元)					2505.38	2103.58
费用	其中	人 工 费 (元)			1339.06	1128.04
		材 料 费 (元)			796.74	664.20
		施工机具使用费 (元)			—	—
		企 业 管 理 费 (元)			237.82	200.34
		利 润 (元)			110.34	92.95
		一 般 风 险 费 (元)			21.42	18.05
	编码	名 称	单位	单价(元)	消 耗 量	
人工	000300100	砌筑综合工	工日	115.00	11.644	9.809
材料	360500670	方砖 430×430×45	百块	2564.10	0.300	—
	360500660	方砖 380×380×40	百块	1880.34	—	0.340
	140100200	熟桐油	kg	6.84	0.800	0.750
	040902040	细灰	kg	5.83	2.000	1.870
	002000010	其他材料费	元		10.38	8.85

A.10.3　八字垛头拖泥锁口(编码:020110003)

工作内容:选料、场内运输、放样、刨面、刨缝、起线、做榫、补磨、油灰加工、安装、清洗、清扫场地。　　　　　计量单位:10m

	定　额　编　号				BA0091	
	项　目　名　称				八字垛头拖泥锁口	
费 用	综　合　单　价（元）				**1007.11**	
	其 中	人　工　费　（元）			618.70	
		材　料　费　（元）			217.65	
		施工机具使用费　（元）			—	
		企　业　管　理　费　（元）			109.88	
		利　　　润　（元）			50.98	
		一　般　风　险　费　（元）			9.90	
	编码	名　　称	单位	单价（元）	消　耗　　量	
人 工	000300100	砌筑综合工	工日	115.00	5.380	
材 料	360500670	方砖 430×430×45	百块	2564.10	0.080	
	140100200	熟桐油	kg	6.84	0.450	
	040902040	细灰	kg	5.83	1.130	
	002000010	其他材料费	元	—	2.86	

A.10.4　八字垛头勒脚、墙身(编码:020110004)

工作内容:选料、场内运输、锯砖、刨面、刨缝、做榫、补磨、油灰加工、铁件制作、
　　　　方砖铁件安装、清洗、清扫场地。　　　　　　　　　　　　计量单位:10m²

	定　额　编　号				BA0092	
	项　目　名　称				八字垛头勒脚、墙身	
费 用	综　合　单　价（元）				**6931.17**	
	其 中	人　工　费　（元）			3741.18	
		材　料　费　（元）			2157.43	
		施工机具使用费　（元）			—	
		企　业　管　理　费　（元）			664.43	
		利　　　润　（元）			308.27	
		一　般　风　险　费　（元）			59.86	
	编码	名　　称	单位	单价（元）	消　耗　　量	
人工	000300100	砌筑综合工	工日	115.00	32.532	
材 料	360500670	方砖 430×430×45	百块	2564.10	0.780	
	140100200	熟桐油	kg	6.84	3.760	
	040902040	细灰	kg	5.83	9.410	
	032130010	铁件 综合	kg	3.68	16.930	
	002000010	其他材料费	元	—	14.55	

A.10.5　下枋(编码:020110005)

工作内容:选料、场内运输、锯砖、刨面、刨缝、做榫、补磨、油灰加工、铁件制作、
方砖铁件安装、清洗、清扫场地。

计量单位:10m

定 额 编 号					BA0093
项 目 名 称					下枋高在26cm以内
综 合 单 价 (元)					**4215.85**
费用 其中		人 工 费 (元)			2676.63
		材 料 费 (元)			800.47
		施工机具使用费 (元)			—
		企 业 管 理 费 (元)			475.37
		利 润 (元)			220.55
		一 般 风 险 费 (元)			42.83
	编码	名 称	单位	单价(元)	消 耗 量
人工	000300100	砌筑综合工	工日	115.00	23.275
材料	360500670	方砖 430×430×45	百块	2564.10	0.300
	140100200	熟桐油	kg	6.84	0.660
	040902040	细灰	kg	5.83	1.650
	032130010	铁件 综合	kg	3.68	3.200
	002000010	其他材料费	元	—	5.33

A.10.6　上下托浑线脚(编码:020110006)

工作内容:选料、场内运输、放样、刨面、刨缝、起线、做榫、补磨、油灰加工、安装、清洗、清扫场地。

计量单位:10m

定 额 编 号					BA0094
项 目 名 称					上下托浑线脚
综 合 单 价 (元)					**1210.05**
费用 其中		人 工 费 (元)			735.66
		材 料 费 (元)			271.35
		施工机具使用费 (元)			—
		企 业 管 理 费 (元)			130.65
		利 润 (元)			60.62
		一 般 风 险 费 (元)			11.77
	编码	名 称	单位	单价(元)	消 耗 量
人工	000300100	砌筑综合工	工日	115.00	6.397
材料	360500670	方砖 430×430×45	百块	2564.10	0.100
	140100200	熟桐油	kg	6.84	0.530
	040902040	细灰	kg	5.83	1.330
	002000010	其他材料费	元	—	3.56

A.10.7 宿塞(编码:020110007)

工作内容:选料、场内运输、放样、刨面、刨缝、起线、做榫、补磨、油灰加工、安装、清洗、清扫场地。　　　　计量单位:10m

定　　额　　编　　号				BA0095	
项　　目　　名　　称				宿塞	
综　　合　　单　　价（元）				**789.12**	
费用其中	人　　工　　费　　（元）			458.85	
	材　　料　　费　　（元）			203.63	
	施 工 机 具 使 用 费 （元）			—	
	企 业 管 理 费 （元）			81.49	
	利　　　　润　　　（元）			37.81	
	一 般 风 险 费 （元）			7.34	
	编码	名　　称	单位	单价（元）	消　耗　量
人工	000300100	砌筑综合工	工日	115.00	3.990
材料	360500670	方砖 430×430×45	百块	2564.10	0.070
	140100200	熟桐油	kg	6.84	1.000
	040902040	细灰	kg	5.83	2.500
	002000010	其他材料费	元	—	2.73

A.10.8 木角小圆线台盘浑(编码:020110008)

工作内容:选料、场内运输、放样、刨面、刨缝、起线、做榫、补磨、油灰加工、安装、清洗、清扫场地。　　　　计量单位:10m

定　　额　　编　　号				BA0096	
项　　目　　名　　称				木角小圆线台盘浑	
综　　合　　单　　价（元）				**1501.87**	
费用其中	人　　工　　费　　（元）			861.12	
	材　　料　　费　　（元）			403.08	
	施 工 机 具 使 用 费 （元）			—	
	企 业 管 理 费 （元）			152.93	
	利　　　　润　　　（元）			70.96	
	一 般 风 险 费 （元）			13.78	
	编码	名　　称	单位	单价（元）	消　耗　量
人工	000300100	砌筑综合工	工日	115.00	7.488
材料	360500670	方砖 430×430×45	百块	2564.10	0.150
	140100200	熟桐油	kg	6.84	0.650
	040902040	细灰	kg	5.83	1.500
	002000010	其他材料费	元	—	5.27

A.10.9 大镶边(编码:020110009)

工作内容:选料、场内运输、放样、刨面、刨缝、起线、做榫、补磨、油灰加工、安装、清洗、清扫场地。　　　　　计量单位:10m

定 额 编 号					BA0097	
项 目 名 称					大镶边	
综 合 单 价(元)					**2176.30**	
费用	其中	人 工 费 (元)			1371.15	
		材 料 费 (元)			426.71	
		施 工 机 具 使 用 费 (元)			—	
		企 业 管 理 费 (元)			243.52	
		利 润 (元)			112.98	
		一 般 风 险 费 (元)			21.94	
	编码	名 称	单位	单价(元)	消 耗 量	
人工	000300100	砌筑综合工	工日	115.00	11.923	
材料	360500690	方砖 530×530×70	百块	8119.66	0.050	
	140100200	熟桐油	kg	6.84	0.800	
	040902040	细灰	kg	5.83	2.000	
	002000010	其他材料费	元	—	3.59	

A.10.10 字碑镶边(编码:020110010)

工作内容:选料、场内运输、放样、刨面、刨缝、起线、做榫、补磨、油灰加工、安装、清洗、清扫场地。　　　　　计量单位:10m

定 额 编 号					BA0098	
项 目 名 称					字碑镶边	
综 合 单 价(元)					**1379.23**	
费用	其中	人 工 费 (元)			929.89	
		材 料 费 (元)			192.69	
		施 工 机 具 使 用 费 (元)			—	
		企 业 管 理 费 (元)			165.15	
		利 润 (元)			76.62	
		一 般 风 险 费 (元)			14.88	
	编码	名 称	单位	单价(元)	消 耗 量	
人工	000300100	砌筑综合工	工日	115.00	8.086	
材料	360500670	方砖 430×430×45	百块	2564.10	0.070	
	140100200	熟桐油	kg	6.84	0.500	
	040902040	细灰	kg	5.83	1.250	
	002000010	其他材料费	元	—	2.50	

A.10.11　兜肚(编码:020110011)

工作内容:选料、场内运输、锯砖、刨面、刨缝、做榫、补磨、油灰加工、铁件制作、
方砖铁件安装、清洗、清扫场地。

计量单位:10块

定　额　编　号					BA0099
项　目　名　称					兜肚每块面积在 0.2m² 以内
综　合　单　价　(元)					**2667.61**
费用其中		人　工　费　(元)			1345.16
		材　料　费　(元)			951.19
		施工机具使用费　(元)			—
		企　业　管　理　费　(元)			238.90
		利　　润　(元)			110.84
		一　般　风　险　费　(元)			21.52
	编码	名　　称	单位	单价(元)	消　耗　量
人工	000300100	砌筑综合工	工日	115.00	11.697
材料	360500680	方砖 500×500×70	百块	7692.31	0.120
	140100200	熟桐油	kg	6.84	0.720
	040902040	细灰	kg	5.83	1.800
	032130010	铁件 综合	kg	3.68	1.280
	002000010	其他材料费	元	—	7.98

A.10.12　字碑(编码:020110012)

工作内容:选料、场内运输、锯砖、刨面、刨缝、做榫、补磨、油灰加工、铁件制作、
方砖铁件安装、清洗、清扫场地。

计量单位:10m

定　额　编　号					BA0100
项　目　名　称					字碑高在 35cm 以内
综　合　单　价　(元)					**2390.98**
费用其中		人　工　费　(元)			1319.17
		材　料　费　(元)			707.72
		施工机具使用费　(元)			—
		企　业　管　理　费　(元)			234.28
		利　　润　(元)			108.70
		一　般　风　险　费　(元)			21.11
	编码	名　　称	单位	单价(元)	消　耗　量
人工	000300100	砌筑综合工	工日	115.00	11.471
材料	360500660	方砖 380×380×40	百块	1880.34	0.350
	140100200	熟桐油	kg	6.84	1.220
	040902040	细灰	kg	5.83	3.040
	032130010	铁件 综合	kg	3.68	3.810
	002000010	其他材料费	元	—	9.51

A.10.13 出线一路托浑木角线单线(编码:020110013)

工作内容:选料、场内运输、放样、刨面、刨缝、起线、做榫、补磨、油灰加工、安装、清洗、清扫场地。 计量单位:10m

	定 额 编 号				BA0101	
	项 目 名 称				出线一路托浑木角线单线	
	综 合 单 价 (元)				**1501.52**	
费用	其中	人 工 费 (元)			861.12	
		材 料 费 (元)			402.73	
		施工机具使用费 (元)			—	
		企 业 管 理 费 (元)			152.93	
		利 润 (元)			70.96	
		一 般 风 险 费 (元)			13.78	
	编码	名 称	单位	单价(元)	消 耗 量	
人工	000300100	砌筑综合工	工日	115.00	7.488	
材料	360500670	方砖 430×430×45	百块	2564.10	0.150	
	140100200	熟桐油	kg	6.84	0.600	
	040902040	细灰	kg	5.83	1.500	
	002000010	其他材料费	元	—	5.27	

A.10.14 上枋(编码:020110014)

工作内容:选料、场内运输、锯砖、刨面、刨缝、做榫、补磨、油灰加工、铁件制作、
方砖铁件安装、清洗、清扫场地。 计量单位:10m

	定 额 编 号				BA0102	
	项 目 名 称				上枋高在26cm以内	
	综 合 单 价 (元)				**5640.65**	
费用	其中	人 工 费 (元)			3793.16	
		材 料 费 (元)			800.57	
		施工机具使用费 (元)			—	
		企 业 管 理 费 (元)			673.67	
		利 润 (元)			312.56	
		一 般 风 险 费 (元)			60.69	
	编码	名 称	单位	单价(元)	消 耗 量	
人工	000300100	砌筑综合工	工日	115.00	32.984	
材料	360500670	方砖 430×430×45	百块	2564.10	0.300	
	140100200	熟桐油	kg	6.84	0.660	
	040902040	细灰	kg	5.83	1.650	
	032130010	铁件 综合	kg	3.68	3.200	
	002000010	其他材料费	元	—	5.43	

工作内容:选料、场内运输、放样、刨面、刨缝、起线、做榫、补磨、油灰加工、安装、清洗、清扫场地。　　　　　　　　　　计量单位:10m

定　额　编　号					BA0103
项　目　名　称					斗盘枋宽在20cm以内
综　合　单　价(元)					**1880.09**
费用	其中	人　工　费(元)			1157.82
		材　料　费(元)			402.71
		施工机具使用费(元)			—
		企　业　管　理　费(元)			205.63
		利　　润(元)			95.40
		一　般　风　险　费(元)			18.53
	编码	名　　称	单位	单价(元)	消　耗　量
人工	000300100	砌筑综合工	工日	115.00	10.068
材料	360500670	方砖 430×430×45	百块	2564.10	0.150
	140100200	熟桐油	kg	6.84	0.600
	040902040	细灰	kg	5.83	1.500
	002000010	其他材料费	元	—	5.25

工作内容:选料、场内运输、放样、刨面、刨缝、起线、做榫、补磨、油灰加工、安装、清洗、清扫场地。　　　　　　　　　　计量单位:10m

定　额　编　号					BA0104
项　目　名　称					五寸堂宽在15cm以内
综　合　单　价(元)					**1121.66**
费用	其中	人　工　费(元)			615.60
		材　料　费(元)			336.15
		施工机具使用费(元)			—
		企　业　管　理　费(元)			109.33
		利　　润(元)			50.73
		一　般　风　险　费(元)			9.85
	编码	名　　称	单位	单价(元)	消　耗　量
人工	000300100	砌筑综合工	工日	115.00	5.353
材料	360500660	方砖 380×380×40	百块	1880.34	0.170
	140100200	熟桐油	kg	6.84	0.560
	040902040	细灰	kg	5.83	1.400
	002000010	其他材料费	元	—	4.50

A.10.17 一飞砖木角线(编码:020110017)

工作内容:选料、场内运输、放样、刨面、刨缝、起线、做榫、补磨、油灰加工、安装、清洗、清扫场地。　　　　　计量单位:10m

定　额　编　号					BA0105	
项　目　名　称					一飞砖木角线	
综　合　单　价（元）					**1078.42**	
费用	其中	人　工　费　（元）				632.50
		材　料　费　（元）				271.35
		施 工 机 具 使 用 费 （元）				—
		企 业 管 理 费 （元）				112.33
		利　　润　　（元）				52.12
		一 般 风 险 费 （元）				10.12
	编码	名　　称	单位	单价（元）	消　耗　量	
人工	000300100	砌筑综合工	工日	115.00	5.500	
材	360500670	方砖 430×430×45	百块	2564.10	0.100	
	140100200	熟桐油	kg	6.84	0.530	
	040902040	细灰	kg	5.83	1.330	
料	002000010	其他材料费	元	—	3.56	

A.10.18 二飞砖托浑(编码:020110018)

工作内容:选料、场内运输、放样、刨面、刨缝、起线、做榫、补磨、油灰加工、安装、清洗、清扫场地。　　　　　计量单位:10m

定　额　编　号					BA0106	
项　目　名　称					二飞砖托浑	
综　合　单　价（元）					**1470.27**	
费用	其中	人　工　费　（元）				836.63
		材　料　费　（元）				402.73
		施 工 机 具 使 用 费 （元）				—
		企 业 管 理 费 （元）				148.58
		利　　润　　（元）				68.94
		一 般 风 险 费 （元）				13.39
	编码	名　　称	单位	单价（元）	消　耗　量	
人工	000300100	砌筑综合工	工日	115.00	7.275	
材	360500670	方砖 430×430×45	百块	2564.10	0.150	
	140100200	熟桐油	kg	6.84	0.600	
	040902040	细灰	kg	5.83	1.500	
料	002000010	其他材料费	元	—	5.27	

A.10.19 三飞砖晓色(编码:020110019)

工作内容:选料、场内运输、放样、刨面、刨缝、起线、做榫、补磨、油灰加工、安装、清洗、清扫场地。　　　　　　计量单位:10m

定　额　编　号				BA0107	
项　目　名　称				三飞砖晓色	
综　合　单　价(元)				**2328.65**	
费用	其中	人　工　费　(元)		1204.51	
		材　料　费　(元)		791.70	
		施工机具使用费　(元)		—	
		企业管理费　(元)		213.92	
		利　　润　(元)		99.25	
		一般风险费　(元)		19.27	
	编码	名　称	单位	单价(元)	消　耗　量
人工	000300100	砌筑综合工	工日	115.00	10.474
材料	360500670	方砖 430×430×45	百块	2564.10	0.300
	140100200	熟桐油	kg	6.84	0.800
	040902040	细灰	kg	5.83	2.000
	002000010	其他材料费	元	—	5.34

A.10.20 荷花柱头(编码:020110020)

工作内容:选料、场内运输、放样、刨面、刨缝、起线、做榫、补磨、油灰加工、安装、清洗、清扫场地。　　　　　　计量单位:10根

定　额　编　号				BA0108	
项　目　名　称				荷花柱头	
综　合　单　价(元)				**2680.82**	
费用	其中	人　工　费　(元)		1830.80	
		材　料　费　(元)		344.72	
		施工机具使用费　(元)		—	
		企业管理费　(元)		325.15	
		利　　润　(元)		150.86	
		一般风险费　(元)		29.29	
	编码	名　称	单位	单价(元)	消　耗　量
人工	000300100	砌筑综合工	工日	115.00	15.920
材料	312300210	大金砖 650×650×92	百块	16923.00	0.020
	140100200	熟桐油	kg	6.84	0.060
	040902040	细灰	kg	5.83	0.150
	002000010	其他材料费	元	—	4.98

A.10.21 将板砖(编码:020110021)

工作内容:选料、场内运输、放样、刨面、刨缝、起线、做榫、补磨、油灰加工、安装、清洗、清扫场地。 计量单位:10块

定 额 编 号					BA0109	
项 目 名 称					将板砖	
综 合 单 价 (元)					**1614.47**	
费用	其中	人 工 费 (元)			1020.17	
		材 料 费 (元)			312.74	
		施 工 机 具 使 用 费 (元)			—	
		企 业 管 理 费 (元)			181.18	
		利 润 (元)			84.06	
		一 般 风 险 费 (元)			16.32	
	编码	名 称	单位	单价(元)	消 耗 量	
人工	000300100	砌筑综合工	工日	115.00	8.871	
材料	360500670	方砖 430×430×45	百块	2564.10	0.120	
	140100200	熟桐油	kg	6.84	0.020	
	040902040	细灰	kg	5.83	0.160	
	002000010	其他材料费	元	—	3.98	

A.10.22 挂芽(编码:020110022)

工作内容:选料、场内运输、放样、刨面、刨缝、起线、做榫、补磨、油灰加工、安装、清洗、清扫场地。 计量单位:10个

定 额 编 号					BA0110	
项 目 名 称					挂芽	
综 合 单 价 (元)					**2911.69**	
费用	其中	人 工 费 (元)			2198.69	
		材 料 费 (元)			106.16	
		施 工 机 具 使 用 费 (元)			—	
		企 业 管 理 费 (元)			390.49	
		利 润 (元)			181.17	
		一 般 风 险 费 (元)			35.18	
	编码	名 称	单位	单价(元)	消 耗 量	
人工	000300100	砌筑综合工	工日	115.00	19.119	
材料	360500650	方砖 310×310×35	百块	1709.40	0.060	
	140100200	熟桐油	kg	6.84	0.120	
	040902040	细灰	kg	5.83	0.300	
	002000010	其他材料费	元	—	1.03	

A.10.23 靴头砖(编码:020110023)

工作内容:选料、场内运输、放样、刨面、刨缝、起线、做榫、补磨、油灰加工、安装、清洗、清扫场地。　　　　　**计量单位:**10块

定　额　编　号					BA0111	
项　目　名　称					靴头砖	
综　合　单　价（元）					**580.38**	
费用	其中	人　　工　　费　（元）			363.98	
		材　　料　　费　（元）			115.95	
		施工机具使用费　（元）			—	
		企　业　管　理　费　（元）			64.64	
		利　　　　　润　（元）			29.99	
		一　般　风　险　费　（元）			5.82	
	编码	名　　　　称	单位	单价（元）	消　耗　　量	
人工	000300100	砌筑综合工	工日	115.00	3.165	
材料	360500660	方砖 380×380×40	百块	1880.34	0.060	
	140100200	熟桐油	kg	6.84	0.080	
	040902040	细灰	kg	5.83	0.190	
	002000010	其他材料费	元	—	1.47	

A.10.24 砖细包檐(编码:020110024)

工作内容:选料、场内运输、锯砖、刨面、刨缝、起线、做榫、补磨、油灰加工、安装、清洗、清扫场地。　　　　　**计量单位:**10m

定　额　编　号					BA0112	BA0113
项　目　名　称					每道厚度在4cm以内	
					三道	每增减一道
综　合　单　价（元）					**3157.41**	**1281.82**
费用	其中	人　　工　　费　（元）			1542.50	675.28
		材　　料　　费　（元）			1189.18	420.17
		施工机具使用费　（元）			—	—
		企　业　管　理　费　（元）			273.95	119.93
		利　　　　　润　（元）			127.10	55.64
		一　般　风　险　费　（元）			24.68	10.80
	编码	名　　　　称	单位	单价（元）	消　耗　　量	
人工	000300100	砌筑综合工	工日	115.00	13.413	5.872
材料	360500670	方砖 430×430×45	百块	2564.10	0.440	0.150
	140100200	熟桐油	kg	6.84	2.120	1.400
	040902040	细灰	kg	5.83	5.300	3.500
	002000010	其他材料费	元	—	15.58	5.57

A.10.25 砖细屋脊头(编码:020110025)

工作内容:选料、场内运输、锯砖、刨面、刨缝、起线、做榫、补磨、油灰加工、安装、清洗、清扫场地。　　　　　　　　计量单位:只

定　额　编　号					BA0114	
项　目　名　称					砖细屋脊头	
费用	其中	综　合　单　价　(元)			**1618.82**	
		人　工　费　(元)			1204.51	
		材　料　费　(元)			81.87	
		施工机具使用费　(元)			—	
		企　业　管　理　费　(元)			213.92	
		利　　　润　(元)			99.25	
		一　般　风　险　费　(元)			19.27	
	编码	名　　称	单位	单价(元)	消　耗　量	
人工	000300100	砌筑综合工	工日	115.00	10.474	
材	360500690	方砖 530×530×70	百块	8119.66	0.010	
料	002000010	其他材料费	元	—	0.67	

A.10.26 砖细戗头板虎头牌(编码:020110026)

工作内容:选料、场内运输、锯砖、刨面、刨缝、起线、做榫、补磨、油灰加工、安装、清洗、清扫场地。　　　　　　　　计量单位:只

定　额　编　号					BA0115	BA0116
项　目　名　称					雕花图案	
					宽度在15cm内	宽度在10cm内
费用	其中	综　合　单　价　(元)			**503.12**	**344.00**
		人　工　费　(元)			363.29	253.92
		材　料　费　(元)			39.57	20.00
		施工机具使用费　(元)			—	—
		企　业　管　理　费　(元)			64.52	45.10
		利　　　润　(元)			29.93	20.92
		一　般　风　险　费　(元)			5.81	4.06
	编码	名　　称	单位	单价(元)	消　耗　量	
人工	000300100	砌筑综合工	工日	115.00	3.159	2.208
材	360500660	方砖 380×380×40	百块	1880.34	0.020	0.010
	032130010	铁件 综合	kg	3.68	0.380	0.260
料	002000010	其他材料费	元	—	0.56	0.24

A.10.27　斗拱带雕刻风拱板(编码:020110027)

工作内容:选料、场内运输、锯砖、刨面、刨缝、起线、做榫、补磨、油灰加工、安装、清洗、清扫场地。　　　　　　**计量单位:**10块

定　额　编　号					BA0117	
项　目　名　称					斗拱带雕刻风拱板	
综　合　单　价（元）					**2480.49**	
费用其中		人　工　费　（元）			1882.09	
		材　料　费　（元）			78.95	
		施 工 机 具 使 用 费 （元）			—	
		企 业 管 理 费 （元）			334.26	
		利　　　润　　　（元）			155.08	
		一 般 风 险 费 （元）			30.11	
	编码	名　　　　　称	单位	单价(元)	消　耗　　量	
人工	000300100	砌筑综合工	工日	115.00	16.366	
材料	360500660	方砖 380×380×40	百块	1880.34	0.040	
	140100200	熟桐油	kg	6.84	0.130	
	040902040	细灰	kg	5.83	0.310	
	002000010	其他材料费	元	—	1.04	

A.10.28　矩形桁条、梓桁(编码:020110028)

工作内容:选料、场内运输、锯砖、刨面、刨缝、起线、做榫、补磨、油灰加工、安装、清洗、清扫场地。　　　　　　**计量单位:**10m

定　额　编　号					BA0118	
项　目　名　称					矩形桁条、梓桁截面在80cm² 以内	
综　合　单　价（元）					**1917.79**	
费用其中		人　工　费　（元）			1184.62	
		材　料　费　（元）			406.22	
		施 工 机 具 使 用 费 （元）			—	
		企 业 管 理 费 （元）			210.39	
		利　　　润　　　（元）			97.61	
		一 般 风 险 费 （元）			18.95	
	编码	名　　　　　称	单位	单价(元)	消　耗　　量	
人工	000300100	砌筑综合工	工日	115.00	10.301	
材料	360500670	方砖 430×430×45	百块	2564.10	0.150	
	140100200	熟桐油	kg	6.84	0.760	
	040902040	细灰	kg	5.83	1.900	
	002000010	其他材料费	元	—	5.33	

A.10.29 矩形椽子、飞椽(编码:020110029)

工作内容:选料、场内运输、锯砖、刨面、刨缝、起线、做榫、补磨、油灰加工、安装、清洗、清扫场地。 计量单位:10m

	定 额 编 号					BA0119	
	项 目 名 称					矩形椽子、飞椽截面在30cm²以内	
	综 合 单 价 (元)					**1141.49**	
费 用	其 中	人 工 费 (元)				772.46	
		材 料 费 (元)				155.83	
		施 工 机 具 使 用 费 (元)				—	
		企 业 管 理 费 (元)				137.19	
		利 润 (元)				63.65	
		一 般 风 险 费 (元)				12.36	
	编码	名 称	单位	单价(元)		消 耗 量	
人工	000300100	砌筑综合工	工日	115.00		6.717	
材 料	360500670	方砖 430×430×45	百块	2564.10		0.060	
	002000010	其他材料费	元	—		1.98	

A.10.30 雀替(编码:020110030)

工作内容:选料、场内运输、锯砖、刨面、刨缝、做榫、补磨、油灰加工、铁件制作、
方砖铁件安装、清洗、清扫场地。 计量单位:10个

	定 额 编 号					BA0120	
	项 目 名 称					雀替面积在300cm²以内	
	综 合 单 价 (元)					**4728.88**	
费 用	其 中	人 工 费 (元)				3327.41	
		材 料 费 (元)				483.10	
		施 工 机 具 使 用 费 (元)				—	
		企 业 管 理 费 (元)				590.95	
		利 润 (元)				274.18	
		一 般 风 险 费 (元)				53.24	
	编码	名 称	单位	单价(元)		消 耗 量	
人工	000300100	砌筑综合工	工日	115.00		28.934	
材 料	360500670	方砖 430×430×45	百块	2564.10		0.180	
	140100200	熟桐油	kg	6.84		0.490	
	040902040	细灰	kg	5.83		1.230	
	032130010	铁件 综合	kg	3.68		1.280	
	002000010	其他材料费	元	—		6.33	

A.11 小构件及零星砌体

A.11.1 博风(编码:020111002)

工作内容:选料、场内运输、调制灰浆、砍制、砌筑、清洗、清扫场地。　　　　　　　　　计量单位:10m

		定　额　编　号				BA0121	BA0122
		项　目　名　称				干摆博风尺二方砖	灰砌散装博风三层
		综　合　单　价　(元)				**3680.75**	**2276.67**
费用	其中	人　工　费　(元)				1716.84	945.19
		材　料　费　(元)				1490.06	1070.62
		施工机具使用费　(元)				—	—
		企　业　管　理　费　(元)				304.91	167.86
		利　　润　(元)				141.47	77.88
		一　般　风　险　费　(元)				27.47	15.12
	编码	名　称	单位	单价(元)		消　耗　量	
人工	000300100	砌筑综合工	工日	115.00		14.929	8.219
材料	360500620	尺二方砖 384×384×64	块	20.51		35.200	4.000
	310900100	小停泥砖 280×140×70	块	3.00		92.400	230.000
	040902070	深月白中麻刀灰	m³	270.87		0.120	0.090
	850401150	白灰浆	m³	269.90		0.060	0.160
	041301110	机砖	千块	262.14		1.249	0.655
	810105010	M5.0 混合砂浆	m³	174.96		0.620	0.330
	002000010	其他材料费	元	—		6.32	1.58

A.11.2 挂落(编码:020111003)

工作内容:选料、场内运输、调制灰浆、砍制、砌筑、清洗、清扫场地。　　　　　　　　　计量单位:10m

		定　额　编　号				BA0123
		项　目　名　称				砖挂落尺二方砖
		综　合　单　价　(元)				**2117.22**
费用	其中	人　工　费　(元)				1049.26
		材　料　费　(元)				778.36
		施工机具使用费　(元)				—
		企　业　管　理　费　(元)				186.35
		利　　润　(元)				86.46
		一　般　风　险　费　(元)				16.79
	编码	名　称	单位	单价(元)		消　耗　量
人工	000300100	砌筑综合工	工日	115.00		9.124
材料	360500620	尺二方砖 384×384×64	块	20.51		35.000
	850401150	白灰浆	m³	269.90		0.160
	032130010	铁件 综合	kg	3.68		4.000
	002000010	其他材料费	元	—		2.61

A.11.3 墀头、垛头、腮帮(编码:020111004)

工作内容:选料、场内运输、锯砖、刨面、刨缝、起线、做榫、补磨、铁件制作、油灰加工、安装、清洗、清扫场地。　　　**计量单位:只**

定 额 编 号					BA0124	
项 目 名 称					砖细垛头(墙厚37cm)	
综 合 单 价 (元)					**1469.59**	
费用	其中	人 工 费 (元)			873.31	
		材 料 费 (元)			355.25	
		施工机具使用费 (元)			—	
		企 业 管 理 费 (元)			155.10	
		利 润 (元)			71.96	
		一 般 风 险 费 (元)			13.97	
	编码	名 称	单位	单价(元)	消 耗	量
人工	000300100	砌筑综合工	工日	115.00	7.594	
材料	360500670	方砖 430×430×45	百块	2564.10	0.130	
	140100200	熟桐油	kg	6.84	0.560	
	040902040	细灰	kg	5.83	1.410	
	032130010	铁件 综合	kg	3.68	1.410	
	002000010	其他材料费	元	—	4.68	

A.11.4 梢子、盘头(编码:020111005)

工作内容:选料、场内运输、调制灰浆、砍制、砌筑、清洗、清扫场地。　　　　　　　　　　　**计量单位:份**

定 额 编 号					BA0125	BA0126	BA0127
项 目 名 称					尺二方砖		机砖盘头
					干摆梢子	灰砌梢子	
综 合 单 价 (元)					**846.14**	**558.98**	**63.99**
费用	其中	人 工 费 (元)			338.79	237.82	34.39
		材 料 费 (元)			413.84	255.51	20.11
		施工机具使用费 (元)			—	—	—
		企 业 管 理 费 (元)			60.17	42.24	6.11
		利 润 (元)			27.92	19.60	2.83
		一 般 风 险 费 (元)			5.42	3.81	0.55
	编码	名 称	单位	单价(元)	消 耗		量
人工	000300100	砌筑综合工	工日	115.00	2.946	2.068	0.299
材料	360500640	尺四方砖 448×448×64	块	29.91	6.850	1.650	—
	360500620	尺二方砖 384×384×64	块	20.51	4.100	4.100	—
	310900100	小停泥砖 280×140×70	块	3.00	38.500	38.500	—
	041301110	机砖	千块	262.14	0.020	0.020	0.055
	810105010	M5.0 混合砂浆	m³	174.96	—	—	0.030
	040902055	深月白灰	m³	143.78	—	0.007	—
	850401150	白灰浆	m³	269.90	0.014	—	—
	002000010	其他材料费	元	—	0.34	0.32	0.44

A.11.5 砖细博风板头(编码:020111006)

工作内容: 选料、场内运输、锯砖、刨面、刨缝、起线、雕刻、做榫、补磨、铁件制作、
油灰加工、安装、清洗、清扫场地。

计量单位:份

定 额 编 号					BA0128	
项 目 名 称					砖细博风板头(雕花腾头高40cm内)	
综 合 单 价 (元)					**271.09**	
费用	其中	人 工 费 (元)			169.74	
		材 料 费 (元)			54.49	
		施工机具使用费 (元)			—	
		企 业 管 理 费 (元)			30.15	
		利 润 (元)			13.99	
		一 般 风 险 费 (元)			2.72	
	编码	名 称	单位	单价(元)	消 耗 量	
人工	000300100	砌筑综合工	工日	115.00	1.476	
材料	360500670	方砖 430×430×45	百块	2564.10	0.020	
	140100200	熟桐油	kg	6.84	0.070	
	040902040	细灰	kg	5.83	0.180	
	032130010	铁件 综合	kg	3.68	0.260	
	002000010	其他材料费	元	—	0.72	

A.11.6 零星仿古砌体(编码:020111007)

工作内容: 1.选砖、调运、铺砂浆、砌砖(清理基槽、基坑)。2.砌窗台虎头砖、腰线、门窗套。
3.砖过梁、砖平拱模板、制作、安装、拆除。4.安放木砖、铁件、清洗、清扫场地。

计量单位:10m³

定 额 编 号					BA0129	
项 目 名 称					零星砌体	
综 合 单 价 (元)					**5911.26**	
费用	其中	人 工 费 (元)			2467.90	
		材 料 费 (元)			2722.01	
		施工机具使用费 (元)			31.51	
		企 业 管 理 费 (元)			443.90	
		利 润 (元)			205.95	
		一 般 风 险 费 (元)			39.99	
	编码	名 称	单位	单价(元)	消 耗 量	
人工	000300100	砌筑综合工	工日	115.00	21.460	
材料	041300010	标准砖 240×115×53	千块	422.33	5.520	
	810104010	M5.0 水泥砂浆(特 稠度 70~90mm)	m³	183.45	2.130	
机械	990610010	灰浆搅拌机 200L	台班	187.56	0.168	

A.12 砖浮雕及碑镌字(编码:020112)

A.12.1 砖雕刻(砖细加工)(编码:020112001)

工作内容:选料、开砖、刨面、刨边、起线、补磨、清理。

定 额 编 号				BA0130	BA0131	BA0132	BA0133	BA0134	BA0135
项 目 名 称				砖细加工刨方砖刨面		砖细加工刨边刨缝			砖细加工方砖刨线脚直折线脚
				平面	弧形面	平口	斜口	圆口	一道线
单 位				10m²		10m			
费用	综 合 单 价 (元)			1048.16	1572.31	135.87	154.35	227.58	258.83
	其中	人 工 费 (元)		820.53	1231.31	105.57	120.06	177.45	201.94
		材 料 费 (元)		1.16	1.16	1.16	1.16	1.16	1.16
		施 工 机 具 使 用 费 (元)		—	—	—	—	—	—
		企 业 管 理 费 (元)		145.73	218.68	18.75	21.32	31.51	35.86
		利 润 (元)		67.61	101.46	8.70	9.89	14.62	16.64
		一 般 风 险 费 (元)		13.13	19.70	1.69	1.92	2.84	3.23
	编码	名 称	单位	单价(元)	消	耗	量		
人工	000300100	砌筑综合工	工日	115.00	7.135	10.707	0.918	1.044	1.543	1.756
材料	002000010	其他材料费	元	—	1.16	1.16	1.16	1.16	1.16	1.16

工作内容:选料、开砖、刨面、刨边、起线、补磨、清理。

定 额 编 号				BA0136	BA0137	BA0138	BA0139	BA0140	BA0141
项 目 名 称				砖细加工方砖刨线脚直折线脚		砖细加工方砖刨线脚曲弧形线脚			砖细加工方砖做榫眼
				二道线	三道线	一道线	二道线	三道线	燕尾榫头
单 位				10m					10个
费用	综 合 单 价 (元)			472.49	678.37	310.49	567.15	813.96	241.10
	其中	人 工 费 (元)		369.38	530.73	242.42	443.56	636.99	188.95
		材 料 费 (元)		1.16	1.16	1.16	1.16	1.16	—
		施 工 机 具 使 用 费 (元)		—	—	—	—	—	—
		企 业 管 理 费 (元)		65.60	94.26	43.05	78.78	113.13	33.56
		利 润 (元)		30.44	43.73	19.98	36.55	52.49	15.57
		一 般 风 险 费 (元)		5.91	8.49	3.88	7.10	10.19	3.02
	编码	名 称	单位	单价(元)	消	耗	量		
人工	000300100	砌筑综合工	工日	115.00	3.212	4.615	2.108	3.857	5.539	1.643
材料	002000010	其他材料费	元		1.16	1.16	1.16	1.16	1.16	—

工作内容：1.选料、开砖、刨面、刨边、起线、补磨、清理。2.构图放样、雕琢洗练、修补清理。

定　额　编　号				BA0142	BA0143	BA0144	BA0145	BA0146	BA0147
项　目　名　称				砖细加工	方砖雕刻				
				方砖做榫眼	素平（阴刻线）		减地平锻（平浮雕）		压地隐起（浅浮雕）
				燕尾卯眼	简单	复杂	简单	复杂	简单
单　　　　位				个	m²				
费用	综　合　单　价　（元）			68.39	1470.77	1926.39	2757.83	3605.84	4061.60
	其中	人　　工　　费　（元）		53.59	1151.73	1508.80	2160.39	2824.98	3182.17
		材　　料　　费　（元）		—	1.16	1.16	1.16	1.16	1.16
		施 工 机 具 使 用 费 （元）		—	—	—	—	—	—
		企　业　管　理　费　（元）		9.52	204.55	267.96	383.69	501.72	565.15
		利　　　　　润　（元）		4.42	94.90	124.33	178.02	232.78	262.21
		一　般　风　险　费　（元）		0.86	18.43	24.14	34.57	45.20	50.91
	编码	名　称	单位	单价（元）	消　　　耗　　　量				
人工	000300100	砌筑综合工	工日	115.00	0.466	10.015	13.120	18.786	24.565	27.671
材料	002000010	其他材料费	元	—	—	1.16	1.16	1.16	1.16	1.16

工作内容：构图放样、雕琢洗练、修补清理。　　　　　　　　　　　　　　　　　　　　　　　　　　计量单位：m²

定　额　编　号				BA0148	BA0149	BA0150
项　目　名　称				方砖雕刻		
				压地隐起（浅浮雕）	剔地起突（高浮雕）	
				复杂	简单	复杂
费用	综　合　单　价　（元）			5300.82	5349.69	6845.56
	其中	人　　工　　费　（元）		4153.34	4191.64	5363.95
		材　　料　　费　（元）		1.16	1.16	1.16
		施 工 机 具 使 用 费 （元）		—	—	—
		企　业　管　理　费　（元）		737.63	744.43	952.64
		利　　　　　润　（元）		342.24	345.39	441.99
		一　般　风　险　费　（元）		66.45	67.07	85.82
	编码	名　　　称	单位	单价（元）	消　　　耗　　　量		
人工	000300100	砌筑综合工	工日	115.00	36.116	36.449	46.643
材料	002000010	其他材料费	元	—	1.16	1.16	1.16

A.12.2 砖字碑镌刻(编码:020112002)

工作内容:构图放样、镌字、洗练、修补清理。 计量单位:10个字

定 额 编 号				BA0151	BA0152	BA0153	BA0154	BA0155	BA0156
项 目 名 称				字碑镌字每个字在(cm)					
				阴(凹文)			阳(凸文)		
				50×50以内	30×30以内	10×10以内	50×50以内	30×30以内	10×10以内
综 合 单 价 (元)				**799.43**	**640.37**	**356.42**	**1837.62**	**1599.60**	**889.24**
费 用	其 中	人 工 费 (元)		625.60	500.94	278.42	1439.23	1252.70	695.98
		材 料 费 (元)		1.16	1.16	1.16	1.16	1.16	1.16
		施工机具使用费 (元)		—	—	—	—	—	—
		企 业 管 理 费 (元)		111.11	88.97	49.45	255.61	222.48	123.61
		利 润 (元)		51.55	41.28	22.94	118.59	103.22	57.35
		一 般 风 险 费 (元)		10.01	8.02	4.45	23.03	20.04	11.14
	编码	名 称	单位	单价(元)	消 耗		量		
人工	000300100	砌筑综合工	工日	115.00	5.440	4.356	2.421	12.515	10.893	6.052
材料	002000010	其他材料费	元	—	1.16	1.16	1.16	1.16	1.16	1.16

工作内容:构图放样、镌字、洗练、修补清理。 计量单位:10个字

定 额 编 号				BA0157	BA0158	BA0159
项 目 名 称				字碑镌字每个字在(cm)		
				圆面阳文(凸文)		
				50×50以内	30×30以内	10×10以内
综 合 单 价 (元)				**1930.35**	**1671.80**	**934.00**
费 用	其 中	人 工 费 (元)		1511.91	1309.28	731.06
		材 料 费 (元)		1.16	1.16	1.16
		施工机具使用费 (元)		—	—	—
		企 业 管 理 费 (元)		268.51	232.53	129.84
		利 润 (元)		124.58	107.88	60.24
		一 般 风 险 费 (元)		24.19	20.95	11.70
	编码	名 称	单位	单价(元)	消 耗	量	
人工	000300100	砌筑综合工	工日	115.00	13.147	11.385	6.357
材料	002000010	其他材料费	元	—	1.16	1.16	1.16

B 石作工程

说　　明

一、一般说明

1. 石活制作以青砂石为准,定额中石料耗量已考虑加荒和操作损耗,不另行计算。使用汉白玉、花岗石制作者,人工乘以系数1.05;使用石材不同时,根据实际材料进行调整,石材消耗量不变。

2. 本定额石料加工中的石构件的平面或曲弧面加工耗工大小与石料长度有关,凡是长度2m以内按本定额计算。长度在3m以内按2m以内定额子目乘以系数1.1,长度在4m以内按2m以内定额子目乘以系数1.2。

3. 素面石活制作定额已综合考虑剁斧、打钻路、钉麻、石活企口、起线、起凸、打凹。设计要求线脚加工按线脚加工相应定额子目执行;设计要求磨光时,执行石表面加工定额子目。

4. 石作工程分部中成品石活安装仅执行相应安装定额子目,成品耗量乘以系数1.02;石活安装铁爬钉、铁银锭包括凿眼、凿槽。

二、台基及台阶

1. 使用毛条石、清条石砌筑一般台基按《重庆市房屋建筑与装饰工程计价定额》相应定额子目执行。

2. 阶条石、地伏石制作综合了凿柱顶卡口用工。不带雕饰地袱按阶条石相应定额子目执行。

3. 陡板石安装若采用干挂方式,钢骨架应单独计算并按《重庆市房屋建筑与装饰工程计价定额》相应定额子目执行。

4. 锁口石(连礓)本定额不单独设置子目,按阶条石相应定额子目执行。

5. 角柱、埋头制作、安装不分其所处部位和规格、形状均按同一定额子目执行。

6. 地坪石(编码:020201011)未编制,按《重庆市房屋建筑与装饰工程计价定额》相应定额子目执行。

7. 四周全需加工,形似纪念碑之下的基座(如石狮或其他雕塑的底座)按独立须弥座相应定额子目执行。

三、望柱、栏杆、蹬

1. 花坛石(编码:020202001)未编制。

2. 栏板、望柱制作如为斜形或异形时,其定额乘以系数1.25,素方头望柱定额包括万字边、卷草、祥云浅浮雕雕刻用工。寻杖栏板已包含栏板上面枋及透瓶成型制作及安装,以素面编制,若图示为雕饰时,应另按相应石浮雕定额子目执行。栏板式栏杆按成品栏杆现场安装考虑,按单位为立方米的望柱和栏板面枋安装定额子目执行,相应石活成品以实际价格计入。

3. 栏板定额子目中未包含栏板下地袱。

4. 栏杆(编码:020202003)未编制,按《重庆市房屋建筑与装饰工程计价定额》相应定额子目执行。

5. 条形石座凳(编码:020202004)未编制。

四、柱、梁、枋

1. 圆柱、方柱、角柱、矩形梁枋定额子目适用于整石制作。圆柱、方柱、角柱,矩形梁枋安装用砂浆已包括在其他材料费内,不另计算。

2. 石柱、石梁枋的制作、安装超过定额取定长度时,人工系数按下表调整;超过定额规定的取定长度时,根据实际材料价格进行调整。

名　称	子目中规定的取定长度	人工调整系数
圆柱	3.2 m	长度大于3.2m,人工×1.11
方柱(截面)(mm)300×300以内	4.0 m	长度大于4m,人工×1.11
方柱(截面)(mm)400×400以内	5.0 m	长度大于5m,人工×1.11
方柱(截面)(mm)500×500以内	5.0 m	长度大于5m,人工×1.11
方柱(截面)(mm)600×600以内	6.0 m	人工不调整
梁、枋	4.0 m	长度大于4m,人工×1.11

3.梅花柱按方柱相应定额子目执行,人工乘以系数1.2。

五、墙身石活及门窗石、槛垫石

门券(碹)石在腰线石(或压砖板)以下部分按角柱相应定额子目执行,安装券(碹)石不包括支搭券胎。

六、石屋面、拱圈石、拱眉石及石斗拱

1.石屋面(编码:020205001)未编制。

2.券拱石(编码:020205002)、拱眉石(编码:020205003)未编制,按《重庆市市政工程计价定额》、《重庆市园林绿化工程计价定额》相应定额子目执行。

七、石作配件

1.石礩磴定额子目以素面编制,若图示为雕饰时,应另按石浮雕相应定额子目执行。

2.长方形门鼓石(蟆头鼓)制作以浅浮雕为准,圆形门鼓石及滚礅石以大鼓中做转角莲为准,其他做法另行计算;砷石(编码:020206004)未编制,按门鼓石相应定额子目执行。

3.甬路海墁地面(编码:020206007)未编制,按本定额中地面工程相应定额子目执行;牙子石(编码:020206008)未编制,按《重庆市园林绿化工程计价定额》相应定额子目执。

4.其他古式构件(编码:020206013)未编制。

八、石浮雕及镌字

1.石料的加工顺序为:打荒成毛料石(此类加工习惯常是发生在采石场)— 按所需加工尺寸放线 — 筑方快口或板岩口 — 表面加工(可以分为平面加工、坡势加工、曲面加工三种形式)— 线脚加工(可以分为方线脚加工,圆线脚加工)— 石浮雕加工(适用于特殊装饰的石料加工构件)。

石料表面加工等级分类:(见下表)

加工等级	加工方法与要求
1.打荒	即对石料进行打剥加工,铁锤及铁凿将石料表面凸起部分凿掉
2.一步做糙	即用铁锤及铁凿对石料表面粗略通打一遍,要求凿痕深浅齐均
3.二步做糙	即用铁锤和铁凿对石料表面在一次堑凿的基础上进行密布凿痕的细加工,令其表面凹凸逐渐变浅
4.一遍剁斧	即用铁锤及铁凿和铁斧使石料表面趋于平正,用铁斧剁打后,令其表面无凹凸,表面平正,斧口痕迹应小于3mm
5.二遍剁斧	在一遍剁斧的基础上加工更为精密,斧口痕迹的间距应小于1mm
6.三遍剁斧	在二遍剁斧的基础上加工更为精密,斧口痕迹的间距应小于0.5mm
7.扁光	凡完成三遍剁斧的石料,用砂石加水磨去表面剁纹,使其表面达到光滑和平正

所属部位规定:(见下表)

定额中原有加工等级人工费	改做一步做糙人工费换算系数	改做二步做糙人工费换算系数	改做一步剁斧人工费换算系数	改做二步剁斧人工费换算系数	改做三步剁斧人工费换算系数	改做扁光人工费换算系数
原二步做糙构件加工人工费换算系数 A	$0.83A$	A	$1.13A$	$1.36A$	$1.63A$	$2.61A$
原一步做糙构件加工人工费换算系数 B	B	$1.2B$	$1.36B$	$1.63B$	$1.96B$	$3.13B$
原二遍剁斧人工费换算系数 C	$0.61C$	$0.74C$	$0.83C$	C	$1.2C$	$1.92C$
原一遍剁斧构件加工费 D	$0.74D$	$0.88D$	D	$1.2D$	$1.44D$	$2.3D$

注:本定额中石料的加工人工均累计数量,做糙包括打荒,剁斧包括打荒与做糙。

2.线脚加工不分阴线和阳线,如线脚深度小于5mm者相应定额乘以系数0.5。

3.石浮雕加工类别:

浮雕类别	加工内容
阴线刻(素平)	首先扁光石料表面,然后以刻凹线(深度在 2～3mm 以内)勾画出人物、动植物或山水。
平浮雕(减地平级)	首先扁光石料表面,然后凿出堂子(凿深在 60mm 以内),凸出欲雕图案。图案凸出平面应达到"扁光",堂子达到"钉细麻"。
浅浮雕(压地隐起)	首先打出石料初形,凿出堂子(凿深在 60～200mm 以内),凸出欲雕图形,加工雕饰图形,使其表面有起有伏,有立体感。图形表面应达到"二遍剁斧",堂子达到"钉细麻"。
高浮雕(剔地起突)	首先打出石料初形,凿掉欲雕图形多余部分(凿深在 200mm 以上),凸出欲雕图形,细雕图形,使之有较强的立体感(有的高浮雕的个别部位与堂子之间镂空)。图形表面达到"四遍剁斧",堂子达到"钉细麻"或"扁光"。

4.阴包阳刻,一般用于碑镌字,字体笔画四边刻阴线,形成字体笔画凸出的效果。

5.定额中的石浮雕子目,作为加工石构件制作定额子目名称中未含固定图案雕刻时采用,其工作内容不包含设计、翻样等内容。

工程量计算规则

一、台基及台阶

1.阶条石按设计图示尺寸以体积计算,图示尺寸不详时,竣工结算时按实际尺寸调整,不扣除柱顶石卡口所占体积。

2.砚窝石、踏垛均按设计图示水平投影尺寸以面积计算。

3.陡板石、土衬石按设计图示尺寸以体积计算。

4.地伏石按设计图示断面面积尺寸乘以设计长度以体积计算。

5.埋头按设计图示尺寸以体积计算。

6.垂带以其上表面的长度乘以宽度(垂带侧面不计算在内)按面积计算。

7.象眼按设计图示尺寸以体积计算。

8.礓磋石以其上表面的长度乘以宽度(侧面不计算在内)以斜面积计算。

9.独立须弥座按设计图示以数量计算。

10.台基须弥座按设计图示尺寸以体积计算;台基须弥座、束腰做金刚柱子碗花结带,按花饰所占长度乘以束腰高度以面积计算。

11.须弥座龙头按设计图示以数量计算。

二、望柱、栏杆、蹬

石望柱、栏板、撑鼓按设计图示以数量计算,成品望柱和成品栏板面枋安装按设计图示尺寸以体积计算。

三、柱、梁、枋

石柱、石梁、石枋按设计图示尺寸以体积计算。

四、墙身石活及门窗石、槛垫石

1.角柱、压砖板、腰线石、挑檐石按设计图示尺寸以体积计算。

2.门窗碹石以外弧长乘以图示宽度和厚度以体积计算,碹脸雕刻以碹脸雕刻面的中线长度乘以宽度以面积计算。

3.菱花窗按设计图示尺寸以体积计算,不扣除隐蔽部分所占体积;菱花窗雕刻按设计图示尺寸以面积计算,扣除其被遮蔽部分所占面积。

4.墙帽按设计图示最大矩形截面面积乘以长度以体积计算。

5.墙帽与角柱联做按设计图示尺寸以体积计算。

6.槛垫石、过门石、分心石按设计图示尺寸以体积计算。

7.月洞门元宝石按设计图示以数量计算。

8.门枕石、门鼓石按设计图示以数量计算。

9.石门框、石窗框按设计图示尺寸以体积计算。

五、石屋面、拱券石、拱眉石及石斗拱

石斗拱制安按设计图示最大外接矩形尺寸以体积计算。

六、石作配件

1.柱顶石、覆盆石、磉磴按其设计图示最大外接矩形的水平截面面积乘以高度以体积计算。

2.滚墩石按设计图示以数量计算。

3.木牌楼夹杆石、镶杆石按设计图示水平截面面积乘以高度以体积计算,不扣除柱子所占体积。

4.沟门、沟漏按石料断面以数量计算。

5.带水槽沟盖按设计图示尺寸以面积计算。

6.石沟嘴子按石料宽度以长度计算。

7.石角梁带兽头按设计图示以数量计算。

七、石浮雕及镌字

1.石表面加工按实际加工面积以面积计算;石浮雕工程量按实际雕刻部分的最大外接矩形以面积计算。

2.石板镌字按设计图示镌字尺寸以镌字数量计算。

八、其他

本章石活工程量按图示成品净尺寸计算,图示尺寸不详时,竣工结算按实际尺寸调整。

B.1 台基及台阶(编码:020201)

B.1.1 阶条石(编码:020201001)

工作内容:制作:1.运石、做样板、制作、剁斧成活(或砸花捶打道)。2.带雕饰的石活,还包括画样子、雕凿花饰及
扁光。

安装:调运砂浆、搭拆烘炉、截一个头、打拼缝头、稳安垫塞灌浆、净面剁斧、搭拆小型起重架、挂倒链等。

计量单位:10m³

定 额 编 号				BB0001	BB0002	BB0003	BB0004
项 目 名 称				阶沿石(阶条石)制作(高度)(mm)			阶条石安装
				150以内	200以内	200以上	
综 合 单 价 (元)				**44224.02**	**36451.08**	**28858.34**	**8761.66**
费用	其中	人 工 费 (元)		24935.04	19782.10	14681.16	6053.58
		材 料 费 (元)		12406.91	11209.12	10125.18	969.56
		施工机具使用费 (元)		—	—	—	53.08
		企 业 管 理 费 (元)		4428.46	3513.30	2607.37	1084.54
		利 润 (元)		2054.65	1630.05	1209.73	503.19
		一 般 风 险 费 (元)		398.96	316.51	234.90	97.71
	编码	名 称	单位	单价(元)	消 耗 量		
人工	001000030	石作综合工	工日	130.00	191.808	152.170	112.932	46.566
材料	040502210	青砂石	m³	700.00	17.414	15.765	14.281	—
	341100500	煤	kg	0.34	615.000	490.000	360.000	185.000
	810201030	水泥砂浆 1:2(特)	m³	256.68	—	—	—	3.500
	002000010	其他材料费	元	—	8.01	7.02	6.08	8.28
机械	990610010	灰浆搅拌机 200L	台班	187.56	—	—	—	0.283

B.1.2 踏跺(编码:020201002)

工作内容:制作:1.运石、做样板、制作、剁斧成活(或砸花捶打道)。2.带雕饰的石活,还包括画样子、雕凿花饰及
扁光。

安装:调运砂浆、搭拆烘炉、截一个头、打拼缝头、稳安垫塞灌浆、净面剁斧、搭拆小型起重架、挂倒链等。

计量单位:10m²

定 额 编 号				BB0005	BB0006	BB0007	BB0008
项 目 名 称				踏跺制作			踏跺砚窝石安装
				砚窝石	垂带踏跺	如意踏跺	
综 合 单 价 (元)				**4855.47**	**5525.14**	**6452.92**	**1510.08**
费用	其中	人 工 费 (元)		2728.44	3249.22	3972.28	1065.22
		材 料 费 (元)		1373.98	1379.13	1384.28	141.04
		施工机具使用费 (元)		—	—	—	7.69
		企 业 管 理 费 (元)		484.57	577.06	705.48	190.55
		利 润 (元)		224.82	267.74	327.32	88.41
		一 般 风 险 费 (元)		43.66	51.99	63.56	17.17
	编码	名 称	单位	单价(元)	消 耗 量		
人工	001000030	石作综合工	工日	130.00	20.988	24.994	30.556	8.194
材料	341100500	煤	kg	0.34	65.000	80.000	95.000	33.800
	810201030	水泥砂浆 1:2(特)	m³	256.68	—	—	—	0.500
	040502210	青砂石	m³	700.00	1.930	1.930	1.930	—
	002000010	其他材料费	元	—	0.88	0.93	0.98	1.21
机械	990610010	灰浆搅拌机 200L	台班	187.56	—	—	—	0.041

B.1.3　陡板石(编码:020201003)

工作内容:制作:1.运石、做样板、制作、剁斧成活(或砸花捶打道)。2.带雕饰的石活,还包括画样子、雕凿花饰及扁光。

　　　　安装:调运砂浆、搭拆烘炉、截一个头、打拼缝头、稳安垫塞灌浆、净面剁斧、搭拆小型起重架、挂倒链等。

计量单位:10m³

定　额　编　号				单位	单价(元)	BB0009	BB0010	BB0011
项　目　名　称						陡板制作(高度)(mm)		陡板安装
						500 以内	500 以上	
综　合　单　价　(元)						29317.87	25368.36	8029.44
费用	其中	人　工　费　(元)				16098.55	13961.48	5367.83
		材　料　费　(元)				8776.12	7553.51	1100.88
		施 工 机 具 使 用 费　(元)						62.08
		企 业 管 理 费　(元)				2859.10	2479.56	964.35
		利　润　(元)				1326.52	1150.43	447.42
		一 般 风 险 费　(元)				257.58	223.38	86.88
	编码	名　称	单位	单价(元)		消　耗　量		
人工	001000030	石作综合工	工日	130.00		123.835	107.396	41.291
材料	040502210	青砂石	m³	700.00		12.340	10.620	—
	341100500	煤	kg	0.34		390.000	337.500	115.000
	810201030	水泥砂浆 1:2(特)	m³	256.68		—	—	4.100
	002000010	其他材料费	元	—		5.52	4.76	9.39
机械	990610010	灰浆搅拌机 200L	台班	187.56		—	—	0.331

B.1.4　土衬石(编码:020201004)

工作内容:制作:1.运石、做样板、制作、剁斧成活(或砸花捶打道)。2.带雕饰的石活,还包括画样子、雕凿花饰及扁光。

　　　　安装:调运砂浆、搭拆烘炉、截一个头、打拼缝头、稳安垫塞灌浆、净面剁斧、搭拆小型起重架、挂倒链等。

计量单位:10m³

定　额　编　号				单位	单价(元)	BB0012	BB0013	BB0014	BB0015
项　目　名　称						土衬制作(垂直高度)(mm)			土衬安装
						150 以内	200 以内	200 以上	
综　合　单　价　(元)						26108.18	22119.20	17864.47	7895.74
费用	其中	人　工　费　(元)				13780.39	11017.50	8081.97	5245.37
		材　料　费　(元)				8524.40	8060.87	7551.88	1121.28
		施 工 机 具 使 用 费　(元)				—	—	—	63.77
		企 业 管 理 费　(元)				2447.40	1956.71	1435.36	942.90
		利　润　(元)				1135.50	907.84	665.95	437.47
		一 般 风 险 费　(元)				220.49	176.28	129.31	84.95
	编码	名　称	单位	单价(元)		消　耗　量			
人工	001000030	石作综合工	工日	130.00		106.003	84.750	62.169	40.349
材料	040502210	青砂石	m³	700.00		12.010	11.380	10.690	—
	341100500	煤	kg	0.34		330.000	265.000	190.000	99.000
	810201030	水泥砂浆 1:2(特)	m³	256.68		—	—	—	4.200
	002000010	其他材料费	元	—		5.20	4.77	4.28	9.56
机械	990610010	灰浆搅拌机 200L	台班	187.56		—	—	—	0.340

B.1.5 地伏石(编码:020201006)

工作内容:制作:1.运石、做样板、制作、剁斧成活(或砸花捶打道)。2.带雕饰的石活,还包括画样子、雕凿花饰及
扁光。
安装:调运砂浆、搭拆烘炉、截一个头、打拼缝头、稳安垫塞灌浆、净面剁斧、搭拆小型起重架、挂倒链等。

计量单位:m³

定　额　编　号					BB0016	BB0017
项　目　名　称					地袱带雕饰制作	地袱安装
综　合　单　价　(元)					**5629.95**	**873.72**
费用	其中	人　工　费　(元)			3604.64	664.17
		材　料　费　(元)			1030.44	25.52
		施工机具使用费　(元)			—	0.56
		企　业　管　理　费　(元)			640.18	118.06
		利　　润　(元)			297.02	54.77
		一　般　风　险　费　(元)			57.67	10.64
	编码	名　称	单位	单价(元)	消　耗	量
人工	001000030	石作综合工	工日	130.00	27.728	5.109
材料	040502210	青砂石	m³	700.00	1.387	—
	341100500	煤	kg	0.34	172.000	18.500
	810425010	素水泥浆	m³	479.39	—	0.040
	002000010	其他材料费	元	—	1.06	0.05
机械	990610010	灰浆搅拌机 200L	台班	187.56		0.003

B.1.6 埋头(编码:020201007)

工作内容:制作:1.运石、做样板、制作、剁斧成活(或砸花捶打道)。2.带雕饰的石活,还包括画样子、雕凿花饰及
扁光。
安装:调运砂浆、搭拆烘炉、截一个头、打拼缝头、稳安垫塞灌浆、净面剁斧、搭拆小型起重架、挂倒链等。

计量单位:10m³

定　额　编　号					BB0018	BB0019
项　目　名　称					埋头制作	埋头安装
综　合　单　价　(元)					**36563.62**	**7968.31**
费用	其中	人　工　费　(元)			21726.51	5533.97
		材　料　费　(元)			8840.60	847.14
		施工机具使用费　(元)			—	46.89
		企　业　管　理　费　(元)			3858.63	991.16
		利　　润　(元)			1790.26	459.86
		一　般　风　险　费　(元)			347.62	89.29
	编码	名　称	单位	单价(元)	消　耗	量
人工	001000030	石作综合工	工日	130.00	167.127	42.569
材料	040502210	青砂石	m³	700.00	12.410	—
	341100500	煤	kg	0.34	435.000	130.000
	810201030	水泥砂浆 1:2(特)	m³	256.68	—	3.100
	002000010	其他材料费	元	—	5.70	7.23
机械	990610010	灰浆搅拌机 200L	台班	187.56	—	0.250

B.1.7 垂带(编码:020201008)

工作内容: 制作:1.运石、做样板、制作、剁斧成活(或砸花捶打道)。2.带雕饰的石活,还包括画样子、雕凿花饰及扁光。

安装:调运砂浆、搭拆烘炉、截一个头、打拼缝头、稳安垫塞灌浆、净面剁斧、搭拆小型起重架、挂倒链等。

计量单位:10m²

定 额 编 号					BB0020	BB0021	BB0022
项 目 名 称					梯带(垂带)制作		梯带(垂带)安装
					踏垛用	礓磋用	
综 合 单 价 (元)					7267.92	4652.06	1437.25
费用	其中	人 工 费 (元)			4606.29	2569.84	1008.15
		材 料 费 (元)			1390.29	1372.95	141.04
		施 工 机 具 使 用 费 (元)			—	—	7.69
		企 业 管 理 费 (元)			818.08	456.40	180.41
		利 润 (元)			379.56	211.75	83.71
		一 般 风 险 费 (元)			73.70	41.12	16.25
	编码	名 称	单位	单价(元)	消 耗		量
人工	001000030	石作综合工	工日	130.00	35.433	19.768	7.755
材料	040502210	青砂石	m³	700.00	1.930	1.930	—
	341100500	煤	kg	0.34	112.500	62.000	33.800
	810201030	水泥砂浆 1:2(特)	m³	256.68	—	—	0.500
	002000010	其他材料费	元	—	1.04	0.87	1.21
机械	990610010	灰浆搅拌机 200L	台班	187.56	—	—	0.041

B.1.8 象眼(编码:020201009)

工作内容: 制作:1.运石、做样板、制作、剁斧成活(或砸花捶打道)。2.带雕饰的石活,还包括画样子、雕凿花饰及扁光。

安装:调运砂浆、搭拆烘炉、截一个头、打拼缝头、稳安垫塞灌浆、净面剁斧、搭拆小型起重架、挂倒链等。

计量单位:m³

定 额 编 号					BB0023	BB0024
项 目 名 称					象眼制作	石梯膀(象眼)安装
综 合 单 价 (元)					4649.22	813.39
费用	其中	人 工 费 (元)			2765.36	544.05
		材 料 费 (元)			1120.61	111.29
		施 工 机 具 使 用 费 (元)			—	6.19
		企 业 管 理 费 (元)			491.13	97.72
		利 润 (元)			227.87	45.34
		一 般 风 险 费 (元)			44.25	8.80
	编码	名 称	单位	单价(元)	消 耗	量
人工	001000030	石作综合工	工日	130.00	21.272	4.185
材料	040502210	青砂石	m³	700.00	1.559	—
	341100500	煤	kg	0.34	83.800	15.000
	810201030	水泥砂浆 1:2(特)	m³	256.68	—	0.410
	002000010	其他材料费	元	—	0.82	0.95
机械	990610010	灰浆搅拌机 200L	台班	187.56	—	0.033

B.1.9 礓磋石(编码:020201010)

工作内容:制作:1.运石、做样板、制作、剁斧成活(或砸花捶打道)。2.带雕饰的石活,还包括画样子、雕凿花饰及扁光。

安装:调运砂浆、搭拆烘炉、截一个头、打拼缝头、稳安垫塞灌浆、净面剁斧、搭拆小型起重架、挂倒链等。

计量单位:10m²

	定　额　编　号				BB0025	BB0026
	项　目　名　称				礓磋石制作	礓磋石安装
	综　合　单　价　(元)				**6327.15**	**1362.27**
费	其	人　工　费　(元)			3928.60	949.39
	中	材　料　费　(元)			1314.25	141.04
		施　工　机　具　使　用　费　(元)			—	7.69
用		企　业　管　理　费　(元)			697.72	169.98
		利　　　润　(元)			323.72	78.86
		一　般　风　险　费　(元)			62.86	15.31
	编码	名　　称	单位	单价(元)	消　耗　量	
人工	001000030	石作综合工	工日	130.00	30.220	7.303
材	040502210	青砂石	m³	700.00	1.830	—
	341100500	煤	kg	0.34	95.000	33.800
料	810201030	水泥砂浆 1:2（特）	m³	256.68	—	0.500
	002000010	其他材料费	元	—	0.95	1.21
机械	990610010	灰浆搅拌机 200L	台班	187.56		0.041

B.1.10 独立须弥座(编码:020201012)

工作内容:制作:1.运石、做样板、制作、剁斧成活(或砸花捶打道)。2.带雕饰的石活,还包括画样子、雕凿花饰及扁光。

安装:调运砂浆、搭拆烘炉、截一个头、打拼缝头、稳安垫塞灌浆、净面剁斧、搭拆小型起重架、挂倒链等。

计量单位:座

	定　额　编　号				BB0027	BB0028	BB0029
	项　目　名　称				独立须弥座制作		独立须弥座安装
					素面	带雕饰	
	综　合　单　价　(元)				**7862.78**	**19901.13**	**236.55**
费	其	人　工　费　(元)			5398.64	14791.27	184.21
	中	材　料　费　(元)			974.11	1027.47	1.49
		施　工　机　具　使　用　费　(元)			—	—	—
用		企　业　管　理　费　(元)			958.80	2626.93	32.72
		利　　　润　(元)			444.85	1218.80	15.18
		一　般　风　险　费　(元)			86.38	236.66	2.95
	编码	名　　称	单位	单价(元)	消　　耗　　量		
人工	001000030	石作综合工	工日	130.00	41.528	113.779	1.417
材	341100500	煤	kg	0.34	165.000	300.000	4.320
	040502210	青砂石	m³	700.00	1.310	1.320	—
料	002000010	其他材料费	元	—	1.01	1.47	0.02

B.1.11　台基须弥座(编码:020201013)

工作内容:1.运石、做样板、制作、剁斧成活(或砸花捶打道)。2.带雕饰的石活,还包括画样子、雕凿花饰及扁光。

计量单位:10m³

定　额　编　号					BB0030	BB0031	BB0032	BB0033	BB0034
项　目　名　称					台基无雕饰须弥座制作(高度)(mm)				
					500 以内	1000 以内	1200 以内	1500 以内	1500 以上
费用	综　合　单　价　(元)				69274.40	57817.07	47837.05	40799.05	34055.07
	其中	人　工　费　(元)			45330.09	37788.14	30432.48	25416.95	20401.29
		材　料　费　(元)			11433.21	9599.41	9005.20	8367.02	8023.02
		施工机具使用费　(元)			—	—	—	—	—
		企业管理费　(元)			8050.62	6711.17	5404.81	4514.05	3623.27
		利　　润　(元)			3735.20	3113.74	2507.64	2094.36	1681.07
		一　般　风　险　费　(元)			725.28	604.61	486.92	406.67	326.42
	编码	名　称	单位	单价(元)	消　　　　耗　　　　量				
人工	001000030	石作综合工	工日	130.00	348.693	290.678	234.096	195.515	156.933
材料	040502210	青砂石	m³	700.00	15.830	13.290	12.520	11.660	11.240
	341100500	煤	kg	0.34	1010.000	850.000	690.000	585.500	440.300
	002000010	其他材料费	元	—	8.81	7.41	6.60	5.95	5.32

工作内容:1.运石、做样板、制作、剁斧成活(或砸花捶打道)。2.带雕饰的石活,还包括画样子、雕凿花饰及扁光。

定　额　编　号					BB0035	BB0036	BB0037	BB0038	BB0039	BB0040
项　目　名　称					台基有雕饰须弥座制作(高度)(mm)					台基须弥座束腰做金刚柱子碗花结带制作
					800 以内	1000 以内	1200 以内	1500 以内	1500 以上	
单　　　　　　位					10m³					m²
费用	综　合　单　价　(元)				184518.42	153796.33	124625.24	105357.44	85924.39	1744.88
	其中	人　工　费　(元)			134636.32	112233.81	90010.83	75423.66	60298.03	1360.06
		材　料　费　(元)			12722.48	10585.99	9771.43	9116.85	8984.10	9.44
		施工机具使用费　(元)			—	—	—	—	—	—
		企业管理费　(元)			23911.41	19932.72	15985.92	13395.24	10708.93	241.55
		利　　润　(元)			11094.03	9248.07	7416.89	6214.91	4968.56	112.07
		一　般　风　险　费　(元)			2154.18	1795.74	1440.17	1206.78	964.77	21.76
	编码	名　称	单位	单价(元)	消　　　　耗　　　　量					
人工	001000030	石作综合工	工日	130.00	1035.664	863.337	692.391	580.182	463.831	10.462
材料	040502210	青砂石	m³	700.00	16.830	14.000	13.060	12.270	12.230	—
	341100500	煤	kg	0.34	2725.000	2275.000	1820.000	1525.000	1220.000	27.500
	002000010	其他材料费	元	—	14.98	12.49	10.63	9.35	8.30	0.09

工作内容: 调运砂浆、搭拆烘炉、截一个头、打拼缝头、稳安垫塞灌浆、净面剁斧、搭拆小型起重架、挂倒链等。

计量单位:10m³

定 额 编 号				BB0041	BB0042	BB0043	BB0044	BB0045	BB0046
项 目 名 称				台基须弥座(长度)(mm)			台基须弥座(长度)(mm)		
				无雕饰安装			有雕饰安装		
				1000以内	1500以内	1500以上	1000以内	1500以内	1500以上
综 合 单 价 (元)				**10145.16**	**9187.99**	**7707.36**	**10918.44**	**10042.07**	**8566.45**
费 用	其 中	人 工 费 (元)		7130.89	6411.21	5418.27	7734.74	7073.82	6087.51
		材 料 费 (元)		978.42	941.48	741.47	981.17	950.06	746.62
		施工机具使用费 (元)		53.08	51.58	40.89	53.08	51.58	40.89
		企 业 管 理 费 (元)		1275.87	1147.79	969.55	1383.12	1265.47	1088.40
		利 润 (元)		591.96	532.53	449.83	641.72	587.13	504.98
		一 般 风 险 费 (元)		114.94	103.40	87.35	124.61	114.01	98.05
	编码	名 称	单位	单价(元)	消	耗		量	
人工	001000030	石作综合工	工日	130.00	54.853	49.317	41.679	59.498	54.414	46.827
材料	341100500	煤	kg	0.34	202.000	170.000	117.000	210.000	195.000	130.000
	040100520	白色硅酸盐水泥	kg	0.75	4.000	3.900	3.100	4.000	3.900	4.000
	810201030	水泥砂浆 1:2(特)	m³	256.68	3.500	3.400	2.700	3.500	3.400	2.700
	002000010	其他材料费	元	—	8.36	8.04	6.33	8.39	8.12	6.38
机械	990610010	灰浆搅拌机 200L	台班	187.56	0.283	0.275	0.218	0.283	0.275	0.218

(注:表头消耗量列数为六列,对应BB0041~BB0046)

B.1.12 须弥座龙头(编码:020201014)

工作内容: 1.运石、做样板、制作、剁斧成活(或砸花捶打道)。2.带雕饰的石活,还包括画样子、雕凿花饰及扁光。

计量单位:个

定 额 编 号				BB0047	BB0048	BB0049	BB0050	BB0051	BB0052
项 目 名 称				须弥座龙头制作(露明长度)(mm)			须弥座四角龙头制作(露明长度)(mm)		
				500以内	600以内	600以上	1000以内	1200以内	1200以上
综 合 单 价 (元)				**1997.35**	**2695.30**	**3403.00**	**3752.13**	**5253.67**	**9109.99**
费 用	其 中	人 工 费 (元)		1499.68	2003.43	2500.68	2548.91	3413.93	6047.73
		材 料 费 (元)		83.77	138.93	212.13	499.72	897.50	1393.09
		施工机具使用费 (元)		—	—	—	—	—	—
		企 业 管 理 费 (元)		266.34	355.81	444.12	452.69	606.31	1074.08
		利 润 (元)		123.57	165.08	206.06	210.03	281.31	498.33
		一 般 风 险 费 (元)		23.99	32.05	40.01	40.78	54.62	96.76
	编码	名 称	单位	单价(元)	消	耗		量	
人工	001000030	石作综合工	工日	130.00	11.536	15.411	19.236	19.607	26.261	46.521
材料	341100500	煤	kg	0.34	27.750	37.470	46.720	48.010	64.290	79.870
	040502210	青砂石	m³	700.00	0.106	0.180	0.280	0.690	1.250	1.950
	002000010	其他材料费	元	—	0.13	0.19	0.25	0.40	0.64	0.93

工作内容:安装:调运砂浆、搭拆烘炉、截一个头、打拼缝头、稳安垫塞灌浆、净面剁斧、搭拆小型起重架、挂倒链等。
制作:1.运石、做样板、制作、剁斧成活(或砸花捶打道)。2.带雕饰的石活,还包括画样子、雕凿花饰及
扁光。   计量单位:个

定 额 编 号				BB0053	BB0054	BB0055	BB0056	BB0057
项 目 名 称				须弥座龙头安装(露明长度)(mm)		须弥座四角龙头安装(露明长度)(mm)		须弥座龙头打透眼制作
				600以内	600以上	1200以内	1200以上	
综 合 单 价 (元)				86.08	111.29	202.18	251.31	282.92
费用	其中	人 工 费 (元)		61.88	81.38	151.84	189.93	221.65
		材 料 费 (元)		6.89	7.20	8.19	8.72	0.09
		施工机具使用费 (元)		0.19	0.19	0.19	0.19	—
		企 业 管 理 费 (元)		11.02	14.49	27.00	33.76	39.37
		利 润 (元)		5.11	6.72	12.53	15.67	18.26
		一 般 风 险 费 (元)		0.99	1.31	2.43	3.04	3.55
编码	名 称	单位	单价(元)	消	耗		量	
人工	001000030	石作综合工	工日	130.00	0.476	0.626	1.168	1.461	1.705
材料	341100500	煤	kg	0.34	3.750	4.670	6.430	7.970	0.250
	810425010	素水泥浆	m³	479.39	0.010	0.010	0.010	0.010	—
	040100520	白色硅酸盐水泥	kg	0.75	1.000	1.000	1.500	1.500	—
	002000010	其他材料费	元	—	0.07	0.07	0.08	0.09	—
机械	990610010	灰浆搅拌机 200L	台班	187.56	0.001	0.001	0.001	0.001	—

B.2 望柱、栏杆、磴

B.2.1 石望柱(编码:020202002)

工作内容:1.运石、做样板、制作、剁斧成活(或砸花捶打道)。2.带雕饰的石活,还包括画样子、雕凿花饰及扁光。
计量单位:根

定 额 编 号				BB0058	BB0059	BB0060	BB0061	BB0062
项 目 名 称				栏杆柱(望柱)(高度)(mm)素方头制作		栏杆柱(望柱)(高度)(mm) 莲花头制作		
				800以内	1000以内	1200以内	1500以内	
综 合 单 价 (元)				961.45	1158.22	1313.16	1466.98	1982.06
费用	其中	人 工 费 (元)		729.69	865.67	1001.78	1116.18	1501.89
		材 料 费 (元)		30.36	53.63	34.88	42.74	65.64
		施工机具使用费 (元)		—	—	—	—	—
		企 业 管 理 费 (元)		129.59	153.74	177.92	198.23	266.74
		利 润 (元)		60.13	71.33	82.55	91.97	123.76
		一 般 风 险 费 (元)		11.68	13.85	16.03	17.86	24.03
编码	名 称	单位	单价(元)	消	耗		量	
人工	001000030	石作综合工	工日	130.00	5.613	6.659	7.706	8.586	11.553
材料	040502210	青砂石	m³	700.00	0.036	0.068	0.040	0.050	0.080
	341100500	煤	kg	0.34	15.000	17.500	20.000	22.500	28.000
	002000010	其他材料费	元	—	0.06	0.08	0.08	0.09	0.12

工作内容:1.运石、做样板、制作、剁斧成活(或砸花捶打道)。2.带雕饰的石活,还包括画样子、雕凿花饰及扁光。

计量单位:根

定 额 编 号					BB0063
项 目 名 称					栏杆柱(望柱)(高度)(mm)龙凤头制作
					1000 以内
综 合 单 价 (元)					**3495.05**
费用	其中	人 工 费 (元)			1085.89
		材 料 费 (元)			2109.46
		施 工 机 具 使 用 费 (元)			—
		企 业 管 理 费 (元)			192.85
		利 润 (元)			89.48
		一 般 风 险 费 (元)			17.37
	编码	名 称	单位	单价(元)	消 耗 量
人工	001000030	石作综合工	工日	130.00	8.353
材料	040502210	青砂石	m³	700.00	3.000
	341100500	煤	kg	0.34	27.500
	002000010	其他材料费	元	—	0.11

工作内容:1.运石、做样板、制作、剁斧成活(或砸花捶打道)。2.带雕饰的石活,还包括画样子、雕凿花饰及扁光。

计量单位:根

定 额 编 号				BB0064	BB0065	BB0066	BB0067	BB0068
项 目 名 称				栏杆柱(望柱)(高度)(mm)龙凤头制作		栏杆柱(望柱)(高度)(mm)狮子头制作		
				1200 以内	1500 以内	1000 以内	1200 以内	1500 以内
综 合 单 价 (元)				**2157.46**	**3167.24**	**2179.33**	**2707.51**	**3888.99**
费用	其中	人 工 费 (元)		1637.87	2387.06	1673.10	2068.95	2952.69
		材 料 费 (元)		67.53	121.36	44.46	67.53	121.36
		施 工 机 具 使 用 费 (元)		—	—	—	—	—
		企 业 管 理 费 (元)		290.89	423.94	297.14	367.45	524.40
		利 润 (元)		134.96	196.69	137.86	170.48	243.30
		一 般 风 险 费 (元)		26.21	38.19	26.77	33.10	47.24
	编码	名 称	单位	单价(元)	消 耗 量			
人工	001000030	石作综合工	工日	130.00	12.599	18.362	12.870	15.915	22.713
材料	040502210	青砂石	m³	700.00	0.080	0.150	0.050	0.080	0.150
	341100500	煤	kg	0.34	33.500	47.500	27.500	33.500	47.500
	002000010	其他材料费	元	—	0.14	0.21	0.11	0.14	0.21

工作内容：调运砂浆、搭拆烘炉、截一个头、打拼缝头、稳安垫塞灌浆、净面剁斧、搭拆小型起重架、挂倒链等。

定 额 编 号					BB0069	BB0070	BB0071	BB0072
项 目 名 称					望柱安装（高度）(mm)			石望柱安装
					1000 以内	1200 以内	1500 以内	
单 位					根			m³
综 合 单 价 （元）					**70.81**	**82.22**	**99.12**	**982.69**
费用	其中	人 工 费 （元）			54.73	63.44	76.31	762.84
		材 料 费 （元）			0.97	1.26	1.75	9.30
		施工机具使用费 （元）			—	—	—	—
		企 业 管 理 费 （元）			9.72	11.27	13.55	135.48
		利 润 （元）			4.51	5.23	6.29	62.86
		一 般 风 险 费 （元）			0.88	1.02	1.22	12.21
	编码	名 称	单位	单价（元）	消 耗 量			
人工	001000030	石作综合工	工日	130.00	0.421	0.488	0.587	5.868
材料	341100500	煤	kg	0.34	2.500	3.350	4.750	—
	040100520	白色硅酸盐水泥	kg	0.75	0.150	0.150	0.150	—
	810201040	水泥砂浆 1:2.5（特）	m³	232.40	—	—	—	0.040
	002000010	其他材料费	元	—	0.01	0.01	0.02	—

B.2.2 栏板（编码：020202004）

工作内容：1.运石、做样板、制作、剁斧成活（或砸花捶打道）。2.带雕饰的石活，还包括画样子、雕凿花饰及扁光。

计量单位：块

定 额 编 号					BB0073	BB0074	BB0075	BB0076	BB0077
项 目 名 称					寻杖栏板制作（高度）(mm)				
					500 以内	550 以内	650 以内	750 以内	850 以内
综 合 单 价 （元）					**2005.33**	**2374.26**	**2712.59**	**3132.77**	**3506.97**
费用	其中	人 工 费 （元）			1501.89	1775.28	2004.21	2278.38	2507.18
		材 料 费 （元）			88.91	109.01	155.21	225.56	307.81
		施工机具使用费 （元）			—	—	—	—	—
		企 业 管 理 费 （元）			266.74	315.29	355.95	404.64	445.28
		利 润 （元）			123.76	146.28	165.15	187.74	206.59
		一 般 风 险 费 （元）			24.03	28.40	32.07	36.45	40.11
	编码	名 称	单位	单价（元）	消 耗 量				
人工	001000030	石作综合工	工日	130.00	11.553	13.656	15.417	17.526	19.286
材料	040502210	青砂石	m³	700.00	0.112	0.138	0.202	0.300	0.415
	341100500	煤	kg	0.34	30.500	36.000	40.000	45.000	50.000
	002000010	其他材料费	元	—	0.14	0.17	0.21	0.26	0.31

工作内容:1.运石、做样板、制作、剁斧成活(或砸花捶打道)。2.带雕饰的石活,还包括画样子、雕凿花饰及扁光。

计量单位:块

定 额 编 号					BB0078	BB0079
项 目 名 称					罗汉栏板制作(高度)(mm)	
					500 以内	600 以内
综 合 单 价 (元)					**1421.90**	**1677.68**
费用	其中	人 工 费 (元)			1048.58	1231.23
		材 料 费 (元)			83.91	106.63
		施 工 机 具 使 用 费 (元)			—	—
		企 业 管 理 费 (元)			186.23	218.67
		利 润 (元)			86.40	101.45
		一 般 风 险 费 (元)			16.78	19.70
	编码	名 称	单位	单价(元)	消 耗 量	
人工	001000030	石作综合工	工日	130.00	8.066	9.471
材料	040502210	青砂石	m³	700.00	0.110	0.140
	341100500	煤	kg	0.34	20.000	25.000
	002000010	其他材料费	元	—	0.11	0.13

工作内容:调运砂浆、搭拆烘炉、截一个头、打拼缝头、稳安垫塞灌浆、净面剁斧、搭拆小型起重架、挂倒链等。

定 额 编 号					BB0080	BB0081	BB0082	BB0083	BB0084
项 目 名 称					栏板安装(高度)(mm)				栏板及面枋安装
					600 以内	650 以内	750 以内	850 以内	
单 位					块				m³
综 合 单 价 (元)					**103.65**	**137.98**	**168.34**	**189.76**	**892.79**
费用	其中	人 工 费 (元)			76.31	102.96	126.62	143.26	692.25
		材 料 费 (元)			6.04	6.36	6.53	6.71	9.48
		施 工 机 具 使 用 费 (元)			0.19	0.19	0.19	0.19	—
		企 业 管 理 费 (元)			13.59	18.32	22.52	25.48	122.94
		利 润 (元)			6.30	8.50	10.45	11.82	57.04
		一 般 风 险 费 (元)			1.22	1.65	2.03	2.30	11.08
	编码	名 称	单位	单价(元)	消 耗 量				
人工	001000030	石作综合工	工日	130.00	0.587	0.792	0.974	1.102	5.325
材料	341100500	煤	kg	0.34	3.050	4.000	4.500	5.000	—
	810425010	素水泥浆	m³	479.39	0.010	0.010	0.010	0.010	—
	040100520	白色硅酸盐水泥	kg	0.75	0.200	0.200	0.200	0.200	—
	810201040	水泥砂浆 1:2.5(特)	m³	232.40	—	—	—	—	0.040
	002000010	其他材料费	元	—	0.06	0.06	0.06	0.07	0.18
机械	990610010	灰浆搅拌机 200L	台班	187.56	0.001	0.001	0.001	0.001	—

B.2.3 撑鼓(编码:020202005)

工作内容:1.运石、做样板、制作、剁斧成活(或砸花捶打道)。2.带雕饰的石活,还包括画样子、雕凿花饰及扁光。

计量单位:块

定 额 编 号					BB0085	BB0086	BB0087	BB0088
项 目 名 称					撑鼓有雕饰制作(高度)(mm)			
					500 以内	550 以内	650 以内	850 以内
综 合 单 价 (元)					**1829.38**	**2203.28**	**2595.05**	**3045.10**
费用	其中	人 工 费 (元)			1365.91	1641.12	1913.47	2144.48
		材 料 费 (元)			86.48	109.21	153.46	308.74
		施工机具使用费 (元)			—	—	—	—
		企 业 管 理 费 (元)			242.59	291.46	339.83	380.86
		利 润 (元)			112.55	135.23	157.67	176.71
		一 般 风 险 费 (元)			21.85	26.26	30.62	34.31
	编码	名 称	单位	单价(元)	消 耗 量			
人工	001000030	石作综合工	工日	130.00	10.507	12.624	14.719	16.496
材料	040502210	青砂石	m³	700.00	0.110	0.140	0.200	0.420
	341100500	煤	kg	0.34	27.500	32.500	39.000	42.500
	002000010	其他材料费	元	—	0.13	0.16	0.20	0.29

工作内容:调运砂浆、搭拆烘炉、截一个头、打拼缝头、稳安垫塞灌浆、净面剁斧、搭拆小型起重架、挂倒链等。

计量单位:块

定 额 编 号					BB0089	BB0090	BB0091
项 目 名 称					撑鼓安装(高度)(mm)		
					550 以内	650 以内	850 以内
综 合 单 价 (元)					**96.59**	**173.68**	**178.78**
费用	其中	人 工 费 (元)			74.75	134.94	138.84
		材 料 费 (元)			1.20	1.49	1.62
		施工机具使用费 (元)			—	—	—
		企 业 管 理 费 (元)			13.28	23.97	24.66
		利 润 (元)			6.16	11.12	11.44
		一 般 风 险 费 (元)			1.20	2.16	2.22
	编码	名 称	单位	单价(元)	消 耗 量		
人工	001000030	石作综合工	工日	130.00	0.575	1.038	1.068
材料	341100500	煤	kg	0.34	3.050	3.900	4.250
	040100520	白色硅酸盐水泥	kg	0.75	0.200	0.200	0.200
	002000010	其他材料费	元	—	0.01	0.01	0.02

B.3 柱、梁、枋(编码:020203)

B.3.1 柱(编码:020203001)

工作内容:1.运石、做样板、制作、剁斧成活(或砸花捶打道)。2.带雕饰的石活,还包括画样子、雕凿花饰及扁光。

计量单位:10m³

定 额 编 号				BB0092	BB0093	BB0094	BB0095
项 目 名 称				圆柱制作(直径)(mm)		方柱制作(截面)(mm)	
				300以内	300以上	300×300以内	400×400以内
费用	综 合 单 价 (元)			86566.68	78714.84	95678.22	63116.61
	其中	人 工 费 (元)		59959.12	54008.24	67883.40	43328.74
		材 料 费 (元)		10058.84	9800.33	9059.01	7829.14
		施工机具使用费 (元)		—	—	—	—
		企 业 管 理 费 (元)		10648.74	9591.86	12056.09	7695.18
		利 润 (元)		4940.63	4450.28	5593.59	3570.29
		一 般 风 险 费 (元)		959.35	864.13	1086.13	693.26
	编码	名 称	单位	单价(元)	消 耗	量	
人工	001000030	石作综合工	工日	130.00	461.224	415.448	522.180	333.298
材料	040502210	青砂石	m³	700.00	14.180	13.820	12.730	11.050
	341100500	煤	kg	0.34	372.800	354.200	418.400	263.200
	002000010	其他材料费	元	—	6.09	5.90	5.75	4.65

工作内容:制作:1.运石、做样板、制作、剁斧成活(或砸花捶打道)。2.带雕饰的石活,还包括画样子、雕凿花饰及扁光。
安装:调运砂浆、搭拆烘炉、截一个头、打拼缝头、稳安垫塞灌浆、净面剁斧、搭拆小型起重架、挂倒链等。

计量单位:10m³

定 额 编 号				BB0096	BB0097	BB0098
项 目 名 称				方柱制作(截面)(mm)		方柱、圆柱安装
				500×500以内	600×600以内	
费用	综 合 单 价 (元)			48044.47	45000.60	13143.35
	其中	人 工 费 (元)		31764.46	29389.10	10197.33
		材 料 费 (元)		7513.02	7500.11	125.81
		施工机具使用费 (元)		—	—	4.50
		企 业 管 理 费 (元)		5641.37	5219.50	1811.85
		利 润 (元)		2617.39	2421.66	840.63
		一 般 风 险 费 (元)		508.23	470.23	163.23
	编码	名 称	单位	单价(元)	消 耗	量	
人工	001000030	石作综合工	工日	130.00	244.342	226.070	78.441
材料	040502210	青砂石	m³	700.00	10.620	10.620	—
	341100500	煤	kg	0.34	219.600	182.000	140.000
	810201030	水泥砂浆 1:2(特)	m³	256.68	—	—	0.300
	002000010	其他材料费	元	—	4.36	4.23	1.21
机械	990610010	灰浆搅拌机 200L	台班	187.56	—	—	0.024

B.3.2　梁(编码:020203002)

工作内容:制作:1.运石、做样板、制作、剁斧成活(或砸花捶打道)。2.带雕饰的石活,还包括画样子、雕凿花饰及扁光。

安装:调运砂浆、搭拆烘炉、截一个头、打拼缝头、稳安垫塞灌浆、净面剁斧、搭拆小型起重架、挂倒链等。

计量单位:m³

定　额　编　号					BB0099	BB0100	BB0101
项　目　名　称					矩形梁枋制作(截面)(mm)		梁、枋安装
					300×500 以内,长度 4000mm 以内	300×500 以上,长度 4000mm 以内	
综　合　单　价　(元)					**8301.61**	**9894.95**	**2172.57**
费用	其中	人　工　费　(元)			5797.35	6881.16	274.56
		材　料　费　(元)			904.19	1114.59	261.58
		施 工 机 具 使 用 费　(元)			—	—	1223.08
		企 业 管 理 费　(元)			1029.61	1222.09	265.98
		利　　润　(元)			477.70	567.01	123.41
		一 般 风 险 费　(元)			92.76	110.10	23.96
	编码	名　称	单位	单价(元)	消　耗　量		
人工	001000030	石作综合工	工日	130.00	44.595	52.932	2.112
材料	040502210	青砂石	m³	700.00	1.290	1.590	—
	341100500	煤	kg	0.34	3.230	4.340	—
	810201030	水泥砂浆 1:2(特)	m³	256.68	—	—	1.000
	002000010	其他材料费	元	—	0.09	0.11	4.90
机械	990610010	灰浆搅拌机 200L	台班	187.56	—	—	6.521

B.4　墙身石活及门窗石、槛石(编码:020204)

B.4.1　角柱(编码:020204001)

工作内容:制作:1.运石、做样板、制作、剁斧成活(或砸花捶打道)。2.带雕饰的石活,还包括画样子、雕凿花饰及扁光。

安装:调运砂浆、搭拆烘炉、截一个头、打拼缝头、稳安垫塞灌浆、净面剁斧、搭拆小型起重架、挂倒链等。

计量单位:10m³

定　额　编　号					BB0102	BB0103
项　目　名　称					角柱制作	角柱安装
综　合　单　价　(元)					**43438.37**	**9619.07**
费用	其中	人　工　费　(元)			27518.79	6656.13
		材　料　费　(元)			8324.39	1052.37
		施 工 机 具 使 用 费　(元)			—	57.58
		企 业 管 理 费　(元)			4887.34	1192.36
		利　　润　(元)			2267.55	553.21
		一 般 风 险 费　(元)			440.30	107.42
	编码	名　称	单位	单价(元)	消　耗　量	
人工	001000030	石作综合工	工日	130.00	211.683	51.201
材料	040502210	青砂石	m³	700.00	11.560	—
	341100500	煤	kg	0.34	665.000	200.000
	810201030	水泥砂浆 1:2(特)	m³	256.68	—	3.800
	002000010	其他材料费	元	—	6.29	8.99
机械	990610010	灰浆搅拌机 200L	台班	187.56	—	0.307

B.4.2 压砖板(编码:020204002)

工作内容:制作:1.运石、做样板、制作、剁斧成活(或砸花捶打道)。2.带雕饰的石活,还包括画样子、雕凿花饰及扁光。

安装:调运砂浆、搭拆烘炉、截一个头、打拼缝头、稳安垫塞灌浆、净面剁斧、搭拆小型起重架、挂倒链等。

计量单位:10m³

定 额 编 号					BB0104	BB0105
项 目 名 称					压砖板 (窗平盘)制作	压砖板安装
综 合 单 价 (元)					**28575.19**	**9760.43**
费 用	其 中	人 工 费 (元)			15674.23	6907.81
		材 料 费 (元)			8574.87	888.15
		施 工 机 具 使 用 费 (元)			—	45.39
		企 业 管 理 费 (元)			2783.74	1234.89
		利 润 (元)			1291.56	572.94
		一 般 风 险 费 (元)			250.79	111.25
	编 码	名 称	单位	单价(元)	消 耗 量	
人工	001000030	石作综合工	工日	130.00	120.571	53.137
材 料	040502210	青砂石	m³	700.00	12.060	—
	341100500	煤	kg	0.34	375.000	325.000
	810201030	水泥砂浆 1:2(特)	m³	256.68	—	3.000
	002000010	其他材料费	元	—	5.37	7.61
机械	990610010	灰浆搅拌机 200L	台班	187.56	—	0.242

B.4.3 腰线石(编码:020204003)

工作内容:制作:1.运石、做样板、制作、剁斧成活(或砸花捶打道)。2.带雕饰的石活,还包括画样子、雕凿花饰及扁光。

安装:调运砂浆、搭拆烘炉、截一个头、打拼缝头、稳安垫塞灌浆、净面剁斧、搭拆小型起重架、挂倒链等。

计量单位:10m³

定 额 编 号					BB0106	BB0107
项 目 名 称					腰线石制作	腰线石安装
综 合 单 价 (元)					**45354.57**	**9760.43**
费 用	其 中	人 工 费 (元)			28367.56	6907.81
		材 料 费 (元)			9157.56	888.15
		施 工 机 具 使 用 费 (元)			—	45.39
		企 业 管 理 费 (元)			5038.08	1234.89
		利 润 (元)			2337.49	572.94
		一 般 风 险 费 (元)			453.88	111.25
	编 码	名 称	单位	单价(元)	消 耗 量	
人工	001000030	石作综合工	工日	130.00	218.212	53.137
材 料	040502210	青砂石	m³	700.00	12.740	—
	341100500	煤	kg	0.34	685.000	325.000
	810201030	水泥砂浆 1:2(特)	m³	256.68	—	3.000
	002000010	其他材料费	元	—	6.66	7.61
机械	990610010	灰浆搅拌机 200L	台班	187.56	—	0.242

B.4.4 挑檐石(编码:020204004)

工作内容:制作:1.运石、做样板、制作、剁斧成活(或砸花捶打道)。2.带雕饰的石活,还包括画样子、雕凿花饰及扁光。

安装:调运砂浆、搭拆烘炉、截一个头、打拼缝头、稳安垫塞灌浆、净面剁斧、搭拆小型起重架、挂倒链等。

计量单位:10m³

定 额 编 号					BB0108	BB0109
项 目 名 称					挑檐石制作	挑檐石安装
综 合 单 价 (元)					**61811.66**	**10801.43**
费用	其中	人 工 费 (元)			41550.73	7390.89
		材 料 费 (元)			8792.93	1280.19
		施 工 机 具 使 用 费 (元)			—	70.90
		企 业 管 理 费 (元)			7379.41	1325.21
		利 润 (元)			3423.78	614.85
		一 般 风 险 费 (元)			664.81	119.39
	编码	名 称	单位	单价(元)	消 耗 量	
人工	001000030	石作综合工	工日	130.00	319.621	56.853
材料	040502210	青砂石	m³	700.00	12.060	—
	341100500	煤	kg	0.34	1010.000	200.000
	810201030	水泥砂浆 1:2(特)	m³	256.68	—	4.680
	002000010	其他材料费	元	—	7.53	10.93
机械	990610010	灰浆搅拌机 200L	台班	187.56	—	0.378

B.4.5 门窗券石及券脸(编码:020204005)

工作内容:制作:1.运石、做样板、制作、剁斧成活(或砸花捶打道)。2.带雕饰的石活,还包括画样子、雕凿花饰及扁光。

安装:调运砂浆、搭拆烘炉、截一个头、打拼缝头、稳安垫塞灌浆、净面剁斧、搭拆小型起重架、挂倒链等。

定 额 编 号					BB0110	BB0111	BB0112	BB0113	BB0114
项 目 名 称					门窗碹石制作		碹脸雕刻制作		门窗碹石安装
					碹石	碹脸石	卷草卷云	莲花龙凤	
单 位					10m³		m²		10m³
综 合 单 价 (元)					**48642.56**	**69401.28**	**1666.06**	**2225.96**	**15441.57**
费用	其中	人 工 费 (元)			31110.17	47294.39	1298.96	1736.41	11967.02
		材 料 费 (元)			8945.98	9053.64	8.59	10.30	168.54
		施 工 机 具 使 用 费 (元)			—	—	—	—	2.44
		企 业 管 理 费 (元)			5525.17	8399.48	230.70	308.39	2125.78
		利 润 (元)			2563.48	3897.06	107.03	143.08	986.28
		一 般 风 险 费 (元)			497.76	756.71	20.78	27.78	191.51
	编码	名 称	单位	单价(元)	消 耗 量				
人工	001000030	石作综合工	工日	130.00	239.309	363.803	9.992	13.357	92.054
材料	040502210	青砂石	m³	700.00	12.420	12.420	—	—	—
	341100500	煤	kg	0.34	721.500	1035.000	25.000	30.000	362.500
	810201030	水泥砂浆 1:2(特)	m³	256.68	—	—	—	—	0.170
	002000010	其他材料费	元	—	6.67	7.74	0.09	0.10	1.65
机械	990610010	灰浆搅拌机 200L	台班	187.56	—	—	—	—	0.013

B.4.6 石窗(编码:020204006)

工作内容:制作:1.打天地座,镶缝,逗缝,调、运铺砂浆,运石。2.砌筑,平整墙角及门窗洞口处的石料加工。
安装:调运砂浆、搭拆烘炉、截一个头、打拼缝头、稳安垫塞灌浆、净面剁斧、搭拆小型起重架、挂倒链等。

定 额 编 号				BB0115	BB0116	BB0117
项 目 名 称				菱花窗制作成型	菱花窗雕刻	菱花窗安装
单 位				m³	m²	m³
	综 合 单 价 (元)			**3826.16**	**2141.27**	**1054.66**
费用	其中	人 工 费 (元)		2195.57	1664.52	796.64
		材 料 费 (元)		1024.62	17.34	38.15
		施 工 机 具 使 用 费 (元)		—	—	—
		企 业 管 理 费 (元)		389.93	295.62	141.48
		利 润 (元)		180.91	137.16	65.64
		一 般 风 险 费 (元)		35.13	26.63	12.75
	编码	名 称	单位	单价(元)	消 耗 量	
人工	001000030	石作综合工	工日	130.00	16.889	12.804	6.128
材料	040502210	青砂石	m³	700.00	1.427	—	—
	341100500	煤	kg	0.34	75.000	50.000	55.700
	810201030	水泥砂浆 1:2（特）	m³	256.68	—	—	0.072
	002000010	其他材料费	元	—	0.22	0.34	0.73

B.4.7 墙帽(编码:020204007)

工作内容:制作:1.运石、做样板、制作、剁斧成活(或砸花捶打道)。2.带雕饰的石活,还包括画样子、雕凿花饰及扁光。
安装:调运砂浆、搭拆烘炉、截一个头、打拼缝头、稳安垫塞灌浆、净面剁斧、搭拆小型起重架、挂倒链等。

计量单位:10m³

定 额 编 号				BB0118	BB0119	BB0120
项 目 名 称				墙帽(压顶)制作		墙帽(压顶)安装
				不出檐带八字	出檐带扣脊瓦	
	综 合 单 价 (元)			**46542.58**	**58004.46**	**8624.15**
费用	其中	人 工 费 (元)		29950.96	38881.83	6555.51
		材 料 费 (元)		8325.15	8391.25	249.27
		施 工 机 具 使 用 费 (元)		—	—	7.88
		企 业 管 理 费 (元)		5319.29	6905.41	1165.66
		利 润 (元)		2467.96	3203.86	540.82
		一 般 风 险 费 (元)		479.22	622.11	105.01
	编码	名 称	单位	单价(元)	消 耗 量	
人工	001000030	石作综合工	工日	130.00	230.392	299.091	50.427
材料	040502210	青砂石	m³	700.00	11.560	11.560	—
	341100500	煤	kg	0.34	667.500	860.000	333.500
	810201030	水泥砂浆 1:2（特）	m³	256.68	—	—	0.520
	002000010	其他材料费	元	—	6.20	6.85	2.41
机械	990610010	灰浆搅拌机 200L	台班	187.56			0.042

B.4.8 墙帽与角柱联做(编码:020204008)

工作内容:1.运石、做样板、制作、剁斧成活(或砸花捶打道)。2.带雕饰的石活,还包括画样子、雕凿花饰及扁光。

计量单位:10m³

定 额 编 号					BB0121	
项 目 名 称					墙帽与角柱联做制作	
综 合 单 价 (元)					**69682.43**	
费用	其中	人 工 费 (元)			46372.43	
		材 料 费 (元)			10511.21	
		施 工 机 具 使 用 费 (元)			—	
		企 业 管 理 费 (元)			8235.74	
		利 润 (元)			3821.09	
		一 般 风 险 费 (元)			741.96	
	编码	名 称	单位	单价(元)	消 耗 量	
人工	001000030	石作综合工	工日	130.00	356.711	
材料	040502210	青砂石	m³	700.00	14.270	
	341100500	煤	kg	0.34	1530.000	
	002000010	其他材料费	元	—	2.01	

B.4.9 槛垫石、过门石、分心石(编码:020204009)

工作内容:制作:1.运石、做样板、制作、剁斧成活(或砸花捶打道)。2.带雕饰的石活,还包括画样子、雕凿花饰及扁光。
安装:调运砂浆、搭拆烘炉、截一个头、打拼缝头、稳安垫塞灌浆、净面剁斧、搭拆小型起重架、挂倒链等。

计量单位:10m³

定 额 编 号					BB0122	BB0123
项 目 名 称					槛垫石 过门石 分心石制作	槛垫石 过门石 分心石安装
综 合 单 价 (元)					**21223.17**	**6171.57**
费用	其中	人 工 费 (元)			10549.63	4383.21
		材 料 费 (元)			7761.85	540.07
		施 工 机 具 使 用 费 (元)			—	30.20
		企 业 管 理 费 (元)			1873.61	783.82
		利 润 (元)			869.29	363.66
		一 般 风 险 费 (元)			168.79	70.61
	编码	名 称	单位	单价(元)	消 耗 量	
人工	001000030	石作综合工	工日	130.00	81.151	33.717
材料	040502210	青砂石	m³	700.00	10.980	—
	341100500	煤	kg	0.34	210.000	65.000
	810201030	水泥砂浆 1:2(特)	m³	256.68	—	2.000
	002000010	其他材料费	元	—	4.45	4.61
机械	990610010	灰浆搅拌机 200L	台班	187.56	—	0.161

B.4.10 月洞门元宝石(编码:020204010)

工作内容:制作:1.运石、做样板、制作、剁斧成活(或砸花捶打道)。2.带雕饰的石活,还包括画样子、雕凿花饰及扁光。
安装:调运砂浆、搭拆烘炉、截一个头、打拼缝头、稳安垫塞灌浆、净面剁斧、搭拆小型起重架、挂倒链等。

计量单位:块

定 额 编 号				BB0124	BB0125
项 目 名 称				月洞门元宝石制作	月洞门元宝石安装
综 合 单 价 (元)				**633.22**	**114.80**
费用	其中	人 工 费 (元)		400.79	84.89
		材 料 费 (元)		121.81	6.00
		施 工 机 具 使 用 费 (元)		—	0.38
		企 业 管 理 费 (元)		71.18	15.14
		利 润 (元)		33.03	7.03
		一 般 风 险 费 (元)		6.41	1.36
	编码	名 称	单位	单价(元)	消 耗 量
人工	001000030	石作综合工	工日	130.00	3.083	0.653
材料	341100500	煤	kg	0.34	8.000	2.400
	040502210	青砂石	m³	700.00	0.170	—
	810201030	水泥砂浆 1:2 (特)	m³	256.68	—	0.020
	002000010	其他材料费	元	—	0.09	0.05
机械	990610010	灰浆搅拌机 200L	台班	187.56	—	0.002

B.4.11 门枕石(编码:020204011)

工作内容:制作:1.运石、做样板、制作、剁斧成活(或砸花捶打道)。2.带雕饰的石活,还包括画样子、雕凿花饰及扁光。
安装:调运砂浆、搭拆烘炉、截一个头、打拼缝头、稳安垫塞灌浆、净面剁斧、搭拆小型起重架、挂倒链等。

计量单位:块

定 额 编 号				BB0126	BB0127	BB0128	BB0129	BB0130	BB0131
项 目 名 称				门枕石制作(长度)(mm)				门枕石安装(长度)(mm)	
				600以内	800以内	1000以内	1000以上	800以内	800以上
综 合 单 价 (元)				**261.79**	**458.99**	**669.54**	**1013.59**	**67.18**	**107.12**
费用	其中	人 工 费 (元)		182.13	319.54	456.30	680.81	49.66	80.60
		材 料 费 (元)		29.39	51.26	87.30	144.88	3.57	4.03
		施 工 机 具 使 用 费 (元)		—	—	—	—	0.19	0.19
		企 业 管 理 费 (元)		32.35	56.75	81.04	120.91	8.85	14.35
		利 润 (元)		15.01	26.33	37.60	56.10	4.11	6.66
		一 般 风 险 费 (元)		2.91	5.11	7.30	10.89	0.80	1.29
	编码	名 称	单位	单价(元)	消 耗 量				
人工	001000030	石作综合工	工日	130.00	1.401	2.458	3.510	5.237	0.382	0.620
材料	040502210	青砂石	m³	700.00	0.040	0.070	0.120	0.200	—	—
	341100500	煤	kg	0.34	4.000	6.500	9.500	14.000	2.850	4.200
	810201030	水泥砂浆 1:2 (特)	m³	256.68	—	—	—	—	0.010	0.010
	002000010	其他材料费	元	—	0.03	0.05	0.07	0.12	0.03	0.04
机械	990610010	灰浆搅拌机 200L	台班	187.56	—	—	—	—	0.001	0.001

B.4.12 门鼓石(编码:020204012)

工作内容:1.运石、做样板、制作、剁斧成活(或砸花捶打道)。2.带雕饰的石活,还包括画样子、雕凿花饰及扁光。

计量单位:块

定 额 编 号				BB0132	BB0133	BB0134	BB0135	BB0136	BB0137
项 目 名 称				门鼓石(带雕饰)					
				幞头鼓制作(高度)(mm)			圆鼓制作(高度)(mm)		
				600以内	800以内	1000以内	800以内	1000以内	1200以内
综 合 单 价 (元)				1783.71	2640.02	3635.47	2989.10	4217.33	5474.18
费用	其中	人 工 费 (元)		1362.92	1997.71	2724.54	2269.67	3177.85	4087.46
		材 料 费 (元)		44.63	90.95	158.96	93.01	162.39	258.58
		施工机具使用费 (元)		—	—	—	—	—	—
		企 业 管 理 费 (元)		242.05	354.79	483.88	403.09	564.39	725.93
		利 润 (元)		112.30	164.61	224.50	187.02	261.85	336.81
		一 般 风 险 费 (元)		21.81	31.96	43.59	36.31	50.85	65.40
	编码	名 称	单位	单价(元)	消		耗		量
人工	001000030	石作综合工	工日	130.00	10.484	15.367	20.958	17.459	24.445	31.442
材料	040502210	青砂石	m³	700.00	0.050	0.110	0.200	0.110	0.200	0.330
	341100500	煤	kg	0.34	28.000	40.500	55.000	46.500	65.000	80.000
	002000010	其他材料费	元	—		0.11	0.18	0.26	0.20	0.29	0.38

工作内容:调运砂浆、搭拆烘炉、截一个头、打拼缝头、稳安垫塞灌浆、净面剁斧、搭拆小型起重架、挂倒链等。

计量单位:块

定 额 编 号				BB0138	BB0139	BB0140	BB0141
项 目 名 称				门鼓石安装(长度)(mm)			
				圆鼓1000以内	圆鼓1000以上	幞头鼓800以内	幞头鼓800以上
综 合 单 价 (元)				83.68	152.27	49.64	83.68
费用	其中	人 工 费 (元)		62.66	114.40	36.01	62.66
		材 料 费 (元)		3.48	6.06	3.45	3.48
		施工机具使用费 (元)		0.19	0.19	0.19	0.19
		企 业 管 理 费 (元)		11.16	20.35	6.43	11.16
		利 润 (元)		5.18	9.44	2.98	5.18
		一 般 风 险 费 (元)		1.01	1.83	0.58	1.01
	编码	名 称	单位	单价(元)	消	耗	量
人工	001000030	石作综合工	工日	130.00	0.482	0.880	0.277	0.482
材料	341100500	煤	kg	0.34	2.600	3.300	2.500	2.600
	810201040	水泥砂浆1:2.5(特)	m³	232.40	—	0.010	—	—
	810201030	水泥砂浆1:2(特)	m³	256.68	0.010	0.010	0.010	0.010
	002000010	其他材料费	元	—	0.03	0.05	0.03	0.03
机械	990610010	灰浆搅拌机 200L	台班	187.56	0.001	0.001	0.001	0.001

B.4.13 石门框(编码:020204013)

工作内容:制作:1.运石、做样板、制作、剁斧成活(或砸花捶打道)。2.带雕饰的石活,还包括画样子、雕凿花饰及
扁光。

安装:调运砂浆、搭拆烘炉、截一个头、打拼缝头、稳安垫塞灌浆、净面剁斧、搭拆小型起重架、挂倒链等。

计量单位:m³

定 额 编 号				BB0142	BB0143	BB0144	BB0145
项 目 名 称				石门框制作净宽		石门制作净孔	石门框安装
				1.5 米	3 米	2.2 米	
综 合 单 价 (元)				**13211.21**	**11705.33**	**18015.58**	**863.66**
费用	其中	人 工 费 (元)		9725.04	8439.08	12952.68	659.23
		材 料 费 (元)		802.06	937.06	1487.96	2.62
		施 工 机 具 使 用 费 (元)		—	—	—	15.57
		企 业 管 理 费 (元)		1727.17	1498.78	2300.40	119.84
		利 润 (元)		801.34	695.38	1067.30	55.60
		一 般 风 险 费 (元)		155.60	135.03	207.24	10.80
	编码	名 称	单位	单价(元)	消 耗		量
人工	001000030	石作综合工	工日	130.00	74.808	64.916	99.636	5.071
材料	040502210	青砂石	m³	700.00	1.142	1.335	2.120	—
	341100500	煤	kg	0.34	5.450	4.750	7.270	—
	810201030	水泥砂浆 1:2(特)	m³	256.68	—	—	—	0.010
	002000010	其他材料费	元	—	0.81	0.94	1.49	0.05
机械	990610010	灰浆搅拌机 200L	台班	187.56	—	—	—	0.083

B.4.14 石窗框(编码:020204014)

工作内容:制作:1.运石、做样板、制作、剁斧成活(或砸花捶打道)。2.带雕饰的石活,还包括画样子、雕凿花饰及
扁光。

安装:调运砂浆、搭拆烘炉、截一个头、打拼缝头、稳安垫塞灌浆、净面剁斧、搭拆小型起重架、挂倒链等。

计量单位:m³

定 额 编 号				BB0146	BB0147	BB0148
项 目 名 称				石窗框矩形周长 5 米以内制作	石窗框曲弧形周长 5 米以内制作	石窗框安装
综 合 单 价 (元)				**9551.75**	**11807.36**	**641.94**
费用	其中	人 工 费 (元)		6485.31	8164.91	479.31
		材 料 费 (元)		1276.50	1388.93	10.47
		施 工 机 具 使 用 费 (元)		—	—	15.57
		企 业 管 理 费 (元)		1151.79	1450.09	87.89
		利 润 (元)		534.39	672.79	40.78
		一 般 风 险 费 (元)		103.76	130.64	7.92
	编码	名 称	单位	单价(元)	消 耗		量
人工	001000030	石作综合工	工日	130.00	49.887	62.807	3.687
材料	040502210	青砂石	m³	700.00	1.820	1.980	—
	341100500	煤	kg	0.34	3.640	4.550	—
	810201030	水泥砂浆 1:2(特)	m³	256.68	—	—	0.040
	002000010	其他材料费	元	—	1.26	1.38	0.20
机械	990610010	灰浆搅拌机 200L	台班	187.56	—	—	0.083

B.5 石屋面、拱圈石、拱眉石及石斗拱

B.5.1 石斗拱(编码:020205004)

工作内容: 制作:1.运石、做样板、制作、剁斧成活(或砸花捶打道)。2.带雕饰的石活,还包括画样子、雕凿花饰及扁光。

安装:调运砂浆、搭拆烘炉、截一个头、打拼缝头、稳安垫塞灌浆、净面剁斧、搭拆小型起重架、挂倒链等。

计量单位:m³

定 额 编 号					BB0149	BB0150
项 目 名 称					石斗拱制作	石斗拱安装
综 合 单 价 (元)					24615.14	1544.26
费用	其中	人 工 费 (元)			18616.00	1196.65
		材 料 费 (元)			861.12	16.86
		施工机具使用费 (元)			—	0.38
		企 业 管 理 费 (元)			3306.20	212.59
		利 润 (元)			1533.96	98.63
		一 般 风 险 费 (元)			297.86	19.15
	编码	名 称	单位	单价(元)	消 耗 量	
人工	001000030	石作综合工	工日	130.00	143.200	9.205
材料	040502210	青砂石	m³	700.00	1.150	—
	341100500	煤	kg	0.34	159.560	36.250
	810201030	水泥砂浆 1:2(特)	m³	256.68	—	0.017
	002000010	其他材料费	元	—	1.87	0.17
机械	990610010	灰浆搅拌机 200L	台班	187.56	—	0.002

B.6 石作配件(编码:020206)

B.6.1 柱顶石(编码:020206001)

工作内容: 1.运石、做样板、制作、剁斧成活(或砸花捶打道)。2.带雕饰的石活,还包括画样子、雕凿花饰及扁光。

计量单位:10m³

定 额 编 号				BB0151	BB0152	BB0153	BB0154	BB0155	BB0156
项 目 名 称				柱顶石 无鼓径制作	柱顶石 方鼓径制作(柱顶宽度)(mm)				
					300 以内	400 以内	500 以内	600 以内	600 以上
综 合 单 价 (元)				25227.00	46403.95	38535.20	30630.29	25516.59	22267.49
费用	其中	人 工 费 (元)		14053.78	28555.41	23122.06	17660.37	14011.79	11722.10
		材 料 费 (元)		7294.38	9967.24	9031.45	8095.66	7637.55	7310.10
		施 工 机 具 使 用 费 (元)		—	—	—	—	—	—
		企 业 管 理 费 (元)		2495.95	5071.44	4106.48	3136.48	2488.49	2081.84
		利 润 (元)		1158.03	2352.97	1905.26	1455.21	1154.57	965.90
		一 般 风 险 费 (元)		224.86	456.89	369.95	282.57	224.19	187.55
	编码	名 称	单位	单价(元)	消	耗		量	
人工	001000030	石作综合工	工日	130.00	108.106	219.657	177.862	135.849	107.783	90.170
材料	040502210	青砂石	m³	700.00	10.250	13.890	12.620	11.350	10.740	10.300
	341100500	煤	kg	0.34	337.500	697.500	562.500	427.500	337.500	281.300
	002000010	其他材料费	元	—	4.63	7.09	6.20	5.31	4.80	4.46

工作内容:1.运石、做样板、制作、剁斧成活(或砸花捶打道)。2.带雕饰的石活,还包括画样子、雕凿花饰及扁光。

计量单位:10m³

定额编号				BB0157	BB0158	BB0159	BB0160	BB0161	BB0162
项目名称				柱顶石 圆鼓径制作(直径)(mm)					
				400以内	500以内	600以内	800以内	1000以内	1000以上
综合单价(元)				32304.34	28475.19	24646.02	21551.18	18155.45	15732.42
费用	其中	人工费(元)		18631.47	15982.85	13334.23	10455.64	8160.88	6476.73
		材料费(元)		8530.59	8081.07	7631.54	8209.79	7742.17	7468.11
		施工机具使用费(元)		—	—	—	—	—	—
		企业管理费(元)		3308.95	2838.55	2368.16	1856.92	1449.37	1150.27
		利润(元)		1535.23	1316.99	1098.74	861.54	672.46	533.68
		一般风险费(元)		298.10	255.73	213.35	167.29	130.57	103.63
	编码	名称	单位	单价(元)	消		耗	量	
人工	001000030	石作综合工	工日	130.00	143.319	122.945	102.571	80.428	62.776	49.821
材料	040502210	青砂石	m³	700.00	11.960	11.350	10.740	11.600	10.960	10.590
	341100500	煤	kg	0.34	450.000	385.000	320.000	250.000	193.500	150.000
	002000010	其他材料费	元	—	5.59	5.17	4.74	4.79	4.38	4.11

工作内容:1.运石、做样板、制作、剁斧成活(或砸花捶打道)。2.带雕饰的石活,还包括画样子、雕凿花饰及扁光。

计量单位:10m³

定额编号				BB0163	BB0164	BB0165	BB0166
项目名称				柱顶石 带雕饰莲瓣制作(宽度)(mm)			
				600以内	800以内	1000以内	1000以上
综合单价(元)				124822.13	98898.68	77902.96	63686.18
费用	其中	人工费(元)		90249.12	70300.75	54858.05	43954.43
		材料费(元)		9664.25	9194.93	7904.09	7600.32
		施工机具使用费(元)		—	—	—	—
		企业管理费(元)		16028.24	12485.41	9742.79	7806.31
		利润(元)		7436.53	5792.78	4520.30	3621.85
		一般风险费(元)		1443.99	1124.81	877.73	703.27
	编码	名称	单位	单价(元)	消	耗	量	
人工	001000030	石作综合工	工日	130.00	694.224	540.775	421.985	338.111
材料	040502210	青砂石	m³	700.00	13.260	12.710	10.960	10.590
	341100500	煤	kg	0.34	1100.000	855.000	665.000	535.000
	002000010	其他材料费	元	—	8.25	7.23	5.99	5.42

工作内容: 制作:1.运石、做样板、制作、剁斧成活(或砸花捶打道)。2.带雕饰的石活,还包括画样子、雕凿花饰及扁光。
安装:调运砂浆、搭拆烘炉、截一个头、打拼缝头、稳安垫塞灌浆、净面剁斧、搭拆小型起重架、挂倒链等。

定 额 编 号				BB0167	BB0168	BB0169	BB0170	BB0171
项 目 名 称				柱顶石、礩磴安装(截面)(mm)		柱顶打套顶榫眼制作(柱顶宽度)(mm)		
				500 以内	500 以上	450 以内	650 以内	1000 以内
单 位				10m³		个		
综 合 单 价 (元)				8733.76	7560.08	88.94	264.45	440.78
费用	其中	人 工 费 (元)		6124.43	5346.12	69.03	206.57	344.76
		材 料 费 (元)		859.15	690.09	0.86	0.86	0.86
		施工机具使用费 (元)		46.89	37.89	—	—	—
		企 业 管 理 费 (元)		1096.03	956.20	12.26	36.69	61.23
		利 润 (元)		508.52	443.64	5.69	17.02	28.41
		一 般 风 险 费 (元)		98.74	86.14	1.10	3.31	5.52
	编码	名 称	单位	单价(元)	消	耗	量	
人工	001000030	石作综合工	工日	130.00	47.111	41.124	0.531	1.589	2.652
材料	341100500	煤	kg	0.34	165.000	125.000	2.500	2.500	2.500
	810201030	水泥砂浆 1:2(特)	m³	256.68	3.100	2.500	—	—	—
	002000010	其他材料费	元	—	7.34	5.89	0.01	0.01	0.01
机械	990610010	灰浆搅拌机 200L	台班	187.56	0.250	0.202	—	—	—

B.6.2 礩磴(编码:020206003)

工作内容: 1.运石、做样板、制作、剁斧成活(或砸花捶打道)。2.带雕饰的石活,还包括画样子、雕凿花饰及扁光。

计量单位:10m³

定 额 编 号				BB0172	BB0173	BB0174	BB0175
项 目 名 称				礩磴 方形制作(截面)(mm)			
				200×200 以内	300×300 以内	400×400 以内	500×500 以内
综 合 单 价 (元)				121977.97	74830.81	43171.91	35028.03
费用	其中	人 工 费 (元)		82945.46	49205.00	25946.96	20371.13
		材 料 费 (元)		16139.56	12045.23	10063.59	9034.47
		施 工 机 具 使 用 费 (元)		—	—	—	—
		企 业 管 理 费 (元)		14731.11	8738.81	4608.18	3617.91
		利 润 (元)		6834.71	4054.49	2138.03	1678.58
		一 般 风 险 费 (元)		1327.13	787.28	415.15	325.94
	编码	名 称	单位	单价(元)	消	耗	量	
人工	001000030	石作综合工	工日	130.00	638.042	378.500	199.592	156.701
材料	040502210	青砂石	m³	700.00	22.600	16.840	14.080	12.680
	341100500	煤	kg	0.34	908.200	732.400	590.600	448.900
	002000010	其他材料费	元	—	10.77	8.21	6.79	5.84

工作内容: 1.运石、做样板、制作、剁斧成活（或砸花捶打道）。2.带雕饰的石活,还包括画样子、雕凿花饰及扁光。

计量单位:10m³

定　额　编　号					BB0176	BB0177	BB0178	BB0179
项　目　名　称					磉磴 圆形制作(直径)(mm)			
					φ300以内	φ400以内	φ500以内	φ600以内
费用	综　合　单　价　（元）				**88085.67**	**59166.47**	**46386.23**	**39877.30**
	其中	人　　工　　费　（元）			57367.44	36350.60	27429.74	22841.91
		材　　料　　费　（元）			14884.81	12783.10	11385.88	10731.03
		施 工 机 具 使 用 费 （元）			—	—	—	—
		企 业 管 理 费 （元）			10188.46	6455.87	4871.52	4056.72
		利　　　　　润　（元）			4727.08	2995.29	2260.21	1882.17
		一 般 风 险 费 （元）			917.88	581.61	438.88	365.47
	编码	名　　　称	单位	单价(元)	消　　　　耗　　　　量			
人工	001000030	石作综合工	工日	130.00	441.288	279.620	210.998	175.707
材料	040502210	青砂石	m³	700.00	20.970	18.010	16.050	15.150
	341100500	煤	kg	0.34	578.600	495.000	423.500	352.000
	002000010	其他材料费	元	—	9.09	7.80	6.89	6.35

B.6.3　滚墩石(编码:020206005)

工作内容: 制作:1.运石、做样板、制作、剁斧成活（或砸花捶打道）。2.带雕饰的石活,还包括画样子、雕凿花饰及扁光。

安装:调运砂浆、搭拆烘炉、截一个头、打拼缝头、稳安垫塞灌浆、净面剁斧、搭拆小型起重架、挂倒链等。

计量单位:个

定　额　编　号					BB0180	BB0181	BB0182	BB0183
项　目　名　称					滚墩石制作(长度)(mm)		滚墩石安装(长度)(mm)	
					1200以内	1500以内	1200以内	1500以内
费用	综　合　单　价　（元）				**4890.40**	**6776.31**	**93.95**	**126.46**
	其中	人　　工　　费　（元）			3631.29	4992.78	72.67	97.76
		材　　料　　费　（元）			256.87	405.52	1.22	1.72
		施 工 机 具 使 用 费 （元）			—	—	—	—
		企 业 管 理 费 （元）			644.92	886.72	12.91	17.36
		利　　　　　润　（元）			299.22	411.41	5.99	8.06
		一 般 风 险 费 （元）			58.10	79.88	1.16	1.56
	编码	名　　　称	单位	单价(元)	消　　　　耗　　　　量			
人工	001000030	石作综合工	工日	130.00	27.933	38.406	0.559	0.752
材料	040502210	青砂石	m³	700.00	0.330	0.530	—	—
	341100500	煤	kg	0.34	75.000	100.000	3.570	5.000
	002000010	其他材料费	元	—	0.37	0.52	0.01	0.02

B.6.4　木牌楼夹杆石、镶杆石(编码:020206006)

工作内容:1.运石、做样板、制作、剁斧成活(或砸花捶打道)。2.带雕饰的石活,还包括画样子、雕凿花饰及扁光。

计量单位:m³

定　额　编　号					BB0184	
项　目　名　称					木牌楼夹杆石、镶杆石制作	
综　合　单　价　(元)					**3237.30**	
费用	其中	人　工　费　(元)			1878.24	
		材　料　费　(元)			840.66	
		施工机具使用费　(元)			—	
		企　业　管　理　费　(元)			333.58	
		利　　　润　(元)			154.77	
		一　般　风　险　费　(元)			30.05	
	编码	名　　称	单位	单价(元)	消　耗　量	
人工	001000030	石作综合工	工日	130.00	14.448	
材料	040502210	青砂石	m³	700.00	1.176	
	341100500	煤	kg	0.34	51.000	
	002000010	其他材料费	元	—	0.12	

工作内容:制作:1.运石、做样板、制作、剁斧成活(或砸花捶打道)。2.带雕饰的石活,还包括画样子、雕凿花饰及扁光。
安装:调运砂浆、搭拆烘炉、截一个头、打拼缝头、稳安垫塞灌浆、净面剁斧、搭拆小型起重架、挂倒链等。

定　额　编　号					BB0185	BB0186
项　目　名　称					木牌楼夹杆石、镶杆石雕刻	木牌楼夹杆石、镶杆石安装
单　　　　　位					m²	m³
综　合　单　价　(元)					**3149.77**	**1080.56**
费用	其中	人　工　费　(元)			2446.73	795.21
		材　料　费　(元)			27.74	65.87
		施工机具使用费　(元)			—	—
		企　业　管　理　费　(元)			434.54	141.23
		利　　　润　(元)			201.61	65.53
		一　般　风　险　费　(元)			39.15	12.72
	编码	名　　称	单位	单价(元)	消　耗　量	
人工	001000030	石作综合工	工日	130.00	18.821	6.117
材料	341100500	煤	kg	0.34	80.000	5.000
	810201030	水泥砂浆 1:2(特)	m³	256.68	—	0.250
	002000010	其他材料费	元	—	0.54	—

B.6.5 沟门、沟漏(编码:020206009)

工作内容:制作:1.运石、做样板、制作、剁斧成活(或砸花捶打道)。2.带雕饰的石活,还包括画样子、雕凿花饰及扁光。

安装:调运砂浆、搭拆烘炉、截一个头、打拼缝头、稳安垫塞灌浆、净面剁斧、搭拆小型起重架、挂倒链等。

计量单位:块

定 额 编 号						BB0187	BB0188
项 目 名 称						沟门沟漏制作(古老钱)	沟门沟漏安装(古老钱)
综 合 单 价 (元)						439.47	23.42
费用	其中	人 工 费 (元)				325.26	15.86
		材 料 费 (元)				24.44	2.94
		施工机具使用费 (元)				—	0.19
		企 业 管 理 费 (元)				57.77	2.85
		利 润 (元)				26.80	1.32
		一 般 风 险 费 (元)				5.20	0.26
	编码	名 称	单位	单价(元)		消 耗 量	
人工	001000030	石作综合工	工日	130.00		2.502	0.122
材料	040502210	青砂石	m³	700.00		0.030	—
	341100500	煤	kg	0.34		10.000	1.000
	810201030	水泥砂浆 1:2(特)	m³	256.68		—	0.010
	002000010	其他材料费	元	—		0.04	0.03
机械	990610010	灰浆搅拌机 200L	台班	187.56		—	0.001

B.6.6 带水槽沟盖(编码:020206010)

工作内容:制作:1.运石、做样板、制作、剁斧成活(或砸花捶打道)。2.带雕饰的石活,还包括画样子、雕凿花饰及扁光。

安装:调运砂浆、搭拆烘炉、截一个头、打拼缝头、稳安垫塞灌浆、净面剁斧、搭拆小型起重架、挂倒链等。

计量单位:m²

定 额 编 号						BB0189	BB0190
项 目 名 称						带泻水缝沟盖板制作	带泻水缝沟盖板安装
综 合 单 价 (元)						810.90	70.50
费用	其中	人 工 费 (元)				521.69	43.94
		材 料 费 (元)				145.22	13.47
		施工机具使用费 (元)				—	0.75
		企 业 管 理 费 (元)				92.65	7.94
		利 润 (元)				42.99	3.68
		一 般 风 险 费 (元)				8.35	0.72
	编码	名 称	单位	单价(元)		消 耗 量	
人工	001000030	石作综合工	工日	130.00		4.013	0.338
材料	040502210	青砂石	m³	700.00		0.200	—
	341100500	煤	kg	0.34		15.000	1.500
	810201030	水泥砂浆 1:2(特)	m³	256.68		—	0.050
	002000010	其他材料费	元	—		0.12	0.13
机械	990610010	灰浆搅拌机 200L	台班	187.56		—	0.004

B.6.7 石沟嘴子(编码:020206011)

工作内容:制作:1.运石、做样板、制作、剁斧成活(或砸花捶打道)。2.带雕饰的石活,还包括画样子、雕凿花饰及
扁光。
安装:调运砂浆、搭拆烘炉、截一个头、打拼缝头、稳安垫塞灌浆、净面剁斧、搭拆小型起重架、挂倒链等。

计量单位:m

定 额 编 号					BB0191	BB0192	BB0193	BB0194
项 目 名 称					石沟嘴子制作(宽度)(mm)		石沟嘴子安装(宽度)(mm)	
					400 以内	500 以内	400 以内	500 以内
综 合 单 价 (元)					615.24	890.29	104.10	123.67
费用	其中	人 工 费 (元)			398.71	580.06	78.39	93.60
		材 料 费 (元)			106.49	150.13	3.83	3.99
		施工机具使用费 (元)			—	—	0.19	0.19
		企 业 管 理 费 (元)			70.81	103.02	13.96	16.66
		利 润 (元)			32.85	47.80	6.47	7.73
		一 般 风 险 费 (元)			6.38	9.28	1.26	1.50
	编码	名 称	单位	单价(元)	消 耗 量			
人工	001000030	石作综合工	工日	130.00	3.067	4.462	0.603	0.720
材料	040502210	青砂石	m³	700.00	0.140	0.200	—	—
	341100500	煤	kg	0.34	24.600	29.300	3.600	4.080
	810201030	水泥砂浆 1:2(特)	m³	256.68	—	—	0.010	0.010
	002000010	其他材料费	元	—	0.13	0.17	0.04	0.04
机械	990610010	灰浆搅拌机 200L	台班	187.56	—	—	0.001	0.001

B.6.8 石角梁带兽头(编码:020206012)

工作内容:制作:1.运石、做样板、制作、剁斧成活(或砸花捶打道)。2.带雕饰的石活,还包括画样子、雕凿花饰及
扁光。
安装:调运砂浆、搭拆烘炉、截一个头、打拼缝头、稳安垫塞灌浆、净面剁斧、搭拆小型起重架、挂倒链等。

计量单位:个

定 额 编 号					BB0195	BB0196
项 目 名 称					石角梁带兽头制作(厚度)150mm 以内	石角梁带兽头安装(厚度)150mm 以内
综 合 单 价 (元)					223.87	142.95
费用	其中	人 工 费 (元)			151.84	109.33
		材 料 费 (元)			30.12	3.21
		施工机具使用费 (元)			—	0.19
		企 业 管 理 费 (元)			26.97	19.45
		利 润 (元)			12.51	9.02
		一 般 风 险 费 (元)			2.43	1.75
	编码	名 称	单位	单价(元)	消 耗 量	
人工	001000030	石作综合工	工日	130.00	1.168	0.841
材料	040502210	青砂石	m³	700.00	0.040	—
	341100500	煤	kg	0.34	6.150	1.800
	810201030	水泥砂浆 1:2(特)	m³	256.68	—	0.010
	002000010	其他材料费	元	—	0.03	0.03
机械	990610010	灰浆搅拌机 200L	台班	187.56	—	0.001

B.6.9　其他古式石构件（编码：020206013）

工作内容：调运砂浆、搭拆烘炉、截一个头、打拼缝头、稳安垫塞灌浆、净面剁斧、搭拆小型起重架、挂倒链等。

计量单位：个

定　额　编　号						BB0197	BB0198
项　目　名　称						凿铜眼下扒锔子安装	凿银锭槽下铁银锭安装
综　合　单　价（元）						**21.93**	**26.60**
费用	其中	人　工　费（元）				14.43	15.73
		材　料　费（元）				3.28	6.29
		施工机具使用费（元）				0.19	0.19
		企　业　管　理　费（元）				2.60	2.83
		利　　　润（元）				1.20	1.31
		一　般　风　险　费（元）				0.23	0.25
	编码	名　　称	单位	单价（元）		消　耗　　量	
人工	001000030	石作综合工	工日	130.00		0.111	0.121
材料	341100500	煤	kg	0.34		0.600	0.600
	032130010	铁件 综合	kg	3.68		0.130	0.940
	810201030	水泥砂浆 1：2（特）	m³	256.68		0.010	0.010
	002000010	其他材料费	元	—		0.03	0.06
机械	990610010	灰浆搅拌机 200L	台班	187.56		0.001	0.001

B.7　石浮雕（编码：020207）

B.7.1　石浮雕（编码：020207001）

工作内容：翻样、放样、雕琢、洗练、修补、造型、安装、保护。

计量单位：m²

定　额　编　号					BB0199	BB0200	BB0201	BB0202
项　目　名　称					石浮雕			
					阴刻线	平浮雕	浅浮雕	高浮雕
综　合　单　价（元）					**3996.56**	**5542.69**	**6838.46**	**17103.64**
费用	其中	人　工　费（元）			3126.24	4335.76	5349.37	13379.34
		材　料　费（元）			7.48	10.26	12.66	31.60
		施工机具使用费（元）			—	—	—	—
		企　业　管　理　费（元）			555.22	770.03	950.05	2376.17
		利　　　润（元）			257.60	357.27	440.79	1102.46
		一　般　风　险　费（元）			50.02	69.37	85.59	214.07
	编码	名　称	单位	单价（元）	消　　耗　　量			
人工	001000030	石作综合工	工日	130.00	24.048	33.352	41.149	102.918
材料	312300020	乌钢头	kg	3.59	0.230	0.310	0.380	0.920
	010900011	圆钢 综合	kg	2.35	1.510	2.090	2.590	6.460
	341101000	焦炭	kg	1.37	2.220	3.030	3.730	9.400
	002000010	其他材料费	元	—	0.06	0.08	0.10	0.24

B.7.2 石板镌字(编码:020207002)

工作内容:翻样、放样、雕琢、洗练、修补、造型、安装、保护。　　　　　　　　　　　　　　　　　　　　　计量单位:10个字

定 额 编 号					BB0203	BB0204	BB0205	BB0206	BB0207
项 目 名 称					碑镌字阴文				
					50×50mm 以内	100×100mm 以内	150×150mm 以内	300×300mm 以内	500×500mm 以内
综 合 单 价 (元)					158.56	630.50	1491.90	3701.38	6784.85
费用	其中	人 工 费 (元)			124.02	493.22	1167.14	2895.23	5308.16
		材 料 费 (元)			0.31	1.15	2.64	7.07	11.64
		施工机具使用费 (元)			—	—	—	—	—
		企 业 管 理 费 (元)			22.03	87.60	207.28	514.19	942.73
		利 润 (元)			10.22	40.64	96.17	238.57	437.39
		一 般 风 险 费 (元)			1.98	7.89	18.67	46.32	84.93
	编码	名 称	单位	单价(元)	消 耗 量				
人工	001000030	石作综合工	工日	130.00	0.954	3.794	8.978	22.271	40.832
材料	312300020	乌钢头	kg	3.59	0.010	0.060	0.080	0.210	0.350
	010900011	圆钢 综合	kg	2.35	0.060	0.220	0.520	1.430	2.380
	341101000	焦炭	kg	1.37	0.100	0.300	0.810	2.120	3.430
	002000010	其他材料费	元	—	—	0.01	0.02	0.05	0.09

工作内容:翻样、放样、雕琢、洗练、修补、造型、安装、保护。　　　　　　　　　　　　　　　　　　　　　计量单位:10个字

定 额 编 号					BB0208	BB0209	BB0210	BB0211
项 目 名 称					碑镌字阴包阳			
					100×100mm 以内	150×150mm 以内	300×300mm 以内	500×500mm 以内
综 合 单 价 (元)					882.42	2089.09	5619.53	9499.46
费用	其中	人 工 费 (元)			690.43	1634.36	4396.47	7431.84
		材 料 费 (元)			1.43	3.65	9.64	16.44
		施工机具使用费 (元)			—	—	—	—
		企 业 管 理 费 (元)			122.62	290.26	780.81	1319.89
		利 润 (元)			56.89	134.67	362.27	612.38
		一 般 风 险 费 (元)			11.05	26.15	70.34	118.91
	编码	名 称	单位	单价(元)	消 耗 量			
人工	001000030	石作综合工	工日	130.00	5.311	12.572	33.819	57.168
材料	312300020	乌钢头	kg	3.59	0.040	0.110	0.290	0.490
	010900011	圆钢 综合	kg	2.35	0.310	0.730	1.980	3.340
	341101000	焦炭	kg	1.37	0.400	1.100	2.830	4.900
	002000010	其他材料费	元	—	0.01	0.03	0.07	0.12

B.7.3 石料加工(编码:020207B01)

工作内容:翻样、放样、打荒、画线、按做缝、剁细、扁光、进行石料加工。

计量单位:10m²

定 额 编 号					BB0212	BB0213	BB0214	BB0215	BB0216
项 目 名 称					荒料表面加工(平面)				
					打荒	一遍剁斧	二遍剁斧	三遍剁斧	扁光
综 合 单 价 (元)					**416.04**	**2731.73**	**3277.47**	**3931.03**	**6165.89**
费用	其中	人 工 费 (元)			323.70	2138.50	2566.20	3078.40	4821.70
		材 料 费 (元)			3.00	3.00	3.00	3.00	13.40
		施工机具使用费 (元)			—	—	—	—	—
		企 业 管 理 费 (元)			57.49	379.80	455.76	546.72	856.33
		利 润 (元)			26.67	176.21	211.45	253.66	397.31
		一 般 风 险 费 (元)			5.18	34.22	41.06	49.25	77.15
	编码	名 称	单位	单价(元)	消	耗		量	
人工	001000030	石作综合工	工日	130.00	2.490	16.450	19.740	23.680	37.090
材料	002000010	其他材料费	元	—	3.00	3.00	3.00	3.00	13.40

工作内容:翻样、放样、打荒、画线、按做缝、剁细、扁光、进行石料加工。

计量单位:10m²

定 额 编 号					BB0217	BB0218	BB0219	BB0220	BB0221
项 目 名 称					机割料表面加工(平面)				
					打雨点	一遍剁斧	二遍剁斧	三遍剁斧	磨光
综 合 单 价 (元)					**490.19**	**444.58**	**582.59**	**817.47**	**384.67**
费用	其中	人 工 费 (元)			381.81	346.06	454.22	638.30	296.14
		材 料 费 (元)			3.00	3.00	3.00	3.00	6.80
		施工机具使用费 (元)			—	—	—	—	—
		企 业 管 理 费 (元)			67.81	61.46	80.67	113.36	52.59
		利 润 (元)			31.46	28.52	37.43	52.60	24.40
		一 般 风 险 费 (元)			6.11	5.54	7.27	10.21	4.74
	编码	名 称	单位	单价(元)	消	耗		量	
人工	001000030	石作综合工	工日	130.00	2.937	2.662	3.494	4.910	2.278
材料	002000010	其他材料费	元	—	3.00	3.00	3.00	3.00	6.80

工作内容:翻样、放样、打荒、画线、按做缝、剁细、扁光、进行石料加工。　　　　　　　　　　　　　　　　计量单位:10m²

定 额 编 号				BB0222	BB0223	BB0224	BB0225	BB0226
项 目 名 称				荒料表面加工(曲弧面)				
				打荒	一遍剁斧	二遍剁斧	三遍剁斧	扁光
综 合 单 价 (元)				192.10	3307.32	3768.48	4519.92	7090.18
费用	其中	人 工 费 (元)		148.20	2589.60	2951.00	3539.90	5544.50
		材 料 费 (元)		3.00	3.00	3.00	3.00	15.40
		施工机具使用费 (元)		—	—	—	—	—
		企 业 管 理 费 (元)		26.32	459.91	524.10	628.69	984.70
		利 润 (元)		12.21	213.38	243.16	291.69	456.87
		一 般 风 险 费 (元)		2.37	41.43	47.22	56.64	88.71
	编码	名 称	单位	单价(元)	消 耗 量			
人工	001000030	石作综合工	工日	130.00	1.140	19.920	22.700	27.230	42.650
材料	002000010	其他材料费	元	—	3.00	3.00	3.00	3.00	15.40

工作内容:翻样、放样、打荒、画线、按做缝、剁细、扁光、进行石料加工。　　　　　　　　　　　　　　　　计量单位:10m²

定 额 编 号				BB0227	BB0228	BB0229	BB0230	BB0231
项 目 名 称				机割料表面加工(曲弧面)				
				打雨点	一遍剁斧	二遍剁斧	三遍剁斧	磨光
综 合 单 价 (元)				587.56	511.09	669.34	939.55	450.17
费用	其中	人 工 费 (元)		458.12	398.19	522.21	733.98	340.73
		材 料 费 (元)		3.00	3.00	3.00	3.00	15.40
		施工机具使用费 (元)		—	—	—	—	—
		企 业 管 理 费 (元)		81.36	70.72	92.74	130.35	60.51
		利 润 (元)		37.75	32.81	43.03	60.48	28.08
		一 般 风 险 费 (元)		7.33	6.37	8.36	11.74	5.45
	编码	名 称	单位	单价(元)	消 耗 量			
人工	001000030	石作综合工	工日	130.00	3.524	3.063	4.017	5.646	2.621
材料	002000010	其他材料费	元	—	3.00	3.00	3.00	3.00	15.40

工作内容:翻样、放样、打荒、画线、按做缝、剁细、扁光、进行石料加工。 计量单位:10m

定 额 编 号					BB0232	BB0233	BB0234	BB0235
项 目 名 称					线脚加工直折线形			
					一道线	二道线	三道线	每增加一道
费用	综 合 单 价 (元)				**1168.64**	**2509.11**	**3849.59**	**1338.99**
	其中	人 工 费 (元)			913.51	1964.04	3014.57	1047.02
		材 料 费 (元)			3.00	3.00	3.00	3.00
		施工机具使用费 (元)			—	—	—	—
		企 业 管 理 费 (元)			162.24	348.81	535.39	185.95
		利 润 (元)			75.27	161.84	248.40	86.27
		一 般 风 险 费 (元)			14.62	31.42	48.23	16.75
	编码	名 称	单位	单价(元)	消 耗 量			
人工	001000030	石作综合工	工日	130.00	7.027	15.108	23.189	8.054
材料	002000010	其他材料费	元	—	3.00	3.00	3.00	3.00

工作内容:翻样、放样、打荒、画线、按做缝、剁细、扁光、进行石料加工。 计量单位:10m

定 额 编 号					BB0236	BB0237	BB0238	BB0239
项 目 名 称					线脚加工曲弧线形			
					一道线	二道线	三道线	每增加一道
费用	综 合 单 价 (元)				**1343.47**	**2885.33**	**4413.91**	**1538.88**
	其中	人 工 费 (元)			1050.53	2258.88	3456.83	1203.67
		材 料 费 (元)			3.00	3.00	3.00	3.00
		施工机具使用费 (元)			—	—	—	—
		企 业 管 理 费 (元)			186.57	401.18	613.93	213.77
		利 润 (元)			86.56	186.13	284.84	99.18
		一 般 风 险 费 (元)			16.81	36.14	55.31	19.26
	编码	名 称	单位	单价(元)	消 耗 量			
人工	001000030	石作综合工	工日	130.00	8.081	17.376	26.591	9.259
材料	002000010	其他材料费	元	—	3.00	3.00	3.00	3.00

C　琉璃砌筑工程

说　明

一、琉璃墙身

1.琉璃砌筑包括样活、打琉璃珠、摆砌、灌浆、勾缝打点等;摆砌琉璃博风包括两层托山混及衬砌金刚墙。琉璃斗拱摆砌包括平板枋至挑檐檩下皮的全部部件。

2.摆砌梢子包括荷叶墩、混、炉口、枭、盘头;其中干摆梢子包括圈挑檐、点砌腮帮、琉璃梢子不包括圈挑檐,点砌腮帮。

二、琉璃博风、挂落、滴珠板

琉璃山墙摆砌琉璃梢子、挑檐及点砌腮帮按墙体相应定额子目执行,其他山墙用琉璃砖挑檐、点砌腮帮按琉璃砖砌筑相应定额子目执行,人工乘以系数 1.3。

三、琉璃须弥座、梁枋、垫板、柱子、斗拱等配件

1.正身椽飞及翼角椽飞以起翘处为分界。

2.挑檐檩、正身椽飞和翼角椽飞均按成品安装编制,若设计与定额中规格数量不同时,成品材料可以按实换算,其余不得调整。

工程量计算规则

一、平砌琉璃砖、陡砌琉璃砖、贴琉璃面砖、拼砌花心均以设计图示露明尺寸以面积计算,琉璃花墙按设计图示垂直投影尺寸以面积计算;面砖墙帽按设计图示中心线以长度计算,砖檐另行计算。

二、砌筑琉璃冰盘檐、悬山博风、硬山博风、挂落、滴珠板、须弥座(分别按土衬、圭角、直檐、上枭、下枭、上混、下混、束腰)、琉璃梁枋、垫板、琉璃柱子等按设计图示尺寸以长度计算。

三、砌筑琉璃线砖、挑檐檩按设计图示中心线以长度计算、正身椽飞按正身椽望所处檐头设计图示尺寸以长度计算,翼角椽飞按设计图示自起翘处至角梁端头以中心线长度计算。

四、琉璃方、圆柱顶、耳子、雀替、霸王拳等按对计算;琉璃坠山花、琉璃枕头木、琉璃宝瓶(套兽)、琉璃角梁按其设计图示以数量计算。

五、琉璃斗拱分平身科、角科、柱头科根据不同踩数及高度按设计图示以数量计算。

C.1 琉璃墙身(编码:020301)

C.1.1 平砌琉璃砖(编码:020301001)

工作内容:1.琉璃砌作包括样活、打琉璃珠、摆砌、调运砂浆、灌浆、勾缝、打点等。2.琉璃博凤包括两层
托山混及衬砌金刚墙,琉璃斗拱拼砌,包括平板枋到挑檐桁下皮的全部构件。3.摆砌梢子包括
荷叶墩、混、炉口、枭、盘头,其中干摆梢子、琉璃梢子不包括圈挑檐点砌腮帮等。　　　　　　　　计量单位:10m²

定　额　编　号			BC0001		
项　目　名　称			墙身		
			平砌琉璃砖		
综　合　单　价　(元)			**2275.19**		
费用	其中	人　工　费　(元)	712.08		
		材　料　费　(元)	1359.40		
		施工机具使用费　(元)	5.63		
		企　业　管　理　费　(元)	127.46		
		利　　润　(元)	59.14		
		一　般　风　险　费　(元)	11.48		
	编码	名　　称	单位	单价(元)	消　耗　量
人工	000300100	砌筑综合工	工日	115.00	6.192
材料	310100010	琉璃砖 320×160×75	块	3.42	378.300
	040902020	白素灰	m³	134.95	0.230
	040902010	红素灰	m³	235.92	0.070
	040902055	深月白灰	m³	143.78	0.070
	002000010	其他材料费	元	—	8.00
机械	990610010	灰浆搅拌机 200L	台班	187.56	0.030

C.1.2 陡砌琉璃砖(编码:020301002)

工作内容:1.琉璃砌作包括样活、打琉璃珠、摆砌、调运砂浆、灌浆、勾缝、打点等。2.琉璃博凤包括两层
托山混及衬砌金刚墙,琉璃斗拱摆砌,包括平板枋到挑檐桁下皮的全部构件。3.摆砌梢子包括
荷叶墩、混、炉口、枭、盘头,其中干摆梢子、琉璃梢子不包括圈挑檐点砌腮帮等。　　　　　　　　计量单位:10m²

定　额　编　号			BC0002		
项　目　名　称			墙身		
			陡砌琉璃砖		
综　合　单　价　(元)			**1443.48**		
费用	其中	人　工　费　(元)	592.14		
		材　料　费　(元)	683.84		
		施工机具使用费　(元)	3.19		
		企　业　管　理　费　(元)	105.73		
		利　　润　(元)	49.05		
		一　般　风　险　费　(元)	9.53		
	编码	名　　称	单位	单价(元)	消　耗　量
人工	000300100	砌筑综合工	工日	115.00	5.149
材料	310100010	琉璃砖 320×160×75	块	3.42	189.200
	040902020	白素灰	m³	134.95	0.130
	040902010	红素灰	m³	235.92	0.040
	040902055	深月白灰	m³	143.78	0.040
	002000010	其他材料费	元	—	4.04
机械	990610010	灰浆搅拌机 200L	台班	187.56	0.017

C.1.3 贴砌琉璃面砖(编码:020301003)

工作内容:1.琉璃砌作包括样活、打琉璃珠、摆砌、调运砂浆、灌浆、勾缝、打点等。2.琉璃博风包括两层
托山混及衬砌金刚墙,琉璃斗拱摆砌,包括平板枋到挑檐桁下皮的全部构件。3.摆砌梢子包括
荷叶墩、混、炉口、枭、盘头,其中干摆梢子、琉璃梢子不包括圈挑檐点砌腮帮等。

计量单位:10m²

定 额 编 号						BC0003	
项 目 名 称						贴砌琉璃面砖	
综 合 单 价 (元)						**1635.39**	
费用	其中	人 工 费 (元)				1012.00	
		材 料 费 (元)				344.08	
		施工机具使用费 (元)				—	
		企 业 管 理 费 (元)				179.73	
		利 润 (元)				83.39	
		一 般 风 险 费 (元)				16.19	
	编码	名 称	单位	单价(元)		消 耗 量	
人工	000300100	砌筑综合工	工日	115.00		8.800	
材料	040902020	白素灰	m³	134.95		0.130	
	070101300	面砖	m²	30.00		10.300	
	040902010	红素灰	m³	235.92		0.039	
	040902055	深月白灰	m³	143.78		0.039	
	002000010	其他材料费	元	—		2.73	

C.1.4 拼砌花心(编码:020301004)

工作内容:1.琉璃砌作包括样活、打琉璃珠、摆砌、调运砂浆、灌浆、勾缝、打点等。2.琉璃博风包括两层
托山混及衬砌金刚墙,琉璃斗拱摆砌,包括平板枋到挑檐桁下皮的全部构件。3.摆砌梢子包括
荷叶墩、混、炉口、枭、盘头,其中干摆梢子、琉璃梢子不包括圈挑檐点砌腮帮等。

计量单位:10m²

定 额 编 号						BC0004	
项 目 名 称						墙身	
						拼砌花心	
综 合 单 价 (元)						**4383.25**	
费用	其中	人 工 费 (元)				1315.60	
		材 料 费 (元)				2700.47	
		施工机具使用费 (元)				3.19	
		企 业 管 理 费 (元)				234.22	
		利 润 (元)				108.67	
		一 般 风 险 费 (元)				21.10	
	编码	名 称	单位	单价(元)		消 耗 量	
人工	000300100	砌筑综合工	工日	115.00		11.440	
材料	040902020	白素灰	m³	134.95		0.130	
	040902010	红素灰	m³	235.92		0.040	
	040902055	深月白灰	m³	143.78		0.040	
	310700270	琉璃花心	m²	256.41		10.300	
	002000010	其他材料费	元	—		26.72	
机械	990610010	灰浆搅拌机 200L	台班	187.56		0.017	

C.1.5 琉璃花墙(编码:020301005)

工作内容:1.琉璃砌作包括样活、打琉璃珠、摆砌、调运砂浆、灌浆、勾缝、打点等。2.琉璃博风包括两层
托山混及衬砌金刚墙,琉璃斗拱摆砌,包括平板枋到挑檐桁下皮的全部构件。3.摆砌梢子包括
荷叶墩、混、炉口、枭、盘头,其中干摆梢子、琉璃梢子不包括圈挑檐点砌腮帮等。 计量单位:10m²

定 额 编 号			BC0005		
项 目 名 称			琉璃花墙		
综 合 单 价 (元)			**1019.73**		
费用	其中	人 工 费 (元)	637.22		
		材 料 费 (元)	206.63		
		施 工 机 具 使 用 费 (元)	—		
		企 业 管 理 费 (元)	113.17		
		利 润 (元)	52.51		
		一 般 风 险 费 (元)	10.20		
	编码	名 称	单位	单价(元)	消 耗 量
人工	000300100	砌筑综合工	工日	115.00	5.541
材料	310100010	琉璃砖 320×160×75	块	3.42	54.600
	040902020	白素灰	m³	134.95	0.070
	040902010	红素灰	m³	235.92	0.021
	040902055	深月白灰	m³	143.78	0.021
	002000010	其他材料费	元	—	2.48

C.1.6 面砖墙帽(编码:020301006)

工作内容:1.琉璃砌作包括样活、打琉璃珠、摆砌、调运砂浆、灌浆、勾缝、打点等。2.琉璃博风包括两层
托山混及衬砌金刚墙,琉璃斗拱摆砌,包括平板枋到挑檐桁下皮的全部构件。3.摆砌梢子包括
荷叶墩、混、炉口、枭、盘头,其中干摆梢子、琉璃梢子不包括圈挑檐点砌腮帮等。 计量单位:10m

定 额 编 号			BC0006		
项 目 名 称			面砖墙帽		
综 合 单 价 (元)			**695.54**		
费用	其中	人 工 费 (元)	341.67		
		材 料 费 (元)	259.57		
		施 工 机 具 使 用 费 (元)	—		
		企 业 管 理 费 (元)	60.68		
		利 润 (元)	28.15		
		一 般 风 险 费 (元)	5.47		
	编码	名 称	单位	单价(元)	消 耗 量
人工	000300100	砌筑综合工	工日	115.00	2.971
材料	310100010	琉璃砖 320×160×75	块	3.42	72.100
	040902020	白素灰	m³	134.95	0.040
	040902010	红素灰	m³	235.92	0.012
	040902055	深月白灰	m³	143.78	0.012
	002000010	其他材料费	元	—	3.03

C.1.7 冰盘檐(编码：020301007)

工作内容：1.琉璃砌作包括样活、打琉璃珠、摆砌、调运砂浆、灌浆、勾缝、打点等。2.琉璃博风包括两层
托山混及衬砌金刚墙,琉璃斗拱摆砌,包括平板枋到挑檐桁下皮的全部构件。3.摆砌梢子包括
荷叶墩、混、炉口、枭、盘头,其中干摆梢子、琉璃梢子不包括圈挑檐点砌腮帮等。　　　计量单位：10m

定　额　编　号				BC0007	BC0008	BC0009	BC0010	BC0011
项　目　名　称				墙身		琉璃筒瓦围墙瓦顶(宽度)(mm)		
				四层冰盘檐	五层冰盘檐	双落水 850	单落水 560	增减 100
综　合　单　价　(元)				**1048.04**	**1257.97**	**1380.20**	**969.52**	**124.68**
费用	其中	人　工　费　(元)		270.48	284.86	586.50	402.27	58.08
		材　料　费　(元)		700.75	892.09	625.84	452.40	50.33
		施工机具使用费　(元)		1.69	1.88	4.69	3.00	0.19
		企　业　管　理　费　(元)		48.34	50.92	105.00	71.98	10.35
		利　　　润　(元)		22.43	23.63	48.71	33.39	4.80
		一　般　风　险　费　(元)		4.35	4.59	9.46	6.48	0.93
	编码	名　　称	单位	单价(元)	消	耗	量	
人工	000300100	砌筑综合工	工日	115.00	2.352	2.477	5.100	3.498	0.505
材料	040902020	白素灰	m³	134.95	0.070	0.080	—	—	—
	040902010	红素灰	m³	235.92	0.020	0.020	—	—	—
	040902055	深月白灰	m³	143.78	0.020	0.020	—	—	—
	310700280	琉璃直檐	块	6.32	55.000	55.000	—	—	—
	310501410	琉璃枭	块	5.13	27.500	27.500	—	—	—
	310700290	琉璃半混	块	6.84	27.500	27.500	—	—	—
	310700320	琉璃炉口	块	6.84	—	27.500	—	—	—
	310302250	琉璃筒瓦	百疋	68.38	—	—	1.940	1.110	0.230
	310302270	琉璃板瓦	百疋	59.83	—	—	4.320	2.840	0.510
	310302230	琉璃沟头瓦	百疋	75.21	—	—	0.940	0.940	—
	310302210	琉璃滴水	百疋	85.47	—	—	0.940	0.940	—
	810201030	水泥砂浆 1:2 (特)	m³	256.68	—	—	0.302	0.199	0.014
	002000010	其他材料费	元	—	6.93	8.82	6.16	4.46	0.50
机械	990610010	灰浆搅拌机 200L	台班	187.56	0.009	0.010	0.025	0.016	0.001

C.1.8 梢子(编码：020301008)

工作内容：1.琉璃砌作包括样活、打琉璃珠、摆砌、调运砂浆、灌浆、勾缝、打点等。2.琉璃博风包括两层
托山混及衬砌金刚墙,琉璃斗拱摆砌,包括平板枋到挑檐桁下皮的全部构件。3.摆砌梢子包括
荷叶墩、混、炉口、枭、盘头,其中干摆梢子、琉璃梢子不包括圈挑檐点砌腮帮等。　　　计量单位：份

定　额　编　号				BC0012
项　目　名　称				墙身
				梢子份
综　合　单　价　(元)				**188.27**
费用	其中	人　工　费　(元)		134.90
		材　料　费　(元)		15.18
		施工机具使用费　(元)		0.75
		企　业　管　理　费　(元)		24.09
		利　　　润　(元)		11.18
		一　般　风　险　费　(元)		2.17
	编码	名　　称	单位	单价(元)	消　耗　量
人工	000300100	砌筑综合工	工日	115.00	1.173
材料	040902020	白素灰	m³	134.95	0.030
	040902010	红素灰	m³	235.92	0.010
	040902055	深月白灰	m³	143.78	0.010
	310700910	琉璃梢子	份	7.18	1.000
	002000010	其他材料费	元	—	0.15
机械	990610010	灰浆搅拌机 200L	台班	187.56	0.004

C.2 琉璃博风、挂落、滴珠板(编码:020302)

C.2.1 琉璃博风(编码:020302001)

工作内容:1.琉璃砌作包括样活、打琉璃珠、摆砌、调运砂浆、灌浆、勾缝、打点等。2.琉璃博风包括两层托山混及衬砌金刚墙,琉璃斗拱摆砌,包括平板枋到挑檐桁下皮的全部构件。3.摆砌梢子包括荷叶墩、混、炉口、枭、盘头,其中干摆梢子、琉璃梢子不包括圈挑檐点砌腮帮等。

计量单位:10m

	定 额 编 号				BC0013	BC0014	BC0015	BC0016	BC0017	BC0018
	项 目 名 称				悬山琉璃博风(高度)(mm)			硬山琉璃博风(高度)(mm)		
					300以内	600以内	600以上	300以内	600以内	600以上
费 用		综 合 单 价 (元)			**751.90**	**608.42**	**689.34**	**1873.67**	**2125.97**	**3425.22**
	其 中	人 工 费 (元)			277.38	273.70	366.05	530.96	727.72	1312.38
		材 料 费 (元)			393.66	256.78	220.11	1179.41	1179.94	1722.14
		施 工 机 具 使 用 费 (元)			3.38	1.88	1.69	13.13	13.69	22.32
		企 业 管 理 费 (元)			49.86	48.94	65.31	96.63	131.67	237.04
		利 润 (元)			23.13	22.71	30.30	44.83	61.09	109.98
		一 般 风 险 费 (元)			4.49	4.41	5.88	8.71	11.86	21.36
	编码	名 称	单位	单价(元)	消		耗		量	
人工	000300100	砌筑综合工	工日	115.00	2.412	2.380	3.183	4.617	6.328	11.412
材 料	040902020	白素灰	m³	134.95	0.140	0.080	0.070	0.250	0.150	0.120
	310700430	琉璃博风	块	6.84	27.000	22.000	20.000	28.000	23.000	20.000
	040902010	红素灰	m³	235.92	0.040	0.020	0.020	0.080	0.050	0.040
	310700440	琉璃博风头	块	25.64	6.670	3.330	2.500	6.670	3.330	2.500
	040902055	深月白灰	m³	143.78	0.040	0.020	0.020	0.080	0.050	0.040
	310700450	琉璃托山混	块	6.84	—	—	—	40.000	33.000	26.000
	041300010	标准砖 240×115×53	千块	422.33	—	—	—	0.920	1.300	2.550
	810101010	M5.0 水泥砂浆(特 稠度 30~50mm)	m³	171.49	—	—	—	0.460	0.650	1.270
	002000010	其他材料费	元	—	3.88	2.53	2.17	11.73	11.79	17.28
机械	990610010	灰浆搅拌机 200L	台班	187.56	0.018	0.010	0.009	0.070	0.073	0.119

C.2.2 琉璃挂落(编码:020302002)

工作内容:1.琉璃砌作包括样活、打琉璃珠、摆砌、调运砂浆、灌浆、勾缝、打点等。2.琉璃博风包括两层托山混及衬砌金刚墙,琉璃斗拱摆砌,包括平板枋到挑檐桁下皮的全部构件。3.摆砌梢子包括荷叶墩、混、炉口、枭、盘头,其中干摆梢子、琉璃梢子不包括圈挑檐点砌腮帮等。

计量单位:10m

	定 额 编 号				BC0019	BC0020
	项 目 名 称				琉璃挂落(高度)(mm)	
					500以内	500以上
费 用		综 合 单 价 (元)			**1577.18**	**2755.81**
	其 中	人 工 费 (元)			784.53	1268.11
		材 料 费 (元)			574.45	1135.79
		施 工 机 具 使 用 费 (元)			1.31	1.50
		企 业 管 理 费 (元)			139.57	225.48
		利 润 (元)			64.75	104.62
		一 般 风 险 费 (元)			12.57	20.31
	编码	名 称	单位	单价(元)	消 耗	量
人工	000300100	砌筑综合工	工日	115.00	6.822	11.027
材 料	040902020	白素灰	m³	134.95	0.050	0.060
	310700490	琉璃挂落	m²	89.74	5.150	10.300
	032130010	铁件 综合	kg	3.68	5.000	10.000
	040902010	红素灰	m³	235.92	0.020	0.020
	040902055	深月白灰	m³	143.78	0.020	0.020
	002000010	其他材料费	元	—	79.55	158.98
机械	990610010	灰浆搅拌机 200L	台班	187.56	0.007	0.008

C.2.3 滴珠板(编码:020302003)

工作内容:1.琉璃砌作包括样活、打琉璃珠、摆砌、调运砂浆、灌浆、勾缝、打点等。2.琉璃博风包括两层托山混及衬砌金刚墙,琉璃斗拱摆砌,包括平板枋到挑檐桁下皮的全部构件。3.摆砌梢子包括荷叶墩、混、炉口、枭、盘头,其中干摆梢子、琉璃梢子不包括圈挑檐点砌腮帮等。

计量单位:10m

定 额 编 号					BC0021	BC0022
项 目 名 称					琉璃滴珠板(高度)(mm)	
					500以内	500以上
综 合 单 价 (元)					676.70	789.34
费用	其中	人 工 费 (元)			398.59	471.04
		材 料 费 (元)			166.43	186.38
		施工机具使用费 (元)			1.31	1.50
		企 业 管 理 费 (元)			71.02	83.92
		利 润 (元)			32.95	38.94
		一 般 风 险 费 (元)			6.40	7.56
	编码	名 称	单位	单价(元)	消 耗 量	
人工	000300100	砌筑综合工	工日	115.00	3.466	4.096
材料	040902020	白素灰	m³	134.95	0.050	0.060
	032130010	铁件 综合	kg	3.68	5.000	10.000
	040902010	红素灰	m³	235.92	0.020	0.020
	040902055	深月白灰	m³	143.78	0.020	0.020
	310700460	琉璃滴珠板	m	12.82	10.300	10.300
	002000010	其他材料费	元	—	1.64	1.84
机械	990610010	灰浆搅拌机 200L	台班	187.56	0.007	0.008

C.3 琉璃须弥座、梁枋、垫板、柱子、斗拱等配件(编码:020303)

C.3.1 琉璃须弥座(编码:020303001)

工作内容:1.琉璃砌作包括样活、打琉璃珠、摆砌、调运砂浆、灌浆、勾缝、打点等。2.琉璃博风包括两层托山混及衬砌金刚墙,琉璃斗拱摆砌,包括平板枋到挑檐桁下皮的全部构件。3.摆砌梢子包括荷叶墩、混、炉口、枭、盘头,其中干摆梢子、琉璃梢子不包括圈挑檐点砌腮帮等。

计量单位:10m

定 额 编 号					BC0023	BC0024	BC0025	BC0026	BC0027	BC0028
项 目 名 称					琉璃须弥座					
					土衬	圭角	直檐	上下枭	上下混	束腰
综 合 单 价 (元)					437.46	576.68	544.64	532.25	550.05	673.07
费用	其中	人 工 费 (元)			294.06	368.35	368.35	368.35	368.35	436.89
		材 料 费 (元)			61.28	105.71	73.67	61.28	79.08	114.65
		施工机具使用费 (元)			0.75	0.75	0.75	0.75	0.75	0.75
		企 业 管 理 费 (元)			52.36	65.55	65.55	65.55	65.55	77.72
		利 润 (元)			24.29	30.41	30.41	30.41	30.41	36.06
		一 般 风 险 费 (元)			4.72	5.91	5.91	5.91	5.91	7.00
	编码	名 称	单位	单价(元)	消 耗 量					
人工	000300100	砌筑综合工	工日	115.00	2.557	3.203	3.203	3.203	3.203	3.799
材料	040902020	白素灰	m³	134.95	0.030	0.030	0.030	0.030	0.030	0.030
	310700350	琉璃土衬	块	5.13	10.300	—	—	—	—	—
	040902010	红素灰	m³	235.92	0.010	0.010	0.010	0.010	0.010	0.010
	040902055	深月白灰	m³	143.78	0.010	0.010	0.010	0.010	0.010	0.010
	310700300	琉璃圭角	块	9.40	—	10.300	—	—	—	—
	310700280	琉璃直檐	块	6.32	—	—	10.300	—	—	—
	310501410	琉璃枭	块	5.13	—	—	—	10.300	—	—
	310700310	琉璃混	块	6.84	—	—	—	—	10.300	—
	310700340	琉璃束腰	块	10.26	—	—	—	—	—	10.300
	002000010	其他材料费	元	—	0.60	1.04	0.73	0.60	0.78	1.13
机械	990610010	灰浆搅拌机 200L	台班	187.56	0.004	0.004	0.004	0.004	0.004	0.004

工作内容：1.琉璃砌作包括样活、打琉璃珠、摆砌、调运砂浆、灌浆、勾缝、打点等。2.琉璃博风包括两层托山混及衬砌金刚墙，琉璃斗拱摆砌，包括平板枋到挑檐桁下皮的全部构件。3.摆砌梢子包括荷叶墩、混、炉口、枭、盘头，其中干摆梢子、琉璃梢子不包括圈挑檐点砌腮帮等。　　　　　　　　　**计量单位**：10m

定　额　编　号					BC0029
项　目　名　称					线砖
综　合　单　价（元）					**451.31**
费用 其中		人　工　费（元）			294.06
		材　料　费（元）			75.13
		施工机具使用费（元）			0.75
		企　业　管　理　费（元）			52.36
		利　润（元）			24.29
		一　般　风　险　费（元）			4.72
编码	名　称	单位	单价（元）	消　耗　量	
人工	000300100	砌筑综合工	工日	115.00	2.557
材料	040902020	白素灰	m³	134.95	0.030
	040902010	红素灰	m³	235.92	0.010
	040902055	深月白灰	m³	143.78	0.010
	310100020	琉璃线砖	块	5.98	10.300
	002000010	其他材料费	元	—	5.69
机械	990610010	灰浆搅拌机 200L	台班	187.56	0.004

C.3.2　琉璃梁枋（编码：020303002）

工作内容：1.琉璃砌作包括样活、打琉璃珠、摆砌、调运砂浆、灌浆、勾缝、打点等。2.琉璃博风包括两层托山混及衬砌金刚墙，琉璃斗拱摆砌，包括平板枋到挑檐桁下皮的全部构件。3.摆砌梢子包括荷叶墩、混、炉口、枭、盘头，其中干摆梢子、琉璃梢子不包括圈挑檐点砌腮帮等。　　　　　　　　　**计量单位**：10m

定　额　编　号					BC0030	BC0031	BC0032
项　目　名　称					琉璃梁枋（高度）（mm）		
					200 以内	300 以内	300 以上
综　合　单　价（元）					**512.99**	**704.18**	**987.32**
费用 其中		人　工　费（元）			294.06	436.89	655.27
		材　料　费（元）			136.81	145.76	150.23
		施工机具使用费（元）			0.75	0.75	0.75
		企　业　管　理　费（元）			52.36	77.72	116.51
		利　润（元）			24.29	36.06	54.06
		一　般　风　险　费（元）			4.72	7.00	10.50
编码	名　称	单位	单价（元）	消　　耗　　量			
人工	000300100	砌筑综合工	工日	115.00	2.557	3.799	5.698
材料	040902020	白素灰	m³	134.95	0.030	0.030	0.030
	040902010	红素灰	m³	235.92	0.010	0.010	0.010
	310700230	琉璃梁枋 n≤30cm	m	13.25	—	10.300	—
	040902055	深月白灰	m³	143.78	0.010	0.010	0.010
	310700220	琉璃梁枋 n≤20cm	m	12.39	10.300	—	—
	310700240	琉璃梁枋 n＞30cm	m	13.68	—	—	10.300
	002000010	其他材料费	元	—	1.35	1.44	1.48
机械	990610010	灰浆搅拌机 200L	台班	187.56	0.004	0.004	0.004

C.3.3　琉璃垫板(编码:020303003)

工作内容:1.琉璃砌作包括样活、打琉璃珠、摆砌、调运砂浆、灌浆、勾缝、打点等。2.琉璃博风包括两层托山混及衬砌金刚墙,琉璃斗拱摆砌,包括平板枋到挑檐桁下皮的全部构件。3.摆砌梢子包括荷叶墩、混、炉口、枭、盘头,其中干摆梢子、琉璃梢子不包括圈挑檐点砌腮帮等。

计量单位:10m

定　额　编　号					BC0033	BC0034
项　目　名　称					琉璃垫板(高度)(mm)	
					120 以内	120 以上
综　合　单　价　(元)					**311.79**	**447.55**
费用	其中	人　工　费　(元)			174.69	218.39
		材　料　费　(元)			87.92	167.92
		施 工 机 具 使 用 费 (元)			0.75	0.75
		企 业 管 理 费 (元)			31.16	38.92
		利　润　(元)			14.46	18.06
		一 般 风 险 费 (元)			2.81	3.51
	编码	名　称	单位	单价(元)	消　　耗　　量	
人工	000300100	砌筑综合工	工日	115.00	1.519	1.899
材料	040902020	白素灰	m³	134.95	0.030	0.030
	040902010	红素灰	m³	235.92	0.010	0.010
	040902055	深月白灰	m³	143.78	0.010	0.010
	333300050	琉璃垫板 n≤12cm	m	7.69	10.300	—
	333300060	琉璃垫板 n>12cm	m	15.38	—	10.300
	002000010	其他材料费	元		0.87	1.66
机械	990610010	灰浆搅拌机 200L	台班	187.56	0.004	0.004

C.3.4　琉璃方、圆柱子(编码:020303004)

工作内容:1.琉璃砌作包括样活、打琉璃珠、摆砌、调运砂浆、灌浆、勾缝、打点等。2.琉璃博风包括两层托山混及衬砌金刚墙,琉璃斗拱摆砌,包括平板枋到挑檐桁下皮的全部构件。3.摆砌梢子包括荷叶墩、混、炉口、枭、盘头,其中干摆梢子、琉璃梢子不包括圈挑檐点砌腮帮等。

计量单位:10m

定　额　编　号					BC0035	BC0036	BC0037
项　目　名　称					琉璃方(圆)柱子(周长(直径))(mm)		
					200 以内 (φ1000 以内)	300 以内 (φ2000 以内)	300 以上 (φ2000 以上)
综　合　单　价　(元)					**695.91**	**783.20**	**918.94**
费用	其中	人　工　费　(元)			412.05	480.47	586.85
		材　料　费　(元)			168.21	168.21	168.21
		施 工 机 具 使 用 费 (元)			1.50	1.50	1.50
		企 业 管 理 费 (元)			73.45	85.60	104.49
		利　润　(元)			34.08	39.71	48.48
		一 般 风 险 费 (元)			6.62	7.71	9.41
	编码	名　称	单位	单价(元)	消　　耗　　量		
人工	000300100	砌筑综合工	工日	115.00	3.583	4.178	5.103
材料	040902020	白素灰	m³	134.95	0.180	0.180	0.180
	310700250	琉璃方圆柱子	m	11.97	10.300	10.300	10.300
	040902010	红素灰	m³	235.92	0.050	0.050	0.050
	040902055	深月白灰	m³	143.78	0.050	0.050	0.050
	002000010	其他材料费	元		—	1.64	1.64	1.64
机械	990610010	灰浆搅拌机 200L	台班	187.56	0.008	0.008	0.008

C.3.5　方、圆柱顶(编码:020303005)

工作内容:1.琉璃砌作包括样活、打琉璃珠、摆砌、调运砂浆、灌浆、勾缝、打点等。2.琉璃博风包括两层
托山混及衬砌金刚墙,琉璃斗拱摆砌,包括平板枋到挑檐桁下皮的全部构件。3.摆砌梢子包括
荷叶墩、混、炉口、枭、盘头,其中干摆梢子、琉璃梢子不包括圈挑檐点砌腮帮等。　　　　　　计量单位:10 对

定　额　编　号					BC0038	
项　目　名　称					方圆柱顶	
综　合　单　价（元）					**420.53**	
费 用	其 中	人　工　费　（元）			149.96	
		材　料　费　（元）			222.95	
		施 工 机 具 使 用 费 （元）			4.88	
		企 业 管 理 费 （元）			27.50	
		利　　润　　（元）			12.76	
		一 般 风 险 费 （元）			2.48	
	编码	名　　称	单位	单价（元）	消　耗　量	
人工	000300100	砌筑综合工	工日	115.00	1.304	
材 料	040902020	白素灰	m³	134.95	0.200	
	040902010	红素灰	m³	235.92	0.060	
	040902055	深月白灰	m³	143.78	0.060	
	310700260	琉璃方圆柱顶	块	8.55	20.000	
	002000010	其他材料费	元	—	2.18	
机 械	990610010	灰浆搅拌机 200L	台班	187.56	0.026	

C.3.6　耳子(编码:020303006)

工作内容:1.琉璃砌作包括样活、打琉璃珠、摆砌、调运砂浆、灌浆、勾缝、打点。2.琉璃博风包括两层
托山混及衬砌金刚墙,琉璃斗拱摆砌,包括平板枋到挑檐桁下皮的全部构件。3.摆砌梢子包括
荷叶墩、混、炉口、枭、盘头,其中干摆梢子、琉璃梢子不包括圈挑檐点砌腮帮等。　　　　　　计量单位:10 对

定　额　编　号					BC0039	
项　目　名　称					耳子	
综　合　单　价（元）					**420.53**	
费 用	其 中	人　工　费　（元）			149.96	
		材　料　费　（元）			222.95	
		施 工 机 具 使 用 费 （元）			4.88	
		企 业 管 理 费 （元）			27.50	
		利　　润　　（元）			12.76	
		一 般 风 险 费 （元）			2.48	
	编码	名　　称	单位	单价（元）	消　耗　量	
人工	000300100	砌筑综合工	工日	115.00	1.304	
材 料	040902020	白素灰	m³	134.95	0.200	
	040902010	红素灰	m³	235.92	0.060	
	310700470	琉璃耳子	块	8.55	20.000	
	040902055	深月白灰	m³	143.78	0.060	
	002000010	其他材料费	元	—	2.18	
机 械	990610010	灰浆搅拌机 200L	台班	187.56	0.026	

C.3.7 雀替(编码:020303007)

工作内容:1.琉璃砌作包括样活、打琉璃珠、摆砌、调运砂浆、灌浆、勾缝、打点等。2.琉璃博风包括两层
托山混及衬砌金刚墙,琉璃斗拱摆砌,包括平板枋到挑檐桁下皮的全部构件。3.摆砌梢子包括
荷叶墩、混、炉口、枭、盘头,其中干摆梢子、琉璃梢子不包括圈挑檐点砌腮帮等。　　　　　计量单位:10 对

	定　额　编　号					BC0040
	项　目　名　称					雀替
费用	综　合　单　价　(元)					**681.39**
	其中	人　工　费　(元)				286.81
		材　料　费　(元)				309.20
		施　工　机　具　使　用　费　(元)				4.88
		企　业　管　理　费　(元)				51.80
		利　　　润　(元)				24.03
		一　般　风　险　费　(元)				4.67
	编码	名　称	单位	单价(元)	消　耗　量	
人工	000300100	砌筑综合工	工日	115.00	2.494	
材料	040902020	白素灰	m³	134.95	0.200	
	040902010	红素灰	m³	235.92	0.060	
	040902055	深月白灰	m³	143.78	0.060	
	310700330	琉璃雀替	块	12.82	20.000	
	002000010	其他材料费	元	—	3.03	
机械	990610010	灰浆搅拌机 200L	台班	187.56	0.026	

C.3.8 霸王拳(编码:020303008)

工作内容:1.琉璃砌作包括样活、打琉璃珠、摆砌、调运砂浆、灌浆、勾缝、打点等。2.琉璃博风包括两层
托山混及衬砌金刚墙,琉璃斗拱摆砌,包括平板枋到挑檐桁下皮的全部构件。3.摆砌梢子包括
荷叶墩、混、炉口、枭、盘头,其中干摆梢子、琉璃梢子不包括圈挑檐点砌腮帮等。　　　　　计量单位:10 对

	定　额　编　号					BC0041
	项　目　名　称					霸王拳
费用	综　合　单　价　(元)					**681.39**
	其中	人　工　费　(元)				286.81
		材　料　费　(元)				309.20
		施　工　机　具　使　用　费　(元)				4.88
		企　业　管　理　费　(元)				51.80
		利　　　润　(元)				24.03
		一　般　风　险　费　(元)				4.67
	编码	名　称	单位	单价(元)	消　耗　量	
人工	000300100	砌筑综合工	工日	115.00	2.494	
材料	040902020	白素灰	m³	134.95	0.200	
	040902010	红素灰	m³	235.92	0.060	
	040902055	深月白灰	m³	143.78	0.060	
	310700210	琉璃霸王拳	块	12.82	20.000	
	002000010	其他材料费	元	—	3.03	
机械	990610010	灰浆搅拌机 200L	台班	187.56	0.026	

C.3.9 坠山花(编码:020303009)

工作内容:1.琉璃砌作包括样活、打琉璃珠、摆砌、调运砂浆、灌浆、勾缝、打点等。2.琉璃博风包括两层托山混及衬砌金刚墙,琉璃斗拱摆砌,包括平板枋到挑檐桁下皮的全部构件。3.摆砌梢子包括荷叶墩、混、炉口、枭、盘头,其中干摆梢子、琉璃梢子不包括圈挑檐点砌腮帮等。

计量单位:10份

	定 额 编 号				BC0042	
	项 目 名 称				坠山花	
	综 合 单 价 (元)				2066.20	
费用	其中	人 工 费 (元)			1461.88	
		材 料 费 (元)			197.73	
		施 工 机 具 使 用 费 (元)			2.44	
		企 业 管 理 费 (元)			260.06	
		利 润 (元)			120.66	
		一 般 风 险 费 (元)			23.43	
	编码	名 称	单位	单价(元)	消 耗 量	
人工	000300100	砌筑综合工	工日	115.00	12.712	
材料	040902020	白素灰	m³	134.95	0.100	
	040902010	红素灰	m³	235.92	0.030	
	040902055	深月白灰	m³	143.78	0.030	
	310700360	琉璃坠山花	块	17.09	10.000	
	002000010	其他材料费	元	—	1.94	
机械	990610010	灰浆搅拌机 200L	台班	187.56	0.013	

C.3.10 平身科斗拱(编码:020303010)

工作内容:1.琉璃砌作包括样活、打琉璃珠、摆砌、调运砂浆、灌浆、勾缝、打点等。2.琉璃博风包括两层托山混及衬砌金刚墙,琉璃斗拱摆砌,包括平板枋到挑檐桁下皮的全部构件。3.摆砌梢子包括荷叶墩、混、炉口、枭、盘头,其中干摆梢子、琉璃梢子不包括圈挑檐点砌腮帮等。

计量单位:10攒

	定 额 编 号			BC0043	BC0044	BC0045	BC0046
	项 目 名 称			平身科、柱头科斗拱(高度)(mm)			
				三踩 300 以内	三踩 500 以内	五踩 500 以内	五踩 500 以上
	综 合 单 价 (元)			1805.87	1874.75	1846.07	2045.24
费用	其中	人 工 费 (元)		391.92	442.98	442.98	596.16
		材 料 费 (元)		1301.95	1305.67	1276.04	1279.76
		施 工 机 具 使 用 费 (元)		3.00	3.00	3.75	3.75
		企 业 管 理 费 (元)		70.14	79.21	79.34	106.54
		利 润 (元)		32.54	36.75	36.81	49.43
		一 般 风 险 费 (元)		6.32	7.14	7.15	9.60
	编码	名 称	单位	单价(元)	消 耗 量		
人工	000300100	砌筑综合工	工日	115.00	3.408	3.852	3.852	5.184
材料	040902020	白素灰	m³	134.95	0.120	0.120	0.150	0.150
	032130010	铁件 综合	kg	3.68	5.000	6.000	7.500	8.500
	310700410	琉璃五踩平身科斗拱	攒	123.93	10.000	10.000	—	—
	040902010	红素灰	m³	235.92	0.040	0.040	0.050	0.050
	040902055	深月白灰	m³	143.78	0.040	0.040	0.050	0.050
	310700400	琉璃三踩平身科斗拱	攒	119.66	—	—	10.000	10.000
	002000010	其他材料费	元	—	12.87	12.91	12.61	12.65
机械	990610010	灰浆搅拌机 200L	台班	187.56	0.016	0.016	0.020	0.020

工作内容：1.琉璃砌作包括样活、打琉璃珠、摆砌、调运砂浆、灌浆、勾缝、打点等。2.琉璃博风包括两层托山混及衬砌金刚墙，琉璃斗拱摆砌，包括平板枋到挑檐桁下皮的全部构件。3.摆砌梢子包括荷叶墩、混、炉口、枭、盘头，其中干摆梢子、琉璃梢子不包括圈挑檐点砌腮帮等。　　　　计量单位：10攒

定　额　编　号					BC0047	BC0048	BC0049
项　目　名　称					平身科、柱头科斗拱（高度）(mm)		
					七踩500以内	七踩700以内	七踩700以上
综　合　单　价　（元）					1815.34	2014.51	2269.92
费用中其中	人　工　费　（元）				442.98	596.16	784.99
	材　料　费　（元）				1244.83	1248.55	1262.04
	施工机具使用费　（元）				4.13	4.13	4.88
	企　业　管　理　费　（元）				79.41	106.61	140.28
	利　　　　润　（元）				36.84	49.46	65.09
	一　般　风　险　费　（元）				7.15	9.60	12.64
	编码	名　　称	单位	单价（元）	消　　　耗　　　量		
人工	000300100	砌筑综合工	工日	115.00	3.852	5.184	6.826
材料	040902020	白素灰	m³	134.95	0.170	0.170	0.200
	032130010	铁件 综合	kg	3.68	10.000	11.000	12.500
	310700420	琉璃七踩平身科斗拱	攒	115.38	10.000	10.000	10.000
	040902010	红素灰	m³	235.92	0.050	0.050	0.060
	040902055	深月白灰	m³	143.78	0.050	0.050	0.060
	002000010	其他材料费	元	—	12.30	12.34	12.47
机械	990610010	灰浆搅拌机 200L	台班	187.56	0.022	0.022	0.026

C.3.11　角科斗拱（编码：020303011）

工作内容：1.琉璃砌作包括样活、打琉璃珠、摆砌、调运砂浆、灌浆、勾缝、打点等。2.琉璃博风包括两层托山混及衬砌金刚墙，琉璃斗拱摆砌，包括平板枋到挑檐桁下皮的全部构件。3.摆砌梢子包括荷叶墩、混、炉口、枭、盘头，其中干摆梢子、琉璃梢子不包括圈挑檐点砌腮帮等。　　　　计量单位：10攒

定　额　编　号					BC0050	BC0051	BC0052	BC0053
项　目　名　称					角科斗拱（高度）(mm)			
					三踩300以内	三踩500以内	五踩500以内	五踩500以上
综　合　单　价　（元）					1698.42	1897.59	1718.85	1949.88
费用中其中	人　工　费　（元）				442.98	596.16	478.63	656.77
	材　料　费　（元）				1129.34	1133.06	1103.33	1107.05
	施工机具使用费　（元）				3.00	3.00	3.75	3.75
	企　业　管　理　费　（元）				79.21	106.41	85.67	117.31
	利　　　　润　（元）				36.75	49.37	39.75	54.43
	一　般　风　险　费　（元）				7.14	9.59	7.72	10.57
	编码	名　　称	单位	单价（元）	消　　　耗　　　量			
人工	000300100	砌筑综合工	工日	115.00	3.852	5.184	4.162	5.711
材料	040902020	白素灰	m³	134.95	0.120	0.120	0.150	0.150
	032130010	铁件 综合	kg	3.68	5.000	6.000	7.500	8.500
	310700370	琉璃三踩角科斗拱	攒	106.84	10.000	10.000	—	—
	040902010	红素灰	m³	235.92	0.040	0.040	0.050	0.050
	040902055	深月白灰	m³	143.78	0.040	0.040	0.050	0.050
	310700380	琉璃五踩角科斗拱	攒	102.56	—	—	10.000	10.000
	002000010	其他材料费	元	—	11.16	11.20	10.90	10.94
机械	990610010	灰浆搅拌机 200L	台班	187.56	0.016	0.016	0.020	0.020

工作内容: 1.琉璃砌作包括样活、打琉璃珠、摆砌、调运砂浆、灌浆、勾缝、打点等。2.琉璃博风包括两层托山混及衬砌金刚墙,琉璃斗拱摆砌,包括平板枋到挑檐桁下皮的全部构件。3.摆砌梢子包括荷叶墩、混、炉口、枭、盘头,其中干摆梢子、琉璃梢子不包括圈挑檐点砌腮帮等。

计量单位:10攒

定 额 编 号					BC0054	BC0055	BC0056
项 目 名 称					角科斗拱(高度)(mm)		
					七踩600以内	七踩700以内	七踩700以上
综 合 单 价 (元)					**1860.83**	**2255.47**	**2789.67**
费用	其中	人 工 费 (元)			478.63	784.99	1192.32
		材 料 费 (元)			1244.83	1248.55	1262.04
		施工机具使用费 (元)			4.13	4.13	4.88
		企 业 管 理 费 (元)			85.74	140.15	212.62
		利 润 (元)			39.78	65.02	98.65
		一 般 风 险 费 (元)			7.72	12.63	19.16
	编码	名 称	单位	单价(元)	消 耗 量		
人工	000300100	砌筑综合工	工日	115.00	4.162	6.826	10.368
材料	040902020	白素灰	m³	134.95	0.170	0.170	0.200
	032130010	铁件 综合	kg	3.68	10.000	11.000	12.500
	310700390	琉璃七踩角科斗拱	攒	115.38	10.000	10.000	10.000
	040902010	红素灰	m³	235.92	0.050	0.050	0.060
	040902055	深月白灰	m³	143.78	0.050	0.050	0.060
	002000010	其他材料费	元	—	12.30	12.34	12.47
机械	990610010	灰浆搅拌机 200L	台班	187.56	0.022	0.022	0.026

C.3.12 枕头木(编码:020303012)

工作内容: 1.琉璃砌作包括样活、打琉璃珠、摆砌、调运砂浆、灌浆、勾缝、打点等。2.琉璃博风包括两层托山混及衬砌金刚墙,琉璃斗拱摆砌,包括平板枋到挑檐桁下皮的全部构件。3.摆砌梢子包括荷叶墩、混、炉口、枭、盘头,其中干摆梢子、琉璃梢子不包括圈挑檐点砌腮帮等。

计量单位:10件

定 额 编 号					BC0057
项 目 名 称					枕头木
综 合 单 价 (元)					**201.15**
费用	其中	人 工 费 (元)			117.65
		材 料 费 (元)			50.55
		施工机具使用费 (元)			0.38
		企 业 管 理 费 (元)			20.96
		利 润 (元)			9.72
		一 般 风 险 费 (元)			1.89
	编码	名 称	单位	单价(元)	消 耗 量
人工	000300100	砌筑综合工	工日	115.00	1.023
材料	040902020	白素灰	m³	134.95	0.010
	040902010	红素灰	m³	235.92	0.010
	040902055	深月白灰	m³	143.78	0.010
	312100010	枕头木	件	4.49	10.000
	002000010	其他材料费	元	—	0.50
机械	990610010	灰浆搅拌机 200L	台班	187.56	0.002

C.3.13 宝瓶(编码:020303013)

工作内容:样活、打琉璃珠、摆砌、调运砂浆、灌浆、勾缝、打点等。

计量单位:10个

定 额 编 号					BC0058	
项 目 名 称					宝瓶	
综 合 单 价 (元)					584.24	
费 用	其 中	人 工 费 (元)			180.44	
		材 料 费 (元)			353.99	
		施工机具使用费 (元)			—	
		企 业 管 理 费 (元)			32.05	
		利 润 (元)			14.87	
		一 般 风 险 费 (元)			2.89	
	编码	名 称	单位	单价(元)	消 耗 量	
人工	000300100	砌筑综合工	工日	115.00	1.569	
材 料	040902020	白素灰	m³	134.95	0.010	
	040902010	红素灰	m³	235.92	0.010	
	040902055	深月白灰	m³	143.78	0.010	
	310700520	宝瓶	个	34.19	10.000	
	002000010	其他材料费	元	—	6.94	

C.3.14 角梁(编码:020303014)

工作内容:1.琉璃砌作包括样活、打琉璃珠、摆砌、调运砂浆、灌浆、勾缝、打点等。2.琉璃博风包括两层托山混及衬砌金刚墙,琉璃斗拱摆砌,包括平板枋到挑檐桁下皮的全部构件。3.摆砌梢子包括荷叶墩、混、炉口、枭、盘头,其中干摆梢子、琉璃梢子不包括圈挑檐点砌腮帮等。

计量单位:10根

定 额 编 号					BC0059	
项 目 名 称					角梁	
综 合 单 价 (元)					1068.54	
费 用	其 中	人 工 费 (元)			300.61	
		材 料 费 (元)			684.96	
		施工机具使用费 (元)			—	
		企 业 管 理 费 (元)			53.39	
		利 润 (元)			24.77	
		一 般 风 险 费 (元)			4.81	
	编码	名 称	单位	单价(元)	消 耗 量	
人工	000300100	砌筑综合工	工日	115.00	2.614	
材 料	040902020	白素灰	m³	134.95	0.060	
	040902010	红素灰	m³	235.92	0.020	
	032130010	铁件 综合	kg	3.68	20.000	
	040902055	深月白灰	m³	143.78	0.020	
	311100540	角梁	根	58.89	10.000	
	002000010	其他材料费	元	—	6.77	

C.3.15　套兽(编码:020303015)

工作内容:1.琉璃砌作包括样活、打琉璃珠、摆砌、调运砂浆、灌浆、勾缝、打点等。2.琉璃博风包括两层
托山混及衬砌金刚墙,琉璃斗拱摆砌,包括平板枋到挑檐桁下皮的全部构件。3.摆砌梢子包括
荷叶墩、混、炉口、枭、盘头,其中干摆梢子、琉璃梢子不包括圈挑檐点砌腮帮等。　　　　　**计量单位**:10个

定　额　编　号					BC0060
项　目　名　称					照壁上用套兽
综　合　单　价（元）					**413.27**
费用	其中	人　工　费　（元）			143.18
		材　料　费　（元）			230.09
		施工机具使用费　（元）			0.38
		企　业　管　理　费　（元）			25.49
		利　　润　（元）			11.83
		一　般　风　险　费　（元）			2.30
编码	名　　称	单位	单价(元)	消　耗	量
人工 000300100	砌筑综合工	工日	115.00	1.245	
材料 040902020	白素灰	m³	134.95	0.010	
040902010	红素灰	m³	235.92	0.010	
311300000	套兽	个	22.22	10.000	
040902055	深月白灰	m³	143.78	0.010	
002000010	其他材料费	元	—	2.74	
机械 990610010	灰浆搅拌机 200L	台班	187.56	0.002	

C.3.16　挑檐桁(编码:020303016)

工作内容:1.琉璃砌作包括样活、打琉璃珠、摆砌、调运砂浆、灌浆、勾缝、打点等。2.琉璃博风包括两层
托山混及衬砌金刚墙,琉璃斗拱摆砌,包括平板枋到挑檐桁下皮的全部构件。3.摆砌梢子包括
荷叶墩、混、炉口、枭、盘头,其中干摆梢子、琉璃梢子不包括圈挑檐点砌腮帮等。　　　　　**计量单位**:10m

定　额　编　号					BC0061	BC0062
项　目　名　称					挑檐檩(直径)(mm)	
					120 以内	160 以内
综　合　单　价（元）					**400.11**	**445.44**
费用	其中	人　工　费　（元）			153.30	188.83
		材　料　费　（元）			202.58	202.58
		施工机具使用费　（元）			1.50	1.50
		企　业　管　理　费　（元）			27.49	33.80
		利　　润　（元）			12.76	15.68
		一　般　风　险　费　（元）			2.48	3.05
编码	名　　称	单位	单价(元)	消　耗		量
人工 000300100	砌筑综合工	工日	115.00	1.333	1.642	
材料 040902020	白素灰	m³	134.95	0.060	0.060	
040902010	红素灰	m³	235.92	0.020	0.020	
040902055	深月白灰	m³	143.78	0.020	0.020	
311100610	挑檐桁	根	17.95	10.300	10.300	
002000010	其他材料费	元	—	2.00	2.00	
机械 990610010	灰浆搅拌机 200L	台班	187.56	0.008	0.008	

C.3.17 正身椽飞(编码:020303017)

工作内容:1.琉璃砌作包括样活、打琉璃珠、摆砌、调运砂浆、灌浆、勾缝、打点等。2.琉璃博风包括两层托山混及衬砌金刚墙,琉璃斗拱摆砌,包括平板枋到挑檐桁下皮的全部构。3.摆砌梢子包括荷叶墩、混、炉口、枭、盘头,其中干摆梢子、琉璃梢子不包括圈挑檐点砌腮帮等。 计量单位:10m

定 额 编 号					BC0063	
项 目 名 称					正身椽飞	
综 合 单 价 (元)					623.35	
费用	其中	人 工 费 (元)			300.50	
		材 料 费 (元)			238.24	
		施 工 机 具 使 用 费 (元)			1.31	
		企 业 管 理 费 (元)			53.60	
		利 润 (元)			24.87	
		一 般 风 险 费 (元)			4.83	
	编码	名 称	单位	单价(元)	消 耗 量	
人工	000300100	砌筑综合工	工日	115.00	2.613	
材料	040902020	白素灰	m³	134.95	0.050	
	040902010	红素灰	m³	235.92	0.020	
	032130010	铁件 综合	kg	3.68	15.000	
	040902055	深月白灰	m³	143.78	0.020	
	310700820	正身椽飞	块	16.15	10.300	
	002000010	其他材料费	元	—	2.35	
机械	990610010	灰浆搅拌机 200L	台班	187.56	0.007	

C.3.18 翼角椽飞(编码:020303018)

工作内容:1.琉璃砌作包括样活、打琉璃珠、摆砌、调运砂浆、灌浆、勾缝、打点等。2.琉璃博风包括两层托山混及衬砌金刚墙,琉璃斗拱摆砌,包括平板枋到挑檐桁下皮的全部构件。3.摆砌梢子包括荷叶墩、混、炉口、枭、盘头,其中干摆梢子、琉璃梢子不包括圈挑檐点砌腮帮等。 计量单位:10m

定 额 编 号					BC0064	
项 目 名 称					翼角椽飞	
综 合 单 价 (元)					1019.34	
费用	其中	人 工 费 (元)			596.16	
		材 料 费 (元)			256.97	
		施 工 机 具 使 用 费 (元)			1.31	
		企 业 管 理 费 (元)			106.11	
		利 润 (元)			49.23	
		一 般 风 险 费 (元)			9.56	
	编码	名 称	单位	单价(元)	消 耗 量	
人工	000300100	砌筑综合工	工日	115.00	5.184	
材料	040902020	白素灰	m³	134.95	0.050	
	040902010	红素灰	m³	235.92	0.020	
	032130010	铁件 综合	kg	3.68	15.000	
	040902055	深月白灰	m³	143.78	0.020	
	310700830	翼角椽飞	块	17.95	10.300	
	002000010	其他材料费	元	—	2.54	
机械	990610010	灰浆搅拌机 200L	台班	187.56	0.007	

D　混凝土及钢筋混凝土工程

说　明

一、一般说明

1.本章混凝土工程分现浇混凝土和预制混凝土,其中:现浇混凝土分为自拌混凝土和商品混凝土。混凝土的强度是按常用强度等级考虑,如设计规定与定额不同时,可按"混凝土与砂浆配合比表"进行调整,其他增加外加剂的混凝土根据外加剂的耗量换算对应材料耗量,其余不作调整。

2.混凝土基础、圈梁、构造柱等未编制的构件项目按《重庆市房屋建筑与装饰工程计价定额》中相应定额子目执行。

3.童柱(瓜柱、矮柱),执行本章柱相应定额子目;柁墩执行本章古式零星构件相应定额子目;雷公柱(灯芯木)执行本章垂莲柱(荷花柱、吊瓜)相应定额子目。

4.多角形柱和矩形倒隔角执行本章异形柱相应定额子目。

5.柱、帮扶脊木为多边形时,按断面对角线尺寸执行相应规格的定额子目。

6.荷包梁定额执行本章异形梁相应定额子目,人工乘以系数1.02;若梁横断面为T形、L形、十字形的梁执行异形梁相应定额子目。

7.驼峰执行本章古式零星构件相应定额子目。

8.预制构件安装、灌缝、吊装均含在安装定额子目中,特殊机械(大于25t的吊装机械)根据实际情况按实计算。

9.预制构件采用特殊机械吊装时,增加费按以下计算:本定额中预制构件安装机械是按现有的施工机械进行综合考虑的,除定额允许调整者外不得变动。经批准的施工组织设计(方案)必须采用特殊机械吊装构件时,除按规定编制预算外,采用特殊机械吊装的混凝土构件综合按10m³另增加特殊机械使用费0.34台班,列入定额基价。施工企业因平衡使用特殊机械和已计算超高人工、机械降效费的工程,不得计算特殊机械使用费。

10.定额中就位预制构件安装时吊装运输距离,按机械起吊中心回转半径15m以内考虑,超出15m时,按实计算。

11.预制混凝土构件运输定额是指厂(场)外运输,厂(场)内运输工作已包含在构件制作中。

12.预制构件的制作、运输、安装损耗率,按下表规定计算后并入构件工程量内,但长度在9m以上的柱、梁、板等不计算损耗。

构件名称	制作废品率	运输堆放损耗率	安装损耗率
各类预制 混凝土构件	0.2%	0.8%	0.5%

注:(1)上述损耗率为制作成品损耗,包括混凝土、模板和钢筋;
　　(2)损耗率计算举例:按设计图示尺寸计算预制混凝土构件(包括混凝土、模板、钢筋)工程量为1m³,
　　其制作工程量为:$1×(1+0.2\%)×(1+0.8\%)×(1+0.5\%)=1.015m^3$;
　　运输工程量为:$1×(1+0.8\%)×(1+0.5\%)=1.013m^3$;
　　安装工程量为:$1×(1+0.5\%)=1.005m^3$。

13.预制混凝土构件适用于加工厂预制和施工现场预制,混凝土按现场搅拌编制,采用商品混凝土时,仍按预制混凝土相应定额子目执行并作以下调整:

(1)人工按相应定额子目乘以系数0.45(即扣除混凝土制作和运输用工)。

(2)取消定额中混凝土及消耗量,增加商品混凝土消耗量1.015m³。

(3)扣除定额中双锥反转出料混凝土搅拌机台班消耗量。

二、现浇混凝土

(一)现浇混凝土柱、梁

1.矩形梁包含:扁作梁、承重、搭角梁、川等,圆形梁包含:搭角梁、川等。

2.预留部位浇捣系指装配式柱、枋、云头交叉部位需电焊后浇制混凝土的部位。

（二）现浇混凝土桁、枋

1.大木三件（编码：020403005）未编制。

2.葫芦檩、檩带挂枋定额子目的直径是指上檩的直径。

（三）现浇混凝土板

"屋面板带椽子"定额子目中的"板厚"系指屋面板的厚度，不包括椽子的厚度。

（四）现浇混凝土其他构件

1.鹅颈靠背又名吴王靠、美人靠、飞来椅，定额包括坐凳平盘、靠背、扶手，坐凳平盘下若设地脚窗时，应另行计算。

2.现浇斗拱（编码：0204005004）未编制。

3.古式零件包括：雀替（梁垫）、蒲鞋头、云头、水浪机、插角、莲花头子、花饰块、磉礅等以及单体体积不大于0.1m³且未列入其他古式构件的小构件。

4.撑弓定额子目按方形撑弓考虑，圆形撑弓执行撑弓相应定额子目，人工乘以系数1.05；板形、三角形撑弓执行撑弓相应定额子目，人工乘以系数1.1。

三、预制混凝土

（一）预制混凝土柱、梁

1.各类型柱安装均执行柱安装定额子目。

2.各类型梁安装（除龙背、大刀木安装执行龙背大刀木（老嫩戗）定额子目外）均执行矩、圆形有电焊（无电焊）梁安装定额子目。

（二）预制混凝土屋架

人字屋架（编码：020201011）、中式屋架（编码：020201011）未编制。

（三）预制混凝土桁、枋

1.葫芦檩、檩带挂枋定额子目的直径是指上檩的直径。

2.预制混凝土桁、枋安装执行本章枋、檩、椽子安装相应定额子目。

（四）预制混凝土板、椽子

1."屋面板带椽子"定额子目中的"板厚"系指屋面板的厚度，不包括椽子的厚度。

2.各类型板、椽子安装均执行爪角戗翼板、亭屋面板安装相应定额子目。

（五）预制混凝土其他构件

1.鹅颈靠背又名吴王靠、美人靠、飞来椅，定额包括坐凳平盘、靠背、扶手，坐凳平盘下若设地脚窗时，应另行计算。

2.古式零件包括：雀替（梁垫）、蒲鞋头、云头、水浪机、插角、莲花头子、花饰块、磉礅等以及单体体积不大于0.1m³且未列入其他古式构件的小构件。

3.豁口窗（地脚窗、吊窗）执行花窗相应定额子目。

4.滴水瓦、勾头瓦制作定额内已包括滴珠和瓦当的黏结工料，不另计算。

5.屋面预制水泥瓦的安装执行屋面工程中筒瓦屋面相应定额子目；预制屋脊、屋脊头、宝顶和底座的安装，执行屋面工程中相应定额子目。其他预制混凝土构件的安装均执行斗拱、梁垫、云头等零星构件有电焊（无电焊）安装相应定额子目。

四、钢筋工程

1.钢筋子目是按绑扎、电焊（除电渣压力焊和机械连接外）综合编制的，实际施工不同时，不作调整。

2.钢筋的施工损耗和钢筋除锈用工，已包括在定额子目内，不另计算。

3.现浇构件中固定钢筋位置的支撑钢筋、双（多）层钢筋用的铁马（垫铁）、伸出构件的锚固钢筋和预制构件的吊钩执行钢筋相应定额子目。

4.弧形钢筋按相应定额子目人工乘以系数1.20。

5.坡度≥15°的斜梁、斜板的钢筋制作安装按现浇钢筋定额子目执行,人工乘以系数1.25。

6.非预应力钢筋不包括冷加工,如设计要求冷加工时,另行计算。φ10以内冷轧带肋钢筋需专业调直时,调直费用按实计算。

7.预应力钢筋如设计要求人工时效处理时,每吨预应力钢筋按200元计算人工时效费,计入按实费用中。

8.钢筋制安、铁件制作损耗率已包括在定额内,不另行计算,铁件安装损耗为1%。

9.钢筋工程未编制的声测管、钢筋接头(如植筋、机械连接、电渣压力焊等)按《重庆市房屋建筑与装饰工程计价定额》中相应定额子目执行。

五、混凝土模板及支架

(一)现浇混凝土模板及支架

1.现浇混凝土模板是按组合钢模、木模、复合模板和目前施工技术、施工方法编制的,实际使用模板材料不同时,不作调整。

2.现浇混凝土梁、板、柱的支模高度(地面至板顶或板面至上层板顶之间的高度)按3.6m内综合考虑。支模高度3.6m以上、8m以下时,执行超高相应定额子目;支模高度大于8m时,按批准的施工组织设计(方案)另行计算。

3.支模高度如下:

(1)柱:无地下室底层的高度按交付施工场地地面至上层板底面、楼层板顶面至上层板底面计算(无板时至柱顶)。

(2)梁、枋、桁:无地下室底层的高度按交付施工场地地面至上层板底面、楼层板顶面至上层板底面计算(无板时至梁、枋、桁顶面)。

(3)板:无地下室底层的高度按交付施工场地地面至上层板底面、楼层板顶面至上层板底面计算。

(4)墙:高度按基础板(或梁)顶面至上层板底面、楼层板顶面至上层板底面。

4.多边形柱其规格按断面对角线长度对应圆截面的直径确定。

5.吓弓梁(虹梁)、弧(弯)形梁执行异形梁相应定额子目。

6.雀替(梁垫)、蒲鞋头、云头、水浪机、插角、莲花头子、花饰块、礅磴等以及单件混凝土体积小于0.1m³未列入其他古式构件定额子目的执行古式零星构件相应定额子目。

7.券石、券脸及拱券石胎架清单项(编码:020702003)未编制,发生时按《重庆市市政工程计价定额》相应定额子目执行。

8.现浇钢筋混凝土工程未编制的模板(如挑檐、雨篷、阳台,挑出墙外的牛脚梁、台阶、梯带及板边等)按《重庆市房屋建筑与装饰工程计价定额》中相应定额子目执行。

(二)预制混凝土模板及支架

1.预制模板按不同构件分别以组合钢模板、复合模板、木模板、定型钢模板、长线台钢拉模,以及砖地模、混凝土地模、砖胎模编制,实际使用模板材料不同时,不作调整。

2.多边形柱其规格按断面对角线长度对应圆截面的直径计算。

3.吓弓梁(虹梁)、弧(弯)形梁执行异形梁相应定额子目。

4.预制混凝土屋架包括人字屋架、中式屋架(编码:020702003)未编制。

5.雀替(梁垫)、蒲鞋头、云头、水浪机、插角、莲花头子、花饰块、礅磴等以及单件混凝土体积小于0.1m³未列入其他古式构件定额子目的执行古式零星构件相应定额子目。

工程量计算规则

一、现浇混凝土

现浇混凝土的工程量(除另有规定外)均按设计图示尺寸以体积计算,不扣除构件内钢筋、铁件、螺栓和0.05m² 以内的螺栓盒等所占的体积。

(一)现浇混凝土柱

1.柱高的计算规定:

(1)柱高按柱基上表面至柱顶面的高度计算。

(2)有梁板的柱高,应以柱基上表面(或梁板上表面)至上一层楼板上表面高度计算。

(3)无梁板的柱高,应以柱基上表面(或梁板上表面)至柱帽下表面高度计算。

(4)有楼隔层的柱高,应以柱基上表面至梁上表面高度计算。

(5)无楼隔层的柱高,应以柱基上表面至柱顶高度计算。

2.附属于柱的牛腿,并入柱身体积内计算。

3.雷公柱(灯芯木)高度按梁上表面至雷公柱(灯芯木)顶面或者老戗根上表面至雷公柱(灯芯木)顶面的高度计算。

4.柱(墙)和梁(板)强度等级不一致时,有设计的按设计尺寸计算,无设计尺寸的按柱(墙)边300mm距离加45°角计算。如图所示:

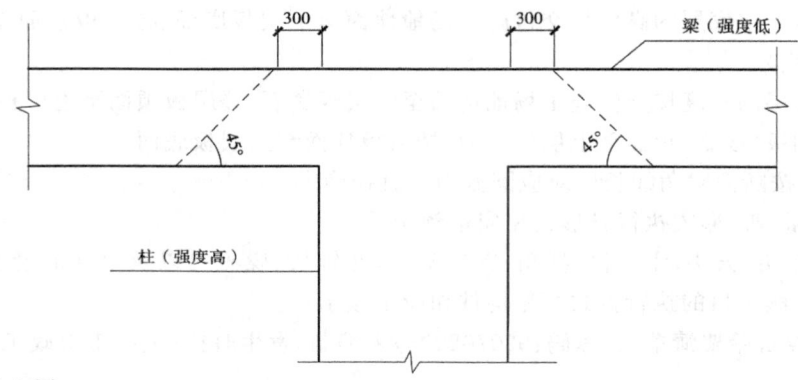

(二)现浇混凝土梁

1.梁与柱(墙)连接时,梁长算至柱(墙)侧面。

2.次梁与主梁连接时,次梁长算至主梁侧面。

3.伸入墙内的梁头、梁垫体积并入梁体积内计算。

4.梁的高度算至梁顶,不扣除板的厚度。

(三)现浇混凝土桁、枋

1. 现浇混凝土矩形檩、圆形檩、葫芦檩、圆形檩带挂枋,均按设计图示尺寸以体积计算,葫芦檩按双檩体积合并计算;圆檩带挂枋的檩和枋体积合并计算。

2.桁、枋、檩、连机与柱交接时,其长度算至柱侧面;与墙连接时,嵌入墙体部分并入桁、枋、檩、连机内。

(四)现浇混凝土板

1.现浇混凝土板均不扣除 0.3m² 以内的孔洞所占的体积。预留孔所需的工料已综合考虑在定额内,不另行计算。

2.有多种板连接时,以墙中心线为界,伸入墙内板头并入板体积内计算。

3.带有摔网椽的戗翼板按摔网椽和戗翼板体积之和计算。

4.带有桷的屋面板按桷和板体积之和计算。

5.钢丝网屋面板分不同厚度,按图示尺寸以面积计算。

6.钢丝网封檐板、博风板分不同高度,按图示尺寸以长度计算。

二、预制混凝土

1.预制混凝土的工程量(除另有规定外)均按设计图示尺寸以体积计算,不扣除构件内钢筋、铁件、螺栓和 0.05m² 以内的螺栓盒等所占的体积。

2.预制混凝土板均不扣除 0.3m² 以内的孔洞所占的体积。预留孔所需的工料已综合考虑在定额内,不另行计算。

3.预制混凝土矩形檩、圆形檩、葫芦檩、圆形檩带挂枋,均按设计图示尺寸以体积计算,葫芦檩按双檩体积合并计算;圆檩带挂枋的檩和枋体积合并计算。

4.预制混凝土其他构件

(1)预制屋脊分不同高度按设计图示尺寸以长度计算。

(2)细石混凝土仿筒瓦分不同规格,以"疋"计算。

(3)预制挂落、栏杆芯、门、窗框、花窗按设计图示外围尺寸,以面积计算。

(4)预制宝顶带座,设计高度在定额规定高度内的按设图示数量计算;若其设计高度超过 1.25m,按设计图示尺寸以体积计算。

三、钢筋工程

1.钢筋工程量按设计图示钢筋长度乘以单位理论质量以吨计算。

(1)长度:按设计图示长度(钢筋中轴线长度)计算。钢筋搭接长度,按设计图示及规范进行计算。

(2)接头:钢筋的搭接(接头)数量,按设计图示及规范计算,设计图示及规范未标明的,以构件的单根钢筋确定。水平钢筋直径 $\phi 10$ 以内按每 12m 长计算一个搭接(接头);$\phi 10$ 以上按每 9m 长计算一个搭接(接头)。竖向钢筋搭接(接头)按自然层计算,当自然层层高大于 9m 时,除按自然层计算外,应增加每 9m 或 12m 长计算的接头量。

(3)箍筋:箍筋长度(含平直段 $10d$)按箍筋中轴线周长加 $23.8d$ 计算,设计平直段长度不同时允许调整。

(4)设计图未明确钢筋根数、以间距布置的钢筋根数按以向上取整加 1 的原则计算。

2.现浇构件中固定钢筋位置的支撑钢筋、双(多)层钢筋用的铁马(垫铁),设计或规范有规定的,按设计或规范计算;设计或规范无规定的,按批准的施工组织设计(方案)计算。

3.钢筋净用量按冷拉前的理论质量计算。

4.铁件按设计图示尺寸的理论质量以吨计算。

四、混凝土模板及支架

(一)现浇混凝土模板及支架

1.现浇混凝土及钢筋混凝土模板工程量,均按混凝土构件与模板的接触面,以面积计算。

2.现浇混凝土构件模板工程量的分界规则与现浇混凝土构件工程量分界规则一致。

3.现浇混凝土板上单孔面积小于等于 0.3m² 的孔洞不予扣除,洞侧壁模板亦不增加,单孔面积大于 0.3m² 时,应予扣除,洞侧壁模板面积并入板模板工程量内计算。

4.柱与梁、柱与墙、梁与梁等连接重叠部分以及伸入墙内的梁头,板头与砖接触部分,均不计算模板面积。

(二)预制混凝土模板及支架

1.预制混凝土模板工程量除定额另有规定外,均按混凝土构件的图示尺寸以体积计算。

2.预制钢筋混凝土小型池、槽模板按构件外围尺寸以体积计算。

D.1 现浇混凝土柱(编码:020401)

D.1.1 矩形柱(编码:020401001)

工作内容:筛砂子、冲洗石子、后台运输、搅拌、前台运输、清理、润湿模板、浇筑、捣固、养护等。　　　　　计量单位:m³

定 额 编 号				BD0001	BD0002	BD0003	BD0004
项 目 名 称				矩形柱			
				自拌混凝土 C30			
				周长(mm)700 以内	周长(mm)1000 以内	周长(mm)1500 以内	周长(mm)1500 以上
综 合 单 价 (元)				451.10	441.57	432.59	426.57
费用	其中	人 工 费 (元)		130.41	122.94	115.92	111.21
		材 料 费 (元)		269.11	269.11	269.08	269.08
		施工机具使用费 (元)		12.22	12.22	12.22	12.22
		企 业 管 理 费 (元)		25.33	24.00	22.76	21.92
		利 润 (元)		11.75	11.14	10.56	10.17
		一 般 风 险 费 (元)		2.28	2.16	2.05	1.97
	编码	名 称	单位	单价(元)	消 耗 量		
人工	000300080	混凝土综合工	工日	115.00	1.134	1.069	1.008	0.967
材料	800205040	砼 C30(塑、特、碎 5~20、坍 10~30)	m³	262.78	0.980	0.980	0.980	0.980
	341100100	水	m³	4.42	0.129	0.129	0.129	0.129
	810201030	水泥砂浆 1:2(特)	m³	256.68	0.030	0.030	0.030	0.030
	002000010	其他材料费	元	—	3.32	3.32	3.29	3.29
机械	990602020	双锥反转出料混凝土搅拌机 350L	台班	226.31	0.054	0.054	0.054	0.054

工作内容:清理、润湿模板、浇筑、捣固、养护等。　　　　　　　　　　　　　　　　　计量单位:m³

定 额 编 号				BD0005	BD0006	BD0007	BD0008
项 目 名 称				矩形柱			
				商品混凝土			
				周长(mm)700 以内	周长(mm)1000 以内	周长(mm)1500 以内	周长(mm)1500 以上
综 合 单 价 (元)				349.43	344.87	340.76	337.98
费用	其中	人 工 费 (元)		61.30	57.73	54.51	52.33
		材 料 费 (元)		271.21	271.21	271.21	271.21
		施工机具使用费 (元)		—	—	—	—
		企 业 管 理 费 (元)		10.89	10.25	9.68	9.29
		利 润 (元)		5.05	4.76	4.49	4.31
		一 般 风 险 费 (元)		0.98	0.92	0.87	0.84
	编码	名 称	单位	单价(元)	消 耗 量		
人工	000300080	混凝土综合工	工日	115.00	0.533	0.502	0.474	0.455
材料	840201140	商品砼	m³	266.99	0.985	0.985	0.985	0.985
	341100100	水	m³	4.42	0.091	0.091	0.091	0.091
	810201030	水泥砂浆 1:2(特)	m³	256.68	0.030	0.030	0.030	0.030
	002000010	其他材料费	元	—	0.12	0.12	0.12	0.12

D.1.2 圆形柱(编码:020401002)

工作内容:筛砂子、冲洗石子、后台运输、搅拌、前台运输、清理、润湿模板、浇筑、捣固、养护等。　　　　　　　计量单位:m³

定 额 编 号					BD0009	BD0010	BD0011
项 目 名 称					圆形柱		
					自拌混凝土 C30		
					直径(mm) 200 以内	直径(mm) 300 以内	直径(mm) 300 以上
综 合 单 价 (元)					**453.17**	**446.56**	**439.23**
费用	其中	人 工 费 (元)			131.68	126.50	120.75
		材 料 费 (元)			269.55	269.55	269.55
		施工机具使用费 (元)			12.22	12.22	12.22
		企 业 管 理 费 (元)			25.56	24.64	23.62
		利 润 (元)			11.86	11.43	10.96
		一 般 风 险 费 (元)			2.30	2.22	2.13
	编码	名 称	单位	单价(元)	消 耗 量		
人工	000300080	混凝土综合工	工日	115.00	1.145	1.100	1.050
材料	341100100	水	m³	4.42	0.233	0.233	0.233
	800205040	砼 C30(塑、特、碎 5～20、坍 10～30)	m³	262.78	0.980	0.980	0.980
	810201030	水泥砂浆 1:2(特)	m³	256.68	0.030	0.030	0.030
	002000010	其他材料费	元	—	3.30	3.30	3.30
机械	990602020	双锥反转出料混凝土搅拌机 350L	台班	226.31	0.054	0.054	0.054

工作内容:清理、润湿模板、浇筑、捣固、养护等。　　　　　　　　　　　　　　　　　计量单位:m³

定 额 编 号					BD0012	BD0013	BD0014
项 目 名 称					圆形柱		
					商品混凝土		
					直径(mm) 200 以内	直径(mm) 300 以内	直径(mm) 300 以上
综 合 单 价 (元)					**350.60**	**347.52**	**344.14**
费用	其中	人 工 费 (元)			61.87	59.46	56.81
		材 料 费 (元)			271.65	271.65	271.65
		施工机具使用费 (元)			—	—	—
		企 业 管 理 费 (元)			10.99	10.56	10.09
		利 润 (元)			5.10	4.90	4.68
		一 般 风 险 费 (元)			0.99	0.95	0.91
	编码	名 称	单位	单价(元)	消 耗 量		
人工	000300080	混凝土综合工	工日	115.00	0.538	0.517	0.494
材料	840201140	商品砼	m³	266.99	0.985	0.985	0.985
	341100100	水	m³	4.42	0.195	0.195	0.195
	810201030	水泥砂浆 1:2(特)	m³	256.68	0.030	0.030	0.030
	002000010	其他材料费	元	—	0.10	0.10	0.10

D.1.3 异形柱(编码:020401003)

工作内容:自拌混凝土:筛砂子、冲洗石子、后台运输、搅拌、前台运输、清理、润湿模板、浇筑、捣固、养护等。
商品混凝土:清理、润湿模板、浇筑、捣固、养护等。

计量单位:m³

	定 额 编 号				BD0015	BD0016
	项 目 名 称				异形柱	
					自拌混凝土 C30	商品混凝土
	综 合 单 价 (元)				**448.81**	**357.00**
费用	其中	人 工 费 (元)			128.23	66.82
		材 料 费 (元)			269.60	271.73
		施 工 机 具 使 用 费 (元)			12.22	—
		企 业 管 理 费 (元)			24.94	11.87
		利 润 (元)			11.57	5.51
		一 般 风 险 费 (元)			2.25	1.07
	编码	名 称	单位	单价(元)	消 耗 量	
人工	000300080	混凝土综合工	工日	115.00	1.115	0.581
材料	840201140	商品砼	m³	266.99	—	0.985
	341100100	水	m³	4.42	0.249	0.211
	800205040	砼 C30(塑、特、碎 5~20、坍 10~30)	m³	262.78	0.980	—
	810201030	水泥砂浆 1:2(特)	m³	256.68	0.030	0.030
	002000010	其他材料费	元	—	3.27	0.11
机械	990602020	双锥反转出料混凝土搅拌机 350L	台班	226.31	0.054	—

D.1.4 垂莲柱(荷花柱、吊瓜)(编码:020401006)

工作内容:自拌混凝土:筛砂子、冲洗石子、后台运输、搅拌、前台运输、清理、润湿模板、浇筑、捣固、养护等。
商品混凝土:清理、润湿模板、浇筑、捣固、养护等。

计量单位:m³

	定 额 编 号				BD0017	BD0018	BD0019	BD0020
	项 目 名 称				垂莲柱(荷花柱、吊瓜方形)		垂莲柱(荷花柱、吊瓜圆形)	
					自拌混凝土 C30	商品混凝土	自拌混凝土 C30	商品混凝土
	综 合 单 价 (元)				**458.86**	**362.75**	**463.26**	**367.22**
费用	其中	人 工 费 (元)			131.56	70.15	135.01	73.60
		材 料 费 (元)			275.39	273.24	275.39	273.31
		施 工 机 具 使 用 费 (元)			12.22	—	12.22	—
		企 业 管 理 费 (元)			25.54	12.46	26.15	13.07
		利 润 (元)			11.85	5.78	12.13	6.06
		一 般 风 险 费 (元)			2.30	1.12	2.36	1.18
	编码	名 称	单位	单价(元)	消 耗 量			
人工	000300080	混凝土综合工	工日	115.00	1.144	0.610	1.174	0.640
材料	840201140	商品砼	m³	266.99	—	1.015	—	1.015
	341100100	水	m³	4.42	1.522	0.303	1.522	0.303
	800205040	砼 C30(塑、特、碎 5~20、坍 10~30)	m³	262.78	1.010	—	1.010	—
	002000010	其他材料费	元	—	3.25	0.91	3.25	0.98
机械	990602020	双锥反转出料混凝土搅拌机 350L	台班	226.31	0.054		0.054	

D.2 现浇混凝土梁(编码:020402)

D.2.1 矩形梁(编码:020402001)

工作内容:筛砂子、冲洗石子、后台运输、搅拌、前台运输、清理、润湿模板、浇筑、捣固、养护等。　　　　　计量单位:m³

定 额 编 号					BD0021	BD0022	BD0023	BD0024
项 目 名 称					矩形梁			
					自拌混凝土 C30			
					梁高(mm)150 以内	梁高(mm)200 以内	梁高(mm)300 以内	梁高(mm)300 以上
费用	综 合 单 价 (元)				**431.66**	**425.95**	**420.37**	**414.79**
	其中	人 工 费 (元)			111.78	107.30	102.93	98.56
		材 料 费 (元)			273.44	273.44	273.44	273.44
		施工机具使用费 (元)			12.22	12.22	12.22	12.22
		企 业 管 理 费 (元)			22.02	21.23	20.45	19.67
		利 润 (元)			10.22	9.85	9.49	9.13
		一 般 风 险 费 (元)			1.98	1.91	1.84	1.77
	编码	名 称	单位	单价(元)	消 耗 量			
人工	000300080	混凝土综合工	工日	115.00	0.972	0.933	0.895	0.857
材料	341100100	水	m³	4.42	1.076	1.076	1.076	1.076
	800205040	砼 C30(塑、特、碎 5～20、坍 10～30)	m³	262.78	1.010	1.010	1.010	1.010
	002000010	其他材料费	元	—	3.28	3.28	3.28	3.28
机械	990602020	双锥反转出料混凝土搅拌机 350L	台班	226.31	0.054	0.054	0.054	0.054

工作内容:清理、润湿模板、浇筑、捣固、养护等。　　　　　计量单位:m³

定 额 编 号					BD0025	BD0026	BD0027	BD0028
项 目 名 称					矩形梁			
					商品混凝土			
					梁高(mm)150 以内	梁高(mm)200 以内	梁高(mm)300 以内	梁高(mm)300 以上
费用	综 合 单 价 (元)				**331.50**	**329.15**	**326.95**	**324.76**
	其中	人 工 费 (元)			45.08	43.24	41.52	39.79
		材 料 费 (元)			273.98	273.98	273.98	273.98
		施工机具使用费 (元)			—	—	—	—
		企 业 管 理 费 (元)			8.01	7.68	7.37	7.07
		利 润 (元)			3.71	3.56	3.42	3.28
		一 般 风 险 费 (元)			0.72	0.69	0.66	0.64
	编码	名 称	单位	单价(元)	消 耗 量			
人工	000300080	混凝土综合工	工日	115.00	0.392	0.376	0.361	0.346
材料	840201140	商品砼	m³	266.99	1.015	1.015	1.015	1.015
	341100100	水	m³	4.42	0.519	0.519	0.519	0.519
	002000010	其他材料费	元	—	0.69	0.69	0.69	0.69

D.2.2 圆形梁(编码:020402002)

工作内容:筛砂子、冲洗石子、后台运输、搅拌、前台运输、清理、润湿模板、浇筑、捣固、养护等。　　　　　计量单位:m³

定　额　编　号					BD0029	BD0030	BD0031
项　目　名　称					圆形梁		
					自拌混凝土 C30		
					直径(mm) 200 以内	直径(mm) 300 以内	直径(mm) 300 以上
费用	综　合　单　价　(元)				**428.14**	**423.30**	**418.46**
	其中	人　工　费　(元)			108.91	105.11	101.32
		材　料　费　(元)			273.58	273.58	273.58
		施 工 机 具 使 用 费　(元)			12.22	12.22	12.22
		企　业　管　理　费　(元)			21.51	20.84	20.16
		利　　　　润　(元)			9.98	9.67	9.36
		一　般　风　险　费　(元)			1.94	1.88	1.82
	编码	名　　称	单位	单价(元)	消　　耗　　量		
人工	000300080	混凝土综合工	工日	115.00	0.947	0.914	0.881
材料	341100100	水	m³	4.42	1.106	1.106	1.106
	800205040	砼 C30(塑、特、碎 5～20、坍 10～30)	m³	262.78	1.010	1.010	1.010
	002000010	其他材料费	元	—	3.28	3.28	3.28
机械	990602020	双锥反转出料混凝土搅拌机 350L	台班	226.31	0.054	0.054	0.054

工作内容:清理、润湿模板、浇筑、捣固、养护等。　　　　　　　　　　　　　　　　　计量单位:m³

定　额　编　号					BD0032	BD0033	BD0034
项　目　名　称					圆形梁		
					商品混凝土		
					直径(mm) 200 以内	直径(mm) 300 以内	直径(mm) 300 以上
费用	综　合　单　价　(元)				**339.35**	**337.15**	**334.80**
	其中	人　工　费　(元)			50.60	48.88	47.04
		材　料　费　(元)			274.78	274.78	274.78
		施 工 机 具 使 用 费　(元)			—	—	—
		企　业　管　理　费　(元)			8.99	8.68	8.35
		利　　　　润　(元)			4.17	4.03	3.88
		一　般　风　险　费　(元)			0.81	0.78	0.75
	编码	名　　称	单位	单价(元)	消　　耗　　量		
人工	000300080	混凝土综合工	工日	115.00	0.440	0.425	0.409
材料	840201140	商品砼	m³	266.99	1.015	1.015	1.015
	341100100	水	m³	4.42	0.590	0.590	0.590
	002000010	其他材料费	元	—	1.18	1.18	1.18

D.2.3 异形梁(编码:020402003)

工作内容:自拌混凝土:筛砂子、冲洗石子、后台运输、搅拌、前台运输、清理、润湿模板、浇筑、捣固、养护等。
商品混凝土:清理、润湿模板、浇筑、捣固、养护等。

计量单位:m³

定 额 编 号					BD0035	BD0036
项 目 名 称					异形梁	
					自拌混凝土 C30	商品混凝土
综 合 单 价 (元)					**422.43**	**330.40**
费用	其中	人 工 费 (元)			105.80	44.39
		材 料 费 (元)			271.84	273.76
		施 工 机 具 使 用 费 (元)			12.22	—
		企 业 管 理 费 (元)			20.96	7.88
		利 润 (元)			9.72	3.66
		一 般 风 险 费 (元)			1.89	0.71
	编码	名 称	单位	单价(元)	消 耗 量	
人工	000300080	混凝土综合工	工日	115.00	0.920	0.386
材料	840201140	商品砼	m³	266.99	—	1.015
	341100100	水	m³	4.42	0.932	0.432
	800205040	砼 C30(塑、特、碎 5~20、坍 10~30)	m³	262.78	1.010	—
	002000010	其他材料费	元	—	2.31	0.86
机械	990602020	双锥反转出料混凝土搅拌机 350L	台班	226.31	0.054	—

D.2.4 弧形、拱形梁(编码:020402004)

工作内容:自拌混凝土:筛砂子、冲洗石子、后台运输、搅拌、前台运输、清理、润湿模板、浇筑、捣固、养护等。
商品混凝土:清理、润湿模板、浇筑、捣固、养护等。

计量单位:m³

定 额 编 号					BD0037	BD0038
项 目 名 称					弧形梁及拱形梁	
					自拌混凝土 C30	商品混凝土
综 合 单 价 (元)					**433.65**	**342.73**
费用	其中	人 工 费 (元)			114.66	53.25
		材 料 费 (元)			271.76	274.78
		施 工 机 具 使 用 费 (元)			12.22	—
		企 业 管 理 费 (元)			22.53	9.46
		利 润 (元)			10.45	4.39
		一 般 风 险 费 (元)			2.03	0.85
	编码	名 称	单位	单价(元)	消 耗 量	
人工	000300080	混凝土综合工	工日	115.00	0.997	0.463
材料	840201140	商品砼	m³	266.99	—	1.015
	341100100	水	m³	4.42	1.090	0.590
	800205040	砼 C30(塑、特、碎 5~20、坍 10~30)	m³	262.78	1.010	—
	002000010	其他材料费	元	—	1.53	1.18
机械	990602020	双锥反转出料混凝土搅拌机 350L	台班	226.31	0.054	—

D.2.5 老、仔角梁(编码:020402007)

工作内容:自拌混凝土:筛砂子、冲洗石子、后台运输、搅拌、前台运输、清理、润湿模板、浇筑、捣固、养护等。
商品混凝土:清理、润湿模板、浇筑、捣固、养护等。

计量单位:m³

		定 额 编 号			BD0039	BD0040
		项 目 名 称			梁龙背.大刀木(老嫩戗)	
					自拌混凝土 C30	商品混凝土
		综 合 单 价(元)			**473.34**	**380.13**
费用	其中	人 工 费 (元)			143.98	82.57
		材 料 费 (元)			274.03	274.78
		施 工 机 具 使 用 费 (元)			12.22	—
		企 业 管 理 费 (元)			27.74	14.66
		利 润 (元)			12.87	6.80
		一 般 风 险 费 (元)			2.50	1.32
	编码	名 称	单位	单价(元)	消 耗 量	
人工	000300080	混凝土综合工	工日	115.00	1.252	0.718
材料	840201140	商品砼	m³	266.99		1.015
	341100100	水	m³	4.42	1.206	0.590
	800205040	砼 C30(塑、特、碎 5~20、坍 10~30)	m³	262.78	1.010	
	002000010	其他材料费	元	—	3.29	1.18
机械	990602020	双锥反转出料混凝土搅拌机 350L	台班	226.31	0.054	—

D.2.6 预留部位浇捣(编码:020402008)

工作内容:自拌混凝土:筛砂子、冲洗石子、后台运输、搅拌、前台运输、清理、润湿模板、浇筑、捣固、养护等。
商品混凝土:清理、润湿模板、浇筑、捣固、养护等。

计量单位:m³

		定 额 编 号			BD0041	BD0042
		项 目 名 称			预留部位浇捣	
					自拌混凝土 C30	商品混凝土
		综 合 单 价(元)			**491.57**	**382.31**
费用	其中	人 工 费 (元)			158.70	84.30
		材 料 费 (元)			273.48	274.74
		施 工 机 具 使 用 费 (元)			12.22	—
		企 业 管 理 费 (元)			30.36	14.97
		利 润 (元)			14.08	6.95
		一 般 风 险 费 (元)			2.73	1.35
	编码	名 称	单位	单价(元)	消 耗 量	
人工	000300080	混凝土综合工	工日	115.00	1.380	0.733
材料	840201140	商品砼	m³	266.99		1.015
	341100100	水	m³	4.42	1.090	0.590
	800205040	砼 C30(塑、特、碎 5~20、坍 10~30)	m³	262.78	1.010	—
	002000010	其他材料费	元	—	3.25	1.14
机械	990602020	双锥反转出料混凝土搅拌机 350L	台班	226.31	0.054	—

D.3 现浇混凝土桁、枋(编码:020403)

D.3.1 矩形桁条、梓桁(搁栅、帮脊木、扶脊木)(编码:020403001)

工作内容:自拌混凝土:筛砂子、冲洗石子、后台运输、搅拌、前台运输、清理、润湿模板、浇筑、捣固、养护等。
商品混凝土:清理、润湿模板、浇筑、捣固、养护等。

计量单位:m³

定 额 编 号					BD0043	BD0044	BD0045	BD0046
项 目 名 称					矩形檩			
					自拌混凝土 C30		商品混凝土	
					梁高(mm)200 以内	梁高(mm)200 以上	梁高(mm)200 以内	梁高(mm)200 以上
综 合 单 价 (元)					425.95	420.37	329.16	326.96
费用	其中	人 工 费 (元)			107.30	102.93	43.24	41.52
		材 料 费 (元)			273.44	273.44	273.99	273.99
		施工机具使用费 (元)			12.22	12.22	—	—
		企 业 管 理 费 (元)			21.23	20.45	7.68	7.37
		利 润 (元)			9.85	9.49	3.56	3.42
		一 般 风 险 费 (元)			1.91	1.84	0.69	0.66
	编码	名 称	单位	单价(元)	消 耗 量			
人工	000300080	混凝土综合工	工日	115.00	0.933	0.895	0.376	0.361
材料	840201140	商品砼	m³	266.99	—	—	1.015	1.015
	341100100	水	m³	4.42	1.076	1.076	0.519	0.519
	800205040	砼 C30(塑、特、碎 5~20、坍 10~30)	m³	262.78	1.010	1.010	—	—
	002000010	其他材料费	元	—	3.28	3.28	0.70	0.70
机械	990602020	双锥反转出料混凝土搅拌机 350L	台班	226.31	0.054	0.054	—	—

D.3.2 圆形桁条、梓桁(搁栅、帮脊木、扶脊木)(编码:020403002)

工作内容:自拌混凝土:筛砂子、冲洗石子、后台运输、搅拌、前台运输、清理、润湿模板、浇筑、捣固、养护等。
商品混凝土:清理、润湿模板、浇筑、捣固、养护等。

计量单位:m³

定 额 编 号					BD0047	BD0048	BD0049	BD0050
项 目 名 称					圆形檩			
					自拌混凝土 C30		商品混凝土	
					直径(mm)150 以内	直径(mm)150 以上	直径(mm)150 以内	直径(mm)150 以上
综 合 单 价 (元)					433.72	428.73	341.98	339.64
费用	其中	人 工 费 (元)			113.28	109.37	52.67	50.83
		材 料 费 (元)			273.58	273.58	274.78	274.78
		施工机具使用费 (元)			12.22	12.22	—	—
		企 业 管 理 费 (元)			22.29	21.59	9.35	9.03
		利 润 (元)			10.34	10.02	4.34	4.19
		一 般 风 险 费 (元)			2.01	1.95	0.84	0.81
	编码	名 称	单位	单价(元)	消 耗 量			
人工	000300080	混凝土综合工	工日	115.00	0.985	0.951	0.458	0.442
材料	840201140	商品砼	m³	266.99	—	—	1.015	1.015
	341100100	水	m³	4.42	1.106	1.106	0.590	0.590
	800205040	砼 C30(塑、特、碎 5~20、坍 10~30)	m³	262.78	1.010	1.010	—	—
	002000010	其他材料费	元	—	3.28	3.28	1.18	1.18
机械	990602020	双锥反转出料混凝土搅拌机 350L	台班	226.31	0.054	0.054	—	—

D.3.3 枋子(编码:020403003)

工作内容:自拌混凝土:筛砂子、冲洗石子、后台运输、搅拌、前台运输、清理、润湿模板、浇筑、捣固、养护等。
商品混凝土:清理、润湿模板、浇筑、捣固、养护等。

计量单位:m³

	定 额 编 号				BD0051	BD0052
	项 目 名 称				枋	
					自拌混凝土 C30	商品混凝土
	综 合 单 价 (元)				**436.42**	**331.96**
费用	其中	人 工 费 (元)			111.78	45.08
		材 料 费 (元)			278.20	274.44
		施工机具使用费 (元)			12.22	—
		企 业 管 理 费 (元)			22.02	8.01
		利 润 (元)			10.22	3.71
		一 般 风 险 费 (元)			1.98	0.72
	编 码	名 称	单位	单价(元)	消 耗 量	
人工	000300080	混凝土综合工	工日	115.00	0.972	0.392
材料	840201140	商品砼	m³	266.99	—	1.015
	341100100	水	m³	4.42	2.136	0.519
	800205040	砼 C30(塑、特、碎 5~20、坍 10~30)	m³	262.78	1.010	—
	002000010	其他材料费	元	—	3.35	1.15
机械	990602020	双锥反转出料混凝土搅拌机 350L	台班	226.31	0.054	—

D.3.4 连机(编码:020403004)

工作内容:自拌混凝土:筛砂子、冲洗石子、后台运输、搅拌、前台运输、清理、润湿模板、浇筑、捣固、养护等。
商品混凝土:清理、润湿模板、浇筑、捣固、养护等。

计量单位:m³

	定 额 编 号				BD0053	BD0054
	项 目 名 称				连机	
					自拌混凝土 C30	商品混凝土
	综 合 单 价 (元)				**442.16**	**334.38**
费用	其中	人 工 费 (元)			116.27	46.92
		材 料 费 (元)			278.20	274.51
		施工机具使用费 (元)			12.22	—
		企 业 管 理 费 (元)			22.82	8.33
		利 润 (元)			10.59	3.87
		一 般 风 险 费 (元)			2.06	0.75
	编 码	名 称	单位	单价(元)	消 耗 量	
人工	000300080	混凝土综合工	工日	115.00	1.011	0.408
材料	840201140	商品砼	m³	266.99	—	1.015
	341100100	水	m³	4.42	2.136	0.534
	800205040	砼 C30(塑、特、碎 5~20、坍 10~30)	m³	262.78	1.010	—
	002000010	其他材料费	元	—	3.35	1.15
机械	990602020	双锥反转出料混凝土搅拌机 350L	台班	226.31	0.054	—

D.3.5 双桁(檩)(葫芦檩、檩带挂枋)(编码:020403006)

工作内容:自拌混凝土:筛砂子、冲洗石子、后台运输、搅拌、前台运输、清理、润湿模板、浇筑、捣固、养护等。
商品混凝土:清理、润湿模板、浇筑、捣固、养护等。

计量单位:m³

	定 额 编 号				BD0055	BD0056	BD0057	BD0058
					圆形檩带挂枋			
	项 目 名 称				自拌混凝土 C30		商品混凝土	
					直径(mm)150 以内	直径(mm)150 以上	直径(mm)150 以内	直径(mm)150 以上
	综 合 单 价 (元)				**432.69**	**430.19**	**337.15**	**335.98**
费用	其中	人 工 费 (元)			112.47	110.52	48.88	47.96
		材 料 费 (元)			273.58	273.58	274.78	274.78
		施工机具使用费 (元)			12.22	12.22	—	—
		企 业 管 理 费 (元)			22.15	21.80	8.68	8.52
		利 润 (元)			10.27	10.11	4.03	3.95
		一 般 风 险 费 (元)			2.00	1.96	0.78	0.77
	编码	名 称	单位	单价(元)	消 耗 量			
人工	000300080	混凝土综合工	工日	115.00	0.978	0.961	0.425	0.417
材料	840201140	商品砼	m³	266.99	—	—	1.015	1.015
	341100100	水	m³	4.42	1.106	1.106	0.590	0.590
	800205040	砼 C30(塑、特、碎 5~20、坍 10~30)	m³	262.78	1.010	1.010	—	—
	002000010	其他材料费	元	—	3.28	3.28	1.18	1.18
机械	990602020	双锥反转出料混凝土搅拌机 350L	台班	226.31	0.054	0.054	—	—

工作内容:自拌混凝土:筛砂子、冲洗石子、后台运输、搅拌、前台运输、清理、润湿模板、浇筑、捣固、养护等。
商品混凝土:清理、润湿模板、浇筑、捣固、养护等。

计量单位:m³

	定 额 编 号				BD0059	BD0060	BD0061	BD0062
					葫芦檩			
	项 目 名 称				自拌混凝土 C30		商品混凝土	
					直径(mm)150 以内	直径(mm)150 以上	直径(mm)150 以内	直径(mm)150 以上
	综 合 单 价 (元)				**438.55**	**435.91**	**339.64**	**338.46**
费用	其中	人 工 费 (元)			117.07	115.00	50.83	49.91
		材 料 费 (元)			273.58	273.58	274.78	274.78
		施工机具使用费 (元)			12.22	12.22	—	—
		企 业 管 理 费 (元)			22.96	22.59	9.03	8.86
		利 润 (元)			10.65	10.48	4.19	4.11
		一 般 风 险 费 (元)			2.07	2.04	0.81	0.80
	编码	名 称	单位	单价(元)	消 耗 量			
人工	000300080	混凝土综合工	工日	115.00	1.018	1.000	0.442	0.434
材料	840201140	商品砼	m³	266.99	—	—	1.015	1.015
	341100100	水	m³	4.42	1.106	1.106	0.590	0.590
	800205040	砼 C30(塑、特、碎 5~20、坍 10~30)	m³	262.78	1.010	1.010	—	—
	002000010	其他材料费	元	—	3.28	3.28	1.18	1.18
机械	990602020	双锥反转出料混凝土搅拌机 350L	台班	226.31	0.054	0.054	—	—

D.4 现浇混凝土板(编码:020404)

D.4.1 带椽屋面板(编码:020404001)

工作内容:筛砂子、冲洗石子、后台运输、搅拌、前台运输、清理、润湿模板、浇筑、捣固、养护等。　　　　　　　　计量单位:m³

定 额 编 号					BD0063	BD0064	BD0065
项 目 名 称					屋面板带椽		
					自拌混凝土 C30		
					板厚(mm) 40 以内	板厚(mm) 60 以内	板厚(mm) 60 以上
综 合 单 价 (元)					**530.87**	**522.51**	**514.58**
费用	其中	人 工 费 (元)			186.99	180.44	174.23
		材 料 费 (元)			276.68	276.68	276.68
		施工机具使用费 (元)			12.22	12.22	12.22
		企 业 管 理 费 (元)			35.38	34.22	33.11
		利 润 (元)			16.41	15.87	15.36
		一 般 风 险 费 (元)			3.19	3.08	2.98
	编码	名 称	单位	单价(元)	消 耗 量		
人工	000300080	混凝土综合工	工日	115.00	1.626	1.569	1.515
材料	341100100	水	m³	4.42	1.796	1.796	1.796
	800205040	砼 C30(塑、特、碎 5～20、坍 10～30)	m³	262.78	1.010	1.010	1.010
	002000010	其他材料费	元	—	3.33	3.33	3.33
机械	990602020	双锥反转出料混凝土搅拌机 350L	台班	226.31	0.054	0.054	0.054

工作内容:清理、润湿模板、浇筑、捣固、养护等。　　　　　　　　　　　　　　　　　　　　　　　计量单位:m³

定 额 编 号					BD0066	BD0067	BD0068
项 目 名 称					屋面板带椽		
					商品混凝土		
					板厚(mm) 40 以内	板厚(mm) 60 以内	板厚(mm) 60 以上
综 合 单 价 (元)					**402.31**	**397.92**	**393.51**
费用	其中	人 工 费 (元)			100.86	97.41	93.96
		材 料 费 (元)			273.62	273.62	273.62
		施工机具使用费 (元)			—	—	—
		企 业 管 理 费 (元)			17.91	17.30	16.69
		利 润 (元)			8.31	8.03	7.74
		一 般 风 险 费 (元)			1.61	1.56	1.50
	编码	名 称	单位	单价(元)	消 耗 量		
人工	000300080	混凝土综合工	工日	115.00	0.877	0.847	0.817
材料	840201140	商品砼	m³	266.99	1.015	1.015	1.015
	341100100	水	m³	4.42	0.304	0.304	0.304
	002000010	其他材料费	元		1.28	1.28	1.28

工作内容:筛砂子、冲洗石子、后台运输、搅拌、前台运输、清理、润湿模板、浇筑、捣固、养护等。 计量单位:m³

定 额 编 号						BD0069	BD0070	BD0071
项 目 名 称						亭屋面板带桷		
						自拌混凝土 C30		
						板厚(mm) 40 以内	板厚(mm) 60 以内	板厚(mm) 60 以上
费用	综 合 单 价 (元)					**586.11**	**574.82**	**565.13**
	其中	人 工 费 (元)				227.47	219.54	211.95
		材 料 费 (元)				280.26	279.09	279.09
		施工机具使用费 (元)				12.22	12.22	12.22
		企 业 管 理 费 (元)				42.57	41.16	39.81
		利 润 (元)				19.75	19.10	18.47
		一 般 风 险 费 (元)				3.84	3.71	3.59
	编码	名 称	单位	单价(元)		消 耗 量		
人工	000300080	混凝土综合工	工日	115.00		1.978	1.909	1.843
材料	341100100	水	m³	4.42		2.596	2.336	2.336
	800205040	砼 C30(塑、特、碎 5～20、坍 10～30)	m³	262.78		1.010	1.010	1.010
	002000010	其他材料费	元	—		3.38	3.36	3.36
机械	990602020	双锥反转出料混凝土搅拌机 350L	台班	226.31		0.054	0.054	0.054

工作内容:清理、润湿模板、浇筑、捣固、养护等。 计量单位:m³

定 额 编 号						BD0072	BD0073	BD0074
项 目 名 称						亭屋面板带桷		
						商品混凝土		
						板厚(mm) 40 以内	板厚(mm) 60 以内	板厚(mm) 60 以上
费用	综 合 单 价 (元)					**445.46**	**439.44**	**433.72**
	其中	人 工 费 (元)				134.67	129.95	125.47
		材 料 费 (元)				273.62	273.62	273.62
		施工机具使用费 (元)				—	—	—
		企 业 管 理 费 (元)				23.92	23.08	22.28
		利 润 (元)				11.10	10.71	10.34
		一 般 风 险 费 (元)				2.15	2.08	2.01
	编码	名 称	单位	单价(元)		消 耗 量		
人工	000300080	混凝土综合工	工日	115.00		1.171	1.130	1.091
材料	840201140	商品砼	m³	266.99		1.015	1.015	1.015
	341100100	水	m³	4.42		0.304	0.304	0.304
	002000010	其他材料费	元	—		1.28	1.28	1.28

D.4.2 戗翼板(编码:020404002)

工作内容: 筛砂子、冲洗石子、后台运输、搅拌、前台运输、清理、润湿模板、浇筑、捣固、养护等。　　　　　　　　　计量单位:m³

定　额　编　号					BD0075	BD0076	BD0077
项　目　名　称					爪角(戗)屋面板带桷		
					自拌混凝土 C30		
					板厚(mm) 40 以内	板厚(mm) 60 以内	板厚(mm) 60 以上
综　合　单　价　(元)					548.54	539.73	531.22
费用	其中	人　工　费　(元)			199.64	192.74	186.07
		材　料　费　(元)			278.20	278.20	278.20
		施工机具使用费　(元)			12.22	12.22	12.22
		企　业　管　理　费　(元)			37.63	36.40	35.22
		利　　润　(元)			17.46	16.89	16.34
		一　般　风　险　费　(元)			3.39	3.28	3.17
	编码	名　　称	单位	单价(元)	消　　耗　　量		
人工	000300080	混凝土综合工	工日	115.00	1.736	1.676	1.618
材料	341100100	水	m³	4.42	2.136	2.136	2.136
	800205040	砼 C30(塑、特、碎 5~20、坍 10~30)	m³	262.78	1.010	1.010	1.010
	002000010	其他材料费	元	—	3.35	3.35	3.35
机械	990602020	双锥反转出料混凝土搅拌机 350L	台班	226.31	0.054	0.054	0.054

工作内容: 清理、润湿模板、浇筑、捣固、养护等。　　　　　　　　　　　　　　　　计量单位:m³

定　额　编　号					BD0078	BD0079	BD0080
项　目　名　称					爪角(戗)屋面板带桷		
					商品混凝土		
					板厚(mm) 40 以内	板厚(mm) 60 以内	板厚(mm) 60 以上
综　合　单　价　(元)					415.95	410.97	406.13
费用	其中	人　工　费　(元)			111.55	107.64	103.85
		材　料　费　(元)			273.62	273.62	273.62
		施工机具使用费　(元)			—	—	—
		企　业　管　理　费　(元)			19.81	19.12	18.44
		利　　润　(元)			9.19	8.87	8.56
		一　般　风　险　费　(元)			1.78	1.72	1.66
	编码	名　　称	单位	单价(元)	消　　耗　　量		
人工	000300080	混凝土综合工	工日	115.00	0.970	0.936	0.903
材料	840201140	商品砼	m³	266.99	1.015	1.015	1.015
	341100100	水	m³	4.42	0.304	0.304	0.304
	002000010	其他材料费	元	—	1.28	1.28	1.28

工作内容：筛砂子、冲洗石子、后台运输、搅拌、前台运输、清理、润湿模板、浇筑、捣固、养护等。　　　　　　　　计量单位：m³

定　额　编　号						BD0081	BD0082	BD0083
项　目　名　称						爪角（戗）屋面板不带桷		
						自拌混凝土 C30		
						板厚(mm) 40 以内	板厚(mm) 60 以内	板厚(mm) 60 以上
综　合　单　价　（元）						**537.09**	**528.58**	**520.52**
费 用	其 中	人　工　费　（元）				190.67	184.00	177.68
		材　料　费　（元）				278.20	278.20	278.20
		施工机具使用费　（元）				12.22	12.22	12.22
		企　业　管　理　费　（元）				36.03	34.85	33.73
		利　　　　　润　　　　（元）				16.72	16.17	15.65
		一　般　风　险　费　（元）				3.25	3.14	3.04
	编码	名　　称	单位	单价(元)	消		耗	量
人工	000300080	混凝土综合工	工日	115.00	1.658	1.600	1.545
材 料	341100100	水	m³	4.42	2.136	2.136	2.136
	800205040	砼 C30（塑、特、碎 5～20、坍 10～30）	m³	262.78	1.010	1.010	1.010
	002000010	其他材料费	元	—	3.35	3.35	3.35
机械	990602020	双锥反转出料混凝土搅拌机 350L	台班	226.31	0.054	0.054	0.054

工作内容：清理、润湿模板、浇筑、捣固、养护等。　　　　　　　　　　　　　　　　计量单位：m³

定　额　编　号						BD0084	BD0085	BD0086
项　目　名　称						爪角（戗）屋面板不带桷		
						商品混凝土		
						板厚(mm) 40 以内	板厚(mm) 60 以内	板厚(mm) 60 以上
综　合　单　价　（元）						**406.27**	**401.57**	**397.18**
费 用	其 中	人　工　费　（元）				103.96	100.28	96.83
		材　料　费　（元）				273.62	273.62	273.62
		施工机具使用费　（元）				—	—	—
		企　业　管　理　费　（元）				18.46	17.81	17.20
		利　　　　　润　　　　（元）				8.57	8.26	7.98
		一　般　风　险　费　（元）				1.66	1.60	1.55
	编码	名　　称	单位	单价(元)	消		耗	量
人工	000300080	混凝土综合工	工日	115.00	0.904	0.872	0.842
材 料	840201140	商品砼	m³	266.99	1.015	1.015	1.015
	341100100	水	m³	4.42	0.304	0.304	0.304
	002000010	其他材料费	元	—	1.28	1.28	1.28

D.4.3 无椽屋面板(编码:020404003)

工作内容:筛砂子、冲洗石子、后台运输、搅拌、前台运输、清理、润湿模板、浇筑、捣固、养护等。　　　　　　　　　　　　　　计量单位:m³

定　额　编　号					BD0087	BD0088	BD0089
项　目　名　称					屋面板不带椽		
					自拌混凝土 C30		
					板厚(mm) 40以内	板厚(mm) 60以内	板厚(mm) 60以上
综　合　单　价　(元)					**431.75**	**426.31**	**421.17**
费 用	其 中	人　工　费　(元)			107.53	103.27	99.25
		材　料　费　(元)			278.94	278.94	278.94
		施 工 机 具 使 用 费 (元)			12.22	12.22	12.22
		企 业 管 理 费 (元)			21.27	20.51	19.80
		利　　润　　(元)			9.87	9.52	9.18
		一 般 风 险 费 (元)			1.92	1.85	1.78
	编码	名　　称	单位	单价(元)	消　　耗　　量		
人工	000300080	混凝土综合工	工日	115.00	0.935	0.898	0.863
材 料	341100100	水	m³	4.42	2.301	2.301	2.301
	800205040	砼 C30(塑、特、碎5～20、坍10～30)	m³	262.78	1.010	1.010	1.010
	002000010	其他材料费	元	—	3.36	3.36	3.36
机械	990602020	双锥反转出料混凝土搅拌机 350L	台班	226.31	0.054	0.054	0.054

工作内容:清理、润湿模板、浇筑、捣固、养护等。　　　　　　　　　　　　　　　　　　　　　　　　　　计量单位:m³

定　额　编　号					BD0090	BD0091	BD0092
项　目　名　称					屋面板不带椽		
					商品混凝土		
					板厚(mm) 40以内	板厚(mm) 60以内	板厚(mm) 60以上
综　合　单　价　(元)					**325.86**	**323.81**	**321.91**
费 用	其 中	人　工　费　(元)			40.94	39.33	37.84
		材　料　费　(元)			273.62	273.62	273.62
		施 工 机 具 使 用 费 (元)			—	—	—
		企 业 管 理 费 (元)			7.27	6.99	6.72
		利　　润　　(元)			3.37	3.24	3.12
		一 般 风 险 费 (元)			0.66	0.63	0.61
	编码	名　　称	单位	单价(元)	消　　耗　　量		
人工	000300080	混凝土综合工	工日	115.00	0.356	0.342	0.329
材 料	840201140	商品砼	m³	266.99	1.015	1.015	1.015
	341100100	水	m³	4.42	0.304	0.304	0.304
	002000010	其他材料费	元	—	1.28	1.28	1.28

工作内容:筛砂子、冲洗石子、后台运输、搅拌、前台运输、清理、润湿模板、浇筑、捣固、养护等。 计量单位:m³

定 额 编 号						BD0093	BD0094	BD0095
项 目 名 称						亭屋面板不带桷		
						自拌混凝土 C30		
						板厚(mm) 40 以内	板厚(mm) 60 以内	板厚(mm) 60 以上
费用	综 合 单 价 (元)					**524.04**	**514.97**	**507.33**
	其中	人 工 费 (元)				178.83	172.62	166.64
		材 料 费 (元)				280.26	279.11	279.11
		施 工 机 具 使 用 费 (元)				12.22	12.22	12.22
		企 业 管 理 费 (元)				33.93	32.83	31.76
		利 润 (元)				15.74	15.23	14.74
		一 般 风 险 费 (元)				3.06	2.96	2.86
	编码	名 称	单位	单价(元)		消 耗 量		
人工	000300080	混凝土综合工	工日	115.00		1.555	1.501	1.449
材料	341100100	水	m³	4.42		2.596	2.336	2.336
	800205040	砼 C30(塑、特、碎 5～20、坍 10～30)	m³	262.78		1.010	1.010	1.010
	002000010	其他材料费	元	—		3.38	3.38	3.38
机械	990602020	双锥反转出料混凝土搅拌机 350L	台班	226.31		0.054	0.054	0.054

工作内容:清理、润湿模板、浇筑、捣固、养护等。 计量单位:m³

定 额 编 号						BD0096	BD0097	BD0098
项 目 名 称						亭屋面板不带桷		
						商品混凝土		
						板厚(mm) 40 以内	板厚(mm) 60 以内	板厚(mm) 60 以上
费用	综 合 单 价 (元)					**393.66**	**389.54**	**385.43**
	其中	人 工 费 (元)				94.07	90.85	87.63
		材 料 费 (元)				273.62	273.62	273.62
		施 工 机 具 使 用 费 (元)				—	—	—
		企 业 管 理 费 (元)				16.71	16.13	15.56
		利 润 (元)				7.75	7.49	7.22
		一 般 风 险 费 (元)				1.51	1.45	1.40
	编码	名 称	单位	单价(元)		消 耗 量		
人工	000300080	混凝土综合工	工日	115.00		0.818	0.790	0.762
材料	840201140	商品砼	m³	266.99		1.015	1.015	1.015
	341100100	水	m³	4.42		0.304	0.304	0.304
	002000010	其他材料费	元	—		1.28	1.28	1.28

D.4.4 **钢丝网屋面板**（编码：020404004）

工作内容：钢筋、钢丝网制作及安装、调运砂浆、抹灰、养护等。 计量单位：10m²

定 额 编 号					BD0099	BD0100	BD0101
项 目 名 称					钢丝网屋面板		
					二网一筋 板厚30mm	每增减一层钢丝网	每增减10mm厚
综 合 单 价 （元）					468.79	82.09	63.02
费用	其中	人 工 费 （元）			234.37	40.25	21.97
		材 料 费 （元）			163.75	30.73	32.83
		施工机具使用费 （元）			4.69	—	1.69
		企 业 管 理 费 （元）			42.46	7.15	4.20
		利 润 （元）			19.70	3.32	1.95
		一 般 风 险 费 （元）			3.82	0.64	0.38
	编码	名 称	单位	单价（元）	消 耗 量		
人工	000300080	混凝土综合工	工日	115.00	2.038	0.350	0.191
材料	810201030	水泥砂浆1:2（特）	m³	256.68	0.320		0.110
	015301200	铅丝20#	kg	15.78	0.300	0.100	—
	032100900	钢丝网 综合	m²	2.56	22.000	10.500	—
	031350010	低碳钢焊条 综合	kg	4.19	1.000	—	—
	133500200	防水粉	kg	0.68	3.400	—	—
	341100100	水	m³	4.42	1.840	—	0.945
	002000010	其他材料费	元	—	5.92	2.27	0.42
机械	990610010	灰浆搅拌机 200L	台班	187.56	0.025	—	0.009

D.4.5 **钢丝网封檐板**（编码：020404005）

工作内容：钢筋、钢丝网制作及安装、调运砂浆、抹灰、养护等。 计量单位：10m

定 额 编 号					BD0102	BD0103	BD0104	BD0105
项 目 名 称					钢丝网封檐板		钢丝风博风板	
					板高			
					200mm以内	200mm以上	300mm以内	300mm以上
综 合 单 价 （元）					130.19	142.98	212.72	268.97
费用	其中	人 工 费 （元）			72.91	74.29	120.41	156.29
		材 料 费 （元）			35.72	46.27	56.67	66.67
		施工机具使用费 （元）			1.13	1.50	1.88	2.25
		企 业 管 理 费 （元）			13.15	13.46	21.72	28.16
		利 润 （元）			6.10	6.25	10.08	13.06
		一 般 风 险 费 （元）			1.18	1.21	1.96	2.54
	编码	名 称	单位	单价（元）	消 耗 量			
人工	000300080	混凝土综合工	工日	115.00	0.634	0.646	1.047	1.359
材料	810201030	水泥砂浆1:2（特）	m³	256.68	0.080	0.100	0.130	0.150
	015301200	铅丝20#	kg	15.78	0.050	0.080	0.100	0.100
	032100900	钢丝网 综合	m²	2.56	3.960	5.500	6.160	7.700
	031350010	低碳钢焊条 综合	kg	4.19	0.250	0.250	0.250	0.250
	133500200	防水粉	kg	0.68	0.700	1.000	1.110	1.270
	341100100	水	m³	4.42	0.360	0.450	0.535	0.625
	002000010	其他材料费	元	—	1.14	1.54	1.79	2.20
机械	990610010	灰浆搅拌机 200L	台班	187.56	0.006	0.008	0.010	0.012

D.4.6 拱(弧)形板(编码:020404006)

工作内容:自拌混凝土:筛砂子、冲洗石子、后台运输、搅拌、前台运输、清理、润湿模板、浇筑、捣固、养护等。
商品混凝土:清理、润湿模板、浇筑、捣固、养护等。　　　　　　　　　　　　　　　　　　　计量单位:m³

定　额　编　号					BD0106	BD0107
项　目　名　称					拱板	
					自拌混凝土 C30	商品混凝土
综　合　单　价(元)					**436.66**	**342.81**
费用	其中	人　工　费(元)			115.92	53.59
		材　料　费(元)			273.15	274.42
		施工机具使用费(元)			12.22	—
		企　业　管　理　费(元)			22.76	9.52
		利　　润(元)			10.56	4.42
		一　般　风　险　费(元)			2.05	0.86
	编码	名　称	单位	单价(元)	消　耗　量	
人工	000300080	混凝土综合工	工日	115.00	1.008	0.466
材料	840201140	商品砼	m³	266.99	—	1.015
	341100100	水	m³	4.42	1.009	0.509
	800205040	砼 C30(塑、特、碎 5～20、坍 10～30)	m³	262.78	1.010	—
	002000010	其他材料费	元	—	3.28	1.18
机械	990602020	双锥反转出料混凝土搅拌机 350L	台班	226.31	0.054	—

D.5　现浇混凝土其他构件(编码:020405)

D.5.1　古式栏板(编码:020405001)

工作内容:自拌混凝土:筛砂子、冲洗石子、后台运输、搅拌、前台运输、清理、润湿模板、浇筑、捣固、养护等。
商品混凝土:清理、润湿模板、浇筑、捣固、养护等。　　　　　　　　　　　　　　　　　　　计量单位:m³

定　额　编　号					BD0108	BD0109
项　目　名　称					古式栏板(扶手、下坎)	
					自拌混凝土 C30	商品混凝土
综　合　单　价(元)					**523.24**	**427.74**
费用	其中	人　工　费(元)			172.50	120.64
		材　料　费(元)			278.30	273.81
		施工机具使用费(元)			19.46	—
		企　业　管　理　费(元)			34.09	21.42
		利　　润(元)			15.82	9.94
		一　般　风　险　费(元)			3.07	1.93
	编码	名　称	单位	单价(元)	消　耗　量	
人工	000300080	混凝土综合工	工日	115.00	1.500	1.049
材料	840201140	商品砼	m³	266.99	—	1.015
	341100100	水	m³	4.42	2.222	0.442
	800205040	砼 C30(塑、特、碎 5～20、坍 10～30)	m³	262.78	1.010	—
	002000010	其他材料费	元	—	3.07	0.86
机械	990602020	双锥反转出料混凝土搅拌机 350L	台班	226.31	0.086	—

D.5.2 古式栏杆(编码:020405002)

工作内容:自拌混凝土:筛砂子、冲洗石子、后台运输、搅拌、前台运输、清理、润湿模板、浇筑、捣固、养护等。
商品混凝土:清理、润湿模板、浇筑、捣固、养护等。

计量单位:m³

定 额 编 号					BD0110	BD0111
项 目 名 称					古式栏杆(扶手、下坎)	
					自拌混凝土 C30	商品混凝土
综 合 单 价 (元)					**530.43**	**433.90**
费用	其中	人 工 费 (元)			178.14	124.66
		材 料 费 (元)			278.30	274.84
		施 工 机 具 使 用 费 (元)			19.46	—
		企 业 管 理 费 (元)			35.09	22.14
		利 润 (元)			16.28	10.27
		一 般 风 险 费 (元)			3.16	1.99
	编码	名 称	单位	单价(元)	消 耗 量	
人工	000300080	混凝土综合工	工日	115.00	1.549	1.084
材料	840201140	商品砼	m³	266.99	—	1.015
	341100100	水	m³	4.42	2.222	0.442
	800205040	砼 C30(塑、特、碎 5~20、坍 10~30)	m³	262.78	1.010	—
	002000010	其他材料费	元	—	3.07	1.89
机械	990602020	双锥反转出料混凝土搅拌机 350L	台班	226.31	0.086	—

D.5.3 鹅颈靠背(编码:020405003)

工作内容:自拌混凝土:筛砂子、冲洗石子、后台运输、搅拌、前台运输、清理、润湿模板、浇筑、捣固、养护等。
商品混凝土:清理、润湿模板、浇筑、捣固、养护等。

计量单位:m³

定 额 编 号					BD0112	BD0113
项 目 名 称					鹅颈靠背(扶手、靠背、坐盘)	
					自拌混凝土 C30	商品混凝土
综 合 单 价 (元)					**554.35**	**450.63**
费用	其中	人 工 费 (元)			196.88	137.77
		材 料 费 (元)			278.30	274.84
		施 工 机 具 使 用 费 (元)			19.46	—
		企 业 管 理 费 (元)			38.42	24.47
		利 润 (元)			17.83	11.35
		一 般 风 险 费 (元)			3.46	2.20
	编码	名 称	单位	单价(元)	消 耗 量	
人工	000300080	混凝土综合工	工日	115.00	1.712	1.198
材料	840201140	商品砼	m³	266.99	—	1.015
	341100100	水	m³	4.42	2.222	0.442
	800205040	砼 C30(塑、特、碎 5~20、坍 10~30)	m³	262.78	1.010	—
	002000010	其他材料费	元	—	3.07	1.89
机械	990602020	双锥反转出料混凝土搅拌机 350L	台班	226.31	0.086	—

D.5.4 撑弓(编码:020405005)

工作内容: 自拌混凝土:筛砂子、冲洗石子、后台运输、搅拌、前台运输、清理、润湿模板、浇筑、捣固、养护等。
商品混凝土:清理、润湿模板、浇筑、捣固、养护等。

计量单位:m³

定 额 编 号					BD0114	BD0115
项 目 名 称					撑弓	
					自拌混凝土 C30	商品混凝土
综 合 单 价 (元)					**558.00**	**454.91**
费用	其中	人 工 费 (元)			202.52	141.68
		材 料 费 (元)			274.76	274.13
		施 工 机 具 使 用 费 (元)			19.46	—
		企 业 管 理 费 (元)			39.42	25.16
		利 润 (元)			18.29	11.67
		一 般 风 险 费 (元)			3.55	2.27
	编码	名 称	单位	单价(元)	消 耗 量	
人工	000300080	混凝土综合工	工日	115.00	1.761	1.232
材料	840201140	商品砼	m³	266.99	—	1.015
	341100100	水	m³	4.42	1.422	0.282
	800205040	砼 C30(塑、特、碎 5~20、坍 10~30)	m³	262.78	1.010	—
	002000010	其他材料费	元	—	3.07	1.89
机械	990602020	双锥反转出料混凝土搅拌机 350L	台班	226.31	0.086	—

D.5.5 古式零件(编码:020405006)

工作内容: 自拌混凝土:筛砂子、冲洗石子、后台运输、搅拌、前台运输、清理、润湿模板、浇筑、捣固、养护等。
商品混凝土:清理、润湿模板、浇筑、捣固、养护等。

计量单位:m³

定 额 编 号					BD0116	BD0117
项 目 名 称					古式零件	
					自拌混凝土 C30	商品混凝土
综 合 单 价 (元)					**545.24**	**442.71**
费用	其中	人 工 费 (元)			187.45	131.22
		材 料 费 (元)			281.22	275.28
		施 工 机 具 使 用 费 (元)			19.46	—
		企 业 管 理 费 (元)			36.75	23.30
		利 润 (元)			17.05	10.81
		一 般 风 险 费 (元)			3.31	2.10
	编码	名 称	单位	单价(元)	消 耗 量	
人工	000300080	混凝土综合工	工日	115.00	1.630	1.141
材料	840201140	商品砼	m³	266.99	—	1.015
	341100100	水	m³	4.42	2.722	0.542
	800205040	砼 C30(塑、特、碎 5~20、坍 10~30)	m³	262.78	1.010	—
	002000010	其他材料费	元	—	3.78	1.89
机械	990602020	双锥反转出料混凝土搅拌机 350L	台班	226.31	0.086	—

D.5.6 其他古式构件(编码:020405007)

工作内容:自拌混凝土:筛砂子、冲洗石子、后台运输、搅拌、前台运输、清理、润湿模板、浇筑、捣固、养护等。
        商品混凝土:清理、润湿模板、浇筑、捣固、养护等。

计量单位:m³

定 额 编 号		BD0118	BD0119	BD0120	BD0121	BD0122	BD0123
项 目 名 称		细石混凝土仿筒瓦 半圆形					
		自拌混凝土 C30			商品混凝土		
		宽×高 (mm) 140×70	宽×高 (mm) 130×65	宽×高 (mm) 110×55	宽×高 (mm) 140×70	宽×高 (mm) 130×65	宽×高 (mm) 110×55
综 合 单 价 (元)		**568.08**	**579.08**	**590.54**	**461.01**	**468.64**	**476.71**
费用 其中	人 工 费 (元)	207.35	215.97	224.94	145.13	151.11	157.44
	材 料 费 (元)	278.67	278.67	278.68	275.82	275.82	275.82
	施 工 机 具 使 用 费 (元)	19.46	19.46	19.46	—	—	—
	企 业 管 理 费 (元)	40.28	41.81	43.41	25.78	26.84	27.96
	利 润 (元)	18.69	19.40	20.14	11.96	12.45	12.97
	一 般 风 险 费 (元)	3.63	3.77	3.91	2.32	2.42	2.52

	编码	名 称	单位	单价(元)	消	耗	量			
人工	000300080	混凝土综合工	工日	115.00	1.803	1.878	1.956	1.262	1.314	1.369
材料	840201140	商品砼	m³	266.99	—	—	—	1.015	1.015	1.015
	341100100	水	m³	4.42	2.240	2.240	2.240	0.542	0.542	0.542
	800205040	砼 C30(塑、特、碎5~20、坍10~30)	m³	262.78	1.010	1.010	1.010	—	—	—
	002000010	其他材料费	元	—	3.36	3.36	3.37	2.43	2.43	2.43
机械	990602020	双锥反转出料混凝土搅拌机 350L	台班	226.31	0.086	0.086	0.086	—	—	—

D.6 预制混凝土柱(编码:020406)

D.6.1 矩形柱(编码:020406001)

工作内容:1.冲洗石子、混凝土搅拌、运输、浇捣、振捣、养护等全部操作过程。2.成品转运、堆放。
        3.构件场内水平运输。

计量单位:m³

定 额 编 号		BD0124	BD0125	BD0126
项 目 名 称		矩形柱预制 C30		
		周长(mm) 700 以内	周长(mm) 1000 以内	周长(mm) 1000 以上
综 合 单 价 (元)		**471.58**	**463.49**	**455.86**
费用 其中	人 工 费 (元)	132.60	126.27	120.29
	材 料 费 (元)	274.16	274.16	274.16
	施 工 机 具 使 用 费 (元)	22.11	22.11	22.11
	企 业 管 理 费 (元)	27.48	26.35	25.29
	利 润 (元)	12.75	12.23	11.73
	一 般 风 险 费 (元)	2.48	2.37	2.28

	编码	名 称	单位	单价(元)	消	耗	量
人工	000300080	混凝土综合工	工日	115.00	1.153	1.098	1.046
材料	800205040	砼 C30(塑、特、碎5~20、坍10~30)	m³	262.78	1.010	1.010	1.010
	341100100	水	m³	4.42	1.236	1.236	1.236
	002000010	其他材料费	元	—	3.29	3.29	3.29
机械	990406010	机动翻斗车 1t	台班	188.07	0.056	0.056	0.056
	990511020	皮带运输机 15×0.5m	台班	287.06	0.023	0.023	0.023
	990602020	双锥反转出料混凝土搅拌机 350L	台班	226.31	0.022	0.022	0.022

D.6.2 圆形柱(多边形柱)(编码:020406002)

工作内容:预制:1.冲洗石子、混凝土搅拌、运输、浇捣、振捣、养护等全部操作过程。2.成品转运、堆放。3.构件场内水平运输。

安装、接头灌浆:1.构件翻身、就位、加固、安装、校正、垫实结点、焊接或紧固螺栓。2.构件清理、灌浆填缝。

计量单位:m³

定 额 编 号					BD0127	BD0128	BD0129	BD0130
项 目 名 称					圆形柱(多边形柱)预制 C30			柱安装、接头灌浆
					直径(mm)		圆形柱直径(mm)	
					200 以内	300 以内	300 以上	
综 合 单 价 (元)					**491.30**	**482.20**	**473.68**	**193.40**
费用	其中	人 工 费 (元)			148.58	141.45	134.78	133.52
		材 料 费 (元)			273.49	273.49	273.49	22.46
		施工机具使用费 (元)			22.11	22.11	22.11	0.45
		企 业 管 理 费 (元)			30.32	29.05	27.86	23.79
		利 润 (元)			14.07	13.48	12.93	11.04
		一 般 风 险 费 (元)			2.73	2.62	2.51	2.14
	编码	名 称	单位	单价(元)	消 耗 量			
人工	000300080	混凝土综合工	工日	115.00	1.292	1.230	1.172	1.161
材料	800205040	砼 C30(塑、特、碎 5~20、坍 10~30)	m³	262.78	1.010	1.010	1.010	0.070
	341100100	水	m³	4.42	1.076	1.076	1.076	0.095
	032130210	垫铁	kg	3.75	—	—	—	0.890
	020900900	塑料薄膜	m²	0.45	—	—	—	0.090
	002000010	其他材料费	元	—	3.33	3.33	3.33	0.27
机械	990406010	机动翻斗车 1t	台班	188.07	0.056	0.056	0.056	—
	990511020	皮带运输机 15×0.5m	台班	287.06	0.023	0.023	0.023	—
	990602020	双锥反转出料混凝土搅拌机 350L	台班	226.31	0.022	0.022	0.022	0.002

D.6.3 垂莲柱(荷花柱、吊瓜)(编码:020406005)

工作内容:1.冲洗石子、混凝土搅拌、运输、浇捣、振捣、养护等全部操作过程。2.成品转运、堆放。3.构件场内水平运输。

计量单位:m³

定 额 编 号					BD0131	BD0132
项 目 名 称					吊瓜预制 C30	
					方形	圆形
综 合 单 价 (元)					**519.56**	**536.00**
费用	其中	人 工 费 (元)			150.54	163.42
		材 料 费 (元)			286.54	286.54
		施 工 机 具 使 用 费 (元)			32.08	32.08
		企 业 管 理 费 (元)			32.43	34.72
		利 润 (元)			15.05	16.11
		一 般 风 险 费 (元)			2.92	3.13
	编码	名 称	单位	单价(元)	消 耗 量	
人工	000300080	混凝土综合工	工日	115.00	1.309	1.421
材料	800205040	砼 C30(塑、特、碎 5~20、坍 10~30)	m³	262.78	1.010	1.010
	341100100	水	m³	4.42	3.996	3.996
	002000010	其他材料费	元	—	3.47	3.47
机械	990406010	机动翻斗车 1t	台班	188.07	0.056	0.056
	990511020	皮带运输机 15×0.5m	台班	287.06	0.023	0.023
	990602020	双锥反转出料混凝土搅拌机 350L	台班	226.31	0.022	0.022
	990317010	塔式起重机 60kN·m	台班	452.84	0.022	0.022

D.6.4　异形柱(编码:020406006)

工作内容:1.冲洗石子、混凝土搅拌、运输、浇捣、振捣、养护等全部操作过程。2.成品转运、堆放。
　　　　　3.构件场内水平运输。

计量单位:m³

定　额　编　号					BD0133
项　目　名　称					异形柱预制 C30
综　合　单　价　(元)					**478.84**
费用	其中	人　工　费　(元)			141.45
		材　料　费　(元)			270.13
		施工机具使用费　(元)			22.11
		企　业　管　理　费　(元)			29.05
		利　润　(元)			13.48
		一　般　风　险　费　(元)			2.62
	编码	名　称	单位	单价(元)	消　耗　量
人工	000300080	混凝土综合工	工日	115.00	1.230
材料	800205040	砼 C30(塑、特、碎 5～20、坍 10～30)	m³	262.78	1.010
	341100100	水	m³	4.42	0.969
	002000010	其他材料费	元	—	0.44
机械	990406010	机动翻斗车 1t	台班	188.07	0.056
	990511020	皮带运输机 15×0.5m	台班	287.06	0.023
	990602020	双锥反转出料混凝土搅拌机 350L	台班	226.31	0.022

D.7　预制混凝土梁(编码:020407)

D.7.1　矩形梁(编码:020407001)

工作内容:1.冲洗石子、混凝土搅拌、运输、浇捣、振捣、养护等全部操作过程。
　　　　　2.成品转运、堆放。
　　　　　3.构件场内水平运输。

计量单位:m³

定　额　编　号					BD0134	BD0135	BD0136	BD0137
项　目　名　称					矩形梁预制 C30			
					梁高(mm) 200 以内	梁高(mm) 300 以内	梁高(mm) 400 以内	梁高(mm) 400 以上
综　合　单　价　(元)					**497.02**	**488.22**	**480.00**	**472.23**
费用	其中	人　工　费　(元)			142.83	135.93	129.49	123.40
		材　料　费　(元)			273.84	273.84	273.84	273.84
		施工机具使用费　(元)			32.08	32.08	32.08	32.08
		企　业　管　理　费　(元)			31.06	29.84	28.69	27.61
		利　润　(元)			14.41	13.84	13.31	12.81
		一　般　风　险　费　(元)			2.80	2.69	2.59	2.49
	编码	名　称	单位	单价(元)	消　　耗　　量			
人工	000300080	混凝土综合工	工日	115.00	1.242	1.182	1.126	1.073
材料	800205040	砼 C30(塑、特、碎 5～20、坍 10～30)	m³	262.78	1.010	1.010	1.010	1.010
	341100100	水	m³	4.42	1.166	1.166	1.166	1.166
	002000010	其他材料费	元	—	3.28	3.28	3.28	3.28
机械	990406010	机动翻斗车 1t	台班	188.07	0.056	0.056	0.056	0.056
	990511020	皮带运输机 15×0.5m	台班	287.06	0.023	0.023	0.023	0.023
	990602020	双锥反转出料混凝土搅拌机 350L	台班	226.31	0.022	0.022	0.022	0.022
	990317010	塔式起重机 60kN·m	台班	452.84	0.022	0.022	0.022	0.022

工作内容:1.构件翻身、就位、加固、安装、校正、垫实结点、焊接或紧固螺栓。
2.构件清理、灌浆填缝。

计量单位:m³

定 额 编 号					BD0138	BD0139
项 目 名 称					矩、圆形梁安装 有电焊、接头灌浆	矩、圆形梁安装 无电焊、接头灌浆
综 合 单 价 (元)					**160.63**	**110.26**
费 用	其 中	人 工 费 (元)			116.50	84.76
		材 料 费 (元)			9.01	1.86
		施工机具使用费 (元)			2.33	0.19
		企 业 管 理 费 (元)			21.10	15.09
		利 润 (元)			9.79	7.00
		一 般 风 险 费 (元)			1.90	1.36
	编码	名 称	单位	单价(元)	消 耗 量	
人工	000300080	混凝土综合工	工日	115.00	1.013	0.737
材 料	032130210	垫铁	kg	3.75	1.920	—
	031350010	低碳钢焊条 综合	kg	4.19	0.400	—
	810104010	M5.0 水泥砂浆(特 稠度 70~90mm)	m³	183.45	—	0.010
	002000010	其他材料费	元	—	0.13	0.03
机	990904040	直流弧焊机 32kV·A	台班	89.62	0.026	—
械	990610010	灰浆搅拌机 200L	台班	187.56	—	0.001

D.7.2 圆形梁(编码:020407002)

工作内容:1.冲洗石子、混凝土搅拌、运输、浇捣、振捣、养护等全部操作过程。2.成品转运、堆放。
3.构件场内水平运输。

计量单位:m³

定 额 编 号					BD0140	BD0141	BD0142
项 目 名 称					圆形梁预制 C30		
					直径(mm) 200 以内	直径(mm) 300 以内	直径(mm) 300 以上
综 合 单 价 (元)					**560.68**	**494.42**	**485.90**
费 用	其 中	人 工 费 (元)			148.24	141.11	134.44
		材 料 费 (元)			273.43	273.43	273.43
		施工机具使用费 (元)			76.88	32.08	32.08
		企 业 管 理 费 (元)			39.98	30.76	29.57
		利 润 (元)			18.55	14.27	13.72
		一 般 风 险 费 (元)			3.60	2.77	2.66
	编码	名 称	单位	单价(元)	消 耗 量		
人工	000300080	混凝土综合工	工日	115.00	1.289	1.227	1.169
材 料	800205040	砼 C30(塑、特、碎 5~20、坍 10~30)	m³	262.78	1.010	1.010	1.010
	341100100	水	m³	4.42	1.076	1.076	1.076
	002000010	其他材料费	元	—	3.27	3.27	3.27
机 械	990406010	机动翻斗车 1t	台班	188.07	0.056	0.056	0.056
	990511020	皮带运输机 15×0.5m	台班	287.06	0.023	0.023	0.023
	990602020	双锥反转出料混凝土搅拌机 350L	台班	226.31	0.220	0.022	0.022
	990317010	塔式起重机 60kN·m	台班	452.84	0.022	0.022	0.022

D.7.3 过梁(编码:020407003)

工作内容:1.冲洗石子、混凝土搅拌、运输、浇捣、振捣、养护等全部操作过程。2.成品转运、堆放。
3.构件场内水平运输。

计量单位:m³

定 额 编 号					BD0143
项 目 名 称					过梁预制 C20
综 合 单 价（元）					**462.94**
费用	其中	人 工 费（元）			145.36
		材 料 费（元）			237.17
		施 工 机 具 使 用 费（元）			31.58
		企 业 管 理 费（元）			31.42
		利 润（元）			14.58
		一 般 风 险 费（元）			2.83
	编码	名 称	单位	单价（元）	消 耗 量
人工	000300080	混凝土综合工	工日	115.00	1.264
材料	800105020	砼 C20(干、特、碎 5~20)	m³	228.45	1.010
	341100100	水	m³	4.42	1.212
	002000010	其他材料费	元	—	1.08
机械	990406010	机动翻斗车 1t	台班	188.07	0.056
	990511020	皮带运输机 15×0.5m	台班	287.06	0.023
	990602020	双锥反转出料混凝土搅拌机 350L	台班	226.31	0.022
	990309020	门式起重机 10t	台班	430.32	0.022

D.7.4 老、仔角梁(编码:020407004)

工作内容:1.冲洗石子、混凝土搅拌、运输、浇捣、振捣、养护等全部操作过程。2.成品转运、堆放。3.构件场内水平运输。

计量单位:m³

定 额 编 号					BD0144
项 目 名 称					龙背、大刀木预制 C30
综 合 单 价（元）					**525.65**
费用	其中	人 工 费（元）			165.26
		材 料 费（元）			273.84
		施 工 机 具 使 用 费（元）			32.08
		企 业 管 理 费（元）			35.05
		利 润（元）			16.26
		一 般 风 险 费（元）			3.16
	编码	名 称	单位	单价（元）	消 耗 量
人工	000300080	混凝土综合工	工日	115.00	1.437
材料	800205040	砼 C30(塑、特、碎 5~20、坍 10~30)	m³	262.78	1.010
	341100100	水	m³	4.42	1.166
	002000010	其他材料费	元	—	3.28
机械	990406010	机动翻斗车 1t	台班	188.07	0.056
	990511020	皮带运输机 15×0.5m	台班	287.06	0.023
	990602020	双锥反转出料混凝土搅拌机 350L	台班	226.31	0.022
	990317010	塔式起重机 60kN·m	台班	452.84	0.022

工作内容：1.构件翻身、就位、加固、安装、校正、垫实结点、焊接或紧固螺栓。2.构件清理、灌浆填缝。　　　　　　计量单位:m³

定　额　编　号					BD0145
项　目　名　称					龙背大刀木(老嫩戗)安装、接头灌浆
综　合　单　价　(元)					**274.25**
费用	其中	人　工　费　(元)			193.78
		材　料　费　(元)			20.02
		施工机具使用费　(元)			5.46
		企　业　管　理　费　(元)			35.38
		利　润　(元)			16.42
		一　般　风　险　费　(元)			3.19
	编码	名　称	单位	单价(元)	消　耗　量
人工	000300080	混凝土综合工	工日	115.00	1.685
材料	800205040	砼 C30(塑、特、碎 5～20、坍 10～30)	m³	262.78	0.020
	341100100	水	m³	4.42	0.293
	810104030	M10.0 水泥砂浆(特 稠度 70～90mm)	m³	209.07	0.010
	032130210	垫铁	kg	3.75	0.890
	050303800	木材 锯材	m³	1547.01	0.005
	020900900	塑料薄膜	m²	0.45	0.090
	002000010	其他材料费	元	—	0.27
机械	990602020	双锥反转出料混凝土搅拌机 350L	台班	226.31	0.001
	990610010	灰浆搅拌机 200L	台班	187.56	0.001
	990706010	木工圆锯机 直径 500mm	台班	25.81	0.001
	990904040	直流弧焊机 32kV·A	台班	89.62	0.056

D.7.5　异形梁、挑梁(编码:020407005)

工作内容：1.冲洗石子、混凝土搅拌、运输、浇捣、振捣、养护等全部操作过程。2.成品转运、堆放。
　　　　　　3.构件场内水平运输。　　　　　　　　　　　　　　　　　　　　　　　　　计量单位:m³

定　额　编　号					BD0146
项　目　名　称					异形梁预制 C30
综　合　单　价　(元)					**515.85**
费用	其中	人　工　费　(元)			158.24
		材　料　费　(元)			273.00
		施工机具使用费　(元)			32.08
		企　业　管　理　费　(元)			33.80
		利　润　(元)			15.68
		一　般　风　险　费　(元)			3.05
	编码	名　称	单位	单价(元)	消　耗　量
人工	000300080	混凝土综合工	工日	115.00	1.376
材料	800205040	砼 C30(塑、特、碎 5～20、坍 10～30)	m³	262.78	1.010
	341100100	水	m³	4.42	1.026
	002000010	其他材料费	元	—	3.06
机械	990406010	机动翻斗车 1t	台班	188.07	0.056
	990511020	皮带运输机 15×0.5m	台班	287.06	0.023
	990602020	双锥反转出料混凝土搅拌机 350L	台班	226.31	0.022
	990317010	塔式起重机 60kN·m	台班	452.84	0.022

工作内容:1.冲洗石子、混凝土搅拌、运输、浇捣、振捣、养护等全部操作过程。2.成品转运、堆放。
　　　　　3.构件场内水平运输。

计量单位:m³

定　额　编　号				BD0147		
项　目　名　称				拱形梁预制 C30		
综 合 单 价 (元)				**515.80**		
费用	其中	人　工　费　(元)		158.36		
		材　料　费　(元)		273.44		
		施 工 机 具 使 用 费 (元)		31.58		
		企 业 管 理 费 (元)		33.73		
		利　　　润　　　(元)		15.65		
		一 般 风 险 费 (元)		3.04		
	编码	名　　　　称	单位	单价(元)	消　耗　量	
人工	000300080	混凝土综合工	工日	115.00	1.377	
材料	800205040	砼 C30(塑、特、碎 5~20、坍 10~30)	m³	262.78	1.010	
	341100100	水	m³	4.42	1.124	
	002000010	其他材料费	元	—	3.06	
机械	990406010	机动翻斗车 1t	台班	188.07	0.056	
	990511020	皮带运输机 15×0.5m	台班	287.06	0.023	
	990602020	双锥反转出料混凝土搅拌机 350L	台班	226.31	0.022	
	990309020	门式起重机 10t	台班	430.32	0.022	

D.8　预制混凝土桁、枋(编码:020409)

D.8.1　矩形桁条、梓桁(搁栅、帮脊木、扶脊木)(编码:020409001)

工作内容:预制:1.冲洗石子、混凝土搅拌、运输、浇捣、振捣、养护等全部操作过程。2.成品转运、堆放。3.构件场内水
　　　　　平运输。
　　　　　安装、接头灌浆:1.构件翻身、就位、加固、安装、校正、垫实结点、焊接或紧固螺栓。2.构件清理、灌浆填缝。

计量单位:m³

定　额　编　号				BD0148	BD0149	BD0150
项　目　名　称				矩形檩预制 C30 檩高(mm)		枋、檩、桷子安装、接头灌浆
				200 以内	200 以上	
综 合 单 价 (元)				**504.65**	**490.26**	**141.64**
费用	其中	人　工　费　(元)		142.95	135.59	89.01
		材　料　费　(元)		276.31	276.31	16.63
		施 工 机 具 使 用 费 (元)		36.00	32.08	8.96
		企 业 管 理 费 (元)		31.78	29.78	17.40
		利　　润　　(元)		14.75	13.82	8.07
		一 般 风 险 费 (元)		2.86	2.68	1.57
	编码	名　　　称	单位	单价(元)	消　耗　量	
人工	000300080	混凝土综合工	工日	115.00	1.243	1.179	0.774
材料	800205040	砼 C30(塑、特、碎 5~20、坍 10~30)	m³	262.78	1.010	1.010	—
	341100100	水	m³	4.42	1.716	1.716	—
	032130210	垫铁	kg	3.75	—	—	2.640
	031350010	低碳钢焊条 综合	kg	4.19	—	—	1.530
	002000010	其他材料费	元	—	3.32	3.32	0.32
机械	990406010	机动翻斗车 1t	台班	188.07	0.063	0.056	—
	990511020	皮带运输机 15×0.5m	台班	287.06	0.025	0.023	—
	990602020	双锥反转出料混凝土搅拌机 350L	台班	226.31	0.025	0.022	—
	990317010	塔式起重机 60kN·m	台班	452.84	0.025	0.022	—
	990904040	直流弧焊机 32kV·A	台班	89.62	—	—	0.100

D.8.2 圆形桁条、梓桁(搁栅、帮脊木、扶脊木)(编码:020409002)

工作内容:1.冲洗石子、混凝土搅拌、运输、浇捣、振捣、养护等全部操作过程。2.成品转运、堆放。
3.构件场内水平运输。

计量单位:m³

定 额 编 号					BD0151	BD0152
项 目 名 称					檩(桁)预制 C30	
					直径(mm)150 以内	直径(mm)150 以上
综 合 单 价 (元)					**515.78**	**506.39**
费用	其中	人 工 费 (元)			155.60	148.24
		材 料 费 (元)			276.31	276.31
		施 工 机 具 使 用 费 (元)			32.08	32.08
		企 业 管 理 费 (元)			33.33	32.02
		利 润 (元)			15.46	14.86
		一 般 风 险 费 (元)			3.00	2.88
	编码	名 称	单位	单价(元)	消 耗 量	
人工	000300080	混凝土综合工	工日	115.00	1.353	1.289
材料	800205040	砼 C30(塑、特、碎 5~20、坍 10~30)	m³	262.78	1.010	1.010
	341100100	水	m³	4.42	1.716	1.716
	002000010	其他材料费	元	—	3.32	3.32
机械	990406010	机动翻斗车 1t	台班	188.07	0.056	0.056
	990511020	皮带运输机 15×0.5m	台班	287.06	0.023	0.023
	990602020	双锥反转出料混凝土搅拌机 350L	台班	226.31	0.022	0.022
	990317010	塔式起重机 60kN·m	台班	452.84	0.022	0.022

D.8.3 枋子(编码:020409003)

工作内容:1.冲洗石子、混凝土搅拌、运输、浇捣、振捣、养护等全部操作过程。2.成品转运、堆放。
3.构件场内水平运输。

计量单位:m³

定 额 编 号					BD0153
项 目 名 称					枋预制 C30
综 合 单 价 (元)					**538.81**
费用	其中	人 工 费 (元)			149.96
		材 料 费 (元)			304.15
		施 工 机 具 使 用 费 (元)			33.95
		企 业 管 理 费 (元)			32.66
		利 润 (元)			15.15
		一 般 风 险 费 (元)			2.94
	编码	名 称	单位	单价(元)	消 耗 量
人工	000300080	混凝土综合工	工日	115.00	1.304
材料	800205040	砼 C30(塑、特、碎 5~20、坍 10~30)	m³	262.78	1.010
	341100100	水	m³	4.42	2.128
	810201030	水泥砂浆 1:2(特)	m³	256.68	0.100
	002000010	其他材料费	元	—	3.67
机械	990406010	机动翻斗车 1t	台班	188.07	0.056
	990511020	皮带运输机 15×0.5m	台班	287.06	0.023
	990602020	双锥反转出料混凝土搅拌机 350L	台班	226.31	0.022
	990317010	塔式起重机 60kN·m	台班	452.84	0.022
	990610010	灰浆搅拌机 200L	台班	187.56	0.010

D.8.4 连机(编码:020409004)

工作内容:1.冲洗石子、混凝土搅拌、运输、浇捣、振捣、养护等全部操作过程。2.成品转运、堆放。
3.构件场内水平运输。

计量单位:m³

定 额 编 号					BD0154
项 目 名 称					连机预制 C30
综 合 单 价 (元)					**520.13**
费用	其中		人 工 费 (元)		157.44
			材 料 费 (元)		278.30
			施工机具使用费 (元)		32.08
			企 业 管 理 费 (元)		33.66
			利 润 (元)		15.62
			一 般 风 险 费 (元)		3.03
	编码	名 称	单位	单价(元)	消 耗 量
人工	000300080	混凝土综合工	工日	115.00	1.369
材料	800205040	砼 C30(塑、特、碎5～20、坍10～30)	m³	262.78	1.010
	341100100	水	m³	4.42	1.940
	002000010	其他材料费	元	—	4.32
机械	990406010	机动翻斗车 1t	台班	188.07	0.056
	990511020	皮带运输机 15×0.5m	台班	287.06	0.023
	990602020	双锥反转出料混凝土搅拌机 350L	台班	226.31	0.022
	990317010	塔式起重机 60kN·m	台班	452.84	0.022

D.8.5 双桁(檩)(葫芦檩、檩带挂)(编码:020409005)

工作内容:1.冲洗石子、混凝土搅拌、运输、浇捣、振捣、养护等全部操作过程。2.成品转运、堆放。
3.构件场内水平运输。

计量单位:m³

定 额 编 号				BD0155	BD0156	BD0157	BD0158
项 目 名 称				葫芦檩预制 C30		圆形檩带挂枋预制 C30	
				直径(mm) 150以内	直径(mm) 150以上	直径(mm) 150以内	直径(mm) 150以上
综 合 单 价 (元)				**521.95**	**516.96**	**512.12**	**507.42**
费用	其中	人 工 费 (元)		160.43	156.52	152.72	149.04
		材 料 费 (元)		276.31	276.31	276.31	276.31
		施工机具使用费 (元)		32.08	32.08	32.08	32.08
		企 业 管 理 费 (元)		34.19	33.49	32.82	32.17
		利 润 (元)		15.86	15.54	15.23	14.92
		一 般 风 险 费 (元)		3.08	3.02	2.96	2.90
	编码	名 称	单位	单价(元)	消 耗 量		
人工	000300080	混凝土综合工	工日	115.00	1.395	1.361	1.328	1.296
材料	800205040	砼 C30(塑、特、碎5～20、坍10～30)	m³	262.78	1.010	1.010	1.010	1.010
	341100100	水	m³	4.42	1.716	1.716	1.716	1.716
	002000010	其他材料费	元	—	3.32	3.32	3.32	3.32
机械	990406010	机动翻斗车 1t	台班	188.07	0.056	0.056	0.056	0.056
	990511020	皮带运输机 15×0.5m	台班	287.06	0.023	0.023	0.023	0.023
	990602020	双锥反转出料混凝土搅拌机 350L	台班	226.31	0.022	0.022	0.022	0.022
	990317010	塔式起重机 60kN·m	台班	452.84	0.022	0.022	0.022	0.022

D.9 预制混凝土板(编码:020410)

D.9.1 橡望板(编码:020410001)

工作内容:1.冲洗石子、混凝土搅拌、运输、浇捣、振捣、养护等全部操作过程。 2.成品转运、堆放。
3.构件场内水平运输。

计量单位:m³

定 额 编 号				BD0159	BD0160	BD0161	BD0162
项 目 名 称				屋面板不带椽子C30		屋面板带椽子C30	
				板厚(mm)			
				50以内	50以上	50以内	50以上
综 合 单 价 (元)				**435.07**	**429.50**	**515.35**	**506.25**
费用	其中	人 工 费 (元)		87.86	83.49	150.77	143.64
		材 料 费 (元)		280.22	280.22	280.22	280.22
		施工机具使用费 (元)		33.50	33.50	33.50	33.50
		企 业 管 理 费 (元)		21.55	20.78	32.73	31.46
		利 润 (元)		10.00	9.64	15.18	14.60
		一 般 风 险 费 (元)		1.94	1.87	2.95	2.83
	编码	名 称	单位	单价(元)	消	耗	量
人工	000300080	混凝土综合工	工日	115.00	0.764	0.726	1.311	1.249
材料	800205040	砼C30(塑、特、碎5~20、坍10~30)	m³	262.78	0.920	0.920	0.920	0.920
	341100100	水	m³	4.42	2.128	2.128	2.128	2.128
	810201030	水泥砂浆1:2(特)	m³	256.68	0.100	0.100	0.100	0.100
	002000010	其他材料费	元	—	3.39	3.39	3.39	3.39
机械	990406010	机动翻斗车1t	台班	188.07	0.056	0.056	0.056	0.056
	990511020	皮带运输机15×0.5m	台班	287.06	0.023	0.023	0.023	0.023
	990602020	双锥反转出料混凝土搅拌机350L	台班	226.31	0.020	0.020	0.020	0.020
	990317010	塔式起重机60kN·m	台班	452.84	0.022	0.022	0.022	0.022
	990610010	灰浆搅拌机200L	台班	187.56	0.010	0.010	0.010	0.010

工作内容:1.构件翻身、就位、加固、安装、校正、垫实结点、焊接或紧固螺栓。 2.构件清理、灌浆填缝。

计量单位:m³

定 额 编 号				BD0163
项 目 名 称				爪角戗翼板、亭屋面板安装、接头灌浆
综 合 单 价 (元)				**251.13**
费用	其中	人 工 费 (元)		176.07
		材 料 费 (元)		20.44
		施工机具使用费 (元)		4.72
		企 业 管 理 费 (元)		32.11
		利 润 (元)		14.90
		一 般 风 险 费 (元)		2.89
	编码	名 称	单位	单价(元)	消 耗 量
人工	000300080	混凝土综合工	工日	115.00	1.531
材料	341100100	水	m³	4.42	0.060
	032130210	垫铁	kg	3.75	2.020
	031350010	低碳钢焊条 综合	kg	4.19	0.780
	810104010	M5.0水泥砂浆(特 稠度70~90mm)	m³	183.45	0.040
	050303800	木材 锯材	m³	1547.01	0.001
	010302120	镀锌铁丝8#	kg	3.08	0.050
	002000010	其他材料费	元	—	0.29
机械	990610010	灰浆搅拌机200L	台班	187.56	0.001
	990706010	木工圆锯机 直径500mm	台班	25.81	0.002
	990904040	直流弧焊机32kV·A	台班	89.62	0.050

D.9.2　戗翼板(编码:020410002)

工作内容:1.冲洗石子、混凝土搅拌、运输、浇捣、振捣、养护等全部操作过程。2.成品转运、堆放。
3.构件场内水平运输。

计量单位:m³

定　额　编　号					BD0164	BD0165
项　目　名　称					带桷子的戗翼板 (爪角板)预制 C30	带桷子的亭戗翼板 (爪角板)预制 C30
综　合　单　价　(元)					**537.51**	**570.66**
费用	其中	人　工　费　(元)			166.18	174.57
		材　料　费　(元)			282.73	305.17
		施 工 机 具 使 用 费　(元)			33.50	33.50
		企 业 管 理 费　(元)			35.46	36.95
		利　　润　(元)			16.45	17.14
		一 般 风 险 费　(元)			3.19	3.33
	编码	名　称	单位	单价(元)	消　耗　　量	
人工	000300080	混凝土综合工	工日	115.00	1.445	1.518
材料	800205040	砼 C30(塑、特、碎 5~20、坍 10~30)	m³	262.78	1.010	1.010
	800104020	砼 C20(干、特、碎 5~10)	m³	230.92	—	0.030
	341100100	水	m³	4.42	2.273	2.352
	810201030	水泥砂浆 1:2(特)	m³	256.68	—	0.040
	002000010	其他材料费	元	—	7.28	12.17
机械	990406010	机动翻斗车 1t	台班	188.07	0.056	0.056
	990511020	皮带运输机 15×0.5m	台班	287.06	0.023	0.023
	990602020	双锥反转出料混凝土搅拌机 350L	台班	226.31	0.020	0.020
	990317010	塔式起重机 60kN·m	台班	452.84	0.022	0.022
	990610010	灰浆搅拌机 200L	台班	187.56	0.010	0.010

D.9.3　亭屋面板(编码:020410003)

工作内容:1.冲洗石子、混凝土搅拌、运输、浇捣、振捣、养护等全部操作过程。2.成品转运、堆放。
3.构件场内水平运输。

计量单位:m³

定　额　编　号					BD0166
项　目　名　称					带桷子的亭屋面板预制 C30
综　合　单　价　(元)					**549.87**
费用	其中	人　工　费　(元)			158.24
		材　料　费　(元)			305.21
		施 工 机 具 使 用 费　(元)			33.50
		企 业 管 理 费　(元)			34.05
		利　　润　(元)			15.80
		一 般 风 险 费　(元)			3.07
	编码	名　称	单位	单价(元)	消　耗　　量
人工	000300080	混凝土综合工	工日	115.00	1.376
材料	800205040	砼 C30(塑、特、碎 5~20、坍 10~30)	m³	262.78	1.010
	800104020	砼 C20(干、特、碎 5~10)	m³	230.92	0.030
	341100100	水	m³	4.42	2.362
	810201030	水泥砂浆 1:2(特)	m³	256.68	0.040
	002000010	其他材料费	元	—	12.17
机械	990406010	机动翻斗车 1t	台班	188.07	0.056
	990511020	皮带运输机 15×0.5m	台班	287.06	0.023
	990602020	双锥反转出料混凝土搅拌机 350L	台班	226.31	0.020
	990317010	塔式起重机 60kN·m	台班	452.84	0.022
	990610010	灰浆搅拌机 200L	台班	187.56	0.010

D.10 预制混凝土椽子(编码:020411)

D.10.1 方直形椽子(编码:020411001)

工作内容:1.冲洗石子、混凝土搅拌、运输、浇捣、振捣、养护等全部操作过程。2.成品转运、堆放。
3.构件场内水平运输。

计量单位:m³

定 额 编 号					BD0167	BD0168
项 目 名 称					椽(桷)子预制方直形 C30	
					断面周长	
					300mm 以内	300mm 以上
费用	其中	综 合 单 价 (元)			**464.41**	**458.83**
		人 工 费 (元)			114.54	110.17
		材 料 费 (元)			277.32	277.32
		施 工 机 具 使 用 费 (元)			32.08	32.08
		企 业 管 理 费 (元)			26.04	25.26
		利 润 (元)			12.08	11.72
		一 般 风 险 费 (元)			2.35	2.28
	编码	名 称	单位	单价(元)	消 耗 量	
人工	000300080	混凝土综合工	工日	115.00	0.996	0.958
材料	800205040	砼 C30(塑、特、碎 5～20、坍 10～30)	m³	262.78	1.010	1.010
	341100100	水	m³	4.42	1.940	1.940
	002000010	其他材料费	元	—	3.34	3.34
机械	990406010	机动翻斗车 1t	台班	188.07	0.056	0.056
	990511020	皮带运输机 15×0.5m	台班	287.06	0.023	0.023
	990602020	双锥反转出料混凝土搅拌机 350L	台班	226.31	0.022	0.022
	990317010	塔式起重机 60kN·m	台班	452.84	0.022	0.022

D.10.2 圆直形椽子(编码:020411002)

工作内容:1.冲洗石子、混凝土搅拌、运输、浇捣、振捣、养护等全部操作过程。2.成品转运、堆放。
3.构件场内水平运输。

计量单位:m³

定 额 编 号					BD0169	BD0170
项 目 名 称					桷子(椽子)预制 C30	
					半圆形	
					直径(mm)80 以内	直径(mm)80 以上
费用	其中	综 合 单 价 (元)			**506.41**	**500.26**
		人 工 费 (元)			126.04	121.21
		材 料 费 (元)			302.27	302.27
		施 工 机 具 使 用 费 (元)			33.95	33.95
		企 业 管 理 费 (元)			28.41	27.56
		利 润 (元)			13.18	12.79
		一 般 风 险 费 (元)			2.56	2.48
	编码	名 称	单位	单价(元)	消 耗 量	
人工	000300080	混凝土综合工	工日	115.00	1.096	1.054
材料	800205040	砼 C30(塑、特、碎 5～20、坍 10～30)	m³	262.78	1.010	1.010
	341100100	水	m³	4.42	1.708	1.708
	810201030	水泥砂浆 1:2(特)	m³	256.68	0.100	0.100
	002000010	其他材料费	元	—	3.64	3.64
机械	990406010	机动翻斗车 1t	台班	188.07	0.056	0.056
	990511020	皮带运输机 15×0.5m	台班	287.06	0.023	0.023
	990602020	双锥反转出料混凝土搅拌机 350L	台班	226.31	0.022	0.022
	990317010	塔式起重机 60kN·m	台班	452.84	0.022	0.022
	990610010	灰浆搅拌机 200L	台班	187.56	0.010	0.010

工作内容: 1.冲洗石子、混凝土搅拌、运输、浇捣、振捣、养护等全部操作过程。 2.成品转运、堆放。
3.构件场内水平运输。

计量单位:m³

定　额　编　号					BD0171	BD0172
项　目　名　称					桷子(椽子)预制C30	
					圆形	
					直径(mm)80以内	直径(mm)80以上
综　合　单　价　(元)					**495.08**	**488.34**
费用	其中	人　工　费　(元)			138.58	133.29
		材　料　费　(元)			277.32	277.32
		施工机具使用费　(元)			32.08	32.08
		企　业　管　理　费　(元)			30.31	29.37
		利　　润　(元)			14.06	13.63
		一　般　风　险　费　(元)			2.73	2.65
	编码	名　称	单位	单价(元)	消　耗　量	
人工	000300080	混凝土综合工	工日	115.00	1.205	1.159
材料	800205040	砼 C30(塑、特、碎5~20、坍10~30)	m³	262.78	1.010	1.010
	341100100	水	m³	4.42	1.940	1.940
	002000010	其他材料费	元	—	3.34	3.34
机械	990406010	机动翻斗车 1t	台班	188.07	0.056	0.056
	990511020	皮带运输机 15×0.5m	台班	287.06	0.023	0.023
	990602020	双锥反转出料混凝土搅拌机 350L	台班	226.31	0.022	0.022
	990317010	塔式起重机 60kN·m	台班	452.84	0.022	0.022

D.10.3　弯形椽子(编码:020411003)

工作内容: 1.冲洗石子、混凝土搅拌、运输、浇捣、振捣、养护等全部操作过程。 2.成品转运、堆放。
3.构件场内水平运输。

计量单位:m³

定　额　编　号					BD0173	BD0174
项　目　名　称					弯形椽子(桷子)预制C30	
					椽宽(mm)80以内	椽宽(mm)80以上
综　合　单　价　(元)					**539.60**	**532.11**
费用	其中	人　工　费　(元)			152.49	146.63
		材　料　费　(元)			302.27	302.27
		施工机具使用费　(元)			33.50	33.50
		企　业　管　理　费　(元)			33.03	31.99
		利　　润　(元)			15.33	14.84
		一　般　风　险　费　(元)			2.98	2.88
	编码	名　称	单位	单价(元)	消　耗　量	
人工	000300080	混凝土综合工	工日	115.00	1.326	1.275
材料	800205040	砼 C30(塑、特、碎5~20、坍10~30)	m³	262.78	1.010	1.010
	341100100	水	m³	4.42	1.708	1.708
	810201030	水泥砂浆 1:2(特)	m³	256.68	0.100	0.100
	002000010	其他材料费	元	—	3.64	3.64
机械	990406010	机动翻斗车 1t	台班	188.07	0.056	0.056
	990511020	皮带运输机 15×0.5m	台班	287.06	0.023	0.023
	990602020	双锥反转出料混凝土搅拌机 350L	台班	226.31	0.020	0.020
	990317010	塔式起重机 60kN·m	台班	452.84	0.022	0.022
	990610010	灰浆搅拌机 200L	台班	187.56	0.010	0.010

D.11　预制混凝土其他构件(编码:020412)

D.11.1　斗拱(编码:020412001)

工作内容:1.冲洗石子、混凝土搅拌、运输、浇捣、振捣、养护等全部操作过程。2.成品转运、堆放。3.构件场内水平运输。

计量单位:m³

定　额　编　号					BD0175
项　目　名　称					斗拱预制 C30
综　合　单　价　(元)					**1210.66**
费用	其中	人　工　费　(元)			677.81
		材　料　费　(元)			302.31
		施 工 机 具 使 用 费 (元)			34.06
		企　业　管　理　费　(元)			126.43
		利　　　　润　　　(元)			58.66
		一　般　风　险　费　(元)			11.39
	编码	名　　称	单位	单价(元)	消　耗　量
人工	000300080	混凝土综合工	工日	115.00	5.894
材料	800205040	砼 C30(塑、特、碎 5～20、坍 10～30)	m³	262.78	1.010
	341100100	水	m³	4.42	1.718
	810201030	水泥砂浆 1:2(特)	m³	256.68	0.100
	002000010	其他材料费	元	—	3.64
机械	990406010	机动翻斗车 1t	台班	188.07	0.056
	990511020	皮带运输机 15×0.5m	台班	287.06	0.023
	990602020	双锥反转出料混凝土搅拌机 350L	台班	226.31	0.020
	990317010	塔式起重机 60kN·m	台班	452.84	0.022
	990610010	灰浆搅拌机 200L	台班	187.56	0.013

工作内容:安装、接头灌浆:1.构件翻身、就位、加固、安装、校正、垫实结点、焊接或紧固螺栓。2.构件清理、灌浆填缝。

计量单位:m³

定　额　编　号					BD0176	BD0177
项　目　名　称					斗拱、梁垫、云头等零星构件安装有电焊、接头灌浆	斗拱、梁垫、云头等零星构件安装无电焊、接头灌浆
综　合　单　价　(元)					**200.35**	**160.03**
费用	其中	人　工　费　(元)			129.84	120.29
		材　料　费　(元)			22.45	5.83
		施 工 机 具 使 用 费 (元)			9.58	0.56
		企　业　管　理　费　(元)			24.76	21.46
		利　　　　润　　　(元)			11.49	9.96
		一　般　风　险　费　(元)			2.23	1.93
	编码	名　　称	单位	单价(元)	消　耗　量	
人工	000300080	混凝土综合工	工日	115.00	1.129	1.046
材料	341100100	水	m³	4.42	0.060	0.060
	032130210	垫铁	kg	3.75	2.640	—
	031350010	低碳钢焊条 综合	kg	4.19	1.530	—
	810104010	M5.0 水泥砂浆(特 稠度 70～90mm)	m³	183.45	0.020	0.020
	050303800	木材 锯材	m³	1547.01	0.001	0.001
	010302120	镀锌铁丝 8#	kg	3.08	0.070	0.070
	020900900	塑料薄膜	m²	0.45	0.120	0.120
	002000010	其他材料费	元	—	0.39	0.08
机械	990610010	灰浆搅拌机 200L	台班	187.56	0.003	0.003
	990706010	木工圆锯机 直径 500mm	台班	25.81	0.002	—
	990904040	直流弧焊机 32kV·A	台班	89.62	0.100	—

D.11.2 撑弓(编码:020412002)

工作内容:1.冲洗石子、混凝土搅拌、运输、浇捣、振捣、养护等全部操作过程。2.成品转运、堆放。
3.构件场内水平运输。

计量单位:m³

	定　额　编　号				BD0178	BD0179	BD0180	BD0181
	项　目　名　称				撑弓预制 C30			
					圆柱形	方柱形	板形	三角板形
	综　合　单　价　(元)				568.86	538.20	573.85	561.53
费用	其中	人　工　费　(元)			189.18	165.14	193.09	183.43
		材　料　费　(元)			286.54	286.54	286.54	286.54
		施工机具使用费　(元)			32.08	32.08	32.08	32.08
		企　业　管　理　费　(元)			39.29	35.03	39.99	38.27
		利　　　润　(元)			18.23	16.25	18.55	17.76
		一　般　风　险　费　(元)			3.54	3.16	3.60	3.45
	编码	名　称	单位	单价(元)	消　耗　量			
人工	000300080	混凝土综合工	工日	115.00	1.645	1.436	1.679	1.595
材料	800205040	砼 C30(塑、特、碎5~20、坍10~30)	m³	262.78	1.010	1.010	1.010	1.010
	341100100	水	m³	4.42	3.996	3.996	3.996	3.996
	002000010	其他材料费	元	—	3.47	3.47	3.47	3.47
机械	990406010	机动翻斗车 1t	台班	188.07	0.056	0.056	0.056	0.056
	990511020	皮带运输机 15×0.5m	台班	287.06	0.023	0.023	0.023	0.023
	990602020	双锥反转出料混凝土搅拌机 350L	台班	226.31	0.022	0.022	0.022	0.022
	990317010	塔式起重机 60kN·m	台班	452.84	0.022	0.022	0.022	0.022

D.11.3 古式零件(编码:020412003)

工作内容:1.冲洗石子、混凝土搅拌、运输、浇捣、振捣、养护等全部操作过程。2.成品转运、堆放。
3.构件场内水平运输。

计量单位:m³

	定　额　编　号				BD0182
	项　目　名　称				古式零件预制 C20
	综　合　单　价　(元)				621.59
费用	其中	人　工　费　(元)			241.39
		材　料　费　(元)			270.11
		施工机具使用费　(元)			34.06
		企　业　管　理　费　(元)			48.92
		利　　　润　(元)			22.70
		一　般　风　险　费　(元)			4.41
	编码	名　称	单位	单价(元)	消　耗　量
人工	000300080	混凝土综合工	工日	115.00	2.099
材料	800104020	砼 C20(干、特、碎5~10)	m³	230.92	1.010
	341100100	水	m³	4.42	1.718
	810201030	水泥砂浆 1:2(特)	m³	256.68	0.100
	002000010	其他材料费	元	—	3.62
机械	990406010	机动翻斗车 1t	台班	188.07	0.056
	990511020	皮带运输机 15×0.5m	台班	287.06	0.023
	990602020	双锥反转出料混凝土搅拌机 350L	台班	226.31	0.020
	990317010	塔式起重机 60kN·m	台班	452.84	0.022
	990610010	灰浆搅拌机 200L	台班	187.56	0.013

D.11.4 其他古式构件(编码:020412004)

工作内容:1.冲洗石子、混凝土搅拌、运输、浇捣、振捣、养护等全部操作过程。2.成品转运、堆放。
3.构件场内水平运输。

计量单位:10m

定 额 编 号				BD0183	BD0184
项 目 名 称				屋脊预制 C20	
				脊高度(mm)	
				300 以内	400 以内
综 合 单 价 (元)				127.25	174.72
费用	其中	人 工 费 (元)		38.30	54.51
		材 料 费 (元)		68.19	92.01
		施工机具使用费 (元)		7.99	10.31
		企 业 管 理 费 (元)		8.22	11.51
		利 润 (元)		3.81	5.34
		一 般 风 险 费 (元)		0.74	1.04
	编码	名 称	单位	单价(元)	消 耗 量
人工	000300080	混凝土综合工	工日	115.00	0.333	0.474
材料	800104020	砼 C20(干、特、碎 5~10)	m³	230.92	0.190	0.270
	341100100	水	m³	4.42	1.810	1.787
	810201030	水泥砂浆 1:2 (特)	m³	256.68	0.060	0.080
	002000010	其他材料费	元	—	0.91	1.23
机械	990406010	机动翻斗车 1t	台班	188.07	0.011	0.015
	990511020	皮带运输机 15×0.5m	台班	287.06	0.005	0.006
	990602020	双锥反转出料混凝土搅拌机 350L	台班	226.31	0.004	0.006
	990317010	塔式起重机 60kN·m	台班	452.84	0.005	0.006
	990610010	灰浆搅拌机 200L	台班	187.56	0.007	0.009

工作内容:1.冲洗石子、混凝土搅拌、运输、浇捣、振捣、养护等全部操作过程。2.成品转运、堆放。
3.构件场内水平运输。

计量单位:10m

定 额 编 号				BD0185	BD0186
项 目 名 称				屋脊预制 C20	
				脊高度(mm) 500 以内	脊高度(mm) 600 以内
综 合 单 价 (元)				225.82	274.70
费用	其中	人 工 费 (元)		70.61	86.83
		材 料 费 (元)		118.42	142.23
		施工机具使用费 (元)		13.55	16.99
		企 业 管 理 费 (元)		14.95	18.44
		利 润 (元)		6.94	8.55
		一 般 风 险 费 (元)		1.35	1.66
	编码	名 称	单位	单价(元)	消 耗 量
人工	000300080	混凝土综合工	工日	115.00	0.614	0.755
材料	800104020	砼 C20(干、特、碎 5~10)	m³	230.92	0.350	0.430
	341100100	水	m³	4.42	1.760	1.736
	810201030	水泥砂浆 1:2 (特)	m³	256.68	0.110	0.130
	002000010	其他材料费	元	—	1.58	1.89
机械	990406010	机动翻斗车 1t	台班	188.07	0.019	0.024
	990511020	皮带运输机 15×0.5m	台班	287.06	0.008	0.010
	990602020	双锥反转出料混凝土搅拌机 350L	台班	226.31	0.008	0.010
	990317010	塔式起重机 60kN·m	台班	452.84	0.008	0.010
	990610010	灰浆搅拌机 200L	台班	187.56	0.012	0.015

工作内容:1.冲洗石子、混凝土搅拌、运输、浇捣、振捣、养护等全部操作过程。2.成品转运、堆放。
3.构件场内水平运输。

计量单位:10m

定　　额　　编　　号					BD0187
项　　目　　名　　称					屋脊预制 C20
					脊高度(mm)700以内
综　合　单　价　（元）					**316.14**
费用	其中	人　工　费　（元）			100.97
		材　料　费　（元）			163.73
		施工机具使用费　（元）			18.48
		企　业　管　理　费　（元）			21.21
		利　　润　　（元）			9.84
		一　般　风　险　费　（元）			1.91
	编码	名　　　　称	单位	单价(元)	消　耗　量
人工	000300080	混凝土综合工	工日	115.00	0.878
材料	800104020	砼 C20(干、特、碎5～10)	m³	230.92	0.500
	341100100	水	m³	4.42	1.715
	810201030	水泥砂浆 1:2（特）	m³	256.68	0.150
	002000010	其他材料费	元	—	2.19
机械	990406010	机动翻斗车 1t	台班	188.07	0.027
	990511020	皮带运输机 15×0.5m	台班	287.06	0.011
	990602020	双锥反转出料混凝土搅拌机 350L	台班	226.31	0.010
	990317010	塔式起重机 60kN·m	台班	452.84	0.011
	990610010	灰浆搅拌机 200L	台班	187.56	0.016

工作内容:1.冲洗石子、混凝土搅拌、运输、浇捣、振捣、养护等全部操作过程。2.成品转运、堆放。
3.构件场内水平运输。

计量单位:10m

定　　额　　编　　号					BD0188	BD0189
项　　目　　名　　称					屋脊预制 C20	
					脊高度(mm)800以内	脊高度(mm)900以内
综　合　单　价　（元）					**365.02**	**415.39**
费用	其中	人　工　费　（元）			117.07	133.17
		材　料　费　（元）			187.53	213.93
		施工机具使用费　（元）			22.03	24.71
		企　业　管　理　费　（元）			24.70	28.04
		利　　润　　（元）			11.46	13.01
		一　般　风　险　费　（元）			2.23	2.53
	编码	名　　　　称	单位	单价(元)	消　　耗　　量	
人工	000300080	混凝土综合工	工日	115.00	1.018	1.158
材料	800104020	砼 C20(干、特、碎5～10)	m³	230.92	0.580	0.660
	341100100	水	m³	4.42	1.691	1.665
	810201030	水泥砂浆 1:2（特）	m³	256.68	0.170	0.200
	002000010	其他材料费	元	—	2.49	2.83
机械	990406010	机动翻斗车 1t	台班	188.07	0.032	0.036
	990511020	皮带运输机 15×0.5m	台班	287.06	0.013	0.015
	990602020	双锥反转出料混凝土搅拌机 350L	台班	226.31	0.012	0.014
	990317010	塔式起重机 60kN·m	台班	452.84	0.012	0.014
	990610010	灰浆搅拌机 200L	台班	187.56	0.022	0.022

工作内容:1.冲洗石子、混凝土搅拌、运输、浇捣、振捣、养护等全部操作过程。2.成品转运、堆放。
　　　　　3.构件场内水平运输。

计量单位:10m

定　　额　　编　　号					BD0190	BD0191
项　目　名　称					屋脊预制 C20	
					脊高度(mm) 1000 以内	脊高度(mm) 1000 以上
综　合　单　价　(元)					**464.07**	**725.46**
费用	其中	人　工　费　(元)			149.39	234.14
		材　料　费　(元)			237.77	369.88
		施工机具使用费　(元)			27.96	44.53
		企业管理费　(元)			31.50	49.49
		利　　润　(元)			14.61	22.96
		一般风险费　(元)			2.84	4.46
	编码	名　　称	单位	单价(元)	消　耗　量	
人工	000300080	混凝土综合工	工日	115.00	1.299	2.036
材料	800104020	砼 C20(干、特、碎 5~10)	m³	230.92	0.740	1.160
	341100100	水	m³	4.42	1.641	1.640
	810201030	水泥砂浆 1:2(特)	m³	256.68	0.220	0.350
	002000010	其他材料费	元	—	3.17	4.93
机械	990406010	机动翻斗车 1t	台班	188.07	0.041	0.064
	990511020	皮带运输机 15×0.5m	台班	287.06	0.017	0.027
	990602020	双锥反转出料混凝土搅拌机 350L	台班	226.31	0.016	0.025
	990317010	塔式起重机 60kN·m	台班	452.84	0.016	0.026
	990610010	灰浆搅拌机 200L	台班	187.56	0.024	0.039

工作内容:1.冲洗石子、混凝土搅拌、运输、浇捣、振捣、养护等全部操作过程。2.成品转运、堆放。
　　　　　3.构件场内水平运输。

计量单位:10件

定　　额　　编　　号					BD0192
项　目　名　称					屋脊头.吻.兽预制 C20
					(高×长×宽)(m) 0.6~0.9×0.51×0.16
综　合　单　价　(元)					**272.70**
费用	其中	人　工　费　(元)			75.79
		材　料　费　(元)			154.64
		施工机具使用费　(元)			16.74
		企业管理费　(元)			16.43
		利　　润　(元)			7.62
		一般风险费　(元)			1.48
	编码	名　　称	单位	单价(元)	消　耗　量
人工	000300080	混凝土综合工	工日	115.00	0.659
材料	800104020	砼 C20(干、特、碎 5~10)	m³	230.92	0.360
	341100100	水	m³	4.42	0.623
	810201030	水泥砂浆 1:2(特)	m³	256.68	0.260
	002000010	其他材料费	元	—	2.02
机械	990406010	机动翻斗车 1t	台班	188.07	0.019
	990511020	皮带运输机 15×0.5m	台班	287.06	0.008
	990602020	双锥反转出料混凝土搅拌机 350L	台班	226.31	0.008
	990317010	塔式起重机 60kN·m	台班	452.84	0.008
	990610010	灰浆搅拌机 200L	台班	187.56	0.029

工作内容：1.冲洗石子、混凝土搅拌、运输、浇捣、振捣、养护等全部操作过程。2.成品转运、堆放。
3.构件场内水平运输。

计量单位：10件

定　额　编　号					BD0193	BD0194
项　目　名　称					屋脊头.吻.兽预制 C20	
					(高×长×宽)(m) 0.9～1.2×0.59×0.21	(高×长×宽)(m) 1.2～1.5×0.93×0.27
综　合　单　价（元）					**632.86**	**1685.26**
费用	其中	人　工　费　（元）			191.71	556.14
		材　料　费　（元）			328.28	847.15
		施工机具使用费（元）			46.99	100.69
		企　业　管　理　费（元）			42.39	116.65
		利　　润　　（元）			19.67	54.12
		一　般　风　险　费（元）			3.82	10.51
	编码	名　称	单位	单价（元）	消　耗　量	
人工	000300080	混凝土综合工	工日	115.00	1.667	4.836
材料	800104020	砼 C20（干、特、碎 5～10）	m³	230.92	0.910	2.640
	341100100	水	m³	4.42	1.364	3.583
	810201030	水泥砂浆 1:2（特）	m³	256.68	0.420	0.820
	002000010	其他材料费	元	—	4.31	11.21
机械	990406010	机动翻斗车 1t	台班	188.07	0.050	0.145
	990511020	皮带运输机 15×0.5m	台班	287.06	0.020	0.060
	990602020	双锥反转出料混凝土搅拌机 350L	台班	226.31	0.019	0.056
	990317010	塔式起重机 60kN·m	台班	452.84	0.019	0.058
	990610010	灰浆搅拌机 200L	台班	187.56	0.101	0.092

工作内容：1.冲洗石子、混凝土搅拌、运输、浇捣、振捣、养护等全部操作过程。2.成品转运、堆放。
3.构件场内水平运输。

计量单位：m³

定　额　编　号					BD0195
项　目　名　称					屋脊头.吻.兽预制 C20
综　合　单　价（元）					**499.43**
费用	其中	人　工　费　（元）			164.34
		材　料　费　（元）			252.28
		施工机具使用费（元）			29.35
		企　业　管　理　费（元）			34.40
		利　　润　　（元）			15.96
		一　般　风　险　费（元）			3.10
	编码	名　称	单位	单价（元）	消　耗　量
人工	000300080	混凝土综合工	工日	115.00	1.429
材料	800104020	砼 C20（干、特、碎 5～10）	m³	230.92	0.780
	341100100	水	m³	4.42	1.053
	810201030	水泥砂浆 1:2（特）	m³	256.68	0.250
	002000010	其他材料费	元	—	3.34
机械	990406010	机动翻斗车 1t	台班	188.07	0.042
	990511020	皮带运输机 15×0.5m	台班	287.06	0.017
	990602020	双锥反转出料混凝土搅拌机 350L	台班	226.31	0.016
	990317010	塔式起重机 60kN·m	台班	452.84	0.017
	990610010	灰浆搅拌机 200L	台班	187.56	0.028

工作内容：1.冲洗石子、混凝土搅拌、运输、浇捣、振捣、养护等全部操作过程。2.成品转运、堆放。
　　　　　3.构件场内水平运输。

计量单位：10件

定　　额　　编　　号					BD0196	BD0197	BD0198
项　目　名　称					宝顶预制C20		
					宝顶带座 高度480mm	宝顶带座 高度750mm	宝顶带座 高度1040mm
综　合　单　价　（元）					**220.84**	**249.59**	**347.37**
费 用	其 中	人　工　费　（元）			70.15	76.36	107.30
		材　料　费　（元）			115.27	127.44	175.35
		施工机具使用费　（元）			12.59	19.37	27.51
		企　业　管　理　费　（元）			14.69	17.00	23.94
		利　　　　润　　（元）			6.82	7.89	11.11
		一　般　风　险　费　（元）			1.32	1.53	2.16
	编码	名　　　称	单位	单价（元）	消　　耗　　量		
人工	000300080	混凝土综合工	工日	115.00	0.610	0.664	0.933
材 料	800104020	砼C20（干、特、碎5～10）	m³	230.92	0.340	0.370	0.520
	341100100	水	m³	4.42	1.582	1.570	1.522
	810201030	水泥砂浆1:2（特）	m³	256.68	0.110	0.130	0.180
	002000010	其他材料费	元	—	1.53	1.69	2.34
机 械	990406010	机动翻斗车1t	台班	188.07	0.019	0.020	0.028
	990511020	皮带运输机15×0.5m	台班	287.06	0.007	0.008	0.012
	990602020	双锥反转出料混凝土搅拌机350L	台班	226.31	0.007	0.008	0.011
	990317010	塔式起重机60kN·m	台班	452.84	0.007	0.008	0.012
	990610010	灰浆搅拌机200L	台班	187.56	0.012	0.042	0.058

工作内容：1.冲洗石子、混凝土搅拌、运输、浇捣、振捣、养护等全部操作过程。2.成品转运、堆放。
　　　　　3.构件场内水平运输。

定　　额　　编　　号					BD0199	BD0200
项　目　名　称					宝顶预制C20	宝顶预制C20
					宝顶带座高 度（mm）1250	
单　　　　　　　　　位					10件	m³
综　合　单　价　（元）					**562.73**	**496.92**
费 用	其 中	人　工　费　（元）			181.70	161.00
		材　料　费　（元）			287.68	254.03
		施工机具使用费　（元）			33.86	29.35
		企　业　管　理　费　（元）			38.28	33.81
		利　　　　润　　（元）			17.76	15.68
		一　般　风　险　费　（元）			3.45	3.05
	编码	名　　　称	单位	单价（元）	消　　耗　　量	
人工	000300080	混凝土综合工	工日	115.00	1.580	1.400
材 料	800104020	砼C20（干、特、碎5～10）	m³	230.92	0.880	0.780
	341100100	水	m³	4.42	1.409	1.443
	810201030	水泥砂浆1:2（特）	m³	256.68	0.290	0.250
	002000010	其他材料费	元	—	3.81	3.36
机 械	990406010	机动翻斗车1t	台班	188.07	0.049	0.042
	990511020	皮带运输机15×0.5m	台班	287.06	0.020	0.017
	990602020	双锥反转出料混凝土搅拌机350L	台班	226.31	0.019	0.016
	990317010	塔式起重机60kN·m	台班	452.84	0.019	0.017
	990610010	灰浆搅拌机200L	台班	187.56	0.032	0.028

D.11.5 地面块(编码:020412005)

工作内容:1.冲洗石子、混凝土搅拌、运输、浇捣、振捣、养护等全部操作过程。2.成品转运、堆放。
3.构件场内水平运输。

计量单位:m³

定 额 编 号					BD0201	BD0202
项 目 名 称					地面块预制 C20	
					矩形	异形
综 合 单 价 (元)					**478.31**	**499.29**
费用	其中	人 工 费 (元)			164.34	180.78
		材 料 费 (元)			257.30	257.30
		施工机具使用费 (元)			8.87	8.87
		企 业 管 理 费 (元)			30.76	33.68
		利 润 (元)			14.27	15.63
		一 般 风 险 费 (元)			2.77	3.03
	编码	名 称	单位	单价(元)	消 耗 量	
人工	000300080	混凝土综合工	工日	115.00	1.429	1.572
材料	800104020	砼 C20(干、特、碎 5～10)	m³	230.92	0.780	0.780
	341100100	水	m³	4.42	2.173	2.173
	810201030	水泥砂浆 1:2(特)	m³	256.68	0.250	0.250
	002000010	其他材料费	元	—	3.41	3.41
机械	990602020	双锥反转出料混凝土搅拌机 350L	台班	226.31	0.016	0.016
	990610010	灰浆搅拌机 200L	台班	187.56	0.028	0.028

D.11.6 假方(砖)块(编码:020412006)

工作内容:1.冲洗石子、混凝土搅拌、运输、浇捣、振捣、养护等全部操作过程。2.成品转运、堆放。
3.构件场内水平运输。

计量单位:1000 匹

定 额 编 号					BD0203	BD0204	BD0205
项 目 名 称					混凝土瓦预制 C20		
					板瓦	滴水瓦(勾头瓦)	筒瓦
综 合 单 价 (元)					**658.29**	**853.85**	**686.82**
费用	其中	人 工 费 (元)			279.22	372.26	279.45
		材 料 费 (元)			277.60	355.16	303.43
		施工机具使用费 (元)			19.13	18.57	21.01
		企 业 管 理 费 (元)			52.99	69.41	53.36
		利 润 (元)			24.58	32.20	24.76
		一 般 风 险 费 (元)			4.77	6.25	4.81
	编码	名 称	单位	单价(元)	消 耗 量		
人工	000300080	混凝土综合工	工日	115.00	2.428	3.237	2.430
材料	341100100	水	m³	4.42	9.730	9.640	9.700
	810201030	水泥砂浆 1:2(特)	m³	256.68	0.900	1.200	1.000
	002000010	其他材料费	元	—	3.58	4.54	3.88
机械	990610010	灰浆搅拌机 200L	台班	187.56	0.102	0.099	0.112

工作内容:1.冲洗石子、混凝土搅拌、运输、浇捣、振捣、养护等全部操作过程。2.成品转运、堆放。
　　　　3.构件场内水平运输。

定 额 编 号					BD0206	BD0207
项 目 名 称					混凝土画像砖预制 C30	混凝土画像砖预制 C30
					320×160×75	
单 位					1000 匹	m³
综 合 单 价（元）					**1667.62**	**503.14**
费用	其中	人 工 费 （元）			422.28	164.34
		材 料 费 （元）			1084.71	282.13
		施 工 机 具 使 用 费 （元）			34.55	8.87
		企 业 管 理 费 （元）			81.13	30.76
		利 润 （元）			37.64	14.27
		一 般 风 险 费 （元）			7.31	2.77
	编码	名 称	单位	单价（元）	消 耗 量	
人工	000300080	混凝土综合工	工日	115.00	3.672	1.429
材料	800205040	砼 C30（塑、特、碎 5～20、坍 10～30）	m³	262.78	3.000	0.780
	341100100	水	m³	4.42	8.302	2.163
	810201030	水泥砂浆 1:2（特）	m³	256.68	0.960	0.250
	002000010	其他材料费	元	—	13.26	3.43
机械	990602020	双锥反转出料混凝土搅拌机 350L	台班	226.31	0.064	0.016
	990610010	灰浆搅拌机 200L	台班	187.56	0.107	0.028

D.11.7　挂落（编码:020412007）

工作内容:1.冲洗石子、混凝土搅拌、运输、浇捣、振捣、养护等全部操作过程。2.成品转运、堆放。
　　　　3.构件场内水平运输。　　　　　　　　　　　　　　　　　　　　　　　　　　　　计量单位:10m²

定 额 编 号				BD0208
项 目 名 称				挂落、栏杆芯预制 C20
综 合 单 价（元）				**920.06**
费用	其中	人 工 费 （元）		580.98
		材 料 费 （元）		122.26
		施 工 机 具 使 用 费 （元）		44.26
		企 业 管 理 费 （元）		111.04
		利 润 （元）		51.52
		一 般 风 险 费 （元）		10.00
	编码	名 称	单位	单价（元）	消 耗 量
人工	000300080	混凝土综合工	工日	115.00	5.052
材料	050303800	木材 锯材	m³	1547.01	0.007
	341100100	水	m³	4.42	1.123
	810201030	水泥砂浆 1:2（特）	m³	256.68	0.410
	002000010	其他材料费	元	—	1.23
机械	990610010	灰浆搅拌机 200L	台班	187.56	0.236

D.11.8　窗框（编码：020412008）

工作内容：1.冲洗石子、混凝土搅拌、运输、浇捣、振捣、养护等全部操作过程。2.成品转运、堆放。
3.构件场内水平运输。

计量单位：10m²

定　额　编　号						BD0209
项　目　名　称						窗框预制 C20
综　合　单　价（元）						**248.69**
费用	其中	人　工　费　（元）				148.01
		材　料　费　（元）				51.66
		施工机具使用费　（元）				6.41
		企　业　管　理　费　（元）				27.42
		利　　　润　（元）				12.72
		一　般　风　险　费　（元）				2.47
	编码	名　称	单位	单价（元）	消　耗　量	
人工	000300080	混凝土综合工	工日	115.00	1.287	
材料	800203020	砼 C20（塑、特、砾 5～31.5、坍 10～30）	m³	231.78	0.210	
	341100100	水	m³	4.42	0.534	
	002000010	其他材料费	元	—	0.63	
机械	990406010	机动翻斗车 1t	台班	188.07	0.012	
	990511020	皮带运输机 15×0.5m	台班	287.06	0.005	
	990602020	双锥反转出料混凝土搅拌机 350L	台班	226.31	0.004	
	990317010	塔式起重机 60kN·m	台班	452.84	0.004	

D.11.9　门框（编码：020412009）

工作内容：1.冲洗石子、混凝土搅拌、运输、浇捣、振捣、养护等全部操作过程。2.成品转运、堆放。
3.构件场内水平运输。

计量单位：10m²

定　额　编　号						BD0210
项　目　名　称						门框预制 C20
综　合　单　价（元）						**314.56**
费用	其中	人　工　费　（元）				190.33
		材　料　费　（元）				61.81
		施工机具使用费　（元）				7.75
		企　业　管　理　费　（元）				35.18
		利　　　润　（元）				16.32
		一　般　风　险　费　（元）				3.17
	编码	名　称	单位	单价（元）	消　耗　量	
人工	000300080	混凝土综合工	工日	115.00	1.655	
材料	800203020	砼 C20（塑、特、砾 5～31.5、坍 10～30）	m³	231.78	0.250	
	341100100	水	m³	4.42	0.705	
	002000010	其他材料费	元	—	0.75	
机械	990406010	机动翻斗车 1t	台班	188.07	0.014	
	990511020	皮带运输机 15×0.5m	台班	287.06	0.006	
	990602020	双锥反转出料混凝土搅拌机 350L	台班	226.31	0.005	
	990317010	塔式起重机 60kN·m	台班	452.84	0.005	

D.11.10 花窗(编码:020412010)

工作内容:1.冲洗石子、混凝土搅拌、运输、浇捣、振捣、养护等全部操作过程。2.成品转运、堆放。
3.构件场内水平运输。

计量单位:10m²

	定 额 编 号				BD0211	BD0212
	项 目 名 称				花窗预制 C20	
					简式	繁式
	综 合 单 价 (元)				**665.77**	**941.30**
费用	其中	人 工 费 (元)			484.15	658.95
		材 料 费 (元)			41.77	86.06
		施工机具使用费 (元)			4.88	11.30
		企 业 管 理 费 (元)			86.85	119.04
		利 润 (元)			40.30	55.23
		一 般 风 险 费 (元)			7.82	10.72
	编码	名 称	单位	单价(元)	消 耗 量	
人工	000300080	混凝土综合工	工日	115.00	4.210	5.730
材料	800104020	砼 C20(干、特、碎 5~10)	m³	230.92	0.160	0.350
	341100100	水	m³	4.42	0.965	0.923
	002000010	其他材料费	元	—	0.56	1.16
机械	990406010	机动翻斗车 1t	台班	188.07	0.009	0.019
	990511020	皮带运输机 15×0.5m	台班	287.06	0.004	0.008
	990602020	双锥反转出料混凝土搅拌机 350L	台班	226.31	0.003	0.008
	990317010	塔式起重机 60kN·m	台班	452.84	0.003	0.008

D.11.11 预制栏杆件(编码:020412011)

工作内容:1.冲洗石子、混凝土搅拌、运输、浇捣、振捣、养护等全部操作过程。2.成品转运、堆放。
3.构件场内水平运输。

计量单位:m³

	定 额 编 号				BD0213	BD0214
	项 目 名 称				栏板预制 C20	栏杆预制 C20
	综 合 单 价 (元)				**1104.59**	**1079.66**
费用	其中	人 工 费 (元)			640.09	619.85
		材 料 费 (元)			246.90	247.80
		施工机具使用费 (元)			32.08	32.08
		企 业 管 理 费 (元)			119.38	115.78
		利 润 (元)			55.39	53.72
		一 般 风 险 费 (元)			10.75	10.43
	编码	名 称	单位	单价(元)	消 耗 量	
人工	000300080	混凝土综合工	工日	115.00	5.566	5.390
材料	800104020	砼 C20(干、特、碎 5~10)	m³	230.92	1.015	1.015
	341100100	水	m³	4.42	2.076	2.276
	002000010	其他材料费	元	—	3.34	3.36
机械	990406010	机动翻斗车 1t	台班	188.07	0.056	0.056
	990511020	皮带运输机 15×0.5m	台班	287.06	0.023	0.023
	990602020	双锥反转出料混凝土搅拌机 350L	台班	226.31	0.022	0.022
	990317010	塔式起重机 60kN·m	台班	452.84	0.022	0.022

D.11.12　预制鹅颈靠背件(编码:020412012)

工作内容:1.冲洗石子、混凝土搅拌、运输、浇捣、振捣、养护等全部操作过程。2.成品转运、堆放。
3.构件场内水平运输。

计量单位:m³

	定　额　编　号				BD0215	BD0216
	项　目　名　称				鹅颈靠背预制 C20	鹅颈靠预制 C20
					繁式	简式
	综　合　单　价　(元)				**1227.88**	**1178.12**
费用	其中	人　工　费　(元)			735.89	696.90
		材　料　费　(元)			247.23	247.23
		施工机具使用费　(元)			32.64	32.64
		企　业　管　理　费　(元)			136.49	129.57
		利　润　(元)			63.33	60.11
		一　般　风　险　费　(元)			12.30	11.67
	编码	名　称	单位	单价(元)	消　耗　量	
人工	000300080	混凝土综合工	工日	115.00	6.399	6.060
材料	800104020	砼 C20(干、特、碎5～10)	m³	230.92	1.000	1.000
	341100100	水	m³	4.42	1.774	1.774
	810201030	水泥砂浆 1:2(特)	m³	256.68	0.020	0.020
	002000010	其他材料费	元	—	3.34	3.34
机械	990406010	机动翻斗车 1t	台班	188.07	0.056	0.056
	990511020	皮带运输机 15×0.5m	台班	287.06	0.023	0.023
	990602020	双锥反转出料混凝土搅拌机 350L	台班	226.31	0.022	0.022
	990317010	塔式起重机 60kN·m	台班	452.84	0.022	0.022
	990610010	灰浆搅拌机 200L	台班	187.56	0.003	0.003

D.11.13　预制构件运输(编码:020412B01)

工作内容:装车绑扎、运输、按规定地点卸车堆放、支垫固定。

计量单位:m³

	定　额　编　号				BD0217	BD0218
	项　目　名　称				预制构件运输	
					运距 1km 以内	25km 内每增加 1km 以内
	综　合　单　价　(元)				**117.81**	**87.28**
费用	其中	人　工　费　(元)			22.54	2.53
		材　料　费　(元)			2.18	—
		施工机具使用费　(元)			68.08	65.87
		企　业　管　理　费　(元)			16.09	12.15
		利　润　(元)			7.47	5.64
		一　般　风　险　费　(元)			1.45	1.09
	编码	名　称	单位	单价(元)	消　耗　量	
人工	000300080	混凝土综合工	工日	115.00	0.196	0.022
材料	050303800	木材 锯材	m³	1547.01	0.001	—
	010302120	镀锌铁丝 8#	kg	3.08	0.150	—
	010502470	加固钢丝绳	kg	5.38	0.031	—
机械	990304001	汽车式起重机 5t	台班	473.39	0.060	0.058
	990401025	载重汽车 6t	台班	422.13	0.094	0.091

D.12 钢筋工程

D.12.1 钢筋制安

工作内容:1.钢筋(铁件)制作、场内运输、绑扎、安装、点焊、对焊、拼装。2.成型钢筋场外运输、装车、绑扎、
卸车、分规格堆码。

计量单位:t

定 额 编 号				BD0219	BD0220	BD0221	BD0222	BD0223	BD0224
项 目 名 称				现浇构件钢筋	预制构件钢筋	低碳预应力冷拔丝	铁件制作安装	成型钢筋场外运输(人装人卸)	
								1km 以内	每增加 1km
费用 其中	综 合 单 价 (元)			**4524.99**	**4516.47**	**4873.04**	**6201.57**	**354.58**	**36.88**
	人 工 费 (元)			1004.04	1011.72	1478.40	1575.96	71.04	7.80
	材 料 费 (元)			3189.64	3162.93	2955.47	3679.03	—	—
	施 工 机 具 使 用 费 (元)			42.48	49.05	24.40	400.95	206.84	21.11
	企 业 管 理 费 (元)			185.86	188.39	266.90	351.10	49.35	5.13
	利 润 (元)			86.23	87.41	123.83	162.90	22.90	2.38
	一 般 风 险 费 (元)			16.74	16.97	24.04	31.63	4.45	0.46
	编码	名 称	单位	单价(元)	消	耗	量		
人工	000300070	钢筋综合工	工日	120.00	8.367	8.431	12.320	13.133	0.592	0.065
材料	010100013	钢筋	t	3070.18	1.030	1.020	—	—	—	—
	010304010	冷拔低碳钢丝 φ4	t	2560.00	—	—	1.090	—	—	—
	010000120	钢材	t	2957.26	—	—	—	1.060	—	—
	010302020	镀锌铁丝 22#	kg	3.08	3.730	2.810	—	—	—	—
	031350010	低碳钢焊条 综合	kg	4.19	3.680	5.110	—	65.600	—	—
	341100100	水	m³	4.42	0.100	0.290	—	—	—	—
	143900700	氧气	m³	3.26	—	—	—	22.700	—	—
	143901010	乙炔气	m³	14.31	—	—	—	9.760	—	—
	002000010	其他材料费	元	—	—	—	165.07	55.80	—	—
机械	990401025	载重汽车 6t	台班	422.13	—	—	—	—	0.490	0.050
	990904040	直流弧焊机 32kV·A	台班	89.62	0.288	0.373	—	4.390	—	—
	990919010	电焊条烘干箱 450×350×450	台班	17.13	0.029	0.042	—	0.439	—	—
	990702010	钢筋切断机 40mm	台班	41.85	0.080	0.075	0.063	—	—	—
	990703010	钢筋弯曲机 40mm	台班	25.84	0.168	0.150	—	—	—	—
	990701010	钢筋调直机 14mm	台班	36.89	0.064	0.012	0.590	—	—	—
	990910030	对焊机 75kV·A	台班	109.41	0.056	0.068	—	—	—	—

D.13 混凝土模板及支架(编码:021002)

D.13.1 现浇混凝土矩形柱(编码:021002001)

工作内容:1.模板制作。2.模板安装、拆除、整理堆放及场内外运输。3.清理模板黏结物及模板内
杂物、刷隔离剂等。4.支撑管件的制作、安装、拆除、整理堆放及场内外运输等。　　　　　　计量单位:100m²

定 额 编 号					BD0225	BD0226	BD0227	BD0228
项 目 名 称					现浇模板矩形柱			
					周长(mm) 700以内	周长(mm) 1000以内	周长(mm) 1500以内	周长(mm) 1500以上
综 合 单 价 (元)					**6056.75**	**5927.78**	**5801.23**	**5676.14**
费 用	其 中	人 工 费 (元)			3080.40	2988.00	2899.20	2811.60
		材 料 费 (元)			1954.85	1946.63	1936.79	1926.94
		施工机具使用费 (元)			134.26	132.02	129.36	126.65
		企 业 管 理 费 (元)			570.92	554.12	537.87	521.83
		利 润 (元)			264.89	257.09	249.55	242.11
		一 般 风 险 费 (元)			51.43	49.92	48.46	47.01
	编码	名 称	单位	单价(元)	消	耗	量	
人工	000300060	模板综合工	工日	120.00	25.670	24.900	24.160	23.430
材 料	350100011	复合模板	m²	23.93	24.675	24.675	24.675	24.675
	050303800	木材 锯材	m³	1547.01	0.372	0.372	0.372	0.372
	032102830	支撑钢管及扣件	kg	3.68	47.304	46.395	45.485	44.575
	350300800	木支撑	m³	1623.93	0.189	0.186	0.182	0.178
	030190010	圆钉综合	kg	6.60	0.982	0.982	0.982	0.982
	143502500	隔离剂	kg	0.94	10.000	10.000	10.000	10.000
	172506810	硬塑料管φ20	m	1.03	117.760	117.760	117.760	117.760
	144302000	塑料胶布带 20mm×50m	卷	26.00	2.500	2.500	2.500	2.500
	030113250	对拉螺栓	kg	5.56	19.013	19.013	19.013	19.013
机 械	990304001	汽车式起重机 5t	台班	473.39	0.120	0.118	0.116	0.113
	990401025	载重汽车 6t	台班	422.13	0.180	0.177	0.173	0.170
	990706010	木工圆锯机 直径500mm	台班	25.81	0.057	0.056	0.055	0.054

D.13.2 现浇混凝土圆形柱(多边形柱)(编码:021002002)

工作内容:1.模板制作。2.模板安装、拆除、整理堆放及场内外运输。3.清理模板黏结物及模板内
杂物、刷隔离剂等。4.支撑管件的制作、安装、拆除、整理堆放及场内外运输等。　　　　　　计量单位:100m²

定 额 编 号					BD0229	BD0230	BD0231
项 目 名 称					现浇模板圆形柱		
					直径(mm) 200以内	直径(mm) 300以内	直径(mm) 300以上
综 合 单 价 (元)					**10298.00**	**10128.89**	**9964.89**
费 用	其 中	人 工 费 (元)			6291.60	6165.60	6044.04
		材 料 费 (元)			2050.86	2046.48	2042.10
		施工机具使用费 (元)			171.68	168.57	165.04
		企 业 管 理 费 (元)			1147.88	1124.95	1102.73
		利 润 (元)			532.57	521.94	511.63
		一 般 风 险 费 (元)			103.41	101.35	99.35
	编码	名 称	单位	单价(元)	消	耗	量
人工	000300060	模板综合工	工日	120.00	52.430	51.380	50.367
材 料	350100011	复合模板	m²	23.93	30.629	30.629	30.629
	050303800	木材 锯材	m³	1547.01	0.480	0.480	0.480
	032102830	支撑钢管及扣件	kg	3.68	60.721	59.530	58.339
	030190010	圆钉综合	kg	6.60	1.220	1.220	1.220
	143502500	隔离剂	kg	0.94	10.000	10.000	10.000
	172506810	硬塑料管φ20	m	1.03	117.760	117.760	117.760
	144302000	塑料胶布带 20mm×50m	卷	26.00	3.000	3.000	3.000
	030113250	对拉螺栓	kg	5.56	24.307	24.307	24.307
机 械	990304001	汽车式起重机 5t	台班	473.39	0.154	0.151	0.148
	990401025	载重汽车 6t	台班	422.13	0.231	0.227	0.222
	990706010	木工圆锯机 直径500mm	台班	25.81	0.049	0.049	0.049

D.13.3 现浇混凝土异形柱(编码:021002003)

工作内容:1.模板制作。2.模板安装、拆除、整理堆放及场内外运输。3.清理模板黏结物及模板内杂物、刷隔离剂等。4.支撑管件的制作、安装、拆除、整理堆放及场内外运输等。

计量单位:100m²

定 额 编 号					BD0232
项 目 名 称					现浇模板异形柱
综 合 单 价 (元)					7322.93
费用	其中	人 工 费 (元)			4006.80
		材 料 费 (元)			1999.66
		施工机具使用费 (元)			165.04
		企 业 管 理 费 (元)			740.92
		利 润 (元)			343.76
		一 般 风 险 费 (元)			66.75
	编码	名 称	单位	单价(元)	消 耗 量
人工	000300060	模板综合工	工日	120.00	33.390
材料	350100011	复合模板	m²	23.93	30.629
	050303800	木材 锯材	m³	1547.01	0.480
	032102830	支撑钢管及扣件	kg	3.68	58.339
	030190010	圆钉综合	kg	6.60	1.220
	143502500	隔离剂	kg	0.94	10.000
	172506810	硬塑料管 φ20	m	1.03	117.760
	144302000	塑料胶布带 20mm×50m	卷	26.00	2.500
	030113250	对拉螺栓	kg	5.56	19.013
机械	990304001	汽车式起重机 5t	台班	473.39	0.148
	990401025	载重汽车 6t	台班	422.13	0.222
	990706010	木工圆锯机 直径 500mm	台班	25.81	0.049

D.13.4 现浇混凝土垂莲柱(荷花柱、吊瓜)(编码:021002006)

工作内容:1.模板制作。2.模板安装、拆除、整理堆放及场内外运输。3.清理模板黏结物及模板内杂物、刷隔离剂等。4.支撑管件的制作、安装、拆除、整理堆放及场内外运输等。

计量单位:100m²

定 额 编 号					BD0233	BD0234
项 目 名 称					现浇模板垂莲柱(荷花柱、吊瓜)	
					方形	圆形
综 合 单 价 (元)					13925.56	14248.63
费用	其中	人 工 费 (元)			8418.00	8671.20
		材 料 费 (元)			2935.74	2935.74
		施工机具使用费 (元)			194.71	194.71
		企 业 管 理 费 (元)			1529.62	1574.58
		利 润 (元)			709.69	730.55
		一 般 风 险 费 (元)			137.80	141.85
	编码	名 称	单位	单价(元)	消 耗 量	
人工	000300060	模板综合工	工日	120.00	70.150	72.260
材料	050303800	木材 锯材	m³	1547.01	1.000	1.000
	032102830	支撑钢管及扣件	kg	3.68	68.900	68.900
	350100011	复合模板	m²	23.93	30.600	30.600
	030113250	对拉螺栓	kg	5.56	29.600	29.600
	172506810	硬塑料管 φ20	m	1.03	120.000	120.000
	002000010	其他材料费	元	—	114.74	114.74
机械	990304001	汽车式起重机 5t	台班	473.39	0.175	0.175
	990401025	载重汽车 6t	台班	422.13	0.262	0.262
	990706010	木工圆锯机 直径 500mm	台班	25.81	0.049	0.049

D.13.5 现浇混凝土矩形梁(编码:021002008)

工作内容:1.模板制作。2.模板安装、拆除、整理堆放及场内外运输。3.清理模板黏结物及模板内
杂物、刷隔离剂等。4.支撑管件的制作、安装、拆除、整理堆放及场内外运输等。　　　计量单位:100m²

定　　额　　编　　号					BD0235	BD0236	BD0237	BD0238
项　　目　　名　　称					现浇模板矩形梁			
					梁高(mm) 150以内	梁高(mm) 200以内	梁高(mm) 300以内	梁高(mm) 300以上
综　合　单　价　(元)					**5735.21**	**5617.80**	**5502.40**	**5388.92**
费用	其中	人　工　费　(元)			2894.40	2810.40	2728.80	2649.60
		材　料　费　(元)			1781.56	1776.45	1769.71	1762.97
		施工机具使用费　(元)			204.07	200.06	196.51	192.05
		企业管理费　(元)			550.29	534.66	519.53	504.68
		利　　润　(元)			255.31	248.06	241.05	234.15
		一　般　风　险　费　(元)			49.58	48.17	46.80	45.47
	编码	名　　称	单位	单价(元)	消　　　　耗　　　　量			
人工	000300060	模板综合工	工日	120.00	24.120	23.420	22.740	22.080
材料	350100011	复合模板	m²	23.93	24.675	24.675	24.675	24.675
	050303800	木材 锯材	m³	1547.01	0.447	0.447	0.447	0.447
	032102830	支撑钢管及扣件	kg	3.68	72.259	70.870	69.480	68.090
	350300800	木支撑	m³	1623.93	0.030	0.030	0.029	0.028
	030190010	圆钉综合	kg	6.60	1.224	1.224	1.224	1.224
	143502500	隔离剂	kg	0.94	10.000	10.000	10.000	10.000
	810201030	水泥砂浆 1:2(特)	m³	256.68	0.012	0.012	0.012	0.012
	010302250	镀锌铁丝 φ0.7~0.9	kg	3.08	0.180	0.180	0.180	0.180
	172506810	硬塑料管 φ20	m	1.03	14.193	14.193	14.193	14.193
	144302000	塑料胶布带 20mm×50m	卷	26.00	4.500	4.500	4.500	4.500
	030113250	对拉螺栓	kg	5.56	5.794	5.794	5.794	5.794
机械	990304001	汽车式起重机 5t	台班	473.39	0.184	0.180	0.177	0.173
	990401025	载重汽车 6t	台班	422.13	0.275	0.270	0.265	0.259
	990706010	木工圆锯机 直径500mm	台班	25.81	0.034	0.034	0.033	0.032

D.13.6 现浇混凝土圆形梁(编码:021002009)

工作内容:1.模板制作。2.模板安装、拆除、整理堆放及场内外运输。3.清理模板黏结物及模板内
杂物、刷隔离剂等。4.支撑管件的制作、安装、拆除、整理堆放及场内外运输等。　　　计量单位:100m²

定　　额　　编　　号					BD0239	BD0240	BD0241
项　　目　　名　　称					现浇模板圆形梁		
					直径(mm) 200以内	直径(mm) 300以内	直径(mm) 300以上
综　合　单　价　(元)					**7742.68**	**7567.75**	**7396.80**
费用	其中	人　工　费　(元)			4338.00	4208.40	4082.40
		材　料　费　(元)			1932.19	1927.13	1922.06
		施工机具使用费　(元)			215.68	212.15	208.15
		企业管理费　(元)			808.73	785.09	762.00
		利　　润　(元)			375.22	364.25	353.54
		一　般　风　险　费　(元)			72.86	70.73	68.65
	编码	名　　称	单位	单价(元)	消　　　耗　　　量		
人工	000300060	模板综合工	工日	120.00	36.150	35.070	34.020
材料	350100011	复合模板	m²	23.93	24.675	24.675	24.675
	050303800	木材 锯材	m³	1547.01	0.495	0.495	0.495
	032102830	支撑钢管及扣件	kg	3.68	70.168	68.792	67.416
	030113250	对拉螺栓	kg	5.56	14.800	14.800	14.800
	172506810	硬塑料管 φ20	m	1.03	120.000	120.000	120.000
	002000010	其他材料费	元	—	111.84	111.84	111.84
机械	990304001	汽车式起重机 5t	台班	473.39	0.178	0.175	0.171
	990401025	载重汽车 6t	台班	422.13	0.267	0.262	0.257
	990706010	木工圆锯机 直径500mm	台班	25.81	0.725	0.725	0.725

D.13.7　现浇混凝土异形梁(编码:021002010)

工作内容:1.模板制作。2.模板安装、拆除、整理堆放及场内外运输。3.清理模板黏结物及模板内
　　　　　杂物、刷隔离剂等。4.支撑管件的制作、安装、拆除、整理堆放及场内外运输等。　　　　计量单位:100m²

定　　额　　编　　号					BD0242
项　　目　　名　　称					现浇模板异形梁
综　合　单　价　(元)					**8462.76**
费用	其中	人　　工　　费　　(元)			4903.20
		材　　料　　费　　(元)			1933.35
		施 工 机 具 使 用 费 (元)			213.89
		企 业 管 理 费 (元)			908.80
		利　　　　润　　　　(元)			421.65
		一 般 风 险 费 (元)			81.87
	编码	名　　　　称	单位	单价(元)	消　　耗　　量
人工	000300060	模板综合工	工日	120.00	40.860
材料	050303800	木材 锯材	m³	1547.01	0.910
	032102830	支撑钢管及扣件	kg	3.68	69.480
	350300800	木支撑	m³	1623.93	0.029
	030190010	圆钉综合	kg	6.60	29.570
	143502500	隔离剂	kg	0.94	10.000
	810201030	水泥砂浆 1:2(特)	m³	256.68	0.003
	010302250	镀锌铁丝 φ0.7~0.9	kg	3.08	0.180
	133502500	模板嵌缝料	kg	1.69	10.000
机械	990304001	汽车式起重机 5t	台班	473.39	0.176
	990401025	载重汽车 6t	台班	422.13	0.265
	990706010	木工圆锯机 直径 500mm	台班	25.81	0.725

D.13.8　现浇混凝土弧形、拱形梁(编码:021002011)

工作内容:1.模板制作。2.模板安装、拆除、整理堆放及场内外运输。3.清理模板黏结物及模板内
　　　　　杂物、刷隔离剂等。4.支撑管件的制作、安装、拆除、整理堆放及场内外运输等。　　　　计量单位:100m²

定　　额　　编　　号					BD0243	BD0244
项　　目　　名　　称					现浇模板拱形梁	现浇模板弧形梁
综　合　单　价　(元)					**9624.79**	**8360.81**
费用	其中	人　　工　　费　　(元)			4508.40	4358.40
		材　　料　　费　　(元)			3591.93	2540.79
		施 工 机 具 使 用 费 (元)			219.55	202.74
		企 业 管 理 费 (元)			839.68	810.06
		利　　　　润　　　　(元)			389.58	375.84
		一 般 风 险 费 (元)			75.65	72.98
	编码	名　　　　称	单位	单价(元)	消　　耗　　量	
人工	000300060	模板综合工	工日	120.00	37.570	36.320
材料	050303800	木材 锯材	m³	1547.01	1.993	1.183
	350300800	木支撑	m³	1623.93	0.029	0.029
	030190010	圆钉综合	kg	6.60	14.210	41.769
	010302250	镀锌铁丝 φ0.7~0.9	kg	3.08	0.180	0.180
	010302390	镀锌铁丝 φ4	kg	3.08	26.700	33.210
	143502500	隔离剂	kg	0.94	10.000	10.000
	133502500	模板嵌缝料	kg	1.69	10.000	10.000
	810201030	水泥砂浆 1:2(特)	m³	256.68	0.012	0.012
	032102830	支撑钢管及扣件	kg	3.68	69.480	69.480
机械	990304001	汽车式起重机 5t	台班	473.39	0.176	0.176
	990401025	载重汽车 6t	台班	422.13	0.265	0.265
	990706010	木工圆锯机 直径 500mm	台班	25.81	0.944	0.293

D.13.9 现浇混凝土老、仔角梁(编码:021002014)

工作内容:1.模板制作。2.模板安装、拆除、整理堆放及场内外运输。3.清理模板黏结物及模板内杂物、刷隔离剂等。4.支撑管件的制作、安装、拆除、整理堆放及场内外运输等。 　　　　　计量单位:100m²

定　额　编　号					BD0245
项　目　名　称					现浇模板龙背、大刀木、扒梁(老嫩戗)
综　合　单　价　(元)					**11936.83**
费用	其中	人　工　费　(元)			7576.80
		材　料　费　(元)			1973.97
		施工机具使用费　(元)			231.08
		企　业　管　理　费　(元)			1386.68
		利　润　(元)			643.37
		一　般　风　险　费　(元)			124.93
	编码	名　称	单位	单价(元)	消　耗　量
人工	000300060	模板综合工	工日	120.00	63.140
材料	350100011	复合模板	m²	23.93	24.700
	050303800	木材 锯材	m³	1547.01	0.500
	032102830	支撑钢管及扣件	kg	3.68	73.500
	030113250	对拉螺栓	kg	5.56	14.800
	172506810	硬塑料管 φ20	m	1.03	120.000
	002000010	其他材料费	元	—	133.03
机械	990304001	汽车式起重机 5t	台班	473.39	0.187
	990401025	载重汽车 6t	台班	422.13	0.280
	990706010	木工圆锯机 直径500mm	台班	25.81	0.944

D.13.10 现浇混凝土预留部位浇捣(编码:021002015)

工作内容:1.模板制作。2.模板安装、拆除、整理堆放及场内外运输。3.清理模板黏结物及模板内杂物、刷隔离剂等。4.支撑管件的制作、安装、拆除、整理堆放及场内外运输等。 　　　　　计量单位:100m²

定　额　编　号					BD0246
项　目　名　称					现浇模板预留部位浇捣
综　合　单　价　(元)					**14456.69**
费用	其中	人　工　费　(元)			8179.20
		材　料　费　(元)			3993.75
		施工机具使用费　(元)			20.60
		企　业　管　理　费　(元)			1456.28
		利　润　(元)			675.66
		一　般　风　险　费　(元)			131.20
	编码	名　称	单位	单价(元)	消　耗　量
人工	000300060	模板综合工	工日	120.00	68.160
材料	050303800	木材 锯材	m³	1547.01	2.200
	010302120	镀锌铁丝 8#	kg	3.08	52.200
	030100650	铁钉	kg	7.26	50.500
	002000010	其他材料费	元	—	62.92
机械	990706010	木工圆锯机 直径500mm	台班	25.81	0.798

D.13.11 现浇混凝土矩形桁条、梓桁(搁栅、帮脊木、扶脊木)(编码:021002016)

工作内容:1.模板制作。2.模板安装、拆除、整理堆放及场内外运输。3.清理模板黏结物及模板内
杂物、刷隔离剂等。4.支撑管件的制作、安装、拆除、整理堆放及场内外运输等。　　　　计量单位:100m²

定 额 编 号					BD0247	BD0248
项 目 名 称					现浇模板矩形檩	
					梁高(mm)200 以内	梁高(mm)200 以上
综 合 单 价 (元)					**5763.57**	**5648.35**
费用	其中	人 工 费 (元)			2811.60	2728.80
		材 料 费 (元)			1923.55	1918.49
		施 工 机 具 使 用 费 (元)			197.82	194.29
		企 业 管 理 费 (元)			534.47	519.14
		利 润 (元)			247.98	240.86
		一 般 风 险 费 (元)			48.15	46.77
	编码	名 称	单位	单价(元)	消 耗 量	
人工	000300060	模板综合工	工日	120.00	23.430	22.740
材料	350100011	复合模板	m²	23.93	24.675	24.675
	050303800	木材 锯材	m³	1547.01	0.495	0.495
	032102830	支撑钢管及扣件	kg	3.68	70.168	68.792
	030113250	对拉螺栓	kg	5.56	14.800	14.800
	172506810	硬塑料管 φ20	m	1.03	120.000	120.000
	002000010	其他材料费	元	—	103.20	103.20
机械	990304001	汽车式起重机 5t	台班	473.39	0.178	0.175
	990401025	载重汽车 6t	台班	422.13	0.267	0.262
	990706010	木工圆锯机 直径 500mm	台班	25.81	0.033	0.033

D.13.12 现浇混凝土圆形桁条、梓桁(搁栅、帮脊木、扶脊木)(编码:021002017)

工作内容:1.模板制作。2.模板安装、拆除、整理堆放及场内外运输。3.清理模板黏结物及模板内
杂物、刷隔离剂等。4.支撑管件的制作、安装、拆除、整理堆放及场内外运输等。　　　　计量单位:100m²

定 额 编 号					BD0249	BD0250
项 目 名 称					现浇模板圆形檩	
					直径(mm)150 以内	直径(mm)150 以上
综 合 单 价 (元)					**8019.83**	**7733.12**
费用	其中	人 工 费 (元)			4555.20	4338.00
		材 料 费 (元)			1932.19	1927.13
		施 工 机 具 使 用 费 (元)			215.68	212.15
		企 业 管 理 费 (元)			847.31	808.11
		利 润 (元)			393.12	374.93
		一 般 风 险 费 (元)			76.33	72.80
	编码	名 称	单位	单价(元)	消 耗 量	
人工	000300060	模板综合工	工日	120.00	37.960	36.150
材料	350100011	复合模板	m²	23.93	24.675	24.675
	050303800	木材 锯材	m³	1547.01	0.495	0.495
	032102830	支撑钢管及扣件	kg	3.68	70.168	68.792
	030113250	对拉螺栓	kg	5.56	14.800	14.800
	172506810	硬塑料管 φ20	m	1.03	120.000	120.000
	002000010	其他材料费	元	—	111.84	111.84
机械	990304001	汽车式起重机 5t	台班	473.39	0.178	0.175
	990401025	载重汽车 6t	台班	422.13	0.267	0.262
	990706010	木工圆锯机 直径 500mm	台班	25.81	0.725	0.725

D.13.13 现浇混凝土枋子 (编码:021002018)

工作内容:1.模板制作。2.模板安装、拆除、整理堆放及场内外运输。3.清理模板黏结物及模板内杂物、刷隔离剂等。4.支撑管件的制作、安装、拆除、整理堆放及场内外运输等。

计量单位:100m²

定 额 编 号					BD0251
项 目 名 称					现浇模板枋子
综 合 单 价 (元)					**6003.57**
费用	其中	人 工 费 (元)			2982.00
		材 料 费 (元)			1946.60
		施 工 机 具 使 用 费 (元)			197.44
		企 业 管 理 费 (元)			564.67
		利 润 (元)			261.99
		一 般 风 险 费 (元)			50.87
	编码	名 称	单位	单价(元)	消 耗 量
人工	000300060	模板综合工	工日	120.00	24.850
材料	350100011	复合模板	m²	23.93	24.700
	050303800	木材 锯材	m³	1547.01	0.500
	032102830	支撑钢管及扣件	kg	3.68	68.800
	030113250	对拉螺栓	kg	5.56	14.800
	172506810	硬塑料管 φ20	m	1.03	120.000
	002000010	其他材料费	元	—	122.95
机械	990304001	汽车式起重机 5t	台班	473.39	0.175
	990401025	载重汽车 6t	台班	422.13	0.262
	990706010	木工圆锯机 直径 500mm	台班	25.81	0.155

D.13.14 现浇混凝土连机 (编码:021002019)

工作内容:1.模板制作。2.模板安装、拆除、整理堆放及场内外运输。3.清理模板黏结物及模板内杂物、刷隔离剂等。4.支撑管件的制作、安装、拆除、整理堆放及场内外运输等。

计量单位:100m²

定 额 编 号					BD0252
项 目 名 称					现浇模板连机
综 合 单 价 (元)					**6126.44**
费用	其中	人 工 费 (元)			3070.80
		材 料 费 (元)			1951.66
		施 工 机 具 使 用 费 (元)			200.97
		企 业 管 理 费 (元)			581.07
		利 润 (元)			269.59
		一 般 风 险 费 (元)			52.35
	编码	名 称	单位	单价(元)	消 耗 量
人工	000300060	模板综合工	工日	120.00	25.590
材料	350100011	复合模板	m²	23.93	24.700
	050303800	木材 锯材	m³	1547.01	0.500
	032102830	支撑钢管及扣件	kg	3.68	70.176
	030113250	对拉螺栓	kg	5.56	14.800
	172506810	硬塑料管 φ20	m	1.03	120.000
	002000010	其他材料费	元	—	122.95
机械	990304001	汽车式起重机 5t	台班	473.39	0.178
	990401025	载重汽车 6t	台班	422.13	0.267
	990706010	木工圆锯机 直径 500mm	台班	25.81	0.155

D.13.15 现浇混凝土双桁(檩)(葫芦檩、檩带挂)(编码:021002021)

工作内容:1.模板制作。2.模板安装、拆除、整理堆放及场内外运输。3.清理模板黏结物及模板内杂物、刷隔离剂等。4.支撑管件的制作、安装、拆除、整理堆放及场内外运输等。　　　　计量单位:100m²

定 额 编 号					BD0253	BD0254	BD0255	BD0256
项 目 名 称					现浇模板圆形檩带挂枋		现浇模板葫芦檩	
					直径(mm) 150 以内	直径(mm) 150 以上	直径(mm) 150 以内	直径(mm) 150 以上
综 合 单 价 (元)					7416.53	7110.12	7673.03	7361.08
费用	其中	人 工 费 (元)			3768.00	3660.00	3956.40	3843.60
		材 料 费 (元)			2319.87	2157.42	2323.53	2161.24
		施工机具使用费 (元)			226.24	221.43	236.00	231.51
		企 业 管 理 费 (元)			709.38	689.34	744.57	723.74
		利 润 (元)			329.13	319.83	345.45	335.79
		一 般 风 险 费 (元)			63.91	62.10	67.08	65.20
	编码	名 称	单位	单价(元)	消	耗	量	
人工	000300060	模板综合工	工日	120.00	31.400	30.500	32.970	32.030
材料	350100011	复合模板	m²	23.93	25.900	25.900	25.900	25.900
	050303800	木材 锯材	m³	1547.01	0.700	0.600	0.700	0.600
	032102830	支撑钢管及扣件	kg	3.68	73.644	72.200	75.088	73.644
	030113250	对拉螺栓	kg	5.56	14.800	14.800	14.800	14.800
	172506810	硬塑料管 ϕ20	m	1.03	120.000	120.000	120.000	120.000
	002000010	其他材料费	元	—	140.28	137.84	138.62	136.35
机械	990304001	汽车式起重机 5t	台班	473.39	0.187	0.183	0.191	0.187
	990401025	载重汽车 6t	台班	422.13	0.281	0.275	0.286	0.281
	990706010	木工圆锯机 直径500mm	台班	25.81	0.740	0.725	0.963	0.944

D.13.16 现浇混凝土带椽屋面板(编码:021002022)

工作内容:1.模板制作。2.模板安装、拆除、整理堆放及场内外运输。3.清理模板黏结物及模板内杂物、刷隔离剂等。4.支撑管件的制作、安装、拆除、整理堆放及场内外运输等。　　　　计量单位:100m²

定 额 编 号					BD0257	BD0258	BD0259
项 目 名 称					现浇模板屋面板带椽		
					板厚(mm) 40 以内	板厚(mm) 60 以内	板厚(mm) 60 以上
综 合 单 价 (元)					10712.90	10291.81	9241.92
费用	其中	人 工 费 (元)			6382.80	6063.60	5456.40
		材 料 费 (元)			2218.69	2211.69	1973.48
		施工机具使用费 (元)			274.10	268.78	239.87
		企 业 管 理 费 (元)			1182.27	1124.63	1011.66
		利 润 (元)			548.53	521.79	469.37
		一 般 风 险 费 (元)			106.51	101.32	91.14
	编码	名 称	单位	单价(元)	消	耗	量
人工	000300060	模板综合工	工日	120.00	53.190	50.530	45.470
材料	350100011	复合模板	m²	23.93	27.200	27.200	25.900
	050303800	木材 锯材	m³	1547.01	0.700	0.700	0.600
	032102830	支撑钢管及扣件	kg	3.68	96.900	95.000	85.000
	002000010	其他材料费	元	—	128.29	128.29	112.69
机械	990304001	汽车式起重机 5t	台班	473.39	0.246	0.241	0.216
	990401025	载重汽车 6t	台班	422.13	0.369	0.362	0.324
	990706010	木工圆锯机 直径500mm	台班	25.81	0.073	0.073	0.033

工作内容：1.模板制作。2.模板安装、拆除、整理堆放及场内外运输。3.清理模板黏结物及模板内
杂物、刷隔离剂等。4.支撑管件的制作、安装、拆除、整理堆放及场内外运输等。　　　　计量单位：100m²

定　额　编　号					BD0260	BD0261	BD0262
项　目　名　称					现浇模板亭屋面板带桷		
					板厚(mm) 40以内	板厚(mm) 60以内	板厚(mm) 60以上
综　合　单　价　(元)					**11423.37**	**10887.44**	**9626.25**
费 用	其 中	人　工　费　(元)			6939.60	6530.40	5757.60
		材　料　费　(元)			2218.69	2211.69	1973.48
		施工机具使用费　(元)			274.10	268.78	239.87
		企　业　管　理　费　(元)			1281.15	1207.53	1065.15
		利　　润　(元)			594.41	560.25	494.19
		一　般　风　险　费　(元)			115.42	108.79	95.96
	编　码	名　　称	单位	单价(元)	消　　耗　　量		
人工	000300060	模板综合工	工日	120.00	57.830	54.420	47.980
材 料	350100011	复合模板	m²	23.93	27.200	27.200	25.900
	050303800	木材 锯材	m³	1547.01	0.700	0.700	0.600
	032102830	支撑钢管及扣件	kg	3.68	96.900	95.000	85.000
	002000010	其他材料费	元	—	128.29	128.29	112.69
机 械	990304001	汽车式起重机 5t	台班	473.39	0.246	0.241	0.216
	990401025	载重汽车 6t	台班	422.13	0.369	0.362	0.324
	990706010	木工圆锯机 直径500mm	台班	25.81	0.073	0.073	0.033

D.13.17　现浇混凝土戗翼板(编码：021002023)

工作内容：1.模板制作。2.模板安装、拆除、整理堆放及场内外运输。3.清理模板黏结物及模板内
杂物、刷隔离剂等。4.支撑管件的制作、安装、拆除、整理堆放及场内外运输等。　　　　计量单位：100m²

定　额　编　号					BD0263	BD0264	BD0265
项　目　名　称					现浇模板爪角(戗翼)屋面板带桷		
					板厚(mm) 40以内	板厚(mm) 60以内	板厚(mm) 60以上
综　合　单　价　(元)					**16934.61**	**16205.82**	**12862.15**
费 用	其 中	人　工　费　(元)			10183.20	9644.40	7341.60
		材　料　费　(元)			3236.41	3215.43	2919.37
		施工机具使用费　(元)			552.07	536.15	450.55
		企　业　管　理　费　(元)			1906.58	1808.07	1383.89
		利　　润　(元)			884.59	838.88	642.07
		一　般　风　险　费　(元)			171.76	162.89	124.67
	编　码	名　　称	单位	单价(元)	消　　耗　　量		
人工	000300060	模板综合工	工日	120.00	84.860	80.370	61.180
材 料	350100011	复合模板	m²	23.93	28.400	28.400	27.200
	050303800	木材 锯材	m³	1547.01	1.100	1.100	1.000
	032102830	支撑钢管及扣件	kg	3.68	195.700	190.000	160.000
	002000010	其他材料费	元	—	134.91	134.91	132.66
机 械	990304001	汽车式起重机 5t	台班	473.39	0.497	0.483	0.406
	990401025	载重汽车 6t	台班	422.13	0.746	0.724	0.610
	990706010	木工圆锯机 直径500mm	台班	25.81	0.073	0.073	0.033

工作内容:1.模板制作。2.模板安装、拆除、整理堆放及场内外运输。3.清理模板黏结物及模板内
杂物、刷隔离剂等。4.支撑管件的制作、安装、拆除、整理堆放及场内外运输等。　　　　计量单位:100m²

定　额　编　号					BD0266	BD0267	BD0268
项　目　名　称					现浇模板爪角(戗翼)屋面板不带桷		
					板厚(mm) 40以内	板厚(mm) 60以内	板厚(mm) 60以上
综　合　单　价　(元)					8018.54	7765.96	6978.63
费 用	其 中	人　工　费　(元)			3488.40	3322.80	3164.40
		材　料　费　(元)			2864.22	2843.25	2365.96
		施 工 机 具 使 用 费 (元)			551.04	535.12	450.55
		企 业 管 理 费 (元)			717.40	685.17	642.01
		利　　　　润　(元)			332.85	317.89	297.87
		一 般 风 险 费 (元)			64.63	61.73	57.84
	编码	名　　　称	单位	单价(元)	消　　　耗　　　量		
人工	000300060	模板综合工	工日	120.00	29.070	27.690	26.370
材 料	350100011	复合模板	m²	23.93	25.900	25.900	24.700
	050303800	木材 锯材	m³	1547.01	0.900	0.900	0.700
	032102830	支撑钢管及扣件	kg	3.68	195.700	190.000	160.000
	002000010	其他材料费	元	—	131.95	131.95	103.18
机 械	990304001	汽车式起重机 5t	台班	473.39	0.497	0.483	0.406
	990401025	载重汽车 6t	台班	422.13	0.746	0.724	0.610
	990706010	木工圆锯机 直径 500mm	台班	25.81	0.033	0.033	0.033

D.13.18　现浇混凝土无桷屋面板(编码:021002024)

工作内容:1.模板制作。2.模板安装、拆除、整理堆放及场内外运输。3.清理模板黏结物及模板内
杂物、刷隔离剂等。4.支撑管件的制作、安装、拆除、整理堆放及场内外运输等。　　　　计量单位:100m²

定　额　编　号					BD0269	BD0270	BD0271
项　目　名　称					现浇模板屋面板不带桷		
					板厚(mm) 40以内	板厚(mm) 60以内	板厚(mm) 60以上
综　合　单　价　(元)					6448.23	6245.13	5593.89
费 用	其 中	人　工　费　(元)			2882.40	2745.60	2614.80
		材　料　费　(元)			2286.30	2271.87	1951.33
		施 工 机 具 使 用 费 (元)			379.30	368.24	239.87
		企 业 管 理 费 (元)			579.28	553.02	506.99
		利　　　　润　(元)			268.76	256.58	235.23
		一 般 风 险 费 (元)			52.19	49.82	45.67
	编码	名　　　称	单位	单价(元)	消　　　耗　　　量		
人工	000300060	模板综合工	工日	120.00	24.020	22.880	21.790
材 料	350100011	复合模板	m²	23.93	24.700	24.700	24.700
	050303800	木材 锯材	m³	1547.01	0.700	0.700	0.600
	032102830	支撑钢管及扣件	kg	3.68	134.621	130.700	85.000
	002000010	其他材料费	元		116.92	116.92	119.25
机 械	990304001	汽车式起重机 5t	台班	473.39	0.342	0.332	0.216
	990401025	载重汽车 6t	台班	422.13	0.513	0.498	0.324
	990706010	木工圆锯机 直径 500mm	台班	25.81	0.033	0.033	0.033

工作内容:1.模板制作。2.模板安装、拆除、整理堆放及场内外运输。3.清理模板黏结物及模板内杂物、刷隔离剂等。4.支撑管件的制作、安装、拆除、整理堆放及场内外运输等。

计量单位:100m²

定　额　编　号					BD0272	BD0273	BD0274
项　目　名　称					现浇模板 亭屋面板不带梢		
					板厚(mm) 40以内	板厚(mm) 60以内	板厚(mm) 60以上
综　合　单　价　(元)					**6817.24**	**6595.77**	**5929.22**
费用	其中	人　工　费　(元)			3171.60	3020.40	2877.60
		材　料　费　(元)			2286.30	2271.87	1951.33
		施工机具使用费　(元)			379.30	368.24	239.87
		企　业　管　理　费　(元)			630.64	601.82	553.66
		利　　润　(元)			292.59	279.22	256.88
		一　般　风　险　费　(元)			56.81	54.22	49.88
	编码	名　称	单位	单价(元)	消　耗　量		
人工	000300060	模板综合工	工日	120.00	26.430	25.170	23.980
材料	350100011	复合模板	m²	23.93	24.700	24.700	24.700
	050303800	木材 锯材	m³	1547.01	0.700	0.700	0.600
	032102830	支撑钢管及扣件	kg	3.68	134.621	130.700	85.000
	002000010	其他材料费	元	—	116.92	116.92	119.25
机械	990304001	汽车式起重机 5t	台班	473.39	0.342	0.332	0.216
	990401025	载重汽车 6t	台班	422.13	0.513	0.498	0.324
	990706010	木工圆锯机 直径500mm	台班	25.81	0.033	0.033	0.033

D.13.19　现浇混凝土钢丝网屋面板(编码:021002025)

工作内容:1.模板制作。2.模板安装、拆除、整理堆放及场内外运输。3.清理模板黏结物及模板内杂物、刷隔离剂等。4.支撑管件的制作、安装、拆除、整理堆放及场内外运输等。

计量单位:100m²

定　额　编　号					BD0275
项　目　名　称					钢丝网屋面板
					板厚30mm
综　合　单　价　(元)					**6781.61**
费用	其中	人　工　费　(元)			3520.80
		材　料　费　(元)			2107.12
		施工机具使用费　(元)			142.60
		企　业　管　理　费　(元)			650.62
		利　　润　(元)			301.86
		一　般　风　险　费　(元)			58.61
	编码	名　称	单位	单价(元)	消　耗　量
人工	000300060	模板综合工	工日	120.00	29.340
材料	350100011	复合模板	m²	23.93	30.629
	050303800	木材 锯材	m³	1547.01	0.670
	032102830	支撑钢管及扣件	kg	3.68	49.900
	010302020	镀锌铁丝 22#	kg	3.08	0.200
	030100650	铁钉	kg	7.26	1.880
	143502500	隔离剂	kg	0.94	10.400
	144302000	塑料胶布带 20mm×50m	卷	26.00	5.000
机械	990304001	汽车式起重机 5t	台班	473.39	0.127
	990401025	载重汽车 6t	台班	422.13	0.190
	990706010	木工圆锯机 直径500mm	台班	25.81	0.088

D.13.20 现浇混凝土钢丝网封檐板(编码:021002026)

工作内容:1.模板制作。2.模板安装、拆除、整理堆放及场内外运输。3.清理模板黏结物及模板内
杂物、刷隔离剂等。4.支撑管件的制作、安装、拆除、整理堆放及场内外运输等。　　　　计量单位:100m²

定　额　编　号					BD0276	BD0277	BD0278	BD0279
项　目　名　称					钢丝网封檐板		钢丝网博风板	
					板高(mm) 200以内	板高(mm) 200以上	板高(mm) 300以内	板高(mm) 300以上
综　合　单　价　(元)					**12074.43**	**10686.19**	**11054.81**	**10366.24**
费用	其中	人　工　费　(元)			8230.80	6746.40	7274.40	6648.00
		材　料　费　(元)			1466.18	1917.13	1645.91	1741.37
		施工机具使用费　(元)			82.87	125.90	99.34	111.30
		企业管理费　(元)			1476.51	1220.52	1309.58	1200.45
		利　润　(元)			685.05	566.28	607.60	556.97
		一　般　风　险　费　(元)			133.02	109.96	117.98	108.15
	编码	名　称	单位	单价(元)	消　耗　量			
人工	000300060	模板综合工	工日	120.00	68.590	56.220	60.620	55.400
材料	350100011	复合模板	m²	23.93	17.968	27.073	21.201	23.933
	050303800	木材 锯材	m³	1547.01	0.542	0.628	0.585	0.585
	032102830	支撑钢管及扣件	kg	3.68	29.240	44.032	34.529	38.958
	010302020	镀锌铁丝 22#	kg	3.08	0.129	0.172	0.129	0.129
	030100650	铁钉	kg	7.26	1.075	1.634	1.290	1.462
	143502500	隔离剂	kg	0.94	6.106	9.159	7.181	8.127
	144302000	塑料胶布带 20mm×50m	卷	26.00	2.930	4.412	3.461	3.909
机械	990304001	汽车式起重机 5t	台班	473.39	0.074	0.112	0.088	0.099
	990401025	载重汽车 6t	台班	422.13	0.111	0.168	0.132	0.148
	990706010	木工圆锯机 直径500mm	台班	25.81	0.038	0.076	0.076	0.076

D.13.21 现浇混凝土拱(弧)形板(编码:021002027)

工作内容:1.模板制作。2.模板安装、拆除、整理堆放及场内外运输。3.清理模板黏结物及模板内
杂物、刷隔离剂等。4.支撑管件的制作、安装、拆除、整理堆放及场内外运输等。　　　　计量单位:100m²

定　额　编　号				BD0280
项　目　名　称				现浇模板拱形板
综　合　单　价　(元)				**6024.93**
费用	其中	人　工　费　(元)		3026.40
		材　料　费　(元)		1990.25
		施工机具使用费　(元)		135.57
		企业管理费　(元)		561.57
		利　润　(元)		260.55
		一　般　风　险　费　(元)		50.59
	编码	名　称	单位	单价(元)	消　耗　量
人工	000300060	模板综合工	工日	120.00	25.220
材料	350100011	复合模板	m²	23.93	24.675
	050303800	木材 锯材	m³	1547.01	0.697
	032102830	支撑钢管及扣件	kg	3.68	47.535
	002000010	其他材料费	元	—	146.58
机械	990304001	汽车式起重机 5t	台班	473.39	0.121
	990401025	载重汽车 6t	台班	422.13	0.181
	990706010	木工圆锯机 直径500mm	台班	25.81	0.073

D.13.22 现浇混凝土撑弓(编码:021002029)

工作内容:1.模板制作。2.模板安装、拆除、整理堆放及场内外运输。3.清理模板黏结物及模板内
杂物、刷隔离剂等。4.支撑管件的制作、安装、拆除、整理堆放及场内外运输等。　　　　计量单位:100m²

定　额　编　号				BD0281	
项　目　名　称				现浇模板撑弓	
综　合　单　价　(元)				**8729.31**	
费用	其中	人　工　费　(元)		4960.80	
		材　料　费　(元)		2394.79	
		施 工 机 具 使 用 费　(元)		3.56	
		企 业 管 理 费　(元)		881.67	
		利　　　润　(元)		409.06	
		一 般 风 险 费　(元)		79.43	
	编码	名　　称	单位	单价(元)	消　耗　量
人工	000300060	模板综合工	工日	120.00	41.340
材料	050303800	木材 锯材	m³	1547.01	1.239
	002000010	其他材料费	元	—	478.04
机械	990706010	木工圆锯机 直径500mm	台班	25.81	0.138

D.13.23 现浇混凝土古式栏板(编码:021002030)

工作内容:1.模板制作。2.模板安装、拆除、整理堆放及场内外运输。3.清理模板黏结物及模板内
杂物、刷隔离剂等。4.支撑管件的制作、安装、拆除、整理堆放及场内外运输等。　　　　计量单位:100m²

定　额　编　号				BD0282	
项　目　名　称				现浇模板古式栏板	
综　合　单　价　(元)				**13434.14**	
费用	其中	人　工　费　(元)		4455.60	
		材　料　费　(元)		7744.25	
		施 工 机 具 使 用 费　(元)		3.56	
		企 业 管 理 费　(元)		791.95	
		利　　　润　(元)		367.43	
		一 般 风 险 费　(元)		71.35	
	编码	名　　称	单位	单价(元)	消　耗　量
人工	000300060	模板综合工	工日	120.00	37.130
材料	050303800	木材 锯材	m³	1547.01	4.600
	002000010	其他材料费	元	—	628.00
机械	990706010	木工圆锯机 直径500mm	台班	25.81	0.138

工作内容:1.模板制作。2.模板安装、拆除、整理堆放及场内外运输。3.清理模板黏结物及模板内
杂物、刷隔离剂等。4.支撑管件的制作、安装、拆除、整理堆放及场内外运输等。 计量单位:100m²

定 额 编 号					BD0283	
项 目 名 称					现浇模板古式栏杆	
综 合 单 价 (元)					**14561.29**	
费用	其中	人 工 费 (元)			6085.20	
		材 料 费 (元)			6792.04	
		施 工 机 具 使 用 费 (元)			3.56	
		企 业 管 理 费 (元)			1081.36	
		利 润 (元)			501.71	
		一 般 风 险 费 (元)			97.42	
	编码	名 称	单位	单价(元)	消 耗 量	
人工	000300060	模板综合工	工日	120.00	50.710	
材料	050303800	木材 锯材	m³	1547.01	4.000	
	002000010	其他材料费	元	—	604.00	
机械	990706010	木工圆锯机 直径500mm	台班	25.81	0.138	

工作内容:1.模板制作。2.模板安装、拆除、整理堆放及场内外运输。3.清理模板黏结物及模板内
杂物、刷隔离剂等。4.支撑管件的制作、安装、拆除、整理堆放及场内外运输等。 计量单位:100m²

定 额 编 号					BD0284	
项 目 名 称					现浇模板鹅颈靠背	
综 合 单 价 (元)					**11464.02**	
费用	其中	人 工 费 (元)			6273.60	
		材 料 费 (元)			3432.62	
		施 工 机 具 使 用 费 (元)			20.60	
		企 业 管 理 费 (元)			1117.85	
		利 润 (元)			518.64	
		一 般 风 险 费 (元)			100.71	
	编码	名 称	单位	单价(元)	消 耗 量	
人工	000300060	模板综合工	工日	120.00	52.280	
材料	050303800	木材 锯材	m³	1547.01	1.800	
	002000010	其他材料费	元	—	648.00	
机械	990706010	木工圆锯机 直径500mm	台班	25.81	0.798	

D.13.26 现浇混凝土古式零星构件(编码:021002033)

工作内容:1.模板制作。2.模板安装、拆除、整理堆放及场内外运输。3.清理模板黏结物及模板内
杂物、刷隔离剂等。4.支撑管件的制作、安装、拆除、整理堆放及场内外运输等。

计量单位:100m²

定 额 编 号					BD0285	
项 目 名 称					现浇模板古式零星构件	
综 合 单 价 (元)					**12318.30**	
费 用	其 中	人 工 费 (元)			6603.60	
		材 料 费 (元)			3865.82	
		施 工 机 具 使 用 费 (元)			20.60	
		企 业 管 理 费 (元)			1176.46	
		利 润 (元)			545.83	
		一 般 风 险 费 (元)			105.99	
	编码	名 称	单位	单价(元)	消 耗 量	
人工	000300060	模板综合工	工日	120.00	55.030	
材 料	050303800	木材 锯材	m³	1547.01	2.000	
	030100650	铁钉	kg	7.26	80.000	
	002000010	其他材料费	元	—	191.00	
机械	990706010	木工圆锯机 直径500mm	台班	25.81	0.798	

D.13.27 现浇混凝土其他零星构件(编码:021002034)

工作内容:1.模板制作。2.模板安装、拆除、整理堆放及场内外运输。3.清理模板黏结物及模板内
杂物、刷隔离剂等。4.支撑管件的制作、安装、拆除、整理堆放及场内外运输等。

计量单位:100m²

定 额 编 号					BD0286	BD0287	BD0288
项 目 名 称					现浇模板细石混凝土仿筒瓦半圆形		
					宽×高(mm)		
					140×70	130×65	110×55
综 合 单 价 (元)					**11686.15**	**11815.01**	**12029.10**
费 用	其 中	人 工 费 (元)			6113.52	6177.84	6296.40
		材 料 费 (元)			3858.49	3905.02	3967.55
		施 工 机 具 使 用 费 (元)			21.01	21.22	21.42
		企 业 管 理 费 (元)			1089.49	1100.95	1122.05
		利 润 (元)			505.49	510.80	520.59
		一 般 风 险 费 (元)			98.15	99.18	101.09
	编码	名 称	单位	单价(元)	消 耗 量		
人工	000300060	模板综合工	工日	120.00	50.946	51.482	52.470
材 料	050303800	木材 锯材	m³	1547.01	2.094	2.121	2.157
	030100650	铁钉	kg	7.26	81.931	82.541	83.419
	143502500	隔离剂	kg	0.94	6.278	6.363	6.485
	134100100	嵌缝料	kg	2.92	6.278	6.363	6.485
机械	990706010	木工圆锯机 直径500mm	台班	25.81	0.814	0.822	0.830

D.13.28　现浇混凝土支撑超高(编码:021002B01)

工作内容:1.模板制作。2.模板安装、拆除、整理堆放及场内外运输。3.清理模板黏结物及模板内杂物、刷隔离剂等。4.支撑管件的制作、安装、拆除、整理堆放及场内外运输等。　　　计量单位:100m²

定　额　编　号					BD0289	BD0290	BD0291
项　目　名　称					高度超过3.6m每超过1m增加费		
					梁	板	柱
综　合　单　价　(元)					**569.94**	**567.73**	**522.16**
费用其中		人　工　费　(元)			379.20	386.40	363.60
		材　料　费　(元)			43.72	37.98	46.38
		施工机具使用费　(元)			33.20	28.77	9.27
		企　业　管　理　费　(元)			73.24	73.73	66.22
		利　　润　(元)			33.98	34.21	30.72
		一　般　风　险　费　(元)			6.60	6.64	5.97
	编码	名　称	单位	单价(元)	消　　耗　　量		
人工	000300060	模板综合工	工日	120.00	3.160	3.220	3.030
材料	350300800	木支撑	m³	1623.93	—	—	0.021
	032102830	支撑钢管及扣件	kg	3.68	11.881	10.320	3.337
机械	990304001	汽车式起重机 5t	台班	473.39	0.030	0.026	0.008
	990401025	载重汽车 6t	台班	422.13	0.045	0.039	0.013

D.13.29　预制混凝土矩形柱(编码:021002B02)

工作内容:1.模板制作、安装。2.清理模板、刷隔离剂。3.拆除模板、整理堆放。4.装车(厂)场内运输。　　　计量单位:m³

定　额　编　号					BD0292	BD0293	BD0294
项　目　名　称					预制模板矩形柱		
					周长(mm)700以内	周长(mm)1000以内	周长(mm)1000以上
综　合　单　价　(元)					**367.03**	**325.15**	**280.33**
费用其中		人　工　费　(元)			157.20	152.40	147.60
		材　料　费　(元)			164.21	128.45	90.31
		施工机具使用费　(元)			1.75	1.75	1.32
		企　业　管　理　费　(元)			28.23	27.38	26.45
		利　　润　(元)			13.10	12.70	12.27
		一　般　风　险　费　(元)			2.54	2.47	2.38
	编码	名　称	单位	单价(元)	消　　耗　　量		
人工	000300060	模板综合工	工日	120.00	1.310	1.270	1.230
材料	050303800	木材 锯材	m³	1547.01	0.034	0.027	0.019
	010302120	镀锌铁丝 8#	kg	3.08	1.383	1.072	0.750
	010302020	镀锌铁丝 22#	kg	3.08	0.001	0.009	0.006
	030100650	铁钉	kg	7.26	0.288	0.223	0.156
	032140480	梁卡具	kg	4.00	0.206	0.204	0.143
	143502500	隔离剂	kg	0.94	0.539	0.418	0.292
	350100300	组合钢模板	kg	4.53	0.627	0.486	0.340
	041301200	砖地模	m²	31.07	1.987	1.539	1.077
	032140460	零星卡具	kg	6.67	0.107	0.083	0.058
	340500400	草板纸 80#	张	0.68	1.002	0.792	0.554
	350100011	复合模板	m²	23.93	1.586	1.229	0.871
机械	990309020	门式起重机 10t	台班	430.32	0.004	0.004	0.003
	990706010	木工圆锯机 直径500mm	台班	25.81	0.001	0.001	0.001

D.13.30　预制混凝土圆形柱(多边形柱)(编码:021002B03)

工作内容:1.模板制作、安装。2.清理模板、刷隔离剂。3.拆除模板、整理堆放。4.装车(厂)场内运输。　　　　**计量单位:**m³

	定　额　编　号				BD0295	BD0296	BD0297
	项　目　名　称				预制模板圆形柱		
					直径(mm) 200以内	直径(mm) 300以内	直径(mm) 300以上
	综　合　单　价　(元)				**511.79**	**418.19**	**351.13**
费 用	其 中	人　工　费　(元)			166.80	162.00	157.20
		材　料　费　(元)			293.95	208.12	148.31
		施工机具使用费　(元)			3.92	2.63	1.75
		企　业　管　理　费　(元)			30.32	29.24	28.23
		利　　润　(元)			14.07	13.57	13.10
		一　般　风　险　费　(元)			2.73	2.63	2.54
	编码	名　称	单位	单价(元)	消　耗　量		
人工	000300060	模板综合工	工日	120.00	1.390	1.350	1.310
材 料	050303800	木材 锯材	m³	1547.01	0.060	0.040	0.030
	010302120	镀锌铁丝 8#	kg	3.08	2.528	1.840	1.283
	010302020	镀锌铁丝 22#	kg	3.08	0.021	0.015	0.011
	030100650	铁钉	kg	7.26	0.527	0.383	0.267
	032140480	梁卡具	kg	4.00	0.482	0.351	0.245
	143502500	隔离剂	kg	0.94	0.986	0.718	0.500
	350100300	组合钢模板	kg	4.53	1.080	0.790	0.550
	041301200	砖地模	m²	31.07	3.632	2.643	1.842
	032140460	零星卡具	kg	6.67	0.195	0.142	0.099
	340500400	草板纸 80#	张	0.68	1.868	1.360	0.948
	350100011	复合模板	m²	23.93	2.770	2.010	1.400
机 械	990309020	门式起重机 10t	台班	430.32	0.009	0.006	0.004
	990706010	木工圆锯机 直径 500mm	台班	25.81	0.002	0.002	0.001

D.13.31　预制混凝土垂莲柱(荷花柱、吊瓜)(编码:021002B04)

工作内容:1.模板制作、安装。2.清理模板、刷隔离剂。3.拆除模板、整理堆放。4.装车(厂)场内运输。　　　　**计量单位:**m³

	定　额　编　号				BD0298	BD0299
	项　目　名　称				预制模板垂莲柱(荷花柱、吊瓜)	
					方形	圆形
	综　合　单　价　(元)				**694.12**	**682.08**
费 用	其 中	人　工　费　(元)			378.00	370.80
		材　料　费　(元)			209.95	207.10
		施工机具使用费　(元)			1.44	1.44
		企　业　管　理　费　(元)			67.39	66.11
		利　　润　(元)			31.27	30.67
		一　般　风　险　费　(元)			6.07	5.96
	编码	名　称	单位	单价(元)	消　耗　量	
人工	000300060	模板综合工	工日	120.00	3.150	3.090
材 料	050303800	木材 锯材	m³	1547.01	0.090	0.089
	010302020	镀锌铁丝 22#	kg	3.08	0.114	0.112
	030100650	铁钉	kg	7.26	2.337	2.294
	143502500	隔离剂	kg	0.94	5.589	5.485
	350100310	定型钢模板	kg	4.53	1.807	1.773
	042703850	混凝土地模	m²	72.65	0.550	0.540
机 械	990706010	木工圆锯机 直径 500mm	台班	25.81	0.025	0.025
	990710010	木工单面压刨床 刨削宽度 600mm	台班	31.84	0.025	0.025

D.13.32　预制混凝土异形柱(编码:021002B05)

工作内容:1.模板制作、安装。2.清理模板、刷隔离剂。3.拆除模板、整理堆放。4.装车(厂)场内运输。　　　计量单位:m³

定　额　编　号					BD0300	BD0301
项　目　名　称					预制模板多形边柱	预制模板双肢柱
综　合　单　价（元）					**464.16**	**259.43**
费用	其中	人　工　费　（元）			166.80	109.20
		材　料　费　（元）			248.52	117.60
		施工机具使用费　（元）			2.20	1.95
		企　业　管　理　费　（元）			30.01	19.74
		利　　　润　（元）			13.93	9.16
		一　般　风　险　费　（元）			2.70	1.78
	编码	名　　称	单位	单价（元）	消　　耗　　量	
人工	000300060	模板综合工	工日	120.00	1.390	0.910
材料	050303800	木材 锯材	m³	1547.01	0.029	0.025
	350100300	组合钢模板	kg	4.53	1.355	1.199
	041301220	砖胎模	m²	42.72	4.000	1.400
	042703850	混凝土地模	m²	72.65	—	0.009
	002000010	其他材料费	元	—	26.64	13.03
机械	990309020	门式起重机 10t	台班	430.32	0.005	0.004
	990706010	木工圆锯机 直径500mm	台班	25.81	0.002	0.009

D.13.33　预制混凝土矩形梁(编码:021002B06)

工作内容:1.模板制作、安装。2.清理模板、刷隔离剂。3.拆除模板、整理堆放。4.装车(厂)场内运输。　　　计量单位:m³

定　额　编　号					BD0302	BD0303
项　目　名　称					预制模板矩形梁	
					梁高(mm)200以内	梁高(mm)300以内
综　合　单　价（元）					**619.97**	**583.00**
费用	其中	人　工　费　（元）			290.40	280.80
		材　料　费　（元）			244.77	220.08
		施工机具使用费　（元）			3.65	3.62
		企　业　管　理　费　（元）			52.22	50.51
		利　　　润　（元）			24.23	23.44
		一　般　风　险　费　（元）			4.70	4.55
	编码	名　　称	单位	单价（元）	消　　耗　　量	
人工	000300060	模板综合工	工日	120.00	2.420	2.340
材料	050303800	木材 锯材	m³	1547.01	0.090	0.080
	010302120	镀锌铁丝 8#	kg	3.08	1.363	1.246
	010302020	镀锌铁丝 22#	kg	3.08	0.015	0.013
	030100650	铁钉	kg	7.26	0.535	0.489
	032140480	梁卡具	kg	4.00	0.217	0.198
	143502500	隔离剂	kg	0.94	0.832	0.760
	350100300	组合钢模板	kg	4.53	1.110	1.020
	032140460	零星卡具	kg	6.67	0.325	0.297
	340500400	草板纸 80#	张	0.68	2.141	1.957
	350100011	复合模板	m²	23.93	3.640	3.320
机械	990309020	门式起重机 10t	台班	430.32	0.008	0.008
	990706010	木工圆锯机 直径500mm	台班	25.81	0.008	0.007

工作内容:1.模板制作、安装。2.清理模板、刷隔离剂。3.拆除模板、整理堆放。4.装车(厂)场内运输。　　　　　计量单位:m³

定　额　编　号					BD0304	BD0305
项　目　名　称					预制模板矩形梁	
					梁高(mm)400 以内	梁高(mm)400 以上
综　合　单　价　(元)					**514.88**	**478.01**
费用	其中	人　工　费　(元)			271.20	264.00
		材　料　费　(元)			165.92	138.83
		施 工 机 具 使 用 费　(元)			2.28	1.82
		企　业　管　理　费　(元)			48.57	47.21
		利　　　润　(元)			22.53	21.90
		一　般　风　险　费　(元)			4.38	4.25
	编码	名　称	单位	单价(元)	消　耗　量	
人工	000300060	模板综合工	工日	120.00	2.260	2.200
材料	050303800	木材 锯材	m³	1547.01	0.060	0.050
	010302120	镀锌铁丝 8#	kg	3.08	0.946	0.794
	010302020	镀锌铁丝 22#	kg	3.08	0.010	0.008
	030100650	铁钉	kg	7.26	0.372	0.312
	032140480	梁卡具	kg	4.00	0.151	0.126
	143502500	隔离剂	kg	0.94	0.577	0.484
	350100300	组合钢模板	kg	4.53	0.770	0.650
	032140460	零星卡具	kg	6.67	0.225	0.189
	340500400	草板纸 80#	张	0.68	1.486	1.247
	350100011	复合模板	m²	23.93	2.520	2.120
机械	990309020	门式起重机 10t	台班	430.32	0.005	0.004
	990706010	木工圆锯机 直径 500mm	台班	25.81	0.005	0.004

D.13.34　预制混凝土圆形梁(编码:021002B07)

工作内容:1.模板制作、安装。2.清理模板、刷隔离剂。3.拆除模板、整理堆放。4.装车(厂)场内运输。　　　　　计量单位:m³

定　额　编　号					BD0306
项　目　名　称					预制模板圆形梁
					直径(mm)200 以内
综　合　单　价　(元)					**587.19**
费用	其中	人　工　费　(元)			291.60
		材　料　费　(元)			212.82
		施 工 机 具 使 用 费　(元)			1.79
		企　业　管　理　费　(元)			52.11
		利　　　润　(元)			24.18
		一　般　风　险　费　(元)			4.69
	编码	名　称	单位	单价(元)	消　耗　量
人工	000300060	模板综合工	工日	120.00	2.430
材料	050303800	木材 锯材	m³	1547.01	0.132
	010302020	镀锌铁丝 22#	kg	3.08	0.021
	030100650	铁钉	kg	7.26	1.041
	143502500	隔离剂	kg	0.94	1.053
机械	990706010	木工圆锯机 直径 500mm	台班	25.81	0.031
	990710010	木工单面压刨床 刨削宽度 600mm	台班	31.84	0.031

工作内容:1.模板制作、安装。2.清理模板、刷隔离剂。3.拆除模板、整理堆放。4.装车(厂)场内运输。 计量单位:m³

定 额 编 号					BD0307	BD0308
项 目 名 称					预制模板圆形梁	
					直径(mm)300以内	直径(mm)300以上
综 合 单 价 (元)					**514.68**	**456.75**
费用	其中	人 工 费 (元)			280.80	272.40
		材 料 费 (元)			154.76	108.00
		施工机具使用费 (元)			1.27	0.92
		企 业 管 理 费 (元)			50.10	48.54
		利 润 (元)			23.24	22.52
		一 般 风 险 费 (元)			4.51	4.37
	编码	名 称	单位	单价(元)	消 耗	量
人工	000300060	模板综合工	工日	120.00	2.340	2.270
材料	050303800	木材 锯材	m³	1547.01	0.096	0.067
	010302020	镀锌铁丝 22#	kg	3.08	0.015	0.011
	030100650	铁钉	kg	7.26	0.755	0.526
	143502500	隔离剂	kg	0.94	0.763	0.532
机械	990706010	木工圆锯机 直径500mm	台班	25.81	0.022	0.016
	990710010	木工单面压刨床 刨削宽度600mm	台班	31.84	0.022	0.016

D.13.35 预制混凝土过梁(编码:021002B08)

工作内容:1.模板制作、安装。2.清理模板、刷隔离剂。3.拆除模板、整理堆放。4.装车(厂)场内运输。 计量单位:m³

定 额 编 号					BD0309
项 目 名 称					预制模板过梁
综 合 单 价 (元)					**322.47**
费用	其中	人 工 费 (元)			181.20
		材 料 费 (元)			90.97
		施工机具使用费 (元)			0.23
		企 业 管 理 费 (元)			32.22
		利 润 (元)			14.95
		一 般 风 险 费 (元)			2.90
	编码	名 称	单位	单价(元)	消 耗 量
人工	000300060	模板综合工	工日	120.00	1.510
材料	050303800	木材 锯材	m³	1547.01	0.044
	042703850	混凝土地模	m²	72.65	0.160
	002000010	其他材料费	元	—	11.28
机械	990706010	木工圆锯机 直径500mm	台班	25.81	0.004
	990710010	木工单面压刨床 刨削宽度600mm	台班	31.84	0.004

D.13.36 预制混凝土老、仔角梁(编码:021002B09)

工作内容:1.模板制作、安装。2.清理模板、刷隔离剂。3.拆除模板、整理堆放。4.装车(厂)场内运输。　　　　计量单位:m³

	定　　额　　编　　号				BD0310
	项　　目　　名　　称				预制模板龙背、大刀木(老嫩戗)
	综　合　单　价　(元)				**1609.64**
费用	其中	人　工　费　(元)			510.00
		材　料　费　(元)			939.22
		施工机具使用费　(元)			15.41
		企 业 管 理 费　(元)			93.31
		利　　润　(元)			43.29
		一 般 风 险 费　(元)			8.41
	编码	名　　称	单位	单价(元)	消　耗　量
人工	000300060	模板综合工	工日	120.00	4.250
材料	050303800	木材 锯材	m³	1547.01	0.340
	010302120	镀锌铁丝 8#	kg	3.08	5.342
	010302020	镀锌铁丝 22#	kg	3.08	0.057
	030100650	铁钉	kg	7.26	2.099
	032140480	梁卡具	kg	4.00	0.851
	143502500	隔离剂	kg	0.94	3.260
	350100300	组合钢模板	kg	4.53	4.350
	032140460	零星卡具	kg	6.67	1.273
	340500400	草板纸 80#	张	0.68	8.390
	350100011	复合模板	m²	23.93	14.250
机械	990309020	门式起重机 10t	台班	430.32	0.034
	990706010	木工圆锯机 直径 500mm	台班	25.81	0.030

D.13.37 预制混凝土异形梁、挑梁(编码:021002B10)

工作内容:1.模板制作、安装。2.清理模板、刷隔离剂。3.拆除模板、整理堆放。4.装车(厂)场内运输。　　　　计量单位:m³

	定　　额　　编　　号				BD0311
	项　　目　　名　　称				预制模板异形梁、挑梁
	综　合　单　价　(元)				**457.70**
费用	其中	人　工　费　(元)			195.60
		材　料　费　(元)			205.97
		施工机具使用费　(元)			1.67
		企 业 管 理 费　(元)			35.04
		利　　润　(元)			16.26
		一 般 风 险 费　(元)			3.16
	编码	名　　称	单位	单价(元)	消　耗　量
人工	000300060	模板综合工	工日	120.00	1.630
材料	050303800	木材 锯材	m³	1547.01	0.125
	002000010	其他材料费	元	—	12.59
机械	990706010	木工圆锯机 直径 500mm	台班	25.81	0.029
	990710010	木工单面压刨床 刨削宽度 600mm	台班	31.84	0.029

D.13.38 预制混凝土拱形梁(编码:021002B11)

工作内容:1.模板制作、安装。2.清理模板、刷隔离剂。3.拆除模板、整理堆放。4.装车(厂)场内运输。　计量单位:m³

定　额　编　号					BD0312
项　目　名　称					预制模板拱形梁
综　合　单　价　(元)					**327.53**
费用	其中	人　工　费　(元)			93.60
		材　料　费　(元)			205.97
		施工机具使用费　(元)			1.67
		企　业　管　理　费　(元)			16.92
		利　　润　(元)			7.85
		一　般　风　险　费　(元)			1.52
	编码	名　　称	单位	单价(元)	消　耗　量
人工	000300060	模板综合工	工日	120.00	0.780
材料	050303800	木材 锯材	m³	1547.01	0.125
	002000010	其他材料费	元	—	12.59
机械	990706010	木工圆锯机 直径500mm	台班	25.81	0.029
	990710010	木工单面压刨床 刨削宽度600mm	台班	31.84	0.029

D.13.39 预制混凝土矩形桁条、梓桁(搁栅、帮脊木、扶脊木)(编码:021002B12)

工作内容:1.模板制作、安装。2.清理模板、刷隔离剂。3.拆除模板、整理堆放。4.装车(厂)场内运输。　计量单位:m³

定　额　编　号					BD0313	BD0314
项　目　名　称					预制模板矩形檩	
					檩高(mm)200以内	檩高(mm)200以上
综　合　单　价　(元)					**513.26**	**468.62**
费用	其中	人　工　费　(元)			291.60	280.80
		材　料　费　(元)			138.86	108.00
		施工机具使用费　(元)			1.82	1.82
		企　业　管　理　费　(元)			52.11	50.19
		利　　润　(元)			24.18	23.29
		一　般　风　险　费　(元)			4.69	4.52
	编码	名　称	单位	单价(元)	消　耗　量	
人工	000300060	模板综合工	工日	120.00	2.430	2.340
材料	050303800	木材 锯材	m³	1547.01	0.050	0.040
	010302120	镀锌铁丝8#	kg	3.08	0.796	0.595
	010302020	镀锌铁丝22#	kg	3.08	0.009	0.006
	030100650	铁钉	kg	7.26	0.313	0.234
	032140480	梁卡具	kg	4.00	0.127	0.095
	143502500	隔离剂	kg	0.94	0.486	0.363
	350100300	组合钢模板	kg	4.53	0.650	0.490
	032140460	零星卡具	kg	6.67	0.190	0.142
	340500400	草板纸80#	张	0.68	1.251	0.934
	350100011	复合模板	m²	23.93	2.120	1.590
机械	990309020	门式起重机 10t	台班	430.32	0.004	0.004
	990706010	木工圆锯机 直径500mm	台班	25.81	0.004	0.004

D.13.40 预制混凝土圆形桁条、梓桁(搁栅、帮脊木、扶脊木)(编码:021002B13)

工作内容:1.模板制作、安装。2.清理模板、刷隔离剂。3.拆除模板、整理堆放。4.装车(厂)场内运输。 计量单位:m³

定 额 编 号					BD0315	BD0316
项 目 名 称					预制模板圆形檩	
					直径(mm)150以内	直径(mm)150以上
综 合 单 价 (元)					**666.00**	**578.49**
费用	其中	人 工 费 (元)			303.60	297.60
		材 料 费 (元)			275.66	196.69
		施 工 机 具 使 用 费 (元)			2.31	1.61
		企 业 管 理 费 (元)			54.33	53.14
		利 润 (元)			25.21	24.66
		一 般 风 险 费 (元)			4.89	4.79
	编码	名 称	单位	单价(元)	消 耗 量	
人工	000300060	模板综合工	工日	120.00	2.530	2.480
材料	050303800	木材 锯材	m³	1547.01	0.171	0.122
	010302020	镀锌铁丝 22#	kg	3.08	0.027	0.020
	030100650	铁钉	kg	7.26	1.344	0.961
	143502500	隔离剂	kg	0.94	1.359	0.972
机械	990706010	木工圆锯机 直径500mm	台班	25.81	0.040	0.028
	990710010	木工单面压刨床 刨削宽度600mm	台班	31.84	0.040	0.028

D.13.41 预制混凝土枋子(编码:021002B14)

工作内容:1.模板制作、安装。2.清理模板、刷隔离剂。3.拆除模板、整理堆放。4.装车(厂)场内运输。 计量单位:m³

定 额 编 号					BD0317
项 目 名 称					预制模板枋子
综 合 单 价 (元)					**477.20**
费用	其中	人 工 费 (元)			298.80
		材 料 费 (元)			95.05
		施 工 机 具 使 用 费 (元)			0.69
		企 业 管 理 费 (元)			53.19
		利 润 (元)			24.68
		一 般 风 险 费 (元)			4.79
	编码	名 称	单位	单价(元)	消 耗 量
人工	000300060	模板综合工	工日	120.00	2.490
材料	050303800	木材 锯材	m³	1547.01	0.053
	010302020	镀锌铁丝 22#	kg	3.08	0.008
	030100650	铁钉	kg	7.26	0.640
	143502500	隔离剂	kg	0.94	0.420
	042703850	混凝土地模	m²	72.65	0.110
机械	990706010	木工圆锯机 直径500mm	台班	25.81	0.012
	990710010	木工单面压刨床 刨削宽度600mm	台班	31.84	0.012

D.13.42　预制混凝土连机(编码:021002B15)

工作内容:1.模板制作、安装。2.清理模板、刷隔离剂。3.拆除模板、整理堆放。4.装车(厂)场内运输。　　　计量单位:m³

定　额　编　号					BD0318
项　目　名　称					预制模板连机
综　合　单　价　(元)					**506.17**
费用	其中	人　工　费　(元)			308.40
		材　料　费　(元)			111.55
		施工机具使用费　(元)			0.86
		企　业　管　理　费　(元)			54.93
		利　　润　(元)			25.48
		一　般　风　险　费　(元)			4.95
	编码	名　称	单位	单价(元)	消　耗　量
人工	000300060	模板综合工	工日	120.00	2.570
材料	050303800	木材 锯材	m³	1547.01	0.063
	010302020	镀锌铁丝 22#	kg	3.08	0.010
	030100650	铁钉	kg	7.26	0.770
	143502500	隔离剂	kg	0.94	0.504
	042703850	混凝土地模	m²	72.65	0.110
机械	990706010	木工圆锯机 直径500mm	台班	25.81	0.015
	990710010	木工单面压刨床 刨削宽度600mm	台班	31.84	0.015

D.13.43　预制混凝土双桁(檩)(葫芦檩、檩带挂)(编码:021002B16)

工作内容:1.模板制作、安装。2.清理模板、刷隔离剂。3.拆除模板、整理堆放。4.装车(厂)场内运输。　　　计量单位:m³

定　额　编　号					BD0319	BD0320
项　目　名　称					预制模板葫芦檩	
					直径(mm)150以内	直径(mm)150以上
综　合　单　价　(元)					**1232.86**	**914.43**
费用	其中	人　工　费　(元)			391.20	313.20
		材　料　费　(元)			719.21	504.35
		施工机具使用费　(元)			11.35	8.18
		企　业　管　理　费　(元)			71.49	57.08
		利　　润　(元)			33.17	26.48
		一　般　风　险　费　(元)			6.44	5.14
	编码	名　称	单位	单价(元)	消　耗　量	
人工	000300060	模板综合工	工日	120.00	3.260	2.610
材料	050303800	木材 锯材	m³	1547.01	0.260	0.180
	010302120	镀锌铁丝 8#	kg	3.08	4.099	2.918
	010302020	镀锌铁丝 22#	kg	3.08	0.044	0.031
	030100650	铁钉	kg	7.26	1.610	1.146
	032140480	梁卡具	kg	4.00	0.653	0.465
	143502500	隔离剂	kg	0.94	2.501	1.781
	350100300	组合钢模板	kg	4.53	3.340	2.380
	032140460	零星卡具	kg	6.67	0.977	0.695
	340500400	草板纸 80#	张	0.68	6.437	4.583
	350100011	复合模板	m²	23.93	10.930	7.790
机械	990309020	门式起重机 10t	台班	430.32	0.025	0.018
	990706010	木工圆锯机 直径500mm	台班	25.81	0.023	0.017

工作内容:1.模板制作、安装。2.清理模板、刷隔离剂。3.拆除模板、整理堆放。4.装车(厂)场内运输。　计量单位:m³

定　额　编　号					BD0321	BD0322
项　目　名　称					预制模板圆形檩带挂枋	
					直径(mm)150 以内	直径(mm)150 以上
综　合　单　价　(元)					566.91	519.80
费用	其中	人　工　费　(元)			301.20	298.80
		材　料　费　(元)			180.59	137.06
		施工机具使用费　(元)			1.56	1.15
		企　业　管　理　费　(元)			53.77	53.27
		利　　润　(元)			24.95	24.72
		一　般　风　险　费　(元)			4.84	4.80
	编码	名　称	单位	单价(元)	消　耗　量	
人工	000300060	模板综合工	工日	120.00	2.510	2.490
材料	050303800	木材 锯材	m³	1547.01	0.112	0.085
	010302020	镀锌铁丝 22#	kg	3.08	0.018	0.014
	030100650	铁钉	kg	7.26	0.885	0.673
	143502500	隔离剂	kg	0.94	0.894	0.680
机械	990706010	木工圆锯机 直径 500mm	台班	25.81	0.027	0.020
	990710010	木工单面压刨床 刨削宽度 600mm	台班	31.84	0.027	0.020

D.13.44 预制混凝土椽望板(编码:021002B17)

工作内容:1.模板制作、安装。2.清理模板、刷隔离剂。3.拆除模板、整理堆放。4.装车(厂)场内运输。　计量单位:m³

定　额　编　号					BD0323	BD0324	BD0325	BD0326
项　目　名　称					预制模板屋面板不带桷子		预制模板屋面板带桷子	
					板厚(mm) 50 以内	板厚(mm) 50 以上	板厚(mm) 50 以内	板厚(mm) 50 以上
综　合　单　价　(元)					156.55	141.73	928.58	745.29
费用	其中	人　工　费　(元)			68.40	66.00	517.20	415.20
		材　料　费　(元)			33.03	27.32	128.07	102.93
		施工机具使用费　(元)			28.40	23.67	110.16	88.22
		企　业　管　理　费　(元)			17.19	15.92	111.42	89.41
		利　　润　(元)			7.98	7.39	51.69	41.48
		一　般　风　险　费　(元)			1.55	1.43	10.04	8.05
	编码	名　称	单位	单价(元)	消　耗　量			
人工	000300060	模板综合工	工日	120.00	0.570	0.550	4.310	3.460
材料	010302020	镀锌铁丝 22#	kg	3.08	0.070	0.058	0.271	0.218
	143502500	隔离剂	kg	0.94	8.303	6.870	32.173	25.854
	350100310	定型钢模板	kg	4.53	0.886	0.733	3.433	2.759
	042703850	混凝土地模	m²	72.65	0.289	0.239	1.121	0.901
机械	990309020	门式起重机 10t	台班	430.32	0.066	0.055	0.256	0.205

D.13.45　预制混凝土戗翼板(编码:021002B18)

工作内容:1.模板制作、安装。2.清理模板、刷隔离剂。3.拆除模板、整理堆放。4.装车(厂)场内运输。　　　　计量单位:m³

	定　额　编　号				BD0327
	项　目　名　称				预制模板戗翼板
	综　合　单　价　(元)				**1409.85**
费 用	其 中	人　工　费　(元)			652.80
		材　料　费　(元)			574.60
		施 工 机 具 使 用 费　(元)			1.79
		企 业 管 理 费　(元)			116.25
		利　　　润　(元)			53.94
		一 般 风 险 费　(元)			10.47
	编码	名　　称	单位	单价(元)	消　耗　量
人工	000300060	模板综合工	工日	120.00	5.440
材 料	050303800	木材 锯材	m³	1547.01	0.350
	010302020	镀锌铁丝 22#	kg	3.08	0.055
	030100650	铁钉	kg	7.26	0.780
	143502500	隔离剂	kg	0.94	2.790
	042703850	混凝土地模	m²	72.65	0.110
	002000010	其他材料费	元	—	16.70
机 械	990706010	木工圆锯机 直径 500mm	台班	25.81	0.031
	990710010	木工单面压刨床 刨削宽度 600mm	台班	31.84	0.031

D.13.46　预制混凝土亭屋面板(编码:021002B19)

工作内容:1.模板制作、安装。2.清理模板、刷隔离剂。3.拆除模板、整理堆放。4.装车(厂)场内运输。　　　　计量单位:m³

	定　额　编　号				BD0328
	项　目　名　称				预制模板亭屋面板
	综　合　单　价　(元)				**1005.49**
费 用	其 中	人　工　费　(元)			522.00
		材　料　费　(元)			338.02
		施 工 机 具 使 用 费　(元)			1.10
		企 业 管 理 费　(元)			92.90
		利　　　润　(元)			43.10
		一 般 风 险 费　(元)			8.37
	编码	名　　称	单位	单价(元)	消　耗　量
人工	000300060	模板综合工	工日	120.00	4.350
材 料	050303800	木材 锯材	m³	1547.01	0.210
	010302020	镀锌铁丝 22#	kg	3.08	0.033
	030100650	铁钉	kg	7.26	0.480
	143502500	隔离剂	kg	0.94	1.674
	042703850	混凝土地模	m²	72.65	0.110
机 械	990706010	木工圆锯机 直径 500mm	台班	25.81	0.019
	990710010	木工单面压刨床 刨削宽度 600mm	台班	31.84	0.019

D.13.47 预制混凝土方直形椽子(编码:021002B20)

工作内容:1.模板制作、安装。2.清理模板、刷隔离剂。3.拆除模板、整理堆放。4.装车(厂)场内运输。　　　　计量单位:m³

定　额　编　号					BD0329	BD0330
项　目　名　称					预制模板矩形椽子	
					椽宽(mm)80 以内	椽宽(mm)80 以上
综　合　单　价　(元)					**960.23**	**691.23**
费用	其中	人　工　费　(元)			507.60	363.60
		材　料　费　(元)			306.16	222.65
		施工机具使用费　(元)			4.99	3.62
		企　业　管　理　费　(元)			91.04	65.22
		利　　　润　(元)			42.24	30.26
		一　般　风　险　费　(元)			8.20	5.88
	编码	名　　称	单位	单价(元)	消　耗　量	
人工	000300060	模板综合工	工日	120.00	4.230	3.030
材料	050303800	木材 锯材	m³	1547.01	0.110	0.080
	010302120	镀锌铁丝 8#	kg	3.08	1.757	1.279
	010302020	镀锌铁丝 22#	kg	3.08	0.019	0.014
	030100650	铁钉	kg	7.26	0.690	0.502
	032140480	梁卡具	kg	4.00	0.280	0.204
	143502500	隔离剂	kg	0.94	1.072	0.780
	350100300	组合钢模板	kg	4.53	1.430	1.040
	032140460	零星卡具	kg	6.67	0.419	0.305
	340500400	草板纸 80#	张	0.68	2.759	2.008
	350100011	复合模板	m²	23.93	4.690	3.410
机械	990309020	门式起重机 10t	台班	430.32	0.011	0.008
	990706010	木工圆锯机 直径 500mm	台班	25.81	0.010	0.007

D.13.48 预制混凝土圆直形椽子(编码:021002B21)

工作内容:1.模板制作、安装。2.清理模板、刷隔离剂。3.拆除模板、整理堆放。4.装车(厂)场内运输。　　　　计量单位:m³

定　额　编　号					BD0331	BD0332	BD0333	BD0334
项　目　名　称					预制模板圆形椽子		预制模板半圆形椽子	
					直径(mm)80 以内	直径(mm)80 以上	直径(mm)80 以内	直径(mm)80 以上
综　合　单　价　(元)					**1012.50**	**648.45**	**793.89**	**570.03**
费用	其中	人　工　费　(元)			688.80	458.40	532.80	381.60
		材　料　费　(元)			132.18	62.88	112.86	82.22
		施工机具使用费　(元)			1.10	0.52	0.92	0.69
		企　业　管　理　费　(元)			122.53	81.50	94.79	67.90
		利　　　润　(元)			56.85	37.81	43.98	31.50
		一　般　风　险　费　(元)			11.04	7.34	8.54	6.12
	编码	名　　称	单位	单价(元)	消　耗　量			
人工	000300060	模板综合工	工日	120.00	5.740	3.820	4.440	3.180
材料	050303800	木材 锯材	m³	1547.01	0.082	0.039	0.070	0.051
	010302020	镀锌铁丝 22#	kg	3.08	0.013	0.006	0.011	0.008
	030100650	铁钉	kg	7.26	0.644	0.308	0.552	0.402
	143502500	隔离剂	kg	0.94	0.651	0.312	0.558	0.406
机械	990706010	木工圆锯机 直径 500mm	台班	25.81	0.019	0.009	0.016	0.012
	990710010	木工单面压刨床 刨削宽度 600mm	台班	31.84	0.019	0.009	0.016	0.012

D.13.49　预制混凝土弯形椽子(编码:021002B22)

工作内容:1.模板制作、安装。2.清理模板、刷隔离剂。3.拆除模板、整理堆放。4.装车(厂)场内运输。　　　　计量单位:m³

定　额　编　号					BD0335	BD0336
项　目　名　称					预制模板弯椽子	
					椽宽(mm)80以内	椽宽(mm)80以上
综　合　单　价　(元)					**1085.10**	**798.00**
费用	其中	人　工　费　(元)			757.20	542.40
		材　料　费　(元)			117.67	104.80
		施工机具使用费　(元)			0.98	0.86
		企　业　管　理　费　(元)			134.65	96.48
		利　润　(元)			62.47	44.77
		一　般　风　险　费　(元)			12.13	8.69
	编码	名　称	单位	单价(元)	消　耗　量	
人工	000300060	模板综合工	工日	120.00	6.310	4.520
材料	050303800	木材 锯材	m³	1547.01	0.073	0.065
	010302020	镀锌铁丝 22#	kg	3.08	0.012	0.010
	030100650	铁钉	kg	7.26	0.573	0.513
	143502500	隔离剂	kg	0.94	0.580	0.519
机械	990706010	木工圆锯机 直径500mm	台班	25.81	0.017	0.015
	990710010	木工单面压刨床 刨削宽度600mm	台班	31.84	0.017	0.015

D.13.50　预制混凝土斗拱(编码:021002B23)

工作内容:1.模板制作、安装。2.清理模板、刷隔离剂。3.拆除模板、整理堆放。4.装车(厂)场内运输。　　　　计量单位:m³

定　额　编　号					BD0337
项　目　名　称					预制模板斗拱
综　合　单　价　(元)					**1639.24**
费用	其中	人　工　费　(元)			1117.20
		材　料　费　(元)			211.85
		施工机具使用费　(元)			1.44
		企　业　管　理　费　(元)			198.67
		利　润　(元)			92.18
		一　般　风　险　费　(元)			17.90
	编码	名　称	单位	单价(元)	消　耗　量
人工	000300060	模板综合工	工日	120.00	9.310
材料	050303800	木材 锯材	m³	1547.01	0.091
	010302020	镀锌铁丝 22#	kg	3.08	0.114
	030100650	铁钉	kg	7.26	2.348
	143502500	隔离剂	kg	0.94	5.614
	350100310	定型钢模板	kg	4.53	1.815
	042703850	混凝土地模	m²	72.65	0.553
机械	990706010	木工圆锯机 直径500mm	台班	25.81	0.025
	990710010	木工单面压刨床 刨削宽度600mm	台班	31.84	0.025

D.13.51 预制混凝土撑弓(编码:021002B24)

工作内容:1.模板制作、安装。2.清理模板、刷隔离剂。3.拆除模板、整理堆放。4.装车(厂)场内运输。 计量单位:m³

	定　额　编　号				BD0338	BD0339	BD0340	BD0341
	项　目　名　称				预制模板撑弓			
					圆柱形	方柱形	板形	三角板形
	综　合　单　价　(元)				**693.14**	**722.05**	**737.39**	**715.52**
费用	其中	人　工　费　(元)			379.20	398.40	410.40	394.80
		材　料　费　(元)			207.45	211.85	211.88	209.92
		施工机具使用费　(元)			1.44	1.44	1.44	1.44
		企业管理费　(元)			67.60	71.01	73.14	70.37
		利　润　(元)			31.36	32.95	33.94	32.65
		一般风险费　(元)			6.09	6.40	6.59	6.34
	编码	名　称	单位	单价(元)	消　耗　量			
人工	000300060	模板综合工	工日	120.00	3.160	3.320	3.420	3.290
材料	050303800	木材 锯材	m³	1547.01	0.089	0.091	0.091	0.090
	010302020	镀锌铁丝 22#	kg	3.08	0.112	0.114	0.115	0.114
	030100650	铁钉	kg	7.26	2.304	2.348	2.350	2.335
	143502500	隔离剂	kg	0.94	5.510	5.614	5.619	5.584
	350100310	定型钢模板	kg	4.53	1.781	1.815	1.817	1.805
	042703850	混凝土地模	m²	72.65	0.543	0.553	0.553	0.550
机械	990706010	木工圆锯机 直径500mm	台班	25.81	0.025	0.025	0.025	0.025
	990710010	木工单面压刨床 刨削宽度600mm	台班	31.84	0.025	0.025	0.025	0.025

D.13.52 预制混凝土古式零件(编码:021002B25)

工作内容:1.模板制作、安装。2.清理模板、刷隔离剂。3.拆除模板、整理堆放。4.装车(厂)场内运输。 计量单位:m³

	定　额　编　号				BD0342
	项　目　名　称				预制模板零星构件
	综　合　单　价　(元)				**654.67**
费用	其中	人　工　费　(元)			345.60
		材　料　费　(元)			211.85
		施工机具使用费　(元)			1.44
		企业管理费　(元)			61.63
		利　润　(元)			28.60
		一般风险费　(元)			5.55
	编码	名　称	单位	单价(元)	消　耗　量
人工	000300060	模板综合工	工日	120.00	2.880
材料	050303800	木材 锯材	m³	1547.01	0.091
	010302020	镀锌铁丝 22#	kg	3.08	0.114
	030100650	铁钉	kg	7.26	2.348
	143502500	隔离剂	kg	0.94	5.614
	350100310	定型钢模板	kg	4.53	1.815
	042703850	混凝土地模	m²	72.65	0.553
机械	990706010	木工圆锯机 直径500mm	台班	25.81	0.025
	990710010	木工单面压刨床 刨削宽度600mm	台班	31.84	0.025

D.13.53 预制混凝土其他古式构件(编码:021002B26)

工作内容:1.模板制作、安装。2.清理模板、刷隔离剂。3.拆除模板、整理堆放。4.装车(厂)场内运输。　　　　计量单位:m³

定 额 编 号				BD0343	BD0344	BD0345	BD0346
项 目 名 称				预制屋脊模板			
				脊高度(mm) 300以内	脊高度(mm) 400以内	脊高度(mm) 500以内	脊高度(mm) 600以内
综 合 单 价 (元)				**489.22**	**443.79**	**419.31**	**402.24**
费用	其中	人 工 费 (元)		256.80	231.60	218.40	208.80
		材 料 费 (元)		160.14	147.02	139.31	134.55
		施工机具使用费 (元)		1.10	0.98	1.04	0.98
		企 业 管 理 费 (元)		45.80	41.31	38.97	37.26
		利 润 (元)		21.25	19.16	18.08	17.29
		一 般 风 险 费 (元)		4.13	3.72	3.51	3.36
	编码	名 称	单位	单价(元)	消 耗 量		
人工	000300060	模板综合工	工日	120.00	2.140	1.930	1.820	1.740
材料	050303800	木材 锯材	m³	1547.01	0.068	0.063	0.060	0.058
	010302020	镀锌铁丝 22#	kg	3.08	0.090	0.081	0.074	0.072
	030100650	铁钉	kg	7.26	1.822	1.639	1.541	1.479
	143502500	隔离剂	kg	0.94	4.354	3.922	3.511	3.536
	350100310	定型钢模板	kg	4.53	1.411	1.269	1.192	1.144
	042703850	混凝土地模	m²	72.65	0.426	0.385	0.363	0.349
机械	990706010	木工圆锯机 直径500mm	台班	25.81	0.019	0.017	0.018	0.017
	990710010	木工单面压刨床 刨削宽度600mm	台班	31.84	0.019	0.017	0.018	0.017

工作内容:1.模板制作、安装。2.清理模板、刷隔离剂。3.拆除模板、整理堆放。4.装车(厂)场内运输。　　　　计量单位:m³

定 额 编 号				BD0347	BD0348	BD0349	BD0350	BD0351
项 目 名 称				预制屋脊模板				
				脊高度(mm)				
				700以内	800以内	900以内	1000以内	1000以上
综 合 单 价 (元)				**397.21**	**386.58**	**381.26**	**387.20**	**364.04**
费用	其中	人 工 费 (元)		207.60	201.60	198.00	202.80	189.60
		材 料 费 (元)		131.14	128.24	127.51	127.25	121.07
		施工机具使用费 (元)		0.92	0.86	0.86	0.92	0.81
		企 业 管 理 费 (元)		37.03	35.96	35.32	36.18	33.82
		利 润 (元)		17.18	16.68	16.39	16.79	15.69
		一 般 风 险 费 (元)		3.34	3.24	3.18	3.26	3.05
	编码	名 称	单位	单价(元)	消 耗 量			
人工	000300060	模板综合工	工日	120.00	1.730	1.680	1.650	1.690	1.580
材料	050303800	木材 锯材	m³	1547.01	0.056	0.055	0.055	0.055	0.052
	010302020	镀锌铁丝 22#	kg	3.08	0.072	0.069	0.068	0.069	0.065
	030100650	铁钉	kg	7.26	1.472	1.425	1.402	1.423	1.343
	143502500	隔离剂	kg	0.94	3.518	3.406	3.354	2.400	3.212
	350100310	定型钢模板	kg	4.53	1.138	1.101	1.084	1.110	1.038
	042703850	混凝土地模	m²	72.65	0.346	0.336	0.330	0.335	0.316
机械	990706010	木工圆锯机 直径500mm	台班	25.81	0.016	0.015	0.015	0.016	0.014
	990710010	木工单面压刨床 刨削宽度600mm	台班	31.84	0.016	0.015	0.015	0.016	0.014

工作内容:1.模板制作、安装。2.清理模板、刷隔离剂。3.拆除模板、整理堆放。4.装车(厂)场内运输。　　　　计量单位:m³

	定　额　编　号					BD0352
	项　目　名　称					预制模板屋脊头.吻.兽(高×长×宽)(m)
	综　合　单　价　(元)					**377.78**
费用	其中	人　工　费　(元)				196.80
		材　料　费　(元)				125.56
		施 工 机 具 使 用 费　(元)				0.86
		企 业 管 理 费　(元)				35.11
		利　润　(元)				16.29
		一 般 风 险 费　(元)				3.16
	编码	名　　称	单位	单价(元)	消　耗　　量	
人工	000300060	模板综合工	工日	120.00	1.640	
材料	050303800	木材 锯材	m³	1547.01	0.054	
	010302020	镀锌铁丝 22#	kg	3.08	0.068	
	030100650	铁钉	kg	7.26	1.388	
	143502500	隔离剂	kg	0.94	3.320	
	350100310	定型钢模板	kg	4.53	1.073	
	042703850	混凝土地模	m²	72.65	0.327	
机械	990706010	木工圆锯机 直径500mm	台班	25.81	0.015	
	990710010	木工单面压刨床 刨削宽度600mm	台班	31.84	0.015	

工作内容:1.模板制作、安装。2.清理模板、刷隔离剂。3.拆除模板、整理堆放。4.装车(厂)场内运输。　　　　计量单位:m³

	定　额　编　号				BD0353	BD0354	BD0355
	项　目　名　称				预制宝顶模板		
					宝顶带座(高度)(mm)480	宝顶带座(高度)(mm)750	宝顶带座(高度)(mm)1040
	综　合　单　价　(元)				**375.10**	**414.44**	**478.54**
费用	其中	人　工　费　(元)			194.40	216.00	249.60
		材　料　费　(元)			125.95	137.65	158.65
		施 工 机 具 使 用 费　(元)			0.86	0.92	1.10
		企 业 管 理 费　(元)			34.68	38.53	44.52
		利　润　(元)			16.09	17.87	20.66
		一 般 风 险 费　(元)			3.12	3.47	4.01
	编码	名　　称	单位	单价(元)	消　耗　　量		
人工	000300060	模板综合工	工日	120.00	1.620	1.800	2.080
材料	050303800	木材 锯材	m³	1547.01	0.054	0.059	0.068
	010302020	镀锌铁丝 22#	kg	3.08	0.068	0.075	0.086
	030100650	铁钉	kg	7.26	1.401	1.531	1.765
	143502500	隔离剂	kg	0.94	3.350	3.662	4.222
	350100310	定型钢模板	kg	4.53	1.083	1.184	1.365
	042703850	混凝土地模	m²	72.65	0.330	0.361	0.416
机械	990706010	木工圆锯机 直径500mm	台班	25.81	0.015	0.016	0.019
	990710010	木工单面压刨床 刨削宽度600mm	台班	31.84	0.015	0.016	0.019

工作内容:1.模板制作、安装。2.清理模板、刷隔离剂。3.拆除模板、整理堆放。4.装车(厂)场内运输。 计量单位:m³

定 额 编 号					BD0356	BD0357
项 目 名 称					预制宝顶模板	预制宝顶模板
					宝顶带座(高度)(mm)1250	
综 合 单 价 (元)					591.25	653.63
费用	其中	人 工 费 (元)			308.40	340.80
		材 料 费 (元)			196.03	216.85
		施工机具使用费 (元)			1.33	1.50
		企 业 管 理 费 (元)			55.01	60.79
		利 润 (元)			25.52	28.21
		一 般 风 险 费 (元)			4.96	5.48
	编码	名 称	单位	单价(元)	消 耗 量	
人工	000300060	模板综合工	工日	120.00	2.570	2.840
材料	050303800	木材 锯材	m³	1547.01	0.084	0.093
	010302020	镀锌铁丝 22#	kg	3.08	0.106	0.117
	030100650	铁钉	kg	7.26	2.184	2.410
	143502500	隔离剂	kg	0.94	5.223	5.763
	350100310	定型钢模板	kg	4.53	1.689	1.863
	042703850	混凝土地模	m²	72.65	0.514	0.568
机械	990706010	木工圆锯机 直径 500mm	台班	25.81	0.023	0.026
	990710010	木工单面压刨床 刨削宽度 600mm	台班	31.84	0.023	0.026

D.13.54 预制混凝土地面块(编码:021002B27)

工作内容:1.模板制作、安装。2.清理模板、刷隔离剂。3.拆除模板、整理堆放。4.装车(厂)场内运输。 计量单位:m³

定 额 编 号					BD0358	BD0359
项 目 名 称					预制模板地面块	
					矩形	异形
综 合 单 价 (元)					108.86	124.35
费用	其中	人 工 费 (元)			74.40	82.80
		材 料 费 (元)			13.78	18.54
		施工机具使用费 (元)			0.12	0.12
		企 业 管 理 费 (元)			13.23	14.73
		利 润 (元)			6.14	6.83
		一 般 风 险 费 (元)			1.19	1.33
	编码	名 称	单位	单价(元)	消 耗 量	
人工	000300060	模板综合工	工日	120.00	0.620	0.690
材料	050303800	木材 锯材	m³	1547.01	0.006	0.008
	010302020	镀锌铁丝 22#	kg	3.08	0.007	0.010
	030100650	铁钉	kg	7.26	0.149	0.203
	143502500	隔离剂	kg	0.94	0.357	0.486
	350100310	定型钢模板	kg	4.53	0.115	0.157
	042703850	混凝土地模	m²	72.65	0.035	0.048
机械	990706010	木工圆锯机 直径 500mm	台班	25.81	0.002	0.002
	990710010	木工单面压刨床 刨削宽度 600mm	台班	31.84	0.002	0.002

D.13.55　预制混凝土假方(砖)块(编码:021002B28)

工作内容:1.模板制作、安装。2.清理模板、刷隔离剂。3.拆除模板、整理堆放。4.装车(厂)场内运输。　　　　计量单位:m³

定　额　编　号					BD0360	BD0361	BD0362	BD0363	BD0364
项　目　名　称					预制瓦模板				预制画像砖模板
					板瓦	滴水瓦	筒瓦	勾头瓦	
综　合　单　价　(元)					**562.72**	**661.76**	**591.68**	**690.72**	**296.74**
费用	其中	人　工　费　(元)			312.00	367.20	327.60	382.80	164.40
		材　料　费　(元)			163.20	191.51	172.19	200.50	86.16
		施工机具使用费　(元)			1.10	1.33	1.15	1.38	0.63
		企　业　管　理　费　(元)			55.61	65.45	58.39	68.23	29.31
		利　　润　(元)			25.80	30.37	27.09	31.66	13.60
		一　般　风　险　费　(元)			5.01	5.90	5.26	6.15	2.64
	编码	名　称	单位	单价(元)	消　　　耗　　　量				
人工	000300060	模板综合工	工日	120.00	2.600	3.060	2.730	3.190	1.370
材料	050303800	木材 锯材	m³	1547.01	0.070	0.082	0.074	0.086	0.037
	010302020	镀锌铁丝 22#	kg	3.08	0.088	0.104	0.093	0.109	0.047
	030100650	铁钉	kg	7.26	1.815	2.136	1.906	2.227	0.955
	143502500	隔离剂	kg	0.94	4.341	5.109	4.559	5.327	2.284
	350100310	定型钢模板	kg	4.53	1.403	1.652	1.474	1.722	0.739
	042703850	混凝土地模	m²	72.65	0.427	0.503	0.449	0.525	0.225
机械	990706010	木工圆锯机 直径500mm	台班	25.81	0.019	0.023	0.020	0.024	0.011
	990710010	木工单面压刨床 刨削宽度600mm	台班	31.84	0.019	0.023	0.020	0.024	0.011

D.13.56　预制混凝土挂落(编码:021002B29)

工作内容:1.模板制作、安装。2.清理模板、刷隔离剂。3.拆除模板、整理堆放。4.装车(厂)场内运输。　　　　计量单位:m³

定　额　编　号					BD0365
项　目　名　称					预制模板挂落
综　合　单　价　(元)					**742.77**
费用	其中	人　工　费　(元)			508.80
		材　料　费　(元)			92.58
		施工机具使用费　(元)			0.75
		企　业　管　理　费　(元)			90.50
		利　　润　(元)			41.99
		一　般　风　险　费　(元)			8.15
	编码	名　称	单位	单价(元)	消　耗　量
人工	000300060	模板综合工	工日	120.00	4.240
材料	050303800	木材 锯材	m³	1547.01	0.049
	010302020	镀锌铁丝 22#	kg	3.08	0.062
	030100650	铁钉	kg	7.26	0.690
	143502500	隔离剂	kg	0.94	3.040
	042703850	混凝土地模	m²	72.65	0.120
机械	990706010	木工圆锯机 直径500mm	台班	25.81	0.013
	990710010	木工单面压刨床 刨削宽度600mm	台班	31.84	0.013

D.13.57　预制混凝土窗框(编码:021002B30)

工作内容:1.模板制作、安装。2.清理模板、刷隔离剂。3.拆除模板、整理堆放。4.装车(厂)场内运输。　　　　计量单位:m³

定　额　编　号					BD0366
项　目　名　称					预制模板窗框
综　合　单　价　(元)					**489.38**
费用	其中	人　工　费　(元)			270.00
		材　料　费　(元)			143.60
		施工机具使用费　(元)			0.98
		企　业　管　理　费　(元)			48.13
		利　　润　(元)			22.33
		一　般　风　险　费　(元)			4.34
	编码	名　　称	单位	单价(元)	消　耗　量
人工	000300060	模板综合工	工日	120.00	2.250
材料	050303800	木材 锯材	m³	1547.01	0.062
	010302020	镀锌铁丝 22#	kg	3.08	0.076
	030100650	铁钉	kg	7.26	1.577
	143502500	隔离剂	kg	0.94	3.767
	350100310	定型钢模板	kg	4.53	1.216
	042703850	混凝土地模	m²	72.65	0.371
机械	990706010	木工圆锯机 直径 500mm	台班	25.81	0.017
	990710010	木工单面压刨床 刨削宽度 600mm	台班	31.84	0.017

D.13.58　预制混凝土门框(编码:021002B31)

工作内容:1.模板制作、安装。2.清理模板、刷隔离剂。3.拆除模板、整理堆放。4.装车(厂)场内运输。　　　　计量单位:m³

定　额　编　号					BD0367
项　目　名　称					预制模板门框
综　合　单　价　(元)					**311.99**
费用	其中	人　工　费　(元)			171.60
		材　料　费　(元)			92.22
		施工机具使用费　(元)			0.63
		企　业　管　理　费　(元)			30.59
		利　　润　(元)			14.19
		一　般　风　险　费　(元)			2.76
	编码	名　　称	单位	单价(元)	消　耗　量
人工	000300060	模板综合工	工日	120.00	1.430
材料	050303800	木材 锯材	m³	1547.01	0.040
	010302020	镀锌铁丝 22#	kg	3.08	0.048
	030100650	铁钉	kg	7.26	1.003
	143502500	隔离剂	kg	0.94	2.398
	350100310	定型钢模板	kg	4.53	0.775
	042703850	混凝土地模	m²	72.65	0.236
机械	990706010	木工圆锯机 直径 500mm	台班	25.81	0.011
	990710010	木工单面压刨床 刨削宽度 600mm	台班	31.84	0.011

D.13.59 预制混凝土花窗(编码:021002B32)

工作内容:1.模板制作、安装。2.清理模板、刷隔离剂。3.拆除模板、整理堆放。4.装车(厂)场内运输。　　　　　　计量单位:m³

定　额　编　号					BD0368	BD0369
项　目　名　称					预制模板花窗	
					简式	繁式
综　合　单　价　(元)					**597.01**	**825.40**
费用	其中	人　　工　　费　(元)			273.60	457.20
		材　　料　　费　(元)			245.91	240.02
		施工机具使用费　(元)			1.56	1.56
		企　业　管　理　费　(元)			48.87	81.48
		利　　　　　润　(元)			22.67	37.80
		一　般　风　险　费　(元)			4.40	7.34
	编码	名　　称	单位	单价(元)	消　　耗　　量	
人工	000300060	模板综合工	工日	120.00	2.280	3.810
材料	050303800	木材 锯材	m³	1547.01	0.106	0.103
	010302020	镀锌铁丝 22#	kg	3.08	0.131	0.129
	030100650	铁钉	kg	7.26	2.714	2.662
	143502500	隔离剂	kg	0.94	6.495	6.389
	350100310	定型钢模板	kg	4.53	2.100	2.059
	042703850	混凝土地模	m²	72.65	0.636	0.628
机械	990706010	木工圆锯机 直径500mm	台班	25.81	0.027	0.027
	990710010	木工单面压刨床 刨削宽度600mm	台班	31.84	0.027	0.027

D.13.60 预制混凝土栏杆件(编码:021002B33)

工作内容:1.模板制作、安装。2.清理模板、刷隔离剂。3.拆除模板、整理堆放。4.装车(厂)场内运输。　　　　　　计量单位:m³

定　额　编　号					BD0370	BD0371
项　目　名　称					预制模板栏板	预制模板栏杆
综　合　单　价　(元)					**344.34**	**560.97**
费用	其中	人　　工　　费　(元)			186.00	330.00
		材　　料　　费　(元)			106.42	139.09
		施工机具使用费　(元)			0.46	0.63
		企　业　管　理　费　(元)			33.12	58.72
		利　　　　　润　(元)			15.36	27.24
		一　般　风　险　费　(元)			2.98	5.29
	编码	名　　称	单位	单价(元)	消　　耗　　量	
人工	000300060	模板综合工	工日	120.00	1.550	2.750
材料	050303800	木材 锯材	m³	1547.01	0.050	0.070
	010302020	镀锌铁丝 22#	kg	3.08	0.085	0.054
	030100650	铁钉	kg	7.26	0.872	1.490
	143502500	隔离剂	kg	0.94	4.053	2.609
	042703850	混凝土地模	m²	72.65	0.257	0.239
机械	990706010	木工圆锯机 直径500mm	台班	25.81	0.008	0.011
	990710010	木工单面压刨床 刨削宽度600mm	台班	31.84	0.008	0.011

D.13.61 预制混凝土鹅颈靠背件(编码:021002B34)

工作内容:1.模板制作、安装。2.清理模板、刷隔离剂。3.拆除模板、整理堆放。4.装车(厂)场内运输。　　　　计量单位:m³

定　额　编　号					BD0372	BD0373
项　目　名　称					预制模板鹅颈靠背	
					繁式	简式
综　合　单　价（元）					950.09	665.22
费用其中	人　工　费（元）				526.80	368.40
	材　料　费（元）				275.46	193.44
	施工机具使用费（元）				1.90	1.33
	企　业　管　理　费（元）				93.90	65.66
	利　润（元）				43.57	30.47
	一　般　风　险　费（元）				8.46	5.92
	编　码	名　　称	单位	单价（元）	消　耗　量	
人工	000300060	模板综合工	工日	120.00	4.390	3.070
材料	050303800	木材 锯材	m³	1547.01	0.118	0.083
	010302020	镀锌铁丝 22#	kg	3.08	0.150	0.105
	030100650	铁钉	kg	7.26	3.069	2.149
	143502500	隔离剂	kg	0.94	7.338	5.138
	350100310	定型钢模板	kg	4.53	2.373	1.661
	042703850	混凝土地模	m²	72.65	0.723	0.506
机械	990706010	木工圆锯机 直径 500mm	台班	25.81	0.033	0.023
	990710010	木工单面压刨床 刨削宽度 600mm	台班	31.84	0.033	0.023

E　木作工程

说　明

一、一般说明

1.本定额木材的分类：

一类：红松、杉木；

二类：白松、杉松、杨柳木、椴木、樟子松、云杉；

三类：青松、水曲柳、黄花松、楸子木、马尾松、榆木、柏木、樟木、苦练子、梓木、楠木、槐木、黄菠萝、椿木、柚木；

四类：栎木（柞木）、檩木、色木、桦木、荷木、荔木、麻栗木（麻栎、青杠）。

2.定额中墩心木、吊瓜的垂头、撑弓、挡尖（悬鱼）、门窗漏空花心、推窗漏空花心、什锦窗花心、豁口窗漏空花心、门窗转轴、卡子花、工字、卧蚕、荷叶墩、雀替、麻叶云拱、三幅云拱、挂落、花牙子、搁几花板、吊蓝、贴鬼脸、匾额、匾托的用工均按三、四类木材考虑；其余构件用工按一、二类木材编制，若使用三、四类木材时，定额制作和安装人工乘以系数1.25。

3.本章节定额是按手工和机械操作、场内批量制作和场外集中加工综合编制的。

4.定额消耗材积已考虑了配断和操作损耗，需刨光的构件已考虑了刨光损耗。改锯、开料损耗应计算在出材率内；如需干燥木材根据批准的施工组织设计（方案），另行计算。

5.定额子目中所注明的直径、截面、长度或厚度均以设计尺寸为准。

6.定额子目中圆形截面构件是按直接采用原木加工考虑的，其余构件是按板枋材加工考虑的，如采用板枋材改做圆形构件时，根据批准的施工组织设计（方案），另行计算。

7.凡木构件触地、触墙和嵌入地、墙、柱、梁内，需刷防腐油已包括在定额内，不另计算。

8.门窗、漏空花心、挂落等构件是按单面穿肩、捧肩编制的，若设计规定双面穿肩、捧肩时，相应定额子目的人工乘以系数1.40。

9.本章节定额凡未注明制作和安装的定额子目，均包括制作和安装的工料。

二、柱、梁

1.不剥树皮的圆柱、圆梁采用卯口、卯眼联结者，按柱、梁相应定额子目执行，材积损耗为5%，人工乘以系数0.5。

2.圆柱、圆梁定额内已包括刨光工料，若设计要求滚圆取直时，定额消耗材积乘以系数1.08，人工乘以系数1.35。

3.圆梁包括川、三至九架梁，卷棚双步、四、六、八梁等；矩形梁包括川、三至九架梁或月梁、桃尖梁、抹角梁、麻叶头梁、太平梁，卷棚双步、四、六、八梁等。

4.梁、枋做桃尖梁头、麻叶头、三岔头箍头榫、霸王拳箍头榫、箍头榫、三弯时，按下表计算用工：

单位：个

项目	桃尖梁头		麻叶头		三岔头箍头榫		霸王拳箍头榫		箍头榫		三弯	
规格	梁宽、枋高在300mm											
	以内	以上	以内	以上	以内	以上	以内	以上	以内	以上	以内	以上
用工工日数	1.02	1.54	0.38	0.62	0.38	0.62	0.72	1.02	0.30	0.48	0.12	0.19

5.芝麻杆柱执行梅花柱相应定额子目，人工乘以系数1.1。

6.墩心木及吊瓜定额子目内已包括企口起线用工，若设计规定垂头雕刻时，按下表计算用工：

墩心木、吊瓜垂头雕刻用技工

单位：个

工日 名称	规格				
	φ150mm以内	φ200mm以内	φ300mm以内	φ400mm以内	φ400mm以上
镂空金线绶带	4.23	5.93	10.16	15.24	21.16
带穗灯笼	2.82	3.95	6.77	10.16	14.11
莲瓣芙蓉	1.41	1.98	3.39	5.08	7.05
风摆柳	1.04	1.41	2.37	3.56	4.97

7.柱櫋(编码:020501008)未编制;混凝土梁外包板(编码:020502003)未编制,按混凝土柱外包板相应定额子目执行。

8.穿逗排架的柱(包括挂筒)、穿和挑按穿逗排架相应定额子目执行。

三、桁(檩)、枋、替木

1.圆、方桁(檩)包括脊桁(檩)、轩桁(檩)、檐桁(檩)、挑檐桁(檩)、等桁(檩)条。

2.圆桁(檩)定额子目内已包括刨光工料,若设计规定檩条需滚圆取直时,定额消耗原木乘以系数1.05,人工乘以系数1.22。

3.替木又名连机,随梁枋又名夹底,承椽枋又名撩檐枋。

4.随梁枋(编码:020503006)未编制,按枋相应定额子目执行。

四、搁栅

1.圆形搁栅定额子目内已包括刨光工料,若设计规定需滚圆取直时,定额消耗原木乘以系数1.05,人工乘以系数1.22。

2.承重(编码:020504003)未编制,按木梁、枋相应定额子目执行。

五、椽

1.椽又名桷子,定额是按混水编制的,若设计规定为清水时,定额消耗材积乘以系数1.04,人工乘以系数1.10。

2.戗角区域指屋顶平面图中角部檐口斜出升高的区域,正身椽飞及翼角椽飞以起翘处为分界。

3.翘飞椽又名立脚飞椽,翼角椽又名摔网椽(桷子),圆形翼角飞椽(编码:020505010)未编制,矩形翼角飞椽(编码:020505011)未编制,若翼角部分的椽(桷子)采用摔网形式者,摔网部分的椽(桷子)按椽相应定额子目执行,人工乘以系数1.10。

4.圆及荷包形椽(编码:020505001)未编制,按圆形桷子相应定额子目执行;圆形罗锅(轩)椽(编码:020505005)、茶壶挡椽(编码:020505006)未编制,按矩形弯桷相应定额子目执行;圆形飞椽(编码:020505009)未编制,按送水桷子相应定额子目执行。

六、戗角

1.老角梁又名老戗或龙背,仔角梁又名嫩戗或大刀木,菱角木又名龙径或填角木,弯小连檐又名眠檐,戗山木又名枕头木。

2.龙背定额以不做龙头为准,若设计规定龙背雕刻龙头时,按下列规定计算用工。

龙背雕刻龙头增加用工

单位:个

龙背宽度(mm)	150 以内	200 以内	250 以内	300 以内	300 以上
每个龙头用工数(工日)	1.22	1.70	2.18	2.65	3.13

3.翼角(爪角)部分的连檐、勒檐条,按连檐,勒檐条相应定额子目执行并乘以系数1.3;若屋面同一坡面的正屋面面积小于爪角部分的面积,则正屋面与爪角部分的连檐勒檐条合并计算,定额乘以系数1.2。

4.翼角檐椽望板(编码:020506011)未编制,翼角飞椽望板(编码:020506012),戗角清水望板(轩)(编码:020506014)未编制,均按清水望板(滚檐板)相应定额子目执行并乘以系数1.3,若屋面同一坡面正屋面面积小于爪角部分的面积,则正屋面与爪角部分的望板(滚檐板)合并计算,定额乘以系数1.2。

七、斗拱

1.牌楼斗拱以50mm斗口为准,其他斗拱以80mm斗口为准,尺寸变动时按下表调整工料:

牌楼斗拱尺寸变斗口调整表

单位:攒

斗口尺寸	40mm	50mm	60mm	70mm
人工费系数	0.83	1.00	1.13	1.28
材料费系数	0.52	1.00	1.72	2.73

其他斗拱尺寸变斗口调整表

单位:攒

斗口尺寸	50mm	60mm	70mm	80mm	90mm	100mm
人工费系数	0.70	0.78	0.88	1.00	1.13	1.28
材料费系数	0.25	0.43	0.67	1.00	1.42	1.95

2.斗拱制作定额子目已包括拱眼和销的工料。

3.斗拱安装定额子目仅包括斗拱本身各部件,不包括其他附件。

4.昂翘斗拱适用于靴脚昂咀,若设计规定为如意云、凤头、象鼻头嘴时,按下表增加工日:

单位:个

斗口尺寸	50mm	60mm	70mm	80mm	90mm	100mm
人工(工日)	0.15	0.17	0.19	0.21	0.23	0.24

5.蜂窝百斗拱定额子目是按锯材编制的,若用胶合板制作时,按实际使用胶合板数量计算,定额消耗锯材乘以系数0.3,其余不变。

6.斗拱单件制作用工,适用于木斗拱件与钢筋混凝土或砖斗拱件混合组成一攒斗拱时使用,预埋在钢筋混凝土或砖斗拱件内的铁件或木砖不包括在斗拱单件制作安装用工内,应另行计算其工料。

7.斗拱单件制作用工中昂以靴脚昂咀为准,若为云头、凤头或象鼻头昂咀时,按上述第4条计算增加人工费,昂以后带翘为准,蚂蚱头以后带六分头为准,若昂后带菊花头,雀替头,蚂蚱头,撑头木后带麻叶头时,按下表计算用工:

单位:个

项 目	菊花头	雀替头	麻叶头
每个增加用工(工日)	0.19	0.21	0.32

8.桷架斗拱荷叶墩和雀替制作安装用工内未包括雕刻用工,若需雕刻时,体积在0.02m³以内,每块雕刻用工按1.29工日计算;体积在0.02m³以上,每块雕刻用工按2.04工日计算。

9.麻叶云拱,三幅云拱单件制作安装用工内已包括雕刻用工。

10.蚂蚱头、撑头木若后带枋时,以正心分位为界,分别按蚂蚱头,撑头木单件制作安装和枋的制作安装相应定额子目执行。

11.斗拱定额内已包括试组装用工。

12.撑弓制作安装定额内不包括雕刻用工,若设计规定雕刻时,按下表计算用工。

三角板形、长板形撑弓透雕用工

单位:m²

工日 名 称	板 厚									
	40mm 以内	50mm 以内	60mm 以内	70mm 以内	80mm 以内	90mm 以内	100mm 以内	110mm 以内	120mm 以内	130mm 以内
透雕云龙	23.14	25.96	28.78	31.6	34.42	37.24	40.06	42.89	45.71	48.53
透雕花卉	15.41	17.32	19.19	21.05	22.97	24.83	26.69	28.61	30.47	32.33
透雕人物动物	25.96	28.78	31.6	34.42	37.24	40.06	42.89	45.71	48.53	56.43

方、圆(截面)撑弓透雕用工

单位:m

工日 名 称	规 格			
	150×150 或 φ150mm 以内	200×200 或 φ200mm 以内	250×250 或 φ250mm 以内	250×250 或 φ250mm 以内
透雕云龙	11.68	18.9	27.76	38.32
透雕花卉	7.79	12.58	18.51	25.51
透雕人物动物	12.64	20.2	29.4	40.29

撑弓浮雕用工

单位:m²

项 目	每平方米用工数(工日)
浮雕云龙	20.31
浮雕花卉	13.54
浮雕人物动物	23.14

八、木作配件

1.枕头木又名衬头木,升头木,小连檐又名眠檐、勒望,闸挡板又名闸椽板,垫板包含由额、额垫(夹堂)板、桁(檩)垫板,山花板又名排山填板,博缝板又名博风板。

2.此部内枕头木(编码:020508001)为用于桁(檩)两端上边处(用板子做的叫枕头板或刷雨板)未编制,按刷雨板相应定额子目执行。

3.吊檐板不分内吊檐和外吊檐,均按同一相应定额子目执行;吊檐板和博风板定额已包括起边和端头镂花边工料。若吊檐,博风板底边镂花边时,定额人工乘以系数1.40。

4.山花板以素面为准,若设计规定需做雕刻者,按12.24工日/m²增加用工。

5.壶瓶牙子(编码:020508013)、通雀替(编码:020508014)、博脊板(编码:02050829)、棋枋板(编码:020508030)未编制;栏杆封板(编码:020508026)亦名裙板,本定额中不单独编制定额子目,按提裙攘板相应定额子目执行。

九、古式门窗

1.门窗槛、框、立人枋、通连楹制作包括企口、起线用工,门头板、余塞板制安包括边缝压条。

2.实踏大门扇、撒带大门扇、屏门扇制作均包括穿带;攒边门制作包括做木插销,安装包括安套筒踩钉、门铍。槅扇门扇,开窗扇,推窗扇制作定额已包括立挺、冒头、道板镶板的企口、起线,单双面起凸和打凹用工。

3.槅扇门扇,开窗扇制作定额内不包括漏空花心的制作,应另按漏空花心相关定额子目执行。推窗扇制作定额内已包括漏空花心的制安,不另行计算。

4.漏空花心制作安装定额内已包括花心和仔边的制安,但不包括卡子花、团花、工字和卧蚕的制安,应另按卡子花等相应定额子目执行。漏空花心无仔边者,定额不调整。

5.门枕制作定额包括挖弯成形和企雕边线,若设计规定通连楹挖弯企雕边线时,按门拢相应定额子目执行。

6.门簪截面不分圆形、方形、多边形、梅花形,端面以素面为准,带雕饰者按下表增加用工。

门簪端面雕饰增加用工

单位:个

项目	起素边		起边刻字		雕刻四季花草	
	径在150mm以内	径在150mm以上	径在150mm以内	径在150mm以上	径在150mm以内	径在150mm以上
人工(工日)	0.10	0.15	0.25	0.30	0.40	0.45

7.道板,银板做雕刻者,按下表增加用工。

道板,银板雕刻增加用工

单位:m²

项目	浮雕龙凤	浮雕博古花卉五福捧寿	浮雕夔龙夔凤	浮雕素线响云如意团线	阴文博古花卉
人工(工日)	20.31	13.54	5.64	5.08	2.82

8.门簪、道板、银板的雕饰为贴作时,按贴鬼脸相应定额子目执行。

9.门窗定额内不包括门窗扇面叶、大门包叶、门铺首、门环、壶瓶护口、铁门栓、门窗档,应另按相应定额子目执行。

10.什锦窗的桶子板、贴脸、大框、仔边和漏空花心,应分别按相应定额子目执行。

11.什锦窗的桶子板和贴脸板定额亦适用于其他门窗。

12.帘架横披框(编码:020509008)未编制,过木(编码:020509022)未编制。

十、古式栏杆

1.栏杆制安定额包括栏杆柱(望柱)、扶手、地脚枋、栏杆的雕饰和制安。楼梯栏杆按栏杆相应定额子目执行。

2.坐凳楣子(编码:020510003)未编制,按豁口窗相应定额子目执行;雨达板(编码:020510005)未编制。

十一、鹅颈靠背、楣子、飞罩

1.飞来椅制安定额包括扶手、靠背及在坐凳平盘上凿卯眼,与柱拉结的铁件安装用工亦包括在定额内。

2.倒挂楣子(编码:020511002)根据设计可按豁口窗或挂落相应定额子目执行。

3.简式挂落是以回纹、万字编制的。挂落相应定额中不包括卡子花、团花、工字和卧蚕的制安,应另按卡子花等相应定额子目执行。

4.飞罩、落地圆罩、落地方罩、边挺毛料规格75mm*75mm,实际设计不同时,锯材可按设计毛料换算,其余不变。

5.须弥座(编码:02051106)未编制。

十二、墙、地板及天花

1.木楼板安装后净面磨平定额,适用于其上无砖铺装直接油饰的做法。

2.木楼梯制安包括铁件安装及触地、触墙部分刷防腐油。

3.栈板墙制安包括引条及边缝压条制安,但不包括圜门、圜窗牙子;其他各种墙及护墙包括剔洞、找补木砖、木龙骨制安、刷防腐剂、裁板、钉面层、钉压条等。

4.井口天花包括帽儿梁、支条、贴梁、井口板制安及安装铁件不含雕刻,其他天棚包括制安大小龙骨、钉面层、钉压条、贴靠砖墙部位刷防腐油等,其中五合板天棚仿井口天花做法者包括压条的制作。

十三、匾额、楹联(对联)

匾额、楹联(对联)不包括刻字。

工程量计算规则

一、柱、梁、枋、瓜柱、墩心木、吊瓜、柁墩,檩工程量除另有规定者,均按设计图示长(高)度乘以截面面积以体积计算,各种榫卯所占体积均不扣减。其中长(高)度、截面面积按下述规定计算:

1.圆(半圆)形构件以其最大截面,矩形构件按矩形截面,多角形构件按多角形截面计算。

2.圆柱、多角柱、方柱柱长按图示尺寸,由柱础石顶面(磉凳或连磉、软磉)上皮量至梁、枋或檩的下皮,套顶榫按实长计入柱长内;童柱(骑筒柱)柱长按图示尺寸,由其与下端梁(枋)相交最下皮量至梁(枋或檩)的下皮;瓜柱、雷公柱(灯心木)、垂莲(吊瓜)柱垂花门垂柱的长均包括垂头长度。

3.梁、枋长度按实际图示尺寸计算,其中端头为半榫或银锭榫者,长度算至柱中,透榫或箍头榫者长度算至榫头外端。

4.柁墩,交金墩长度、高度按图示最大尺寸计算。

5.假梁头按图示最大外接长度乘以最大外接高度乘以厚度以体积计算。

6.圆桁(檩)、方桁(檩)长度按设计图示尺寸计算,搭接长度和搭角出头部分应计算在内,悬山出挑、歇山收山者算至博风外皮,硬山量至排山梁架外皮,硬山搁檩者量至山墙中心线。

7.穿逗排架按排架的柱、挂筒和穿枋竣工后以体积计算。

二、牌楼高拱柱、替木均按设计图示数量计算。

三、混凝土柱(梁)外包板:按外包板设计图示外围面积计算。

四、搁栅:圆形和矩形搁栅工程量按截面面积乘以梁跨长(算至柱中心)以体积计算。

五、椽(桷)子按图示尺寸(斜长或弧长)以长度计算:长度按檩中至檩中斜长计算,椽(桷子)出挑算至端头外皮,摔网椽(桷子)按龙背(大刀木)中心线算至桷子端头外皮,飞椽(送水桷子)按实长计算。

六、戗角

1.老角梁按几何体竣工材积的体积计算:龙背长度(包括套兽榫的长度)乘以截面积以体积计算。

2.大刀木以与龙背接触的面到刀尖的垂直长度为高度,按设计图示数量计算。

3.虾须木按曲线长度以长度计算。

4.菱角木(包括扁担木,简木,菱角木)工程量按竣工材积以体积计算,削尖体积不扣减。

5.戗山木按设计图示尺寸以体积计算,挖槽口尺寸不扣减;硬木千斤销以实际数量计算。

6.走水条、勒檐条按实长计算,连檐长度按设计图示尺寸以长度计算;弯风沿板(弯摘檐板)在飞椽下端用以遮隐椽头,其工程量按其设计图示尺寸以面积计算。

7."鳌壳板"是指屋顶脊尖处装有弧形弯椽(又称回顶)的结构,其工程量按展开面积计算;隔椽板按每间梁架轴线至轴线间距以长度计算。

七、斗拱

1.斗拱制作、安装按设计图示数量计算,角科斗拱与平身科斗连做者应分别计算。

2.附件制作按设计图示数量计算,角科斗拱与平身斗拱连做者其档不计算;蜂窝百斗拱以外接截头锥体体积计算,应扣除嵌入斗拱的墙、柱所占的体积。

3.斗拱单件按设计外接矩形以体积计算并套用相应体积的定额,单件消耗锯材体积按斗拱单件设计尺寸的外接矩形体积乘以下列系数计算工程量:斗(升)、拱(翘)、蚂蚱头、撑头木、荷叶墩、雀替、麻叶云拱、三幅云拱乘以系数 1.35;昂乘以系数 1.15。

4.斗拱保护网按实搭面积计算。

5.填拱板、盖斗板按设计图示尺寸以面积计算,不扣除斗拱面积。

6.撑弓分三角板形、长板形、圆形、方柱形分别计算:三角板形和长板形撑弓按设计图示外露尺寸以单面面积计算(与柱、梁连接的榫头已综合在定额内);圆形、方柱形撑弓以其中线与柱、梁的外皮交点的直线长度计算。

八、木作配件

1.枕头木、梁垫、三幅云、角背、荷叶墩、枫拱、水浪机、丁头拱、角云、雀替、云墩等分别以设计图示数量计算。

2.踏脚木按最大圆形或矩形截面乘以长度以体积计算,长端算至角梁中心线。

3.大连檐(里口木)按设计图示尺寸以长度计算:硬、悬山建筑两端算至博缝板外皮,带角梁的建筑按仔角梁端头中点连线长分段计算。瓦口板按设计图示尺寸以长度计算,其中檐头瓦口长度同大连檐长,排山瓦口长度同博缝板长。

4.小连檐、闸挡板按设计图示尺寸以长度计算:硬山建筑两端算至排山梁架外皮线,悬山建筑算至博缝板外皮,带角梁的建筑按老角梁端头中点连接分段计算,闸挡板不扣椽所占长度。

5.博脊板、柁档板按设计图示尺寸以面积计算。

6.山花板(象眼)按三角形设计图示尺寸以面积计算,不扣除桁檩窝所占面积。

7.挂檐板、挂落板按设计图示尺寸以面积计算。

8.滴珠板按突尖处竖直高乘以布置长度以面积计算;博缝板按屋面坡长(上口长)乘以板宽以面积计算;梅花钉按设计图示以数量计算。

9.滚檐板(望板)按设计图示尺寸以斜面积计算;吊檐、刷雨板、山花板、弯吊檐板、博风板按设计图示尺寸以面积计算。带大刀头的博风板按增加500mm长度乘以博风宽度计算面积,并入博风工程量内。

10.档尖(悬鱼)按外接矩形以面积计算。

九、古式门窗

1.各种槛、框、立人枋、通连楹、门栊按设计图示门窗洞口周长以长度计算,中槛算至两端柱中,抱框、立人枋按里口净长度计算,通连楹、门栊按设计图示以长度计算。

2.各种银板按里口净面积计算。

3.将军门按其扇面以面积计算;实榻门、撒带大门、攒边门、直拼库门、贡式堂门、屏门按门外围尺寸以面积计算;槅扇、开窗、推窗按扇外围尺寸以面积计算。

4.槅扇、开窗漏空花心按仔边外围尺寸以面积计算,无仔边者以扇挺(抹)里口面积计算。

5.什锦窗的桶子板、贴脸板、边框和漏空花心应分别计算:

(1)桶子板按其设计长度乘以宽度以面积计算。

(2)贴脸板和边框按设计图示尺寸以长度计算。

(3)漏空花心按仔边外围尺寸以面积计算。贴鬼脸按外接矩形以面积计算;玻璃安装按框、扇外围尺寸以面积计算。

6.豁口窗、倒挂楣子(挂落)均按框外围尺寸面积计算。

7.将军门刺、门簪按设计图示数量计算。

8.将军门上钉竹丝按设计图示门扇尺寸以面积计算;窗塌板、门头板余塞板按设计图示尺寸以面积计算。

9.门栊按竣工材积以体积计算。

10.螺栓按设计图示以数量计算。

十、古式栏杆、飞来椅、飞罩

1.古式栏杆、飞来椅按扶手按设计图示尺寸以长度计算,伸入墙、柱部分不计算;坐凳平盘按设计图示尺寸以面积计算。

2.飞罩、落地圆罩、落地方罩按上皮以长度计算。

十一、墙、地板、天花

1.木楼板按木构架轴线间尺寸以面积计算,应扣除楼梯井所占面积,不扣除柱所占面积,挑台部分算至挂檐(挂落)板外皮。

2.木楼梯按水平投影面积计算,不扣除宽在30cm以内的楼梯井所占面积。

3.栈板墙按设计墙净长乘以墙高以面积计算,并扣除门窗洞口所占面积。

4.井口天花按井口枋里口(贴梁外口)以展开面积计算,应扣除藻井所占面积,不扣除梁枋所占面积。天棚有斗拱者计量方法与井口天花相同,无斗拱者按主墙间面积计算,不扣除间壁墙、检查孔及梁枋所占面积。

十二、匾额、楹联(对联)

搁几花板以外接梯形面以面积计算;普通匾额按垂直投影面以面积计算,弧形匾额按其外皮弧线长度乘以匾额高度以面积计算。

十三、木构件运输

木构件场外运输工程量按木构件安装工程量以体积计算。

E.1 柱(编码：020501)

E.1.1 圆柱(编码：020501001)

工作内容：1.选料、配料、裁料、刨光、制样板、画线、雕凿、成型、试装等全部操作过程。2.圆形构件还
包括砍疮子、剥树皮等。3.安装包括起重、翻身就位、修整卯榫、栽销、校正等全部过程。　　　　计量单位：m³

定　额　编　号				BE0001	BE0002	BE0003	BE0004
项　目　名　称				圆柱(柱径)(mm)			
				140 以内	180 以内	220 以内	260 以内
综　合　单　价　(元)				**4279.84**	**3868.78**	**3552.00**	**3043.39**
费用	其中	人　工　费　(元)		2390.88	2155.38	1915.63	1536.38
		材　料　费　(元)		1229.08	1118.52	1107.65	1082.97
		施工机具使用费　(元)		—	—	—	—
		企　业　管　理　费　(元)		424.62	382.79	340.22	272.86
		利　　　润　(元)		197.01	177.60	157.85	126.60
		一　般　风　险　费　(元)		38.25	34.49	30.65	24.58
	编码	名　称	单位	单价(元)	消　耗　量		
人工	000300050	木工综合工	工日	125.00	19.127	17.243	15.325	12.291
材料	050100500	原木	m³	982.30	1.245	1.133	1.122	1.097
	002000010	其他材料费	元	—	6.12	5.57	5.51	5.39

工作内容：1.选料、配料、裁料、刨光、制样板、画线、雕凿、成型、试装等全部操作过程。2.圆形构件还
包括砍疮子、剥树皮等。3.安装包括起重、翻身就位、修整卯榫、栽销、校正等全部过程。　　　　计量单位：m³

定　额　编　号				BE0005	BE0006	BE0007	BE0008
项　目　名　称				圆柱(柱径)(mm)			
				300 以内	350 以内	400 以内	400 以上
综　合　单　价　(元)				**2834.84**	**2684.46**	**2477.61**	**2207.08**
费用	其中	人　工　费　(元)		1383.00	1260.50	1110.00	898.75
		材　料　费　(元)		1070.13	1076.06	1061.25	1060.27
		施工机具使用费　(元)		—	—	—	—
		企　业　管　理　费　(元)		245.62	223.86	197.14	159.62
		利　　　润　(元)		113.96	103.87	91.46	74.06
		一　般　风　险　费　(元)		22.13	20.17	17.76	14.38
	编码	名　称	单位	单价(元)	消　耗　量		
人工	000300050	木工综合工	工日	125.00	11.064	10.084	8.880	7.190
材料	050100500	原木	m³	982.30	1.084	1.090	1.075	1.074
	002000010	其他材料费	元	—	5.32	5.35	5.28	5.28

E.1.2　多角柱(编码:020501002)

工作内容:1.选料、配料、裁料、刨光、制样板、画线、雕凿、成型、试装等全部操作过程。2.圆形构件还
包括砍疮子、剥树皮等。3.安装包括起重、翻身就位、修整卯榫、裁销、校正等全部过程。　　　　　计量单位:m³

定　额　编　号					BE0009	BE0010	BE0011	BE0012
项　目　名　称					多角形柱(外接圆径)(mm)			
					200 以内	250 以内	300 以内	300 以上
综　合　单　价　(元)					**3519.94**	**2852.48**	**2496.36**	**2240.10**
费用	其中	人　工　费　(元)			1604.25	1100.50	836.88	704.13
		材　料　费　(元)			1472.92	1448.24	1428.50	1341.63
		施工机具使用费　(元)			—	—	—	—
		企 业 管 理 费　(元)			284.91	195.45	148.63	125.05
		利　　润　(元)			132.19	90.68	68.96	58.02
		一 般 风 险 费　(元)			25.67	17.61	13.39	11.27
	编码	名　称	单位	单价(元)	消　　耗　　量			
人工	000300050	木工综合工	工日	125.00	12.834	8.804	6.695	5.633
材料	050100500	原木	m³	982.30	1.492	1.467	1.447	1.359
	002000010	其他材料费	元	—	7.33	7.21	7.11	6.68

工作内容:1.选料、配料、裁料、刨光、制样板、画线、雕凿、成型、试装等全部操作过程。2.圆形构件还
包括砍疮子、剥树皮等。3.安装包括起重、翻身就位、修整卯榫、裁销、校正等全部过程。　　　　　计量单位:m³

定　额　编　号					BE0013	BE0014	BE0015	BE0016
项　目　名　称					梅花柱(截面)(mm)			
					200×200 以内	250×250 以内	300×300 以内	300×300 以上
综　合　单　价　(元)					**3575.87**	**2988.86**	**2759.42**	**2503.37**
费用	其中	人　工　费　(元)			1437.75	994.75	827.13	635.00
		材　料　费　(元)			1741.31	1719.55	1704.00	1693.11
		施工机具使用费　(元)			—	—	—	—
		企 业 管 理 费　(元)			255.34	176.67	146.90	112.78
		利　　润　(元)			118.47	81.97	68.16	52.32
		一 般 风 险 费　(元)			23.00	15.92	13.23	10.16
	编码	名　称	单位	单价(元)	消　　耗　　量			
人工	000300050	木工综合工	工日	125.00	11.502	7.958	6.617	5.080
材料	050303800	木材 锯材	m³	1547.01	1.120	1.106	1.096	1.089
	002000010	其他材料费	元	—	8.66	8.56	8.48	8.42

E.1.3 方柱(编码:020501003)

工作内容:1.选料、配料、裁料、刨光、制样板、画线、雕凿、成型、试装等全部操作过程。2.圆形构件还包括砍疮子、剥树皮等。3.安装包括起重、翻身就位、修整卯榫、栽销、校正等全部过程。　　　　计量单位:m³

定　额　编　号					BE0017	BE0018	BE0019
项　目　名　称					方柱(截面)(mm)		
					140×140 以内	180×180 以内	220×220 以内
综　合　单　价　(元)					**3632.83**	**3169.53**	**2879.33**
费用	其中	人　工　费　(元)			1501.88	1159.50	944.25
		材　料　费　(元)			1716.44	1690.01	1674.46
		施工机具使用费　(元)			—	—	—
		企业管理费　(元)			266.73	205.93	167.70
		利　　润　(元)			123.75	95.54	77.81
		一 般 风 险 费　(元)			24.03	18.55	15.11
	编码	名　　称	单位	单价(元)	消　　耗　　量		
人工	000300050	木工综合工	工日	125.00	12.015	9.276	7.554
材料	050303800	木材 锯材	m³	1547.01	1.104	1.087	1.077
	002000010	其他材料费	元	—	8.54	8.41	8.33

工作内容:1.选料、配料、裁料、刨光、制样板、画线、雕凿、成型、试装等全部操作过程。2.圆形构件还包括砍疮子、剥树皮等。3.安装包括起重、翻身就位、修整卯榫、栽销、校正等全部过程。　　　　计量单位:m³

定　额　编　号					BE0020	BE0021	BE0022
项　目　名　称					方柱(截面)(mm)		
					260×260 以内	300×300 以内	300×300 以上
综　合　单　价　(元)					**2674.49**	**2546.66**	**2497.08**
费用	其中	人　工　费　(元)			792.25	699.38	632.50
		材　料　费　(元)			1663.58	1654.25	1690.01
		施工机具使用费　(元)			—	—	—
		企业管理费　(元)			140.70	124.21	112.33
		利　　润　(元)			65.28	57.63	52.12
		一 般 风 险 费　(元)			12.68	11.19	10.12
	编码	名　　称	单位	单价(元)	消　　耗　　量		
人工	000300050	木工综合工	工日	125.00	6.338	5.595	5.060
材料	050303800	木材 锯材	m³	1547.01	1.070	1.064	1.087
	002000010	其他材料费	元	—	8.28	8.23	8.41

E.1.4 童(瓜)柱(编码:020501004)

工作内容:1.选料、配料、裁料、刨光、制样板、画线、雕凿、成型、试装等全部操作过程。2.圆形构件还
包括砍疮子、剥树皮等。3.安装包括起重、翻身就位、修整卯榫、栽销、校正等全部过程。　　　　计量单位:m³

定　额　编　号				BE0023	BE0024	BE0025	BE0026	BE0027	BE0028
项　目　名　称				童柱(柱径)(mm)					
				200 以内	250 以内	300 以内	350 以内	400 以内	400 以上
综　合　单　价　(元)				5002.52	4161.88	3659.31	3312.40	3057.94	2870.59
费用	其中	人　工　费　(元)		2982.00	2349.50	1971.88	1712.38	1522.25	1382.38
		材　料　费　(元)		1197.49	1163.92	1143.19	1127.40	1115.55	1106.67
		施工机具使用费　(元)		—	—	—	—	—	—
		企业管理费　(元)		529.60	417.27	350.21	304.12	270.35	245.51
		利　　　润　(元)		245.72	193.60	162.48	141.10	125.43	113.91
		一　般　风　险　费　(元)		47.71	37.59	31.55	27.40	24.36	22.12
	编码	名　称	单位	单价(元)	消　　　耗　　　量				
人工	000300050	木工综合工	工日	125.00	23.856	18.796	15.775	13.699	12.178	11.059
材料	050100500	原木	m³	982.30	1.213	1.179	1.158	1.142	1.130	1.121
	002000010	其他材料费	元	—	—	5.96	5.79	5.69	5.61	5.55	5.51

工作内容:1.选料、配料、裁料、刨光、制样板、画线、雕凿、成型、试装等全部操作过程。2.圆形构件还
包括砍疮子、剥树皮等。3.安装包括起重、翻身就位、修整卯榫、栽销、校正等全部过程。　　　　计量单位:m³

定　额　编　号				BE0029	BE0030	BE0031	BE0032
项　目　名　称				圆形瓜柱(柱径)(mm)			
				150 以内	200 以内	250 以内	250 以上
综　合　单　价　(元)				7098.18	5338.27	4115.79	3300.59
费用	其中	人　工　费　(元)		4579.50	3245.13	2313.38	1690.75
		材　料　费　(元)		1254.74	1197.49	1163.92	1143.19
		施工机具使用费　(元)		—	—	—	—
		企业管理费　(元)		813.32	576.33	410.86	300.28
		利　　　润　(元)		377.35	267.40	190.62	139.32
		一　般　风　险　费　(元)		73.27	51.92	37.01	27.05
	编码	名　称	单位	单价(元)	消　　　耗　　　量		
人工	000300050	木工综合工	工日	125.00	36.636	25.961	18.507	13.526
材料	050100500	原木	m³	982.30	1.271	1.213	1.179	1.158
	002000010	其他材料费	元	—	6.24	5.96	5.79	5.69

工作内容:1.选料、配料、裁料、刨光、制样板、画线、雕凿、成型、试装等全部操作过程。2.圆形构件还
包括砍疤子、剥树皮等。3.安装包括起重、翻身就位、修整卯榫、裁销、校正等全部过程。　　　　　计量单位:m³

定 额 编 号					BE0033	BE0034	BE0035	BE0036
项 目 名 称					矩形瓜柱(柱宽)(mm)			
					150 以内	200 以内	250 以内	250 以上
综 合 单 价 (元)					**7440.74**	**5771.30**	**4609.07**	**3812.82**
费用其中		人 工 费 (元)			4350.88	3082.75	2197.50	1606.38
		材 料 费 (元)			1889.02	1837.71	1805.06	1763.08
		施 工 机 具 使 用 费 (元)			—	—	—	—
		企 业 管 理 费 (元)			772.72	547.50	390.28	285.29
		利 润 (元)			358.51	254.02	181.07	132.37
		一 般 风 险 费 (元)			69.61	49.32	35.16	25.70
	编码	名 称	单位	单价(元)	消 耗 量			
人工	000300050	木工综合工	工日	125.00	34.807	24.662	17.580	12.851
材料	050303800	木材 锯材	m³	1547.01	1.215	1.182	1.161	1.134
	002000010	其他材料费	元	—	9.40	9.14	8.98	8.77

E.1.5　雷公柱(灯心木)(编码:020501005)

工作内容:1.选料、配料、裁料、刨光、制样板、画线、雕凿、成型、试装等全部操作过程。2.圆形构件还
包括砍疤子、剥树皮等。3.安装包括起重、翻身就位、修整卯榫、裁销、校正等全部过程。　　　　　计量单位:m³

定 额 编 号					BE0037	BE0038	BE0039	BE0040	BE0041	BE0042
项 目 名 称					墩心木(柱径)(mm)					
					200 以内	250 以内	300 以内	350 以内	400 以内	400 以上
综 合 单 价 (元)					**5068.94**	**3827.19**	**3165.19**	**2743.08**	**2453.84**	**2239.17**
费用其中		人 工 费 (元)			3020.13	2076.38	1576.13	1259.25	1042.63	882.13
		材 料 费 (元)			1215.26	1177.74	1154.05	1136.28	1123.45	1113.57
		施 工 机 具 使 用 费 (元)			—	—	—	—	—	—
		企 业 管 理 费 (元)			536.37	368.76	279.92	223.64	185.17	156.67
		利 润 (元)			248.86	171.09	129.87	103.76	85.91	72.69
		一 般 风 险 费 (元)			48.32	33.22	25.22	20.15	16.68	14.11
	编码	名 称	单位	单价(元)	消 耗 量					
人工	000300050	木工综合工	工日	125.00	24.161	16.611	12.609	10.074	8.341	7.057
材料	050100500	原木	m³	982.30	1.231	1.193	1.169	1.151	1.138	1.128
	002000010	其他材料费	元	—	6.05	5.86	5.74	5.65	5.59	5.54

工作内容:1.选料、配料、裁料、刨光、制样板、画线、雕凿、成型、试装等全部操作过程。2.圆形构件还
包括砍疮子、剥树皮等。3.安装包括起重、翻身就位、修整卯榫、栽销、校正等全部过程。　　　　计量单位:个

定　额　编　号					BE0043	BE0044	BE0045	BE0046
项　目　名　称					墩心木下吊蓝(直径)(mm)			
					300 以内	400 以内	500 以内	500 以上
	综　合　单　价　（元）				**375.37**	**520.14**	**654.69**	**774.77**
费用	其中	人　工　费　（元）			279.75	385.00	477.63	557.38
		材　料　费　（元）			18.41	28.88	45.23	63.55
		施工机具使用费（元）			—	—	—	—
		企　业　管　理　费（元）			49.68	68.38	84.83	98.99
		利　　　　　润　（元）			23.05	31.72	39.36	45.93
		一　般　风　险　费（元）			4.48	6.16	7.64	8.92
	编码	名　　称	单位	单价(元)	消　　　　耗　　　　量			
人工	000300050	木工综合工	工日	125.00	2.238	3.080	3.821	4.459
材料	050303800	木材 锯材	m³	1547.01	0.009	0.014	0.022	0.031
	050500100	胶合板 5	m²	14.10	0.290	0.470	0.740	1.040
	144101100	白乳胶	kg	7.69	0.030	0.040	0.050	0.060
	030100650	铁钉	kg	7.26	0.010	0.020	0.020	0.020
	002000010	其他材料费	元	—	0.09	0.14	0.23	0.32

E.1.6　垂莲(吊瓜)柱(编码:020501006)

工作内容:1.选料、配料、裁料、刨光、制样板、画线、雕凿、成型、试装等全部操作过程。2.圆形构件还
包括砍疮子、剥树皮等。3.安装包括起重、翻身就位、修整卯榫、栽销、校正等全部过程。　　　　计量单位:m³

定　额　编　号					BE0047	BE0048	BE0049	BE0050	BE0051	BE0052
项　目　名　称					圆吊瓜(直径)(mm)					
					140 以内	180 以内	220 以内	260 以内	300 以内	300 以上
	综　合　单　价　（元）				**5448.05**	**4624.80**	**3907.83**	**3362.08**	**2969.04**	**2684.87**
费用	其中	人　工　费　（元）			3273.13	2674.38	2141.88	1732.75	1437.88	1226.00
		材　料　费　（元）			1271.53	1212.29	1174.79	1151.09	1134.30	1120.49
		施工机具使用费（元）			—	—	—	—	—	—
		企　业　管　理　费（元）			581.31	474.97	380.40	307.74	255.37	217.74
		利　　　　　润　（元）			269.71	220.37	176.49	142.78	118.48	101.02
		一　般　风　险　费（元）			52.37	42.79	34.27	27.72	23.01	19.62
	编码	名　　称	单位	单价(元)	消　　　　耗　　　　量					
人工	000300050	木工综合工	工日	125.00	26.185	21.395	17.135	13.862	11.503	9.808
材料	050100500	原木	m³	982.30	1.288	1.228	1.190	1.166	1.149	1.135
	002000010	其他材料费	元	—	6.33	6.03	5.85	5.73	5.64	5.58

工作内容：1.选料、配料、裁料、刨光、制样板、画线、雕凿、成型、试装等全部操作过程。2.圆形构件还
包括砍疮子、剥树皮等。3.安装包括起重、翻身就位、修整卯榫、栽销、校正等全部过程。 计量单位：m³

定 额 编 号						BE0053	BE0054	BE0055
项 目 名 称						方吊瓜（截面）(mm)		
						140×140 以内	180×180 以内	220×220 以内
综 合 单 价 （元）						**4722.54**	**4126.03**	**3539.62**
费用	其中	人 工 费 （元）				2245.00	1806.75	1364.25
		材 料 费 （元）				1857.92	1820.61	1798.84
		施 工 机 具 使 用 费 （元）				—	—	—
		企 业 管 理 费 （元）				398.71	320.88	242.29
		利 润 （元）				184.99	148.88	112.41
		一 般 风 险 费 （元）				35.92	28.91	21.83
	编码	名 称	单位	单价(元)		消 耗		量
人工	000300050	木工综合工	工日	125.00		17.960	14.454	10.914
材料	050303800	木材 锯材	m³	1547.01		1.195	1.171	1.157
	002000010	其他材料费	元	—		9.24	9.06	8.95

工作内容：1.选料、配料、裁料、刨光、制样板、画线、雕凿、成型、试装等全部操作过程。2.圆形构件还
包括砍疮子、剥树皮等。3.安装包括起重、翻身就位、修整卯榫、栽销、校正等全部过程。 计量单位：m³

定 额 编 号						BE0056	BE0057	BE0058
项 目 名 称						方吊瓜（截面）(mm)		
						260×260 以内	300×300 以内	300×300 以上
综 合 单 价 （元）						**3131.34**	**2882.96**	**2713.79**
费用	其中	人 工 费 （元）				1055.25	883.75	757.25
		材 料 费 （元）				1784.85	1755.30	1747.53
		施 工 机 具 使 用 费 （元）				—	—	—
		企 业 管 理 费 （元）				187.41	156.95	134.49
		利 润 （元）				86.95	72.82	62.40
		一 般 风 险 费 （元）				16.88	14.14	12.12
	编码	名 称	单位	单价(元)		消 耗		量
人工	000300050	木工综合工	工日	125.00		8.442	7.070	6.058
材料	050303800	木材 锯材	m³	1547.01		1.148	1.129	1.124
	002000010	其他材料费	元	—		8.88	8.73	8.69

工作内容：1.选料、配料、裁料、刨光、制样板、画线、雕凿、成型、试装等全部操作过程。2.圆形构件还
包括砍疙子、剥树皮等。3.安装包括起重、翻身就位、修整卯榫、裁销、校正等全部过程。　　　　　　　计量单位：m³

定　额　编　号					BE0059	BE0060
项　目　名　称					垂花门垂柱	
					带风摆柳垂头	带莲瓣芙蓉垂头
综　合　单　价　（元）					**11338.71**	**12687.12**
费用	其中	人　工　费　（元）			7532.50	8589.25
		材　料　费　（元）			1727.24	1727.24
		施工机具使用费　（元）			—	—
		企业管理费　（元）			1337.77	1525.45
		利　润　（元）			620.68	707.75
		一般风险费　（元）			120.52	137.43
	编码	名　称	单位	单价（元）	消　　耗　　量	
人工	000300050	木工综合工	工日	125.00	60.260	68.714
材料	050303800	木材 锯材	m³	1547.01	1.100	1.100
	002000010	其他材料费	元	—	25.53	25.53

E.1.7　牌楼高拱柱（编码：020501007）

工作内容：1.选料、配料、裁料、刨光、制样板、画线、雕凿、成型、试装等全部操作过程。2.圆形构件还
包括砍疙子、剥树皮等。3.安装包括起重、翻身就位、修整卯榫、裁销、校正等全部过程。　　　　　　　计量单位：根

定　额　编　号					BE0061	BE0062	BE0063	BE0064
项　目　名　称					牌楼柱（直径）（mm）			
					200 以下	300 以下	400 以下	400 以上
综　合　单　价　（元）					**4462.91**	**3706.73**	**3081.00**	**2839.20**
费用	其中	人　工　费　（元）			2495.50	1902.88	1412.50	1223.00
		材　料　费　（元）			1278.65	1278.65	1278.65	1278.65
		施工机具使用费　（元）			—	—	—	—
		企业管理费　（元）			443.20	337.95	250.86	217.20
		利　润　（元）			205.63	156.80	116.39	100.78
		一般风险费　（元）			39.93	30.45	22.60	19.57
	编码	名　称	单位	单价（元）	消　　　耗　　　量			
人工	000300050	木工综合工	工日	125.00	19.964	15.223	11.300	9.784
材料	050303800	木材 锯材	m³	1547.01	0.046	0.046	0.046	0.046
	050100500	原木	m³	982.30	1.210	1.210	1.210	1.210
料	002000010	其他材料费	元	—	18.90	18.90	18.90	18.90

工作内容:1.选料、配料、裁料、刨光、制样板、画线、雕凿、成型、试装等全部操作过程。2.圆形构件还
包括砍疱子、剥树皮等。3.安装包括起重、翻身就位、修整卯榫、栽销、校正等全部过程。　　　　计量单位:m³

定　额　编　号				BE0065	BE0066	BE0067	BE0068
项　目　名　称				牌楼戗柱(直径)(mm)			
				200 以下	250 以下	300 以下	300 以上
费用	综　合　单　价　(元)			3692.73	2909.59	2524.71	2284.51
	其中	人　工　费　(元)		1910.38	1296.63	995.00	806.75
		材　料　费　(元)		1255.09	1255.09	1255.09	1255.09
		施工机具使用费　(元)		—	—	—	—
		企　业　管　理　费　(元)		339.28	230.28	176.71	143.28
		利　　润　　(元)		157.41	106.84	81.99	66.48
		一　般　风　险　费　(元)		30.57	20.75	15.92	12.91
	编码	名　称	单位	单价(元)	消　　耗　　量		
人工	000300050	木工综合工	工日	125.00	15.283	10.373	7.960	6.454
材料	050100500	原木	m³	982.30	1.210	1.210	1.210	1.210
	050303800	木材 锯材	m³	1547.01	0.031	0.031	0.031	0.031
	002000010	其他材料费	元	—	18.55	18.55	18.55	18.55

E.1.8　混凝土柱外包板(编码:020501009)

工作内容:1.制作、安装、锚固柱端。2.端头部位刷防腐油、铁件刷防锈漆等全部过程。　　　　计量单位:10m²

定　额　编　号				BE0069	BE0070
项　目　名　称				混凝土柱(梁)外包木板面(厚度)(mm)	
				30 以内	30 以上
费用	综　合　单　价　(元)			1757.43	2695.00
	其中	人　工　费　(元)		891.75	1383.75
		材　料　费　(元)		619.56	929.34
		施工机具使用费　(元)		—	—
		企　业　管　理　费　(元)		158.37	245.75
		利　　润　　(元)		73.48	114.02
		一　般　风　险　费　(元)		14.27	22.14
	编码	名　称	单位	单价(元)	消　耗　量	
人工	000300050	木工综合工	工日	125.00	7.134	11.070
材料	050303800	木材 锯材	m³	1547.01	0.390	0.585
	030100650	铁钉	kg	7.26	0.560	0.840
	002000010	其他材料费	元	—	12.16	18.24

工作内容：1.制作、安装、锚固柱端。2.端头部位刷防腐油、铁件刷防锈漆等全部过程。 计量单位：10m²

定 额 编 号					BE0071	BE0072
项 目 名 称					混凝土柱(梁)外包木板条	混凝土柱(梁)外包木胶合板
	综 合 单 价 （元）				743.22	786.45
费用	其中	人 工 费 （元）			338.88	397.50
		材 料 费 （元）			310.82	279.24
		施工机具使用费 （元）			—	—
		企 业 管 理 费 （元）			60.18	70.60
		利 润 （元）			27.92	32.75
		一 般 风 险 费 （元）			5.42	6.36
	编码	名 称	单位	单价（元）	消 耗 量	
人工	000300050	木工综合工	工日	125.00	2.711	3.180
材料	050303800	木材 锯材	m³	1547.01	0.076	0.076
	120103500	木板条	m²	17.09	10.500	—
	050500010	胶合板	m²	12.82	—	10.900
	030100650	铁钉	kg	7.26	1.060	0.560
	002000010	其他材料费	元	—	6.11	17.86

E.2 梁(编码：020502)

E.2.1 圆梁(编码：020502001)

工作内容：1.选料、配料、裁料、刨光、制样板、画线、雕凿、成型、试装等全部操作过程。2.圆形构件还包括砍疮子、剥树皮等。3.安装包括起重、翻身就位、修整卯榫、栽销、校正等全部过程。 计量单位：m³

定 额 编 号					BE0073	BE0074	BE0075	BE0076
项 目 名 称					圆梁(直径)(mm)			
					150 以内	250 以内	300 以内	300 以上
	综 合 单 价 （元）				3279.59	2762.79	2540.54	2345.19
费用	其中	人 工 费 （元）			1701.38	1252.25	1095.88	954.38
		材 料 费 （元）			1108.64	1164.91	1142.20	1127.40
		施工机具使用费 （元）			—	—	—	—
		企 业 管 理 费 （元）			302.16	222.40	194.63	169.50
		利 润 （元）			140.19	103.19	90.30	78.64
		一 般 风 险 费 （元）			27.22	20.04	17.53	15.27
	编码	名 称	单位	单价（元）	消 耗 量			
人工	000300050	木工综合工	工日	125.00	13.611	10.018	8.767	7.635
材料	050100500	原木	m³	982.30	1.123	1.180	1.157	1.142
	002000010	其他材料费	元	—	5.52	5.80	5.68	5.61

E.2.2 矩形梁(编码:020502002)

工作内容:1.选料、配料、裁料、刨光、制样板、画线、雕凿、成型、试装等全部操作过程。2.圆形构件还包括砍疮子、剥树皮等。3.安装包括起重、翻身就位、修整卯榫、栽销、校正等全部过程。

计量单位:m³

定 额 编 号					BE0077	BE0078	BE0079	BE0080	BE0081	BE0082
项 目 名 称					矩形梁(梁宽)(mm)					
					150以内	200以内	250以内	300以内	350以内	350以上
综 合 单 价 (元)					3795.01	3030.10	2657.04	2389.39	2385.64	2330.13
费用	其中	人 工 费 (元)			1612.50	1036.38	756.63	556.63	556.13	517.50
		材 料 费 (元)			1737.46	1707.68	1691.57	1679.12	1676.02	1669.80
		施工机具使用费 (元)			—	—	—	—	—	—
		企 业 管 理 费 (元)			286.38	184.06	134.38	98.86	98.77	91.91
		利 润 (元)			132.87	85.40	62.35	45.87	45.82	42.64
		一 般 风 险 费 (元)			25.80	16.58	12.11	8.91	8.90	8.28
	编码	名 称	单位	单价(元)	消 耗 量					
人工	000300050	木工综合工	工日	125.00	12.900	8.291	6.053	4.453	4.449	4.140
材料	050303800	木材 锯材	m³	1547.01	1.114	1.098	1.088	1.080	1.078	1.074
	002000010	其他材料费	元	—	14.09	9.06	8.42	8.35	8.34	8.31

E.2.3 柁墩、交金墩(编码:020502004)

工作内容:1.选料、配料、裁料、刨光、制样板、画线、雕凿、成型、试装等全部操作过程。2.圆形构件还包括砍疮子、剥树皮等。3.安装包括起重、翻身就位、修整卯榫、栽销、校正等全部过程。

计量单位:m³

定 额 编 号					BE0083	BE0084
项 目 名 称					柁墩	交金墩
综 合 单 价 (元)					5009.92	6140.46
费用	其中	人 工 费 (元)			2486.50	3372.50
		材 料 费 (元)			1837.15	1837.15
		施工机具使用费 (元)			—	—
		企 业 管 理 费 (元)			441.60	598.96
		利 润 (元)			204.89	277.89
		一 般 风 险 费 (元)			39.78	53.96
	编码	名 称	单位	单价(元)	消 耗 量	
人工	000300050	木工综合工	工日	125.00	19.892	26.980
材料	050303800	木材 锯材	m³	1547.01	1.170	1.170
	002000010	其他材料费	元	—	27.15	27.15

E.2.4　假梁头(编码:020502005)

工作内容:1.选料、配料、裁料、刨光、制样板、画线、雕凿、成型、试装等全部操作过程。2.圆形构件还包括砍疤子、剥树皮等。3.安装包括起重、翻身就位、修整卯榫、裁销、校正等全部过程。

计量单位:m³

定　额　编　号					BE0085	BE0086	BE0087	BE0088
项　目　名　称					桃尖假梁头(梁宽)(mm)			
					250 以下	300 以下	400 以下	400 以上
综　合　单　价　(元)					**5606.16**	**4593.81**	**4160.93**	**3595.19**
费用	其中	人　工　费　(元)			2978.38	2185.00	1845.75	1402.38
		材　料　费　(元)			1805.75	1805.75	1805.75	1805.75
		施工机具使用费　(元)			—	—	—	—
		企　业　管　理　费　(元)			528.96	388.06	327.81	249.06
		利　　　润　(元)			245.42	180.04	152.09	115.56
		一　般　风　险　费　(元)			47.65	34.96	29.53	22.44
	编码	名　　称	单位	单价(元)	消　　　耗　　　量			
人工	000300050	木工综合工	工日	125.00	23.827	17.480	14.766	11.219
材料	050303800	木材 锯材	m³	1547.01	1.150	1.150	1.150	1.150
	002000010	其他材料费	元	—	26.69	26.69	26.69	26.69

工作内容:1.选料、配料、裁料、刨光、制样板、画线、雕凿、成型、试装等全部操作过程。2.圆形构件还包括砍疤子、剥树皮等。3.安装包括起重、翻身就位、修整卯榫、裁销、校正等全部过程。

计量单位:m³

定　额　编　号					BE0089
项　目　名　称					角云,捧良云,麻叶假梁头
					250 以下
综　合　单　价　(元)					**6619.10**
费用	其中	人　工　费　(元)			3723.00
		材　料　费　(元)			1868.55
		施工机具使用费　(元)			—
		企　业　管　理　费　(元)			661.20
		利　　　润　(元)			306.78
		一　般　风　险　费　(元)			59.57
	编码	名　　称	单位	单价(元)	消　耗　量
人工	000300050	木工综合工	工日	125.00	29.784
材料	050303800	木材 锯材	m³	1547.01	1.190
	002000010	其他材料费	元	—	27.61

工作内容:1.选料、配料、裁料、刨光、制样板、画线、雕凿、成型、试装等全部操作过程。2.圆形构件还
　　　　包括砍疤子、剥树皮等。3.安装包括起重、翻身就位、修整卯榫、栽销、校正等全部过程。　　　计量单位:m³

定　额　编　号					BE0090	BE0091
项　目　名　称					角云,捧良云,麻叶假梁头(梁宽)(mm)	
					300 以下	300 以上
综　合　单　价　(元)					**5552.85**	**4684.04**
费用	其中	人　工　费　(元)			2887.38	2206.50
		材　料　费　(元)			1868.55	1868.55
		施工机具使用费　(元)			—	—
		企　业　管　理　费　(元)			512.80	391.87
		利　　　润　(元)			237.92	181.82
		一　般　风　险　费　(元)			46.20	35.30
	编码	名　　称	单位	单价(元)	消　　耗　　量	
人工	000300050	木工综合工	工日	125.00	23.099	17.652
材料	050303800	木材 锯材	m³	1547.01	1.190	1.190
	002000010	其他材料费	元	—	27.61	27.61

工作内容:1.选料、配料、裁料、刨光、制样板、画线、雕凿、成型、试装等全部操作过程。2.圆形构件还
　　　　包括砍疤子、剥树皮等。3.安装包括起重、翻身就位、修整卯榫、栽销、校正等全部过程。　　　计量单位:m³

定　额　编　号					BE0092	BE0093	BE0094	BE0095
项　目　名　称					抱头假梁头(梁宽)(mm)			
					250 以下	300 以下	400 以下	400 以上
综　合　单　价　(元)					**4004.07**	**3605.16**	**3293.66**	**3023.48**
费用	其中	人　工　费　(元)			1767.13	1454.50	1210.38	998.63
		材　料　费　(元)			1749.22	1749.22	1749.22	1749.22
		施工机具使用费　(元)			—	—	—	—
		企　业　管　理　费　(元)			313.84	258.32	214.96	177.36
		利　　　润　(元)			145.61	119.85	99.73	82.29
		一　般　风　险　费　(元)			28.27	23.27	19.37	15.98
	编码	名　　称	单位	单价(元)	消　　耗　　量			
人工	000300050	木工综合工	工日	125.00	14.137	11.636	9.683	7.989
材料	050303800	木材 锯材	m³	1547.01	1.114	1.114	1.114	1.114
	002000010	其他材料费	元	—	25.85	25.85	25.85	25.85

E.2.5 穿逗排架制作安装(编码:020502B01)

工作内容:1.选料、配料、裁料、刨光、制样板、画线、雕凿、成型、试装等全部操作过程。
2.圆形构件还包括砍疤子、剥树皮等。3.安装包括起重、翻身就位、修整卯榫、栽销、校正等全部过程。

计量单位:m³ 竣工材积

定额编号				BE0096	BE0097	BE0098	BE0099	BE0100	BE0101
项目名称				穿逗排架制安					
				三柱两挂筒	三柱四挂筒	五柱两挂筒	五柱四挂筒	七柱穿逗	七柱两挂筒
费用其中	综合单价(元)			2468.56	2548.47	2590.56	2616.12	2559.92	2710.73
	人工费(元)			946.13	1001.88	1016.00	1028.38	996.88	1090.75
	材料费(元)			1261.30	1270.08	1294.14	1303.91	1287.90	1318.93
	施工机具使用费(元)			—	—	—	—	—	—
	企业管理费(元)			168.03	177.93	180.44	182.64	177.05	193.72
	利润(元)			77.96	82.55	83.72	84.74	82.14	89.88
	一般风险费(元)			15.14	16.03	16.26	16.45	15.95	17.45
	编码	名称	单位	单价(元)	消	耗		量	
人工	000300050	木工综合工	工日	125.00	7.569	8.015	8.128	8.227	7.975	8.726
材料	050100500	原木	m³	982.30	0.762	0.752	0.737	0.728	0.748	0.707
	050303800	木材 锯材	m³	1547.01	0.326	0.338	0.363	0.375	0.352	0.398
	030100650	铁钉	kg	7.26	0.300	0.300	0.300	0.300	0.300	0.300
	002000010	其他材料费	元	—	6.28	6.32	6.44	6.49	6.41	6.56

E.3 桁(檩)、枋、替木(编码:020503)

E.3.1 圆桁(檩)(编码:020503001)

工作内容:选配料、裁料、砍疤子、剥树皮、刨光、装钉牢固等全部过程。

计量单位:m³ 竣工材积

定额编号				BE0102	BE0103	BE0104	BE0105
项目名称				圆檩(直径)(mm)			
				120以内	160以内	200以内	240以内
费用其中	综合单价(元)			3430.57	2759.39	2173.19	1959.41
	人工费(元)			1770.25	1273.63	831.25	673.00
	材料费(元)			1171.73	1134.23	1112.51	1100.66
	施工机具使用费(元)			—	—	—	—
	企业管理费(元)			314.40	226.20	147.63	119.52
	利润(元)			145.87	104.95	68.50	55.46
	一般风险费(元)			28.32	20.38	13.30	10.77
	编码	名称	单位	单价(元)	消	耗	量	
人工	000300050	木工综合工	工日	125.00	14.162	10.189	6.650	5.384
材料	050100500	原木	m³	982.30	1.181	1.143	1.121	1.109
	030100650	铁钉	kg	7.26	0.800	0.800	0.800	0.800
	002000010	其他材料费	元	—	5.83	5.65	5.54	5.48

工作内容:选配料、截料、砍疖子、剥树皮、刨光、装钉牢固等全部过程。　　　　　　　　　　　　　　　　　　　计量单位:m³ 竣工材积

定 额 编 号					BE0106	BE0107	BE0108	BE0109
项 目 名 称					圆檩(直径)(mm)			
					280 以内	320 以内	360 以内	360 以上
综 合 单 价 (元)					**1773.29**	**1691.05**	**1606.24**	**1497.40**
费用	其中	人 工 费 (元)			534.88	477.38	413.25	338.00
		材 料 费 (元)			1090.79	1081.91	1078.94	1066.11
		施工机具使用费 (元)			—	—	—	—
		企 业 管 理 费 (元)			94.99	84.78	73.39	60.03
		利 润 (元)			44.07	39.34	34.05	27.85
		一 般 风 险 费 (元)			8.56	7.64	6.61	5.41
	编码	名 称	单位	单价(元)	消 耗 量			
人工	000300050	木工综合工	工日	125.00	4.279	3.819	3.306	2.704
材	050100500	原木	m³	982.30	1.099	1.090	1.087	1.074
	030100650	铁钉	kg	7.26	0.800	0.800	0.800	0.800
料	002000010	其他材料费	元	—	5.43	5.39	5.37	5.31

E.3.2　方桁(檩)(编码:020503002)

工作内容:选配料、截料、砍疖子、剥树皮、刨光、装钉牢固等全部过程。　　　　　　　　　　　　　　　　　　　计量单位:m³ 竣工材积

定 额 编 号					BE0110	BE0111	BE0112	BE0113
项 目 名 称					矩形檩(檩高)(mm)			
					120 以内	160 以内	200 以内	200 以上
综 合 单 价 (元)					**3224.09**	**2752.65**	**2400.94**	**2259.84**
费用	其中	人 工 费 (元)			1141.63	783.13	522.13	427.38
		材 料 费 (元)			1767.37	1753.38	1734.71	1714.50
		施工机具使用费 (元)			—	—	—	—
		企 业 管 理 费 (元)			202.75	139.08	92.73	75.90
		利 润 (元)			94.07	64.53	43.02	35.22
		一 般 风 险 费 (元)			18.27	12.53	8.35	6.84
	编码	名 称	单位	单价(元)	消 耗 量			
人工	000300050	木工综合工	工日	125.00	9.133	6.265	4.177	3.419
材	050303800	木材锯材	m³	1547.01	1.133	1.124	1.112	1.099
	030100650	铁钉	kg	7.26	0.800	0.800	0.800	0.800
料	002000010	其他材料费	元	—	8.80	8.73	8.63	8.53

工作内容:选配料、裁料、砍疖子、剥树皮、刨光、装钉牢固等全部过程。 计量单位:块

定 额 编 号					BE0114	BE0115
项 目 名 称					替木制安(长度)(mm)	
					1000 以内	1500 以内
综 合 单 价 (元)					**66.47**	**115.75**
费用	其中	人 工 费 (元)			37.13	59.63
		材 料 费 (元)			19.10	39.67
		施 工 机 具 使 用 费 (元)			—	—
		企 业 管 理 费 (元)			6.59	10.59
		利 润 (元)			3.06	4.91
		一 般 风 险 费 (元)			0.59	0.95
	编码	名 称	单位	单价(元)	消 耗 量	
人工	000300050	木工综合工	工日	125.00	0.297	0.477
材料	050303800	木材 锯材	m³	1547.01	0.012	0.025
	030100650	铁钉	kg	7.26	0.060	0.110
	002000010	其他材料费	元	—	0.10	0.20

工作内容:1.选料、配料、裁料、刨光、制样板、画线、雕凿、成型、试装等全部操作过程。 2.圆形构件还
包括砍疮子、剥树皮等。 3.安装包括起重、翻身就位、修整卯榫、裁销、校正等全部过程。 计量单位:m³

定 额 编 号					BE0116	BE0117	BE0118	BE0119	BE0120	BE0121
项 目 名 称					枋(枋高)(mm)					
					150 以内	200 以内	250 以内	300 以内	350 以内	350 以上
综 合 单 价 (元)					**3842.40**	**3268.37**	**2930.99**	**2702.98**	**2623.44**	**2545.32**
费用	其中	人 工 费 (元)			1612.50	1191.88	945.75	779.25	723.00	672.75
		材 料 费 (元)			1784.85	1747.53	1724.21	1708.66	1700.89	1686.90
		施 工 机 具 使 用 费 (元)			—	—	—	—	—	—
		企 业 管 理 费 (元)			286.38	211.68	167.97	138.39	128.40	119.48
		利 润 (元)			132.87	98.21	77.93	64.21	59.58	55.43
		一 般 风 险 费 (元)			25.80	19.07	15.13	12.47	11.57	10.76
	编码	名 称	单位	单价(元)	消 耗 量					
人工	000300050	木工综合工	工日	125.00	12.900	9.535	7.566	6.234	5.784	5.382
材料	050303800	木材 锯材	m³	1547.01	1.148	1.124	1.109	1.099	1.094	1.085
	002000010	其他材料费	元		8.88	8.69	8.58	8.50	8.46	8.39

工作内容:1.选料、配料、裁料、刨光、制样板、画线、雕凿、成型、试装等全部操作过程。2.圆形构件还包括砍疤子、剥树皮等。3.安装包括起重、翻身就位、修整卯榫、栽销、校正等全部过程。　　　　　　　　计量单位:m³

定　额　编　号					BE0122	BE0123
项　目　名　称					挑枋(枋高)(mm)	
					300 以内	300 以上
综　合　单　价　(元)					**2918.56**	**2606.98**
费用其中		人　工　费　(元)			950.63	723.50
		材　料　费　(元)			1705.56	1683.79
		施工机具使用费　(元)			—	—
		企　业　管　理　费　(元)			168.83	128.49
		利　　润　(元)			78.33	59.62
		一　般　风　险　费　(元)			15.21	11.58
	编码	名　　称	单位	单价(元)	消　耗　量	
人工	000300050	木工综合工	工日	125.00	7.605	5.788
材料	050303800	木材 锯材	m³	1547.01	1.097	1.083
	002000010	其他材料费	元	—	8.49	8.38

E.3.5　平板枋(编码:020503005)

工作内容:1.选料、配料、裁料、刨光、制样板、画线、雕凿、成型、试装等全部操作过程。2.圆形构件还包括砍疤子、剥树皮等。3.安装包括起重、翻身就位、修整卯榫、栽销、校正等全部过程。　　　　　　　　计量单位:m³

定　额　编　号					BE0124	BE0125	BE0126
项　目　名　称					平板枋制作(枋高)(mm)		
					100 以下	150 以下	150 以上
综　合　单　价　(元)					**4012.96**	**3186.59**	**2810.34**
费用其中		人　工　费　(元)			1803.63	1156.00	861.13
		材　料　费　(元)			1711.53	1711.53	1711.53
		施工机具使用费　(元)			—	—	—
		企　业　管　理　费　(元)			320.32	205.31	152.94
		利　　润　(元)			148.62	95.25	70.96
		一　般　风　险　费　(元)			28.86	18.50	13.78
	编码	名　　称	单位	单价(元)	消　耗　量		
人工	000300050	木工综合工	工日	125.00	14.429	9.248	6.889
材料	050303800	木材 锯材	m³	1547.01	1.090	1.090	1.090
	002000010	其他材料费	元	—	25.29	25.29	25.29

E.3.6 承椽枋(编码:020503007)

工作内容:1.选料、配料、裁料、刨光、制样板、画线、雕凿、成型、试装等全部操作过程。2.圆形构件还包括砍疮子、剥树皮等。3.安装包括起重、翻身就位、修整卯榫、裁销、校正等全部过程。　　　　计量单位:m³

定 额 编 号					BE0127	BE0128	BE0129
项 目 名 称					承椽枋制作(枋高)(mm)		
					300 以下	400 以下	400 以上
综 合 单 价 (元)					**3362.20**	**2989.92**	**2744.13**
费用	其中	人 工 费 (元)			1293.63	1001.88	809.25
		材 料 费 (元)			1711.53	1711.53	1711.53
		施 工 机 具 使 用 费 (元)			—	—	—
		企 业 管 理 费 (元)			229.75	177.93	143.72
		利 润 (元)			106.59	82.55	66.68
		一 般 风 险 费 (元)			20.70	16.03	12.95
	编码	名 称	单位	单价(元)	消 耗		量
人工	000300050	木工综合工	工日	125.00	10.349	8.015	6.474
材料	050303800	木材 锯材	m³	1547.01	1.090	1.090	1.090
	002000010	其他材料费	元	—	25.29	25.29	25.29

E.3.7 扶脊木(编码:020503008)

工作内容:1.选料、配料、裁料、刨光、制样板、画线、雕凿、成型、试装等全部操作过程。2.圆形构件还包括砍疮子、剥树皮等。3.安装包括起重、翻身就位、修整卯榫、裁销、校正等全部过程。　　　　计量单位:m³

定 额 编 号					BE0130	BE0131	BE0132
项 目 名 称					扶脊木制作(直径)(mm)		
					250 以内	300 以内	300 以上
综 合 单 价 (元)					**4436.29**	**3233.34**	**2847.03**
费用	其中	人 工 费 (元)			2531.25	1588.50	1285.75
		材 料 费 (元)			1206.41	1206.41	1206.41
		施 工 机 具 使 用 费 (元)			—	—	—
		企 业 管 理 费 (元)			449.55	282.12	228.35
		利 润 (元)			208.58	130.89	105.95
		一 般 风 险 费 (元)			40.50	25.42	20.57
	编码	名 称	单位	单价(元)	消 耗		量
人工	000300050	木工综合工	工日	125.00	20.250	12.708	10.286
材料	050100500	原木	m³	982.30	1.210	1.210	1.210
	002000010	其他材料费	元	—	17.83	17.83	17.83

E.4 搁栅(编码:020504)

E.4.1 圆搁栅(编码:020504001)

工作内容:1.选料、配料、裁料、刨光、制样板、画线、雕凿、成型、试装等全部操作过程。
2.圆形构件还包括砍疙子、剥树皮等。3.安装包括起重、翻身就位、修整卯榫、栽销、
校正等全部过程。

计量单位:m³ 竣工材积

定 额 编 号					BE0133	BE0134	BE0135
项 目 名 称					园搁栅(直径)(mm)		
					140 以内	160 以内	200 以内
综 合 单 价 (元)					**3042.04**	**3118.76**	**2434.95**
费用	其中	人 工 费 (元)			1463.13	1542.88	1035.63
		材 料 费 (元)			1175.09	1150.05	1113.48
		施工机具使用费 (元)			—	—	—
		企 业 管 理 费 (元)			259.85	274.01	183.93
		利 润 (元)			120.56	127.13	85.34
		一 般 风 险 费 (元)			23.41	24.69	16.57
	编码	名 称	单位	单价(元)	消 耗 量		
人工	000300050	木工综合工	工日	125.00	11.705	12.343	8.285
材料	050100500	原木	m³	982.30	1.179	1.156	1.120
	030100650	铁钉	kg	7.26	1.530	1.210	1.070
	002000010	其他材料费	元	—	5.85	5.73	5.54

E.4.2 方搁栅沿边木(编码:020504002)

工作内容:1.选料、配料、裁料、刨光、制样板、画线、雕凿、成型、试装等全部操作过程。
2.圆形构件还包括砍疙子、剥树皮等。3.安装包括起重、翻身就位、修整卯榫、栽销、
校正等全部过程。

计量单位:m³ 竣工材积

定 额 编 号					BE0136	BE0137	BE0138
项 目 名 称					方木搁栅(厚度)(mm)		
					110 以内	140 以内	140 以上
综 合 单 价 (元)					**3234.72**	**2904.31**	**2699.26**
费用	其中	人 工 费 (元)			1139.75	899.38	753.13
		材 料 费 (元)			1780.39	1756.70	1738.26
		施工机具使用费 (元)			—	—	—
		企 业 管 理 费 (元)			202.42	159.73	133.76
		利 润 (元)			93.92	74.11	62.06
		一 般 风 险 费 (元)			18.24	14.39	12.05
	编码	名 称	单位	单价(元)	消 耗 量		
人工	000300050	木工综合工	工日	125.00	9.118	7.195	6.025
材料	050303800	木材 锯材	m³	1547.01	1.134	1.119	1.110
	030100650	铁钉	kg	7.26	2.370	2.320	1.710
	002000010	其他材料费	元	—	8.87	8.75	8.66

E.5 椽(桷子)(编码:020505)

E.5.1 矩形椽(编码:020505002)

工作内容:选配料、截料、砍疖子、剥树皮、刨光、装钉牢固等全部过程。　　　　　　　　　　　　　　计量单位:10m

定 额 编 号					BE0139	BE0140	BE0141	BE0142
项 目 名 称					矩形桷子(周长)(mm)			
					200 以内	240 以内	280 以内	280 以上
综 合 单 价 (元)					67.77	80.20	106.76	131.63
费用	其中	人 工 费 (元)			21.00	21.00	21.75	21.75
		材 料 费 (元)			40.97	53.40	79.01	103.88
		施工机具使用费 (元)			—	—	—	—
		企 业 管 理 费 (元)			3.73	3.73	3.86	3.86
		利 润 (元)			1.73	1.73	1.79	1.79
		一 般 风 险 费 (元)			0.34	0.34	0.35	0.35
	编码	名 称	单位	单价(元)	消 耗 量			
人工	000300050	木工综合工	工日	125.00	0.168	0.168	0.174	0.174
材料	050303800	木材 锯材	m³	1547.01	0.024	0.032	0.048	0.064
	030100650	铁钉	kg	7.26	0.500	0.500	0.600	0.600
	002000010	其他材料费	元	—	—	0.21	0.27	0.40	0.52

E.5.2 矩形罗锅(轩)椽(编码:020505003)

工作内容:选配料、截料、砍疖子、剥树皮、刨光、装钉牢固等全部过程。　　　　　　　　　　　　　　计量单位:10m

定 额 编 号					BE0143	BE0144	BE0145	BE0146
项 目 名 称					矩形弯桷子(周长)(mm)			
					200 以内	240 以内	280 以内	280 以上
综 合 单 价 (元)					121.39	143.15	172.86	207.06
费用	其中	人 工 费 (元)			49.63	49.63	56.50	56.50
		材 料 费 (元)			58.07	79.83	100.77	134.97
		施工机具使用费 (元)			—	—	—	—
		企 业 管 理 费 (元)			8.81	8.81	10.03	10.03
		利 润 (元)			4.09	4.09	4.66	4.66
		一 般 风 险 费 (元)			0.79	0.79	0.90	0.90
	编码	名 称	单位	单价(元)	消 耗 量			
人工	000300050	木工综合工	工日	125.00	0.397	0.397	0.452	0.452
材料	050303800	木材 锯材	m³	1547.01	0.035	0.049	0.062	0.084
	030100650	铁钉	kg	7.26	0.500	0.500	0.600	0.600
	002000010	其他材料费	元	—	0.29	0.40	0.50	0.67

E.5.3 圆形椽(编码:020505004)

工作内容:选配料、截料、砍疖子、剥树皮、刨光、装钉牢固等全部过程。 计量单位:10m

定 额 编 号					BE0147	BE0148
项 目 名 称					圆椽子(直径)(mm)	
					70 以内	70 以上
综 合 单 价 (元)					**119.64**	**137.25**
费用	其中	人 工 费 (元)			59.38	63.13
		材 料 费 (元)			43.87	56.70
		施工机具使用费 (元)			—	—
		企 业 管 理 费 (元)			10.55	11.21
		利 润 (元)			4.89	5.20
		一 般 风 险 费 (元)			0.95	1.01
	编码	名 称	单位	单价(元)	消 耗 量	
人工	000300050	木工综合工	工日	125.00	0.475	0.505
材料	050100500	原木	m³	982.30	0.040	0.053
	030100650	铁钉	kg	7.26	0.600	0.600
	002000010	其他材料费	元	—	0.22	0.28

E.5.4 矩形飞椽(编码:020505007)

工作内容:选配料、截料、砍疖子、剥树皮、刨光、装钉牢固等全部过程。 计量单位:10m

定 额 编 号					BE0149	BE0150	BE0151
项 目 名 称					送水椽子(周长)(mm)		
					200 以内	240 以内	280 以内
综 合 单 价 (元)					**81.16**	**93.59**	**127.98**
费用	其中	人 工 费 (元)			31.50	31.50	38.38
		材 料 费 (元)			40.97	53.40	79.01
		施工机具使用费 (元)			—	—	—
		企 业 管 理 费 (元)			5.59	5.59	6.82
		利 润 (元)			2.60	2.60	3.16
		一 般 风 险 费 (元)			0.50	0.50	0.61
	编码	名 称	单位	单价(元)	消 耗 量		
人工	000300050	木工综合工	工日	125.00	0.252	0.252	0.307
材料	050303800	木材 锯材	m³	1547.01	0.024	0.032	0.048
	030100650	铁钉	kg	7.26	0.500	0.500	0.600
	002000010	其他材料费	元	—	0.21	0.27	0.40

工作内容：选配料、截料、砍疖子、剥树皮、刨光、装钉牢固等全部过程。   计量单位：10m

定　额　编　号						BE0152
项　目　名　称						送水桷子（周长）(mm)
						280 以上
综　合　单　价（元）						**152.85**
费用	其中	人　工　费　（元）				38.38
		材　料　费　（元）				103.88
		施工机具使用费　（元）				—
		企　业　管　理　费　（元）				6.82
		利　　　润　（元）				3.16
		一　般　风　险　费　（元）				0.61
	编码	名　　　称	单位	单价(元)	消　耗　量	
人工	000300050	木工综合工	工日	125.00	0.307	
材	050303800	木材 锯材	m³	1547.01	0.064	
	030100650	铁钉	kg	7.26	0.600	
料	002000010	其他材料费	元	—	0.52	

工作内容：选配料、截料、砍疖子、剥树皮、刨光、装钉牢固等全部过程。   计量单位：10m

定　额　编　号					BE0153	BE0154
项　目　名　称					现浇板下钉矩形桷子（周长）(mm)	
					280 以内	280 以上
综　合　单　价　（元）					**353.51**	**444.94**
费用	其中	人　工　费　（元）			214.88	266.88
		材　料　费　（元）			79.32	104.40
		施工机具使用费　（元）			—	—
		企　业　管　理　费　（元）			38.16	47.40
		利　　　润　（元）			17.71	21.99
		一　般　风　险　费　（元）			3.44	4.27
	编码	名　　　称	单位	单价(元)	消　　耗　　量	
人工	000300050	木工综合工	工日	125.00	1.719	2.135
材	050303800	木材 锯材	m³	1547.01	0.048	0.064
	030100650	铁钉	kg	7.26	0.600	0.600
料	002000010	其他材料费	元	—	0.71	1.04

E.6 戗角(编码:020506)

E.6.1 老角梁、由戗(编码:020506001)

工作内容:1.选料、配料、裁料、刨光、制样板、画线、雕凿、成型、试装等全部操作过程。2.圆形构件还
包括砍疤子、剥树皮等。3.安装包括起重、翻身就位、修整卯榫、栽销、校正等全部过程。　　　　计量单位:m³

定 额 编 号					BE0155	BE0156	BE0157	BE0158	BE0159
项 目 名 称					龙背(宽度)(mm)				
					150以内	200以内	250以内	300以内	300以上
综 合 单 价 (元)					3680.00	2996.52	2612.16	2394.53	2246.30
费用	其中	人 工 费 (元)			1532.75	1015.38	725.13	561.88	454.25
		材 料 费 (元)			1724.21	1700.89	1686.90	1677.57	1666.68
		施工机具使用费 (元)			—	—	—	—	—
		企 业 管 理 费 (元)			272.22	180.33	128.78	99.79	80.67
		利 润 (元)			126.30	83.67	59.75	46.30	37.43
		一 般 风 险 费 (元)			24.52	16.25	11.60	8.99	7.27
	编码	名 称	单位	单价(元)	消 耗 量				
人工	000300050	木工综合工	工日	125.00	12.262	8.123	5.801	4.495	3.634
材料	050303800	木材 锯材	m³	1547.01	1.109	1.094	1.085	1.079	1.072
	002000010	其他材料费	元	—	8.58	8.46	8.39	8.35	8.29

E.6.2 仔角梁(编码:020506002)

工作内容:1.选料、配料、裁料、刨光、制样板、画线、雕凿、成型、试装等全部操作过程。2.圆形构件还
包括砍疤子、剥树皮等。3.安装包括起重、翻身就位、修整卯榫、栽销、校正等全部过程。　　　　计量单位:个

定 额 编 号					BE0160	BE0161	BE0162	BE0163	BE0164	BE0165
项 目 名 称					大刀木高度600mm以内(厚度)(mm)					
					80以内	100以内	120以内	140以内	160以内	180以内
综 合 单 价 (元)					240.59	270.69	299.38	319.91	343.68	378.88
费用	其中	人 工 费 (元)			154.13	169.13	184.25	191.75	203.00	222.00
		材 料 费 (元)			43.92	54.87	64.28	75.24	84.65	95.61
		施工机具使用费 (元)			—	—	—	—	—	—
		企 业 管 理 费 (元)			27.37	30.04	32.72	34.05	36.05	39.43
		利 润 (元)			12.70	13.94	15.18	15.80	16.73	18.29
		一 般 风 险 费 (元)			2.47	2.71	2.95	3.07	3.25	3.55
	编码	名 称	单位	单价(元)	消 耗 量					
人工	000300050	木工综合工	工日	125.00	1.233	1.353	1.474	1.534	1.624	1.776
材料	050303800	木材 锯材	m³	1547.01	0.028	0.035	0.041	0.048	0.054	0.061
	144101100	白乳胶	kg	7.69	0.040	0.050	0.060	0.070	0.080	0.090
	030100650	铁钉	kg	7.26	0.010	0.010	0.010	0.010	0.010	0.010
	002000010	其他材料费	元	—	0.22	0.27	0.32	0.37	0.42	0.48

工作内容:1.选料、配料、裁料、刨光、制样板、画线、雕凿、成型、试装等全部操作过程。2.圆形构件还
包括砍瘪子、剥树皮等。3.安装包括起重、翻身就位、修整卯榫、裁销、校正等全部过程。　　　　　　　计量单位:个

定 额 编 号					BE0166	BE0167	BE0168	BE0169	BE0170	BE0171
项 目 名 称					大刀木高度800mm以内(厚度)(mm)					
					80以内	100以内	120以内	140以内	160以内	180以内
综 合 单 价（元）					**308.75**	**356.03**	**402.09**	**449.69**	**497.14**	**543.17**
费用	其中	人 工 费（元）			180.63	203.00	225.63	248.25	270.75	293.38
		材 料 费（元）			78.27	97.00	114.19	132.92	151.66	168.83
		施工机具使用费（元）			—	—	—	—	—	—
		企 业 管 理 费（元）			32.08	36.05	40.07	44.09	48.09	52.10
		利 润（元）			14.88	16.73	18.59	20.46	22.31	24.17
		一 般 风 险 费（元）			2.89	3.25	3.61	3.97	4.33	4.69
	编码	名 称	单位	单价（元）	消		耗		量	
人工	000300050	木工综合工	工日	125.00	1.445	1.624	1.805	1.986	2.166	2.347
材料	050303800	木材 锯材	m³	1547.01	0.050	0.062	0.073	0.085	0.097	0.108
	144101100	白乳胶	kg	7.69	0.050	0.060	0.070	0.090	0.090	0.100
	030100650	铁钉	kg	7.26	0.020	0.020	0.020	0.020	0.020	0.020
	002000010	其他材料费	元	—	0.39	0.48	0.57	0.66	0.76	0.84

工作内容:1.选料、配料、裁料、刨光、制样板、画线、雕凿、成型、试装等全部操作过程。2.圆形构件还
包括砍瘪子、剥树皮等。3.安装包括起重、翻身就位、修整卯榫、裁销、校正等全部过程。　　　　　　　计量单位:个

定 额 编 号					BE0172	BE0173	BE0174	BE0175	BE0176	BE0177
项 目 名 称					大刀木高度1000mm以内(厚度)(mm)					
					80以内	100以内	120以内	140以内	160以内	180以内
综 合 单 价（元）					**376.37**	**442.71**	**509.20**	**577.26**	**643.68**	**707.30**
费用	其中	人 工 费（元）			199.38	229.38	259.50	289.63	319.63	347.50
		材 料 费（元）			121.96	150.02	178.08	207.69	235.83	263.89
		施工机具使用费（元）			—	—	—	—	—	—
		企 业 管 理 费（元）			35.41	40.74	46.09	51.44	56.77	61.72
		利 润（元）			16.43	18.90	21.38	23.87	26.34	28.63
		一 般 风 险 费（元）			3.19	3.67	4.15	4.63	5.11	5.56
	编码	名 称	单位	单价（元）	消		耗		量	
人工	000300050	木工综合工	工日	125.00	1.595	1.835	2.076	2.317	2.557	2.780
材料	050303800	木材 锯材	m³	1547.01	0.078	0.096	0.114	0.133	0.151	0.169
	144101100	白乳胶	kg	7.69	0.060	0.070	0.080	0.090	0.100	0.110
	030100650	铁钉	kg	7.26	0.030	0.030	0.030	0.030	0.040	0.040
	002000010	其他材料费	元	—	0.61	0.75	0.89	1.03	1.17	1.31

工作内容:1.选料、配料、裁料、刨光、制样板、画线、雕凿、成型、试装等全部操作过程。2.圆形构件还
包括砍疤子、剥树皮等。3.安装包括起重、翻身就位、修整卯榫、栽销、校正等全部过程。　　　　　计量单位:个

定　额　编　号				BE0178	BE0179	BE0180	BE0181	BE0182	BE0183
项　目　名　称				大刀木高度1200mm以内(厚度)(mm)					
				80以内	100以内	120以内	140以内	160以内	180以内
综　合　单　价　(元)				**433.08**	**518.48**	**602.32**	**686.17**	**771.42**	**855.43**
费用	其中	人　工　费　(元)		218.13	255.75	293.38	331.00	368.50	406.25
		材　料　费　(元)		154.75	192.15	227.98	263.81	301.21	337.05
		施工机具使用费　(元)		—	—	—	—	—	—
		企业管理费　(元)		38.74	45.42	52.10	58.79	65.45	72.15
		利　　　润　(元)		17.97	21.07	24.17	27.27	30.36	33.48
		一　般　风　险　费　(元)		3.49	4.09	4.69	5.30	5.90	6.50
编码	名　称	单位	单价(元)	消	耗		量		
人工 000300050	木工综合工	工日	125.00	1.745	2.046	2.347	2.648	2.948	3.250
材料 050303800	木材 锯材	m³	1547.01	0.099	0.123	0.146	0.169	0.193	0.216
144101100	白乳胶	kg	7.69	0.070	0.080	0.090	0.100	0.110	0.120
030100650	铁钉	kg	7.26	0.040	0.040	0.040	0.040	0.040	0.040
002000010	其他材料费	元	—	0.77	0.96	1.13	1.31	1.50	1.68

工作内容:1.选料、配料、裁料、刨光、制样板、画线、雕凿、成型、试装等全部操作过程。2.圆形构件还
包括砍疤子、剥树皮等。3.安装包括起重、翻身就位、修整卯榫、栽销、校正等全部过程。　　　　　计量单位:个

定　额　编　号				BE0184	BE0185	BE0186	BE0187	BE0188	BE0189
项　目　名　称				大刀木高度1400mm以内(厚度)(mm)					
				80以内	100以内	120以内	140以内	160以内	180以内
综　合　单　价　(元)				**513.13**	**620.71**	**727.96**	**833.96**	**941.21**	**1048.61**
费用	其中	人　工　费　(元)		236.88	282.13	327.13	372.38	417.38	462.50
		材　料　费　(元)		210.87	260.71	310.54	358.81	408.63	458.46
		施工机具使用费　(元)		—	—	—	—	—	—
		企业管理费　(元)		42.07	50.11	58.10	66.13	74.13	82.14
		利　　　润　(元)		19.52	23.25	26.96	30.68	34.39	38.11
		一　般　风　险　费　(元)		3.79	4.51	5.23	5.96	6.68	7.40
编码	名　称	单位	单价(元)	消	耗		量		
人工 000300050	木工综合工	工日	125.00	1.895	2.257	2.617	2.979	3.339	3.700
材料 050303800	木材 锯材	m³	1547.01	0.135	0.167	0.199	0.230	0.262	0.294
144101100	白乳胶	kg	7.69	0.080	0.090	0.100	0.110	0.120	0.130
030100650	铁钉	kg	7.26	0.050	0.050	0.050	0.050	0.050	0.050
002000010	其他材料费	元	—	1.05	1.30	1.55	1.79	2.03	2.28

工作内容: 1.选料、配料、裁料、刨光、制样板、画线、雕凿、成型、试装等全部操作过程。2.圆形构件还包括砍疮子、剥树皮等。3.安装包括起重、翻身就位、修整卯榫、栽销、校正等全部过程。　　　　计量单位:个

定　额　编　号				BE0190	BE0191	BE0192	BE0193	BE0194	BE0195
项　目　名　称				大刀木高度1600mm以内(厚度)(mm)					
				80以内	100以内	120以内	140以内	160以内	180以内
综　合　单　价　(元)				**605.89**	**738.25**	**869.40**	**1001.93**	**1132.88**	**1265.56**
费用	其中	人　工　费　(元)		259.50	312.00	364.75	417.38	470.00	522.75
		材　料　费　(元)		274.77	340.14	403.97	469.35	533.16	598.54
		施工机具使用费　(元)		—	—	—	—	—	—
		企　业　管　理　费　(元)		46.09	55.41	64.78	74.13	83.47	92.84
		利　　　润　(元)		21.38	25.71	30.06	34.39	38.73	43.07
		一　般　风　险　费　(元)		4.15	4.99	5.84	6.68	7.52	8.36
	编码	名　称	单位	单价(元)	消　　　耗　　　量				
人工	000300050	木工综合工	工日	125.00	2.076	2.496	2.918	3.339	3.760	4.182
材料	050303800	木材 锯材	m³	1547.01	0.176	0.218	0.259	0.301	0.342	0.384
	144101100	白乳胶	kg	7.69	0.090	0.100	0.110	0.120	0.130	0.140
	030100650	铁钉	kg	7.26	0.060	0.060	0.060	0.060	0.060	0.060
	002000010	其他材料费	元	—	1.37	1.69	2.01	2.34	2.65	2.98

E.6.3　踩步金(编码:020506003)

工作内容: 1.选料、配料、裁料、刨光、制样板、画线、雕凿、成型、试装等全部操作过程。2.圆形构件还包括砍疮子、剥树皮等。3.安装包括起重、翻身就位、修整卯榫、栽销、校正等全部过程。　　　　计量单位:m³

定　额　编　号				BE0196	BE0197	BE0198	BE0199
项　目　名　称				踩步金(宽度)(mm)			
				250以下	300以下	400以下	400以上
综　合　单　价　(元)				**3439.28**	**3023.79**	**2783.74**	**2576.55**
费用	其中	人　工　费　(元)		1324.50	998.88	810.75	648.38
		材　料　费　(元)		1749.22	1749.22	1749.22	1749.22
		施工机具使用费　(元)		—	—	—	—
		企　业　管　理　费　(元)		235.23	177.40	143.99	115.15
		利　　　润　(元)		109.14	82.31	66.81	53.43
		一　般　风　险　费　(元)		21.19	15.98	12.97	10.37
	编码	名　称	单位	单价(元)	消　　　耗　　　量		
人工	000300050	木工综合工	工日	125.00	10.596	7.991	6.486	5.187
材料	050303800	木材 锯材	m³	1547.01	1.114	1.114	1.114	1.114
	002000010	其他材料费	元	—	25.85	25.85	25.85	25.85

E.6.4　虾须木(编码:020506004)

工作内容:选配料、截料、装钉牢固等全部过程。　　　　　　　　　　　　　计量单位:m

	定　额　编　号				BE0200	BE0201	BE0202
	项　目　名　称				虾须木(截面)(mm)		
					60×100 以内	90×150 以内	100×180 以内
费用	综　合　单　价　(元)				**54.12**	**76.84**	**93.04**
	其中	人　工　费　(元)			30.00	34.00	37.88
		材　料　费　(元)			15.84	33.46	44.70
		施工机具使用费　(元)			—	—	—
		企　业　管　理　费　(元)			5.33	6.04	6.73
		利　　润　(元)			2.47	2.80	3.12
		一　般　风　险　费　(元)			0.48	0.54	0.61
	编码	名　称	单位	单价(元)	消　耗　量		
人工	000300050	木工综合工	工日	125.00	0.240	0.272	0.303
材料	050303800	木材 锯材	m³	1547.01	0.010	0.021	0.028
	030100650	铁钉	kg	7.26	0.040	0.110	0.160
	002000010	其他材料费	元	—	0.08	0.17	0.22

E.6.5　菱角木(编码:020506005)

工作内容:选配料、截料、装钉牢固等全部过程。　　　　　　　　　　　　　计量单位:m³ 竣工材积

	定　额　编　号				BE0203	BE0204	BE0205	BE0206
	项　目　名　称				填角木(厚度)(mm)			
					50 以内	60 以内	70 以内	80 以内
费用	综　合　单　价　(元)				**5505.50**	**4516.11**	**3895.39**	**3461.57**
	其中	人　工　费　(元)			2820.50	2098.25	1635.00	1314.63
		材　料　费　(元)			1906.54	1838.74	1809.13	1784.10
		施工机具使用费　(元)			—	—	—	—
		企　业　管　理　费　(元)			500.92	372.65	290.38	233.48
		利　　润　(元)			232.41	172.90	134.72	108.33
		一　般　风　险　费　(元)			45.13	33.57	26.16	21.03
	编码	名　称	单位	单价(元)	消　耗　量			
人工	000300050	木工综合工	工日	125.00	22.564	16.786	13.080	10.517
材料	050303800	木材 锯材	m³	1547.01	1.148	1.139	1.133	1.127
	030100650	铁钉	kg	7.26	16.670	9.300	6.520	4.370
	002000010	其他材料费	元	—	9.55	9.18	9.03	8.89

工作内容：选配料、截料、装钉牢固等全部过程。 计量单位：m³ 竣工材积

定 额 编 号					BE0207	BE0208	BE0209	BE0210
项 目 名 称					填角木（厚度）(mm)			
					90 以内	100 以内	110 以内	120 以内
综 合 单 价 （元）					**3132.63**	**2887.67**	**2837.75**	**2670.31**
费用	其中	人 工 费 （元）			1067.38	884.38	851.38	726.50
		材 料 费 （元）			1770.65	1759.20	1751.40	1743.30
		施 工 机 具 使 用 费 （元）			—	—	—	—
		企 业 管 理 费 （元）			189.57	157.07	151.20	129.03
		利 润 （元）			87.95	72.87	70.15	59.86
		一 般 风 险 费 （元）			17.08	14.15	13.62	11.62
	编码	名 称	单位	单价(元)	消 耗 量			
人工	000300050	木工综合工	工日	125.00	8.539	7.075	6.811	5.812
材料	050303800	木材 锯材	m³	1547.01	1.123	1.120	1.117	1.114
	030100650	铁钉	kg	7.26	3.380	2.450	2.020	1.550
	002000010	其他材料费	元	—	8.82	8.76	8.72	8.68

E.6.6 戗山木（编码：020506006）

工作内容：选配料、截料、装钉牢固等全部过程。 计量单位：m³ 竣工材积

定 额 编 号					BE0211	BE0212
项 目 名 称					戗山木(mm)	
					1200×110×70 以内	1500×140×80 以内
综 合 单 价 （元）					**4808.76**	**3850.99**
费用	其中	人 工 费 （元）			2376.00	1653.13
		材 料 费 （元）			1776.98	1741.59
		施 工 机 具 使 用 费 （元）			—	—
		企 业 管 理 费 （元）			421.98	293.60
		利 润 （元）			195.78	136.22
		一 般 风 险 费 （元）			38.02	26.45
	编码	名 称	单位	单价(元)	消 耗 量	
人工	000300050	木工综合工	工日	125.00	19.008	13.225
材料	050303800	木材 锯材	m³	1547.01	1.098	1.089
	030100650	铁钉	kg	7.26	9.570	6.640
	002000010	其他材料费	元	—	8.88	8.69

定 额 编 号					BE0213	BE0214
项 目 名 称					戗山木(mm)	
					1700×160×100 以内	2200×180×1200 以内
费用	综 合 单 价 (元)				**3230.57**	**2725.48**
	其中	人 工 费 (元)			1188.38	810.00
		材 料 费 (元)			1714.20	1691.92
		施 工 机 具 使 用 费 (元)			—	—
		企 业 管 理 费 (元)			211.06	143.86
		利 润 (元)			97.92	66.74
		一 般 风 险 费 (元)			19.01	12.96
	编码	名 称	单位	单价(元)	消 耗 量	
人工	000300050	木工综合工	工日	125.00	9.507	6.480
材料	050303800	木材 锯材	m³	1547.01	1.078	1.071
	030100650	铁钉	kg	7.26	5.230	3.670
	002000010	其他材料费	元	—	8.55	8.43

E.6.7 千斤销(编码:020506007)

定 额 编 号					BE0215	BE0216
项 目 名 称					硬木斤销断面尺寸(mm)	
					70×70	120×120
费用	综 合 单 价 (元)				**167.47**	**304.53**
	其中	人 工 费 (元)			126.38	210.63
		材 料 费 (元)			6.22	35.76
		施 工 机 具 使 用 费 (元)			—	—
		企 业 管 理 费 (元)			22.44	37.41
		利 润 (元)			10.41	17.36
		一 般 风 险 费 (元)			2.02	3.37
	编码	名 称	单位	单价(元)	消 耗 量	
人工	000300050	木工综合工	工日	125.00	1.011	1.685
材料	050303800	木材 锯材	m³	1547.01	0.004	0.023
	002000010	其他材料费	元	—	0.03	0.18

E.6.8 弯大连檐、里口木(编码:020506008)

工作内容:选配料、截料、装钉牢固等全部过程。　　　　　　　　　　　　　　　　计量单位:10m

定　额　编　号					BE0217	BE0218	BE0219	BE0220
项　目　名　称					弯连檐(厚度)(mm)			
					20以内	30以内	40以内	50以内
综　合　单　价(元)					**50.17**	**68.47**	**99.99**	**111.43**
费用	其中	人　工　费(元)			18.75	24.00	28.63	31.50
		材　料　费(元)			26.24	37.85	63.46	71.24
		施工机具使用费(元)			—	—	—	—
		企业管理费(元)			3.33	4.26	5.08	5.59
		利　　　润(元)			1.55	1.98	2.36	2.60
		一般风险费(元)			0.30	0.38	0.46	0.50
	编码	名　　称	单位	单价(元)	消　　耗　　量			
人工	000300050	木工综合工	工日	125.00	0.150	0.192	0.229	0.252
材料	050303800	木材 锯材	m³	1547.01	0.015	0.022	0.038	0.043
	030100650	铁钉	kg	7.26	0.400	0.500	0.600	0.600
	002000010	其他材料费	元	—	0.13	0.19	0.32	0.36

E.6.9 弯小连檐(编码:020506009)

工作内容:选配料、截料、装钉牢固等全部过程。　　　　　　　　　　　　　　　　计量单位:10m

定　额　编　号					BE0221	BE0222	BE0223	BE0224	BE0225
项　目　名　称					弯小连檐(截面)(mm)				
					30×30	30×40	40×50	40×60	50×70
综　合　单　价(元)					**55.00**	**67.91**	**89.36**	**102.27**	**129.18**
费用	其中	人　工　费(元)			25.63	30.88	36.13	41.38	46.63
		材　料　费(元)			22.30	28.52	43.25	49.47	69.68
		施工机具使用费(元)			—	—	—	—	—
		企业管理费(元)			4.55	5.48	6.42	7.35	8.28
		利　　　润(元)			2.11	2.54	2.98	3.41	3.84
		一般风险费(元)			0.41	0.49	0.58	0.66	0.75
	编码	名　　称	单位	单价(元)	消　　耗　　量				
人工	000300050	木工综合工	工日	125.00	0.205	0.247	0.289	0.331	0.373
材料	050303800	木材 锯材	m³	1547.01	0.012	0.016	0.025	0.029	0.042
	030100650	铁钉	kg	7.26	0.500	0.500	0.600	0.600	0.600
	002000010	其他材料费	元	—	0.11	0.14	0.22	0.25	0.35

E.6.10 弯封檐板(编码:020506010)

工作内容:选配料、截料、砍疖子、剥树皮、刨光、装钉牢固等全部过程。

计量单位:m

定 额 编 号					BE0226	BE0227	BE0228	BE0229
项 目 名 称					弯风沿板表面尺寸(mm)			
					200×25 以内	280×30 以内	300×35 以内	350×40 以内
综 合 单 价 (元)					**116.34**	**187.73**	**232.81**	**305.99**
费用	其中	人 工 费 (元)			13.50	20.25	26.13	36.25
		材 料 费 (元)			99.11	161.89	199.47	259.73
		施工机具使用费 (元)			—	—	—	—
		企 业 管 理 费 (元)			2.40	3.60	4.64	6.44
		利 润 (元)			1.11	1.67	2.15	2.99
		一 般 风 险 费 (元)			0.22	0.32	0.42	0.58
	编码	名 称	单位	单价(元)	消 耗 量			
人工	000300050	木工综合工	工日	125.00	0.108	0.162	0.209	0.290
材料	050303800	木材 锯材	m³	1547.01	0.063	0.103	0.126	0.164
	030100650	铁钉	kg	7.26	0.160	0.240	0.490	0.650
	002000010	其他材料费	元	—	—	0.49	0.81	0.99	1.30

E.6.11 鳖壳板(编码:020506013)

工作内容:选配料、截料、装钉牢固等全部过程。

计量单位:10m²

定 额 编 号					BE0230	BE0231	BE0232
项 目 名 称					鳖角壳板(厚度)(mm)		
					20 以内	35 以内	55 以内
综 合 单 价 (元)					**495.62**	**1087.39**	**1591.15**
费用	其中	人 工 费 (元)			126.38	387.38	505.38
		材 料 费 (元)			334.37	593.09	946.29
		施工机具使用费 (元)			—	—	—
		企 业 管 理 费 (元)			22.44	68.80	89.75
		利 润 (元)			10.41	31.92	41.64
		一 般 风 险 费 (元)			2.02	6.20	8.09
	编码	名 称	单位	单价(元)	消 耗 量		
人工	000300050	木工综合工	工日	125.00	1.011	3.099	4.043
材料	050303800	木材 锯材	m³	1547.01	0.206	0.361	0.567
	030100650	铁钉	kg	7.26	1.930	4.360	8.870
	002000010	其他材料费	元	—	1.67	2.97	4.74

E.6.12 隔椽板(编码:020506015)

工作内容:选配料、截料、刨光、画线、镶拼料、企口、起边、栽销、安装。   计量单位:10m

定　额　编　号				BE0233	BE0234
项　目　名　称				隔椽板制安(椽径)(mm)	隔椽板制安(椽径)(mm)
				80以内	120以内
综　合　单　价　(元)				**49.40**	**73.09**
费用	其中	人　工　费　(元)		16.50	18.00
		材　料　费　(元)		28.35	50.12
		施工机具使用费　(元)		—	—
		企　业　管　理　费　(元)		2.93	3.20
		利　　　润　(元)		1.36	1.48
		一　般　风　险　费　(元)		0.26	0.29
	编码	名　称	单位	单价(元)	消耗量
人工	000300050	木工综合工	工日	125.00	0.132	0.144
材料	050303800	木材 锯材	m³	1547.01	0.018	0.032
	030100650	铁钉	kg	7.26	0.050	0.050
	002000010	其他材料费	元	—	0.14	0.25

E.7 斗拱(编码:020507)

E.7.1 平身科斗拱(编码:020507001)

工作内容:选配料、截料、刨光、制样板、画线、雕凿成型、试装配、修正卯榫、入位、栽销、校正等全部过程。   计量单位:攒

定　额　编　号				BE0235	BE0236	BE0237	BE0238	BE0239	BE0240
项　目　名　称				一斗三升斗拱制作	一斗二升麻叶斗拱制作	三踩单昂斗拱制作	五踩单翘单昂斗拱制作	五踩重昂斗拱制作	三踩平座斗拱制作
				平身科					
综　合　单　价　(元)				**246.56**	**672.16**	**1116.68**	**1835.29**	**1910.54**	**1026.66**
费用	其中	人　工　费　(元)		153.25	411.25	693.75	1097.75	1145.75	638.13
		材　料　费　(元)		51.01	147.40	231.45	434.57	448.56	212.41
		施工机具使用费　(元)		—	—	—	—	—	—
		企　业　管　理　费　(元)		27.22	73.04	123.21	194.96	203.49	113.33
		利　　　润　(元)		12.63	33.89	57.17	90.45	94.41	52.58
		一　般　风　险　费　(元)		2.45	6.58	11.10	17.56	18.33	10.21
	编码	名　称	单位	单价(元)	消　　耗　　量				
人工	000300050	木工综合工	工日	125.00	1.226	3.290	5.550	8.782	9.166	5.105
材料	050303800	木材 锯材	m³	1547.01	0.032	0.094	0.147	0.277	0.286	0.135
	144101100	白乳胶	kg	7.69	0.050	0.050	0.150	0.270	0.270	0.100
	030100650	铁钉	kg	7.26	0.010	0.010	0.020	0.030	0.030	0.020
	022901010	连绳	kg	7.97	0.100	0.100	0.200	0.200	0.200	0.200
	002000010	其他材料费	元	—	0.25	0.73	1.15	2.16	2.23	1.06

工作内容:选配料、截料、刨光、制样板、画线、雕凿成型、试装配、修正卯榫、入位、栽销、校正等全部过程。　　**计量单位:**攒

定 额 编 号				BE0241	BE0242	BE0243	BE0244	BE0245	BE0246
项 目 名 称				五踩平座斗拱制作	三踩品字斗拱制作	五踩品字斗拱制作	三踩单昂溜金斗拱制作	五踩重昂溜金斗拱制作	五踩单翘单昂牌楼斗拱制作
				平身科					
综 合 单 价 （元）				1625.40	1020.92	1752.92	2594.74	3908.49	1168.71
费用	其中	人 工 费 （元）		964.13	643.38	1064.13	1632.88	2272.75	822.25
		材 料 费 （元）		395.17	199.98	395.09	511.18	1008.47	119.52
		施工机具使用费 （元）		—	—	—	—	—	—
		企 业 管 理 费 （元）		171.23	114.26	188.99	290.00	403.64	146.03
		利 润 （元）		79.44	53.01	87.68	134.55	187.27	67.75
		一 般 风 险 费 （元）		15.43	10.29	17.03	26.13	36.36	13.16
	编码	名 称	单位	单价（元）	消 耗 量				
人工	000300050	木工综合工	工日	125.00	7.713	5.147	8.513	13.063	18.182	6.578
材料	050303800	木材 锯材	m³	1547.01	0.252	0.127	0.252	0.325	0.643	0.075
	144101100	白乳胶	kg	7.69	0.200	0.100	0.200	0.300	0.550	0.150
	030100650	铁钉	kg	7.26	0.030	0.020	0.020	0.050	0.070	0.020
	022901010	连绳	kg	7.97	0.200	0.200	0.200	0.400	0.500	0.200
	002000010	其他材料费	元	—	1.97	1.00	1.97	2.54	5.02	0.60

工作内容:选配料、截料、刨光、制样板、画线、雕凿成型、试装配、修正卯榫、入位、栽销、校正等全部过程。　　**计量单位:**攒

定 额 编 号				BE0247	BE0248	BE0249	BE0250	BE0251	BE0252
项 目 名 称				五踩重昂牌楼斗拱制作	三踩昂翘、平座、品字斗拱安装	五踩昂翘、平座、品字斗拱安装	三踩溜金斗拱安装	五踩溜金斗拱安装	牌楼五踩斗拱安装
				平身科					
综 合 单 价 （元）				1239.36	118.05	198.44	147.56	248.22	139.58
费用	其中	人 工 费 （元）		863.00	92.13	155.13	115.25	194.13	109.00
		材 料 费 （元）		138.17	0.50	0.50	0.50	0.50	0.50
		施工机具使用费 （元）		—	—	—	—	—	—
		企 业 管 理 费 （元）		153.27	16.36	27.55	20.47	34.48	19.36
		利 润 （元）		71.11	7.59	12.78	9.50	16.00	8.98
		一 般 风 险 费 （元）		13.81	1.47	2.48	1.84	3.11	1.74
	编码	名 称	单位	单价（元）	消 耗 量				
人工	000300050	木工综合工	工日	125.00	6.904	0.737	1.241	0.922	1.553	0.872
材料	050303800	木材 锯材	m³	1547.01	0.087	—	—	—	—	—
	144101100	白乳胶	kg	7.69	0.150	—	—	—	—	—
	030100650	铁钉	kg	7.26	0.020	—	—	—	—	—
	022901010	连绳	kg	7.97	0.200	—	—	—	—	—
	002000010	其他材料费	元	—	0.69	0.50	0.50	0.50	0.50	0.50

工作内容:选配料、截料、刨光、制样板、画线、雕凿成型、试装配、修正卯榫、入位、栽销、校正等全部过程。　　　　　　**计量单位:**攒

定　额　编　号				BE0253	BE0254	BE0255	BE0256	BE0257	BE0258
项　目　名　称				一斗三升斗拱制作	一斗二升麻叶斗拱制作	三踩单昂斗拱制作	五踩单翘单昂斗拱制作	五踩重昂斗拱制作	三踩平座斗拱制作
				柱头科					
综　合　单　价　(元)				**291.18**	**288.79**	**964.68**	**1784.43**	**1894.28**	**922.51**
费用 其中		人　工　费　(元)		177.25	175.38	587.38	989.00	1054.38	576.00
		材　料　费　(元)		65.00	65.00	215.18	522.47	548.89	187.53
		施工机具使用费　(元)		—	—	—	—	—	—
		企　业　管　理　费　(元)		31.48	31.15	104.32	175.65	187.26	102.30
		利　　　润　　　(元)		14.61	14.45	48.40	81.49	86.88	47.46
		一　般　风　险　费　(元)		2.84	2.81	9.40	15.82	16.87	9.22
	编码	名　称	单位	单价(元)	消　　　耗　　　量				
人工	000300050	木工综合工	工日	125.00	1.418	1.403	4.699	7.912	8.435	4.608
材料	050303800	木材 锯材	m³	1547.01	0.041	0.041	0.137	0.334	0.351	0.119
	144101100	白乳胶	kg	7.69	0.050	0.050	0.150	0.270	0.270	0.100
	030100650	铁钉	kg	7.26	0.010	0.010	0.030	0.040	0.040	0.020
	022901010	连绳	kg	7.97	0.100	0.100	0.100	0.100	0.100	0.200
	002000010	其他材料费	元	—	0.32	0.32	1.07	2.60	2.73	0.93

工作内容:选配料、截料、刨光、制样板、画线、雕凿成型、试装配、修正卯榫、入位、栽销、校正等全部过程。　　　　　　**计量单位:**攒

定　额　编　号				BE0259	BE0260	BE0261
项　目　名　称				五踩平座斗拱制作	三踩品字斗拱制作	五踩品字斗拱制作
				柱头科		
综　合　单　价　(元)				**1472.56**	**752.31**	**1819.08**
费用 其中		人　工　费　(元)		906.50	437.75	1033.13
		材　料　费　(元)		315.87	193.75	500.81
		施工机具使用费　(元)		—	—	—
		企　业　管　理　费　(元)		160.99	77.74	183.48
		利　　　润　　　(元)		74.70	36.07	85.13
		一　般　风　险　费　(元)		14.50	7.00	16.53
	编码	名　称	单位	单价(元)	消　　耗　　量		
人工	000300050	木工综合工	工日	125.00	7.252	3.502	8.265
材料	050303800	木材 锯材	m³	1547.01	0.201	0.123	0.320
	144101100	白乳胶	kg	7.69	0.200	0.100	0.200
	030100650	铁钉	kg	7.26	0.030	0.020	0.020
	022901010	连绳	kg	7.97	0.200	0.200	0.200
	002000010	其他材料费	元	—	1.57	0.96	2.49

工作内容:选配料、截料、刨光、制样板、画线、雕凿成型、试装配、修正卯榫、入位、栽销、校正等全部过程。　　计量单位:攒

定　额　编　号				BE0262	BE0263
项　目　名　称				三踩昂翘、平座、品字斗拱安装	五踩昂翘、平座、品字斗拱安装
				柱头科	
综　合　单　价（元）				176.90	297.81
费用	其中	人　工　费　（元）		138.25	233.00
		材　料　费　（元）		0.50	0.50
		施工机具使用费　（元）		—	—
		企　业　管　理　费　（元）		24.55	41.38
		利　　　润　（元）		11.39	19.20
		一　般　风　险　费　（元）		2.21	3.73
	编码	名　　　称	单位	单价（元）	消　　耗　　量
人工	000300050	木工综合工	工日	125.00	1.106	1.864
材料	002000010	其他材料费	元	—	0.50	0.50

E.7.3　角科斗拱(编码:020507003)

工作内容:选配料、截料、刨光、制样板、画线、雕凿成型、试装配、修正卯榫、入位、栽销、校正等全部过程。　　计量单位:攒

定　额　编　号				BE0264	BE0265	BE0266	BE0267	BE0268	BE0269
项　目　名　称				一斗三升斗拱制作	一斗二升麻叶斗拱制作	三踩单昂斗拱制作	五踩单翘单昂斗拱制作	五踩重昂斗拱制作	三踩平座斗拱制作
				角科					
综　合　单　价（元）				1219.58	1160.72	2379.87	4966.07	5013.19	2396.41
费用	其中	人　工　费　（元）		729.38	683.25	1435.50	2982.38	2997.38	1462.88
		材　料　费　（元）		288.89	288.89	548.17	1160.55	1188.54	529.77
		施工机具使用费　（元）		—	—	—	—	—	—
		企　业　管　理　费　（元）		129.54	121.35	254.94	529.67	532.33	259.81
		利　　　润　（元）		60.10	56.30	118.29	245.75	246.98	120.54
		一　般　风　险　费　（元）		11.67	10.93	22.97	47.72	47.96	23.41
	编码	名　称	单位	单价（元）	消　　耗　　量				
人工	000300050	木工综合工	工日	125.00	5.835	5.466	11.484	23.859	23.979	11.703
材料	050303800	木材 锯材	m³	1547.01	0.185	0.185	0.348	0.740	0.758	0.337
	144101100	白乳胶	kg	7.69	0.050	0.050	0.450	0.800	0.800	0.300
	030100650	铁钉	kg	7.26	0.010	0.010	0.060	0.090	0.090	0.040
	022901010	连绳	kg	7.97	0.100	0.100	0.400	0.400	0.400	0.400
	002000010	其他材料费	元	—	1.44	1.44	2.73	5.77	5.91	2.64

工作内容:选配料、截料、刨光、制样板、画线、雕凿成型、试装配、修正卯榫、入位、栽销、校正等全部过程。　　　　计量单位:攒

定 额 编 号					BE0270	BE0271	BE0272	BE0273	BE0274
项 目 名 称					五踩平座斗拱制作	三踩单昂溜金斗拱制作	五踩重昂溜金斗拱制作	五踩单翘单昂牌楼斗拱制作	五踩重昂牌楼斗拱制作
					角科				
综 合 单 价 (元)					**4391.50**	**4778.65**	**8729.76**	**3611.65**	**3727.74**
费用	其中	人 工 费 (元)			2551.75	2768.75	4603.88	2515.38	2581.00
		材 料 费 (元)			1135.47	1245.72	2855.21	402.02	434.38
		施 工 机 具 使 用 费 (元)			—	—	—	—	—
		企 业 管 理 费 (元)			453.19	491.73	817.65	446.73	458.39
		利 润 (元)			210.26	228.15	379.36	207.27	212.67
		一 般 风 险 费 (元)			40.83	44.30	73.66	40.25	41.30
	编码	名 称	单位	单价(元)	消 耗 量				
人工	000300050	木工综合工	工日	125.00	20.414	22.150	36.831	20.123	20.648
材料	050303800	木材 锯材	m³	1547.01	0.725	0.794	1.823	0.254	0.275
	144101100	白乳胶	kg	7.69	0.600	0.900	1.650	0.450	0.450
	030100650	铁钉	kg	7.26	0.060	0.150	0.020	0.060	0.020
	022901010	连绳	kg	7.97	0.400	0.400	1.000	0.400	0.400
	002000010	其他材料费	元	—	5.65	6.20	14.21	2.00	2.16

工作内容:选配料、截料、刨光、制样板、画线、雕凿成型、试装配、修正卯榫、入位、栽销、校正等全部过程。　　　　计量单位:攒

定 额 编 号					BE0275	BE0276
项 目 名 称					三踩昂翘、平座、品字斗拱安装	五踩昂翘、平座、品字斗拱安装
					角科	
综 合 单 价 (元)					**352.20**	**594.01**
费用	其中	人 工 费 (元)			275.63	465.13
		材 料 费 (元)			0.50	0.50
		施 工 机 具 使 用 费 (元)			—	—
		企 业 管 理 费 (元)			48.95	82.61
		利 润 (元)			22.71	38.33
		一 般 风 险 费 (元)			4.41	7.44
	编码	名 称	单位	单价(元)	消 耗 量	
人工	000300050	木工综合工	工日	125.00	2.205	3.721
材料	002000010	其他材料费	元	—	0.50	0.50

工作内容：选配料、截料、刨光、制样板、画线、雕凿成型、试装配、修正卯榫、入位、栽销、校正等全部过程。　　**计量单位**：攒

定　额　编　号				BE0277	BE0278	BE0279
项　目　名　称				三踩溜金斗拱安装	五踩溜金斗拱安装	牌楼五踩斗拱安装
				角科		
综　合　单　价（元）				**184.73**	**742.18**	**416.64**
费用	其中	人　工　费（元）		144.38	581.25	326.13
		材　料　费（元）		0.50	0.50	0.50
		施工机具使用费（元）		—	—	—
		企　业　管　理　费（元）		25.64	103.23	57.92
		利　　　润（元）		11.90	47.90	26.87
		一　般　风　险　费（元）		2.31	9.30	5.22
	编码	名　　称	单位	单价（元）	消　　耗　　量	
人工	000300050	木工综合工	工日	125.00	1.155	4.650	2.609
材料	002000010	其他材料费	元	—	0.50	0.50	0.50

E.7.4　网状科斗拱（编码：020507004）

工作内容：选配料、截料、刨光、制样板、画线、雕凿成型、试装配、修正卯榫、入位、栽销、校正等全部过程。　　**计量单位**：m³

定　额　编　号				BE0280	BE0281
项　目　名　称				牌楼蜂窝百斗拱制作	牌楼蜂窝百斗拱安装
综　合　单　价（元）				**10862.41**	**1009.18**
费用	其中	人　工　费（元）		8117.00	790.50
		材　料　费（元）		505.12	0.50
		施工机具使用费（元）		—	—
		企　业　管　理　费（元）		1441.58	140.39
		利　　　润（元）		668.84	65.14
		一　般　风　险　费（元）		129.87	12.65
	编码	名　　称	单位	单价（元）	消　　耗　　量	
人工	000300050	木工综合工	工日	125.00	64.936	6.324
材料	050303800	木材 锯材	m³	1547.01	0.318	—
	144101100	白乳胶	kg	7.69	0.520	—
	030100650	铁钉	kg	7.26	0.040	—
	022901010	连绳	kg	7.97	0.800	—
	002000010	其他材料费	元	—	2.51	0.50

E.7.5 其他科斗拱(编码:020507005)

工作内容:选配料、截料、刨光、制样板、画线、雕凿成型、试装配、修正卯榫、入位、裁销、校正等全部过程。　　　　**计量单位:攒**

定额编号					BE0282	BE0283	BE0284	BE0285	BE0286
项目名称					单翘云拱麻叶斗拱制作	一斗二升重拱荷叶雀替榍架斗拱制作	一斗三升单拱荷叶雀替榍架斗拱制作	十字隔架斗拱制作	丁头拱(包括小斗)制作
费用	其中	综合单价(元)			2001.43	1931.11	1764.81	891.36	78.40
		人工费(元)			1443.25	1210.25	1120.13	618.38	44.38
		材料费(元)			159.85	386.84	335.53	102.32	21.77
		施工机具使用费(元)			—	—	—	—	—
		企业管理费(元)			256.32	214.94	198.93	109.82	7.88
		利润(元)			118.92	99.72	92.30	50.95	3.66
		一般风险费(元)			23.09	19.36	17.92	9.89	0.71
	编码	名称	单位	单价(元)	消	耗		量	
人工	000300050	木工综合工	工日	125.00	11.546	9.682	8.961	4.947	0.355
材料	050303800	木材 锯材	m³	1547.01	0.102	0.248	0.215	0.065	0.014
	144101100	白乳胶	kg	7.69	0.050	0.050	0.050	0.050	—
	030100650	铁钉	kg	7.26	0.010	0.010	0.010	0.010	—
	022901010	连绳	kg	7.97	0.100	0.100	0.100	0.100	—
	002000010	其他材料费	元	—	0.80	1.93	1.67	0.51	0.11

工作内容:选配料、截料、刨光、制样板、画线、雕凿成型、试装配、修正卯榫、入位、裁销、校正等全部过程。　　　　**计量单位:攒**

定额编号					BE0287	BE0288	BE0289	BE0290
项目名称					单翘云拱麻叶斗拱安装	一斗二升重拱荷叶雀替榍架斗拱安装	一斗三升单拱荷叶雀替榍架斗拱安装	十字隔架斗拱安装
费用	其中	综合单价(元)			44.83	70.26	62.33	70.28
		人工费(元)			35.00	55.00	48.75	55.00
		材料费(元)			0.17	0.08	0.12	0.10
		施工机具使用费(元)			—	—	—	—
		企业管理费(元)			6.22	9.77	8.66	9.77
		利润(元)			2.88	4.53	4.02	4.53
		一般风险费(元)			0.56	0.88	0.78	0.88
	编码	名称	单位	单价(元)	消	耗		量
人工	000300050	木工综合工	工日	125.00	0.280	0.440	0.390	0.440
材料	002000010	其他材料费	元		0.17	0.08	0.12	0.10

E.7.6 座斗(编码:020507006)

工作内容:选配料、截料、刨光、制样板、画线、雕凿成型、试装配、修正卯榫、入位、栽销、校正等全部过程。 **计量单位:**10个

定 额 编 号				BE0291	BE0292	BE0293	BE0294	BE0295	BE0296
项 目 名 称				斗拱单件制作安装用工(构件外接矩形体积)(m³)三幅云拱		斗拱单件制作安装用工(构件外接矩形体积)(m³)橔架斗拱荷叶墩		斗拱单件制作安装用工(构件外接矩形体积)(m³)麻叶云拱	
				0.02 以内	0.02 以上	0.02 以内	0.02 以上	0.02 以内	0.02 以上
综 合 单 价 (元)				**4127.92**	**7207.43**	**320.18**	**461.31**	**2248.84**	**3367.46**
费用	其中	人 工 费 (元)		3232.25	5644.25	249.88	359.75	1759.63	2634.88
		材 料 费 (元)		3.56	5.36	1.33	2.27	3.56	5.36
		施工机具使用费 (元)		—	—	—	—	—	—
		企 业 管 理 费 (元)		574.05	1002.42	44.38	63.89	312.51	467.95
		利 润 (元)		266.34	465.09	20.59	29.64	144.99	217.11
		一 般 风 险 费 (元)		51.72	90.31	4.00	5.76	28.15	42.16
	编码	名 称	单位	单价(元)	消	耗		量	
人工	000300050	木工综合工	工日	125.00	25.858	45.154	1.999	2.878	14.077	21.079
材料	144101100	白乳胶	kg	7.69	0.140	0.210	0.060	0.090	0.140	0.210
	030100650	铁钉	kg	7.26	0.030	0.040	0.010	0.020	0.030	0.040
	022901010	连绳	kg	7.97	0.280	0.430	0.100	0.180	0.280	0.430
	002000010	其他材料费	元	—	0.03	0.03	—	—	0.03	0.03

工作内容:选配料、截料、刨光、制样板、画线、雕凿成型、试装配、修正卯榫、入位、栽销、校正等全部过程。 **计量单位:**10个

定 额 编 号				BE0297	BE0298	BE0299	BE0300	BE0301
项 目 名 称				斗拱单件制作安装用工(构件外接矩形体积)(m³)斗(升)				
				0.0008 以内	0.002 以内	0.006 以内	0.01 以内	0.01 以上
综 合 单 价 (元)				**124.72**	**297.93**	**698.26**	**888.14**	**1095.33**
费用	其中	人 工 费 (元)		97.50	233.00	545.88	693.75	856.00
		材 料 费 (元)		0.31	0.62	1.72	2.91	3.07
		施工机具使用费 (元)		—	—	—	—	—
		企 业 管 理 费 (元)		17.32	41.38	96.95	123.21	152.03
		利 润 (元)		8.03	19.20	44.98	57.17	70.53
		一 般 风 险 费 (元)		1.56	3.73	8.73	11.10	13.70
	编码	名 称	单位	单价(元)	消	耗		量	
人工	000300050	木工综合工	工日	125.00	0.780	1.864	4.367	5.550	6.848
材料	144101100	白乳胶	kg	7.69	0.010	0.030	0.090	0.150	0.170
	030100650	铁钉	kg	7.26	0.010	0.010	0.010	0.020	0.020
	022901010	连绳	kg	7.97	0.020	0.040	0.120	0.200	0.200
	002000010	其他材料费	元	—	—	—	—	0.02	0.02

工作内容: 选配料、截料、刨光、制样板、画线、雕凿成型、试装配、修正卯榫、入位、栽销、校正等全部过程。 **计量单位:** 10个

定 额 编 号				BE0302	BE0303	BE0304	BE0305	BE0306	BE0307
项 目 名 称				斗拱单件制作安装用工(构件外接矩形体积)(m³)拱(翘)					
				0.002 以内	0.005 以内	0.008 以内	0.02 以内	0.04 以内	0.04 以上
综 合 单 价 (元)				**417.72**	**528.01**	**619.94**	**800.70**	**1115.02**	**1728.11**
费 用	其 中	人 工 费 (元)		327.00	412.88	483.75	623.75	868.25	1346.88
		材 料 费 (元)		0.47	1.17	2.68	4.79	7.14	9.49
		施工机具使用费 (元)		—	—	—	—	—	—
		企 业 管 理 费 (元)		58.08	73.33	85.91	110.78	154.20	239.21
		利 润 (元)		26.94	34.02	39.86	51.40	71.54	110.98
		一 般 风 险 费 (元)		5.23	6.61	7.74	9.98	13.89	21.55
	编码	名 称	单位	单价(元)	消		耗		量
人工	000300050	木工综合工	工日	125.00	2.616	3.303	3.870	4.990	6.946	10.775
材 料	144101100	白乳胶	kg	7.69	0.020	0.060	0.120	0.250	0.380	0.530
	030100650	铁钉	kg	7.26	0.010	0.010	0.020	0.030	0.070	0.090
	022901010	连绳	kg	7.97	0.030	0.080	0.200	0.330	0.460	0.590
	002000010	其他材料费	元	—	—	—	0.02	0.02	0.04	0.06

工作内容: 选配料、截料、刨光、制样板、画线、雕凿成型、试装配、修正卯榫、入位、栽销、校正等全部过程。 **计量单位:** 10个

定 额 编 号				BE0308	BE0309	BE0310	BE0311
项 目 名 称				斗拱单件制作安装用工(构件外接矩形体积)(m³)昂			
				0.02 以内	0.06 以内	0.1 以内	0.1 以上
综 合 单 价 (元)				**1362.07**	**1919.23**	**2673.03**	**3479.73**
费 用	其 中	人 工 费 (元)		1064.13	1499.25	2088.50	2719.25
		材 料 费 (元)		4.24	6.18	8.10	9.96
		施工机具使用费 (元)		—	—	—	—
		企 业 管 理 费 (元)		188.99	266.27	370.92	482.94
		利 润 (元)		87.68	123.54	172.09	224.07
		一 般 风 险 费 (元)		17.03	23.99	33.42	43.51
	编码	名 称	单位	单价(元)	消	耗	量
人工	000300050	木工综合工	工日	125.00	8.513	11.994	16.708	21.754
材 料	144101100	白乳胶	kg	7.69	0.220	0.370	0.520	0.670
	030100650	铁钉	kg	7.26	0.030	0.070	0.110	0.150
	022901010	连绳	kg	7.97	0.290	0.350	0.410	0.460
	002000010	其他材料费	元	—	0.02	0.04	0.03	0.05

工作内容:选配料、截料、刨光、制样板、画线、雕凿成型、试装配、修正卯榫、入位、栽销、校正等全部过程。 **计量单位:**10个

定 额 编 号					BE0312	BE0313	BE0314
项 目 名 称					斗拱单件制作安装用工(构件外接矩形体积)(m³)撑头木		
					0.01 以内	0.02 以内	0.02 以上
综 合 单 价 (元)					**545.52**	**840.90**	**1226.00**
费用	其中	人 工 费 (元)			425.25	655.75	956.88
		材 料 费 (元)			2.91	4.17	5.02
		施 工 机 具 使 用 费 (元)			—	—	—
		企 业 管 理 费 (元)			75.52	116.46	169.94
		利 润 (元)			35.04	54.03	78.85
		一 般 风 险 费 (元)			6.80	10.49	15.31
	编码	名 称	单位	单价(元)	消	耗	量
人工	000300050	木工综合工	工日	125.00	3.402	5.246	7.655
材料	144101100	白乳胶	kg	7.69	0.150	0.200	0.250
	030100650	铁钉	kg	7.26	0.020	0.030	0.040
	022901010	连绳	kg	7.97	0.200	0.300	0.350
	002000010	其他材料费	元	—	0.02	0.02	0.02

工作内容:选配料、截料、刨光、制样板、画线、雕凿成型、试装配、修正卯榫、入位、栽销、校正等全部过程。 **计量单位:**10个

定 额 编 号					BE0315	BE0316	BE0317	BE0318
项 目 名 称					斗拱单件制作安装用工(构件外接矩形体积)(m³)蚂蚱头			
					0.01 以内	0.02 以内	0.04 以内	0.04 以上
综 合 单 价 (元)					**887.02**	**1109.99**	**1375.68**	**1760.71**
费用	其中	人 工 费 (元)			692.88	866.63	1073.75	1374.25
		材 料 费 (元)			2.91	4.17	5.57	7.16
		施 工 机 具 使 用 费 (元)			—	—	—	—
		企 业 管 理 费 (元)			123.05	153.91	190.70	244.07
		利 润 (元)			57.09	71.41	88.48	113.24
		一 般 风 险 费 (元)			11.09	13.87	17.18	21.99
	编码	名 称	单位	单价(元)	消	耗		量
人工	000300050	木工综合工	工日	125.00	5.543	6.933	8.590	10.994
材料	144101100	白乳胶	kg	7.69	0.150	0.200	0.270	0.360
	030100650	铁钉	kg	7.26	0.020	0.030	0.040	0.050
	022901010	连绳	kg	7.97	0.200	0.300	0.400	0.500
	002000010	其他材料费	元	—	0.02	0.02	0.02	0.04

工作内容:选配料、截料、刨光、制样板、画线、雕凿成型、试装配、修正卯榫、入位、栽销、校正等全部过程。　计量单位:10个

定　额　编　号					BE0319	BE0320
项　目　名　称					斗拱单件制作安装用工(构件外接矩形体积)(m³)槅架斗拱雀替	
					0.01 以内	0.01 以上
综　合　单　价　(元)					**2264.71**	**3296.61**
费用	其中	人　工　费　(元)			1768.50	2575.75
		材　料　费　(元)			8.10	9.96
		施工机具使用费　(元)			—	—
		企　业　管　理　费　(元)			314.09	457.45
		利　　　　润　(元)			145.72	212.24
		一　般　风　险　费　(元)			28.30	41.21
	编码	名　　称	单位	单价(元)	消　　耗　　量	
人工	000300050	木工综合工	工日	125.00	14.148	20.606
材料	144101100	白乳胶	kg	7.69	0.520	0.670
	030100650	铁钉	kg	7.26	0.110	0.150
	022901010	连绳	kg	7.97	0.410	0.460
	002000010	其他材料费	元	—	0.03	0.05

E.7.7　垫拱板(编码:020507007)

工作内容:选配料、截料、刨光、制样板、画线、雕凿成型、试装配、修正卯榫、入位、栽销、校正等全部过程。　计量单位:m²

定　额　编　号					BE0321	BE0322	BE0323	BE0324
项　目　名　称					填拱板制作安装(厚度)(mm)		盖斗板制作安装(厚度)(mm)	
					20	每增减5	20	每增减5
综　合　单　价　(元)					**122.65**	**16.47**	**105.94**	**18.02**
费用	其中	人　工　费　(元)			53.13	4.38	36.38	4.38
		材　料　费　(元)			54.85	10.88	59.52	12.43
		施工机具使用费　(元)			—	—	—	—
		企　业　管　理　费　(元)			9.44	0.78	6.46	0.78
		利　　　　润　(元)			4.38	0.36	3.00	0.36
		一　般　风　险　费　(元)			0.85	0.07	0.58	0.07
	编码	名　称	单位	单价(元)	消　　　　耗　　　　量			
人工	000300050	木工综合工	工日	125.00	0.425	0.035	0.291	0.035
材料	050303800	木材 锯材	m³	1547.01	0.035	0.007	0.038	0.008
	030100650	铁钉	kg	7.26	0.060	—	0.060	—
	002000010	其他材料费	元	—	0.27	0.05	0.30	0.05

E.7.8 撑弓(编码:020507008)

工作内容:1.选料、配料、裁料、刨光、制样板、画线、雕凿、成型、试装等全部操作过程。2.圆形构件还包括砍疙子、剥树皮等。3.安装包括起重、翻身就位、修整卯榫、栽销、校正等全部过程。

计量单位:m²

定 额 编 号					BE0325	BE0326	BE0327	BE0328
项 目 名 称					三角形撑弓(板厚)(mm)		长板形撑弓(板厚)(mm)	
					100 以内	100 以上	100 以内	100 以上
综 合 单 价 (元)					315.97	418.59	309.16	420.60
费用	其中	人 工 费 (元)			76.75	76.75	75.25	83.38
		材 料 费 (元)			218.04	320.66	213.15	314.21
		施工机具使用费 (元)			—	—	—	—
		企 业 管 理 费 (元)			13.63	13.63	13.36	14.81
		利 润 (元)			6.32	6.32	6.20	6.87
		一 般 风 险 费 (元)			1.23	1.23	1.20	1.33
	编码	名 称	单位	单价(元)	消 耗 量			
人工	000300050	木工综合工	工日	125.00	0.614	0.614	0.602	0.667
材料	050303800	木材 锯材	m³	1547.01	0.140	0.206	0.137	0.202
	030100650	铁钉	kg	7.26	0.030	0.030	0.010	0.010
	144101100	白乳胶	kg	7.69	0.020	0.020	0.010	0.010
	002000010	其他材料费	元	—	1.09	1.60	1.06	1.56

工作内容:1.选料、配料、裁料、刨光、制样板、画线、雕凿、成型、试装等全部操作过程。2.圆形构件还包括砍疙子、剥树皮等。3.安装包括起重、翻身就位、修整卯榫、栽销、校正等全部过程。

计量单位:m

定 额 编 号					BE0329	BE0330	BE0331	BE0332
项 目 名 称					方柱形撑弓(板厚)(mm)			
					150×150 以内	200×200 以内	250×250 以内	250×250 以上
综 合 单 价 (元)					73.16	108.72	154.73	281.29
费用	其中	人 工 费 (元)			24.38	27.88	32.25	37.63
		材 料 费 (元)			42.05	73.14	113.57	233.28
		施工机具使用费 (元)			—	—	—	—
		企 业 管 理 费 (元)			4.33	4.95	5.73	6.68
		利 润 (元)			2.01	2.30	2.66	3.10
		一 般 风 险 费 (元)			0.39	0.45	0.52	0.60
	编码	名 称	单位	单价(元)	消 耗 量			
人工	000300050	木工综合工	工日	125.00	0.195	0.223	0.258	0.301
材料	050303800	木材 锯材	m³	1547.01	0.027	0.047	0.073	0.150
	030100650	铁钉	kg	7.26	0.010	0.010	0.010	0.010
	002000010	其他材料费	元	—	0.21	0.36	0.57	1.16

工作内容:1.选料、配料、裁料、刨光、制样板、画线、雕凿、成型、试装等全部操作过程。2.圆形构件还
包括砍庵子、剥树皮等。3.安装包括起重、翻身就位、修整卯榫、栽销、校正等全部过程。

计量单位:m

定 额 编 号					BE0333	BE0334	BE0335	BE0336
项 目 名 称					圆柱形撑弓(直径)(mm)			
					150 以内	200 以内	250 以内	250 以上
综 合 单 价 (元)					87.55	120.67	162.90	277.15
费用	其中	人 工 费 (元)			36.88	42.13	49.63	58.75
		材 料 费 (元)			40.49	66.92	99.58	202.19
		施 工 机 具 使 用 费 (元)			—	—	—	—
		企 业 管 理 费 (元)			6.55	7.48	8.81	10.43
		利 润 (元)			3.04	3.47	4.09	4.84
		一 般 风 险 费 (元)			0.59	0.67	0.79	0.94
	编码	名 称	单位	单价(元)	消 耗 量			
人工	000300050	木工综合工	工日	125.00	0.295	0.337	0.397	0.470
材料	050303800	木材 锯材	m³	1547.01	0.026	0.043	0.064	0.130
	030100650	铁钉	kg	7.26	0.010	0.010	0.010	0.010
	002000010	其他材料费	元	—	—	0.20	0.33	0.50	1.01

E.7.9 斗拱保护网(编码:020507009)

工作内容:选配料、裁料、刨光、制样板、画线、雕凿成型、试装配、修正卯榫、入位、栽销、校正等全部过程。

定 额 编 号					BE0337	BE0338
项 目 名 称					斗拱保护网(包括油漆)	埋木砖
单 位					m²	100 块
综 合 单 价 (元)					548.98	224.62
费用	其中	人 工 费 (元)			309.75	38.75
		材 料 费 (元)			153.74	175.18
		施 工 机 具 使 用 费 (元)			—	—
		企 业 管 理 费 (元)			55.01	6.88
		利 润 (元)			25.52	3.19
		一 般 风 险 费 (元)			4.96	0.62
	编码	名 称	单位	单价(元)	消 耗 量	
人工	000300050	木工综合工	工日	125.00	2.478	0.310
材料	032101250	铝板网 1mm 厚	m²	12.82	11.000	—
	130500700	防锈漆	kg	12.82	0.300	—
	130105430	无光调和漆	kg	12.85	0.300	—
	140500800	油漆溶剂油	kg	3.04	0.200	—
	030100650	铁钉	kg	7.26	0.500	—
	052500200	木砖	m³	854.70	—	0.181
	140100010	防腐油	kg	3.07	—	6.410
	002000010	其他材料费	元	—	0.78	0.80

E.8 木作配件

E.8.1 梁垫(编码:020508002)

工作内容:选配料、截料、砍疤子、刨光、装钉牢固等全部操作过程。　　　　　　　计量单位:10块

定　额　编　号				BE0339	
项　目　名　称				梁垫(mm)	
				140×180 以内	
费用 其 中	综　合　单　价(元)			**511.34**	
	人　工　费(元)			252.75	
	材　料　费(元)			188.83	
	施工机具使用费(元)			—	
	企业管理费(元)			44.89	
	利　　润(元)			20.83	
	一般风险费(元)			4.04	
	编码	名　　称	单位	单价(元)	消　耗　量
人工	000300050	木工综合工	工日	125.00	2.022
材 料	050303800	木材 锯材	m³	1547.01	0.120
	030100650	铁钉	kg	7.26	0.310
	002000010	其他材料费	元	—	0.94

E.8.2 三幅云、山雾云(编码:020508003)

工作内容:选配料、截料、刨光、制样板、画线、雕凿成型、试装配、修正卯榫、入位、栽销、校正等全部过程。　**计量单位:**10个

定　额　编　号				BE0340	
项　目　名　称				三幅云	
				0.02m² 以上	
费用 其 中	综　合　单　价(元)			**6118.68**	
	人　工　费(元)			4791.00	
	材　料　费(元)			5.36	
	施工机具使用费(元)			—	
	企业管理费(元)			850.88	
	利　　润(元)			394.78	
	一般风险费(元)			76.66	
	编码	名　　称	单位	单价(元)	消　耗　量
人工	000300050	木工综合工	工日	125.00	38.328
材 料	144101100	白乳胶	kg	7.69	0.210
	030100650	铁钉	kg	7.26	0.040
	022901010	连绳	kg	7.97	0.430
	002000010	其他材料费	元	—	0.03

E.8.3 角背、荷叶墩(编码:020508004)

工作内容: 选配料、截料、刨光、画线、雕凿成型、企口、起线、起凸、打凹、挖弯、修正卯榫、入位、栽销、校正等全部过程。

计量单位:块

定额编号				BE0341	BE0342	BE0343	BE0344	BE0345	BE0346
项目名称				角几(角背)制安(厚度)(mm)					
				60以内	80以内	100以内	120以内	140以内	160以内
综合单价(元)				**65.84**	**93.83**	**133.41**	**183.45**	**235.23**	**323.74**
费用	其中	人工费(元)		40.63	50.38	63.13	76.75	82.00	107.50
		材料费(元)		13.99	29.54	52.86	85.52	130.60	186.57
		施工机具使用费(元)		—	—	—	—	—	—
		企业管理费(元)		7.22	8.95	11.21	13.63	14.56	19.09
		利润(元)		3.35	4.15	5.20	6.32	6.76	8.86
		一般风险费(元)		0.65	0.81	1.01	1.23	1.31	1.72
	编码	名称	单位	单价(元)	消		耗	量	
人工	000300050	木工综合工	工日	125.00	0.325	0.403	0.505	0.614	0.656	0.860
材料	050303800	木材 锯材	m³	1547.01	0.009	0.019	0.034	0.055	0.084	0.120
	002000010	其他材料费	元	—	0.07	0.15	0.26	0.43	0.65	0.93

工作内容: 选配料、截料、刨光、画线、雕凿成型、企口、起线、起凸、打凹、挖弯、修正卯榫、入位、栽销、校正等全部过程。

计量单位:块

定额编号				BE0347	BE0348	BE0349	BE0350	BE0351	BE0352
项目名称				荷叶角几制安(厚度)(mm)					
				60以内	80以内	100以内	120以内	140以内	160以内
综合单价(元)				**107.95**	**163.20**	**229.43**	**313.92**	**400.16**	**536.04**
费用	其中	人工费(元)		73.63	104.75	138.38	179.00	211.25	273.88
		材料费(元)		13.99	29.54	52.86	85.52	130.60	186.57
		施工机具使用费(元)		—	—	—	—	—	—
		企业管理费(元)		13.08	18.60	24.58	31.79	37.52	48.64
		利润(元)		6.07	8.63	11.40	14.75	17.41	22.57
		一般风险费(元)		1.18	1.68	2.21	2.86	3.38	4.38
	编码	名称	单位	单价(元)	消		耗	量	
人工	000300050	木工综合工	工日	125.00	0.589	0.838	1.107	1.432	1.690	2.191
材料	050303800	木材 锯材	m³	1547.01	0.009	0.019	0.034	0.055	0.084	0.120
	002000010	其他材料费	元	—	0.07	0.15	0.26	0.43	0.65	0.93

E.8.4 枫拱(编码:020508005)

工作内容:选配料、截料、刨光、画线、雕凿成型、企口、起线、起凸、打凹、挖弯、修正卯榫、入位、栽销、校正等全部过程。

计量单位:10块

定　额　编　号					BE0353
项　目　名　称					棹木(mm)
					400×600
综　合　单　价　(元)					**2229.72**
费用	其中	人　工　费　(元)			1432.00
		材　料　费　(元)			402.49
		施工机具使用费　(元)			—
		企　业　管　理　费　(元)			254.32
		利　　润　(元)			118.00
		一　般　风　险　费　(元)			22.91
	编码	名　　称	单位	单价(元)	消　耗　量
人工	000300050	木工综合工	工日	125.00	11.456
材料	050303800	木材 锯材	m³	1547.01	0.258
	032130010	铁件 综合	kg	3.68	0.370
	002000010	其他材料费	元	—	2.00

E.8.5 水浪机(编码:020508006)

工作内容:选配料、截料、刨光、画线、雕凿成型、企口、起线、起凸、打凹、挖弯、修正卯榫、入位、栽销、校正等全部过程。

计量单位:10只

定　额　编　号					BE0354
项　目　名　称					水浪机(mm)
					70×55 以内
综　合　单　价　(元)					**832.32**
费用	其中	人　工　费　(元)			597.88
		材　料　费　(元)			69.43
		施工机具使用费　(元)			—
		企　业　管　理　费　(元)			106.18
		利　　润　(元)			49.26
		一　般　风　险　费　(元)			9.57
	编码	名　　称	单位	单价(元)	消　耗　量
人工	000300050	木工综合工	工日	125.00	4.783
材料	050303800	木材 锯材	m³	1547.01	0.044
	002000010	其他材料费	元	—	1.36

E.8.6 光面(短)机(编码:020508007)

工作内容:选配料、截料、刨光、画线、雕凿成型、企口、起线、起凸、打凹、挖弯、修正卯榫、入位、裁销、校正等全部过程。

计量单位:10 只

定 额 编 号					BE0355	
项 目 名 称					光面(短)机(mm)	
					70×55 以内	
综 合 单 价 (元)					**206.60**	
费用	其中	人 工 费 (元)			107.50	
		材 料 费 (元)			69.43	
		施工机具使用费 (元)			—	
		企 业 管 理 费 (元)			19.09	
		利 润 (元)			8.86	
		一 般 风 险 费 (元)			1.72	
	编码	名 称	单位	单价(元)	消 耗 量	
人工	000300050	木工综合工	工日	125.00	0.860	
材料	050303800	木材 锯材	m³	1547.01	0.044	
	002000010	其他材料费	元	—	1.36	

E.8.7 丁头拱(蒲鞋头)(编码:020508008)

工作内容:选配料、截料、刨光、画线、雕凿成型、企口、起线、起凸、打凹、挖弯、修正卯榫、入位、裁销、校正等全部过程。

计量单位:10 只

定 额 编 号					BE0356	
项 目 名 称					丁头拱(蒲鞋头)(mm)	
					140×160(包括小斗)以内	
综 合 单 价 (元)					**2146.19**	
费用	其中	人 工 费 (元)			1516.25	
		材 料 费 (元)			211.45	
		施工机具使用费 (元)			—	
		企 业 管 理 费 (元)			269.29	
		利 润 (元)			124.94	
		一 般 风 险 费 (元)			24.26	
	编码	名 称	单位	单价(元)	消 耗 量	
人工	000300050	木工综合工	工日	125.00	12.130	
材料	050303800	木材 锯材	m³	1547.01	0.134	
	002000010	其他材料费	元	—	4.15	

E.8.8 角云、捧(抱)梁云(编码:020508009)

工作内容:选配料、截料、刨光、画线、雕凿成型、企口、起线、起凸、打凹、挖弯、修正卯榫、入位、栽销、校正等全部过程。　　　　　　　　　　　　　　　　　　　　计量单位:10只

定　额　编　号			BE0357
项　目　名　称			角云、捧(抱)梁云(mm)
			800×340×40 以内
综　合　单　价　(元)			**985.97**
费用	其中	人　工　费　(元)	589.63
		材　料　费　(元)	233.60
		施工机具使用费　(元)	—
		企　业　管　理　费　(元)	104.72
		利　　　润　(元)	48.59
		一　般　风　险　费　(元)	9.43

	编码	名　　称	单位	单价(元)	消　　耗　　量
人工	000300050	木工综合工	工日	125.00	4.717
材料	050303800	木材 锯材	m³	1547.01	0.151

E.8.9 雀替(编码:020508010)

工作内容:选配料、截料、刨光、画线、雕凿成型、企口、起线、起凸、打凹、挖弯、修正卯榫、入位、栽销、校正等全部过程。　　　　　　　　　　　　　　　　　　　　计量单位:块

定　额　编　号			BE0358	BE0359	BE0360	BE0361	BE0362	BE0363
项　目　名　称			素雀替制安(长度)(mm)					
			400 以内	500 以内	600 以内	700 以内	800 以内	900 以内
综　合　单　价　(元)			**81.55**	**104.15**	**125.35**	**149.59**	**173.74**	**202.94**
费用	其中	人　工　费　(元)	50.38	57.13	64.00	70.75	77.50	85.75
		材　料　费　(元)	17.26	31.25	43.69	59.31	74.85	93.52
		施工机具使用费　(元)	—	—	—	—	—	—
		企　业　管　理　费　(元)	8.95	10.15	11.37	12.57	13.76	15.23
		利　　　润　(元)	4.15	4.71	5.27	5.83	6.39	7.07
		一　般　风　险　费　(元)	0.81	0.91	1.02	1.13	1.24	1.37

	编码	名　称	单位	单价(元)	消	耗	量			
人工	000300050	木工综合工	工日	125.00	0.403	0.457	0.512	0.566	0.620	0.686
材料	050303800	木材 锯材	m³	1547.01	0.011	0.020	0.028	0.038	0.048	0.060
	144101100	白乳胶	kg	7.69	0.010	0.010	0.010	0.020	0.020	0.020
	030100650	铁钉	kg	7.26	0.010	0.010	0.010	0.010	0.010	0.010
	002000010	其他材料费	元	—	0.09	0.16	0.22	0.30	0.37	0.47

工作内容：选配料、截料、刨光、画线、雕凿成型、企口、起线、起凸、打凹、挖弯、修正卯榫、入位、栽销、校正等全部过程。

计量单位：块

定额编号				BE0364	BE0365	BE0366	BE0367	BE0368	BE0369
项目名称				云龙大雀替制安（长度）(mm)			卷草大雀替制安（长度）(mm)		
				800以内	1000以内	1200以内	600以内	800以内	1000以内
综合单价（元）				**1267.11**	**1863.31**	**2625.88**	**711.02**	**1027.39**	**1503.48**
费用	其中	人工费（元）		929.50	1335.75	1842.00	530.25	741.63	1053.75
		材料费（元）		81.07	158.89	275.49	34.43	81.07	158.89
		施工机具使用费（元）		—	—	—	—	—	—
		企业管理费（元）		165.08	237.23	327.14	94.17	131.71	187.15
		利润（元）		76.59	110.07	151.78	43.69	61.11	86.83
		一般风险费（元）		14.87	21.37	29.47	8.48	11.87	16.86
	编码	名称	单位	单价（元）	消	耗		量	
人工	000300050	木工综合工	工日	125.00	7.436	10.686	14.736	4.242	5.933	8.430
材料	050303800	木材 锯材	m³	1547.01	0.052	0.102	0.177	0.022	0.052	0.102
	144101100	白乳胶	kg	7.69	0.020	0.030	0.030	0.020	0.020	0.030
	030100650	铁钉	kg	7.26	0.010	0.010	0.010	0.010	0.010	0.010
	002000010	其他材料费	元	—	0.40	0.79	1.37	0.17	0.40	0.79

工作内容：选配料、截料、刨光、画线、雕凿成型、企口、起线、起凸、打凹、挖弯、修正卯榫、入位、栽销、校正等全部过程。

计量单位：块

定额编号				BE0370	BE0371	BE0372	BE0373
项目名称				卷草骑马雀替（长度）(mm)			
				600以内	900以内	1200以内	1500以内
综合单价（元）				**830.51**	**1083.19**	**1561.67**	**2273.36**
费用	其中	人工费（元）		638.50	808.50	1127.38	1593.75
		材料费（元）		15.78	51.54	123.13	239.73
		施工机具使用费（元）		—	—	—	—
		企业管理费（元）		113.40	143.59	200.22	283.05
		利润（元）		52.61	66.62	92.90	131.33
		一般风险费（元）		10.22	12.94	18.04	25.50
	编码	名称	单位	单价（元）	消	耗	量
人工	000300050	木工综合工	工日	125.00	5.108	6.468	9.019	12.750
材料	050303800	木材 锯材	m³	1547.01	0.010	0.033	0.079	0.154
	144101100	白乳胶	kg	7.69	0.020	0.020	0.030	0.030
	030100650	铁钉	kg	7.26	0.010	0.010	0.010	0.010
	002000010	其他材料费	元	—	0.08	0.26	0.61	1.19

E.8.10 插角、花牙子(编码:020508011)

工作内容:选配料、截料、刨光、画线、雕凿成型、企口、起线、起凸、打凹、挖弯、修正卯榫、入位、栽销、校正等全部过程。

计量单位:10块

定 额 编 号					BE0374	BE0375	BE0376	BE0377
项 目 名 称					花牙子卷草夔龙(长度)(mm)		花牙子四季花草(长度)(mm)	
					400 以内	400 以上	400 以内	400 以上
综 合 单 价 (元)					**1399.04**	**1943.94**	**1730.80**	**2482.26**
费用	其中	人 工 费 (元)			1071.00	1422.88	1331.00	1844.75
		材 料 费 (元)			32.44	128.35	32.44	128.35
		施工机具使用费 (元)			—	—	—	—
		企 业 管 理 费 (元)			190.21	252.70	236.39	327.63
		利 润 (元)			88.25	117.24	109.67	152.01
		一 般 风 险 费 (元)			17.14	22.77	21.30	29.52
	编码	名 称	单位	单价(元)	消 耗 量			
人工	000300050	木工综合工	工日	125.00	8.568	11.383	10.648	14.758
材料	050303800	木材 锯材	m³	1547.01	0.020	0.082	0.020	0.082
	144101100	白乳胶	kg	7.69	0.100	0.100	0.100	0.100
	030100650	铁钉	kg	7.26	0.100	0.100	0.100	0.100

工作内容:选配料、截料、刨光、画线、雕凿成型、企口、起线、起凸、打凹、挖弯、修正卯榫、入位、栽销、校正等全部过程。

计量单位:10块

定 额 编 号					BE0378	BE0379	BE0380	BE0381
项 目 名 称					骑马花牙子卷草夔龙(长度)(mm)		骑马花牙子四季花草(长度)(mm)	
					600 以内	600 以上	600 以内	600 以上
综 合 单 价 (元)					**2053.26**	**2728.18**	**2483.28**	**3480.70**
费用	其中	人 工 费 (元)			1566.75	2004.75	1903.75	2594.50
		材 料 费 (元)			54.09	170.12	54.09	170.12
		施工机具使用费 (元)			—	—	—	—
		企 业 管 理 费 (元)			278.25	356.04	338.11	460.78
		利 润 (元)			129.10	165.19	156.87	213.79
		一 般 风 险 费 (元)			25.07	32.08	30.46	41.51
	编码	名 称	单位	单价(元)	消 耗 量			
人工	000300050	木工综合工	工日	125.00	12.534	16.038	15.230	20.756
材料	050303800	木材 锯材	m³	1547.01	0.034	0.109	0.034	0.109
	144101100	白乳胶	kg	7.69	0.100	0.100	0.100	0.100
	030100650	铁钉	kg	7.26	0.100	0.100	0.100	0.100

E.8.11　雀替下云墩(编码:020508012)

工作内容:选配料、截料、刨光、画线、雕凿成型、企口、起线、起凸、打凹、挖弯、修正卯榫、入位、栽销、校正等全部过程。

计量单位:块

定　额　编　号				BE0382	
项　目　名　称				雀替下云墩制安	
费用	其中	综　合　单　价　(元)		**1583.90**	
		人　工　费　(元)		1079.25	
		材　料　费　(元)		206.78	
		施工机具使用费　(元)		—	
		企　业　管　理　费　(元)		191.67	
		利　润　(元)		88.93	
		一　般　风　险　费　(元)		17.27	
	编码	名　称	单位	单价(元)	消　耗　量
人工	000300050	木工综合工	工日	125.00	8.634
材料	050303800	木材 锯材	m³	1547.01	0.133
	002000010	其他材料费	元	—	1.03

E.8.12　踏脚木(编码:020508015)

工作内容:选配料、截料、装钉牢固等全部过程。

计量单位:m³

定　额　编　号				BE0383	BE0384	BE0385
项　目　名　称				踏脚木制安(高度)(mm)		
				200 以内	250 以内	250 以外
费用	其中	综　合　单　价　(元)		**3556.29**	**3277.96**	**2943.97**
		人　工　费　(元)		1457.63	1239.50	977.75
		材　料　费　(元)		1696.36	1696.36	1696.36
		施工机具使用费　(元)		—	—	—
		企　业　管　理　费　(元)		258.87	220.14	173.65
		利　润　(元)		120.11	102.13	80.57
		一　般　风　险　费　(元)		23.32	19.83	15.64
	编码	名　称	单位	单价(元)	消　耗	量
人工	000300050	木工综合工	工日	125.00	11.661	9.916	7.822
材料	050303800	木材 锯材	m³	1547.01	1.090	1.090	1.090
	002000010	其他材料费	元	—	10.12	10.12	10.12

E.8.13 大连檐(里口木)(编码:020508016)

工作内容:选配料、截料、装钉牢固等全部过程。

计量单位:10m

定 额 编 号					BE0386	BE0387	BE0388	BE0389	BE0390
项 目 名 称					连檐(厚度)(mm)				
					60以内	80以内	100以内	120以内	150以内
综 合 单 价 (元)					147.67	204.01	270.08	346.21	480.46
费用	其中	人 工 费 (元)			69.75	86.63	101.25	115.88	140.63
		材 料 费 (元)			58.66	93.47	140.89	198.35	301.01
		施工机具使用费 (元)			—	—	—	—	—
		企 业 管 理 费 (元)			12.39	15.38	17.98	20.58	24.98
		利 润 (元)			5.75	7.14	8.34	9.55	11.59
		一 般 风 险 费 (元)			1.12	1.39	1.62	1.85	2.25
	编码	名 称	单位	单价(元)	消 耗 量				
人工	000300050	木工综合工	工日	125.00	0.558	0.693	0.810	0.927	1.125
材料	050303800	木材 锯材	m³	1547.01	0.032	0.055	0.086	0.121	0.187
	030100650	铁钉	kg	7.26	1.100	0.900	0.700	1.000	0.800
	002000010	其他材料费	元	—	1.17	1.85	2.77	3.90	5.91

工作内容:选配料、截料、砍疤子、刨光、装钉牢固等全部操作过程。

计量单位:10m

定 额 编 号					BE0391	BE0392	BE0393	BE0394	BE0395	BE0396
项 目 名 称					大连檐制安(高度)(mm)					
					50以内	60以内	70以内	80以内	90以内	100以内
综 合 单 价 (元)					99.05	117.34	141.46	167.69	194.50	223.98
费用	其中	人 工 费 (元)			42.13	46.63	52.63	57.88	62.38	67.75
		材 料 费 (元)			45.30	57.84	74.30	93.83	114.90	137.54
		施工机具使用费 (元)			—	—	—	—	—	—
		企 业 管 理 费 (元)			7.48	8.28	9.35	10.28	11.08	12.03
		利 润 (元)			3.47	3.84	4.34	4.77	5.14	5.58
		一 般 风 险 费 (元)			0.67	0.75	0.84	0.93	1.00	1.08
	编码	名 称	单位	单价(元)	消 耗 量					
人工	000300050	木工综合工	工日	125.00	0.337	0.373	0.421	0.463	0.499	0.542
材料	050303800	木材 锯材	m³	1547.01	0.023	0.032	0.043	0.056	0.070	0.085
	030100650	铁钉	kg	7.26	1.300	1.100	1.000	0.900	0.800	0.700
	002000010	其他材料费	元	—	0.28	0.35	0.52	0.66	0.80	0.96

工作内容:选配料、截料、砍疤子、刨光、装钉牢固等全部操作过程。　　　　　　　　　　　　　　　计量单位:10m

定　额　编　号				BE0397	BE0398	BE0399	BE0400	BE0401
项　目　名　称				大连檐制安(高度)(mm)				
				110以内	120以内	130以内	140以内	150以内
综　合　单　价　(元)				**258.00**	**294.71**	**333.39**	**375.31**	**417.11**
费用	其中	人　　工　　费　(元)		73.00	77.50	82.75	88.75	94.00
		材　　料　　费　(元)		164.85	195.82	227.80	262.07	297.17
		施工机具使用费　(元)		—	—	—	—	—
		企　业　管　理　费　(元)		12.96	13.76	14.70	15.76	16.69
		利　　　　　润　(元)		6.02	6.39	6.82	7.31	7.75
		一　般　风　险　费　(元)		1.17	1.24	1.32	1.42	1.50
	编码	名　称	单位	单价(元)	消　　　　耗　　　　量			
人工	000300050	木工综合工	工日	125.00	0.584	0.620	0.662	0.710	0.752
材料	050303800	木材 锯材	m³	1547.01	0.103	0.121	0.142	0.164	0.187
	030100650	铁钉	kg	7.26	0.600	1.000	0.900	0.900	0.800
	002000010	其他材料费	元	—	1.15	1.37	1.59	1.83	2.07

E.8.14　小连檐(编码:020508017)

工作内容:选配料、截料、砍疤子、刨光、装钉牢固等全部操作过程。　　　　　　　　　　　　　　　计量单位:10m

定　额　编　号				BE0402	BE0403	BE0404	BE0405	BE0406
项　目　名　称				连檐(厚度)(mm)				走水条(截面)(mm)
				20以内	30以内	40以内	50以内	30×40
综　合　单　价　(元)				**50.17**	**68.47**	**99.99**	**111.43**	**45.87**
费用	其中	人　　工　　费　(元)		18.75	24.00	28.63	31.50	17.25
		材　　料　　费　(元)		26.24	37.85	63.46	71.24	23.86
		施工机具使用费　(元)		—	—	—	—	—
		企　业　管　理　费　(元)		3.33	4.26	5.08	5.59	3.06
		利　　　　　润　(元)		1.55	1.98	2.36	2.60	1.42
		一　般　风　险　费　(元)		0.30	0.38	0.46	0.50	0.28
	编码	名　称	单位	单价(元)	消　　　　耗　　　　量			
人工	000300050	木工综合工	工日	125.00	0.150	0.192	0.229	0.252	0.138
材料	050303800	木材 锯材	m³	1547.01	0.015	0.022	0.038	0.043	0.013
	030100650	铁钉	kg	7.26	0.400	0.500	0.600	0.600	0.500
	002000010	其他材料费	元	—	0.13	0.19	0.32	0.36	0.12

工作内容:选配料、截料、砍疤子、刨光、装钉牢固等全部操作过程。 计量单位:10m

定 额 编 号					BE0407	BE0408	BE0409	BE0410	BE0411
项 目 名 称					勒檐条(截面)(mm)				
					30×30	30×40	40×50	40×60	50×70
综 合 单 价 (元)					**55.00**	**67.91**	**89.36**	**102.27**	**129.18**
费用	其中	人 工 费 (元)			25.63	30.88	36.13	41.38	46.63
		材 料 费 (元)			22.30	28.52	43.25	49.47	69.68
		施工机具使用费 (元)			—	—	—	—	—
		企 业 管 理 费 (元)			4.55	5.48	6.42	7.35	8.28
		利 润 (元)			2.11	2.54	2.98	3.41	3.84
		一 般 风 险 费 (元)			0.41	0.49	0.58	0.66	0.75
	编码	名 称	单位	单价(元)	消 耗 量				
人工	000300050	木工综合工	工日	125.00	0.205	0.247	0.289	0.331	0.373
材料	050303800	木材 锯材	m³	1547.01	0.012	0.016	0.025	0.029	0.042
	030100650	铁钉	kg	7.26	0.500	0.500	0.600	0.600	0.600
	002000010	其他材料费	元	—	0.11	0.14	0.22	0.25	0.35

E.8.15 瓦口板(编码:020508018)

工作内容:选配料、截料、刨光、画线、镶拼料、企口、起边、栽销、安装。 计量单位:10m

定 额 编 号					BE0412	BE0413
项 目 名 称					瓦口板制安(适用于)	
					6样琉璃瓦	7,8,9样琉璃瓦及1,2,3号布筒瓦
综 合 单 价 (元)					**92.23**	**78.33**
费用	其中	人 工 费 (元)			34.63	34.63
		材 料 费 (元)			48.05	34.15
		施工机具使用费 (元)			—	—
		企 业 管 理 费 (元)			6.15	6.15
		利 润 (元)			2.85	2.85
		一 般 风 险 费 (元)			0.55	0.55
	编码	名 称	单位	单价(元)	消 耗 量	
人工	000300050	木工综合工	工日	125.00	0.277	0.277
材料	050303800	木材 锯材	m³	1547.01	0.030	0.021
	030100650	铁钉	kg	7.26	0.200	0.200
	002000010	其他材料费	元	—	0.19	0.21

工作内容:选配料、截料、刨光、画线、镶拼料、企口、起边、栽销、安装。 计量单位:10m

定 额 编 号					BE0414	BE0415
项 目 名 称					瓦口板制安(适用于)	
					10号布筒瓦	特1,2,3号布板瓦
综 合 单 价 (元)					**78.36**	**113.29**
费用	其中	人 工 费 (元)			34.63	51.13
		材 料 费 (元)			34.18	48.05
		施工机具使用费 (元)			—	—
		企 业 管 理 费 (元)			6.15	9.08
		利 润 (元)			2.85	4.21
		一 般 风 险 费 (元)			0.55	0.82
	编码	名 称	单位	单价(元)	消 耗 量	
人工	000300050	木工综合工	工日	125.00	0.277	0.409
材料	050303800	木材 锯材	m³	1547.01	0.021	0.030
	030100650	铁钉	kg	7.26	0.200	0.200
	002000010	其他材料费	元	—	0.24	0.19

E.8.16 封檐板(编码:020508019)

工作内容:选配料、截料、刨光、画线、镶拼料、企口、起边、栽销、安装。 计量单位:10m²

定 额 编 号					BE0416	BE0417	BE0418	BE0419	BE0420	BE0421
项 目 名 称					博头板(板厚)(mm)		吊檐板(板厚)(mm)		弯吊檐板(板厚)(mm)	
					15	每增加5	15	每增加5	15	每增加5
综 合 单 价 (元)					**574.40**	**105.35**	**854.00**	**120.87**	**1298.02**	**146.98**
费用	其中	人 工 费 (元)			124.13	3.13	338.50	13.50	643.25	23.00
		材 料 费 (元)			416.01	101.35	422.07	103.64	477.24	117.63
		施工机具使用费 (元)			—	—	—	—	—	—
		企 业 管 理 费 (元)			22.04	0.56	60.12	2.40	114.24	4.08
		利 润 (元)			10.23	0.26	27.89	1.11	53.00	1.90
		一 般 风 险 费 (元)			1.99	0.05	5.42	0.22	10.29	0.37
	编码	名 称	单位	单价(元)	消 耗 量					
人工	000300050	木工综合工	工日	125.00	0.993	0.025	2.708	0.108	5.146	0.184
材料	050303800	木材 锯材	m³	1547.01	0.261	0.065	0.252	0.063	0.285	0.072
	030100650	铁钉	kg	7.26	1.400	0.040	1.500	0.250	1.500	0.250
	144101100	白乳胶	kg	7.69	—	—	2.500	0.500	3.000	0.500
	002000010	其他材料费	元	—	2.08	0.50	2.11	0.52	2.38	0.59

E.8.17 闸挡板(编码:020508020)

工作内容:选配料、截料、刨光、画线、镶拼料、企口、起边、栽销、安装。　　　　　　　　　　　　　　　　　　　　　计量单位:10m

定　额　编　号				BE0422	BE0423	BE0424	BE0425	BE0426	BE0427
项　目　名　称				闸挡板制安(椽径)(mm)					
				60以内	80以内	100以内	120以内	140以内	160以内
综　合　单　价　(元)				**65.02**	**69.05**	**80.92**	**87.44**	**93.49**	**108.48**
费用	其中	人　工　费　(元)		40.63	41.38	42.13	43.63	43.63	44.38
		材　料　费　(元)		13.17	16.25	27.17	31.77	37.82	51.85
		施工机具使用费　(元)		—	—	—	—	—	—
		企　业　管　理　费　(元)		7.22	7.35	7.48	7.75	7.75	7.88
		利　　　润　(元)		3.35	3.41	3.47	3.59	3.59	3.66
		一　般　风　险　费　(元)		0.65	0.66	0.67	0.70	0.70	0.71
	编码	名　称	单位	单价(元)	消　　　耗　　　量				
人工	000300050	木工综合工	工日	125.00	0.325	0.331	0.337	0.349	0.349	0.355
材料	050303800	木材 锯材	m³	1547.01	0.008	0.010	0.017	0.020	0.024	0.033
	030100650	铁钉	kg	7.26	0.100	0.090	0.090	0.080	0.060	0.060
	002000010	其他材料费	元	—	0.07	0.13	0.22	0.25	0.26	0.36

E.8.18 椽碗板(编码:020508021)

工作内容:选配料、截料、刨光、画线、镶拼料、企口、起边、栽销、安装。　　　　　　　　　　　　　　　　　　　　　计量单位:10m

定　额　编　号				BE0428	BE0429	BE0430	BE0431	BE0432
项　目　名　称				圆椽椽碗制安(椽径)(mm)				
				80以内	100以内	120以内	140以内	160以内
综　合　单　价　(元)				**152.51**	**186.14**	**225.95**	**268.01**	**318.20**
费用	其中	人　工　费　(元)		87.25	97.75	108.25	118.13	129.38
		材　料　费　(元)		41.17	61.42	87.82	117.28	153.11
		施工机具使用费　(元)		—	—	—	—	—
		企　业　管　理　费　(元)		15.50	17.36	19.23	20.98	22.98
		利　　　润　(元)		7.19	8.05	8.92	9.73	10.66
		一　般　风　险　费　(元)		1.40	1.56	1.73	1.89	2.07
	编码	名　称	单位	单价(元)	消　　　耗　　　量				
人工	000300050	木工综合工	工日	125.00	0.698	0.782	0.866	0.945	1.035
材料	050303800	木材 锯材	m³	1547.01	0.026	0.039	0.056	0.075	0.098
	030100650	铁钉	kg	7.26	0.090	0.090	0.080	0.060	0.060
	002000010	其他材料费	元	—	0.29	0.43	0.61	0.82	1.07

工作内容：选配料、截料、刨光、画线、镶拼料、企口、起边、裁销、安装。

计量单位：10m

定 额 编 号					BE0433	BE0434	BE0435
项 目 名 称					方椽椽碗制安（椽径）(mm)		
					60 以内	80 以内	100 以内
综 合 单 价 （元）					**60.90**	**87.28**	**119.96**
费用中	其中	人 工 费 （元）			26.38	36.13	45.88
		材 料 费 （元）			27.25	41.17	61.42
		施工机具使用费 （元）			—	—	—
		企 业 管 理 费 （元）			4.68	6.42	8.15
		利 润 （元）			2.17	2.98	3.78
		一 般 风 险 费 （元）			0.42	0.58	0.73
	编码	名 称	单位	单价(元)	消 耗 量		
人工	000300050	木工综合工	工日	125.00	0.211	0.289	0.367
材料	050303800	木材 锯材	m³	1547.01	0.017	0.026	0.039
	030100650	铁钉	kg	7.26	0.100	0.090	0.090
	002000010	其他材料费	元	—	0.22	0.29	0.43

E.8.19 垫板（编码：020508022）

工作内容：选配料、截料、刨光、画线、镶拼料、企口、起边、裁销、安装。

计量单位：m³

定 额 编 号					BE0436	BE0437
项 目 名 称					垫板（高度）(mm)	
					150 以下	150 以上
综 合 单 价 （元）					**3269.12**	**2675.20**
费用中	其中	人 工 费 （元）			1135.00	756.25
		材 料 费 （元）			1820.86	1710.22
		施工机具使用费 （元）			—	—
		企 业 管 理 费 （元）			201.58	134.31
		利 润 （元）			93.52	62.32
		一 般 风 险 费 （元）			18.16	12.10
	编码	名 称	单位	单价(元)	消 耗 量	
人工	000300050	木工综合工	工日	125.00	9.080	6.050
材料	050303800	木材 锯材	m³	1547.01	1.170	1.100
	002000010	其他材料费	元	—	10.86	8.51

E.8.20 山花板(编码:020508023)

工作内容:选配料、截料、刨光、画线、镶拼料、企口、起边、栽销、安装。 计量单位:10m²

定 额 编 号					BE0438	BE0439
项 目 名 称					山花板(板厚)(mm)	
					无雕刻	
					15	每增加5
综 合 单 价 (元)					**1077.32**	**125.09**
费用	其中	人 工 费 (元)			421.13	14.38
		材 料 费 (元)			539.96	106.75
		施 工 机 具 使 用 费 (元)			—	—
		企 业 管 理 费 (元)			74.79	2.55
		利 润 (元)			34.70	1.18
		一 般 风 险 费 (元)			6.74	0.23
	编码	名 称	单位	单价(元)	消 耗 量	
人工	000300050	木工综合工	工日	125.00	3.369	0.115
材料	050303800	木材 锯材	m³	1547.01	0.323	0.065
	030100650	铁钉	kg	7.26	2.000	0.250
	144101100	白乳胶	kg	7.69	3.000	0.500
	002000010	其他材料费	元	—	2.69	0.53

E.8.21 柁档、排山填板(编码:020508024)

工作内容:选配料、截料、刨光、画线、雕凿成型、企口、起线、起凸、打凹、挖弯、修正卯榫、入位、栽销、校正等全部过程。 计量单位:m²

定 额 编 号					BE0440	BE0441
项 目 名 称					搁几花板制安(厚度)(mm)	
					60	每增减10
综 合 单 价 (元)					**206.37**	**25.83**
费用	其中	人 工 费 (元)			70.00	5.63
		材 料 费 (元)			117.05	18.65
		施 工 机 具 使 用 费 (元)			—	—
		企 业 管 理 费 (元)			12.43	1.00
		利 润 (元)			5.77	0.46
		一 般 风 险 费 (元)			1.12	0.09
	编码	名 称	单位	单价(元)	消 耗 量	
人工	000300050	木工综合工	工日	125.00	0.560	0.045
材料	050303800	木材 锯材	m³	1547.01	0.075	0.012
	144101100	白乳胶	kg	7.69	0.030	
	030100650	铁钉	kg	7.26	0.030	
	002000010	其他材料费	元	—	0.58	0.09

E.8.22 清水望板(编码:020508025)

工作内容:选配料、截料、刨光、画线、镶拼料、企口、起边、栽销、安装。

计量单位:10m²

定 额 编 号					BE0442	BE0443	BE0444	BE0445	BE0446	BE0447
项 目 名 称					滚檐板(板厚)(mm)15 厚				滚檐板(板厚)(mm)厚度	
					平口	错口	平口一面刨光	错口一面刨光	每增加5平口	每增加5错口
综 合 单 价 (元)					**340.59**	**405.18**	**476.51**	**566.74**	**90.32**	**105.03**
费用	其中	人 工 费 (元)			56.50	73.00	92.50	118.13	2.38	2.88
		材 料 费 (元)			268.50	312.03	358.48	416.01	87.28	101.35
		施工机具使用费 (元)			—	—	—	—	—	—
		企 业 管 理 费 (元)			10.03	12.96	16.43	20.98	0.42	0.51
		利 润 (元)			4.66	6.02	7.62	9.73	0.20	0.24
		一 般 风 险 费 (元)			0.90	1.17	1.48	1.89	0.04	0.05
	编码	名 称	单位	单价(元)	消 耗 量					
人工	000300050	木工综合工	工日	125.00	0.452	0.584	0.740	0.945	0.019	0.023
材料	050303800	木材 锯材	m³	1547.01	0.168	0.196	0.224	0.261	0.056	0.065
	030100650	铁钉	kg	7.26	1.000	1.000	1.400	1.400	0.030	0.040
	002000010	其他材料费	元	—	—	1.34	1.56	1.79	2.08	0.43	0.50

E.8.23 挂檐、滴珠板(编码:020508027)

工作内容:选配料、截料、刨光、画线、镶拼料、企口、起边、栽销、安装。

计量单位:10m²

定 额 编 号					BE0448	BE0449	BE0450	BE0451
项 目 名 称					挂檐板制安(厚度)(mm)		滴珠板制安(厚度)(mm)	
					50	板厚每增加10	50	板厚每增加10
综 合 单 价 (元)					**1907.06**	**244.02**	**13417.91**	**273.37**
费用	其中	人 工 费 (元)			574.63	26.38	9753.75	48.13
		材 料 费 (元)			1173.84	210.37	972.12	211.95
		施工机具使用费 (元)			—	—	—	—
		企 业 管 理 费 (元)			102.05	4.68	1732.27	8.55
		利 润 (元)			47.35	2.17	803.71	3.97
		一 般 风 险 费 (元)			9.19	0.42	156.06	0.77
	编码	名 称	单位	单价(元)	消 耗 量			
人工	000300050	木工综合工	工日	125.00	4.597	0.211	78.030	0.385
材料	050303800	木材 锯材	m³	1547.01	0.695	0.126	0.572	0.127
	144101100	白乳胶	kg	7.69	7.000	1.000	6.500	1.000
	030100650	铁钉	kg	7.26	3.000	0.500	2.500	0.500
	002000010	其他材料费	元	—	23.06	4.13	19.10	4.16

E.8.24 博缝板(编码:020508028)

工作内容:选配料、截料、刨光、画线、镶拼料、企口、起边、栽销、安装。

计量单位:10m²

定 额 编 号					BE0452	BE0453	BE0454	BE0455
项 目 名 称					博风板(板厚)(mm)		刷雨板(板厚)(mm)	
					20	每增加5	15	每增加5
综 合 单 价 (元)					1313.82	122.95	896.44	124.50
费用	其中	人 工 费 (元)			620.38	15.13	361.00	15.13
		材 料 费 (元)			522.21	103.64	435.80	105.19
		施工机具使用费 (元)			—	—	—	—
		企 业 管 理 费 (元)			110.18	2.69	64.11	2.69
		利 润 (元)			51.12	1.25	29.75	1.25
		一 般 风 险 费 (元)			9.93	0.24	5.78	0.24
	编码	名 称	单位	单价(元)	消 耗 量			
人工	000300050	木工综合工	工日	125.00	4.963	0.121	2.888	0.121
材料	050303800	木材 锯材	m³	1547.01	0.315	0.063	0.256	0.064
	144101100	白乳胶	kg	7.69	2.500	0.500	3.000	0.500
	030100650	铁钉	kg	7.26	1.800	0.250	2.000	0.250
	002000010	其他材料费	元	—	2.61	0.52	2.18	0.52

E.8.25 博脊板(编码:020508029)

工作内容:选配料、截料、刨光、画线、镶拼料、企口、起边、栽销、安装。

计量单位:m²

定 额 编 号					BE0456	BE0457
项 目 名 称					博脊板,棋枋板,镶嵌枪挡板制安(厚度)(mm)	
					30	每增加10
综 合 单 价 (元)					125.03	26.14
费用	其中	人 工 费 (元)			36.88	2.63
		材 料 费 (元)			77.97	22.78
		施工机具使用费 (元)			—	—
		企 业 管 理 费 (元)			6.55	0.47
		利 润 (元)			3.04	0.22
		一 般 风 险 费 (元)			0.59	0.04
	编码	名 称	单位	单价(元)	消 耗 量	
人工	000300050	木工综合工	工日	125.00	0.295	0.021
材料	050303800	木材 锯材	m³	1547.01	0.048	0.014
	144101100	白乳胶	kg	7.69	0.180	0.040
	030100650	铁钉	kg	7.26	0.110	0.050
	002000010	其他材料费	元	—	1.53	0.45

E.8.26 垂鱼(档尖、惹草)(编码:020508031)

工作内容:选配料、截料、刨光、画线、镶拼料、企口、起边、栽销、安装。 计量单位:10m²

定 额 编 号					BE0458	BE0459
项 目 名 称					档尖(悬鱼)(板厚)(mm)	
					30	每增加5
综 合 单 价 (元)					**1698.24**	**122.19**
费用其中		人 工 费 (元)			988.13	45.00
		材 料 费 (元)			437.39	64.77
		施 工 机 具 使 用 费 (元)			—	—
		企 业 管 理 费 (元)			175.49	7.99
		利 润 (元)			81.42	3.71
		一 般 风 险 费 (元)			15.81	0.72
	编码	名 称	单位	单价(元)	消 耗 量	
人工	000300050	木工综合工	工日	125.00	7.905	0.360
材料	050303800	木材 锯材	m³	1547.01	0.268	0.038
	144101100	白乳胶	kg	7.69	1.500	0.500
	030100650	铁钉	kg	7.26	1.250	0.250
	002000010	其他材料费	元	—	2.18	0.32

E.9 古式门窗(编码:020509)

E.9.1 槅扇(编码:020509001)

工作内容:选配料、截料、刨光、企口、起线、起凸打凹、挖弯、镶拼、安装等全部操作过程。 计量单位:m²

定 额 编 号				BE0460	BE0461	BE0462	BE0463	BE0464
项 目 名 称				一道板槅扇制作(边挺断面)(mm²)				
				3500以内	5040以内	6860以内	8960以内	11340以内
综 合 单 价 (元)				**189.58**	**173.05**	**170.49**	**173.10**	**175.53**
费用其中		人 工 费 (元)		100.44	83.84	75.74	70.47	67.50
		材 料 费 (元)		61.41	66.07	73.85	83.17	89.40
		施 工 机 具 使 用 费 (元)		—	—	—	—	—
		企 业 管 理 费 (元)		17.84	14.89	13.45	12.52	11.99
		利 润 (元)		8.28	6.91	6.24	5.81	5.56
		一 般 风 险 费 (元)		1.61	1.34	1.21	1.13	1.08
	编码	名 称	单位	单价(元)	消	耗	量	
人工	001000020	木作综合工	工日	135.00	0.744	0.621	0.561	0.522	0.500
材料	050303800	木材 锯材	m³	1547.01	0.039	0.042	0.047	0.053	0.057
	144101100	白乳胶	kg	7.69	0.100	0.100	0.100	0.100	0.100
	002000010	其他材料费	元	—	0.31	0.33	0.37	0.41	0.45

工作内容：选配料、截料、刨光、企口、起线、起凸打凹、挖弯、镶拼、安装等全部操作过程。　　　　　　　　　　　计量单位：m²

定　额　编　号				BE0465	BE0466	BE0467	BE0468	BE0469
项　目　名　称				二道板橹扇门扇制作（边挺断面）(mm²)				
				3500 以内	5040 以内	6860 以内	8960 以内	11340 以内
综　合　单　价　（元）				**189.20**	**178.72**	**176.84**	**178.43**	**184.66**
费用其中		人　工　费　（元）		105.03	90.72	83.16	77.09	73.44
		材　料　费　（元）		55.19	62.96	70.73	80.07	90.95
		施工机具使用费 （元）		—	—	—	—	—
		企 业 管 理 费 （元）		18.65	16.11	14.77	13.69	13.04
		利　　　　润　（元）		8.65	7.48	6.85	6.35	6.05
		一 般 风 险 费 （元）		1.68	1.45	1.33	1.23	1.18
	编码	名　称	单位	单价（元）	消	耗	量	
人工	001000020	木作综合工	工日	135.00	0.778	0.672	0.616	0.571	0.544
材料	050303800	木材 锯材	m³	1547.01	0.035	0.040	0.045	0.051	0.058
	144101100	白乳胶	kg	7.69	0.100	0.100	0.100	0.100	0.100
	002000010	其他材料费	元	—	0.28	0.31	0.35	0.40	0.45

工作内容：选配料、截料、刨光、企口、起线、起凸打凹、挖弯、镶拼、安装等全部操作过程。　　　　　　　　　　　计量单位：m²

定　额　编　号				BE0470	BE0471	BE0472	BE0473	BE0474
项　目　名　称				三道板橹扇门扇制作（边挺断面）(mm²)				
				3500 以内	5040 以内	6860 以内	8960 以内	11340 以内
综　合　单　价　（元）				**211.62**	**196.49**	**193.41**	**190.16**	**195.36**
费用其中		人　工　费　（元）		117.72	99.77	90.05	80.19	75.74
		材　料　费　（元）		61.41	69.18	78.51	87.84	98.72
		施工机具使用费 （元）		—	—	—	—	—
		企 业 管 理 费 （元）		20.91	17.72	15.99	14.24	13.45
		利　　　　润　（元）		9.70	8.22	7.42	6.61	6.24
		一 般 风 险 费 （元）		1.88	1.60	1.44	1.28	1.21
	编码	名　称	单位	单价（元）	消	耗	量	
人工	001000020	木作综合工	工日	135.00	0.872	0.739	0.667	0.594	0.561
材料	050303800	木材 锯材	m³	1547.01	0.039	0.044	0.050	0.056	0.063
	144101100	白乳胶	kg	7.69	0.100	0.100	0.100	0.100	0.100
	002000010	其他材料费	元	—	0.31	0.34	0.39	0.44	0.49

工作内容：选配料、截料、刨光、企口、起线、起凸打凹、挖弯、镶拼、安装等全部操作过程。

定 额 编 号				BE0475	BE0476	BE0477	BE0478	BE0479
项 目 名 称				槅扇安装				门玻璃安装
				转轴铰接	合页铰接	圆钉固定	销子固定	安装
单 位				m²				10m²
综 合 单 价（元）				**132.91**	**36.82**	**14.60**	**16.82**	**356.92**
费用	其中	人 工 费（元）		80.87	16.47	10.53	12.56	142.43
		材 料 费（元）		29.73	15.80	1.16	0.80	175.18
		施工机具使用费（元）		—	—	—	—	—
		企 业 管 理 费（元）		14.36	2.93	1.87	2.23	25.29
		利 润（元）		6.66	1.36	0.87	1.03	11.74
		一 般 风 险 费（元）		1.29	0.26	0.17	0.20	2.28
	编码	名 称	单位	单价（元）	消 耗 量			
人工	001000020	木作综合工	工日	135.00	0.599	0.122	0.078	0.093	1.055
材料	050303800	木材 锯材	m³	1547.01	0.012	—	—	—	0.015
	030100650	铁钉	kg	7.26	0.030	—	—	0.050	0.100
	144101100	白乳胶	kg	7.69	0.060	—	—	—	—
	030101070	螺钉	百个	2.56	0.120	—	—	—	—
	064500020	玻璃 3	m²	12.00	—	—	—	—	11.800
	130104700	油灰	kg	1.93	—	—	—	—	5.000
	002000010	其他材料费	元	—	10.18	15.80	0.80	0.80	—

工作内容：选配料、截料、刨光、企口、起线、起凸打凹、挖弯、镶拼、安装等全部操作过程。　　　　　　　　　　　　　　　　　计量单位：m²

定 额 编 号				BE0480	BE0481	BE0482	BE0483	BE0484
项 目 名 称				槅扇、开窗漏空花心制作安装				
				直楞条（牛肋巴）	码三箭	正方格	灯笼锦	步步锦
综 合 单 价（元）				**138.09**	**154.99**	**282.31**	**230.94**	**300.89**
费用	其中	人 工 费（元）		85.59	95.18	190.08	160.79	209.52
		材 料 费（元）		28.88	33.55	39.77	25.77	33.55
		施工机具使用费（元）		—	—	—	—	—
		企 业 管 理 费（元）		15.20	16.90	33.76	28.56	37.21
		利 润（元）		7.05	7.84	15.66	13.25	17.26
		一 般 风 险 费（元）		1.37	1.52	3.04	2.57	3.35
	编码	名 称	单位	单价（元）	消 耗 量			
人工	001000020	木作综合工	工日	135.00	0.634	0.705	1.408	1.191	1.552
材料	050303800	木材 锯材	m³	1547.01	0.018	0.021	0.025	0.016	0.021
	144101100	白乳胶	kg	7.69	0.050	0.050	0.050	0.050	0.050
	030100650	铁钉	kg	7.26	0.070	0.070	0.070	0.070	0.070
	002000010	其他材料费	元	—	0.14	0.17	0.20	0.13	0.17

工作内容：选配料、截料、刨光、企口、起线、起凸打凹、挖弯、镶拼、安装等全部操作过程。　　　　　　计量单位：m²

定　额　编　号					BE0485	BE0486	BE0487	BE0488	BE0489
项　目　名　称					槅扇、开窗漏空花心制作安装				
					盘肠锦	正万字拐子锦	斜万字	龟背锦	冰裂纹
综　合　单　价　（元）					**346.02**	**369.29**	**470.42**	**403.41**	**551.21**
费用中	其中	人　工　费　（元）			248.54	263.12	341.15	282.56	399.60
		材　料　费　（元）			28.88	33.55	35.11	42.87	41.32
		施工机具使用费（元）			—	—	—	—	—
		企　业　管　理　费（元）			44.14	46.73	60.59	50.18	70.97
		利　　　　　润　（元）			20.48	21.68	28.11	23.28	32.93
		一　般　风　险　费（元）			3.98	4.21	5.46	4.52	6.39
	编码	名　称	单位	单价（元）	消		耗		量
人工	001000020	木作综合工	工日	135.00	1.841	1.949	2.527	2.093	2.960
材料	050303800	木材 锯材	m³	1547.01	0.018	0.021	0.022	0.027	0.026
	144101100	白乳胶	kg	7.69	0.050	0.050	0.050	0.050	0.050
	030100650	铁钉	kg	7.26	0.070	0.070	0.070	0.070	0.070
	002000010	其他材料费	元	—	0.14	0.17	0.18	0.21	0.21

E.9.2　槛窗（编码：020509002）

工作内容：选配料、截料、刨光、企口、起线、起凸打凹、挖弯、镶拼、安装等全部操作过程。　　　　　　计量单位：m²

定　额　编　号					BE0490	BE0491	BE0492	BE0493	BE0494
项　目　名　称					二抹开窗扇制作（边挺断面）（mm²）				
					3500 以内	5040 以内	6860 以内	8960 以内	11340 以内
综　合　单　价　（元）					**123.02**	**114.08**	**108.77**	**103.44**	**109.32**
费用中	其中	人　工　费　（元）			62.91	51.03	41.99	32.94	31.46
		材　料　费　（元）			42.75	48.97	55.19	61.41	69.18
		施工机具使用费（元）			—	—	—	—	—
		企　业　管　理　费（元）			11.17	9.06	7.46	5.85	5.59
		利　　　　　润　（元）			5.18	4.20	3.46	2.71	2.59
		一　般　风　险　费（元）			1.01	0.82	0.67	0.53	0.50
	编码	名　称	单位	单价（元）	消		耗		量
人工	001000020	木作综合工	工日	135.00	0.466	0.378	0.311	0.244	0.233
材料	050303800	木材 锯材	m³	1547.01	0.027	0.031	0.035	0.039	0.044
	144101100	白乳胶	kg	7.69	0.100	0.100	0.100	0.100	0.100
	002000010	其他材料费	元	—	0.21	0.24	0.28	0.31	0.34

工作内容:选配料、截料、刨光、企口、起线、起凸打凹、挖弯、镶拼、安装等全部操作过程。　　　　　　计量单位:m²

定　额　编　号					BE0495	BE0496	BE0497	BE0498	BE0499
项　目　名　称					三抹开窗扇制作(边挺断面)(mm²)				
					3500 以内	5040 以内	6860 以内	8960 以内	11340 以内
综　合　单　价　(元)					**160.62**	**148.74**	**140.84**	**134.49**	**133.65**
费用	其中	人　工　费　(元)			83.84	69.66	58.59	48.74	41.99
		材　料　费　(元)			53.64	59.86	66.07	72.29	80.07
		施 工 机 具 使 用 费　(元)			—	—	—	—	—
		企 业 管 理 费　(元)			14.89	12.37	10.41	8.66	7.46
		利　　　　润　(元)			6.91	5.74	4.83	4.02	3.46
		一 般 风 险 费　(元)			1.34	1.11	0.94	0.78	0.67
	编码	名　称	单位	单价(元)	消　　　　耗　　　　量				
人工	001000020	木作综合工	工日	135.00	0.621	0.516	0.434	0.361	0.311
材料	050303800	木材 锯材	m³	1547.01	0.034	0.038	0.042	0.046	0.051
	144101100	白乳胶	kg	7.69	0.100	0.100	0.100	0.100	0.100
	002000010	其他材料费	元	—	0.27	0.30	0.33	0.36	0.40

工作内容:选配料、截料、刨光、企口、起线、起凸打凹、挖弯、镶拼、安装等全部操作过程。　　　　　　计量单位:m²

定　额　编　号					BE0500	BE0501	BE0502	BE0503	BE0504
项　目　名　称					四抹开窗扇制作(边挺断面)(mm²)				
					3500 以内	5040 以内	6860 以内	8960 以内	11340 以内
综　合　单　价　(元)					**205.43**	**203.39**	**191.17**	**183.08**	**178.28**
费用	其中	人　工　费　(元)			111.65	102.74	90.72	79.52	69.66
		材　料　费　(元)			62.96	72.29	75.41	81.62	89.40
		施 工 机 具 使 用 费　(元)			—	—	—	—	—
		企 业 管 理 费　(元)			19.83	18.25	16.11	14.12	12.37
		利　　　　润　(元)			9.20	8.47	7.48	6.55	5.74
		一 般 风 险 费　(元)			1.79	1.64	1.45	1.27	1.11
	编码	名　称	单位	单价(元)	消　　　　耗　　　　量				
人工	001000020	木作综合工	工日	135.00	0.827	0.761	0.672	0.589	0.516
材料	050303800	木材 锯材	m³	1547.01	0.040	0.046	0.048	0.052	0.057
	144101100	白乳胶	kg	7.69	0.100	0.100	0.100	0.100	0.100
	002000010	其他材料费	元	—	0.31	0.36	0.38	0.41	0.45

工作内容:选配料、截料、刨光、企口、起线、起凸打凹、挖弯、镶拼、安装等全部操作过程。

定 额 编 号				BE0505	BE0506	BE0507	BE0508	BE0509
项 目 名 称				开窗扇安装				窗玻璃
				轩轴铰接	合页铰接	圆钉固定	销子固定	安装
单 位				m²				10m²
综 合 单 价（元）				**132.73**	**38.72**	**16.57**	**18.03**	**409.97**
费用	其中	人 工 费 （元）		80.87	17.96	12.02	13.50	171.59
		材 料 费 （元）		29.55	15.80	1.24	0.80	191.02
		施工机具使用费 （元）		—	—	—	—	—
		企 业 管 理 费 （元）		14.36	3.19	2.13	2.40	30.47
		利 润 （元）		6.66	1.48	0.99	1.11	14.14
		一 般 风 险 费 （元）		1.29	0.29	0.19	0.22	2.75
	编码	名 称	单位	单价(元)	消	耗	量	
人工	001000020	木作综合工	工日	135.00	0.599	0.133	0.089	0.100	1.271
材料	050303800	木材 锯材	m³	1547.01	0.013	—	—	—	0.019
	030100650	铁钉	kg	7.26	0.030	—	0.060	—	0.100
	144101100	白乳胶	kg	7.69	0.060	—	—	—	—
	030101070	螺钉	百个	2.56	0.180	—	—	—	—
	064500020	玻璃 3	m²	12.00	—	—	—	—	11.800
	130104700	油灰	kg	1.93	—	—	—	—	10.000
	002000010	其他材料费	元	—	—	8.30	15.80	0.80	0.80	—

E.9.3 支摘窗(编码:020509003)

工作内容:选配料、截料、刨光、企口、起线、起凸打凹、挖弯、镶拼、安装等全部操作过程。   计量单位:m²

定 额 编 号				BE0510	BE0511	BE0512	BE0513
项 目 名 称				推窗扇制作安装(包括挺、抹)			
				无漏空花心	方格	灯笼锦	步步锦
综 合 单 价（元）				**126.61**	**300.00**	**317.02**	**371.48**
费用	其中	人 工 费 （元）		77.90	194.94	214.38	253.40
		材 料 费 （元）		27.21	51.26	43.48	48.15
		施工机具使用费 （元）		—	—	—	—
		企 业 管 理 费 （元）		13.83	34.62	38.07	45.00
		利 润 （元）		6.42	16.06	17.66	20.88
		一 般 风 险 费 （元）		1.25	3.12	3.43	4.05
	编码	名 称	单位	单价(元)	消	耗	量	
人工	001000020	木作综合工	工日	135.00	0.577	1.444	1.588	1.877
材料	050303800	木材 锯材	m³	1547.01	0.017	0.032	0.027	0.030
	144101100	白乳胶	kg	7.69	0.100	0.100	0.100	0.100
	030100650	铁钉	kg	7.26	—	0.100	0.100	0.100
	002000010	其他材料费	元	—	0.14	0.26	0.22	0.24

工作内容：选配料、截料、刨光、企口、起线、起凸打凹、挖弯、镶拼、安装等全部操作过程。　　　　　　　　　　　　计量单位：m²

定　额　编　号				BE0514	BE0515	BE0516	BE0517	BE0518
项　目　名　称				推窗扇制作安装（包括挺、抹）				
				盘肠锦	正万字拐子锦	斜万字	冰裂纹	龟背锦
综　合　单　价　（元）				**415.04**	**444.69**	**551.85**	**629.38**	**473.99**
费用	其中	人　工　费　（元）		292.41	311.99	389.88	448.20	331.29
		材　料　费　（元）		41.93	46.59	54.36	57.48	51.26
		施工机具使用费　（元）		—	—	—	—	—
		企　业　管　理　费　（元）		51.93	55.41	69.24	79.60	58.84
		利　　润　（元）		24.09	25.71	32.13	36.93	27.30
		一　般　风　险　费　（元）		4.68	4.99	6.24	7.17	5.30
	编码	名　称	单位	单价（元）	消　　　耗　　　量			
人工	001000020	木作综合工	工日	135.00	2.166	2.311	2.888	3.320	2.454
材料	050303800	木材 锯材	m³	1547.01	0.026	0.029	0.034	0.036	0.032
	144101100	白乳胶	kg	7.69	0.100	0.100	0.100	0.100	0.100
	030100650	铁钉	kg	7.26	0.100	0.100	0.100	0.100	0.100
	002000010	其他材料费	元	—	0.21	0.23	0.27	0.29	0.26

工作内容：选配料、截料、刨光、企口、起线、起凸打凹、挖弯、镶拼、安装等全部操作过程。　　　　　　　　　　　　计量单位：m²

定　额　编　号				BE0519	BE0520	BE0521
项　目　名　称				推窗扇安装		
				合页铰接	圆钉固定	销子固定
综　合　单　价　（元）				**40.78**	**17.18**	**17.73**
费用	其中	人　工　费　（元）		19.58	12.69	13.50
		材　料　费　（元）		15.80	0.99	0.50
		施工机具使用费　（元）		—	—	—
		企　业　管　理　费　（元）		3.48	2.25	2.40
		利　　润　（元）		1.61	1.05	1.11
		一　般　风　险　费　（元）		0.31	0.20	0.22
	编码	名　称	单位	单价（元）	消　　耗　　量		
人工	001000020	木作综合工	工日	135.00	0.145	0.094	0.100
材料	030100650	铁钉	kg	7.26	—	0.070	—
料	002000010	其他材料费	元	—	15.80	0.48	0.50

E.9.4 横风窗(编码:020509004)

工作内容:选配料、截料、刨光、企口、起线、起凸打凹、挖弯、镶拼、安装等全部操作过程。　　　　计量单位:m²

定　额　编　号					BE0522	BE0523
项　目　名　称					豁口窗(地脚窗、吊窗)步步锦	
					软橙	硬橙
综　合　单　价(元)					**435.76**	**467.98**
费用	其中	人　工　费(元)			280.67	298.62
		材　料　费(元)			77.62	86.94
		施工机具使用费(元)			—	—
		企　业　管　理　费(元)			49.85	53.03
		利　润(元)			23.13	24.61
		一　般　风　险　费(元)			4.49	4.78
	编码	名　称	单位	单价(元)	消　耗　量	
人工	001000020	木作综合工	工日	135.00	2.079	2.212
材料	050303800	木材 锯材	m³	1547.01	0.049	0.055
	144101100	白乳胶	kg	7.69	0.100	0.100
	030100650	铁钉	kg	7.26	0.090	0.090
	002000010	其他材料费	元	—	0.39	0.43

工作内容:选配料、截料、刨光、企口、起线、起凸打凹、挖弯、镶拼、安装等全部操作过程。　　　　计量单位:m²

定　额　编　号					BE0524	BE0525
项　目　名　称					豁口窗(地脚窗、吊窗)灯笼锦	
					软橙	硬橙
综　合　单　价(元)					**352.35**	**383.04**
费用	其中	人　工　费(元)			217.76	235.71
		材　料　费(元)			74.50	82.28
		施工机具使用费(元)			—	—
		企　业　管　理　费(元)			38.67	41.86
		利　润(元)			17.94	19.42
		一　般　风　险　费(元)			3.48	3.77
	编码	名　称	单位	单价(元)	消　耗　量	
人工	001000020	木作综合工	工日	135.00	1.613	1.746
材料	050303800	木材 锯材	m³	1547.01	0.047	0.052
	144101100	白乳胶	kg	7.69	0.100	0.100
	030100650	铁钉	kg	7.26	0.090	0.090
	002000010	其他材料费	元	—	0.37	0.41

工作内容：选配料、截料、刨光、企口、起线、起凸打凹、挖弯、镶拼、安装等全部操作过程。　　　　　　　　　　　计量单位：m²

定 额 编 号					BE0526	BE0527
项 目 名 称					豁口窗（地脚窗、吊窗）盘肠锦	
					软樘	硬樘
综 合 单 价 （元）					**575.11**	**605.80**
费用其中		人 工 费 （元）			388.67	406.62
		材 料 费 （元）			79.16	86.94
		施 工 机 具 使 用 费 （元）			—	—
		企 业 管 理 费 （元）			69.03	72.22
		利 润 （元）			32.03	33.51
		一 般 风 险 费 （元）			6.22	6.51
	编码	名 称	单位	单价（元）	消　耗　量	
人工	001000020	木作综合工	工日	135.00	2.879	3.012
材料	050303800	木材 锯材	m³	1547.01	0.050	0.055
	144101100	白乳胶	kg	7.69	0.100	0.100
	030100650	铁钉	kg	7.26	0.090	0.090
	002000010	其他材料费	元	—	0.39	0.43

工作内容：选配料、截料、刨光、企口、起线、起凸打凹、挖弯、镶拼、安装等全部操作过程。　　　　　　　　　　　计量单位：m²

定 额 编 号				BE0528	BE0529	BE0530	BE0531	BE0532	BE0533
项 目 名 称				豁口窗（地脚窗、吊窗）万字拐子		豁口窗（地脚窗、吊窗）龟背锦		豁口窗（地脚窗、吊窗）冰裂纹	
				软樘	硬樘	软樘	硬樘	软樘	硬樘
综 合 单 价 （元）				**542.11**	**574.28**	**584.60**	**615.28**	**791.53**	**823.77**
费用其中		人 工 费 （元）		361.53	379.49	388.67	406.62	550.67	568.62
		材 料 费 （元）		80.80	90.05	88.65	96.42	88.88	98.21
		施 工 机 具 使 用 费 （元）		—	—	—	—	—	—
		企 业 管 理 费 （元）		64.21	67.40	69.03	72.22	97.80	100.99
		利 润 （元）		29.79	31.27	32.03	33.51	45.37	46.85
		一 般 风 险 费 （元）		5.78	6.07	6.22	6.51	8.81	9.10
	编码	名 称	单位	单价（元）	消　　耗　　量				
人工	001000020	木作综合工	工日	135.00	2.678	2.811	2.879	3.012	4.079	4.212
材料	050303800	木材 锯材	m³	1547.01	0.051	0.057	0.056	0.061	0.056	0.062
	144101100	白乳胶	kg	7.69	0.110	0.100	0.120	0.120	0.150	0.150
	030100650	铁钉	kg	7.26	0.090	0.090	0.090	0.090	0.090	0.090
	002000010	其他材料费	元	—	0.40	0.45	0.44	0.48	0.44	0.49

E.9.5 什锦(多宝)窗(编码:020509005)

工作内容:选配料、截料、刨光、企口、起线、起凸打凹、挖弯、镶拼、安装等全部操作过程。

计量单位:10m²

定 额 编 号				BE0534	BE0535	BE0536	BE0537
项 目 名 称				桶子板		什锦窗漏空花心(不包括边框)	
				直折线型	曲线型	直折线型	曲线型
综 合 单 价 (元)				1145.56	3229.94	2668.99	3182.09
费用	其中	人 工 费 (元)		504.90	2035.94	1811.16	2186.60
		材 料 费 (元)		501.31	632.09	357.95	391.98
		施工机具使用费 (元)		—	—	—	—
		企 业 管 理 费 (元)		89.67	361.58	321.66	388.34
		利 润 (元)		41.60	167.76	149.24	180.18
		一 般 风 险 费 (元)		8.08	32.57	28.98	34.99
编码	名 称	单位	单价(元)	消 耗 量			
人工	001000020	木作综合工	工日	135.00	3.740	15.081	13.416	16.197
材料	050303800	木材 锯材	m³	1547.01	0.223	0.300	0.213	0.235
	052500200	木砖	m³	854.70	0.154	0.154	—	—
	144101100	白乳胶	kg	7.69	0.590	0.690	2.470	2.470
	030100650	铁钉	kg	7.26	1.480	2.980	1.300	1.300
	140100010	防腐油	kg	3.07	3.070	3.070	—	—

工作内容:选配料、截料、刨光、企口、起线、起凸打凹、挖弯、镶拼、安装等全部操作过程。

定 额 编 号				BE0538	BE0539	BE0540	BE0541	BE0542
项 目 名 称				桶子板		什锦窗边框(不包括漏空花心)		什锦窗玻璃
				直折线型	曲线型	直折线型	曲线型	安装
单 位				10m				10m²
综 合 单 价 (元)				115.98	165.71	346.41	430.79	614.74
费用	其中	人 工 费 (元)		73.04	103.41	128.93	182.93	288.63
		材 料 费 (元)		22.78	33.76	181.90	197.37	246.45
		施工机具使用费 (元)		—	—	—	—	—
		企 业 管 理 费 (元)		12.97	18.37	22.90	32.49	51.26
		利 润 (元)		6.02	8.52	10.62	15.07	23.78
		一 般 风 险 费 (元)		1.17	1.65	2.06	2.93	4.62
编码	名 称	单位	单价(元)	消 耗 量				
人工	001000020	木作综合工	工日	135.00	0.541	0.766	0.955	1.355	2.138
材料	050303800	木材 锯材	m³	1547.01	0.014	0.021	0.031	0.041	—
	144101100	白乳胶	kg	7.69	0.080	0.100	0.170	0.170	—
	052500200	木砖	m³	854.70	—	—	0.154	0.154	—
	030100650	铁钉	kg	7.26	0.070	0.070	0.140	0.140	0.180
	064500020	玻璃 3	m²	12.00	—	—	—	—	18.370
	130104700	油灰	kg	1.93	—	—	—	—	12.800

E.9.6 古式纱窗扇(编码:020509006)

工作内容:选配料、截料、刨光、企口、起线、起凸打凹、挖弯、镶拼、安装等全部操作过程。 计量单位:10m² 窗扇面积

定 额 编 号				BE0543	BE0544
项 目 名 称				古式纱窗扇	
				普通镶边制作	押脚乱纹嵌玻璃
综 合 单 价 (元)				**4753.21**	**15988.23**
费用	其中	人 工 费 (元)		3181.55	12019.32
		材 料 费 (元)		693.56	651.58
		施 工 机 具 使 用 费 (元)		—	—
		企 业 管 理 费 (元)		565.04	2134.63
		利 润 (元)		262.16	990.39
		一 般 风 险 费 (元)		50.90	192.31
	编码	名 称	单位	单价(元)	消 耗 量
人工	001000020	木作综合工	工日	135.00	23.567	89.032
材料	050303800	木材 锯材	m³	1547.01	0.446	0.419
	030100650	铁钉	kg	7.26	0.020	0.020
	002000010	其他材料费	元	—	3.45	3.24

E.9.7 门窗框、槛、抱框(编码:020509007)

工作内容:选配料、截料、刨光、企口、起线、起凸打凹、挖弯、镶拼、安装等全部操作过程。 计量单位:10m

定 额 编 号				BE0545	BE0546	BE0547	BE0548
项 目 名 称				门窗槛、框、楣、立人枋、通连槛(厚度)(mm)			
				50 以内	60 以内	70 以内	80 以内
综 合 单 价 (元)				**287.05**	**371.79**	**454.65**	**517.62**
费用	其中	人 工 费 (元)		119.88	142.43	157.41	179.96
		材 料 费 (元)		134.08	190.05	253.79	287.99
		施 工 机 具 使 用 费 (元)		—	—	—	—
		企 业 管 理 费 (元)		21.29	25.29	27.96	31.96
		利 润 (元)		9.88	11.74	12.97	14.83
		一 般 风 险 费 (元)		1.92	2.28	2.52	2.88
	编码	名 称	单位	单价(元)	消 耗 量		
人工	001000020	木作综合工	工日	135.00	0.888	1.055	1.166	1.333
材料	050303800	木材 锯材	m³	1547.01	0.086	0.122	0.163	0.185
	030100650	铁钉	kg	7.26	0.050	0.050	0.050	0.050
	002000010	其他材料费	元	—	0.67	0.95	1.26	1.43

工作内容：选配料、截料、刨光、企口、起线、起凸打凹、挖弯、镶拼、安装等全部操作过程。　　计量单位：10m

定额编号					BE0549	BE0550	BE0551	BE0552
项目名称					门窗槛、框、楣、立人枋、通连楹(厚度)(mm)			
					90 以内	100 以内	110 以内	120 以内
费用	综合单价（元）				**616.03**	**720.81**	**836.33**	**983.42**
	其中	人工费（元）			194.94	217.35	232.34	255.02
		材料费（元）			367.29	443.47	539.87	658.02
		施工机具使用费（元）			—	—	—	—
		企业管理费（元）			34.62	38.60	41.26	45.29
		利润（元）			16.06	17.91	19.14	21.01
		一般风险费（元）			3.12	3.48	3.72	4.08
	编码	名称	单位	单价(元)	消耗量			
人工	001000020	木作综合工	工日	135.00	1.444	1.610	1.721	1.889
材料	050303800	木材 锯材	m^3	1547.01	0.236	0.285	0.347	0.423
	030100650	铁钉	kg	7.26	0.050	0.050	0.050	0.050
	002000010	其他材料费	元	—	1.83	2.21	2.69	3.27

工作内容：选配料、截料、刨光、企口、起线、起凸打凹、挖弯、镶拼、安装等全部操作过程。　　计量单位：10m

定额编号					BE0553	BE0554	BE0555	BE0556
项目名称					门栊(厚度)(mm)			
					50 以内	60 以内	70 以内	80 以内
费用	综合单价（元）				**1248.14**	**1358.89**	**1465.86**	**1570.88**
	其中	人工费（元）			872.24	915.17	949.05	1004.54
		材料费（元）			135.16	191.14	254.88	289.09
		施工机具使用费（元）			—	—	—	—
		企业管理费（元）			154.91	162.53	168.55	178.41
		利润（元）			71.87	75.41	78.20	82.77
		一般风险费（元）			13.96	14.64	15.18	16.07
	编码	名称	单位	单价(元)	消耗量			
人工	001000020	木作综合工	工日	135.00	6.461	6.779	7.030	7.441
材料	050303800	木材 锯材	m^3	1547.01	0.086	0.122	0.163	0.185
	030100650	铁钉	kg	7.26	0.200	0.200	0.200	0.200
	002000010	其他材料费	元	—	0.67	0.95	1.27	1.44

工作内容:选配料、截料、刨光、企口、起线、起凸打凹、挖弯、镶拼、安装等全部操作过程。 计量单位:10m

定 额 编 号					BE0557	BE0558	BE0559	BE0560
项 目 名 称					门槛(厚度)(mm)			
					90 以内	100 以内	110 以内	120 以内
综 合 单 价 (元)					1707.53	1840.90	2004.47	2189.48
费用	其中	人 工 费 (元)			1049.49	1094.31	1146.96	1199.34
		材 料 费 (元)			368.38	444.56	540.95	659.12
		施 工 机 具 使 用 费 (元)			—	—	—	—
		企 业 管 理 费 (元)			186.39	194.35	203.70	213.00
		利 润 (元)			86.48	90.17	94.51	98.83
		一 般 风 险 费 (元)			16.79	17.51	18.35	19.19
	编码	名 称	单位	单价(元)	消 耗 量			
人工	001000020	木作综合工	工日	135.00	7.774	8.106	8.496	8.884
材	050303800	木材 锯材	m³	1547.01	0.236	0.285	0.347	0.423
	030100650	铁钉	kg	7.26	0.200	0.200	0.200	0.200
料	002000010	其他材料费	元	—	1.83	2.21	2.69	3.28

E.9.8 将军门(编码:020509009)

工作内容:选配料、截料、刨光、企口、起线、起凸打凹、挖弯、镶拼、安装等全部操作过程。 计量单位:10m²

定 额 编 号					BE0561	BE0562
项 目 名 称					将军门制作	将军门安装
综 合 单 价 (元)					2948.71	1317.50
费用	其中	人 工 费 (元)			1473.66	736.83
		材 料 费 (元)			1068.32	377.31
		施 工 机 具 使 用 费 (元)			—	—
		企 业 管 理 费 (元)			261.72	130.86
		利 润 (元)			121.43	60.71
		一 般 风 险 费 (元)			23.58	11.79
	编码	名 称	单位	单价(元)	消 耗 量	
人工	001000020	木作综合工	工日	135.00	10.916	5.458
材	050303800	木材 锯材	m³	1547.01	0.683	0.207
	030100650	铁钉	kg	7.26	0.880	—
	032130010	铁件 综合	kg	3.68	—	15.000
料	002000010	其他材料费	元	—	5.32	1.88

E.9.9　实榻门(编码:020509010)

工作内容:选配料、截料、刨光、企口、起线、起凸打凹、挖弯、镶拼、安装等全部操作过程。　　　　　**计量单位**:10m²

定　额　编　号					BE0563	BE0564	BE0565
项　目　名　称					\multicolumn{2}{}{镜面大门扇制作(板厚)(mm)}		镜面大门安装
					60	每增减10	
\multicolumn{5}{}{综　合　单　价　(元)}			5555.78	370.50	1236.42
费用	其中	\multicolumn{3}{}{人　工　费　(元)}		3274.29	106.38	844.02
		\multicolumn{3}{}{材　料　费　(元)}		1377.79	234.76	159.45
		\multicolumn{3}{}{施工机具使用费　(元)}		—	—	—
		\multicolumn{3}{}{企 业 管 理 费　(元)}		581.51	18.89	149.90
		\multicolumn{3}{}{利　　　润　(元)}		269.80	8.77	69.55
		\multicolumn{3}{}{一 般 风 险 费　(元)}		52.39	1.70	13.50
	编码	名　　　称	单位	单价(元)	消	耗	量
人工	001000020	木作综合工	工日	135.00	24.254	0.788	6.252
材料	050303800	木材 锯材	m³	1547.01	0.870	0.150	—
	144101100	白乳胶	kg	7.69	2.500	0.200	—
	030100650	铁钉	kg	7.26	0.800	—	0.200
	002000010	其他材料费	元	—	6.86	1.17	158.00

E.9.10　撒带门制作(编码:020509011)

工作内容:选配料、截料、刨光、企口、起线、起凸打凹、挖弯、镶拼、安装等全部操作过程。　　　　　**计量单位**:10m²

定　额　编　号					BE0566	BE0567	BE0568
项　目　名　称					\multicolumn{2}{}{撒带大门扇制作(板厚)(mm)}		撒带大门安装
					60	每增减10	
\multicolumn{5}{}{综　合　单　价　(元)}			3288.90	323.86	770.97
费用	其中	\multicolumn{3}{}{人　工　费　(元)}		1698.44	106.38	479.25
		\multicolumn{3}{}{材　料　费　(元)}		1121.70	188.12	159.45
		\multicolumn{3}{}{施工机具使用费　(元)}		—	—	—
		\multicolumn{3}{}{企 业 管 理 费　(元)}		301.64	18.89	85.11
		\multicolumn{3}{}{利　　　润　(元)}		139.95	8.77	39.49
		\multicolumn{3}{}{一 般 风 险 费　(元)}		27.17	1.70	7.67
	编码	名　　　称	单位	单价(元)	消	耗	量
人工	001000020	木作综合工	工日	135.00	12.581	0.788	3.550
材料	050303800	木材 锯材	m³	1547.01	0.710	0.120	—
	144101100	白乳胶	kg	7.69	1.500	0.200	—
	030100650	铁钉	kg	7.26	0.800	—	0.200
	002000010	其他材料费	元	—	5.98	0.94	158.00

E.9.11 棋盘(攒边)门(编码:020509012)

工作内容:选配料、截料、刨光、企口、起线、起凸打凹、挖弯、镶拼、安装等全部操作过程。

计量单位:10m²

定 额 编 号				BE0569	BE0570	BE0571
项 目 名 称				攒边门扇制作(板厚)(mm)		攒边大门安装
				60	每增减10	
综 合 单 价 (元)				**4152.16**	**300.82**	**928.42**
费用	其中	人 工 费 (元)		2406.92	101.12	602.64
		材 料 费 (元)		1080.93	171.79	159.45
		施工机具使用费 (元)		—	—	—
		企 业 管 理 费 (元)		427.47	17.96	107.03
		利 润 (元)		198.33	8.33	49.66
		一 般 风 险 费 (元)		38.51	1.62	9.64
	编码	名 称	单位	单价(元)	消 耗 量	
人工	001000020	木作综合工	工日	135.00	17.829	0.749	4.464
材料	050303800	木材 锯材	m³	1547.01	0.680	0.110	—
	144101100	白乳胶	kg	7.69	2.500	0.100	—
	030100650	铁钉	kg	7.26	0.600	—	0.200
	002000010	其他材料费	元	—	5.38	0.85	158.00

E.9.12 直拼库门制作(编码:020509013)

工作内容:选配料、截料、刨光、企口、起线、起凸打凹、挖弯、镶拼、安装等全部操作过程。

计量单位:10m²

定 额 编 号				BE0572	BE0573
项 目 名 称				直拼库门制作	直拼库门安装
综 合 单 价 (元)				**3360.14**	**1326.96**
费用	其中	人 工 费 (元)		1598.94	726.17
		材 料 费 (元)		1319.90	400.36
		施工机具使用费 (元)		—	—
		企 业 管 理 费 (元)		283.97	128.97
		利 润 (元)		131.75	59.84
		一 般 风 险 费 (元)		25.58	11.62
	编码	名 称	单位	单价(元)	消 耗 量	
人工	001000020	木作综合工	工日	135.00	11.844	5.379
材料	050303800	木材 锯材	m³	1547.01	0.842	0.243
	032130010	铁件 综合	kg	3.68	2.920	6.100
	002000010	其他材料费	元	—	6.57	1.99

E.9.13 贡式堂门(编码:020509014)

工作内容:选配料、截料、刨光、企口、起线、起凸打凹、挖弯、镶拼、安装等全部操作过程。　　　　计量单位:10m²

	定　额　编　号					BE0574	BE0575
	项　目　名　称					贡式堂子对子门制作	贡式堂子对子门安装
	综　合　单　价(元)					**2458.24**	**1310.78**
费用	其中	人　工　费　(元)				1382.81	475.34
		材　料　费　(元)				693.78	704.24
		施工机具使用费　(元)				—	—
		企　业　管　理　费　(元)				245.59	84.42
		利　　润　(元)				113.94	39.17
		一　般　风　险　费　(元)				22.12	7.61
	编码	名　　称	单位	单价(元)		消　耗　量	
人工	001000020	木作综合工	工日	135.00		10.243	3.521
材料	050303800	木材 锯材	m³	1547.01		0.444	0.442
	032130010	铁件 综合	kg	3.68		0.940	4.590
	030100650	铁钉	kg	7.26		—	0.010
	002000010	其他材料费	元	—		3.45	3.50

E.9.14 直拼屏门制作(编码:020509015)

工作内容:选配料、截料、刨光、企口、起线、起凸打凹、挖弯、镶拼、安装等全部操作过程。　　　　计量单位:10m²

	定　额　编　号					BE0576	BE0577
	项　目　名　称					屏门扇制作(板厚)(mm)	
						40	每增减 10
	综　合　单　价(元)					**2471.72**	**348.24**
费用	其中	人　工　费　(元)				1203.80	101.12
		材　料　费　(元)				935.68	219.21
		施工机具使用费　(元)				—	—
		企　业　管　理　费　(元)				213.79	17.96
		利　　润　(元)				99.19	8.33
		一　般　风　险　费　(元)				19.26	1.62
	编码	名　　称	单位	单价(元)		消　耗　量	
人工	001000020	木作综合工	工日	135.00		8.917	0.749
材料	050303800	木材 锯材	m³	1547.01		0.590	0.140
	144101100	白乳胶	kg	7.69		2.000	0.200
	030100650	铁钉	kg	7.26		0.400	—
	002000010	其他材料费	元	—		4.66	1.09

工作内容：选配料，截料，刨光，画线，雕凿成型，企口，起线，起凸，打凹，穿带门轴，门栓制、安、校正等全部过程。

计量单位：10m²

定 额 编 号					BE0578	BE0579	BE0580
项 目 名 称						屏门安装	
					转轴	鹅颈碰铁	合页
综 合 单 价 （元）					**1472.00**	**510.64**	**415.01**
费用	其中	人 工 费 （元）			701.46	201.42	201.42
		材 料 费 （元）			576.94	253.63	158.00
		施 工 机 具 使 用 费 （元）			—	—	—
		企 业 管 理 费 （元）			124.58	35.77	35.77
		利 润 （元）			57.80	16.60	16.60
		一 般 风 险 费 （元）			11.22	3.22	3.22
	编码	名 称	单位	单价（元）	消	耗	量
人工	001000020	木作综合工	工日	135.00	5.196	1.492	1.492
材料	050303800	木材 锯材	m³	1547.01	0.130	—	—
	030100650	铁钉	kg	7.26	0.300	0.500	—
	144101100	白乳胶	kg	7.69	0.600	—	—
	030101070	螺钉	百个	2.56	120.000	—	—
	002000010	其他材料费	元	—	61.84	250.00	158.00

E.9.15　将军门刺（编码：020509016）

工作内容：选配料、截料、刨光、企口、起线、起凸打凹、挖弯、镶拼、安装等全部操作过程。

计量单位：100个

定 额 编 号					BE0581
项 目 名 称					将军门刺制作
综 合 单 价 （元）					**1550.76**
费用	其中	人 工 费 （元）			1123.61
		材 料 费 （元）			117.03
		施 工 机 具 使 用 费 （元）			—
		企 业 管 理 费 （元）			199.55
		利 润 （元）			92.59
		一 般 风 险 费 （元）			17.98
	编码	名 称	单位	单价（元）	消 耗 量
人工	001000020	木作综合工	工日	135.00	8.323
材料	050302500	硬木枋	m³	1068.38	0.109
	002000010	其他材料费	元	—	0.58

E.9.16 将军门竹丝(编码:020509017)

工作内容:选配料、截料、刨光、企口、起线、起凸打凹、挖弯、镶拼、安装等全部操作过程。 计量单位:10m²

定 额 编 号					BE0582	
项 目 名 称					门上钉竹丝	
综 合 单 价 (元)					3700.92	
费用	其中	人 工 费 (元)			2714.72	
		材 料 费 (元)			236.94	
		施 工 机 具 使 用 费 (元)			—	
		企 业 管 理 费 (元)			482.13	
		利 润 (元)			223.69	
		一 般 风 险 费 (元)			43.44	
	编码	名 称	单位	单价(元)	消 耗 量	
人工	001000020	木作综合工	工日	135.00	20.109	
材料	030100650	铁钉	kg	7.26	8.400	
	053100010	毛竹 综合	根	11.65	15.000	
	002000010	其他材料费	元	—	1.21	

E.9.17 门簪(编码:020509018)

工作内容:选配料、截料、刨光、企口、起线、起凸打凹、挖弯、镶拼、安装等全部操作过程。 计量单位:个

定 额 编 号					BE0583	BE0584
项 目 名 称					门簪(直径)(mm)	
					150 以内	150 以上
综 合 单 价 (元)					195.57	260.27
费用	其中	人 工 费 (元)			137.43	161.33
		材 料 费 (元)			20.21	54.42
		施 工 机 具 使 用 费 (元)			—	—
		企 业 管 理 费 (元)			24.41	28.65
		利 润 (元)			11.32	13.29
		一 般 风 险 费 (元)			2.20	2.58
	编码	名 称	单位	单价(元)	消 耗 量	
人工	001000020	木作综合工	工日	135.00	1.018	1.195
材料	050303800	木材 锯材	m³	1547.01	0.013	0.035
	002000010	其他材料费	元	—	0.10	0.27

E.9.18 窗塌板(编码:020509019)

工作内容:选配料、截料、刨光、企口、起线、起凸打凹、挖弯、镶拼、安装等全部操作过程。　　　　　　　　计量单位:10m²

定　额　编　号					BE0585	BE0586
项　目　名　称					窗平盘(厚度)(mm)	
					40	每增加5
综　合　单　价　(元)					**1220.66**	**106.27**
费用	其中	人　工　费　(元)			333.45	15.12
		材　料　费　(元)			795.17	86.97
		施工机具使用费　(元)			—	—
		企　业　管　理　费　(元)			59.22	2.69
		利　　　润　(元)			27.48	1.25
		一　般　风　险　费　(元)			5.34	0.24
	编码	名　　称	单位	单价(元)	消　　耗　　量	
人工	001000020	木作综合工	工日	135.00	2.470	0.112
材料	050303800	木材 锯材	m³	1547.01	0.506	0.056
	030100650	铁钉	kg	7.26	1.160	—
	002000010	其他材料费	元	—	3.96	0.34

E.9.19 门头板余塞板(编码:020509020)

工作内容:选配料、截料、刨光、企口、起线、起凸打凹、挖弯、镶拼、安装等全部操作过程。　　　　　　　　计量单位:10m²

定　额　编　号					BE0587	BE0588
项　目　名　称					门窗提裙攘板(厚度)(mm)	
					15	每增加5
综　合　单　价　(元)					**827.94**	**127.03**
费用	其中	人　工　费　(元)			320.09	17.96
		材　料　费　(元)			419.50	104.11
		施工机具使用费　(元)			—	—
		企　业　管　理　费　(元)			56.85	3.19
		利　　　润　(元)			26.38	1.48
		一　般　风　险　费　(元)			5.12	0.29
	编码	名　　称	单位	单价(元)	消　　耗　　量	
人工	001000020	木作综合工	工日	135.00	2.371	0.133
材料	050303800	木材 锯材	m³	1547.01	0.258	0.065
	030100650	铁钉	kg	7.26	0.400	0.100
	144101100	白乳胶	kg	7.69	2.000	0.300
	002000010	其他材料费	元	—	2.09	0.52

E.9.20 木门枕(编码:020509021)

工作内容:选配料、截料、刨光、企口、起线、起凸打凹、挖弯、镶拼、安装等全部操作过程。　　　　　　　　计量单位:m³

定　额　编　号					BE0589	
项　目　名　称					门枕	
综　合　单　价　(元)					3745.70	
费用	其中	人　工　费　(元)			1485.54	
		材　料　费　(元)			1850.15	
		施工机具使用费　(元)			—	
		企　业　管　理　费　(元)			263.83	
		利　　　润　(元)			122.41	
		一　般　风　险　费　(元)			23.77	
	编码	名　　称	单位	单价(元)	消　耗　量	
人工	001000020	木作综合工	工日	135.00	11.004	
材料	050303800	木材 锯材	m³	1547.01	1.190	
	002000010	其他材料费	元	—	9.21	

E.9.21 古式门窗五金(编码:020509023)

工作内容:选配料、截料、刨光、企口、起线、起凸打凹、挖弯、镶拼、安装等全部操作过程。

定　额　编　号					BE0590	BE0591	BE0592	BE0593
项　目　名　称					木门钉	金属门钉	大门包叶	门铺首
单　　　位					10个		件	对
综　合　单　价　(元)					75.79	58.13	28.91	184.17
费用	其中	人　工　费　(元)			47.93	42.12	15.80	23.76
		材　料　费　(元)			14.63	4.39	8.75	153.85
		施工机具使用费　(元)			—	—	—	—
		企　业　管　理　费　(元)			8.51	7.48	2.81	4.22
		利　　　润　(元)			3.95	3.47	1.30	1.96
		一　般　风　险　费　(元)			0.77	0.67	0.25	0.38
	编码	名　　称	单位	单价(元)	消　耗　量			
人工	001000020	木作综合工	工日	135.00	0.355	0.312	0.117	0.176
材料	050303800	木材 锯材	m³	1547.01	0.008	—	—	—
	030100650	铁钉	kg	7.26	0.310	—	0.210	—
	030101053	金属门钉	个	0.43	—	10.200	—	—
	144101100	白乳胶	kg	7.69	—	—	0.050	—
	030340930	包叶	块	6.84	—	—	1.000	—
	030340920	门铺首	对	153.85	—	—	—	1.000

工作内容：选配料、截料、刨光、企口、起线、起凸打凹、挖弯、镶拼、安装等全部操作过程。

定　额　编　号					BE0594	BE0595	BE0596	BE0597
项　目　名　称					铁门栓	门窗扇面叶	壶瓶护口	门窗挡
单　　　　位					套	10件	对	10个
费用		综　合　单　价　（元）			**114.38**	**96.76**	**156.66**	**123.13**
	其中	人　工　费　（元）			36.05	46.58	39.56	31.59
		材　料　费　（元）			68.38	37.32	106.19	82.82
		施工机具使用费　（元）			—	—	—	—
		企　业　管　理　费　（元）			6.40	8.27	7.02	5.61
		利　　　润　（元）			2.97	3.84	3.26	2.60
		一　般　风　险　费　（元）			0.58	0.75	0.63	0.51
	编码	名　　称	单位	单价（元）	消　　　耗　　　量			
人工	001000020	木作综合工	工日	135.00	0.267	0.345	0.293	0.234
材料	030100650	铁钉	kg	7.26	—	0.040	0.500	—
	330501300	铁门栓	套	68.38	1.000	—	—	—
	030340940	面叶	块	3.63	—	10.200	—	—
	311100530	壶护口	对	102.56	—	—	1.000	—
	030340980	门窗挡	个	8.12	—	—	—	10.200

工作内容：选配料、截料、刨光、企口、起线、起凸打凹、挖弯、镶拼、安装等全部操作过程。　　　　　　　　　　　计量单位：10个

定　额　编　号					BE0598	BE0599	BE0600	BE0601
项　目　名　称					卡子花四季花草团花（直径）（mm）		卡子花四季花草卡子（宽度）（mm）	
					100 以内	100 以上	100 以内	100 以上
费用		综　合　单　价　（元）			**489.76**	**619.97**	**612.24**	**747.08**
	其中	人　工　费　（元）			378.68	473.45	473.45	568.22
		材　料　费　（元）			6.57	15.85	8.12	22.04
		施工机具使用费　（元）			—	—	—	—
		企　业　管　理　费　（元）			67.25	84.08	84.08	100.91
		利　　　润　（元）			31.20	39.01	39.01	46.82
		一　般　风　险　费　（元）			6.06	7.58	7.58	9.09
	编码	名　　称	单位	单价（元）	消　　　耗　　　量			
人工	001000020	木作综合工	工日	135.00	2.805	3.507	3.507	4.209
材料	050303800	木材 锯材	m³	1547.01	0.004	0.010	0.005	0.014
	144101100	白乳胶	kg	7.69	0.050	0.050	0.050	0.050

工作内容:选配料、截料、刨光、企口、起线、起凸打凹、挖弯、镶拼、安装等全部操作过程。　　　　　　计量单位:10个

定　额　编　号				BE0602	BE0603	BE0604	BE0605	BE0606	BE0607
项　目　名　称				卡子花福寿团花（直径）(mm)		卡子花福寿卡子（直径）(mm)		工字	卧蚕
				100 以内	100 以上	100 以内	100 以上		
综　合　单　价　(元)				731.44	982.24	974.51	1230.27	119.76	47.87
费用其中	人　工　费　(元)			568.08	757.35	757.35	946.89	89.91	36.18
	材　料　费　(元)			6.57	15.85	8.12	22.04	5.03	1.70
	施工机具使用费　(元)			—	—	—	—	—	—
	企　业　管　理　费　(元)			100.89	134.51	134.51	168.17	15.97	6.43
	利　　　　润　(元)			46.81	62.41	62.41	78.02	7.41	2.98
	一　般　风　险　费　(元)			9.09	12.12	12.12	15.15	1.44	0.58
	编码	名　　称	单位	单价(元)	消　　　耗　　　量				
人工	001000020	木作综合工	工日	135.00	4.208	5.610	5.610	7.014	0.666	0.268
材料	050303800	木材 锯材	m³	1547.01	0.004	0.010	0.005	0.014	0.003	0.001
	144101100	白乳胶	kg	7.69	0.050	0.050	0.050	0.050	0.050	0.020

E.9.22　金属件(编码:020509024)

工作内容:选配料、截料、刨光、企口、起线、起凸打凹、挖弯、镶拼、安装等全部操作过程。　　　　　　计量单位:kg

定　额　编　号				BE0608	BE0609	BE0610	BE0611
项　目　名　称				圆形构件加铁箍		方形构件加铁箍	
				剔槽	明加	剔槽	明加
综　合　单　价　(元)				26.47	15.27	19.40	13.19
费用其中	人　工　费　(元)			16.61	7.83	11.07	6.21
	材　料　费　(元)			5.27	5.27	5.27	5.27
	施工机具使用费　(元)			—	—	—	—
	企　业　管　理　费　(元)			2.95	1.39	1.97	1.10
	利　　　　润　(元)			1.37	0.65	0.91	0.51
	一　般　风　险　费　(元)			0.27	0.13	0.18	0.10
	编码	名　　称	单位	单价(元)	消　　　耗　　　量			
人工	001000020	木作综合工	工日	135.00	0.123	0.058	0.082	0.046
材料	032130010	铁件 综合	kg	3.68	1.030	1.030	1.030	1.030
	030100650	铁钉	kg	7.26	0.200	0.200	0.200	0.200
	002000010	其他材料费	元	—	0.03	0.03	0.03	0.03

工作内容：选配料、截料、刨光、企口、起线、起凸打凹、挖弯、镶拼、安装等全部操作过程。

定 额 编 号			BE0612	BE0613	BE0614	BE0615
项 目 名 称			构件加拉接扁铁		钉扒钉	风铃安装
			剔槽	明加		
单 位			kg			10个
综 合 单 价 （元）			**18.55**	**12.34**	**17.09**	**548.70**
费用	其中	人 工 费 （元）	10.40	5.54	10.40	118.40
		材 料 费 （元）	5.27	5.27	3.81	397.62
		施工机具使用费 （元）	—	—	—	—
		企 业 管 理 费 （元）	1.85	0.98	1.85	21.03
		利 润 （元）	0.86	0.46	0.86	9.76
		一 般 风 险 费 （元）	0.17	0.09	0.17	1.89
	编码	名 称	单位	单价（元）	消 耗 量			
人工	001000020	木作综合工	工日	135.00	0.077	0.041	0.077	0.877
材料	032130010	铁件 综合	kg	3.68	1.030	1.030	1.030	3.000
	030100650	铁钉	kg	7.26	0.200	0.200	—	—
	312300080	风铃（铜质）	个	38.46	—	—	—	10.000
	002000010	其他材料费	元	—	0.03	0.03	0.02	1.98

工作内容：选配料、截料、刨光、企口、起线、起凸打凹、挖弯、镶拼、安装等全部操作过程。　　　　　　计量单位：m²

定 额 编 号			BE0616	BE0617	BE0618	BE0619
项 目 名 称			贴鬼脸（面积）（mm²）			
			5 以内	10 以内	15 以内	15 以上
综 合 单 价 （元）			**2061.16**	**1935.24**	**1809.49**	**1683.57**
费用	其中	人 工 费 （元）	1578.15	1479.47	1380.92	1282.23
		材 料 费 （元）	47.44	47.44	47.44	47.44
		施工机具使用费 （元）	—	—	—	—
		企 业 管 理 费 （元）	280.28	262.75	245.25	227.72
		利 润 （元）	130.04	121.91	113.79	105.66
		一 般 风 险 费 （元）	25.25	23.67	22.09	20.52
	编码	名 称	单位	单价（元）	消 耗 量			
人工	001000020	木作综合工	工日	135.00	11.690	10.959	10.229	9.498
材料	050303800	木材 锯材	m³	1547.01	0.020	0.020	0.020	0.020
	050500100	胶合板 5	m²	14.10	1.100	1.100	1.100	1.100
	144101100	白乳胶	kg	7.69	0.060	0.060	0.060	0.060
	030100650	铁钉	kg	7.26	0.040	0.040	0.040	0.040
	002000010	其他材料费	元	—	0.24	0.24	0.24	0.24

工作内容:螺栓安装。

计量单位:10套

定 额 编 号					BE0620	BE0621
项 目 名 称					固定螺栓(mm)	
					$\phi16\times500$	增减100
综 合 单 价 (元)					**157.39**	**21.41**
费用	其中	人 工 费 (元)			77.50	11.13
		材 料 费 (元)			58.50	7.20
		施 工 机 具 使 用 费 (元)			—	—
		企 业 管 理 费 (元)			13.76	1.98
		利 润 (元)			6.39	0.92
		一 般 风 险 费 (元)			1.24	0.18
	编码	名 称	单位	单价(元)	消 耗 量	
人工	000300050	木工综合工	工日	125.00	0.620	0.089
材料	030125010	螺栓	kg	4.50	13.000	1.600

E.10 古式栏杆(编码:020510)

E.10.1 寻杖栏杆(编码:020510001)

工作内容:选配料、截料、刨光、画线、雕凿成型、企口、起线、起凸、打凹、挖弯、修正卯榫、入位、栽销、校正等全部过程。

计量单位:10m

定 额 编 号					BE0622
项 目 名 称					栏杆(包括望柱)
					寻杖栏杆
综 合 单 价 (元)					**14159.97**
费用	其中	人 工 费 (元)			10252.58
		材 料 费 (元)			1077.68
		施 工 机 具 使 用 费 (元)			—
		企 业 管 理 费 (元)			1820.86
		利 润 (元)			844.81
		一 般 风 险 费 (元)			164.04
	编码	名 称	单位	单价(元)	消 耗 量
人工	001000020	木作综合工	工日	135.00	75.945
材料	050303800	木材 锯材	m³	1547.01	0.680
	144101100	白乳胶	kg	7.69	1.800
	030100650	铁钉	kg	7.26	0.450
	030102505	木螺钉	百个	5.98	0.450
	140100010	防腐油	kg	3.07	0.180
	002000010	其他材料费	元	—	5.36

E.10.2 花栏杆(编码:020510002)

工作内容:选配料、截料、刨光、画线、雕凿成型、企口、起线、起凸、打凹、挖弯、修正卯榫、入位、栽销、校正等全部过程。

计量单位:10m

定 额 编 号					BE0623	BE0624
项 目 名 称					栏杆(包括望柱)	
					花栏杆	花直挡栏杆
综 合 单 价 (元)					**5495.20**	**2562.00**
费用	其中	人 工 费 (元)			3469.10	1321.65
		材 料 费 (元)			1068.63	875.57
		施 工 机 具 使 用 费 (元)			—	—
		企 业 管 理 费 (元)			616.11	234.73
		利 润 (元)			285.85	108.90
		一 般 风 险 费 (元)			55.51	21.15
	编码	名 称	单位	单价(元)	消 耗 量	
人工	001000020	木作综合工	工日	135.00	25.697	9.790
材料	050303800	木材 锯材	m³	1547.01	0.670	0.550
	144101100	白乳胶	kg	7.69	2.640	1.800
	030100650	铁钉	kg	7.26	0.450	0.450
	030102505	木螺钉	百个	5.98	0.450	0.450
	140100010	防腐油	kg	3.07	0.180	0.180
	002000010	其他材料费	元	—	5.32	4.36

E.10.3 坐凳面(编码:020510004)

工作内容:选配料、截料、刨光、画线、雕凿成型、企口、起线、起凸、打凹、挖弯、修正卯榫、入位、栽销、校正等全部过程。

计量单位:m²

定 额 编 号					BE0625	BE0626
项 目 名 称					坐凳平盘(厚度)(mm)	
					50	每增减10
综 合 单 价 (元)					**183.64**	**25.21**
费用	其中	人 工 费 (元)			60.89	3.92
		材 料 费 (元)			105.95	20.21
		施 工 机 具 使 用 费 (元)			—	—
		企 业 管 理 费 (元)			10.81	0.70
		利 润 (元)			5.02	0.32
		一 般 风 险 费 (元)			0.97	0.06
	编码	名 称	单位	单价(元)	消 耗 量	
人工	001000020	木作综合工	工日	135.00	0.451	0.029
材料	050303800	木材 锯材	m³	1547.01	0.064	0.013
	144101100	白乳胶	kg	7.69	0.720	—
	030100650	铁钉	kg	7.26	0.120	—
	002000010	其他材料费	元	—	0.53	0.10

E.11　鹅颈靠背、楣子、飞罩(编码:020511)

E.11.1　鹅颈靠背(编码:020511001)

工作内容:选配料、截料、刨光、画线、雕凿成型、企口、起线、起凸、打凹、挖弯、修正卯榫、入位、栽销、校正等全部过程。

计量单位:10m

定　额　编　号					BE0627	BE0628
项　目　名　称					飞来椅(包括扶手)	
					鹅颈靠背	花靠背
综　合　单　价　(元)					**2883.89**	**6637.02**
费用	其中	人　工　费　(元)			1854.36	4773.74
		材　料　费　(元)			517.73	545.72
		施工机具使用费　(元)			—	—
		企　业　管　理　费　(元)			329.33	847.82
		利　　　润　(元)			152.80	393.36
		一　般　风　险　费　(元)			29.67	76.38
	编码	名　　称	单位	单价(元)	消　耗　量	
人工	001000020	木作综合工	工日	135.00	13.736	35.361
材料	050303800	木材 锯材	m³	1547.01	0.319	0.337
	144101100	白乳胶	kg	7.69	0.500	0.500
	030100650	铁钉	kg	7.26	0.400	0.400
	030102505	木螺钉	百个	5.98	0.400	0.400
	032130010	铁件 综合	kg	3.68	3.400	3.400
	002000010	其他材料费	元	—	2.58	2.72

E.11.2　倒挂楣子(编码:020511002)

工作内容:选配料、截料、刨光、画线、雕凿成型、企口、起线、起凸、打凹、挖弯、修正卯榫、入位、栽销、校正等全部过程。

计量单位:m

定　额　编　号					BE0629	BE0630	BE0631
项　目　名　称					五纹头弓万式挂落制安	五纹头弓万弯脚头挂落制安	七纹头句子头嵌桔子挂落制安
综　合　单　价　(元)					**433.38**	**694.44**	**1076.48**
费用	其中	人　工　费　(元)			298.22	335.88	503.69
		材　料　费　(元)			52.86	265.86	433.78
		施工机具使用费　(元)			—	—	—
		企　业　管　理　费　(元)			52.96	59.65	89.45
		利　　　润　(元)			24.57	27.68	41.50
		一　般　风　险　费　(元)			4.77	5.37	8.06
	编码	名　　称	单位	单价(元)	消　耗　量		
人工	001000020	木作综合工	工日	135.00	2.209	2.488	3.731
材料	050303800	木材 锯材	m³	1547.01	0.034	0.171	0.279
	002000010	其他材料费	元	—	0.26	1.32	2.16

E.11.3 飞罩(编码:020511003)

工作内容:选配料、截料、刨光、画线、雕凿成型、企口、起线、起凸、打凹、挖弯、修正卯榫、入位、栽销、校正等全部过程。

计量单位:10m

定 额 编 号					BE0632	BE0633	BE0634	BE0635	BE0636
项 目 名 称					飞罩制作				飞罩安装
					宫万式	葵式	藤蔓式	乱纹嵌桔子	
综 合 单 价 (元)					3712.85	4498.31	4950.85	10296.89	538.04
费用	其中	人 工 费 (元)			2828.12	3358.40	3711.83	7600.50	353.57
		材 料 费 (元)			104.17	213.00	214.56	598.65	86.89
		施 工 机 具 使 用 费 (元)			—	—	—	—	—
		企 业 管 理 费 (元)			502.27	596.45	659.22	1349.85	62.79
		利 润 (元)			233.04	276.73	305.85	626.28	29.13
		一 般 风 险 费 (元)			45.25	53.73	59.39	121.61	5.66
	编码	名 称	单位	单价(元)	消	耗		量	
人工	001000020	木作综合工	工日	135.00	20.949	24.877	27.495	56.300	2.619
材料	050303800	木材 锯材	m³	1547.01	0.067	0.137	0.138	0.385	0.055
	030100650	铁钉	kg	7.26	—	—	—	0.010	0.190
	002000010	其他材料费	元	—	0.52	1.06	1.07	2.98	0.43

E.11.4 落地圆罩(编码:020511004)

工作内容:选配料、截料、刨光、画线、雕凿成型、企口、起线、起凸、打凹、挖弯、修正卯榫、入位、栽销、校正等全部过程。

计量单位:10m

定 额 编 号					BE0637	BE0638	BE0639
项 目 名 称					落地圆罩制作		落地圆罩安装
					宫葵式,菱角,海棠,冰片梅花	乱纹嵌桔子	
综 合 单 价 (元)					10341.14	19032.87	719.43
费用	其中	人 工 费 (元)			7688.79	14405.45	486.14
		材 料 费 (元)			530.24	651.51	99.11
		施 工 机 具 使 用 费 (元)			—	—	—
		企 业 管 理 费 (元)			1365.53	2558.41	86.34
		利 润 (元)			633.56	1187.01	40.06
		一 般 风 险 费 (元)			123.02	230.49	7.78
	编码	名 称	单位	单价(元)	消	耗	量
人工	001000020	木作综合工	工日	135.00	56.954	106.707	3.601
材料	050303800	木材 锯材	m³	1547.01	0.341	0.419	0.063
	030100650	铁钉	kg	7.26	0.010	0.010	0.220
	002000010	其他材料费	元	—	2.64	3.24	0.05

E.11.5 落地方罩(编码:020511005)

工作内容:选配料、截料、刨光、画线、雕凿成型、企口、起线、起凸、打凹、挖弯、修正卯榫、入位、栽销、校正等全部过程。

计量单位:10m

定 额 编 号					BE0640	BE0641	BE0642
项 目 名 称					落地方罩制作		落地方罩安装
					宫葵式,菱角,海棠,冰片梅花	乱纹嵌桔子	
综 合 单 价 (元)					**9103.84**	**14762.66**	**547.59**
费用	其中	人 工 费 (元)			6893.37	11312.33	353.57
		材 料 费 (元)			307.91	328.12	96.44
		施工机具使用费 (元)			—	—	—
		企 业 管 理 费 (元)			1224.26	2009.07	62.79
		利 润 (元)			568.01	932.14	29.13
		一 般 风 险 费 (元)			110.29	181.00	5.66
	编码	名 称	单位	单价(元)	消 耗		量
人工	001000020	木作综合工	工日	135.00	51.062	83.795	2.619
材料	050303800	木材 锯材	m³	1547.01	0.198	0.211	0.061
	030100650	铁钉	kg	7.26	0.010	0.010	0.220
	002000010	其他材料费	元	—	1.53	1.63	0.48

E.12 墙、地板及天花(编码:020512)

E.12.1 木地板(编码:020512001)

工作内容:选配料、截料、刨光、画线、雕凿成型、企口、起线、起凸、打凹、挖弯、修正卯榫、入位、栽销、校正等全部过程。

计量单位:10m²

定 额 编 号					BE0643	BE0644	BE0645
项 目 名 称					木楼板制安(厚度)(mm)		木楼板制安
					40	每增加 10	安装后净面磨平
综 合 单 价 (元)					**1615.68**	**313.57**	**179.22**
费用	其中	人 工 费 (元)			489.78	86.13	140.00
		材 料 费 (元)			990.72	203.66	0.58
		施工机具使用费 (元)			—	—	—
		企 业 管 理 费 (元)			86.98	15.30	24.86
		利 润 (元)			40.36	7.10	11.54
		一 般 风 险 费 (元)			7.84	1.38	2.24
	编码	名 称	单位	单价(元)	消 耗		量
人工	001000020	木作综合工	工日	135.00	3.628	0.638	1.037
材料	050303800	木材 锯材	m³	1547.01	0.630	0.130	—
	030100650	铁钉	kg	7.26	1.000	0.100	—
	002000010	其他材料费	元	—	8.84	1.82	0.58

E.12.2 木楼梯(编码:020512002)

工作内容:选配料、截料、刨光、画线、雕凿成型、企口、起线、起凸、打凹、挖弯、修正卯榫、入位、裁销、校正等全部过程。

计量单位:m²

	定 额 编 号				BE0646	BE0647
	项 目 名 称				木楼梯制安	
					松木	硬木
	综 合 单 价 (元)				**478.89**	**429.71**
费用	其中	人 工 费 (元)			173.34	206.69
		材 料 费 (元)			257.71	165.97
		施 工 机 具 使 用 费 (元)			—	—
		企 业 管 理 费 (元)			30.79	36.71
		利 润 (元)			14.28	17.03
		一 般 风 险 费 (元)			2.77	3.31
	编码	名 称	单位	单价(元)	消 耗 量	
人工	001000020	木作综合工	工日	135.00	1.284	1.531
材料	030100650	铁钉	kg	7.26	0.500	0.500
	140100010	防腐油	kg	3.07	0.230	0.230
	050303920	木材	m³	1682.05	0.149	
	050302500	硬木枋	m³	1068.38	—	0.149
	002000010	其他材料费	元	—	2.75	2.45

E.12.3 栈板(间壁)墙(编码:020512003)

工作内容:选配料、截料、刨光、画线、雕凿成型、企口、起线、起凸、打凹、挖弯、修正卯榫、入位、裁销、校正等全部过程。

计量单位:10m²

	定 额 编 号				BE0648	BE0649
	项 目 名 称				栈板(间壁)墙(厚度)(mm)	
					20	每增加5
	综 合 单 价 (元)				**1375.54**	**181.52**
费用	其中	人 工 费 (元)			539.73	18.90
		材 料 费 (元)			686.84	157.40
		施 工 机 具 使 用 费 (元)			—	—
		企 业 管 理 费 (元)			95.86	3.36
		利 润 (元)			44.47	1.56
		一 般 风 险 费 (元)			8.64	0.30
	编码	名 称	单位	单价(元)	消 耗 量	
人工	001000020	木作综合工	工日	135.00	3.998	0.140
材料	050303800	木材 锯材	m³	1547.01	0.384	0.096
	030100650	铁钉	kg	7.26	2.000	0.800
	144101100	白乳胶	kg	7.69	10.000	0.400
	002000010	其他材料费	元	—	1.37	—

E.12.4 藻井天花(编码:020512004)

工作内容:选配料、截料、刨光、画线、雕凿成型、企口、起线、起凸、打凹、挖弯、修正卯榫、入位、栽销、校正等全部过程。

计量单位:10m²

定 额 编 号					BE0650	BE0651	BE0652
项 目 名 称					井口天花(井口板见方)(mm)		
					600 以内	700 以内	800 以内
综 合 单 价 (元)					2973.45	3297.94	3688.06
费用	其中	人 工 费 (元)			1273.46	1331.37	1389.29
		材 料 费 (元)			1348.51	1599.12	1915.32
		施工机具使用费 (元)			—	—	—
		企 业 管 理 费 (元)			226.17	236.45	246.74
		利 润 (元)			104.93	109.70	114.48
		一 般 风 险 费 (元)			20.38	21.30	22.23
	编码	名 称	单位	单价(元)	消 耗 量		
人工	001000020	木作综合工	工日	135.00	9.433	9.862	10.291
材料	050303800	木材 锯材	m³	1547.01	0.070	0.070	0.070
	050303920	木材	m³	1682.05	0.719	0.868	1.056
	010302230	镀锌铁丝 18#	kg	3.08	1.100	1.100	1.100
	030100650	铁钉	kg	7.26	0.300	0.300	0.300
	032130010	铁件 综合	kg	3.68	6.700	6.700	6.700
	002000010	其他材料费	元	—	0.60	0.59	0.56

E.13 匾额、楹联(对联)及博古架(多宝格)(编码:020513)

E.13.1 匾额(编码:020513001)

工作内容:选配料、截料、刨光、画线、雕凿成型、企口、起线、起凸、打凹、挖弯、修正卯榫、入位、栽销、校正等全部过程。

计量单位:m²

定 额 编 号					BE0653	BE0654	BE0655	BE0656
项 目 名 称					普通匾额(厚度)(mm)		弧形匾额(厚度)(mm)	
					60	每增减 10	50	每增减 5
综 合 单 价 (元)					541.94	228.48	745.53	32.20
费用	其中	人 工 费 (元)			307.80	20.66	430.79	15.53
		材 料 费 (元)			149.19	202.12	195.84	12.38
		施工机具使用费 (元)			—	—	—	—
		企 业 管 理 费 (元)			54.67	3.67	76.51	2.76
		利 润 (元)			25.36	1.70	35.50	1.28
		一 般 风 险 费 (元)			4.92	0.33	6.89	0.25
	编码	名 称	单位	单价(元)	消 耗 量			
人工	001000020	木作综合工	工日	135.00	2.280	0.153	3.191	0.115
材料	050303800	木材 锯材	m³	1547.01	0.094	0.130	0.124	0.008
	144101100	白乳胶	kg	7.69	0.300	—	0.300	—
	030100650	铁钉	kg	7.26	0.100	—	0.100	—
	002000010	其他材料费	元	—	0.74	1.01	0.98	—

工作内容:选配料、截料、刨光、画线、雕凿成型、企口、起线、起凸、打凹、挖弯、修正卯榫、入位、栽销、校正等全部过程。

计量单位:对

定 额 编 号				BE0657	BE0658
项 目 名 称				单匾托	
				素面	带万字纹
综 合 单 价 (元)				**96.56**	**358.22**
费用	其中	人 工 费 (元)		51.30	256.37
		材 料 费 (元)		31.10	31.10
		施工机具使用费 (元)		—	—
		企 业 管 理 费 (元)		9.11	45.53
		利 润 (元)		4.23	21.12
		一 般 风 险 费 (元)		0.82	4.10
	编码	名 称	单位	单价(元)	消 耗 量
人工	001000020	木作综合工	工日	135.00	0.380	1.899
材料	050303800	木材 锯材	m³	1547.01	0.020	0.020
	002000010	其他材料费	元	—	0.16	0.16

工作内容:选配料、截料、刨光、画线、雕凿成型、企口、起线、起凸、打凹、挖弯、修正卯榫、入位、栽销、校正等全部过程。

计量单位:块

定 额 编 号				BE0659	BE0660	BE0661	BE0662
项 目 名 称				云龙纹通匾托(长度)(mm)		万字花草通匾托(长度)(mm)	
				1000 以内	1000 以上	1000 以内	1000 以上
综 合 单 价 (元)				**1299.51**	**2086.24**	**710.39**	**1169.99**
费用	其中	人 工 费 (元)		974.57	1538.73	512.87	820.67
		材 料 费 (元)		55.97	122.82	55.97	122.82
		施工机具使用费 (元)		—	—	—	—
		企 业 管 理 费 (元)		173.08	273.28	91.08	145.75
		利 润 (元)		80.30	126.79	42.26	67.62
		一 般 风 险 费 (元)		15.59	24.62	8.21	13.13
	编码	名 称	单位	单价(元)	消 耗 量		
人工	001000020	木作综合工	工日	135.00	7.219	11.398	3.799	6.079
材料	050303800	木材 锯材	m³	1547.01	0.036	0.079	0.036	0.079
	002000010	其他材料费	元	—	0.28	0.61	0.28	0.61

E.13.2 楹联(编码:020513002)

工作内容:选配料、截料、刨光、画线、雕凿成型、企口、起线、起凸、打凹、挖弯、修正卯榫、入位、栽销、校正等
全部过程。

计量单位:m²

定 额 编 号				BE0663		
项 目 名 称				楹联		
综 合 单 价 (元)				**81.66**		
费用	其中	人 工 费 (元)		20.93		
		材 料 费 (元)		54.96		
		施 工 机 具 使 用 费 (元)		—		
		企 业 管 理 费 (元)		3.72		
		利 润 (元)		1.72		
		一 般 风 险 费 (元)		0.33		
	编码	名 称	单位	单价(元)	消 耗 量	
人工	001000020	木作综合工	工日	135.00	0.155	
材料	050303800	木材 锯材	m³	1547.01	0.035	
	002000010	其他材料费	元	—	0.81	

E.13.3 博古架(编码:020513003)

工作内容:选配料、截料、刨光、画线、雕凿成型、企口、起线、起凸、打凹、挖弯、修正卯榫、入位、栽销、校正等
全部过程。

计量单位:m²

定 额 编 号				BE0664		
项 目 名 称				博古架		
综 合 单 价 (元)				**172.58**		
费用	其中	人 工 费 (元)		63.05		
		材 料 费 (元)		92.13		
		施 工 机 具 使 用 费 (元)		—		
		企 业 管 理 费 (元)		11.20		
		利 润 (元)		5.19		
		一 般 风 险 费 (元)		1.01		
	编码	名 称	单位	单价(元)	消 耗 量	
人工	001000020	木作综合工	工日	135.00	0.467	
材料	050900200	大芯板	m²	29.91	1.598	
	050303960	切片皮	m²	12.82	3.338	
	002000010	其他材料费	元	—	1.54	

E.14 木构件运输

E.14.1 木构件运输

工作内容:上下车搬运、运输、堆码等全过程。

计量单位:10m³

定 额 编 号				BE0665	BE0666	BE0667	BE0668
项 目 名 称				木构件运输			
				5km 以内	10km 以内	15km 以内	15km 以上 每增 1km
综 合 单 价 (元)				**499.34**	**579.58**	**666.67**	**163.84**
费用	其中	人 工 费 (元)		208.75	233.38	260.63	51.88
		材 料 费 (元)		30.70	30.70	30.70	—
		施工机具使用费 (元)		158.52	196.78	237.78	76.53
		企 业 管 理 费 (元)		65.23	76.40	88.52	22.80
		利 润 (元)		30.26	35.44	41.07	10.58
		一 般 风 险 费 (元)		5.88	6.88	7.97	2.05
	编码	名 称	单位	单价(元)	消 耗 量		
人工	000300050	木工综合工	工日	125.00	1.670	1.867	2.085	0.415
材料	002000010	其他材料费	元	—	30.70	30.70	30.70	—
机械	990401015	载重汽车 4t	台班	390.44	0.406	0.504	0.609	0.196

F 屋面工程

说　明

一、一般说明

1.屋面保温层、防水层等项目按《重庆市房屋建筑与装饰工程计价定额》相应定额子目执行。

2.预制混凝土瓦、脊、吻(兽)的运输按本定额"混凝土及钢筋混凝土工程"构件运输相应定额子目执行。

3.屋面苫背包括分层摊抹、拍麻刀、轧实、擀光,锡背包括整理基层、平整、裁剪、焊接等全部操作过程。

4.屋面苫背的厚度以平均厚度计算。其中苫泥背以使用3∶7掺灰泥厚50mm为准,不足50mm的按50mm计算;灰背以厚30mm,为准,不足按30mm计算。

5.本章包括盖瓦、筑脊、围墙瓦顶、排山、勾头、花边、滴水、吻兽、屋脊头等,均以檐高在3.6m以内为准,单层檐高超过时,人工乘以系数1.05,二层人工乘以系数1.09,三层人工乘以系数1.13,四层人工乘以系数1.16,五层及以上人工乘以系数1.18,塔按五层系数执行。

二、铺瓦

1.窑瓦及檐头附件:包括分中、号垄、排钉(或砌抹)瓦口、窑瓦、安勾滴、安钉帽、窝角沟、安天沟附件、打点等全部操作过程。

2.屋面单坡在5m²以内按亭屋面相应定额子目执行;单坡在5m²以上按屋面相应定额子目执行。

3.屋面天沟、窝角沟有檐头附件者,按檐头附件相应定额子目执行。

4.本章小青瓦屋面的盖瓦、底瓦和素筒瓦的底瓦均按一搭三编制,琉璃瓦屋面的底瓦是按压6露4编制的,若设计规定与定额不同时,可以换算。

5.本章按采用不同楞距和不同脊高使用不同规格瓦件(见下表)编制的,若设计规定与定额采用的瓦件规格不同时,可以换算(瓦件损耗率为5%、脊瓦损耗率为4%)。

定额采用瓦件规格

瓦件名称	瓦楞距(mm)		
	250以内	230以内	200以内
小青瓦	200×210	180×190	160×170
素筒瓦	200×130	180×110	160×94
花边瓦	200×210	180×190	160×170
滴水瓦	200×210	180×190	160×170
勾头瓦	200×130	180×110	160×9.40
琉璃板瓦	200×200	185×185	160×160
琉璃筒瓦	200×130	180×110	165×94
琉璃滴水	165×186	165×182	130×155
琉璃勾头	185×130	180×110	170×95
罗锅瓦	200×130	180×110	160×90
续罗锅瓦	200×130	180×110	160×90
折腰瓦	200×210	180×110	160×170
续折腰瓦	200×210	180×110	160×170
正当勾	200×150	224×150	192×170
预制混凝土板瓦	200×210	180×190	160×170
预制混凝土筒瓦	200×130	180×110	160×94

烧制脊、琉璃脊脊筒规格

脊高(mm)	400以内	500以内	600以内	800以内
脊筒规格(高×长)(mm)	230×270	330×300	400×330	600×360

6.若屋面坡度较长较陡需钉瓦钉时,按星星瓦钉相应定额子目执行。

7.盔顶、牌楼、门罩等坡长在一勾四筒以内者按剪边相应定额子目执行。

8.滴水、瓦当勾头制作已包括瓦当和滴水的粘接工料,不另计算。

9.云墙瓦顶按围墙瓦顶相应定额子目执行,人工乘以系数1.1。

三、脊和吻兽

1.筑脊包括安脊桩、内衬和各种脊件,布瓦脊及宝顶包括砍制各种砖件。

2.垂脊(编码020602004)未编制,与角(岔)脊同,均按脊相应定额子目执行,人工乘以系数1.10;若垂脊、角(岔)脊单根长度在3m以内,按脊相应定额子目执行,人工乘以系数1.25。

3.锤灰泥塑中的"贴塑"即达到石作的浅浮雕效果;"立塑"即达到石作的高浮雕效果。

4.吻(兽)安装包括安吻(兽)桩、拼锒、扒锔、底座等的安装。

5.排山脊定额已包括安排山勾滴,不再按檐头附件相应定额子目执行。云冠(编码:020602015)未编制,按屋脊头云头相应定额子目执行。

工程量计算规则

一、屋面基层、屋面铺瓦

1.屋面各基层、铺望砖、铺望瓦、小青瓦屋面、筒瓦屋面和琉璃瓦屋面工程量,均按设计图示屋脊至飞椽头或封檐口的铺设的斜面积计算,各部位边线规定如下:

(1)檐头以木基层或砖檐外边线为准;撒头上边线以博风外皮连线为准。

(2)屋面坡面为曲线者,坡长按曲线长计算;硬山、悬山建筑以博风外皮为准;歇山建筑挑山边线与硬山、悬山相同。

(3)重檐建筑,下层檐上边线以重檐边柱(或重檐童柱)外皮连线为准。

(4)带角梁的建筑,檐头长度以仔角梁端头中点连接直线为准,屋角飞檐冲出部分面积不增加。

(5)铺望瓦工程量需扣除摔网椽板卷戗板面积,同时增加飞椽隐蔽部分的铺望瓦面积。

2.屋面基层及屋面瓦面积均不扣除脊、沟头滴水和檐头附件所占面积,但应扣除过垄脊和剪边所占面积。过垄脊面积以一疋折腰瓦弧长两边各加一疋续折腰瓦长度为过垄脊宽度乘以过垄脊长度计算,剪边工程量另行计算。

二、屋面正脊按设计图示尺寸以水平长度计算;滚筒脊、博脊、垂脊按设计图示尺寸以长度计算,其中博脊长度量至挂尖外皮;戗脊按设计图示尺寸自戗头至摔网椽根部的弧形长度计算。脊的长度应扣除吻(兽)、中堆(宝顶)、垂脊头和爪角尖(爪角叶子)的底座所占长度。脊的做法、用料和脊本身高度不同时,应分别计算工程量。

三、围墙瓦顶、筒瓦排山、斜沟均按设计图示尺寸以长度计算;围墙为云墙时其屋脊按弧形长度计算。

四、檐头附件、琉璃瓦檐头附件、筒瓦剪边和琉璃瓦剪边工程量按设计图示尺寸以长度计算,其中硬山、悬山建筑算至博风外皮,带角梁的建筑按仔角梁端头中点连接直线计算;钉瓦钉按设计图示尺寸以长度计算。

五、各类屋脊头、吞头、戗脊捲头、吻兽、中堆、宝顶、包头脊、套兽、仙人走兽均按设计图示数量计算。

六、锤灰泥塑脊(贴塑)按设计图示尺寸或实际贴塑底面尺寸以面积计算。

F.1 小青瓦屋面(编码:020601)

F.1.1 铺望砖(编码:020601001)

工作内容:劈望、运输、浇刷、拔线、铺设。　　　　　　　　　　　　　　计量单位:10m²

	定　额　编　号				BF0001	BF0002	BF0003	BF0004	BF0005
	项　目　名　称				糙望	浇刷拔线	做细平望	做细船篷轩望	做细双弯轩望
	综　合　单　价　(元)				**261.66**	**413.95**	**394.31**	**402.68**	**412.96**
费用	其中	人　　工　　费　(元)			89.82	207.35	183.31	189.87	197.92
		材　　料　　费　(元)			147.05	149.37	160.41	160.41	160.41
		施 工 机 具 使 用 费 (元)			—	—	—	—	—
		企　业　管　理　费　(元)			15.95	36.82	32.56	33.72	35.15
		利　　　　　润　(元)			7.40	17.09	15.10	15.64	16.31
		一　般　风　险　费　(元)			1.44	3.32	2.93	3.04	3.17
	编码	名　　　称	单位	单价(元)	消	耗		量	
人工	000300100	砌筑综合工	工日	115.00	0.781	1.803	1.594	1.651	1.721
材料	311900900	油纸	m²	1.15	—	—	11.000	11.000	11.000
	310900080	望砖 210×105×17	百块	29.06	5.010	5.010	5.030	5.030	5.030
	040900100	生石灰	kg	0.58	—	3.750	—	—	—
	002000010	其他材料费	元	—	—	1.46	1.60	1.59	1.59

F.1.2 铺望瓦(编码:020601002)

工作内容:选瓦、浸石灰水、颜色均匀、划边、场内运输、上房安装、铺瓦全部操作过程。　　　　　　计量单位:100m²

	定　额　编　号				BF0006	BF0007	BF0008
	项　目　名　称				椽子上铺望瓦(瓦楞距)(mm)		
					250 以内	230 以内	200 以内
	综　合　单　价　(元)				**7736.84**	**7949.86**	**8242.77**
费用	其中	人　　工　　费　(元)			5037.69	5037.69	5037.69
		材　　料　　费　(元)			1308.75	1521.77	1814.68
		施 工 机 具 使 用 费 (元)			—	—	—
		企　业　管　理　费　(元)			894.69	894.69	894.69
		利　　　　　润　(元)			415.11	415.11	415.11
		一　般　风　险　费　(元)			80.60	80.60	80.60
	编码	名　　　称	单位	单价(元)	消	耗	量
人工	000300100	砌筑综合工	工日	115.00	43.806	43.806	43.806
材料	041700510	小青瓦	千爿	529.91	2.050	2.450	3.000
	040900100	生石灰	kg	0.58	150.000	150.000	150.000
	143110300	氧化铁黑	kg	5.98	19.500	19.500	19.500
	144107400	建筑胶	kg	1.97	5.000	5.000	5.000
	002000010	其他材料费	元	—	8.97	10.03	11.49

F.1.3 小青瓦屋面(编码:020601003)

工作内容:选瓦、调运砂浆、搭拆软梯脚手架、铺底灰、轧楞、铺盖瓦、刷黑全部操作过程。　　　　　　　　　　　　　　　　　计量单位:100m²

定　额　编　号					BF0009	BF0010	BF0011
项　目　名　称					混凝土板上铺小青瓦(瓦楞距)(mm)		
					250 以内	230 以内	200 以内
费用	综　合　单　价　(元)				**15651.25**	**17192.22**	**19952.58**
	其中	人　工　费　(元)			5676.75	5983.57	6241.17
		材　料　费　(元)			8139.68	9304.89	11741.69
		施工机具使用费　(元)			210.06	197.72	193.70
		企业管理费　(元)			1045.50	1097.80	1142.83
		利　　　润　(元)			485.07	509.34	530.23
		一　般　风　险　费　(元)			94.19	98.90	102.96
	编码	名　称	单位	单价(元)	消　　耗　　量		
人工	000300100	砌筑综合工	工日	115.00	49.363	52.031	54.271
材料	041700510	小青瓦	千疋	529.91	12.460	14.760	19.360
	041700520	切角小青瓦	千疋	529.91	0.180	0.220	0.240
	143110300	氧化铁黑	kg	5.98	0.600	0.600	0.600
	801603010	水泥炉渣砼 1:6	m³	129.63	7.800	7.100	6.700
	810202080	混合砂浆 1:1:6(特)	m³	194.55	1.900	1.960	2.110
	341100100	水	m³	4.42	3.900	3.554	3.364
	002000010	其他材料费	元	—	40.03	45.85	57.98
机械	990602020	双锥反转出料混凝土搅拌机 350L	台班	226.31	0.692	0.630	0.594
	990610010	灰浆搅拌机 200L	台班	187.56	0.285	0.294	0.316

工作内容:选瓦、调运砂浆、搭拆软梯脚手架、铺底灰、轧楞、铺盖瓦、刷黑全部操作过程。　　　　　　　　　　　　　　　　　计量单位:100m²

定　额　编　号					BF0012	BF0013	BF0014
项　目　名　称					桷子铺小青瓦(瓦楞距)(mm)		
					250 以内	230 以内	200 以内
费用	综　合　单　价　(元)				**11369.50**	**12615.69**	**15076.11**
	其中	人　工　费　(元)			3631.93	3631.93	3631.93
		材　料　费　(元)			6735.16	7981.35	10441.77
		施工机具使用费　(元)			—	—	—
		企业管理费　(元)			645.03	645.03	645.03
		利　　　润　(元)			299.27	299.27	299.27
		一　般　风　险　费　(元)			58.11	58.11	58.11
	编码	名　称	单位	单价(元)	消　　耗　　量		
人工	000300100	砌筑综合工	工日	115.00	31.582	31.582	31.582
材料	041700510	小青瓦	千疋	529.91	12.460	14.760	19.360
	041700520	切角小青瓦	千疋	529.91	0.180	0.220	0.240
	143110300	氧化铁黑	kg	5.98	0.600	0.600	0.600
	002000010	其他材料费	元	—	33.51	39.71	51.95

工作内容：选瓦、调运砂浆、搭拆软梯脚手架、铺底灰、轧楞、铺盖瓦、刷黑全部操作过程。　　　　　　　　　　　　　　计量单位：100m²

	定　额　编　号				BF0015	BF0016	BF0017
	项　目　名　称				混凝土亭屋面板上铺小青瓦 （瓦楞距）(mm) 单坡在 2m² 以内		
					250 以内	230 以内	200 以内
	综　合　单　价　（元）				**18190.66**	**20028.30**	**22992.99**
费用	其中	人　工　费（元）			6703.93	7062.04	7363.45
		材　料　费（元）			9255.91	10657.10	13240.02
		施工机具使用费（元）			298.23	282.16	279.94
		企　业　管　理　费（元）			1243.58	1304.33	1357.47
		利　　润（元）			576.98	605.16	629.82
		一　般　风　险　费（元）			112.03	117.51	122.29
	编码	名　称	单位	单价(元)	消　耗		量
人工	000300100	砌筑综合工	工日	115.00	58.295	61.409	64.030
材料	041700510	小青瓦	千疋	529.91	13.290	16.070	20.890
	041700520	切角小青瓦	千疋	529.91	0.350	0.400	0.450
	143110300	氧化铁黑	kg	5.98	0.600	0.600	0.600
	801603010	水泥炉渣砼 1:6	m³	129.63	12.000	11.200	10.500
	810202080	混合砂浆 1:1:6（特）	m³	194.55	2.040	2.040	2.460
	341100100	水	m³	4.42	6.000	5.600	5.250
	002000010	其他材料费	元	—	45.39	52.40	65.24
机械	990602020	双锥反转出料混凝土搅拌机 350L	台班	226.31	1.065	0.994	0.932
	990610010	灰浆搅拌机 200L	台班	187.56	0.305	0.305	0.368

工作内容：选瓦、调运砂浆、搭拆软梯脚手架、铺底灰、轧楞、铺盖瓦、刷黑全部操作过程。　　　　　　　　　　　　　　计量单位：100m²

	定　额　编　号				BF0018	BF0019	BF0020
	项　目　名　称				混凝土亭屋面板上铺小青瓦 （瓦楞距）(mm) 单坡在 5m² 以内		
					250 以内	230 以内	200 以内
	综　合　单　价　（元）				**17566.73**	**19302.59**	**22207.67**
费用	其中	人　工　费（元）			6469.90	6785.12	7116.66
		材　料　费（元）			8943.39	10297.52	12782.64
		施工机具使用费（元）			288.20	272.14	269.73
		企　业　管　理　费（元）			1200.24	1253.37	1311.82
		利　　润（元）			556.87	581.52	608.64
		一　般　风　险　费（元）			108.13	112.92	118.18
	编码	名　称	单位	单价(元)	消　耗		量
人工	000300100	砌筑综合工	工日	115.00	56.260	59.001	61.884
材料	041700510	小青瓦	千疋	529.91	12.840	15.530	20.180
	041700520	切角小青瓦	千疋	529.91	0.340	0.390	0.430
	143110300	氧化铁黑	kg	5.98	0.600	0.600	0.600
	801603010	水泥炉渣砼 1:6	m³	129.63	11.600	10.800	10.100
	810202080	混合砂浆 1:1:6（特）	m³	194.55	1.970	1.970	2.380
	341100100	水	m³	4.42	5.600	5.400	5.050
	002000010	其他材料费	元	—	43.86	50.63	62.99
机械	990602020	双锥反转出料混凝土搅拌机 350L	台班	226.31	1.029	0.958	0.896
	990610010	灰浆搅拌机 200L	台班	187.56	0.295	0.295	0.357

工作内容：选瓦、调运砂浆、搭拆软梯脚手架、铺底灰、轧楞、铺盖瓦、刷黑全部操作过程。 计量单位：100m²

定 额 编 号				BF0021	BF0022	BF0023
项 目 名 称				亭屋面椽子上铺小青瓦(瓦楞距)(mm)单坡在2m²以内		
				250以内	230以内	200以内
综 合 单 价 (元)				**16386.94**	**18241.43**	**21199.38**
费用	其中	人 工 费 (元)		6033.82	6355.48	6626.99
		材 料 费 (元)		8461.17	9915.33	12524.75
		施工机具使用费 (元)		177.60	169.68	171.31
		企业管理费 (元)		1103.15	1158.87	1207.38
		利 润 (元)		511.82	537.67	560.18
		一般风险费 (元)		99.38	104.40	108.77
	编码	名 称	单位	单价(元)	消 耗 量	
人工	000300100	砌筑综合工	工日	115.00	52.468	55.265	57.626
材料	041700510	小青瓦	千疋	529.91	13.290	16.070	20.890
	041700520	切角小青瓦	千疋	529.91	0.350	0.400	0.450
	143110300	氧化铁黑	kg	5.98	0.600	0.600	0.600
	801603010	水泥炉渣砼1:6	m³	129.63	6.000	5.600	5.100
	810202080	混合砂浆1:1:6(特)	m³	194.55	2.040	2.040	2.460
	341100100	水	m³	4.42	3.000	2.800	2.550
	002000010	其他材料费	元	—	41.69	48.94	61.91
机械	990602020	双锥反转出料混凝土搅拌机350L	台班	226.31	0.532	0.497	0.452
	990610010	灰浆搅拌机200L	台班	187.56	0.305	0.305	0.368

工作内容：选瓦、调运砂浆、搭拆软梯脚手架、铺底灰、轧楞、铺盖瓦、刷黑全部操作过程。 计量单位：100m²

定 额 编 号				BF0024	BF0025	BF0026
项 目 名 称				亭屋面椽子上铺小青瓦(瓦楞距)(mm)单坡在5m²以内		
				250以内	230以内	200以内
综 合 单 价 (元)				**15825.41**	**17582.92**	**20508.71**
费用	其中	人 工 费 (元)		5823.49	6106.39	6404.70
		材 料 费 (元)		8175.31	9582.25	12120.36
		施工机具使用费 (元)		171.88	163.73	169.25
		企业管理费 (元)		1064.78	1113.57	1167.53
		利 润 (元)		494.02	516.66	541.69
		一般风险费 (元)		95.93	100.32	105.18
	编码	名 称	单位	单价(元)	消 耗 量	
人工	000300100	砌筑综合工	工日	115.00	50.639	53.099	55.693
材料	041700510	小青瓦	千疋	529.91	12.840	15.530	20.180
	041700520	切角小青瓦	千疋	529.91	0.340	0.390	0.430
	143110300	氧化铁黑	kg	5.98	0.600	0.600	0.600
	801603010	水泥炉渣砼1:6	m³	129.63	5.800	5.400	5.100
	810202080	混合砂浆1:1:6(特)	m³	194.55	1.970	1.970	2.380
	341100100	水	m³	4.42	2.740	2.700	2.550
	002000010	其他材料费	元	—	40.28	47.30	59.91
机械	990602020	双锥反转出料混凝土搅拌机350L	台班	226.31	0.515	0.479	0.452
	990610010	灰浆搅拌机200L	台班	187.56	0.295	0.295	0.357

F.2 筒瓦屋面(编码:020602)

F.2.1 筒瓦屋面(编码:020602001)

工作内容:选瓦、调运砂浆、搭拆软梯脚手架、轧楞制作、部分打眼、铺底灰、铺瓦嵌缝、
刷面全部操作过程。

计量单位:100m²

	定 额 编 号			BF0027	BF0028	BF0029
	项 目 名 称			钢筋混凝土板上铺素筒瓦(瓦楞距)(mm)		
				250以内	230以内	200以内
	综 合 单 价 (元)			**14637.67**	**16240.26**	**18049.81**
费用	其中	人 工 费 (元)		6967.97	7703.51	8044.71
		材 料 费 (元)		5478.50	6160.45	7537.61
		施工机具使用费 (元)		210.06	196.03	193.70
		企 业 管 理 费 (元)		1274.82	1402.96	1463.14
		利 润 (元)		591.47	650.92	678.84
		一 般 风 险 费 (元)		114.85	126.39	131.81
	编码	名 称	单位	单价(元)	消 耗 量		
人工	000300100	砌筑综合工	工日	115.00	60.591	66.987	69.954
材料	041700510	小青瓦	千匹	529.91	6.230	7.380	9.680
	311100110	素筒瓦	千匹	306.81	2.000	2.490	2.970
	041700520	切角小青瓦	千匹	529.91	0.090	0.110	0.120
	311100140	切角素筒瓦	千匹	306.81	0.050	0.050	0.060
	143110300	氧化铁黑	kg	5.98	12.300	12.300	13.900
	801603010	水泥炉渣砼 1:6	m³	129.63	7.800	7.100	6.700
	810202080	混合砂浆 1:1:6(特)	m³	194.55	1.900	1.910	2.110
	341100100	水	m³	4.42	4.260	3.550	3.350
	002000010	其他材料费	元	—	27.37	30.92	37.91
机械	990602020	双锥反转出料混凝土搅拌机 350L	台班	226.31	0.692	0.630	0.594
	990610010	灰浆搅拌机 200L	台班	187.56	0.285	0.285	0.316

工作内容:选瓦、调运砂浆、搭拆软梯脚手架、轧楞制作、部分打眼、铺底灰、铺瓦嵌缝、
刷面全部操作过程。

计量单位:100m²

	定 额 编 号			BF0030	BF0031	BF0032
	项 目 名 称			椽子上铺素筒瓦(瓦楞距)(mm)		
				250以内	230以内	200以内
	综 合 单 价 (元)			**13430.06**	**14977.31**	**19067.81**
费用	其中	人 工 费 (元)		6270.49	6934.27	9050.62
		材 料 费 (元)		5211.99	5924.68	7315.09
		施工机具使用费 (元)		170.00	160.27	159.98
		企 业 管 理 费 (元)		1143.83	1259.99	1635.80
		利 润 (元)		530.70	584.59	758.95
		一 般 风 险 费 (元)		103.05	113.51	147.37
	编码	名 称	单位	单价(元)	消 耗 量		
人工	000300100	砌筑综合工	工日	115.00	54.526	60.298	78.701
材料	041700510	小青瓦	千匹	529.91	6.230	7.380	9.680
	311100110	素筒瓦	千匹	306.81	2.000	2.490	2.970
	041700520	切角小青瓦	千匹	529.91	0.090	0.110	0.120
	311100140	切角素筒瓦	千匹	306.81	0.050	0.050	0.060
	143110300	氧化铁黑	kg	5.98	12.300	12.300	13.900
	801603010	水泥炉渣砼 1:6	m³	129.63	5.800	5.320	5.020
	810202080	混合砂浆 1:1:6(特)	m³	194.55	1.900	1.910	2.110
	341100100	水	m³	4.42	2.900	2.660	2.510
	002000010	其他材料费	元	—	26.13	29.82	36.88
机械	990602020	双锥反转出料混凝土搅拌机 350L	台班	226.31	0.515	0.472	0.445
	990610010	灰浆搅拌机 200L	台班	187.56	0.285	0.285	0.316

工作内容：选瓦、调运砂浆、搭拆软梯脚手架、轧楞制作、部分打眼、铺底灰、铺瓦嵌缝、刷面全部操作过程。

计量单位：100m²

定　额　编　号					BF0033	BF0034	BF0035
项　目　名　称					钢筋混凝土亭屋面板上铺素筒瓦（瓦楞距）(mm)单坡在2m²以内		
					250以内	230以内	200以内
综　合　单　价（元）					**19589.09**	**21072.48**	**23262.20**
费用	其中	人　工　费（元）			10049.51	10593.00	11046.79
		材　料　费（元）			6450.11	7260.02	8874.80
		施工机具使用费（元）			247.50	231.81	228.60
		企业管理费（元）			1828.75	1922.49	2002.51
		利　润（元）			848.47	891.96	929.09
		一般风险费（元）			164.75	173.20	180.41
	编码	名　称	单位	单价（元）	消　　耗　　量		
人工	000300100	砌筑综合工	工日	115.00	87.387	92.113	96.059
材料	041700510	小青瓦	千疋	529.91	7.350	8.710	11.420
	311100110	素筒瓦	千疋	306.81	2.360	2.940	3.500
	041700520	切角小青瓦	千疋	529.91	0.110	0.130	0.140
	311100140	切角素筒瓦	千疋	306.81	0.060	0.060	0.070
	143110300	氧化铁黑	kg	5.98	12.300	12.300	13.900
	801603010	水泥炉渣砼 1:6	m³	129.63	9.200	8.400	7.900
	810202080	混合砂浆 1:1:6（特）	m³	194.55	2.240	2.250	2.490
	341100100	水	m³	4.42	4.600	4.200	3.950
	002000010	其他材料费	元	—	32.23	36.44	44.64
机械	990602020	双锥反转出料混凝土搅拌机 350L	台班	226.31	0.816	0.745	0.701
	990610010	灰浆搅拌机 200L	台班	187.56	0.335	0.337	0.373

工作内容：选瓦、调运砂浆、搭拆软梯脚手架、轧楞制作、部分打眼、铺底灰、铺瓦嵌缝、刷面全部操作过程。

计量单位：100m²

定　额　编　号					BF0036	BF0037	BF0038
项　目　名　称					钢筋混凝土亭屋面板上铺素筒瓦（瓦楞距）(mm)单坡在5m²以内		
					250以内	230以内	200以内
综　合　单　价（元）					**18926.06**	**20362.08**	**21897.40**
费用	其中	人　工　费（元）			9704.85	10235.46	10238.34
		材　料　费（元）			6237.00	7015.98	8552.25
		施工机具使用费（元）			239.55	223.86	220.24
		企业管理费（元）			1766.13	1857.58	1857.44
		利　润（元）			819.42	861.85	861.79
		一般风险费（元）			159.11	167.35	167.34
	编码	名　称	单位	单价（元）	消　　耗　　量		
人工	000300100	砌筑综合工	工日	115.00	84.390	89.004	89.029
材料	041700510	小青瓦	千疋	529.91	7.100	8.410	11.040
	311100110	素筒瓦	千疋	306.81	2.280	2.840	3.290
	041700520	切角小青瓦	千疋	529.91	0.110	0.130	0.140
	311100140	切角素筒瓦	千疋	306.81	0.060	0.060	0.070
	143110300	氧化铁黑	kg	5.98	12.300	12.300	13.900
	801603010	水泥炉渣砼 1:6	m³	129.63	8.900	8.100	7.600
	810202080	混合砂浆 1:1:6（特）	m³	194.55	2.160	2.180	2.410
	341100100	水	m³	4.42	4.450	4.050	3.800
	002000010	其他材料费	元	—	31.26	35.22	43.00
机械	990602020	双锥反转出料混凝土搅拌机 350L	台班	226.31	0.790	0.719	0.674
	990610010	灰浆搅拌机 200L	台班	187.56	0.324	0.326	0.361

工作内容：选瓦、调运砂浆、搭拆软梯脚手架、轧楞制作、部分打眼、铺底灰、铺瓦嵌缝、刷面全部操作过程。

计量单位：100m²

定 额 编 号					BF0039	BF0040	BF0041
项 目 名 称					亭屋面椽子上铺素筒瓦(瓦楞距)(mm)单坡在 2m² 以内		
					250 以内	230 以内	200 以内
综 合 单 价 (元)					**17579.32**	**19056.52**	**21236.11**
费用	其中	人 工 费 （元）			9044.29	9533.27	9942.10
		材 料 费 （元）			5840.81	6703.70	8358.21
		施工机具使用费 （元）			155.17	147.62	150.30
		企 业 管 理 费 （元）			1633.82	1719.33	1792.41
		利 润 （元）			758.04	797.71	831.61
		一 般 风 险 费 （元）			147.19	154.89	161.48
	编码	名 称	单位	单价(元)	消	耗	量
人工	000300100	砌筑综合工	工日	115.00	78.646	82.898	86.453
材料	041700510	小青瓦	千疋	529.91	7.350	8.710	11.420
	311100110	素筒瓦	千疋	306.81	2.360	2.940	3.500
	041700520	切角小青瓦	千疋	529.91	0.110	0.130	0.140
	311100140	切角素筒瓦	千疋	306.81	0.060	0.060	0.070
	143110300	氧化铁黑	kg	5.98	12.300	12.300	13.900
	801603010	水泥炉渣砼 1:6	m³	129.63	4.600	4.200	4.000
	810202080	混合砂浆 1:1:6（特）	m³	194.55	2.240	2.250	2.490
	341100100	水	m³	4.42	2.300	2.100	2.000
	002000010	其他材料费	元	—	29.39	33.85	42.23
机械	990602020	双锥反转出料混凝土搅拌机 350L	台班	226.31	0.408	0.373	0.355
	990610010	灰浆搅拌机 200L	台班	187.56	0.335	0.337	0.373

工作内容：选瓦、调运砂浆、搭拆软梯脚手架、轧楞制作、部分打眼、铺底灰、铺瓦嵌缝、刷面全部操作过程。

计量单位：100m²

定 额 编 号					BF0042	BF0043	BF0044
项 目 名 称					亭屋面椽子上铺素筒瓦(瓦楞距)(mm)单坡在 5m² 以内		
					250 以内	230 以内	200 以内
综 合 单 价 (元)					**16992.50**	**18424.63**	**20490.26**
费用	其中	人 工 费 （元）			8734.83	9212.65	9611.13
		材 料 费 （元）			5654.10	6486.15	8042.74
		施工机具使用费 （元）			151.07	143.52	143.98
		企 业 管 理 费 （元）			1578.13	1661.66	1732.51
		利 润 （元）			732.20	770.95	803.82
		一 般 风 险 费 （元）			142.17	149.70	156.08
	编码	名 称	单位	单价(元)	消	耗	量
人工	000300100	砌筑综合工	工日	115.00	75.955	80.110	83.575
材料	041700510	小青瓦	千疋	529.91	7.100	8.410	11.040
	311100110	素筒瓦	千疋	306.81	2.280	2.840	3.270
	041700520	切角小青瓦	千疋	529.91	0.110	0.130	0.140
	311100140	切角素筒瓦	千疋	306.81	0.060	0.060	0.070
	143110300	氧化铁黑	kg	5.98	12.300	12.300	13.900
	801603010	水泥炉渣砼 1:6	m³	129.63	4.500	4.100	3.800
	810202080	混合砂浆 1:1:6（特）	m³	194.55	2.160	2.180	2.410
	341100100	水	m³	4.42	2.250	2.050	1.900
	002000010	其他材料费	元	—	28.45	32.75	40.62
机械	990602020	双锥反转出料混凝土搅拌机 350L	台班	226.31	0.399	0.364	0.337
	990610010	灰浆搅拌机 200L	台班	187.56	0.324	0.326	0.361

工作内容:选瓦、调运砂浆、沟头打眼、滴水锯口、铺盖瓦、盖缝抹灰、刷黑等全部操作过程。　　　　　　　　　计量单位:100m²

定　额　编　号					BF0045	BF0046	BF0047
项　目　名　称					钢筋混凝土屋面板上铺预制混凝土瓦(瓦楞距)(mm)		
					250 以内	230 以内	200 以内
综　合　单　价　(元)					**15819.21**	**16901.04**	**19335.54**
费用	其中	人　工　费　(元)			8855.35	9333.75	10708.11
		材　料　费　(元)			4251.74	4738.89	5424.83
		施工机具使用费　(元)			210.06	197.72	193.70
		企　业　管　理　费　(元)			1610.02	1692.79	1936.16
		利　　润　(元)			746.99	785.39	898.31
		一　般　风　险　费　(元)			145.05	152.50	174.43
	编码	名　称	单位	单价(元)	消　耗　量		
人工	000300100	砌筑综合工	工日	115.00	77.003	81.163	93.114
材料	312300170	预制板瓦	百疋	44.87	41.500	49.200	64.500
	312300190	预制筒瓦	百疋	44.87	20.000	24.900	24.900
	143110300	氧化铁黑	kg	5.98	12.300	12.300	13.900
	801603010	水泥炉渣砼 1:6	m³	129.63	7.800	7.100	6.700
	810202080	混合砂浆 1:1:6(特)	m³	194.55	1.900	1.960	2.110
	341100100	水	m³	4.42	3.900	3.540	3.350
	002000010	其他材料费	元	—	20.68	23.13	36.50
机械	990602020	双锥反转出料混凝土搅拌机 350L	台班	226.31	0.692	0.630	0.594
	990610010	灰浆搅拌机 200L	台班	187.56	0.285	0.294	0.316

工作内容:运瓦、调运砂浆、部分打眼、铺底灰、铺瓦、嵌缝等全部操作过程。　　　　　　　　　计量单位:10m²

定　额　编　号					BF0048	BF0049	BF0050
项　目　名　称					折形瓦	彩瓦	
					水泥砂浆粘贴	水泥砂浆粘贴	挂贴
综　合　单　价　(元)					**1509.40**	**1385.23**	**1304.08**
费用	其中	人　工　费　(元)			898.84	821.45	757.85
		材　料　费　(元)			355.30	329.88	329.88
		施工机具使用费　(元)			5.63	5.63	5.63
		企　业　管　理　费　(元)			160.63	146.89	135.59
		利　　润　(元)			74.53	68.15	62.91
		一　般　风　险　费　(元)			14.47	13.23	12.22
	编码	名　称	单位	单价(元)	消　耗　量		
人工	000300100	砌筑综合工	工日	115.00	7.816	7.143	6.590
材料	341100100	水	m³	4.42	0.030	0.030	0.030
	810201050	水泥砂浆 1:3(特)	m³	213.87	0.030	0.030	0.030
	311100250	折形瓦	m²	28.21	12.300	—	—
	311100300	彩瓦	m²	26.19	—	12.300	12.300
	002000010	其他材料费	元	—	1.77	1.19	1.19
机械	990610010	灰浆搅拌机 200L	台班	187.56	0.030	0.030	0.030

工作内容:运瓦、基层处理、刷胶两遍、裁剪、铺瓦、嵌缝等全部操作过程。　　　　　　　　　　　　　计量单位:10m²

定　额　编　号					BF0051	BF0052
项　目　名　称					油毡瓦	
					粘贴单坡 10m² 以上	粘贴单坡 10m² 以下
综　合　单　价　(元)					**831.74**	**890.81**
费用其中		人　工　费　(元)			268.64	295.67
		材　料　费　(元)			488.95	513.54
		施工机具使用费　(元)			—	—
		企　业　管　理　费　(元)			47.71	52.51
		利　　　润　(元)			22.14	24.36
		一　般　风　险　费　(元)			4.30	4.73
	编码	名　称	单位	单价(元)	消　耗　量	
人工	000300100	砌筑综合工	工日	115.00	2.336	2.571
材料	311100340	油毡瓦	m²	34.19	11.920	12.520
	144102700	胶粘剂	kg	12.82	6.180	6.490
	002000010	其他材料费	元	—	2.18	2.28

F.2.2　屋面窑制正脊(编码:020602002)

工作内容:运瓦、调运砂浆、砌筑、抹面、刷黑等全部操作过程。　　　　　　　　　　　　　计量单位:100m

定　额　编　号					BF0053	BF0054	BF0055	BF0056
项　目　名　称					小青瓦实叠脊(脊高)(mm)		小青瓦叠花脊(脊高)(mm)	
					300 以内	300 以上	300 以内	300 以上
综　合　单　价　(元)					**34061.20**	**45922.47**	**31100.40**	**41779.16**
费用其中		人　工　费　(元)			20596.85	27460.62	20596.85	27460.62
		材　料　费　(元)			7733.19	10818.10	4772.16	6674.79
		施工机具使用费　(元)			36.39	50.64	36.57	50.64
		企　业　管　理　费　(元)			3664.46	4886.00	3664.50	4886.00
		利　　　润　(元)			1700.18	2266.93	1700.19	2266.93
		一　般　风　险　费　(元)			330.13	440.18	330.13	440.18
	编码	名　称	单位	单价(元)	消　　耗　　量			
人工	000300100	砌筑综合工	工日	115.00	179.103	238.788	179.103	238.788
材料	041700510	小青瓦	千疋	529.91	13.890	19.440	8.330	11.660
	810416010	纸筋石灰膏浆	m³	257.17	1.300	1.800	1.300	1.800
	002000010	其他材料费	元	—	38.42	53.74	23.69	33.13
机械	990610010	灰浆搅拌机 200L	台班	187.56	0.194	0.270	0.195	0.270

工作内容：运瓦、调运砂浆、砌筑、抹面、刷黑等全部操作过程。　　　　　　　　　　　　　　　　　计量单位：100m

定　额　编　号					BF0057	BF0058	BF0059	BF0060	BF0061
项　目　名　称					烧制脊安砌（脊高）（mm）				
					400 以内	500 以内	600 以内	700 以内	800 以内
综　合　单　价　（元）					**14260.49**	**14446.34**	**14518.57**	**16269.24**	**16527.12**
费用	其中	人　工　费　（元）			5840.39	6089.94	6237.14	6529.47	6823.64
		材　料　费　（元）			6643.52	6494.07	6361.35	7691.76	7548.58
		施工机具使用费　（元）			129.02	142.25	155.67	192.69	212.83
		企　业　管　理　费　（元）			1060.17	1106.84	1135.36	1193.86	1249.68
		利　　润　（元）			491.88	513.53	526.77	553.91	579.81
		一　般　风　险　费　（元）			95.51	99.71	102.28	107.55	112.58
	编码	名　　称	单位	单价（元）	消　　耗　　量				
人工	000300100	砌筑综合工	工日	115.00	50.786	52.956	54.236	56.778	59.336
材料	311100110	素筒瓦	千疋	306.81	0.630	0.630	0.560	0.560	0.510
	310700790	正脊筒	十筒	32.91	38.000	34.000	31.000	29.000	29.000
	310700720	正当沟	千疋	1794.87	0.960	0.960	0.960	0.960	0.960
	143110300	氧化铁黑	kg	5.98	15.000	19.200	24.300	28.500	32.700
	801603010	水泥炉渣砼 1:6	m³	129.63	2.500	2.750	3.000	4.000	5.000
	810202080	混合砂浆 1:1:6（特）	m³	194.55	2.800	3.100	3.400	4.000	4.000
	010302000	镀锌铁丝 18#～22#	kg	3.08	8.000	8.000	8.000	8.000	8.000
	032134815	加工铁件	kg	4.06	606.000	573.000	540.000	815.000	745.000
	341100100	水	m³	4.42	1.250	1.380	1.500	2.000	2.500
	002000010	其他材料费	元	—	27.53	27.24	26.91	32.95	32.36
机械	990610010	灰浆搅拌机 200L	台班	187.56	0.420	0.464	0.509	0.599	0.599
	990602020	双锥反转出料混凝土搅拌机 350L	台班	226.31	0.222	0.244	0.266	0.355	0.444

工作内容：运瓦、调运砂浆、砌筑、抹面、刷黑等全部操作过程。　　　　　　　　　　　　　　　　　计量单位：100m

定　额　编　号					BF0062	BF0063	BF0064
项　目　名　称					预制钢筋混凝土脊安装（脊高）（mm）		
					500 以内	800 以内	800 以上
综　合　单　价　（元）					**14524.67**	**15565.47**	**16429.10**
费用	其中	人　工　费　（元）			8010.67	8489.42	8877.54
		材　料　费　（元）			4187.14	4548.67	4858.40
		施工机具使用费　（元）			90.85	144.44	190.40
		企　业　管　理　费　（元）			1438.83	1533.37	1610.47
		利　　润　（元）			667.56	711.43	747.20
		一　般　风　险　费　（元）			129.62	138.14	145.09
	编码	名　　称	单位	单价（元）	消　　耗　　量		
人工	000300100	砌筑综合工	工日	115.00	69.658	73.821	77.196
材料	310700720	正当沟	千疋	1794.87	0.960	0.960	0.960
	801603010	水泥炉渣砼 1:6	m³	129.63	3.670	6.280	8.470
	810202080	混合砂浆 1:1:6（特）	m³	194.55	0.610	0.650	0.730
	341100100	水	m³	4.42	1.834	3.140	4.232
	042902370	预制脊（包括盖座）	m	17.95	101.500	101.500	101.500
	143310000	松烟	kg	1.97	7.000	9.800	11.200
	144107400	建筑胶	kg	1.97	3.000	4.200	4.800
	002000010	其他材料费	元	—	19.92	21.68	23.19
机械	990610010	灰浆搅拌机 200L	台班	187.56	0.091	0.098	0.109
	990602020	双锥反转出料混凝土搅拌机 350L	台班	226.31	0.326	0.557	0.751

F.2.3 滚筒脊(编码:020602003)

工作内容:运瓦、调运砂浆、砌筑、抹面、刷黑等全部操作过程。　　　　　　　　　　　　　　　　　　计量单位:100m

定　额　编　号				BF0065	BF0066	BF0067	BF0068	BF0069	BF0070
项　目　名　称				抱筒脊(脊高)(mm)					
				500以内	600以内	800以内	1200以内	1500以内	2000以内
综　合　单　价　(元)				**22198.56**	**26229.19**	**45540.39**	**62105.14**	**77467.36**	**96439.31**
费用	其中	人　工　费　(元)		14307.50	17021.61	31144.30	42091.15	51555.42	62912.71
		材　料　费　(元)		3720.34	4259.04	5490.58	7903.10	11074.52	15372.20
		施工机具使用费　(元)		173.87	196.38	242.70	386.94	476.59	619.51
		企　业　管　理　费　(元)		2571.89	3057.91	5574.33	7544.11	9240.88	11283.32
		利　　润　　(元)		1193.26	1418.76	2586.29	3500.19	4287.44	5235.05
		一　般　风　险　费　(元)		231.70	275.49	502.19	679.65	832.51	1016.52
	编码	名　称	单位	单价(元)	消　　　　耗　　　　量				
人工	000300100	砌筑综合工	工日	115.00	124.413	148.014	270.820	366.010	448.308	547.067
材料	810416010	纸筋石灰膏浆	m³	257.17	4.200	4.900	6.100	8.300	9.800	12.300
	041300010	标准砖 240×115×53	千块	422.33	3.920	4.510	5.780	8.210	11.980	16.470
	311100110	素筒瓦	千定	306.81	0.580	0.580	0.580	0.580	0.580	0.580
	810105010	M5.0混合砂浆	m³	174.96	2.000	2.200	2.550	5.500	7.200	9.800
	040902050	捶灰	m³	456.31	0.420	0.500	0.610	0.830	1.000	1.230
	032130010	铁件 综合	kg	3.68	67.000	76.600	149.700	201.900	420.000	739.900
	002000010	其他材料费	元	—	18.61	21.29	27.43	39.30	55.17	76.58
机械	990610010	灰浆搅拌机 200L	台班	187.56	0.927	1.047	1.294	2.063	2.541	3.303

工作内容:调运砂浆、安木桩、运砖、绑扎钢筋、垂灰泥塑、涂色等全部操作过程。

定　额　编　号				BF0071	BF0072	BF0073	BF0074	BF0075
项　目　名　称				锤灰泥塑垂脊花板 立塑(高度)(mm)		锤灰泥塑垂脊花板 贴塑(面积)(m²)		锤灰泥塑脊(贴塑)
				500以内	500以上	0.5以内	0.5以上	
单　　　　　　位				100个				10m²
综　合　单　价　(元)				**56654.83**	**111245.75**	**41474.33**	**82960.82**	**10367.77**
费用	其中	人　工　费　(元)		44020.28	86410.08	30814.14	61628.39	7700.98
		材　料　费　(元)		433.73	882.38	2104.27	4218.89	528.15
		施工机具使用费　(元)		40.14	81.59	40.14	81.59	10.32
		企　业　管　理　费　(元)		7825.13	15360.92	5479.72	10959.69	1369.53
		利　　润　　(元)		3630.58	7126.91	2542.39	5084.90	635.41
		一　般　风　险　费　(元)		704.97	1383.87	493.67	987.36	123.38
	编码	名　称	单位	单价(元)	消　　　　耗　　　　量			
人工	000300100	砌筑综合工	工日	115.00	382.785	751.392	267.949	535.899	66.965
材料	810416010	纸筋石灰膏浆	m³	257.17	1.430	2.900	1.430	2.900	0.370
	040902050	捶灰	m³	456.31	0.140	0.290	0.130	0.260	0.030
	124500200	贴塑面料	m³	55.56	—	—	30.000	60.000	7.500
	002000010	其他材料费	元	—	2.09	4.26	10.40	20.86	2.61
机械	990610010	灰浆搅拌机 200L	台班	187.56	0.214	0.435	0.214	0.435	0.055

F.2.4　过垄脊(编码:020602006)

工作内容:运瓦、调运砂浆、砌筑、抹面、刷黑等全部操作过程。　　　　　　　　　　　　　　计量单位:100m

定　额　编　号					BF0076	BF0077	BF0078
项　目　名　称					素筒瓦过垄脊(瓦楞距)(mm)		
					250 以内	230 以内	200 以内
综　合　单　价　(元)					**11629.84**	**13000.37**	**14742.95**
费用	其中	人　工　费　(元)			4568.95	5420.99	6272.91
		材　料　费　(元)			5599.51	5906.93	6578.77
		施工机具使用费　(元)			157.01	138.13	125.35
		企业管理费　(元)			839.33	987.30	1136.33
		利　　润　(元)			389.42	458.07	527.22
		一般风险费　(元)			75.62	88.95	102.37
	编码	名　称	单位	单价(元)	消　　耗　　量		
人工	000300100	砌筑综合工	工日	115.00	39.730	47.139	54.547
材料	801603010	水泥炉渣砼 1:6	m³	129.63	5.300	4.500	4.000
	810202080	混合砂浆 1:1:6(特)	m³	194.55	1.800	1.700	1.600
	341100100	水	m³	4.42	2.650	2.250	2.000
	311100220	罗锅瓦	千疋	1025.64	0.420	0.460	0.530
	311100240	续罗锅瓦	千疋	1025.64	0.840	0.920	1.060
	310302300	折腰瓦	千疋	1282.05	0.840	0.920	1.060
	310302320	续折腰瓦	千疋	1282.05	1.680	1.840	2.120
	002000010	其他材料费	元	—	27.50	29.07	32.44
机械	990610010	灰浆搅拌机 200L	台班	187.56	0.270	0.255	0.240
	990602020	双锥反转出料混凝土搅拌机 350L	台班	226.31	0.470	0.399	0.355

F.2.5　围墙瓦顶(编码:020602007)

工作内容:调运砂浆、铺底灰、运瓦、铺瓦、砌瓦头、安沟头、滴水、嵌缝、刷黑水二度。　　　　　　计量单位:100m

定　额　编　号					BF0079	BF0080	BF0081	BF0082	BF0083	BF0084
项　目　名　称					小青瓦围墙瓦顶(宽度)(mm)			素筒瓦围墙瓦顶(宽度)(mm)		
					双落水 850	单落水 560	增减 100	双落水 850	单落水 560	增减 100
综　合　单　价　(元)					**9279.30**	**5842.15**	**892.05**	**14727.11**	**10735.81**	**1217.96**
费用	其中	人　工　费　(元)			2993.68	1759.85	197.46	6680.12	4584.94	657.00
		材　料　费　(元)			5430.18	3578.63	637.47	6144.89	4846.89	376.76
		施工机具使用费　(元)			22.88	14.07	2.06	45.76	30.20	2.25
		企业管理费　(元)			535.74	315.05	35.43	1194.52	819.65	117.08
		利　　润　(元)			248.56	146.17	16.44	554.21	380.29	54.32
		一般风险费　(元)			48.26	28.38	3.19	107.61	73.84	10.55
	编码	名　称	单位	单价(元)	消　　耗　　量					
人工	000300100	砌筑综合工	工日	115.00	26.032	15.303	1.717	58.088	39.869	5.713
材料	041700510	小青瓦	千疋	529.91	9.700	6.390	1.140	4.310	2.840	0.510
	810201030	水泥砂浆 1:2(特)	m³	256.68	1.130	0.750	0.130	3.020	1.990	0.140
	311100130	素筒瓦 165×95×47	千疋	306.81	—	—	—	1.940	1.110	0.230
	311100520	瓦头(沟头) 170×95×95	千块	512.82	—	—	—	0.940	0.940	—
	311100280	滴水瓦 165×185×100	千疋	2136.75	—	—	—	0.940	0.940	—
机械	990610010	灰浆搅拌机 200L	台班	187.56	0.122	0.075	0.011	0.244	0.161	0.012

F.2.6 筒瓦排山(编码:020602008)

工作内容:运瓦、调运砂浆、砌筑、抹面、刷黑等全部操作过程。　　　　　　　　　　　　　　　　　计量单位:100m

定 额 编 号					BF0085
项 目 名 称					筒瓦排山
综 合 单 价 (元)					**13432.62**
费用	其中	人 工 费 (元)			8079.56
		材 料 费 (元)			3123.10
		施 工 机 具 使 用 费 (元)			—
		企 业 管 理 费 (元)			1434.93
		利 润 (元)			665.76
		一 般 风 险 费 (元)			129.27
	编码	名 称	单位	单价(元)	消 耗 量
人工	000300100	砌筑综合工	工日	115.00	70.257
材料	041700510	小青瓦	千疋	529.91	1.830
	311100110	素筒瓦	千疋	306.81	0.470
	311100305	勾头瓦	千疋	538.46	0.470
	311100270	滴水瓦	千疋	2136.75	0.470
	140100200	熟桐油	kg	6.84	3.100
	143110300	氧化铁黑	kg	5.98	5.700
	810201030	水泥砂浆 1:2(特)	m³	256.68	2.630
	002000010	其他材料费	元	—	21.46

F.2.7 檐头(口)附件(编码:020602009)

工作内容:选瓦、调运砂浆、沟头打眼、滴水锯口、铺盖瓦、盖缝抹灰、刷黑等全部操作过程。　　　　　　计量单位:100m

定 额 编 号				BF0086	BF0087	BF0088	BF0089	BF0090	BF0091
项 目 名 称				素瓦檐头附件(瓦楞距)(mm)花边瓦			素瓦檐头附件(瓦楞距)(mm)勾滴瓦		
				250以内	230以内	200以内	250以内	230以内	200以内
综 合 单 价 (元)				**1559.13**	**1567.12**	**1602.39**	**3809.29**	**3856.77**	**4033.69**
费用	其中	人 工 费 (元)		633.19	633.19	633.19	1692.46	1711.43	1745.47
		材 料 费 (元)		680.58	691.44	728.38	1570.02	1606.22	1748.08
		施 工 机 具 使 用 费 (元)		55.33	53.08	51.77	62.46	52.33	45.76
		企 业 管 理 费 (元)		122.28	121.88	121.65	311.67	313.24	318.12
		利 润 (元)		56.73	56.55	56.44	144.60	145.33	147.60
		一 般 风 险 费 (元)		11.02	10.98	10.96	28.08	28.22	28.66
	编码	名 称	单位	单价(元)	消	耗	量		
人工	000300100	砌筑综合工	工日	115.00	5.506	5.506	5.506	14.717	14.882	15.178
材料	810202080	混合砂浆 1:1:6(特)	m³	194.55	1.970	1.890	1.840	2.220	1.860	1.630
	311100330	花边瓦	千疋	683.76	0.420	0.460	0.530	—	—	—
	311100270	滴水瓦	千疋	2136.75	—	—	—	0.420	0.460	0.530
	311100305	勾头瓦	千疋	538.46	—	—	—	0.420	0.460	0.530
	143310000	松烟	kg	1.97	2.500	2.000	1.300	2.500	2.000	1.300
	144107400	建筑胶	kg	1.97	1.000	1.000	1.000	1.000	1.000	1.000
	002000010	其他材料费	元		3.24	3.30	3.48	7.64	7.85	8.57
机械	990610010	灰浆搅拌机 200L	台班	187.56	0.295	0.283	0.276	0.333	0.279	0.244

工作内容：选瓦、调运砂浆、沟头打眼、滴水锯口、铺盖瓦、盖缝抹灰、刷黑等全部操作过程。　　　　　　　　**计量单位**：100m

定　额　编　号			单位	单价(元)	BF0092	BF0093	BF0094
项　目　名　称					星星瓦钉(瓦楞距)(mm)		
					250 以内	230 以内	200 以内
综　合　单　价　(元)					**1331.59**	**1324.12**	**1302.22**
费用	其中	人　工　费　(元)			828.12	814.20	782.92
		材　料　费　(元)			271.33	281.62	299.63
		施工机具使用费　(元)			2.81	2.81	2.81
		企　业　管　理　费　(元)			147.57	145.10	139.55
		利　　　润　(元)			68.47	67.32	64.74
		一　般　风　险　费　(元)			13.29	13.07	12.57
	编码	名　　　称	单位	单价(元)	消　　耗　　量		
人工	000300100	砌筑综合工	工日	115.00	7.201	7.080	6.808
材料	810202080	混合砂浆 1:1:6（特）	m³	194.55	0.100	0.100	0.100
	311100380	钉帽	10 件	2.56	42.000	46.000	53.000
	030192970	瓦钉	kg	4.60	31.000	31.000	31.000
	002000010	其他材料费	元	—	1.75	1.80	1.89
机械	990610010	灰浆搅拌机 200L	台班	187.56	0.015	0.015	0.015

工作内容：选瓦、调运砂浆、沟头打眼、滴水锯口、铺盖瓦、盖缝抹灰、刷黑等全部操作过程。　　　　　　　　**计量单位**：100m

定　额　编　号			单位	单价(元)	BF0095	BF0096	BF0097
项　目　名　称					预制勾滴檐头附件(瓦楞距)(mm)		
					250 以内	230 以内	200 以内
综　合　单　价　(元)					**3702.92**	**3653.62**	**3714.60**
费用	其中	人　工　费　(元)			2277.35	2291.26	2322.54
		材　料　费　(元)			714.69	661.77	686.42
		施工机具使用费　(元)			64.52	53.45	50.64
		企　业　管　理　费　(元)			415.92	416.42	421.48
		利　　　润　(元)			192.97	193.20	195.55
		一　般　风　险　费　(元)			37.47	37.52	37.97
	编码	名　　　称	单位	单价(元)	消　　耗　　量		
人工	000300100	砌筑综合工	工日	115.00	19.803	19.924	20.196
材料	312300180	预制滴水瓦	百疋	26.92	4.200	4.600	5.300
	312300200	预制勾头瓦	百疋	35.90	4.200	4.600	5.300
	810202080	混合砂浆 1:1:6（特）	m³	194.55	2.300	1.900	1.800
	002000010	其他材料费	元	—	3.38	3.15	3.28
机械	990610010	灰浆搅拌机 200L	台班	187.56	0.344	0.285	0.270

工作内容:选瓦、调运砂浆、勾头打眼、铺盖瓦、嵌缝抹灰、刷黑等全部操作过程。 计量单位:100m

定 额 编 号					BF0098	BF0099	BF0100	BF0101	BF0102	BF0103
项 目 名 称					素筒瓦剪边(铺在钢筋混凝土板上)(瓦楞距)(mm)					
					一勾一筒 250以内	一勾一筒 230以内	一勾一筒 200以内	一勾二筒 250以内	一勾二筒 230以内	一勾二筒 200以内
综 合 单 价 (元)					**7048.35**	**7181.76**	**7561.42**	**11663.44**	**11815.64**	**12280.03**
费用	其中	人 工 费 (元)			3053.25	3067.17	3098.45	5635.00	5648.92	5680.31
		材 料 费 (元)			3028.51	3159.92	3508.46	4264.00	4425.64	4874.77
		施工机具使用费 (元)			97.09	84.74	77.85	163.94	142.62	123.18
		企业管理费 (元)			559.50	559.78	564.11	1029.89	1028.58	1030.70
		利 润 (元)			259.59	259.72	261.73	477.83	477.22	478.21
		一般风险费 (元)			50.41	50.43	50.82	92.78	92.66	92.86
	编码	名 称	单位	单价(元)	消		耗		量	
人工	000300100	砌筑综合工	工日	115.00	26.550	26.671	26.943	49.000	49.121	49.394
材料	041700510	小青瓦	千疋	529.91	2.100	2.280	2.630	3.340	3.660	4.210
	311100110	素筒瓦	千疋	306.81	0.420	0.460	0.530	0.840	0.920	1.060
	311100305	勾头瓦	千疋	538.46	0.420	0.460	0.530	0.420	0.460	0.530
	311100270	滴水瓦	千疋	2136.75	0.420	0.460	0.530	0.420	0.460	0.530
	801603010	水泥炉渣砼 1:6	m³	129.63	3.530	3.100	2.840	5.890	5.150	4.730
	810202080	混合砂浆 1:1:6(特)	m³	194.55	0.940	0.800	0.740	1.620	1.400	1.300
	341100100	水	m³	4.42	1.770	1.550	1.420	2.950	2.580	2.370
	002000010	其他材料费	元	—	14.96	15.65	15.93	21.06	21.94	24.23
机械	990602020	双锥反转出料混凝土搅拌机 350L	台班	226.31	0.313	0.275	0.252	0.523	0.457	0.420
	990610010	灰浆搅拌机 200L	台班	187.56	0.140	0.120	0.111	0.243	0.209	0.150

工作内容:选瓦、调运砂浆、勾头打眼、铺盖瓦、嵌缝抹灰、刷黑等全部操作过程。 计量单位:100m

定 额 编 号					BF0104	BF0105	BF0106	BF0107	BF0108	BF0109
项 目 名 称					素筒瓦剪边(铺在钢筋混凝土板上)(瓦楞距)(mm)					
					一勾三筒 250以内	一勾三筒 230以内	一勾三筒 200以内	一勾四筒 250以内	一勾四筒 230以内	一勾四筒 200以内
综 合 单 价 (元)					**16299.23**	**16440.90**	**17015.35**	**20265.51**	**20422.89**	**21094.17**
费用	其中	人 工 费 (元)			8216.87	8230.78	8262.06	10351.61	10365.41	10396.81
		材 料 费 (元)			5520.79	5682.29	6236.68	6693.13	6878.70	7534.92
		施工机具使用费 (元)			230.18	200.73	185.17	285.05	249.16	229.57
		企业管理费 (元)			1500.20	1497.44	1500.23	1889.07	1885.15	1887.24
		利 润 (元)			696.04	694.76	696.05	876.46	874.64	875.61
		一般风险费 (元)			135.15	134.90	135.16	170.19	169.83	170.02
	编码	名 称	单位	单价(元)	消		耗		量	
人工	000300100	砌筑综合工	工日	115.00	71.451	71.572	71.844	90.014	90.134	90.407
材料	041700510	小青瓦	千疋	529.91	4.620	5.030	5.790	5.890	6.400	7.370
	311100110	素筒瓦	千疋	306.81	1.260	1.370	1.580	1.680	1.830	2.100
	311100270	滴水瓦	千疋	2136.75	0.420	0.460	0.530	0.420	0.460	0.530
	311100305	勾头瓦	千疋	538.46	0.420	0.460	0.530	0.420	0.460	0.530
	801603010	水泥炉渣砼 1:6	m³	129.63	8.250	7.210	6.620	10.190	8.910	8.180
	810202080	混合砂浆 1:1:6(特)	m³	194.55	2.300	1.990	1.860	2.860	2.500	2.320
	341100100	水	m³	4.42	4.130	3.610	3.310	5.090	4.460	4.090
	002000010	其他材料费	元	—	27.27	28.17	31.24	33.09	34.13	37.51
机械	990602020	双锥反转出料混凝土搅拌机 350L	台班	226.31	0.732	0.640	0.587	0.904	0.791	0.726
	990610010	灰浆搅拌机 200L	台班	187.56	0.344	0.298	0.279	0.429	0.374	0.348

定　额　编　号					BF0110	BF0111	BF0112	BF0113	BF0114	BF0115
项　目　名　称					素筒瓦剪边（铺在木桷子上）（瓦楞距）（mm）					
					一勾一筒 250以内	一勾一筒 230以内	一勾一筒 200以内	一勾二筒 250以内	一勾二筒 230以内	一勾二筒 200以内
综　合　单　价（元）					6441.13	6591.88	6984.16	10651.69	10859.50	11319.74
费用	其中	人　工　费（元）			2665.36	2679.16	2710.55	4989.62	5029.64	5034.82
		材　料　费（元）			2934.43	3080.44	3440.02	4106.36	4286.54	4751.57
		施工机具使用费（元）			82.84	72.75	66.99	139.95	121.58	112.65
		企业管理费（元）			488.08	488.74	493.29	911.01	914.86	914.19
		利　润（元）			226.45	226.76	228.87	422.68	424.46	424.15
		一般风险费（元）			43.97	44.03	44.44	82.07	82.42	82.36
	编码	名　称	单位	单价（元）	消　　耗　　量					
人工	000300100	砌筑综合工	工日	115.00	23.177	23.297	23.570	43.388	43.736	43.781
材料	041700510	小青瓦	千疋	529.91	2.100	2.280	2.630	3.340	3.660	4.210
	311100110	素筒瓦	千疋	306.81	0.420	0.460	0.530	0.840	0.920	1.060
	311100270	滴水瓦	千疋	2136.75	0.420	0.460	0.530	0.420	0.460	0.530
	311100305	勾头瓦	千疋	538.46	0.420	0.460	0.530	0.420	0.460	0.530
	801603010	水泥炉渣砼 1:6	m³	129.63	2.820	2.500	2.300	4.700	4.100	3.800
	810202080	混合砂浆 1:1:6（特）	m³	194.55	0.940	0.800	0.740	1.620	1.400	1.300
	341100100	水	m³	4.42	1.406	1.250	1.510	2.350	2.050	1.900
	002000010	其他材料费	元	—	14.52	15.28	17.10	20.33	21.29	23.66
机械	990602020	双锥反转出料混凝土搅拌机 350L	台班	226.31	0.250	0.222	0.204	0.417	0.364	0.337
	990610010	灰浆搅拌机 200L	台班	187.56	0.140	0.120	0.111	0.243	0.209	0.194

定　额　编　号					BF0116	BF0117	BF0118	BF0119	BF0120	BF0121
项　目　名　称					素筒瓦剪边（铺在木桷子上）（瓦楞距）（mm）					
					一勾三筒 250以内	一勾三筒 230以内	一勾三筒 200以内	一勾四筒 250以内	一勾四筒 230以内	一勾四筒 200以内
综　合　单　价（元）					14873.43	15076.04	15652.10	18523.63	18709.30	19401.28
费用	其中	人　工　费（元）			7312.16	7339.99	7357.36	9232.89	9246.81	9278.20
		材　料　费（元）			5291.56	5490.18	6061.62	6429.56	6638.94	7312.40
		施工机具使用费（元）			197.14	172.44	158.69	245.22	212.72	195.85
		企业管理费（元）			1333.65	1334.21	1334.85	1683.31	1680.01	1682.59
		利　润（元）			618.77	619.02	619.32	781.00	779.47	780.66
		一般风险费（元）			120.15	120.20	120.26	151.65	151.35	151.58
	编码	名　称	单位	单价（元）	消　　耗　　量					
人工	000300100	砌筑综合工	工日	115.00	63.584	63.826	63.977	80.286	80.407	80.680
材料	041700510	小青瓦	千疋	529.91	4.600	5.020	5.790	5.890	6.400	7.370
	311100110	素筒瓦	千疋	306.81	1.260	1.370	1.580	1.680	1.830	2.100
	311100270	滴水瓦	千疋	2136.75	0.420	0.460	0.530	0.420	0.460	0.530
	311100305	勾头瓦	千疋	538.46	0.420	0.460	0.530	0.420	0.460	0.530
	801603010	水泥炉渣砼 1:6	m³	129.63	6.600	5.800	5.300	8.200	7.100	6.500
	810202080	混合砂浆 1:1:6（特）	m³	194.55	2.300	1.990	1.860	2.860	2.500	2.320
	341100100	水	m³	4.42	3.300	2.900	2.650	4.100	3.550	3.250
	002000010	其他材料费	元	—	26.20	27.28	30.20	31.86	33.02	36.48
机械	990602020	双锥反转出料混凝土搅拌机 350L	台班	226.31	0.586	0.515	0.470	0.728	0.630	0.577
	990610010	灰浆搅拌机 200L	台班	187.56	0.344	0.298	0.279	0.429	0.374	0.348

F.2.8 斜沟(编码:020602010)

工作内容: 选瓦、调运砂浆、轧楞制作、部分打眼、铺底灰、铺瓦嵌缝、抹面等全部操作过程。 计量单位:10m

定　额　编　号					BF0122	
项　目　名　称					斜沟阴角	
					蝴蝶瓦(小青瓦)	
费用	综　合　单　价　(元)				**323.28**	
	其中	人　工　费　(元)			172.39	
		材　料　费　(元)			103.31	
		施工机具使用费　(元)			—	
		企业管理费　(元)			30.62	
		利　　　润　(元)			14.20	
		一般风险费　(元)			2.76	
	编码	名　　称	单位	单价(元)	消　耗　量	
人工	000300100	砌筑综合工	工日	115.00	1.499	
材料	041700510	小青瓦	千疋	529.91	0.153	
	143110300	氧化铁黑	kg	5.98	0.300	
	850401020	纸筋灰浆	m³	248.54	0.041	
	144107800	煤胶	kg	30.77	0.300	
	002000010	其他材料费	元	—	1.02	

F.2.9 屋脊头、吞头(编码:020602011)

工作内容: 调运砂浆、安木桩、运砖、绑扎钢筋、锤灰泥塑、涂色等全部操作过程。 计量单位:件

定　额　编　号				BF0123	BF0124	BF0125	BF0126
项　目　名　称				锤灰泥塑崩堆(高度500mm以内)		锤灰泥塑崩堆(高度500mm以上)	
				人物	走兽	人物	走兽
费用	综　合　单　价　(元)			**769.57**	**594.24**	**1003.32**	**839.43**
	其中	人　工　费　(元)		584.09	438.04	730.14	584.43
		材　料　费　(元)		22.12	32.19	65.21	85.09
		施工机具使用费　(元)		1.69	2.44	5.06	6.75
		企业管理费　(元)		104.03	78.23	130.57	104.99
		利　　　润　(元)		48.27	36.29	60.58	48.71
		一般风险费　(元)		9.37	7.05	11.76	9.46
	编码	名　　称	单位	单价(元)	消　耗　量		
人工	000300100	砌筑综合工	工日	115.00	5.079	3.809	6.349	5.082
材料	810416010	纸筋石灰膏浆	m³	257.17	0.057	0.089	0.180	0.245
	040902050	搥灰	m³	456.31	0.002	0.002	0.006	0.006
	050303930	木桩	根	2.67	0.002	0.002	0.003	0.003
	010100010	钢筋 综合	kg	3.07	1.000	1.000	1.800	1.800
	015301100	铅丝 12#	kg	15.78	0.003	0.003	0.006	0.006
	023300010	稻草	kg	2.56	1.300	2.000	4.000	5.200
	002000010	其他材料费	元	—	0.10	0.15	0.31	0.40
机械	990610010	灰浆搅拌机 200L	台班	187.56	0.009	0.013	0.027	0.036

工作内容:调运砂浆、安木桩、运砖、绑扎钢筋、锤灰泥塑、涂色等全部操作过程。　　　　　　　　　　　计量单位:件

		定　额　编　号				BF0127	BF0128
		项　目　名　称				锤灰泥塑吻(吻高)(mm)	
						800 以内	800 以上
		综　合　单　价　(元)				**818.56**	**1207.04**
费用	其中	人　工　费　(元)				584.09	876.19
		材　料　费　(元)				67.99	83.05
		施工机具使用费　(元)				4.13	4.69
		企　业　管　理　费　(元)				104.47	156.44
		利　　　润　(元)				48.47	72.58
		一　般　风　险　费　(元)				9.41	14.09
	编码	名　　称	单位	单价(元)		消　耗　量	
人工	000300100	砌筑综合工	工日	115.00		5.079	7.619
材料	810416010	纸筋石灰膏浆	m³	257.17		0.137	0.157
	040902050	捶灰	m³	456.31		0.009	0.012
	050303930	木桩	根	2.67		0.005	0.006
	010100010	钢筋 综合	kg	3.07		1.400	1.900
	015301100	铅丝 12#	kg	15.78		0.005	0.007
	023300010	稻草	kg	2.56		5.200	7.900
	041300010	标准砖 240×115×53	千块	422.33		0.021	0.021
	810105010	M5.0 混合砂浆	m³	174.96		0.010	0.010
	002000010	其他材料费	元	—		0.33	0.40
机械	990610010	灰浆搅拌机 200L	台班	187.56		0.022	0.025

工作内容:调运砂浆、安木桩、运砖、绑扎钢筋、锤灰泥塑、涂色等全部操作过程。　　　　　　　　　　　计量单位:件

		定　额　编　号				BF0129	BF0130	BF0131	BF0132
		项　目　名　称				堆塑屋脊头			
						纹头	方脚头	云头	雌毛脊头
		综　合　单　价　(元)				**281.36**	**276.54**	**381.88**	**255.42**
费用	其中	人　工　费　(元)				201.48	189.06	243.11	126.73
		材　料　费　(元)				22.12	32.19	65.21	85.09
		施工机具使用费　(元)				1.69	2.44	5.06	6.75
		企　业　管　理　费　(元)				36.08	34.01	44.08	23.71
		利　　　润　(元)				16.74	15.78	20.45	11.00
		一　般　风　险　费　(元)				3.25	3.06	3.97	2.14
	编码	名　　称	单位	单价(元)		消　　耗　　量			
人工	000300100	砌筑综合工	工日	115.00		1.752	1.644	2.114	1.102
材料	810416010	纸筋石灰膏浆	m³	257.17		0.057	0.089	0.180	0.245
	040902050	捶灰	m³	456.31		0.002	0.002	0.006	0.006
	050303930	木桩	根	2.67		0.002	0.002	0.003	0.003
	010100010	钢筋 综合	kg	3.07		1.000	1.000	1.800	1.800
	015301100	铅丝 12#	kg	15.78		0.003	0.003	0.006	0.006
	023300010	稻草	kg	2.56		1.300	2.000	4.000	5.200
	002000010	其他材料费	元	—		0.10	0.15	0.31	0.40
机械	990610010	灰浆搅拌机 200L	台班	187.56		0.009	0.013	0.027	0.036

工作内容:调运砂浆、安木桩、运砖、绑扎钢筋、锤灰泥塑、涂色等全部操作过程。 计量单位:件

定　额　编　号					BF0133	BF0134
项　目　名　称					烧制屋脊头安装	
					纹头、方脚、雌毛脊头	鱼龙、哺鸡
综　合　单　价　(元)					**1011.48**	**1496.82**
费用	其中	人　工　费　(元)			736.00	1104.00
		材　料　费　(元)			67.07	82.13
		施工机具使用费　(元)			4.13	4.69
		企　业　管　理　费　(元)			131.45	196.90
		利　　　润　(元)			60.99	91.36
		一　般　风　险　费　(元)			11.84	17.74
	编码	名　　称	单位	单价(元)	消　耗　　　量	
人工	000300100	砌筑综合工	工日	115.00	6.400	9.600
材料	810416010	纸筋石灰膏浆	m³	257.17	0.137	0.157
	040902050	搥灰	m³	456.31	0.007	0.010
	050303930	木桩	根	2.67	0.005	0.006
	010100010	钢筋 综合	kg	3.07	1.400	1.900
	015301100	铅丝 12#	kg	15.78	0.005	0.007
	023300010	稻草	kg	2.56	5.200	7.900
	041300010	标准砖 240×115×53	千块	422.33	0.021	0.021
	810105010	M5.0 混合砂浆	m³	174.96	0.010	0.010
	002000010	其他材料费	元	—	0.32	0.39
机械	990610010	灰浆搅拌机 200L	台班	187.56	0.022	0.025

F.2.10　戗脊捲头(编码:020602012)

工作内容:调运砂浆、安木桩、运砖、绑扎钢筋、锤灰泥塑、涂色等全部操作过程。 计量单位:件

定　额　编　号					BF0135	BF0136	BF0137	BF0138
项　目　名　称					锤灰泥塑爪叶子(长度)(mm)			
					1000 以内	1500 以内	2000 以内	2000 以上
综　合　单　价　(元)					**532.78**	**710.05**	**922.24**	**1190.38**
费用	其中	人　工　费　(元)			365.01	474.61	616.98	803.16
		材　料　费　(元)			62.00	96.07	123.96	151.67
		施工机具使用费　(元)			3.94	6.56	8.63	10.88
		企　业　管　理　费　(元)			65.53	85.46	111.11	144.57
		利　　　润　(元)			30.40	39.65	51.55	67.08
		一　般　风　险　费　(元)			5.90	7.70	10.01	13.02
	编码	名　　称	单位	单价(元)	消　耗　　　量			
人工	000300100	砌筑综合工	工日	115.00	3.174	4.127	5.365	6.984
材料	810416010	纸筋石灰膏浆	m³	257.17	0.137	0.220	0.293	0.367
	040902050	搥灰	m³	456.31	0.005	0.007	0.010	0.012
	041300010	标准砖 240×115×53	千块	422.33	0.014	0.022	0.029	0.036
	810105010	M5.0 混合砂浆	m³	174.96	0.007	0.010	0.013	0.016
	010100010	钢筋 综合	kg	3.07	3.000	4.000	5.000	6.000
	015301100	铅丝 12#	kg	15.78	0.011	0.015	0.018	0.022
	023300010	稻草	kg	2.56	3.000	4.800	5.200	5.600
	002000010	其他材料费	元	—	0.29	0.45	0.58	0.71
机械	990610010	灰浆搅拌机 200L	台班	187.56	0.021	0.035	0.046	0.058

F.2.11 窑制吻兽(编码:020602013)

工作内容:运砂、调运砂浆、铁件安装、抹面、灰塑、刷黑等全部操作过程。　　　　　　　　　　　计量单位:100套

定 额 编 号					BF0139	BF0140	BF0141	BF0142	BF0143
项 目 名 称					烧制正吻安砌(高度)(mm)			烧制合角吻安砌(高度)(mm)	
					600以内	1000以内	1000以上	600以内	600以上
综 合 单 价 (元)					37060.17	66876.61	127125.94	33932.20	39708.91
费用	其中	人 工 费 (元)			15470.61	36540.45	82067.11	15186.33	19713.53
		材 料 费 (元)			17183.25	20034.17	22187.89	14518.55	14518.55
		施工机具使用费 (元)			106.91	169.93	172.74	28.13	28.13
		企 业 管 理 费 (元)			2766.57	6519.76	14605.80	2702.09	3506.12
		利 润 (元)			1283.59	3024.93	6776.56	1253.67	1626.71
		一 般 风 险 费 (元)			249.24	587.37	1315.84	243.43	315.87
	编码	名 称	单位	单价(元)	消	耗		量	
人工	000300100	砌筑综合工	工日	115.00	134.527	317.743	713.627	132.055	171.422
材料	041700510	小青瓦	千疋	529.91	1.200	1.300	1.500	0.400	0.400
	041300010	标准砖 240×115×53	千块	422.33	2.600	2.800	2.800	3.700	3.700
	311100570	烧制品正吻	个	145.30	101.000	101.000	101.000	—	—
	810202080	混合砂浆 1:1:6(特)	m³	194.55	3.800	6.050	6.150	1.000	1.000
	312300070	铁兽桩	m³	3.59	—	500.000	1000.000	—	—
	312300050	吻(兽)锔子	kg	3.59	—	130.000	192.000	—	—
	311100580	烧制品合角吻	个	123.93	—	—	—	101.000	101.000
	002000010	其他材料费	元	—	34.71	48.74	59.44	32.48	32.48
机械	990610010	灰浆搅拌机 200L	台班	187.56	0.570	0.906	0.921	0.150	0.150

工作内容:运砂、调运砂浆、铁件安装、抹面、灰塑、刷黑等全部操作过程。　　　　　　　　　　　计量单位:100套

定 额 编 号					BF0144	BF0145	BF0146
项 目 名 称					预制混凝土吻(兽)安装(高度)(mm)		
					600以内	1000以内	1000以上
综 合 单 价 (元)					17820.37	30936.18	42818.37
费用	其中	人 工 费 (元)			7629.79	17019.31	24667.85
		材 料 费 (元)			8011.07	9088.83	11078.43
		施工机具使用费 (元)			57.75	102.44	206.72
		企 业 管 理 费 (元)			1365.31	3040.82	4417.72
		利 润 (元)			633.45	1410.83	2049.66
		一 般 风 险 费 (元)			123.00	273.95	397.99
	编码	名 称	单位	单价(元)	消	耗 量	
人工	000300100	砌筑综合工	工日	115.00	66.346	147.994	214.503
材料	810202080	混合砂浆 1:1:6(特)	m³	194.55	1.200	2.000	4.000
	312300050	吻(兽)锔子	kg	3.59	500.000	680.000	980.000
	042902320	预制钢筋混凝土吻(兽)	个	49.57	101.500	101.500	101.500
	310700720	正当沟	千疋	1794.87	0.420	0.490	0.600
	801603010	水泥炉渣砼 1:6	m³	129.63	1.200	2.300	4.700
	341100100	水	m³	4.42	0.600	1.150	2.350
	002000010	其他材料费	元	—	39.20	44.46	54.10
机械	990610010	灰浆搅拌机 200L	台班	187.56	0.180	0.300	0.599
	990602020	双锥反转出料混凝土搅拌机 350L	台班	226.31	0.106	0.204	0.417

F.2.12 中堆、宝顶、天王座(编码:020602014)

工作内容:调运砂浆、安木桩、运砖、绑扎钢筋、锤灰泥塑、涂色等全部操作过程。　　　　　　　　　　　　　　计量单位:100件

	定 额 编 号				BF0147	BF0148	BF0149	BF0150
	项 目 名 称				锤灰泥塑中堆(高度)(mm)			
					1000 以内	1500 以内	2000 以内	2000 以上
	综 合 单 价 (元)				120989.51	164959.95	227470.25	295863.94
费 用	其 中	人 工 费 (元)			87615.51	113900.14	151866.82	192316.00
		材 料 费 (元)			8417.90	17730.78	30329.48	45246.14
		施 工 机 具 使 用 费 (元)			606.76	1483.22	2632.22	4092.93
		企 业 管 理 费 (元)			15668.27	20492.09	27439.03	34882.23
		利 润 (元)			7269.51	9507.59	12730.72	16184.10
		一 般 风 险 费 (元)			1411.56	1846.13	2471.98	3142.54
	编码	名 称	单位	单价(元)	消 耗 量			
人工	000300100	砌筑综合工	工日	115.00	761.874	990.436	1320.581	1672.313
材 料	810416010	纸筋石灰膏浆	m³	257.17	20.600	51.400	91.400	142.800
	040902050	摵灰	m³	456.31	0.900	1.700	2.620	3.860
	041300010	标准砖 240×115×53	千块	422.33	2.050	3.080	5.100	6.370
	810105010	M5.0 混合砂浆	m³	174.96	1.000	1.400	2.300	2.900
	050303930	木桩	根	2.67	0.530	0.700	0.880	1.100
	010100010	钢筋 综合	kg	3.07	160.000	280.000	510.000	610.000
	015301100	铅丝 12#	kg	15.78	0.600	1.000	1.800	2.400
	023300010	稻草	kg	2.56	440.000	480.000	520.000	560.000
	002000010	其他材料费	元	—	40.30	84.75	144.67	216.17
机械	990610010	灰浆搅拌机 200L	台班	187.56	3.235	7.908	14.034	21.822

F.3 琉璃屋面(编码:020603)

F.3.1 琉璃屋面(编码:020603001)

工作内容:运瓦、调运砂浆、搭拆软梯脚手架、轧楞、部分打眼、铺底灰、铺瓦、嵌缝、涂色等全部操作过程。　　　　计量单位:10m²

	定 额 编 号				BF0151	BF0152	BF0153
	项 目 名 称				窑琉璃瓦屋面(瓦楞距)(mm)		
					250 以内	230 以内	200 以内
	综 合 单 价 (元)				1534.26	1653.12	1855.84
费 用	其 中	人 工 费 (元)			706.79	722.78	755.67
		材 料 费 (元)			604.71	703.72	865.37
		施 工 机 具 使 用 费 (元)			21.69	21.27	20.56
		企 业 管 理 费 (元)			129.38	132.14	137.86
		利 润 (元)			60.03	61.31	63.96
		一 般 风 险 费 (元)			11.66	11.90	12.42
	编码	名 称	单位	单价(元)	消 耗 量		
人工	000300100	砌筑综合工	工日	115.00	6.146	6.285	6.571
材 料	310302270	琉璃板瓦	百疋	59.83	5.070	6.150	8.160
	310302250	琉璃筒瓦	百疋	68.38	2.090	2.610	3.230
	310302280	切角琉璃板瓦	百疋	85.47	0.090	0.110	0.120
	310302260	切角琉璃筒瓦	百疋	68.38	0.050	0.050	0.060
	801603010	水泥炉渣砼 1:6	m³	129.63	0.800	0.730	0.690
	810202080	混合砂浆 1:1:6(特)	m³	194.55	0.200	0.230	0.240
	341100100	水	m³	4.42	0.400	0.372	0.346
	002000010	其他材料费	元	—	2.96	3.45	4.26
机 械	990610010	灰浆搅拌机 200L	台班	187.56	0.030	0.035	0.036
	990602020	双锥反转出料混凝土搅拌机 350L	台班	226.31	0.071	0.065	0.061

F.3.2 琉璃瓦剪边(编码:020603002)

工作内容:运瓦、调运砂浆、搭拆软梯脚手架、轧楞、部分打眼、铺底灰、铺瓦、嵌缝、涂色等全部操作过程。　　　　　计量单位:10m

定 额 编 号				BF0154	BF0155	BF0156	BF0157	BF0158	BF0159
项 目 名 称				琉璃瓦剪边(瓦楞距)(mm)					
				一勾一筒 250以内	一勾一筒 230以内	一勾一筒 200以内	一勾二筒 250以内	一勾二筒 230以内	一勾二筒 200以内
综 合 单 价 (元)				670.21	682.27	716.10	1134.65	1147.69	1196.52
费 用	其 中	人 工 费 (元)		300.84	303.03	304.52	550.28	553.96	553.96
		材 料 费 (元)		274.28	284.64	317.68	411.74	422.53	472.74
		施工机具使用费 (元)		9.45	8.59	7.72	16.27	14.35	13.26
		企 业 管 理 费 (元)		55.11	55.34	55.45	100.62	100.93	100.74
		利 润 (元)		25.57	25.68	25.73	46.68	46.83	46.74
		一 般 风 险 费 (元)		4.96	4.99	5.00	9.06	9.09	9.08
	编码	名 称	单位	单价(元)	消 耗 量				
人工	000300100	砌筑综合工	工日	115.00	2.616	2.635	2.648	4.785	4.817	4.817
材 料	310302270	琉璃板瓦	百匹	59.83	1.890	2.030	2.410	2.940	3.140	3.770
	310302250	琉璃筒瓦	百匹	68.38	0.420	0.460	0.530	0.840	0.920	1.060
	310302210	琉璃滴水	百匹	85.47	0.420	0.460	0.530	0.420	0.460	0.530
	310302230	琉璃沟头瓦	百匹	75.21	0.420	0.460	0.530	0.420	0.460	0.530
	801603010	水泥炉渣砼1:6	m³	129.63	0.350	0.310	0.280	0.590	0.520	0.470
	810202080	混合砂浆1:1:6(特)	m³	194.55	0.090	0.080	0.070	0.160	0.140	0.130
	341100100	水	m³	4.42	0.176	0.152	0.138	0.294	0.256	0.226
	002000010	其他材料费	元	—	1.34	1.40	1.56	2.01	2.07	2.32
机 械	990610010	灰浆搅拌机 200L	台班	187.56	0.013	0.011	0.011	0.024	0.021	0.020
	990602020	双锥反转出料混凝土搅拌机 350L	台班	226.31	0.031	0.028	0.025	0.052	0.046	0.042

工作内容:运瓦、调运砂浆、搭拆软梯脚手架、铺底灰、铺盖瓦、嵌缝、涂色等全部操作过程。　　　　　计量单位:10m

定 额 编 号				BF0160	BF0161	BF0162	BF0163	BF0164	BF0165
项 目 名 称				琉璃瓦剪边(瓦楞距)(mm)					
				一勾三筒 250以内	一勾三筒 230以内	一勾三筒 200以内	一勾四筒 250以内	一勾四筒 230以内	一勾四筒 200以内
综 合 单 价 (元)				1610.54	1619.30	1687.27	2028.01	2023.69	2107.44
费 用	其 中	人 工 费 (元)		808.45	810.75	812.13	1018.33	1020.51	1022.01
		材 料 费 (元)		549.21	559.13	627.26	690.03	689.84	773.89
		施工机具使用费 (元)		23.31	20.11	18.60	30.24	24.82	23.09
		企 业 管 理 费 (元)		147.72	147.56	147.54	186.23	185.65	185.61
		利 润 (元)		68.54	68.46	68.45	86.40	86.14	86.12
		一 般 风 险 费 (元)		13.31	13.29	13.29	16.78	16.73	16.72
	编码	名 称	单位	单价(元)	消 耗 量				
人工	000300100	砌筑综合工	工日	115.00	7.030	7.050	7.062	8.855	8.874	8.887
材 料	310302270	琉璃板瓦	百匹	59.83	3.990	4.250	5.120	5.040	5.360	6.470
	310302250	琉璃筒瓦	百匹	68.38	1.260	1.380	1.590	1.680	1.840	2.120
	310302210	琉璃滴水	百匹	85.47	0.420	0.460	0.530	0.420	0.460	0.530
	310302230	琉璃沟头瓦	百匹	75.21	0.420	0.460	0.530	0.420	0.460	0.530
	801603010	水泥炉渣砼1:6	m³	129.63	0.830	0.720	0.660	1.110	0.890	0.820
	810202080	混合砂浆1:1:6(特)	m³	194.55	0.230	0.200	0.190	0.290	0.250	0.230
	341100100	水	m³	4.42	0.412	0.360	0.326	0.556	0.460	0.412
	002000010	其他材料费	元	—	2.68	2.74	3.08	3.36	3.38	3.80
机 械	990610010	灰浆搅拌机 200L	台班	187.56	0.035	0.030	0.028	0.043	0.037	0.035
	990602020	双锥反转出料混凝土搅拌机 350L	台班	226.31	0.074	0.064	0.059	0.098	0.079	0.073

F.3.3 琉璃屋脊(编码:020603003)

工作内容:运瓦、调运砂浆、搭拆软梯脚手架、铺底灰、铺盖瓦、嵌缝、涂色等全部操作过程。 计量单位:10m

定 额 编 号					BF0166	BF0167	BF0168	BF0169
项 目 名 称					琉璃瓦脊(脊高)(mm)			
					400以内	500以内	600以内	800以内
费用	综 合 单 价 (元)				**1419.40**	**1507.96**	**1562.08**	**1632.47**
	其中	人 工 费 (元)			591.45	649.87	649.87	679.08
		材 料 费 (元)			643.14	656.57	708.39	738.91
		施工机具使用费 (元)			16.91	17.36	19.17	21.21
		企 业 管 理 费 (元)			108.04	118.50	118.82	124.37
		利 润 (元)			50.13	54.98	55.13	57.70
		一 般 风 险 费 (元)			9.73	10.68	10.70	11.20
	编码	名 称	单位	单价(元)	消 耗 量			
人工	000300100	砌筑综合工	工日	115.00	5.143	5.651	5.651	5.905
材料	311100200	盖(扣)脊筒瓦	百疋	30.68	0.590	0.590	0.590	0.590
	310700780	脊筒	十筒	32.48	3.800	3.400	3.100	2.800
	310700730	正当沟	十疋	17.95	9.200	9.200	9.200	9.200
	312300040	铁脊柱	kg	3.59	54.000	60.600	74.000	81.500
	010302230	镀锌铁丝18#	kg	3.08	8.000	8.000	8.000	8.000
	801603010	水泥炉渣砼 1:6	m³	129.63	0.280	0.300	0.400	0.500
	810202080	混合砂浆 1:1:6(特)	m³	194.55	0.400	0.400	0.400	0.400
	341100100	水	m³	4.42	0.140	0.150	0.200	0.250
	002000010	其他材料费	元	—	3.24	3.33	3.60	3.76
机械	990610010	灰浆搅拌机 200L	台班	187.56	0.060	0.060	0.060	0.060
	990602020	双锥反转出料混凝土搅拌机 350L	台班	226.31	0.025	0.027	0.035	0.044

工作内容:运瓦、调运砂浆、搭拆软梯脚手架、铺底灰、铺盖瓦、嵌缝、涂色等全部操作过程。 计量单位:10m

定 额 编 号					BF0170	BF0171	BF0172
项 目 名 称					琉璃瓦过垄脊(瓦楞距)(mm)		
					250以内	230以内	200以内
费用	综 合 单 价 (元)				**1581.08**	**1597.87**	**1697.42**
	其中	人 工 费 (元)			730.14	737.38	773.26
		材 料 费 (元)			618.62	631.78	689.15
		施 工 机 具 使 用 费 (元)			24.14	19.74	16.92
		企 业 管 理 费 (元)			133.96	134.47	140.34
		利 润 (元)			62.15	62.39	65.11
		一 般 风 险 费 (元)			12.07	12.11	12.64
	编码	名 称	单位	单价(元)	消 耗 量		
人工	000300100	砌筑综合工	工日	115.00	6.349	6.412	6.724
材料	801603010	水泥炉渣砼 1:6	m³	129.63	0.530	0.450	0.400
	810202080	混合砂浆 1:1:6(特)	m³	194.55	0.480	0.380	0.320
	341100100	水	m³	4.42	0.272	0.232	0.198
	311100230	续罗锅瓦	百疋	102.56	0.840	0.920	1.060
	311100210	罗锅瓦	百疋	102.56	0.420	0.460	0.530
	310302290	折腰瓦	百疋	128.21	0.840	0.920	1.060
	310302310	续折腰瓦	百疋	128.21	1.680	1.840	2.120
	002000010	其他材料费	元	—	3.02	3.10	3.39
机械	990610010	灰浆搅拌机 200L	台班	187.56	0.072	0.057	0.048
	990602020	双锥反转出料混凝土搅拌机 350L	台班	226.31	0.047	0.040	0.035

F.3.4　琉璃瓦檐头(口)附件(编码:020603004)

工作内容：运瓦、调运砂浆、搭拆软梯脚手架、轧楞、部分打眼、铺底灰、铺瓦、嵌缝、涂色等全部操作过程。　　计量单位:10m²

定 额 编 号					BF0173	BF0174	BF0175	BF0176	BF0177	BF0178
项 目 名 称					琉璃瓦檐头附件(瓦楞距)(mm)			星星瓦钉、安钉帽(瓦楞距)(mm)		
					250以内	230以内	200以内	250以内	230以内	200以内
综 合 单 价 (元)					**350.66**	**391.60**	**404.82**	**130.60**	**128.87**	**128.62**
费用	其中	人 工 费 (元)			182.51	209.53	211.03	80.73	78.55	76.94
		材 料 费 (元)			109.80	116.26	127.56	27.11	28.16	29.96
		施工机具使用费 (元)			6.26	6.26	6.26	0.38	0.38	0.38
		企 业 管 理 费 (元)			33.52	38.32	38.59	14.40	14.02	13.73
		利 润 (元)			15.55	17.78	17.90	6.68	6.50	6.37
		一 般 风 险 费 (元)			3.02	3.45	3.48	1.30	1.26	1.24
	编码	名 称	单位	单价(元)	消 耗 量					
人工	000300100	砌筑综合工	工日	115.00	1.587	1.822	1.835	0.702	0.683	0.669
材料	801603010	水泥炉渣砼1:6	m³	129.63	0.290	0.290	0.290	—	—	—
	810202080	混合砂浆1:1:6(特)	m³	194.55	0.010	0.010	0.010	0.010	0.010	0.010
	341100100	水	m³	4.42	0.144	0.144	0.144	—	—	—
	310302210	琉璃滴水	百疋	85.47	0.420	0.460	0.530	—	—	—
	310302230	琉璃沟头瓦	百疋	75.21	0.420	0.460	0.530	—	—	—
	310302220	切角琉璃滴水瓦	百疋	85.47	0.010	0.010	0.010	—	—	—
	310302240	切角琉璃沟头瓦	百疋	75.21	0.010	0.010	0.010	—	—	—
	311100380	钉帽	十件	2.56	—	—	—	4.200	4.600	5.300
	030192970	瓦钉	kg	4.60	—	—	—	3.100	3.100	3.100
	002000010	其他材料费	元	—	0.53	0.57	0.62	0.15	0.18	0.19
机械	990610010	灰浆搅拌机200L	台班	187.56	0.002	0.002	0.002	0.002	0.002	0.002
	990602020	双锥反转出料混凝土搅拌机350L	台班	226.31	0.026	0.026	0.026	—	—	—

F.3.5　琉璃瓦排山(编码:020603006)

工作内容：运瓦、调运砂浆、轧楞部分打眼、铺底灰、铺瓦、嵌缝、涂色等全部操作过程。　　计量单位:10m

定 额 编 号				BF0179
项 目 名 称				琉璃瓦排山
综 合 单 价 (元)				**1256.52**
费用	其中	人 工 费 (元)		807.99
		材 料 费 (元)		225.52
		施工机具使用费 (元)		—
		企 业 管 理 费 (元)		143.50
		利 润 (元)		66.58
		一 般 风 险 费 (元)		12.93
	编码	名 称	单位	单价(元)	消 耗 量
人工	000300100	砌筑综合工	工日	115.00	7.026
材料	310700710	斜当沟	块	2.56	38.150
	310700640	压当条	块	2.14	7.600
	310302270	琉璃板瓦	百疋	59.83	0.382
	310302230	琉璃沟头瓦	百疋	75.21	0.382
	310302250	琉璃筒瓦	百疋	68.38	0.382
	310302210	琉璃滴水	百疋	85.47	0.382
	010302120	镀锌铁丝8#	kg	3.08	0.110
	002000010	其他材料费	元	—	0.90

工作内容:运瓦、调运砂浆、搭拆软梯脚手架、铺底灰、铺盖瓦、嵌缝、涂色等全部操作过程。　　　　　　计量单位:10 套

定　额　编　号					BF0180	BF0181	BF0182
项　目　名　称					琉璃正吻(兽)安砌(高度)(mm)		
					1000 以内	1500 以内	1500 以上
综　合　单　价　(元)					**9519.41**	**20705.07**	**37416.11**
费用	其中	人　工　费　(元)			679.08	1701.20	4242.01
		材　料　费　(元)			8647.43	18524.25	31976.82
		施工机具使用费　(元)			4.29	7.90	20.76
		企 业 管 理 费　(元)			121.37	303.54	757.07
		利　　润　(元)			56.31	140.83	351.25
		一 般 风 险 费　(元)			10.93	27.35	68.20
	编码	名　称	单位	单价(元)	消	耗	量
人工	000300100	砌筑综合工	工日	115.00	5.905	14.793	36.887
材料	311100600	吻(兽)	件	239.32	10.100	10.100	10.100
	310700750	吻下当沟	块	8.55	10.100	10.100	10.100
	311100560	正吻当	件	239.00	24.780	66.000	121.200
	312300050	吻(兽)镏子	kg	3.59	50.000	50.000	98.000
	801603010	水泥炉渣砼 1:6	m³	129.63	0.100	0.230	0.470
	810202080	混合砂浆 1:1:6(特)	m³	194.55	0.080	0.120	0.400
	341100100	水	m³	4.42	0.052	0.118	0.200
	002000010	其他材料费	元	—	13.27	13.58	15.08
机械	990610010	灰浆搅拌机 200L	台班	187.56	0.012	0.018	0.060
	990602020	双锥反转出料混凝土搅拌机 350L	台班	226.31	0.009	0.020	0.042

工作内容:运瓦、调运砂浆、搭拆软梯脚手架、铺底灰、铺盖瓦、嵌缝、涂色等全部操作过程。　　　　　　计量单位:10 套

定　额　编　号					BF0183	BF0184	BF0185
项　目　名　称					琉璃合角吻(兽)安砌(高度)(mm)		
					500 以内	600 以内	700 以内
综　合　单　价　(元)					**2178.23**	**2736.92**	**3316.56**
费用	其中	人　工　费　(元)			846.98	1277.77	1701.20
		材　料　费　(元)			1093.20	1102.21	1138.86
		施工机具使用费　(元)			3.35	3.35	5.46
		企 业 管 理 费　(元)			151.02	227.53	303.10
		利　　润　(元)			70.07	105.56	140.63
		一 般 风 险 费　(元)			13.61	20.50	27.31
	编码	名　称	单位	单价(元)	消	耗	量
人工	000300100	砌筑综合工	工日	115.00	7.365	11.111	14.793
材料	801603010	水泥炉渣砼 1:6	m³	129.63	0.100	0.100	0.170
	810202080	混合砂浆 1:1:6(特)	m³	194.55	0.050	0.050	0.070
	341100100	水	m³	4.42	0.050	0.050	0.088
	311100590	合角吻(兽)	件	102.56	10.100	10.100	10.100
	310700730	正当沟	十疋	17.95	1.400	1.900	3.200
	002000010	其他材料费	元	—	9.30	9.34	9.52
机械	990610010	灰浆搅拌机 200L	台班	187.56	0.007	0.007	0.011
	990602020	双锥反转出料混凝土搅拌机 350L	台班	226.31	0.009	0.009	0.015

F.3.7 琉璃包头脊(编码:020603008)

工作内容:运瓦、调运砂浆、搭拆软梯脚手架、轧楞、部分打眼、铺底灰、铺瓦、嵌缝、涂色等全部操作过程。　　　　计量单位:座

	定　额　编　号				BF0186	BF0187
	项　目　名　称				包头脊	
					1号包头脊	2号包头脊
	综　合　单　价　(元)				**469.15**	**174.09**
费用	其中	人　工　费　(元)			89.70	7.82
		材　料　费　(元)			354.69	164.11
		施工机具使用费　(元)			—	—
		企　业　管　理　费　(元)			15.93	1.39
		利　润　(元)			7.39	0.64
		一　般　风　险　费　(元)			1.44	0.13
	编码	名　称	单位	单价(元)	消　耗　量	
人工	000300100	砌筑综合工	工日	115.00	0.780	0.068
材料	310700890	包头脊1#(450×300×450)	座	136.56	1.000	—
	310700900	包头脊2#(300×200×300)	座	48.21	—	1.000
	310700730	正当沟	十疋	17.95	3.570	2.380
	810408020	石灰膏砂浆 1:3	m³	154.49	0.427	0.203
	041300010	标准砖 240×115×53	千块	422.33	0.170	0.070
	810415010	麻刀石灰膏浆	m³	243.61	0.009	0.005
	810416010	纸筋石灰膏浆	m³	257.17	0.002	0.002
	032130010	铁件 综合	kg	3.68	1.810	1.990
	002000010	其他材料费	元	—	6.92	3.20

F.3.8 琉璃翘角头(编码:020603009)

工作内容:运瓦、调运砂浆、搭拆软梯脚手架、轧楞、部分打眼、铺底灰、铺瓦、嵌缝、涂色等全部操作过程。　　　　计量单位:座

	定　额　编　号				BF0188	BF0189
	项　目　名　称				翘角	
					普通翘角	兽行翘角
	综　合　单　价　(元)				**337.01**	**366.96**
费用	其中	人　工　费　(元)			78.43	101.89
		材　料　费　(元)			236.94	236.94
		施工机具使用费　(元)			—	—
		企　业　管　理　费　(元)			13.93	18.10
		利　润　(元)			6.46	8.40
		一　般　风　险　费　(元)			1.25	1.63
	编码	名　称	单位	单价(元)	消　耗　量	
人工	000300100	砌筑综合工	工日	115.00	0.682	0.886
材料	310700880	翘角(兽型)500×200×180	座	209.40	—	1.000
	310700870	翘角(普通型)500×200×180	座	209.40	1.000	—
	032130010	铁件 综合	kg	3.68	6.220	6.220
	002000010	其他材料费	元	—	4.65	4.65

F.3.9 琉璃套兽(编码:020603010)

工作内容:运料、调运砂浆、铺灰、安装、清理、抹净。

计量单位:座

	定 额 编 号				BF0190	
	项 目 名 称				套兽	
费用	综 合 单 价 (元)				**166.31**	
	其中	人 工 费 (元)			101.89	
		材 料 费 (元)			36.29	
		施 工 机 具 使 用 费 (元)			—	
		企 业 管 理 费 (元)			18.10	
		利 润 (元)			8.40	
		一 般 风 险 费 (元)			1.63	
	编码	名 称	单位	单价(元)	消 耗 量	
人工	000300100	砌筑综合工	工日	115.00	0.886	
材料	311300010	套兽 1#(310×200×220)	座	22.22	1.000	
	032130010	铁件 综合	kg	3.68	3.630	
	002000010	其他材料费	元	—	0.71	

F.3.10 琉璃宝顶(中堆、天王座)(编码:020603011)

工作内容:运宝顶座、珠、调运砂浆、放样、校正、砌筑衬砖、安砌底座、宝珠、嵌缝、涂色等全部操作过程。 计量单位:10座

	定 额 编 号				BF0191	BF0192	BF0193
	项 目 名 称				底座(宽度)(mm)		
					600 以内	1000 以内	1000 以上
费用	综 合 单 价 (元)				**3375.23**	**3822.91**	**4525.37**
	其中	人 工 费 (元)			1150.00	1150.00	1150.00
		材 料 费 (元)			1893.59	2323.16	2979.75
		施 工 机 具 使 用 费 (元)			11.16	25.35	61.30
		企 业 管 理 费 (元)			206.22	208.74	215.13
		利 润 (元)			95.68	96.85	99.81
		一 般 风 险 费 (元)			18.58	18.81	19.38
	编码	名 称	单位	单价(元)	消 耗 量		
人工	000300100	砌筑综合工	工日	115.00	10.000	10.000	10.000
材料	310700510	宝顶座	座	170.94	10.100	10.100	10.100
	041300010	标准砖 240×115×53	千块	422.33	0.200	1.000	2.000
	810101010	M5.0 水泥砂浆(特 稠度 30~50mm)	m³	171.49	0.100	0.500	1.100
	801603010	水泥炉渣砼 1:6	m³	129.63	0.130	0.230	0.700
	810202080	混合砂浆 1:1:6(特)	m³	194.55	0.200	0.240	0.580
	341100100	水	m³	4.42	0.070	0.116	0.352
	002000010	其他材料费	元	—	9.41	11.57	14.82
机械	990610010	灰浆搅拌机 200L	台班	187.56	0.045	0.111	0.252
	990602020	双锥反转出料混凝土搅拌机 350L	台班	226.31	0.012	0.020	0.062

工作内容: 运宝顶座、珠、调运砂浆、放样、校正、砌筑衬砖、安砌底座、宝珠、嵌缝、涂色等全部操作过程。　　**计量单位:10座**

定　额　编　号					BF0194	BF0195	BF0196
项　目　名　称					顶珠(高度)(mm)		
					600 以内	1000 以内	1000 以上
综　合　单　价　(元)					**4934.22**	**6777.67**	**8788.63**
费用	其中	人　工　费　(元)			1702.00	2837.05	3970.95
		材　料　费　(元)			2750.55	3135.76	3676.01
		施工机具使用费　(元)			9.35	17.11	35.80
		企　业　管　理　费　(元)			303.93	506.90	711.60
		利　　润　(元)			141.01	235.18	330.16
		一　般　风　险　费　(元)			27.38	45.67	64.11
	编码	名　　称	单位	单价(元)	消　　耗　　量		
人工	000300100	砌筑综合工	工日	115.00	14.800	24.670	34.530
材料	041300010	标准砖 240×115×53	千块	422.33	0.200	1.000	2.000
	810101010	M5.0 水泥砂浆 (特 稠度 30~50mm)	m³	171.49	0.100	0.500	1.100
	801603010	水泥炉渣砼 1:6	m³	129.63	0.050	0.070	0.100
	810202080	混合砂浆 1:1:6 (特)	m³	194.55	0.200	0.060	0.100
	341100100	水	m³	4.42	0.030	0.354	0.500
	310700500	宝顶珠	个	256.41	10.100	10.100	10.100
	002000010	其他材料费	元	—	13.67	15.63	18.34
机械	990610010	灰浆搅拌机 200L	台班	187.56	0.045	0.084	0.180
	990602020	双锥反转出料混凝土搅拌机 350L	台班	226.31	0.004	0.006	0.009

F.3.11　琉璃仙人、走兽(编码:020603012)

工作内容: 运宝顶座、珠、调运砂浆、放样、校正、砌筑衬砖、安砌底座、宝珠、嵌缝、涂色等全部操作过程。　　**计量单位:10只**

定　额　编　号					BF0197	BF0198	BF0199
项　目　名　称					琉璃走兽(高)(mm)		
					200	300	400
综　合　单　价　(元)					**465.38**	**668.77**	**1097.70**
费用	其中	人　工　费　(元)			137.54	183.43	229.31
		材　料　费　(元)			289.88	434.72	805.09
		施工机具使用费　(元)			—	—	—
		企　业　管　理　费　(元)			24.43	32.58	40.73
		利　　润　(元)			11.33	15.11	18.90
		一　般　风　险　费　(元)			2.20	2.93	3.67
	编码	名　　称	单位	单价(元)	消　　耗　　量		
人工	000300100	砌筑综合工	工日	115.00	1.196	1.595	1.994
材料	311300020	走兽 1#(200 高)	座	28.42	10.000	—	—
	311300030	走兽 2#(300 高)	座	42.62	—	10.000	—
	311300040	走兽 3#(400 高)	座	78.93	—	—	10.000
	002000010	其他材料费	元	—	5.68	8.52	15.79

F.4 屋面基层

F.4.1 屋面基层

工作内容:劈望、运输、浇刷、披线、铺设。

计量单位:10m²

定 额 编 号				BF0200	BF0201	BF0202	BF0203	BF0204	BF0205
项 目 名 称				护板灰	泥背滑秸	泥背麻刀	青灰背		望板勾缝
							平顶	坡顶	
综 合 单 价 (元)				280.30	200.60	237.45	864.77	1144.31	44.77
费用	其中	人 工 费 (元)		30.82	73.03	73.03	240.93	460.00	21.85
		材 料 费 (元)		240.98	107.41	144.26	557.35	557.35	16.89
		施 工 机 具 使 用 费 (元)		—	—	—	—	—	—
		企 业 管 理 费 (元)		5.47	12.97	12.97	42.79	81.70	3.88
		利 润 (元)		2.54	6.02	6.02	19.85	37.90	1.80
		一 般 风 险 费 (元)		0.49	1.17	1.17	3.85	7.36	0.35
	编码	名 称	单位	单价(元)	消 耗 量				
人工	000300100	砌筑综合工	工日	115.00	0.268	0.635	0.635	2.095	4.000	0.190
材料	040900100	生石灰	kg	0.58	144.000	120.000	120.000	235.400	235.400	10.000
	142302700	青灰	kg	6.83	19.000	—	—	47.500	47.500	1.300
	022901300	幼麻筋(麻刀)	kg	4.25	3.800	—	8.800	18.000	18.000	0.330
	040902000	滑秸	kg	0.29	—	4.400	—	—	—	—
	040900360	黄土	m³	48.54	—	0.550	0.550	—	—	—
	002000010	其他材料费	元	—	11.54	9.84	10.56	19.89	19.89	0.81

G 地面工程

说　　明

一、一般说明

1.铺墁块料面层的定额中已综合了掏柱顶卡口等工料,其中细墁地面及散水定额还包括了砖件砍磨加工的材料损耗及人工消耗在内,糙墁地面及散水定额综合了收缝及勾缝做法。

2.砖地面、卵石地面定额已包括筛选、清洗石子等的工料,不另行计算。

3.基础垫层、找平层、防水层按《重庆市房屋建筑与装饰工程计价定额》相应定额子目执行。

4.本章定额编制的结合层是按古法灰浆墁地编制的,其结合层厚度及灰浆配合比,若与设计规定的厚度和灰浆配合比不同时允许换算,但人工不变。

二、细墁地面

细墁尺四方砖、尺七方砖执行细墁尺二方砖相应定额子目,细墁尺四方砖定额人工乘以系数1.1,细墁尺七方砖定额人工乘以系数1.2,方砖按相应用量调整。

三、糙墁地面

1.糙墁尺四方砖、尺七方砖执行糙墁尺二方砖相应定额子目,糙墁尺四方砖定额人工乘以系数0.9,糙墁尺七方砖定额人工乘以系数0.8,方砖按相应用量调整。

2.糙墁蓝四丁砖(编码:020702003)和糙墁黄道砖(编码:020702004)未编制。

3.糙墁其他砖定额中的砖均为标准砖。

4.砖平铺地面做人字纹、席纹图案时执行拐子锦相应定额子目,砖平铺地面做龟背锦图案时执行八方锦相应定额子目。

四、细墁散水

1.尺四方砖执行尺二方砖相应定额子目,人工乘以系数1.15,方砖按相应用量调整。

2.细砖牙子定额执行糙砖牙子相应定额子目,其砖细加工执行砖作工程中砖浮雕及碑镌刻相关砖细加工定额子目。

五、糙墁散水

尺四方砖执行尺二方砖相应定额子目,人工乘以系数0.9,方砖按相应用量调整。

六、墁石子地

1.卵石铺地满铺,适用于手工卵石挨卵石粘贴,卵石间不留缝隙;散铺卵石适用于卵石自然铺撒在粘接层上,用铁板压实成活,如需分色拼花时,定额人工乘以系数1.2。

2.卵石铺地满铺拼花定额中用砖或瓦片拼花时,拼花部分执行卵石铺地满铺拼花相应定额子目,人工乘以系数1.5。

工程量计算规则

一、细墁、糙墁地面

1.按设计图示尺寸以面积计算,室内地面以主墙间面积计算,不扣除磉石（柱顶石）、垛、柱、佛像底座、间壁墙、附墙烟囱以及面积不大于 $0.3m^2$ 的孔洞所占面积;室外地面(不包括牙子所占面积)应扣除面积大于 $0.5m^2$ 树池、花坛等所占面积。

2.整石板面层坡道按坡道图示尺寸以斜面面积计算,踏道按设计图示尺寸以水平投影面积计算。

二、细墁、糙墁散水

1.细墁散水按设计图示尺寸以面积计算,不包括牙子所占面积。

2.砖牙子按设计图示尺寸以长度计算。

三、墁石子地

1.墁石子地按设计图示尺寸以面积计算,不包括牙子所占面积,不扣除砖、瓦条拼花所占面积,需扣除面积大于 $0.5m^2$ 树池、花坛等所占面积,有方砖心的应扣除方砖心所占面积。

2.卵石拼字或拼花,均按设计图示尺寸的外接矩形或圆形以面积计算。

G.1 细墁地面(编码:020701)

G.1.1 细墁方砖(编码:020701001)

工作内容:1.调制灰浆及材料、成品的加工、清扫基层、浇水。2.弹线、选砖、套规格、砍磨砖件、切割块料、铺灰浆(铺砂)、砖边沾水、挂油灰、铺砖块料。3.补眼、保养、沾水打磨、擦净。4.材料运输及一般保护。5.渣料清运。

计量单位:10m²

定 额 编 号					BG0001	BG0002
项 目 名 称					细墁地面	地面钻生
					尺二方砖	
综 合 单 价 (元)					**2917.93**	**246.94**
费用	其中	人 工 费 (元)			686.40	86.32
		材 料 费 (元)			2042.09	136.80
		施工机具使用费 (元)			—	—
		企 业 管 理 费 (元)			121.90	15.33
		利 润 (元)			56.56	7.11
		一 般 风 险 费 (元)			10.98	1.38
	编码	名 称	单位	单价(元)	消 耗	量
人工	000300120	镶贴综合工	工日	130.00	5.280	0.664
材料	360500620	尺二方砖 384×384×64	块	20.51	92.510	—
	140100200	熟桐油	kg	6.84	1.500	20.000
	311700020	白面	kg	2.14	3.000	—
	143310000	松烟	kg	1.97	1.500	—
	040900360	黄土	m³	48.54	0.550	—
	040900100	生石灰	kg	0.58	157.700	—
	002000010	其他材料费	元	—	6.91	—

G.1.2 细墁城墙砖(编码:020701002)

工作内容:1.调制灰浆及材料、成品的加工、清扫基层、浇水。2.弹线、选砖、套规格、砍磨砖件、切割块料、铺灰浆(铺砂)、砖边沾水、挂油灰、铺砖块料。3.补眼、保养、沾水打磨、擦净。4.材料运输及一般保护。5.渣料清运。

计量单位:10m²

定 额 编 号					BG0003	BG0004	BG0005	BG0006	BG0007
项 目 名 称					大城样砖				
					平铺	直柳叶(半砖)	直柳叶(整砖)	斜柳叶(半砖)	斜柳叶(整砖)
综 合 单 价 (元)					**3186.22**	**4482.02**	**5932.47**	**4965.30**	**6657.07**
费用	其中	人 工 费 (元)			1189.76	2065.44	1952.08	2312.96	2196.48
		材 料 费 (元)			1668.08	1846.52	3441.62	2013.96	3854.37
		施工机具使用费 (元)			—	—	—	—	—
		企 业 管 理 费 (元)			211.30	366.82	346.69	410.78	390.09
		利 润 (元)			98.04	170.19	160.85	190.59	180.99
		一 般 风 险 费 (元)			19.04	33.05	31.23	37.01	35.14
	编码	名 称	单位	单价(元)	消 耗	量			
人工	000300120	镶贴综合工	工日	130.00	9.152	15.888	15.016	17.792	16.896
材料	310900020	大城样砖 480×240×130	块	13.00	117.040	128.810	251.510	141.690	283.260
	140100200	熟桐油	kg	6.84	1.500	3.000	3.000	3.000	3.000
	311700020	白面	kg	2.14	3.000	6.000	6.000	6.000	6.000
	143310000	松烟	kg	1.97	1.500	3.000	3.000	3.000	3.000
	040900360	黄土	m³	48.54	0.550	0.550	0.550	0.550	0.550
	040900100	生石灰	kg	0.58	157.700	167.700	167.700	167.700	167.700
	002000010	其他材料费	元	—	8.76	8.76	8.76	8.76	8.76

G.2　糙墁地面(编码:020702)

G.2.1　糙墁方砖(编码:020702001)

工作内容:1.调制灰浆及材料、成品的加工、清扫基层、浇水。2.弹线、选砖、套规格、铺灰浆
（铺砂）、铺砖块料、收缝、勾缝。3.材料运输及一般保护。4.渣料清运。　　　　　计量单位:10m²

定　额　编　号					BG0008
项　目　名　称					糙墁地面
					尺二方砖
综　合　单　价　（元）					**1850.05**
费用	其中	人　工　费　（元）			241.28
		材　料　费　（元）			1542.18
		施工机具使用费　（元）			—
		企　业　管　理　费　（元）			42.85
		利　　　润　（元）			19.88
		一　般　风　险　费　（元）			3.86
	编码	名　　称	单位	单价（元）	消　耗　量
人工	000300120	镶贴综合工	工日	130.00	1.856
材料	360500620	尺二方砖 384×384×64	块	20.51	71.400
	850401160	白灰砂浆 1:3	m³	232.04	0.330
	002000010	其他材料费	元	—	1.19

G.2.2　糙墁城墙砖(编码:020702002)

工作内容:1.调制灰浆及材料、成品的加工、清扫基层、浇水。2.弹线、选砖、套规格、铺灰浆
（铺砂）、铺砖块料、收缝、勾缝。3.材料运输及一般保护。4.渣料清运。　　　　　计量单位:10m²

定　额　编　号				BG0009	BG0010	BG0011	BG0012	BG0013	BG0014
项　目　名　称				大城样砖					
				平铺	直柳叶（半砖）	直柳叶（整砖）	斜柳叶（半砖）	斜柳叶（整砖）	礓礤
综　合　单　价　（元）				**1661.14**	**1691.30**	**3001.60**	**1886.85**	**3332.37**	**3099.05**
费用	其中	人　工　费　（元）		246.22	268.84	302.38	322.66	362.83	369.59
		材　料　费　（元）		1346.96	1348.26	2615.76	1475.14	2869.39	2627.46
		施工机具使用费　（元）		—	—	—	—	—	—
		企　业　管　理　费　（元）		43.73	47.75	53.70	57.30	64.44	65.64
		利　　　润　（元）		20.29	22.15	24.92	26.59	29.90	30.45
		一　般　风　险　费　（元）		3.94	4.30	4.84	5.16	5.81	5.91
	编码	名　　称	单位	单价（元）	消　　耗　　量				
人工	000300120	镶贴综合工	工日	130.00	1.894	2.068	2.326	2.482	2.791	2.843
材料	310900020	大城样砖 480×240×130	块	13.00	97.500	97.600	195.100	107.360	214.610	196.000
	850401160	白灰砂浆 1:3	m³	232.04	0.330	0.330	0.330	0.330	0.330	0.330
	002000010	其他材料费	元	—	2.89	2.89	2.89	2.89	2.89	2.89

G.2.3 糙墁其他砖(编码:020702005)

工作内容:1.调制灰浆及材料、成品的加工、清扫基层、浇水。2.弹线、选砖、套规格、铺灰浆
（铺砂）、铺砖块料、收缝、勾缝。3.材料运输及一般保护。4.渣料清运。

计量单位:10m²

定 额 编 号					BG0015	BG0016	BG0017
项 目 名 称					糙墁标砖平铺地面		
					十字缝	八方锦	拐子锦
综 合 单 价 （元）					538.85	556.77	575.95
费 用	其 中	人 工 费 （元）			231.01	245.05	254.02
		材 料 费 （元）			237.86	237.86	245.60
		施 工 机 具 使 用 费 （元）			4.88	4.88	4.88
		企 业 管 理 费 （元）			41.89	44.39	45.98
		利 润 （元）			19.44	20.59	21.33
		一 般 风 险 费 （元）			3.77	4.00	4.14
	编码	名 称	单位	单价(元)	消 耗 量		
人工	000300120	镶贴综合工	工日	130.00	1.777	1.885	1.954
材 料	041300010	标准砖 240×115×53	千块	422.33	0.360	0.360	0.360
	810201030	水泥砂浆 1:2（特）	m³	256.68	0.330	0.330	0.360
	002000010	其他材料费	元	—	1.12	1.12	1.16
机械	990610010	灰浆搅拌机 200L	台班	187.56	0.026	0.026	0.026

工作内容:1.调制灰浆及材料、成品的加工、清扫基层、浇水。2.弹线、选砖、套规格、铺灰浆
（铺砂）、铺砖块料、收缝、勾缝。3.材料运输及一般保护。4.渣料清运。

定 额 编 号					BG0018	BG0019	BG0020	BG0021
项 目 名 称					糙墁标砖砖	糙墁标砖砖地面甬路交叉部分		碎砖墁地
					碢磋	龟背锦	十字缝	
单 位					10m²	处		10m²
综 合 单 价 （元）					1079.47	75.97	32.02	263.24
费 用	其 中	人 工 费 （元）			508.30	59.54	25.09	103.87
		材 料 费 （元）			424.65	—	—	124.48
		施 工 机 具 使 用 费 （元）			4.88	—	—	4.88
		企 业 管 理 费 （元）			91.14	10.57	4.46	19.31
		利 润 （元）			42.29	4.91	2.07	8.96
		一 般 风 险 费 （元）			8.21	0.95	0.40	1.74
	编码	名 称	单位	单价(元)	消 耗 量			
人工	000300120	镶贴综合工	工日	130.00	3.910	0.458	0.193	0.799
材 料	041300010	标准砖 240×115×53	千块	422.33	0.800	—	—	—
	040700200	碎砖	m³	37.61	—	—	—	1.040
	810201030	水泥砂浆 1:2（特）	m³	256.68	0.330	—	—	0.330
	002000010	其他材料费	元	—	2.08	—	—	0.66
机械	990610010	灰浆搅拌机 200L	台班	187.56	0.026	—	—	0.026

G.2.4 石板面(编码:020702006)

工作内容:1.调制灰浆及材料、成品的加工、清扫基层、浇水。2.弹线、选砖石、套规格、铺灰浆 (铺砂)、铺砖石块料、收缝、勾缝。3.材料运输及一般保护。4.渣料清运。

计量单位:10m²

定 额 编 号				BG0022	BG0023	BG0024	BG0025	BG0026
项 目 名 称				整石板面层			碎石板面层	
				平道	坡道	踏道	平道	坡道
综 合 单 价 (元)				**826.62**	**966.29**	**896.45**	**826.86**	**1012.65**
费用其中		人 工 费 (元)		345.67	455.13	400.40	445.90	591.50
		材 料 费 (元)		372.38	372.38	372.38	240.89	240.89
		施工机具使用费 (元)		10.32	10.32	10.32	13.32	13.32
		企 业 管 理 费 (元)		63.22	82.66	72.94	81.56	107.42
		利 润 (元)		29.33	38.35	33.84	37.84	49.84
		一 般 风 险 费 (元)		5.70	7.45	6.57	7.35	9.68
	编码	名 称	单位	单价(元)	消	耗	量	
人工	000300120	镶贴综合工	工日	130.00	2.659	3.501	3.080	3.430	4.550
材料	041100520	整石板 1000×400×150	m³	155.34	1.560	1.560	1.560	—	—
	041100830	碎石板	m³	69.90	—	—	—	1.030	1.030
	810104010	M5.0 水泥砂浆(特 稠度 70~90mm)	m³	183.45	0.700	0.700	0.700	0.900	0.900
	002000010	其他材料费	元	—	1.63	1.63	1.63	3.79	3.79
机械	990610010	灰浆搅拌机 200L	台班	187.56	0.055	0.055	0.055	0.071	0.071

G.2.5 乱铺块石(编码:020702007)

工作内容:1.调制灰浆及材料、成品的加工、清扫基层、浇水。2.弹线、选砖石、套规格、铺灰浆 (铺砂)、铺砖石块料、收缝、勾缝。3.材料运输及一般保护。4.渣料清运。

计量单位:10m²

定 额 编 号				BG0027
项 目 名 称				乱铺块石
综 合 单 价 (元)				**1499.06**
费用其中		人 工 费 (元)		615.94
		材 料 费 (元)		657.37
		施工机具使用费 (元)		43.70
		企 业 管 理 费 (元)		117.15
		利 润 (元)		54.35
		一 般 风 险 费 (元)		10.55
	编码	名 称	单位	单价(元)	消 耗 量
人工	000300120	镶贴综合工	工日	130.00	4.738
材料	041100310	块(片)石	m³	77.67	1.434
	810104010	M5.0 水泥砂浆(特 稠度 70~90mm)	m³	183.45	2.960
	002000010	其他材料费	元	—	2.98
机械	990610010	灰浆搅拌机 200L	台班	187.56	0.233

G.3 细墁散水(编码:020703)

G.3.1 细墁散水(编码:020703001)

工作内容:1.调制灰浆及材料、成品的加工、清扫基层、浇水。2.弹线、选砖、套规格、砍磨砖件、切割块料、铺灰浆(铺砂)、砖边沾水、挂油灰、铺砖块料。3.补眼、保养、沾水打磨、擦净。4.材料运输及一般保护。5.渣料清运。

计量单位:10m²

定 额 编 号					BG0028	BG0029
项 目 名 称					细墁散水	
					大城样砖	尺二方砖
综 合 单 价 (元)					**3155.18**	**2894.05**
费用	其中	人 工 费 (元)			1170.00	667.68
		材 料 费 (元)			1662.26	2042.09
		施 工 机 具 使 用 费 (元)			—	—
		企 业 管 理 费 (元)			207.79	118.58
		利 润 (元)			96.41	55.02
		一 般 风 险 费 (元)			18.72	10.68
	编码	名 称	单位	单价(元)	消 耗 量	
人工	000300120	镶贴综合工	工日	130.00	9.000	5.136
材料	310900020	大城样砖 480×240×130	块	13.00	117.040	—
	140100200	熟桐油	kg	6.84	1.500	1.500
	311700020	白面	kg	2.14	3.000	3.000
	143310000	松烟	kg	1.97	1.500	1.500
	040900360	黄土	m³	48.54	0.550	0.550
	040900100	生石灰	kg	0.58	157.700	157.700
	360500620	尺二方砖 384×384×64	块	20.51	—	92.510
	002000010	其他材料费	元	—	2.94	6.91

G.4 糙墁散水(编码:020704)

G.4.1 糙墁散水(编码:020704001)

工作内容:1.调制灰浆及材料、成品的加工、清扫基层、浇水。2.弹线、选砖、套规格、铺灰浆(铺砂)、铺砖块料、收缝、勾缝。3.材料运输及一般保护。4.渣料清运。

计量单位:10m²

定 额 编 号					BG0030	BG0031
项 目 名 称					糙墁散水	
					大城样砖	尺二方砖
综 合 单 价 (元)					**1635.76**	**1767.93**
费用	其中	人 工 费 (元)			226.33	177.19
		材 料 费 (元)			1346.96	1541.83
		施 工 机 具 使 用 费 (元)			—	—
		企 业 管 理 费 (元)			40.20	31.47
		利 润 (元)			18.65	14.60
		一 般 风 险 费 (元)			3.62	2.84
	编码	名 称	单位	单价(元)	消 耗 量	
人工	000300120	镶贴综合工	工日	130.00	1.741	1.363
材料	310900020	大城样砖 480×240×130	块	13.00	97.500	—
	360500620	尺二方砖 384×384×64	块	20.51	—	71.400
	850401160	白灰砂浆 1:3	m³	232.04	0.330	0.330
	002000010	其他材料费	元	—	2.89	0.84

G.4.2 糙砖牙子(编码:020704002)

工作内容:1.调制灰浆及材料、成品的加工、清扫基层、浇水。2.弹线、选砖、套规格、铺灰浆(铺砂)、铺砖块料、收缝、勾缝。3.材料运输及一般保护。4.渣料清运。

计量单位:10m

定 额 编 号				BG0032	BG0033	BG0034
项 目 名 称				砖栽牙子		
				顺栽	立栽(1/4砖)	立栽(1/2砖)
综 合 单 价 (元)				**171.86**	**251.63**	**292.32**
费用	其中	人 工 费 (元)		68.77	114.66	113.28
		材 料 费 (元)		77.88	99.10	141.55
		施 工 机 具 使 用 费 (元)		4.88	4.88	4.88
		企 业 管 理 费 (元)		13.08	21.23	20.98
		利 润 (元)		6.07	9.85	9.74
		一 般 风 险 费 (元)		1.18	1.91	1.89
	编码	名 称	单位	单价(元)	消 耗 量	
人工	000300100	砌筑综合工	工日	115.00	0.598	0.997	0.985
材料	041300010	标准砖 240×115×53	千块	422.33	0.040	0.090	0.190
	810104010	M5.0水泥砂浆(特 稠度70～90mm)	m³	183.45	0.330	0.330	0.330
	002000010	其他材料费	元	—	0.45	0.55	0.77
机械	990610010	灰浆搅拌机 200L	台班	187.56	0.026	0.026	0.026

G.5 墁石子地(编码:020705)

G.5.1 满铺拼花(编码:020705001)

工作内容:1.调制灰浆及材料、成品的加工、清扫基层、浇水。2.筛选、洗石子、摆石子、灌浆、清水冲刷等。3.材料运输及一般保护。4.渣料清运。

计量单位:10m²

定 额 编 号				BG0035	BG0036	BG0037	BG0038
项 目 名 称				卵石铺地满铺、拼花平面			
				直径(mm)20以内	直径(mm)40以内	直径(mm)60以内	直径(mm)60以上
综 合 单 价 (元)				**1757.24**	**1623.21**	**1489.18**	**1344.57**
费用	其中	人 工 费 (元)		1261.52	1156.48	1051.44	946.40
		材 料 费 (元)		140.84	140.84	140.84	130.98
		施 工 机 具 使 用 费 (元)		5.25	5.25	5.25	4.69
		企 业 管 理 费 (元)		224.98	206.32	187.67	168.91
		利 润 (元)		104.38	95.73	87.07	78.37
		一 般 风 险 费 (元)		20.27	18.59	16.91	15.22
	编码	名 称	单位	单价(元)	消 耗 量		
人工	000300120	镶贴综合工	工日	130.00	9.704	8.896	8.088	7.280
材料	040500850	卵石 彩色	t	64.00	0.170	0.170	0.170	0.170
	040501110	卵石	t	64.00	0.550	0.550	0.550	0.560
	341100100	水	m³	4.42	0.392	0.392	0.392	0.354
	810201030	水泥砂浆 1:2(特)	m³	256.68	0.360	0.360	0.360	0.320
	002000010	其他材料费	元	—	0.62	0.62	0.62	0.56
机械	990610010	灰浆搅拌机 200L	台班	187.56	0.028	0.028	0.028	0.025

工作内容:1.调制灰浆及材料、成品的加工、清扫基层、浇水。2.筛选、洗石子、摆石子、灌浆、
清水冲刷等。3.材料运输及一般保护。4.渣料清运。　　　　　　　　　　　　　　　计量单位:10m²

定　额　编　号					BG0039	BG0040
项　目　名　称					卵石铺地满铺、拼花凸地面	
					直径(mm)20以内	直径(mm)40以内
综　合　单　价　(元)					**2108.54**	**1946.64**
费用	其中	人　工　费　(元)			1514.24	1387.36
		材　料　费　(元)			168.23	168.23
		施工机具使用费　(元)			6.38	6.38
		企　业　管　理　费　(元)			270.06	247.53
		利　　润　(元)			125.30	114.84
		一　般　风　险　费　(元)			24.33	22.30
	编码	名　称	单位	单价(元)	消　耗　量	
人工	000300120	镶贴综合工	工日	130.00	11.648	10.672
材料	040500850	卵石 彩色	t	64.00	0.200	0.200
	040501110	卵石	t	64.00	0.660	0.660
	341100100	水	m³	4.42	0.471	0.471
	810201030	水泥砂浆 1:2(特)	m³	256.68	0.430	0.430
	002000010	其他材料费	元	—	0.74	0.74
机械	990610010	灰浆搅拌机 200L	台班	187.56	0.034	0.034

工作内容:1.调制灰浆及材料、成品的加工、清扫基层、浇水。2.筛选、洗石子、摆石子、灌浆、
清水冲刷等。3.材料运输及一般保护。4.渣料清运。　　　　　　　　　　　　　　　计量单位:10m²

定　额　编　号					BG0041	BG0042
项　目　名　称					卵石铺地满铺、拼花凸地面	
					直径(mm)60以内	直径(mm)60以上
综　合　单　价　(元)					**1786.07**	**1631.48**
费用	其中	人　工　费　(元)			1261.52	1149.20
		材　料　费　(元)			168.23	157.69
		施工机具使用费　(元)			6.38	5.81
		企　业　管　理　费　(元)			225.18	205.13
		利　　润　(元)			104.47	95.17
		一　般　风　险　费　(元)			20.29	18.48
	编码	名　称	单位	单价(元)	消　耗　量	
人工	000300120	镶贴综合工	工日	130.00	9.704	8.840
材料	040500850	卵石 彩色	t	64.00	0.200	0.200
	040501110	卵石	t	64.00	0.660	0.660
	341100100	水	m³	4.42	0.471	0.423
	810201030	水泥砂浆 1:2(特)	m³	256.68	0.430	0.390
	002000010	其他材料费	元	—	0.74	0.68
机械	990610010	灰浆搅拌机 200L	台班	187.56	0.034	0.031

G.5.2 满铺不拼花(编码:020705002)

工作内容:1.调制灰浆及材料、成品的加工、清扫基层、浇水。2.筛选、洗石子、摆石子、灌浆、
清水冲刷等。3.材料运输及一般保护。4.渣料清运。

计量单位:10m²

定 额 编 号					BG0043	BG0044	BG0045	BG0046
项 目 名 称					卵石铺地满铺不拼花			
					直径(mm) 20以内	直径(mm) 40以内	直径(mm) 60以内	直径(mm) 60以上
费用	综 合 单 价 (元)				1072.71	993.09	951.95	860.90
	其中	人 工 费 (元)			724.88	662.48	630.24	567.84
		材 料 费 (元)			140.82	140.82	140.82	130.35
		施工机具使用费 (元)			5.44	5.44	5.44	4.69
		企 业 管 理 费 (元)			129.70	118.62	112.90	101.68
		利 润 (元)			60.18	55.04	52.38	47.18
		一 般 风 险 费 (元)			11.69	10.69	10.17	9.16
	编码	名 称	单位	单价(元)	消 耗 量			
人工	000300120	镶贴综合工	工日	130.00	5.576	5.096	4.848	4.368
材料	040501110	卵石	t	64.00	0.720	0.720	0.720	0.720
	341100100	水	m³	4.42	0.392	0.392	0.392	0.354
	810201030	水泥砂浆 1:2(特)	m³	256.68	0.360	0.360	0.360	0.320
	002000010	其他材料费	元	—	0.60	0.60	0.60	0.57
机械	990610010	灰浆搅拌机 200L	台班	187.56	0.029	0.029	0.029	0.025

G.5.3 散铺(编码:020705003)

工作内容:1.调制灰浆及材料、成品的加工、清扫基层、浇水。2.筛选、洗石子、摆石子、灌浆、
清水冲刷等。3.材料运输及一般保护。4.渣料清运。

计量单位:10m²

定 额 编 号					BG0047	BG0048
项 目 名 称					卵石铺地	
					散铺	满铺彩边
费用	综 合 单 价 (元)				263.33	991.38
	其中	人 工 费 (元)			120.64	662.48
		材 料 费 (元)			102.45	139.11
		施工机具使用费 (元)			5.44	5.44
		企 业 管 理 费 (元)			22.39	118.62
		利 润 (元)			10.39	55.04
		一 般 风 险 费 (元)			2.02	10.69
	编码	名 称	单位	单价(元)	消 耗 量	
人工	000300120	镶贴综合工	工日	130.00	0.928	5.096
材料	040500850	卵石 彩色	t	64.00	—	0.720
	040501110	卵石	t	64.00	0.150	—
	341100100	水	m³	4.42	0.002	0.002
	810201030	水泥砂浆 1:2(特)	m³	256.68	0.360	0.360
	002000010	其他材料费	元	—	0.44	0.62
机械	990610010	灰浆搅拌机 200L	台班	187.56	0.029	0.029

H 抹灰工程

说　明

一、一般说明

1.本章编制的抹灰厚度及砂浆配合比,若与设计规定的厚度和砂浆配合比不同时允许换算,但人工不变。

2.本章抹灰定额是按手工操作编制的,实际施工方法不同时不作调整。

3.抹灰起线按《重庆市房屋建筑与装饰工程计价定额》中装饰线条相应定额子目执行。

4.室内净高(山墙部分按室内地坪算至山尖二分之一处)在3.6m以内的墙面及天棚抹灰脚手架费用,已包括在抹灰定额子目内。

5.本章墙、柱梁面抹灰缺项的,按《重庆市房屋建筑与装饰工程计价定额》中相应定额子目执行。

二、其他仿古项目抹灰

1.零星抹灰定额子目适用范围:山花、象眼、穿插档、垛头、地圆地洞、抛方、博风、字碑、坐槛、栏杆、券底及面积不足3m²的廊心墙、匾心、小红山等处的抹灰和面积小于等于0.5m²少量分散的抹灰。

2.礓磜、斗拱、雀替、花牙子、吊窗、豁口窗、挂落、撑弓、椯子、吊瓜、爪角及其他小构件等的抹灰,执行零星抹灰相应定额子目,其人工乘以系数1.5。

三、墙、柱、梁及零星项目贴仿古砖片(编码:020804)未编制,按《重庆市房屋建筑与装饰工程计价定额》相应定额子目执行。

工程量计算规则

一、墙面抹灰

1.外墙抹灰按设计图示尺寸以面积计算,应扣除门、窗洞口及空圈所占面积,不扣除柱门什锦窗洞口及0.3m² 以内的孔洞所占面积,门、窗洞口及空圈的侧壁、顶面和垛的侧壁抹灰并入相应的墙面抹灰中计算。外墙抹灰高度由台明的上皮(无台明者由散水上皮)算至墙出檐的下皮,有出檐吊顶者,算至吊顶天棚底,另加 200mm,有外墙墙裙者,应扣除墙裙面积。

2.外墙裙抹灰,按展开面积计算。

3.内墙抹灰按设计图示尺寸以面积计算,应扣除门、窗洞口(门、窗框外围面积,下同)和空圈所占面积,不扣除柱门、踢脚线、挂镜线、装饰线,什锦窗洞口及0.3m² 以内的孔洞和墙面与构件交接处的面积,洞口侧壁和顶面亦不增加,但垛的侧壁抹灰应与内墙抹灰工程量合并计算。内墙抹灰的长度以墙与墙间的图示净长计算,高度按下列规定计算:无墙裙的以室内楼(地)面算至板底面;有墙裙的以墙裙顶面算至板底面;有吊顶的以室内楼(地)面(或墙裙顶)算至顶棚底另加200mm。

4.墙面做假砖缝按设计图示尺寸以做假砖缝的面积计算。

5.墙面抹假柱、梁、枋按设计图示尺寸以面积计算。

二、柱梁面抹灰

1.柱面抹灰按设计图示柱断面周长乘高度以面积计算。

2.梁面抹灰按设计图示梁断面周长乘长度以面积计算。

三、其他仿古项目抹灰

1.须弥座、冰盘檐抹灰按设计图示尺寸以展开面积计算。

2.槛墙(或墙裙)抹灰按设计图示长度乘高度以面积计算,不扣除柱门,踢脚线所占面积。

3.门、窗框抹灰,按门、窗框设计图示外围尺寸以面积计算。

4.檐头抹扇形瓦头、火连圈按设计图示尺寸以长度计算。

5.磉磴、斗拱、云头、雀替、花牙子、三岔头、霸王拳、吊窗、豁口窗、挂落、撑弓、梢子、吊瓜、爪角及屋面小构件等的抹灰均按每立方米折合抹灰面积 50m² 计算,其他执行零星构件定额子目的抹灰工程量按实际展开面积计算。

H.1 墙面抹灰(编码:020801)

H.1.1 墙面仿古抹灰(编码:020801001)

工作内容:包括材料加工、调制灰浆、材料运输、搭拆高度在3.6m以内简单脚手架、处理底层(包括刷浆或胶)抹灰、找平、罩面等。

计量单位:10m²

定 额 编 号				BH0001	BH0002	BH0003	BH0004	BH0005
项 目 名 称				抹灰前做麻钉	墙裙、墙面			
					月白灰面层(15mm)	青灰面层(15mm)	红灰面层(15mm)	白灰面层(15mm)
综 合 单 价 (元)				84.21	332.85	402.71	286.59	237.49
费用	其中	人 工 费 (元)		43.25	105.38	131.75	122.88	114.75
		材 料 费 (元)		29.03	198.39	234.59	129.80	91.06
		施工机具使用费 (元)		—	—	—	—	—
		企 业 管 理 费 (元)		7.68	18.71	23.40	21.82	20.38
		利 润 (元)		3.56	8.68	10.86	10.12	9.46
		一 般 风 险 费 (元)		0.69	1.69	2.11	1.97	1.84
	编码	名 称	单位	单价(元)	消 耗 量			
人工	000300110	抹灰综合工	工日	125.00	0.346	0.843	1.054	0.983	0.918
材料	030100650	铁钉	kg	7.26	2.100	—	—	—	—
	022901200	线麻	kg	19.47	0.700	—	—	—	—
	040900100	生石灰	kg	0.58	—	107.900	107.900	107.900	107.900
	142302700	青灰	kg	6.83	—	16.200	21.500	—	—
	022901300	幼麻筋(麻刀)	kg	4.25	—	5.400	5.400	5.400	5.400
	142301400	氧化铁红	kg	5.98	—	—	—	7.000	—
	340903200	纸筋	kg	1.71	—	—	—	—	1.940
	002000010	其他材料费	元	—	0.15	2.21	2.21	2.41	2.21

H.1.2 墙面做假砖缝(编码:020801002)

工作内容:包括材料加工、调制灰浆、材料运输、搭拆高度在3.6m以内简单脚手架、处理底层(包括刷浆或胶)抹灰、找平、罩面等。

计量单位:10m²

定 额 编 号					BH0006
项 目 名 称					抹灰面做假砖缝
综 合 单 价 (元)					144.91
费用	其中	人 工 费 (元)			112.75
		材 料 费 (元)			1.05
		施工机具使用费 (元)			—
		企 业 管 理 费 (元)			20.02
		利 润 (元)			9.29
		一 般 风 险 费 (元)			1.80
	编码	名 称	单位	单价(元)	消 耗 量
人工	000300110	抹灰综合工	工日	125.00	0.902
材料	002000010	其他材料费	元	—	1.05

H.1.3 墙面抹假柱、梁、枋(编码:020801003)

工作内容:包括材料加工、调制灰浆、材料运输、搭拆高度在3.6m以内简单脚手架、处理底层(包括刷浆或胶)抹灰、找平、罩面等。

计量单位:10m²

定 额 编 号				BH0007	
项 目 名 称				抹灰面做其他花纹	
	综 合 单 价 (元)			**199.53**	
费用	其中	人 工 费 (元)		124.38	
		材 料 费 (元)		40.82	
		施 工 机 具 使 用 费 (元)		—	
		企 业 管 理 费 (元)		22.09	
		利 润 (元)		10.25	
		一 般 风 险 费 (元)		1.99	
	编码	名 称	单位	单价(元)	消 耗 量
人工	000300110	抹灰综合工	工日	125.00	0.995
材料	810202110	混合砂浆 1:1:4(特)	m³	225.72	0.180
	002000010	其他材料费	元	—	0.19

H.2 柱梁面抹灰(编码:020802)

H.2.1 柱梁面仿古抹灰(编码:020802001)

工作内容:包括材料加工、调制灰浆、材料运输、搭拆高度在3.6m以内简单脚手架、处理底层(包括刷浆或胶)抹灰、找平、罩面等。

计量单位:10m²

定 额 编 号				BH0008	BH0009	BH0010	BH0011
项 目 名 称				梁、柱面			
				月白灰面层(15mm)	青灰面层(15mm)	红灰面层(15mm)	白灰面层(15mm)
	综 合 单 价 (元)			**381.82**	**463.63**	**343.53**	**263.80**
费用	其中	人 工 费 (元)		143.75	179.50	167.50	135.38
		材 料 费 (元)		198.39	234.59	129.80	91.06
		施 工 机 具 使 用 费 (元)		—	—	—	—
		企 业 管 理 费 (元)		25.53	31.88	29.75	24.04
		利 润 (元)		11.85	14.79	13.80	11.15
		一 般 风 险 费 (元)		2.30	2.87	2.68	2.17
	编码	名 称	单位	单价(元)	消 耗 量		
人工	000300110	抹灰综合工	工日	125.00	1.150	1.436	1.340	1.083
材料	040900100	生石灰	kg	0.58	107.900	107.900	107.900	107.900
	142302700	青灰	kg	6.83	16.200	21.500	—	—
	022901300	幼麻筋(麻刀)	kg	4.25	5.400	5.400	5.400	5.400
	142301400	氧化铁红	kg	5.98	—	—	7.000	—
	340903200	纸筋	kg	1.71	—	—	—	1.940
	002000010	其他材料费	元	—	—	2.21	2.41	2.21

H.2.2　柱梁面做假砖缝(编码:020802002)

工作内容:包括材料加工、调制灰浆、材料运输、搭拆高度在3.6m以内简单脚手架、处理底层(包括刷浆或胶)抹灰、找平、罩面等。

计量单位:10m²

定　额　编　号					BH0012
项　目　名　称					柱梁面做假砖缝
综　合　单　价　(元)					**216.77**
费用	其中	人　工　费　(元)			169.13
		材　料　费　(元)			0.95
		施 工 机 具 使 用 费　(元)			—
		企 业 管 理 费　(元)			30.04
		利　润　(元)			13.94
		一 般 风 险 费　(元)			2.71
	编码	名　称	单位	单价(元)	消　耗　量
人工	000300110	抹灰综合工	工日	125.00	1.353
材料	002000010	其他材料费	元	—	0.95

H.3　其他仿古抹灰

H.3.1　须弥座、冰盘檐抹灰(编码:020803007)

工作内容:包括材料加工、调制灰浆、材料运输、搭拆高度在3.6m以内简单脚手架、处理底层(包括刷浆或胶)抹灰、找平、罩面等。

计量单位:10m²

定　额　编　号					BH0013	BH0014	BH0015	BH0016
项　目　名　称					须弥座、冰盘檐抹灰			
					月白灰面层(15mm)	青灰面层(15mm)	红灰面层(15mm)	白灰面层(15mm)
综　合　单　价　(元)					**601.93**	**631.75**	**541.62**	**433.83**
费用	其中	人　工　费　(元)			316.25	311.25	322.75	268.63
		材　料　费　(元)			198.39	234.59	129.80	91.06
		施 工 机 具 使 用 费　(元)			—	—	—	—
		企 业 管 理 费　(元)			56.17	55.28	57.32	47.71
		利　润　(元)			26.06	25.65	26.59	22.13
		一 般 风 险 费　(元)			5.06	4.98	5.16	4.30
	编码	名　称	单位	单价(元)	消　　耗　　量			
人工	000300110	抹灰综合工	工日	125.00	2.530	2.490	2.582	2.149
材料	040900100	生石灰	kg	0.58	107.900	107.900	107.900	107.900
	142302700	青灰	kg	6.83	16.200	21.500	—	—
	022901300	幼麻筋(麻刀)	kg	4.25	5.400	5.400	5.400	5.400
	142301400	氧化铁红	kg	5.98	—	—	7.000	—
	340903200	纸筋	kg	1.71	—	—	—	1.940
	002000010	其他材料费	元	—	2.21	2.21	2.41	2.21

H.3.2 零星项目抹灰(编码:020803009)

工作内容:包括材料加工、调制灰浆、材料运输、搭拆高度在3.6m以内简单脚手架、处理底层(包括刷浆或胶)抹灰、找平、罩面等。

计量单位:10m²

定 额 编 号					BH0017	BH0018	BH0019
项 目 名 称					零星抹灰		
					月白灰面层(15mm)	青灰面层(15mm)	红灰面层(15mm)
综 合 单 价 (元)					**626.16**	**663.33**	**560.30**
费用	其中	人 工 费 (元)			335.25	336.00	337.38
		材 料 费 (元)			198.39	234.59	129.80
		施工机具使用费 (元)			—	—	—
		企 业 管 理 费 (元)			59.54	59.67	59.92
		利 润 (元)			27.62	27.69	27.80
		一 般 风 险 费 (元)			5.36	5.38	5.40
	编码	名 称	单位	单价(元)	消 耗 量		
人工	000300110	抹灰综合工	工日	125.00	2.682	2.688	2.699
材料	040900100	生石灰	kg	0.58	107.900	107.900	107.900
	142302700	青灰	kg	6.83	16.200	21.500	—
	022901300	幼麻筋(麻刀)	kg	4.25	5.400	5.400	5.400
	142301400	氧化铁红	kg	5.98	—	—	7.000
	002000010	其他材料费	元	—	2.21	2.21	2.41

工作内容:包括材料加工、调制灰浆、材料运输、搭拆高度在3.6m以内简单脚手架、处理底层(包括刷浆或胶)抹灰、找平、罩面等。

计量单位:10m²

定 额 编 号					BH0020	BH0021	BH0022
项 目 名 称					零星抹灰		
					白灰面层(15mm)	水泥砂浆	混合砂浆
综 合 单 价 (元)					**449.29**	**514.29**	**510.55**
费用	其中	人 工 费 (元)			280.75	339.50	341.63
		材 料 费 (元)			91.06	69.60	63.15
		施工机具使用费 (元)			—	9.00	9.00
		企 业 管 理 费 (元)			49.86	61.89	62.27
		利 润 (元)			23.13	28.72	28.89
		一 般 风 险 费 (元)			4.49	5.58	5.61
	编码	名 称	单位	单价(元)	消 耗 量		
人工	000300110	抹灰综合工	工日	125.00	2.246	2.716	2.733
材料	040900100	生石灰	kg	0.58	107.900	—	—
	022901300	幼麻筋(麻刀)	kg	4.25	5.400	—	—
	340903200	纸筋	kg	1.71	1.940	—	—
	810201030	水泥砂浆 1:2 (特)	m³	256.68	—	0.270	—
	810202070	混合砂浆 1:0.3:3 (特)	m³	247.08	—	—	0.090
	810202110	混合砂浆 1:1:4 (特)	m³	225.72	—	—	0.180
	002000010	其他材料费	元	—	2.21	0.30	0.28
机械	990610010	灰浆搅拌机 200L	台班	187.56	—	0.048	0.048

工作内容: 包括材料加工、调制灰浆、材料运输、搭折高度在 3.6m 以内简单脚手架、处理底层(包括刷浆或胶)抹灰、找平、罩面等。

定 额 编 号					BH0023	BH0024	BH0025
项 目 名 称					小青瓦屋面檐头抹灰		木门窗塞缝
					火连圈	扇形瓦头	
单 位					10m		10m²
综 合 单 价 (元)					**204.75**	**252.82**	**37.89**
费用	其中	人 工 费 (元)			141.50	169.38	24.50
		材 料 费 (元)			24.20	32.62	2.56
		施 工 机 具 使 用 费 (元)			—	3.19	3.19
		企 业 管 理 费 (元)			25.13	30.65	4.92
		利 润 (元)			11.66	14.22	2.28
		一 般 风 险 费 (元)			2.26	2.76	0.44
	编码	名 称	单位	单价(元)	消 耗 量		
人工	000300110	抹灰综合工	工日	125.00	1.132	1.355	0.196
材料	040900100	生石灰	kg	0.58	36.000	—	3.060
	040902060	浅月白麻刀灰	m³	271.84	—	0.120	—
	340903200	纸筋	kg	1.71	1.940	—	—
	040100120	普通硅酸盐水泥 P.O 32.5	kg	0.30	—	—	0.510
	040300760	特细砂	t	63.11	—	—	0.010
机械	990610010	灰浆搅拌机 200L	台班	187.56	—	0.017	0.017

J 油漆彩画工程

说 明

一、一般说明

1.本章仅列有传统油漆项目和特殊油漆项目,一般油漆项目按《重庆市房屋建筑与装饰工程计价定额》相应定额子目执行。

2.本章油漆彩绘定额是按手工操作编制,实际施工方法不同时不作调整。

3.礩磴、斗拱、雀替、花牙子、吊窗、豁口窗、挂落、撑弓、椆子、吊瓜、爪角及其他小构件的打底,按地仗项目相应定额子目执行,其人工乘以系数1.5。

4.上架木件是指檁枋下皮以上的柱头、梁、枋、照面枋、童瓜柱、柁墩、角背、书背、吊瓜、挑、撑弓、龙背、大刀木、灯芯木、檁条、垫板、博脊板、棋枋板、斗拱的宝瓶、连檐、楼阁的承重、楞木、木楼板底面及枋、梁、檁等露明的榫头、箍头等。

5.下架木件是指枋下皮以下的各种柱、抱框、地脚枋、风槛、门簪、门栊、门头板、走马板、筒子板、带门钉大门、撒带门、屏门、木(栈)板墙、木地板、木楼梯、匾额等。

6.彩绘颜料品种、耗量与定额不同时,根据批准的施工组织设计(方案),另行计算。

7.重庆高山潮湿特殊地区的防潮、防霉有效处理,根据批准的施工组织设计(方案),另行计算。

二、油漆

1.打底前的基层处理(包括木基层处理和混凝土面层的清理),已考虑在打底定额子目内,不另计算。

2.混凝土面层打底:若需贴皮纸者,按每10m²增加0.92工日,材料按实计算。

3.光油、油灰、金胶油及精梳麻的调制加工耗量已包括在定额材料消耗量内,不另计算。

4.斗拱、云头、三岔头、霸王拳、雀替、花牙子、搁几、花板、云墩、角背、龙头等零星木构件,其广漆(土漆),每10m²增加1.15工日;其润粉、腻子、色油、清漆三遍,每10m²增加1.55工日,其他油漆(包括熟桐油)每10m²增加0.44工日。

5.斗拱、云头、三岔头、霸王拳、雀替、花牙子、搁几、花板、云墩、角背、龙头等零星混凝土构件,其广漆(土漆),每10m²增加1.50工日;调和漆和乳胶漆,每10m²增加0.63工日。

6.本定额均以平做打底编制,若在雕刻面上打底,按下列规定增加人工:"一麻五灰"、"一布四灰"、"一布五灰"、"一布三灰",每10m²增加7.6工日;单皮灰每10m²增加3.0工日。

7.油漆定额是按平面刷油漆编制。若在雕刻面上刷油漆,每10m²增加4.34工日。

8.其他抹灰面和金属面油漆均按《重庆市房屋建筑与装饰工程计价定额》相应定额子目执行。

9.上构件油漆按梁、檁、枋或木扶手相应定额子目执行。斗拱、云头、霸王拳、三岔头、爪角部分的大刀木和龙背、椆子等零星木构件,按梁、柱构件相应定额子目执行,人工乘以系数1.5,其余不作调整。

三、彩画

1.铜(锡)箔的单张规格是按100mm×100mm计算,若实际使用的铜(锡)箔规格与定额不同时,按以下方法换算其用量,并调整相应材料耗量,其余不调整。

调整后箔的用量(张)=定额中箔的单张面积×定额用量(张)/实际使用箔的单张面积

2.凡列有贴铜(锡)箔的彩画子目,若设计规定不贴铜(锡)箔时,应扣除金胶油、铜(锡)箔及清漆的材料费用。

3.本定额未列贴金箔的彩画项目,若遇贴金箔时,按贴铜箔彩画相应定额子目执行,同时换算金箔的价格。

4.椽头彩画以椽头带飞椽为准,若无飞椽者,定额子目乘以系数0.55。

5."和玺加苏画、金钱大点金加苏画的规矩活部分",定额中已包括绘梁头(或博古)、箍头、藻头、卡子及包袱线、聚锦线、枋心线、池子线、盒子线及其内外规矩图案的绘制,绘制白活另行按相应定额子目执行。

6.包袱、枋心白活定额以每块面积在1.5m²以内为准,在1.5m²以上2m²以内者,定额耗量乘以系数1.50;在2m²以上者,定额耗量乘以系数2.0,其面积计算按外接矩形面积为准,聚锦不论面积大小及绘画内容,定额均不作调整。池子、盒子的白活按聚锦相应定额子目执行。

7.斑竹彩画定额也适用于下架木件。

8.油地沥粉贴金、满金琢墨、局部贴金及各种无金做法的新式彩画均指近年来出现的淡色或单色做法。其中:(1)油地沥粉贴金做法,系指仿苏式彩画格调在油漆面上贴铜(锡)箔的做法,定额中分满做和掐箍头两类,满做包括箍头、卡子、包袱及包袱内的片金图案。(2)满金琢墨做法,系指箍头、藻头及大线贴金、退晕。局部贴金做法,系指主要大线(箍头线,岔口线、枋心线)贴铜(锡)箔、枋心、盒子内花纹的花蕊,花蕾贴铜(锡)箔。

9.雀替(包括翘拱、云墩)、雀替楄架斗拱、吊瓜及灯心木垂头、垂花门及牌楼的花板、云龙花板、撑弓、贴鬼脸、天弯罩、花匾托等雕刻构件或部位均按花活相应定额子目执行。

10.井口板彩画的片金鼓子心包括团龙、双龙、龙凤、西番莲草等做法,做染鼓子心包括做染、团鹤等做法。

11.烟琢墨岔角云片金鼓子心彩画包括:方、圆鼓子心贴铜(锡)箔;烟琢墨岔角云做染,攒退鼓子心彩画包括:方、圆鼓子线贴铜(锡)箔。

12.支条的燕尾彩画包括:刷支条、做燕尾、贴钉燕尾、燕尾及井口线贴铜(锡)箔。刷支条贴井口线及刷支条拉色井口线不包括做燕尾。

13.灯花沥粉无金做法包括爬粉,刷色及爬粉攒退。

14.装修部分的迎风板,道板(绦环板)绘画白活者,按上架木件白活相应定额子目执行。

15.斗拱彩画定额不包括拱眼、斜盖斗板,掏里部分的油漆工料,其油漆按零星构件油漆相应定额子目执行。

16.定额中垫拱板油漆或彩画以单面考虑,如做双面时乘以系数2。

17.山花沥粉是指在无雕刻山花板的地仗上沥粉做花纹。吊檐板彩画以带雕刻为准,平做者,按山花沥粉相应定额子目执行。

18.本定额中所列素做彩画的子目分别包括不同图案的彩画,但不包括贴金。

19.匾额中的朱红金线边、如意线边、斗形匾边贴金,按下架大木框线相应定额子目执行。

工程量计算规则

一、油漆

1.除按长度计算工程量的仿古木构件外,其余柱、梁、排架、檩、枋、挑等古式木构件及零星木构件均按构架图示露明部位展开面积计算。

2.山花板被博缝(风)所遮蔽部分不再计算,悬山博风板(包括大刀头)不扣除檩窝所占面积。

3.太师壁、提裙需双面涂刷,按单面乘以系数2.0计算工程量。

4.匾额的油漆按匾的实际面积计算。

5.木材面油漆,分不同油漆种类,均按刷油部位采用系数乘以工程量,以面积或长度计算。

(1)执行柱、梁、枋定额的其他项目油漆工程量乘以下表系数(多面涂刷按单面计算工程量):

项 目	系数	扇外围面积
钢筋混凝土扇、开窗(牛肋巴、灯笼锦、盘肠锦)	3.10	扇外围面积
钢筋混凝土扇、开窗(码三箭、步步锦、正万字拐子锦、斜万字)	3.36	扇外围面积
钢筋混凝土扇、开窗(正方格、龟背锦、冰裂纹)	3.62	扇外围面积
推窗(无漏空花心)	0.58	扇外围面积
推窗(灯笼锦、盘肠锦、正万拐子锦)	3.14	扇外围面积
推窗(方格、步步锦、斜万字、冰裂纹、龟背锦)	3.38	扇外围面积
什锦窗(无漏空花心)	1.25	框外围面积
什锦窗(包括漏空花心)	3.26	框外围面积
吊窗、地脚窗(软、硬樘)	3.00	框外围面积
实踏大门、撒带大门、攒边门、屏门	2.61	框外围面积
间壁、隔断(太师壁、提裙)	2.38	框外围面积
栏杆(带扶手)	2.17	高×长(满外量、不展开)
飞来椅(包括扶手)	3.16	高×长(满外量、不展开)
挂落:天弯罩(飞罩)、落地罩	1.39	垂直投影面积
天棚	1.00	按刷油面积
船篷轩(带压条)	1.28	水平投影面积
龙背、大刀木、撑弓、吊瓜	1.00	按刷油面积
山花板、银板、填拱板、盖斗板、筒子板	1.00	按刷油面积
斗拱	1.00	按刷油面积(可参考斗拱展开面积表)
椽子	0.57	按屋面面积计算
其他木构件	1.00	按展开面积计算

(2)执行木扶手(不带托板)定额的其他项目油漆工程量乘以下表系数:

项 目	系数	备 注
木扶手(带托板)	2.5	按延长米计算
吊檐板、博风板、滚檐板、瓦口板等长条型板	2.2	按延长米计算
天棚压条	0.4	按延长米计算
连檐、里口木、虾须等长型构件	0.45	按延长米计算
座凳平盘、窗平盘	2.39	按延长米计算

6.混凝土仿古式构件油漆,按构件刷油漆展开面积计算工程量。执行混凝土仿古构件油漆定额的其他

项目油漆工程量乘以下表系数(多面涂刷按单面计算工程量):

项　　目	系数	备　　注
挑、排架、檩	1	按展开面积计算
栏杆	2.9	长×宽(满外量、不展开)
飞来椅	3.21	长×宽(满外量、不展开)
挂落	1.39	按垂直投影面积计算
吊檐板、博风板等长型条板	0.5	按延长米计算
坐凳平盘、窗平盘	0.55	按延长米计算

7.掐箍头彩画之间夹的油漆面积按油漆绘画全面积的 0.67 计算,掐箍头搭包袱彩画之间夹的油漆面积按油漆彩画全面积的 0.33 计算。

二、彩画

1.各种彩画,均按构架图示露明部位的展开面积计算。挑檐枋只计算其正面。彩画,不扣除白活所占面积,掐箍头与掐箍头搭包袱彩画的工程量,不扣除其间夹的油漆面积(定额中均已考虑了彩画实做面积)。掐箍头与掐箍头搭包袱彩画间夹的油漆面积按照油漆部分计算规则计算。

2.山花绶带贴铜(锡)箔,按山花板露明垂直投影面积计算。

3.檐椽(桷子)头面积补进飞椽(送水桷子)的空挡中,以连檐长(硬山建筑应扣除墀头所占长度)乘以飞椽(送水桷子)竖向高度,按平方米计算,檐椽(桷子)头不再计算。

4.雀替及雀替隔架斗拱面积按露明长度乘以全高乘以系数 2.0 计算。

5.花板、云龙花板、天弯罩、落地罩的花活按垂直投影面积计算,双面彩画乘以系数 2.0。

6.吊瓜、灯心木垂头面积按最大周长乘以高度计算(方型垂头应再增加底面积)。

7.井口板、支条的彩画工程量均按顶棚外围边线面积分别计算,计算井口板时不扣支条所占面积,计算支条时不扣井口板所占面积,且支条也不展开计算。

8.灯花彩画按灯花设计图示外围尺寸以面积计算。

9.斗拱彩画按展开面积计算。"斗拱展开面积表"所列每攒斗拱展开面积可供参考,表中所列拱面积均已扣除荷包、眼边、盖斗板及斗拱掏里部分,斗拱口份若无法实量可用建筑物明间柱中至柱中宽度除以灶火门的个数再除以 11 计算。

斗拱展开面积参考表

单位:m²

斗拱分类名称	展开面积单位	口份(营造尺/mm)							
		1 寸	1.5 寸			2 寸		2.5 寸	
		32 mm	48 mm	50 mm	60 mm	64 mm	70 mm	80 mm	90 mm
一斗三升	攒	0.095	0.214	0.232	0.344	0.319	0.455	0.594	0.752
一斗二升交麻叶	攒	0.110	0.237	0.257	0.370	0.420	0.503	0.657	0.832
三踩单翘品字科	攒	0.197	0.445	0.412	0.593	0.790	0.807	1.054	1.334
三踩单昂	攒	0.215	0.573	0.523	0.753	0.875	1.025	1.339	1.365
五踩重翘品字科	攒	0.283	0.673	0.694	0.999	1.130	1.360	1.776	2.248
五踩单翘单昂	攒	0.329	0.740	0.801	1.153	1.313	1.570	2.050	2.595
五踩琵琶科后秤尾	攒	0.460	1.106	1.121	1.615	1.837	2.198	2.871	3.634
七踩三翘品字科	攒	0.420	1.023	1.109	1.596	1.806	2.173	2.838	3.591
七踩单翘重昂	攒	0.483	1.118	1.178	1.696	1.929	2.308	3.015	3.816
九踩四翘品字科	攒	0.634	1.355	1.447	2.126	2.418	2.894	3.780	4.784
九踩重翘重昂	攒	0.640	1.407	1.531	2.204	2.508	3.00	3.919	4.960
九踩单翘三昂	攒	0.692	1.441	1.563	2.251	2.560	3.064	4.002	5.065
十一踩重翘三	攒	0.789	1.775	1.925	2.773	3.154	3.774	4.929	6.238
一斗二、三升垫拱板	攒	0.020	0.045	0.046	0.067	0.080	0.091	0.119	0.151
三至十一踩垫拱板	攒	0.023	0.053	0.057	0.082	0.094	0.112	0.146	0.185

单位：m²

斗拱分类名称	展开面积 单位	口份（营造尺/mm）				荷包眼边相当于斗拱面积的%	斜盖斗板相当于斗板面积的%	斗拱的掏里面积相当于斗拱积的%
		3寸 96mm	100 mm	3.5寸 112 mm	4寸 128mm			
一斗三升	攒	0.854	0.928	1.163	1.518	2.4	—	—
一斗二升交麻叶	攒	0.946	1.027	1.287	1.681	2.1	—	—
三踩单翘品字科	攒	1.782	1.647	2.420	3.160	6.6	12.0	10.0
三踩单昂	攒	1.928	2.092	2.625	3.427	3.9	10.0	7.9
五踩重翘品字科	攒	2.543	2.775	3.463	4.013	5.4	17.0	28.0
五踩单翘单昂	攒	2.955	3.203	4.123	5.255	3.8	15.0	24.0
五踩琵琶科秤	攒	4.023	4.486	5.628	7.348	2.4	—	—
七踩三翘品字科	攒	4.087	4.434	5.563	7.264	4.8	17.0	23.0
七踩单翘重昂	攒	4.341	4.711	5.907	7.715	3.4	16.0	22.0
九踩四翘品字科	攒	5.245	5.906	7.410	9.697	4.7	18.0	19.0
九踩重翘重昂	攒	5.440	6.123	7.682	10.023	3.6	17.0	18.0
九踩单翘三昂	攒	5.664	6.253	7.839	10.238	3.1	17.0	18.0
十一踩重翘三	攒	7.097	7.702	9.661	12.616	3.3	17.0	17.0
一斗二、三升垫	攒	0.180	0.186	0.228	0.320	—	—	—
三至十一踩垫拱	攒	0.211	0.228	0.264	0.375	—	—	—

10.斗拱彩画与拱眼、斜盖斗板、掏里部分的油漆面积应分别计算,设计要求拱全部做油漆时(无彩画)按斗拱全面积计算。

11.斑竹彩画均按构架图示露明部位展开面积工程量合并计算。

12.门簪、门钉、门铍贴铜(锡)箔按实贴面积计算。

13.提裙(裙板)、道板的云盘线贴铜(锡)箔按裙板、道板的面积计算,大边两炷香贴铜(锡)箔,按钢筋混凝土门、推(槛)窗面积计算。

14.墙边、墙裙彩画按实际面积计算。

15.匾字按匾的面积计算。

16.壁画按实际面积计算。

17.吊窗、地脚窗彩画若双面做时工程量乘以系数 2,其中吊窗带花芽子的长度自花芽子(或白菜头)最下端起量至上皮为吊窗全高计算面积。地脚窗自垫墩下皮算起至地脚窗上皮为全高计算面积。

18.花边匾额平面部分随平面匾额计算面积,花边部分按花边周长乘以花边宽计算面积。

19.浮雕按物体实做最大外围尺寸计算面积。

20.钢筋混凝土门大边两炷香,大边双皮条线,按钢筋混凝土门正面图示尺寸以全面积计算。

21.绦环板、云盘板按槛板设计图示尺寸以面积计算。

22.平花面页、雕花面页按其所在构件实际图示尺寸以面积计算。

J.1 山花板、博缝(风)板、挂檐(落)板油漆(编码:020901)

J.1.1 山花板饰金油漆(编码:020901004)

工作内容:1.起扎谱子、调兑颜色、绘制各种图案成活。2.贴铜(锡)箔包括支搭"金帐子";打
"金胶油"贴铜箔或锡箔、描清漆。3.彩画贴铜(锡)箔包括彩画及铜(锡)箔的全部工作内容。   **计量单位**:10m²

定 额 编 号					BJ0001	BJ0002
项 目 名 称					山花绶带	
					打贴铜箔、描清漆	刷化学铜粉、描清漆
综 合 单 价 (元)					**980.51**	**870.30**
费用	其中	人 工 费 (元)			698.75	663.88
		材 料 费 (元)			88.90	23.20
		施 工 机 具 使 用 费 (元)			—	—
		企 业 管 理 费 (元)			124.10	117.90
		利 润 (元)			57.58	54.70
		一 般 风 险 费 (元)			11.18	10.62
	编码	名 称	单位	单价(元)	消 耗 量	
人工	000300140	油漆综合工	工日	125.00	5.590	5.311
材料	140101100	金胶油	kg	5.13	0.990	0.550
	130100300	丙烯酸清漆	kg	19.23	0.660	0.440
	022701900	棉花	kg	18.95	0.101	0.030
	142301900	化学铜粉	kg	5.98	—	1.800
	013500730	铜箔	张	0.07	965.000	—
	031340120	砂纸	张	0.26	2.000	0.500
	002000010	其他材料费	元	—	1.15	0.45

J.1.2 博风板饰金油漆(编码:020901005)

工作内容:1.起扎谱子、调兑颜色、绘制各种图案成活。2.贴铜(锡)箔包括支搭"金帐子";打
"金胶油"贴铜箔或锡箔、描清漆。3.彩画贴铜(锡)箔包括彩画及铜(锡)箔的全部工作内容。   **计量单位**:10m²

定 额 编 号					BJ0003
项 目 名 称					梅花钉
					打贴铜箔、描清漆
综 合 单 价 (元)					**489.59**
费用	其中	人 工 费 (元)			351.38
		材 料 费 (元)			41.24
		施 工 机 具 使 用 费 (元)			—
		企 业 管 理 费 (元)			62.40
		利 润 (元)			28.95
		一 般 风 险 费 (元)			5.62
	编码	名 称	单位	单价(元)	消 耗 量
人工	000300140	油漆综合工	工日	125.00	2.811
材料	140101100	金胶油	kg	5.13	0.550
	130100300	丙烯酸清漆	kg	19.23	0.440
	013500730	铜箔	张	0.07	414.000
	022701900	棉花	kg	18.95	0.030
	031340120	砂纸	张	0.26	0.500
	002000010	其他材料费	元	—	0.28

J.2 上下架构件油漆(编码:020903)

J.2.1 上构件油漆(编码:020903001)

工作内容:1.包括清扫灰土、调兑血料腻子及油漆、刮腻子、刷底漆、找补腻子、磨砂纸、油漆成活。2.涂刷各遍色漆、清漆或广漆。3.润油、水粉。4.广漆(返退)披灰、上麻丝、麻布、棉筋纸、生漆。 计量单位:10m²

定 额 编 号					BJ0004	BJ0005	BJ0006
项 目 名 称					木梁、柱、檩、枋		
					调和漆二遍	底油一遍调和漆二遍	底油一遍调和漆三遍
综 合 单 价 (元)					**191.32**	**214.85**	**253.96**
费用	其中	人 工 费 (元)			128.25	145.75	165.88
		材 料 费 (元)			27.67	28.87	42.30
		施工机具使用费 (元)			—	—	—
		企 业 管 理 费 (元)			22.78	25.89	29.46
		利 润 (元)			10.57	12.01	13.67
		一 般 风 险 费 (元)			2.05	2.33	2.65
	编码	名 称	单位	单价(元)	消 耗		量
人工	000300140	油漆综合工	工日	125.00	1.026	1.166	1.327
材料	130105440	醇酸调和漆	kg	12.82	0.920	0.920	0.920
	130105430	无光调和漆	kg	12.85	1.160	1.040	2.080
	140100200	熟桐油	kg	6.84	0.100	0.180	0.180
	140100100	清油	kg	16.51	—	0.070	0.070
	040901600	石膏粉	kg	0.70	0.210	0.210	0.210
	140500800	油漆溶剂油	kg	3.04	—	0.340	0.340
	002000010	其他材料费	元	—	0.14	0.14	0.21

工作内容:1.包括清扫灰土、调兑血料腻子及油漆、刮腻子、刷底漆、找补腻子、磨砂纸、油漆成活。2.涂刷各遍色漆、清漆或广漆。3.润油、水粉。4.广漆(返退)披灰、上麻丝、麻布、棉筋纸、生漆。 计量单位:10m²

定 额 编 号					BJ0007	BJ0008
项 目 名 称					木梁、柱、檩、枋	
					熟桐油(清油)二遍	底油、色油、清漆二遍
综 合 单 价 (元)					**145.31**	**202.02**
费用	其中	人 工 费 (元)			108.13	143.88
		材 料 费 (元)			7.34	18.43
		施工机具使用费 (元)			—	—
		企 业 管 理 费 (元)			19.20	25.55
		利 润 (元)			8.91	11.86
		一 般 风 险 费 (元)			1.73	2.30
	编码	名 称	单位	单价(元)	消 耗	量
人工	000300140	油漆综合工	工日	125.00	0.865	1.151
材料	130105420	黄调和漆	kg	11.97	—	0.040
	130101500	酚醛清漆	kg	13.38	—	0.970
	140100200	熟桐油	kg	6.84	0.930	0.180
	140100100	清油	kg	16.51	—	0.100
	040901600	石膏粉	kg	0.70	—	0.210
	140500800	油漆溶剂油	kg	3.04	0.310	0.610
	002000010	其他材料费	元	—	0.04	0.09

工作内容：1.包括清扫灰土、调兑血料腻子及油漆、刮腻子、刷底漆、找补腻子、磨砂纸、油漆成活。2.涂刷各遍色漆、清漆或广漆。3.润油、水粉。4.广漆（返退）披灰、上麻丝、麻布、棉筋纸、生漆。　　　　　计量单位：10m²

定　额　编　号				BJ0009	BJ0010	BJ0011	BJ0012	BJ0013
项　目　名　称				木梁、柱、檩、枋				
				润粉、刮腻子、色油、清漆二遍	满刮血料腻子刷调和漆三遍	土漆（广漆）		
						二遍明光	三遍明光	四遍明光
费用	综　合　单　价　（元）			634.65	213.02	449.94	595.03	738.07
	其中	人　工　费　（元）		477.75	133.50	320.13	427.13	532.75
		材　料　费　（元）		25.04	42.67	41.46	50.01	58.28
		施 工 机 具 使 用 费 （元）		—	—	—	—	—
		企 业 管 理 费 （元）		84.85	23.71	56.85	75.86	94.62
		利　　　　　润　（元）		39.37	11.00	26.38	35.20	43.90
		一 般 风 险 费 （元）		7.64	2.14	5.12	6.83	8.52
	编码	名　称	单位	单价（元）	消　　耗　　量			
人工	000300140	油漆综合工	工日	125.00	3.822	1.068	2.561	3.417	4.262
材料	142300600	滑石粉	kg	0.30	—	0.600	—	—	—
	311700120	血料	kg	1.28	—	0.700	0.290	0.380	0.470
	142300300	大白粉	kg	0.34	0.780	—	—	—	—
	140300400	汽油 综合	kg	6.75	—	0.250	—	—	—
	130105530	光油	kg	5.38	—	0.150	—	—	—
	130104100	生漆	kg	44.50	—	—	0.600	0.720	0.840
	143501500	醇酸稀释剂	kg	10.26	—	0.110	—	—	—
	130101500	酚醛清漆	kg	13.38	1.430	—	—	—	—
	140100100	清油	kg	16.51	0.120	—	—	—	—
	040901600	石膏粉	kg	0.70	0.220	0.100	0.260	0.310	0.350
	130105440	醇酸调和漆	kg	12.82	—	2.940	—	—	—
	130105420	黄调和漆	kg	11.97	0.140	—	—	—	—
	140500800	油漆溶剂油	kg	3.04	0.560	—	—	—	—
	140101200	坯油	kg	12.39	—	—	0.600	0.720	0.840
	142301400	氧化铁红	kg	5.98	—	—	0.210	0.290	0.330
	143110800	银珠	kg	76.68	—	—	0.020	0.030	0.030
	140100410	松香水	kg	7.44	—	—	0.520	0.560	0.700
	002000010	其他材料费	元	—	0.13	0.21	0.11	0.14	0.16

工作内容：包括清扫、金刚砂打磨、磨各遍砂纸、找抹或满刮腻子、刷各遍油漆。　　　　　　　　　　　　　　计量单位：10m²

定　额　编　号					BJ0014	
项　目　名　称					混凝土梁、柱、檩、枋	
					刮腻子、底油一遍、调和漆二遍	
综　合　单　价（元）					**283.80**	
费用	其中	人　工　费　（元）			197.63	
		材　料　费　（元）			31.63	
		施工机具使用费　（元）			—	
		企　业　管　理　费　（元）			35.10	
		利　　　　润　（元）			16.28	
		一　般　风　险　费　（元）			3.16	
	编码	名　　　称	单位	单价（元）	消　　耗　　量	
人工	000300140	油漆综合工	工日	125.00	1.581	
材料	130105430	无光调和漆	kg	12.85	0.930	
	130105440	醇酸调和漆	kg	12.82	0.930	
	142300600	滑石粉	kg	0.30	1.390	
	144107000	聚醋酸乙烯乳液	kg	3.62	0.160	
	040901050	羧甲基纤维素	kg	7.69	0.030	
	140100200	熟桐油	kg	6.84	0.240	
	140100100	清油	kg	16.51	0.160	
	040901600	石膏粉	kg	0.70	0.330	
	140500800	油漆溶剂油	kg	3.04	0.610	
	002000010	其他材料费	元	—	0.16	

工作内容：包括清扫、金刚砂打磨、磨各遍砂纸、找抹或满刮腻子、刷各遍油漆。　　　　　　　　　　　　　　计量单位：10m²

定　额　编　号					BJ0015	BJ0016
项　目　名　称					混凝土梁、柱、檩、枋	
					刮腻子、底油一遍，调和漆、无光调和漆各一遍	刮腻子、乳胶漆三遍
综　合　单　价（元）					**310.47**	**306.14**
费用	其中	人　工　费　（元）			210.63	214.00
		材　料　费　（元）			41.70	33.08
		施工机具使用费　（元）			—	—
		企　业　管　理　费　（元）			37.41	38.01
		利　　　　润　（元）			17.36	17.63
		一　般　风　险　费　（元）			3.37	3.42
	编码	名　　　称	单位	单价（元）	消　　耗　　量	
人工	000300140	油漆综合工	工日	125.00	1.685	1.712
材料	130105430	无光调和漆	kg	12.85	1.710	—
	130105440	醇酸调和漆	kg	12.82	0.930	—
	142300600	滑石粉	kg	0.30	1.390	1.390
	130305610	白乳胶漆	kg	7.26	—	4.330
	144107000	聚醋酸乙烯乳液	kg	3.62	0.160	0.170
	142300300	大白粉	kg	0.34	—	0.140
	040901050	羧甲基纤维素	kg	7.69	0.030	0.030
	140100200	熟桐油	kg	6.84	0.240	—
	140100100	清油	kg	16.51	0.160	—
	040901600	石膏粉	kg	0.70	0.330	0.230
	140500800	油漆溶剂油	kg	3.04	0.610	—
	002000010	其他材料费	元	—	0.21	0.17

工作内容:包括清扫、金刚砂打磨、磨各遍砂纸、找抹或满刮腻子、刷各遍油漆。 计量单位:10m²

定 额 编 号					BJ0017	BJ0018	BJ0019
项 目 名 称					混凝土梁、柱、檩、枋		
					土(广)漆		
					二遍明光	三遍明光	四遍明光
综 合 单 价 (元)					**418.50**	**705.19**	**892.05**
费用	其中	人 工 费 (元)			294.25	512.00	651.25
		材 料 费 (元)			43.03	51.88	61.06
		施工机具使用费 (元)			—	—	—
		企 业 管 理 费 (元)			52.26	90.93	115.66
		利 润 (元)			24.25	42.19	53.66
		一 般 风 险 费 (元)			4.71	8.19	10.42
	编码	名 称	单位	单价(元)	消 耗		量
人工	000300140	油漆综合工	工日	125.00	2.354	4.096	5.210
材料	311700120	血料	kg	1.28	0.370	0.490	0.610
	040901600	石膏粉	kg	0.70	0.280	0.340	0.320
	140101200	坯油	kg	12.39	0.660	0.790	0.920
	142301400	氧化铁红	kg	5.98	0.240	0.310	0.360
	143110800	银珠	kg	76.68	0.020	0.030	0.040
	130104100	生漆	kg	44.50	0.660	0.790	0.920
	140500800	油漆溶剂油	kg	3.04	0.570	0.620	0.770
	002000010	其他材料费	元	—	0.11	0.03	0.16

J.2.2　框线贴金(编码:020903003)

工作内容:1.起扎谱子、调兑颜色、绘制各种图案成活。2.贴铜(锡)箔包括支搭"金帐子";打
"金胶油"贴铜箔或锡箔、描清漆。3.彩画贴铜(锡)箔包括彩画及铜(锡)箔的全部工作内容。 计量单位:10m²

定 额 编 号					BJ0020	BJ0021
项 目 名 称					下架木件 框线、门簪贴金	
					打贴铜箔、描清漆	刷化学铜粉、描清漆
综 合 单 价 (元)					**1960.72**	**1770.24**
费用	其中	人 工 费 (元)			1432.75	1361.50
		材 料 费 (元)			132.53	32.97
		施工机具使用费 (元)			—	—
		企 业 管 理 费 (元)			254.46	241.80
		利 润 (元)			118.06	112.19
		一 般 风 险 费 (元)			22.92	21.78
	编码	名 称	单位	单价(元)	消 耗	量
人工	000300140	油漆综合工	工日	125.00	11.462	10.892
材料	142300300	大白粉	kg	0.34	0.420	0.420
	140101100	金胶油	kg	5.13	0.590	—
	130100300	丙烯酸清漆	kg	19.23	0.590	0.590
	013500730	铜箔	张	0.07	1680.000	—
	142301900	化学铜粉	kg	5.98	—	3.130
	144107400	建筑胶	kg	1.97	—	1.320
	002000010	其他材料费	元	—	0.41	0.16

J.3 斗拱、垫拱板、雀替、花活油漆(编码:020904)

J.3.1 雀替(包括翘拱、云墩)、雀替隔架斗拱及花芽子油漆(编码:020904003)

工作内容:1.起扎谱子、调兑颜色、绘制各种图案成活。2.贴铜(锡)箔包括支搭"金帐子";打
"金胶油"贴铜箔或锡箔、描清漆。3.彩画贴铜(锡)箔包括彩画及铜(锡)箔的全部工作内容。　　计量单位:10m²

定　额　编　号					BJ0022	BJ0023
项　目　名　称					花活黄大边	
					花边纠粉	花边攒退
综　合　单　价　(元)					**873.18**	**970.79**
费用	其中	人　工　费　(元)			666.88	728.75
		材　料　费　(元)			22.24	40.90
		施工机具使用费　(元)			—	—
		企业管理费　(元)			118.44	129.43
		利　润　(元)			54.95	60.05
		一般风险费　(元)			10.67	11.66
	编码	名　称	单位	单价(元)	消　耗　量	
人工	000300140	油漆综合工	工日	125.00	5.335	5.830
材料	144101100	白乳胶	kg	7.69	1.200	1.600
	142302500	巴黎绿	kg	8.55	1.000	1.000
	142302800	群青	kg	6.84	0.200	0.200
	130305610	白乳胶漆	kg	7.26	0.400	0.500
	130105420	黄调和漆	kg	11.97	—	0.500
	143110800	银珠	kg	76.68	0.100	0.100
	142301400	氧化铁红	kg	5.98	—	0.200
	002000010	其他材料费	元	—	0.19	0.20

J.3.2 垂柱头、雷公柱及交金灯笼柱垂头油漆(编码:020904005)

工作内容:1.起扎谱子、调兑颜色、绘制各种图案成活。2.贴铜(锡)箔包括支搭"金帐子";打
"金胶油"贴铜箔或锡箔、描清漆。3.彩画贴铜(锡)箔包括彩画及铜(锡)箔的全部工作内容。　　计量单位:10m²

定　额　编　号					BJ0024
项　目　名　称					装修 寻仗栏杆望柱头、花瓶、橙板
					素做纠粉
综　合　单　价　(元)					**450.18**
费用	其中	人　工　费　(元)			341.13
		材　料　费　(元)			14.90
		施工机具使用费　(元)			—
		企业管理费　(元)			60.58
		利　润　(元)			28.11
		一般风险费　(元)			5.46
	编码	名　称	单位	单价(元)	消　耗　量
人工	000300140	油漆综合工	工日	125.00	2.729
材料	142302500	巴黎绿	kg	8.55	0.500
	142302800	群青	kg	6.84	0.100
	130305610	白乳胶漆	kg	7.26	0.300
	144101100	白乳胶	kg	7.69	1.000
	002000010	其他材料费	元	—	0.07

J.4 门窗扇油漆(编码:020905)

J.4.1 木门饰金油漆(编码:020905003)

工作内容:1.起扎谱子、调兑颜色、绘制各种图案成活。2.贴铜(锡)箔包括支搭"金帐子";打
"金胶油"贴铜箔或锡箔、描清漆。3.彩画贴铜(锡)箔包括彩画及铜(锡)箔的全部工作内容。　　计量单位:10m²

定 额 编 号					BJ0025	BJ0026	BJ0027	BJ0028
项 目 名 称					装修 绦环板、云盘线		装修 大边两炷香	
					打贴铜箔、描清漆	刷化学铜粉、描清漆	打贴铜箔、描清漆	刷化学铜粉、描清漆
	综 合 单 价 (元)				897.74	830.92	178.95	162.77
费用	其中	人 工 费 (元)			673.00	639.75	130.38	124.00
		材 料 费 (元)			38.99	14.59	12.59	4.55
		施工机具使用费 (元)			—	—	—	—
		企 业 管 理 费 (元)			119.52	113.62	23.15	22.02
		利 润 (元)			55.46	52.72	10.74	10.22
		一 般 风 险 费 (元)			10.77	10.24	2.09	1.98
	编码	名 称	单位	单价(元)	消 耗 量			
人工	000300140	油漆综合工	工日	125.00	5.384	5.118	1.043	0.992
材料	142300300	大白粉	kg	0.34	0.210	0.210	0.210	0.210
	140101100	金胶油	kg	5.13	0.500	—	0.150	—
	130100300	丙烯酸清漆	kg	19.23	0.500	0.500	0.150	0.150
	013500730	铜箔	张	0.07	380.000	—	126.000	—
	142301900	化学铜粉	kg	5.98	—	0.710	—	0.230
	144107400	建筑胶	kg	1.97	—	0.300	—	0.100
	002000010	其他材料费	元	—	—	0.14	0.07	0.04	0.02

工作内容:1.包括清扫灰土、调兑血料腻子及油漆、刮腻子、刷底漆、找补腻子、磨砂纸、油漆成活。
　　2.涂刷各遍色漆、清漆或广漆。3.润油、水粉。4.广漆(返退)披灰、上麻丝、麻布、棉筋纸、生漆。　　计量单位:m²

定 额 编 号					BJ0029
项 目 名 称					罩光油一道
	综 合 单 价 (元)				7.11
费用	其中	人 工 费 (元)			5.25
		材 料 费 (元)			0.42
		施工机具使用费 (元)			—
		企 业 管 理 费 (元)			0.93
		利 润 (元)			0.43
		一 般 风 险 费 (元)			0.08
	编码	名 称	单位	单价(元)	消 耗 量
人工	000300140	油漆综合工	工日	125.00	0.042
材料	140100200	熟桐油	kg	6.84	0.060
	002000010	其他材料费	元	—	0.01

J.4.2 门钹饰金(编码:020905005)

工作内容:1.起扎谱子、调兑颜色、绘制各种图案成活。2.贴铜(锡)箔包括支搭"金帐子";打
"金胶油"贴铜箔或锡箔、描清漆。3.彩画贴铜(锡)箔包括彩画及铜(锡)箔的全部工作内容。　计量单位:10m²

定　额　编　号					BJ0030	BJ0031
项　目　名　称					装修 门钉、门钹	
					打贴铜箔、描清漆	刷化学铜粉、描清漆
综　合　单　价　(元)					**2270.47**	**2063.89**
费用	其中	人　工　费　(元)			1675.50	1591.63
		材　料　费　(元)			132.53	32.97
		施工机具使用费　(元)			—	—
		企　业　管　理　费　(元)			297.57	282.67
		利　　润　(元)			138.06	131.15
		一　般　风　险　费　(元)			26.81	25.47
	编码	名　　称	单位	单价(元)	消　耗　量	
人工	000300140	油漆综合工	工日	125.00	13.404	12.733
材料	142300300	大白粉	kg	0.34	0.420	0.420
	140101100	金胶油	kg	5.13	0.590	—
	130100300	丙烯酸清漆	kg	19.23	0.590	0.590
	013500730	铜箔	张	0.07	1680.000	—
	142301900	化学铜粉	kg	5.98	—	3.130
	144107400	建筑胶	kg	1.97	—	1.320
	002000010	其他材料费	元	—	0.41	0.16

J.4.3 隔扇上蜡(编码:020905006)

工作内容:1.包括清扫灰土、调兑血料腻子及油漆、刮腻子、刷底漆、找补腻子、磨砂纸、油漆成活。
2.涂刷各遍色漆、清漆或广漆。3.润油、水粉。4.广漆(返退)披灰、上麻丝、麻布、棉筋纸、生漆。　计量单位:m²

定　额　编　号					BJ0032
项　目　名　称					隔扇上蜡
综　合　单　价　(元)					**46.82**
费用	其中	人　工　费　(元)			31.25
		材　料　费　(元)			6.94
		施工机具使用费　(元)			—
		企　业　管　理　费　(元)			5.55
		利　　润　(元)			2.58
		一　般　风　险　费　(元)			0.50
	编码	名　　称	单位	单价(元)	消　耗　量
人工	000300140	油漆综合工	工日	125.00	0.250
材料	130100500	醇酸清漆	kg	12.04	0.500
	142301000	色粉	kg	3.93	0.050
	140100100	清油	kg	16.51	0.010
	142300300	大白粉	kg	0.34	0.090
	140100200	熟桐油	kg	6.84	0.035
	130105440	醇酸调和漆	kg	12.82	0.015
	002000010	其他材料费	元	—	0.10

J.5 木装修油漆(编码:020906)

J.5.1 木扶手油漆(编码:020906010)

工作内容:1.包括清扫灰土、调兑血料腻子及油漆、刮腻子、刷底漆、找补腻子、磨砂纸、油漆成活。2.涂刷各遍色漆、清漆或广漆。3.润油、水粉。4.广漆(返退)披灰、上麻丝、麻布、棉筋纸、生漆。

计量单位:10m

定 额 编 号					BJ0033	BJ0034	BJ0035
项 目 名 称					木扶手(调和漆)		
					调和漆二遍	底油一遍、调和漆二遍	底油一遍、调和漆三遍
费用	综 合 单 价 (元)				**58.72**	**65.07**	**73.69**
	其中	人 工 费 (元)			41.00	45.75	49.75
		材 料 费 (元)			6.40	6.69	10.20
		施工机具使用费 (元)			—	—	—
		企 业 管 理 费 (元)			7.28	8.13	8.84
		利 润 (元)			3.38	3.77	4.10
		一 般 风 险 费 (元)			0.66	0.73	0.80
	编 码	名 称	单位	单价(元)	消	耗	量
人工	000300140	油漆综合工	工日	125.00	0.328	0.366	0.398
材料	130105430	无光调和漆	kg	12.85	0.270	0.240	0.480
	130105440	醇酸调和漆	kg	12.82	0.210	0.210	0.210
	140100200	熟桐油	kg	6.84	0.020	0.040	0.100
	140100100	清油	kg	16.51	—	0.020	0.020
	040901600	石膏粉	kg	0.70	0.050	0.050	0.050
	140500800	油漆溶剂油	kg	3.04	—	0.080	0.080
	002000010	其他材料费	元	—	—	0.07	0.03	0.05

工作内容:1.包括清扫灰土、调兑血料腻子及油漆、刮腻子、刷底漆、找补腻子、磨砂纸、油漆成活。2.涂刷各遍色漆、清漆或广漆。3.润油、水粉。4.广漆(返退)披灰、上麻丝、麻布、棉筋纸、生漆。

计量单位:10m

定 额 编 号					BJ0036	BJ0037	BJ0038
项 目 名 称					木扶手(清漆)		
					熟桐油(清油)二遍	底油、色油、清漆二遍	润粉、刮腻子、色油、清漆三遍
费用	综 合 单 价 (元)				**47.20**	**59.49**	**202.23**
	其中	人 工 费 (元)			35.63	43.38	153.63
		材 料 费 (元)			1.73	4.15	6.20
		施工机具使用费 (元)			—	—	—
		企 业 管 理 费 (元)			6.33	7.70	27.28
		利 润 (元)			2.94	3.57	12.66
		一 般 风 险 费 (元)			0.57	0.69	2.46
	编 码	名 称	单位	单价(元)	消	耗	量
人工	000300140	油漆综合工	工日	125.00	0.285	0.347	1.229
材料	140100200	熟桐油	kg	6.84	0.220	0.040	0.060
	140100100	清油	kg	16.51	—	0.020	0.030
	040901600	石膏粉	kg	0.70	—	0.050	0.050
	140500800	油漆溶剂油	kg	3.04	0.070	0.140	0.130
	142300300	大白粉	kg	0.34	—	—	0.180
	130101500	酚醛清漆	kg	13.38	—	0.220	0.330
	130105420	黄调和漆	kg	11.97	—	0.010	0.030
	002000010	其他材料费	元	—	0.01	0.02	0.03

工作内容:1.包括清扫灰土、调兑血料腻子及油漆、刮腻子、刷底漆、找补腻子、磨砂纸、油漆成活。2.涂刷各遍色漆、清漆或广漆。3.润油、水粉。4.广漆(返退)披灰、上麻丝、麻布、棉筋纸、生漆。　　　　　　　　计量单位:10m

定　额　编　号					BJ0039
项　目　名　称					木扶手
					满刮血料腻子、刷醇酸调和漆三遍
综　合　单　价　(元)					71.77
费用	其中	人　工　费　(元)			48.13
		材　料　费　(元)			10.35
		施工机具使用费　(元)			—
		企　业　管　理　费　(元)			8.55
		利　　　润　(元)			3.97
		一　般　风　险　费　(元)			0.77
	编码	名　　称	单位	单价(元)	消　耗　量
人工	000300140	油漆综合工	工日	125.00	0.385
材料	040901600	石膏粉	kg	0.70	0.020
	142300600	滑石粉	kg	0.30	0.140
	130105440	醇酸调和漆	kg	12.82	0.680
	143501500	醇酸稀释剂	kg	10.26	0.030
	130105520	清漆	kg	11.54	0.040
	140300400	汽油 综合	kg	6.75	0.060
	311700120	血料	kg	1.28	0.160
	002000010	其他材料费	元	—	0.20

工作内容:1.包括清扫灰土、调兑血料腻子及油漆、刮腻子、刷底漆、找补腻子、磨砂纸、油漆成活。2.涂刷各遍色漆、清漆或广漆。3.润油、水粉。4.广漆(返退)披灰、上麻丝、麻布、棉筋纸、生漆。　　　　　　　　计量单位:10m²

定　额　编　号					BJ0040	BJ0041	BJ0042
项　目　名　称					木扶手(广漆)		
					土漆(广漆)二遍明光	土漆(广漆)三遍明光	土漆(广漆)四遍明光
综　合　单　价　(元)					97.18	165.83	207.40
费用	其中	人　工　费　(元)			68.25	121.00	152.00
		材　料　费　(元)			10.10	11.43	13.45
		施工机具使用费　(元)			—	—	—
		企　业　管　理　费　(元)			12.12	21.49	27.00
		利　　　润　(元)			5.62	9.97	12.52
		一　般　风　险　费　(元)			1.09	1.94	2.43
	编码	名　　称	单位	单价(元)	消　　耗　　量		
人工	000300140	油漆综合工	工日	125.00	0.546	0.968	1.216
材料	040901600	石膏粉	kg	0.70	0.060	0.070	0.080
	142301400	氧化铁红	kg	5.98	0.050	0.060	0.070
	140101200	坯油	kg	12.39	0.140	0.160	0.190
	311700120	血料	kg	1.28	0.060	0.090	0.110
	140100410	松香水	kg	7.44	0.120	0.130	0.160
	143110800	银珠	kg	76.68	0.010	0.010	0.010
	130104100	生漆	kg	44.50	0.140	0.160	0.190
	002000010	其他材料费	元	—	0.06	0.07	0.07

工作内容:1.起扎谱子、调兑颜色、绘制各种图案成活。2.贴铜(锡)箔包括支搭"金帐子";打"金胶油"贴铜箔或锡箔、描清漆。3.彩画贴铜(锡)箔包括彩画及铜(锡)箔的全部工作内容。　　　　**计量单位**:10m²

定 额 编 号					BJ0043	BJ0044	BJ0045	BJ0046
项 目 名 称					装修 匾额			
					配五合板假铜字	翻拓字样	木刻文字	灰刻文字
综 合 单 价 (元)					**4016.31**	**742.17**	**8044.77**	**7437.57**
费用	其中	人 工 费 (元)			3008.25	581.63	6303.38	5814.88
		材 料 费 (元)			177.78	—	1.66	17.78
		施工机具使用费 (元)			—	—	—	—
		企 业 管 理 费 (元)			534.27	103.30	1119.48	1032.72
		利 润 (元)			247.88	47.93	519.40	479.15
		一 般 风 险 费 (元)			48.13	9.31	100.85	93.04
	编码	名 称	单位	单价(元)	消 耗 量			
人工	000300140	油漆综合工	工日	125.00	24.066	4.653	50.427	46.519
材料	050500100	胶合板5	m²	14.10	11.000	—	—	—
	140100100	清油	kg	16.51	—	—	0.100	—
	140101400	生油	kg	5.13	—	—	—	2.000
	030100650	铁钉	kg	7.26	3.000	—	—	—
	140300400	汽油 综合	kg	6.75	—	—	—	1.100
	002000010	其他材料费	元	—	—	0.90	—	0.01	0.09

工作内容:1.起扎谱子、调兑颜色、绘制各种图案成活。2.贴铜(锡)箔包括支搭"金帐子";打"金胶油"贴铜箔或锡箔、描清漆。3.彩画贴铜(锡)箔包括彩画及铜(锡)箔的全部工作内容。　　　　**计量单位**:10m²

定 额 编 号					BJ0047	BJ0048	BJ0049	BJ0050
项 目 名 称					装修 匾额			
					匾地扫青	匾地扫绿	字刷银珠油	字刷洋绿油
综 合 单 价 (元)					**766.05**	**748.00**	**770.82**	**770.81**
费用	其中	人 工 费 (元)			581.63	581.63	573.75	573.75
		材 料 费 (元)			23.88	5.83	38.71	38.70
		施工机具使用费 (元)			—	—	—	—
		企 业 管 理 费 (元)			103.30	103.30	101.90	101.90
		利 润 (元)			47.93	47.93	47.28	47.28
		一 般 风 险 费 (元)			9.31	9.31	9.18	9.18
	编码	名 称	单位	单价(元)	消 耗 量			
人工	000300140	油漆综合工	工日	125.00	4.653	4.653	4.590	4.590
材料	142302800	群青	kg	6.84	3.000	—	—	—
	142302500	巴黎绿	kg	8.55	—	0.300	—	—
	143110800	银珠	kg	76.68	—	—	0.300	—
	130100400	醇酸磁漆	kg	11.67	—	—	—	3.300
	130105530	光油	kg	5.38	0.600	0.600	1.500	—
	140300400	汽油 综合	kg	6.75	—	—	1.100	—
	002000010	其他材料费	元	—	0.13	0.04	0.21	0.19

J.5.3　匾额饰金油漆(编码:020906012)

工作内容:1.起扎谱子、调兑颜色、绘制各种图案成活。2.贴铜(锡)箔包括支搭"金帐子";打
"金胶油"贴铜箔或锡箔、描清漆。3.彩画贴铜(锡)箔包括彩画及铜(锡)箔的全部工作内容。　　计量单位:10m²

定　额　编　号					BJ0051	BJ0052	BJ0053	BJ0054
项　目　名　称					装修 匾额			
					匾字打贴铜箔、描清漆	匾字刷化学铜粉、描清漆	新匾磨砂纸	旧匾洗刮剔字
	综　合　单　价　(元)				**3844.25**	**3574.48**	**326.49**	**1267.55**
费用	其中	人　工　费　(元)			2907.50	2762.38	255.88	969.13
		材　料　费　(元)			134.28	49.68	—	30.93
		施工机具使用费　(元)			—	—	—	—
		企　业　管　理　费　(元)			516.37	490.60	45.44	172.12
		利　　润　(元)			239.58	227.62	21.08	79.86
		一　般　风　险　费　(元)			46.52	44.20	4.09	15.51
	编码	名　称	单位	单价(元)	消　　耗　　量			
人工	000300140	油漆综合工	工日	125.00	23.260	22.099	2.047	7.753
材料	140101100	金胶油	kg	5.13	1.700	—	—	—
	130100300	丙烯酸清漆	kg	19.23	1.700	1.700	—	—
	143506400	脱漆剂	kg	10.26	—	—	—	3.000
	013500730	铜箔	张	0.07	1320.000	—	—	—
	142301900	化学铜粉	kg	5.98	—	2.460	—	—
	144107400	建筑胶	kg	1.97	—	1.030	—	—
	002000010	其他材料费	元	—	0.47	0.25	—	0.15

J.5.4　菱花扣饰金(编码:020906013)

工作内容:1.起扎谱子、调兑颜色、绘制各种图案成活。2.贴铜(锡)箔包括支搭"金帐子";打
"金胶油"贴铜箔或锡箔、描清漆。3.彩画贴铜(锡)箔包括彩画及铜(锡)箔的全部工作内容。　　计量单位:10m²

定　额　编　号					BJ0055	BJ0056
项　目　名　称					装修 菱花	
					打贴铜箔、描清漆	刷化学铜粉、描清漆
	综　合　单　价　(元)				**632.65**	**598.34**
费用	其中	人　工　费　(元)			488.50	465.25
		材　料　费　(元)			9.32	4.68
		施工机具使用费　(元)			—	—
		企　业　管　理　费　(元)			86.76	82.63
		利　　润　(元)			40.25	38.34
		一　般　风　险　费　(元)			7.82	7.44
	编码	名　称	单位	单价(元)	消　耗　量	
人工	000300140	油漆综合工	工日	125.00	3.908	3.722
材料	140101100	金胶油	kg	5.13	0.200	—
	130100300	丙烯酸清漆	kg	19.23	0.200	0.200
	013500730	铜箔	张	0.07	63.000	—
	142301900	化学铜粉	kg	5.98	—	0.120
	144107400	建筑胶	kg	1.97	—	0.050
	002000010	其他材料费	元	—	0.04	0.02

J.5.5 其他木材面饰金油漆(编码:020906015)

工作内容: 1.起扎谱子、调兑颜色、绘制各种图案成活。2.贴铜(锡)箔包括支搭"金帐子";打
"金胶油"贴铜箔或锡箔、描清漆。3.彩画贴铜(锡)箔包括彩画及铜(锡)箔的全部工作内容。　**计量单位:** 10m²

定 额 编 号				BJ0057	BJ0058	BJ0059	BJ0060
项 目 名 称				装修 平面花页		装修 雕花面页	
				打贴铜箔、描清漆	刷化学铜粉、描清漆	打贴铜箔、描清漆	刷化学铜粉、描清漆
综 合 单 价 (元)				**1369.25**	**1210.13**	**1401.30**	**1236.53**
费用	其中	人 工 费 (元)		969.13	922.50	992.38	942.88
		材 料 费 (元)		132.63	33.02	135.02	33.42
		施 工 机 具 使 用 费 (元)		—	—	—	—
		企 业 管 理 费 (元)		172.12	163.84	176.25	167.45
		利 润 (元)		79.86	76.01	81.77	77.69
		一 般 风 险 费 (元)		15.51	14.76	15.88	15.09
	编码	名 称	单位	单价(元)	消 耗 量		
人工	000300140	油漆综合工	工日	125.00	7.753	7.380	7.939	7.543
材料	140101100	金胶油	kg	5.13	0.600	—	0.600	—
	130100300	丙烯酸清漆	kg	19.23	0.600	0.600	0.600	0.600
	013500730	铜箔	张	0.07	1680.000	—	1714.000	—
	142301900	化学铜粉	kg	5.98	—	3.130	—	3.190
	144107400	建筑胶	kg	1.97	—	1.320	—	1.340
	002000010	其他材料费	元	—	0.41	0.16	0.42	0.17

工作内容: 1.起扎谱子、调兑颜色、绘制各种图案成活。2.贴铜(锡)箔包括支搭"金帐子";打
"金胶油"贴铜箔或锡箔、描清漆。3.彩画贴铜(锡)箔包括彩画及铜(锡)箔的全部工作内容。　**计量单位:** 10m²

定 额 编 号				BJ0061	BJ0062	BJ0063	BJ0064	BJ0065
项 目 名 称				装修 寻仗栏杆望柱头、花瓶、樘板			装修 吊窗小垂头连珠贴金(一对)	
				打贴铜箔、描清漆	刷化学铜粉、描清漆	素做纠粉	打贴铜箔、描清漆	刷化学铜粉、描清漆
综 合 单 价 (元)				**221.25**	**203.39**	**450.18**	**399.09**	**377.70**
费用	其中	人 工 费 (元)		162.63	155.13	341.13	310.13	294.38
		材 料 费 (元)		13.74	5.45	14.90	3.37	2.07
		施 工 机 具 使 用 费 (元)		—	—	—	—	—
		企 业 管 理 费 (元)		28.88	27.55	60.58	55.08	52.28
		利 润 (元)		13.40	12.78	28.11	25.55	24.26
		一 般 风 险 费 (元)		2.60	2.48	5.46	4.96	4.71
	编码	名 称	单位	单价(元)	消 耗 量				
人工	000300140	油漆综合工	工日	125.00	1.301	1.241	2.729	2.481	2.355
材料	140101100	金胶油	kg	5.13	0.200	—	—	0.100	—
	130100300	丙烯酸清漆	kg	19.23	0.200	0.200	—	0.100	0.100
	142302500	巴黎绿	kg	8.55	—	—	0.500	—	—
	013500730	铜箔	张	0.07	126.000	—	—	13.000	—
	142301900	化学铜粉	kg	5.98	—	0.230	—	—	0.020
	142302800	群青	kg	6.84	—	—	0.100	—	—
	144107400	建筑胶	kg	1.97	—	0.100	—	—	0.010
	130305610	白乳胶漆	kg	7.26	—	—	0.300	—	—
	144101100	白乳胶	kg	7.69	—	—	1.000	—	—
	002000010	其他材料费	元	—	0.05	0.03	0.07	0.02	0.01

工作内容：1.起扎谱子、调兑颜色、绘制各种图案成活。2.贴铜(锡)箔包括支搭"金帐子"；打 "金胶油"贴铜箔或锡箔、描清漆。3.彩画贴铜(锡)箔包括彩画及铜(锡)箔的全部工作内容。　　**计量单位**：10m²

定　额　编　号					BJ0066	BJ0067
项　目　名　称					装修 金浮雕(木雕刻)	
					打贴铜箔、描清漆	刷化学铜粉、描清漆
综　合　单　价　(元)					**8987.46**	**8297.59**
费用	其中	人　工　费　(元)			6784.13	6445.25
		材　料　费　(元)			330.91	73.45
		施工机具使用费　(元)			—	—
		企业管理费　(元)			1204.86	1144.68
		利　　　润　(元)			559.01	531.09
		一般风险费　(元)			108.55	103.12
	编码	名　　称	单位	单价(元)	消　耗　量	
人工	000300140	油漆综合工	工日	125.00	54.273	51.562
材料	140101100	金胶油	kg	5.13	0.900	—
	130100300	丙烯酸清漆	kg	19.23	0.900	0.900
	013500730	铜箔	张	0.07	4400.000	—
	142301900	化学铜粉	kg	5.98	—	8.190
	144107400	建筑胶	kg	1.97	—	3.450
	002000010	其他材料费	元	—	0.99	0.37

J.6　山花板、挂檐(落)板彩画(编码:020907)

J.6.1　山花板彩画(编码:020907001)

工作内容：1.起扎谱子、调兑颜色、绘制各种图案成活。2.贴铜(锡)箔包括支搭"金帐子"；打 "金胶油"贴铜箔或锡箔、描清漆。3.彩画贴铜(锡)箔包括彩画及铜(锡)箔的全部工作内容。　　**计量单位**：10m²

定　额　编　号					BJ0068
项　目　名　称					平面山花沥粉
综　合　单　价　(元)					**1359.45**
费用	其中	人　工　费　(元)			1058.55
		材　料　费　(元)			8.74
		施工机具使用费　(元)			—
		企业管理费　(元)			188.00
		利　　　润　(元)			87.22
		一般风险费　(元)			16.94
	编码	名　　称	单位	单价(元)	消　耗　量
人工	001000040	彩画综合工	工日	150.00	7.057
材料	142300300	大白粉	kg	0.34	4.340
	144101100	白乳胶	kg	7.69	0.940
	002000010	其他材料费	元	—	0.04

J.6.2 挂檐(落)板彩画(编码:020907002)

工作内容:1.起扎谱子、调兑颜色、绘制各种图案成活。2.贴铜(锡)箔包括支搭"金帐子";打
"金胶油"贴铜或锡箔、描清漆。3.彩画贴铜(锡)箔包括彩画及铜(锡)箔的全部工作内容。　　计量单位:10m²

定额编号					BJ0069	BJ0070	BJ0071	BJ0072
项目名称					吊檐板			
					金大边、金万字打贴铜箔、描清漆	金大边、金万字刷化学铜粉、描清漆	金大边、金博古打贴铜箔、描清漆	金大边、金博古刷化学铜粉、描清漆
综合单价(元)					1232.26	1113.76	1059.34	974.66
费用	其中	人工费(元)			897.75	853.20	790.95	751.65
		材料费(元)			86.74	25.08	50.09	15.55
		施工机具使用费(元)			—	—	—	—
		企业管理费(元)			159.44	151.53	140.47	133.49
		利润(元)			73.97	70.30	65.17	61.94
		一般风险费(元)			14.36	13.65	12.66	12.03
	编码	名称	单位	单价(元)	消　耗　量			
人工	001000040	彩画综合工	工日	150.00	5.985	5.688	5.273	5.011
材料	140101100	金胶油	kg	5.13	1.210	—	0.550	—
	130100300	丙烯酸清漆	kg	19.23	0.660	0.660	0.440	0.440
	142301900	化学铜粉	kg	5.98	—	1.800	—	1.030
	013500730	铜箔	张	0.07	965.000	—	552.000	—
	144107400	建筑胶	kg	1.97	—	0.760	—	0.430
	002000010	其他材料费	元	—	0.29	0.13	0.17	0.08

J.7 椽子、望板、天花、顶棚彩画(编码:020908)

J.7.1 椽头彩画(编码:020908001)

工作内容:1.起扎谱子、调兑颜色、绘制各种图案成活。2.贴铜(锡)箔包括支搭"金帐子";打"金胶油"贴铜箔或锡箔、描清漆。3.彩画贴铜(锡)箔包括彩画及铜(锡)箔的全部工作内容。　　计量单位:10m²

定 额 编 号				BJ0073	BJ0074	BJ0075	BJ0076
项 目 名 称				椽子头		椽子头黄线素做(黄万字、黄边画百花图)	椽(桷)子头罩光油一道
				送水椽子头片金、椽子头金边画百花图、金虎			
				打贴铜箔、描清漆打贴铜箔	刷化学铜粉、描清漆刷化学铜		
综 合 单 价 (元)				8472.71	7989.81	2725.89	117.85
费用其中		人 工 费 (元)		6531.30	6204.75	2115.45	89.10
		材 料 费 (元)		138.77	72.55	26.58	4.16
		施工机具使用费 (元)		—	—	—	—
		企 业 管 理 费 (元)		1159.96	1101.96	375.70	15.82
		利 润 (元)		538.18	511.27	174.31	7.34
		一 般 风 险 费 (元)		104.50	99.28	33.85	1.43
	编码	名 称	单位	单价(元)	消 耗 量		
人工	001000040	彩画综合工	工日	150.00	43.542	41.365	14.103	0.594
材料	142300300	大白粉	kg	0.34	4.300	4.300	—	—
	144101100	白乳胶	kg	7.69	2.150	2.150	1.100	—
	140101100	金胶油	kg	5.13	0.750	—	—	—
	130100300	丙烯酸清漆	kg	19.23	0.550	0.550	—	—
	142301900	化学铜粉	kg	5.98	—	2.020	—	—
	013500730	铜箔	张	0.07	1085.000	—	—	—
	144107400	建筑胶	kg	1.97	—	0.850	—	—
	142302500	巴黎绿	kg	8.55	0.170	0.170	0.400	—
	142302800	群青	kg	6.84	0.740	0.740	1.600	—
	130305610	白乳胶漆	kg	7.26	0.330	0.330	0.500	—
	142300600	滑石粉	kg	0.30	4.200	4.200	—	—
	130105530	光油	kg	5.38	0.840	0.840	—	—
	130105420	黄调和漆	kg	11.97	0.260	0.260	—	—
	143110800	银珠	kg	76.68	0.010	0.010	—	—
	130100400	醇酸磁漆	kg	11.67	0.840	0.840	—	—
	140300400	汽油 综合	kg	6.75	0.220	0.220	—	—
	140100200	熟桐油	kg	6.84	—	—	—	0.600
	002000010	其他材料费	元	—	0.54	0.37	0.13	0.06

J.7.2　椽子、望板彩画(编码:020908002)

工作内容:1.起扎谱子、调兑颜色、绘制各种图案成活。2.贴铜(锡)箔包括支搭"金帐子";打"金胶油"贴铜箔或锡箔、描清漆。3.彩画贴铜(锡)箔包括彩画及铜(锡)箔的全部工作内容。　　　　计量单位:m²

定　额　编　号					BJ0077	BJ0078
项　目　名　称					椽子、望板彩画	椽子、望板罩光油一道
综　合　单　价　(元)					**281.51**	**11.71**
费用	其中	人　工　费　(元)			214.50	8.85
		材　料　费　(元)			7.81	0.42
		施工机具使用费　(元)			—	—
		企　业　管　理　费　(元)			38.10	1.57
		利　　　润　(元)			17.67	0.73
		一　般　风　险　费　(元)			3.43	0.14
	编码	名　称	单位	单价(元)	消　耗　量	
人工	001000040	彩画综合工	工日	150.00	1.430	0.059
材料	144101100	白乳胶	kg	7.69	0.093	—
	142300600	滑石粉	kg	0.30	0.165	—
	130100400	醇酸磁漆	kg	11.67	0.235	—
	140100200	熟桐油	kg	6.84	0.020	0.060
	143501500	醇酸稀释剂	kg	10.26	0.391	—
	002000010	其他材料费	元	—	0.15	0.01

J.7.3　天花、顶棚彩画(编码:020908003)

工作内容:1.起扎谱子、调兑颜色、绘制各种图案成活。2.贴铜(锡)箔包括支搭"金帐子";打"金胶油"贴铜箔或锡箔、描清漆。3.彩画贴铜(锡)箔包括彩画及铜(锡)箔的全部工作内容。　　　　计量单位:10m²

定　额　编　号					BJ0079	BJ0080	BJ0081
项　目　名　称					天花、顶棚彩画		
					井口板素做天花		
					打贴铜箔、描清漆	刷化学铜粉、描清漆	五彩龙鼓子心
综　合　单　价　(元)					**2753.40**	**3672.49**	**5902.51**
费用	其中	人　工　费　(元)			2132.55	2854.50	4600.50
		材　料　费　(元)			32.27	30.15	32.27
		施工机具使用费　(元)			—	—	—
		企　业　管　理　费　(元)			378.74	506.96	817.05
		利　　　润　(元)			175.72	235.21	379.08
		一　般　风　险　费　(元)			34.12	45.67	73.61
	编码	名　称	单位	单价(元)	消　耗　量		
人工	001000040	彩画综合工	工日	150.00	14.217	19.030	30.670
材料	142302500	巴黎绿	kg	8.55	0.500	0.500	0.500
	142302800	群青	kg	6.84	0.100	0.100	0.100
	130105420	黄调和漆	kg	11.97	0.400	0.400	0.400
	130305610	白乳胶漆	kg	7.26	0.700	0.400	0.700
	130105530	光油	kg	5.38	0.100	0.100	0.100
	142300300	大白粉	kg	0.34	1.800	2.000	1.800
	144101100	白乳胶	kg	7.69	1.100	1.100	1.100
	143110800	银珠	kg	76.68	0.100	0.100	0.100
	002000010	其他材料费	元	—	0.16	0.15	0.16

工作内容:1.起扎谱子、调兑颜色、绘制各种图案成活。2.贴铜(锡)箔包括支搭"金帐子";打
"金胶油"贴铜箔或锡箔、描清漆。3.彩画贴铜(锡)箔包括彩画及铜(锡)箔的全部工作内容。　　计量单位:10m²

定　额　编　号					BJ0082	BJ0083	BJ0084
项　目　名　称					天花、顶棚彩画		
					刷支条、井口线贴金		刷支条、井口线
					打贴铜箔、描清漆	刷化学铜粉、描清漆	拉色
综　合　单　价　(元)					292.12	265.91	104.61
费用	其中	人　工　费　(元)			207.60	197.25	75.45
		材　料　费　(元)			27.22	14.22	8.33
		施工机具使用费　(元)			—	—	—
		企　业　管　理　费　(元)			36.87	35.03	13.40
		利　　润　(元)			17.11	16.25	6.22
		一　般　风　险　费　(元)			3.32	3.16	1.21
	编码	名　称	单位	单价(元)	消　　耗　　量		
人工	001000040	彩画综合工	工日	150.00	1.384	1.315	0.503
材料	142302500	巴黎绿	kg	8.55	0.700	0.700	0.700
	130105420	黄调和漆	kg	11.97	0.200	0.200	0.200
	144101100	白乳胶	kg	7.69	0.300	0.300	0.300
	140101100	金胶油	kg	5.13	0.200	0.200	—
	013500730	铜箔	张	0.07	165.000	—	—
	130100300	丙烯酸清漆	kg	19.23	0.200	—	—
	140300400	汽油 综合	kg	6.75	—	0.200	—
	142301900	化学铜粉	kg	5.98	—	0.310	—
	144107400	建筑胶	kg	1.97	—	0.130	—
	002000010	其他材料费	元	—	0.11	0.07	0.04

工作内容:1.起扎谱子、调兑颜色、绘制各种图案成活。2.贴铜(锡)箔包括支搭"金帐子";打
"金胶油"贴铜箔或锡箔、描清漆。3.彩画贴铜(锡)箔包括彩画及铜(锡)箔的全部工作内容。　　计量单位:10m²

定　额　编　号					BJ0085	BJ0086	BJ0087	BJ0088
项　目　名　称					天花、顶棚彩画			
					支条金琢墨燕尾彩画		支条烟琢墨燕尾彩画	
					打贴铜箔、描清漆	刷化学铜粉、描清漆	打贴铜箔、描清漆	刷化学铜粉、描清漆
综　合　单　价　(元)					2076.29	1952.83	1681.31	1583.17
费用	其中	人　工　费　(元)			1584.30	1505.10	1280.70	1216.35
		材　料　费　(元)			54.72	32.32	47.14	31.11
		施工机具使用费　(元)			—	—	—	—
		企　业　管　理　费　(元)			281.37	267.31	227.45	216.02
		利　　润　(元)			130.55	124.02	105.53	100.23
		一　般　风　险　费　(元)			25.35	24.08	20.49	19.46
	编码	名　称	单位	单价(元)	消　　耗　　量			
人工	001000040	彩画综合工	工日	150.00	10.562	10.034	8.538	8.109
材料	142302500	巴黎绿	kg	8.55	0.770	0.770	0.770	0.770
	130105420	黄调和漆	kg	11.97	0.330	0.330	0.220	0.220
	144101100	白乳胶	kg	7.69	0.770	0.770	0.660	0.660
	142302800	群青	kg	6.84	0.110	0.110	0.110	0.110
	130305610	白乳胶漆	kg	7.26	0.220	0.220	0.660	0.660
	140300400	汽油 综合	kg	6.75	0.220	0.220	0.220	0.220
	140101100	金胶油	kg	5.13	0.440	—	0.330	—
	142300300	大白粉	kg	0.34	1.000	1.000	0.800	0.800
	143110800	银珠	kg	76.68	0.010	0.010	0.010	0.010
	013500730	铜箔	张	0.07	350.000	—	250.000	—
	130100300	丙烯酸清漆	kg	19.23	0.330	0.330	0.280	0.280
	142301900	化学铜粉	kg	5.98	—	0.650	—	0.470
	144107400	建筑胶	kg	1.97	—	0.270	—	0.200
	002000010	其他材料费	元	—	0.22	0.16	0.20	0.16

工作内容：1.起扎谱子、调兑颜色、绘制各种图案成活。2.贴铜（锡）箔包括支搭"金帐子"；打
"金胶油"贴铜箔或锡箔、描清漆。3.彩画贴铜（锡）箔包括彩画及铜（锡）箔的全部工作内容。　　计量单位：10m²

定　额　编　号					BJ0089	BJ0090
项　目　名　称					天花、顶棚彩画	
					支条不贴金燕尾彩画	灯花沥粉无金彩画
综　合　单　价　（元）					**1270.62**	**4780.86**
费用	其中	人　工　费　（元）			979.50	3725.55
		材　料　费　（元）			20.78	27.05
		施工机具使用费　（元）			—	—
		企业管理费　（元）			173.96	661.66
		利　　　润　（元）			80.71	306.99
		一　般　风　险　费　（元）			15.67	59.61
	编码	名　　称	单位	单价（元）	消　　耗　　量	
人工	001000040	彩画综合工	工日	150.00	6.530	24.837
材料	142302500	巴黎绿	kg	8.55	0.770	0.550
	130105420	黄调和漆	kg	11.97	0.220	0.440
	144101100	白乳胶	kg	7.69	0.660	1.100
	142302800	群青	kg	6.84	0.110	0.140
	130305610	白乳胶漆	kg	7.26	0.220	0.650
	140300400	汽油 综合	kg	6.75	0.330	—
	142300300	大白粉	kg	0.34	0.800	2.000
	143110800	银珠	kg	76.68	0.020	0.020
	130105530	光油	kg	5.38	—	0.110
	002000010	其他材料费	元	—	0.10	0.14

工作内容：1.起扎谱子、调兑颜色、绘制各种图案成活。2.贴铜（锡）箔包括支搭"金帐子"；打
"金胶油"贴铜箔或锡箔、描清漆。3.彩画贴铜（锡）箔包括彩画及铜（锡）箔的全部工作内容。　　计量单位：10m²

定　额　编　号					BJ0091	BJ0092	BJ0093	BJ0094
项　目　名　称					天花、顶棚彩画			
					灯花金琢墨彩画		灯花局部贴金彩画	
					打贴铜箔、描清漆	刷化学铜粉、描清漆	打贴铜箔、描清漆	刷化学铜粉、描清漆
综　合　单　价　（元）					**6873.18**	**6490.85**	**5348.32**	**5063.68**
费用	其中	人　工　费　（元）			5322.45	5056.20	4144.65	3937.05
		材　料　费　（元）			81.73	39.14	59.75	40.01
		施工机具使用费　（元）			—	—	—	—
		企业管理费　（元）			945.27	897.98	736.09	699.22
		利　　　润　（元）			438.57	416.63	341.52	324.41
		一　般　风　险　费　（元）			85.16	80.90	66.31	62.99
	编码	名　称	单位	单价（元）	消　　耗　　量			
人工	001000040	彩画综合工	工日	150.00	35.483	33.708	27.631	26.247
材料	142302500	巴黎绿	kg	8.55	0.550	0.550	0.550	0.550
	142302800	群青	kg	6.84	0.140	0.140	0.140	0.140
	130305610	白乳胶漆	kg	7.26	0.650	0.650	0.650	0.650
	130105530	光油	kg	5.38	0.110	0.110	0.110	0.110
	130105420	黄调和漆	kg	11.97	0.440	0.440	0.440	0.440
	140101100	金胶油	kg	5.13	0.550	—	0.350	—
	142300300	大白粉	kg	0.34	2.000	2.000	2.000	2.000
	143110800	银珠	kg	76.68	0.020	0.020	0.020	0.020
	013500730	铜箔	张	0.07	693.000	—	312.000	—
	130100300	丙烯酸清漆	kg	19.23	0.050	0.050	0.350	0.350
	144101100	白乳胶	kg	7.69	1.100	1.100	1.100	1.100
	140300400	汽油 综合	kg	6.75	0.330	0.330	0.330	0.330
	142301900	化学铜粉	kg	5.98	—	1.300	—	0.580
	144107400	建筑胶	kg	1.97	—	0.540	—	0.240
料	002000010	其他材料费	元	—	0.30	0.20	0.25	0.20

工作内容:1.起扎谱子、调兑颜色、绘制各种图案成活。2.贴铜(锡)箔包括支搭"金帐子";打
　　　　"金胶油"贴铜箔或锡箔、描清漆。3.彩画贴铜(锡)箔包括彩画及铜(锡)箔的全部工作内容。　计量单位:10m²

定　额　编　号				BJ0095	BJ0096
项　目　名　称				天花、顶棚彩画井口板金琢墨岔角云	
				片金鼓子心彩画	
				打贴铜箔、描清漆	刷化学铜粉、描清漆
综　合　单　价　(元)				**4190.81**	**3939.31**
费用	其中	人　工　费　(元)		3212.70	3049.05
		材　料　费　(元)		91.40	48.73
		施工机具使用费　(元)		—	—
		企业管理费　(元)		570.58	541.51
		利　润　(元)		264.73	251.24
		一般风险费　(元)		51.40	48.78
	编码	名　称	单位	单价(元)	消　耗　量	
人工	001000040	彩画综合工	工日	150.00	21.418	20.327
材料	142302500	巴黎绿	kg	8.55	0.550	0.550
	142302800	群青	kg	6.84	0.140	0.140
	130305610	白乳胶漆	kg	7.26	0.650	0.650
	130105530	光油	kg	5.38	0.110	0.110
	130105420	黄调和漆	kg	11.97	0.440	0.440
	140101100	金胶油	kg	5.13	0.550	—
	142300300	大白粉	kg	0.34	2.000	2.000
	143110800	银珠	kg	76.68	0.020	0.020
	013500730	铜箔	张	0.07	693.000	—
	130100300	丙烯酸清漆	kg	19.23	0.550	0.550
	144101100	白乳胶	kg	7.69	1.100	1.100
	140300400	汽油 综合	kg	6.75	0.330	0.330
	142301900	化学铜粉	kg	5.98	—	1.290
	144107400	建筑胶	kg	1.97	—	0.540
	002000010	其他材料费	元	—	0.35	0.24

工作内容:1.起扎谱子、调兑颜色、绘制各种图案成活。2.贴铜(锡)箔包括支搭"金帐子";打
　　　　"金胶油"贴铜箔或锡箔、描清漆。3.彩画贴铜(锡)箔包括彩画及铜(锡)箔的全部工作内容。　计量单位:10m²

定　额　编　号				BJ0097	BJ0098
项　目　名　称				天花、顶棚彩画井口板金琢墨岔角云	
				做梁鼓子心彩画	
				打贴铜箔、描清漆	刷化学铜粉、描清漆
综　合　单　价　(元)				**1459.73**	**4031.41**
费用	其中	人　工　费　(元)		1091.85	3127.35
		材　料　费　(元)		66.53	40.91
		施工机具使用费　(元)		—	—
		企业管理费　(元)		193.91	555.42
		利　润　(元)		89.97	257.69
		一般风险费　(元)		17.47	50.04
	编码	名　称	单位	单价(元)	消　耗　量	
人工	001000040	彩画综合工	工日	150.00	7.279	20.849
材料	142302500	巴黎绿	kg	8.55	0.550	0.550
	142302800	群青	kg	6.84	0.140	0.140
	130305610	白乳胶漆	kg	7.26	0.720	0.720
	130105530	光油	kg	5.38	0.110	0.110
	130105420	黄调和漆	kg	11.97	0.400	0.400
	140101100	金胶油	kg	5.13	0.330	—
	142300300	大白粉	kg	0.34	1.800	1.800
	143110800	银珠	kg	76.68	0.020	0.020
	013500730	铜箔	张	0.07	416.000	—
	130100300	丙烯酸清漆	kg	19.23	0.330	0.330
	144101100	白乳胶	kg	7.69	1.100	1.100
	140300400	汽油 综合	kg	6.75	0.330	0.330
	142301900	化学铜粉	kg	5.98	—	0.770
	144107400	建筑胶	kg	1.97	—	0.330
	002000010	其他材料费	元	—	0.27	0.21

工作内容:1.起扎谱子、调兑颜色、绘制各种图案成活。2.贴铜(锡)箔包括支搭"金帐子";打
　　　　"金胶油"贴铜箔或锡箔、描清漆。3.彩画贴铜(锡)箔包括彩画及铜(锡)箔的全部工作内容。　　　**计量单位:10m²**

定　额　编　号					BJ0099	BJ0100
项　目　名　称					天花、顶棚彩画井口板金琢墨岔角云	
					片金鼓子心彩画	
					打贴铜箔、描清漆	刷化学铜粉、描清漆
综　合　单　价　(元)					**3332.86**	**3137.65**
费用	其中	人　工　费　(元)			2553.60	2426.25
		材　料　费　(元)			74.46	41.76
		施工机具使用费(元)			—	—
		企　业　管　理　费(元)			453.52	430.90
		利　　润　(元)			210.42	199.92
		一　般　风　险　费(元)			40.86	38.82
	编码	名　称	单位	单价(元)	消　耗　量	
人工	001000040	彩画综合工	工日	150.00	17.024	16.175
材料	142302500	巴黎绿	kg	8.55	0.550	0.550
	142302800	群青	kg	6.84	0.140	0.140
	130305610	白乳胶漆	kg	7.26	0.720	0.720
	130105530	光油	kg	5.38	0.110	0.110
	130105420	黄调和漆	kg	11.97	0.400	0.400
	140101100	金胶油	kg	5.13	0.330	—
	142300300	大白粉	kg	0.34	1.800	1.800
	143110800	银珠	kg	76.68	0.010	0.010
	013500730	铜箔	张	0.07	540.000	—
	130100300	丙烯酸清漆	kg	19.23	0.330	0.330
	144101100	白乳胶	kg	7.69	1.100	1.100
	140300400	汽油 综合	kg	6.75	0.330	0.330
	142301900	化学铜粉	kg	5.98	—	1.010
	144107400	建筑胶	kg	1.97	—	0.420
	002000010	其他材料费	元	—	0.29	0.21

工作内容:1.起扎谱子、调兑颜色、绘制各种图案成活。2.贴铜(锡)箔包括支搭"金帐子";打
　　　　"金胶油"贴铜箔或锡箔、描清漆。3.彩画贴铜(锡)箔包括彩画及铜(锡)箔的全部工作内容。　　　**计量单位:10m²**

定　额　编　号					BJ0101	BJ0102
项　目　名　称					天花、顶棚彩画井口板烟琢墨岔角云	
					做梁及攒退鼓子心彩画	
					作染及攒退鼓子心	六字真言鼓子心
综　合　单　价　(元)					**3680.76**	**3483.26**
费用	其中	人　工　费　(元)			2844.15	2701.65
		材　料　费　(元)			51.62	35.95
		施工机具使用费(元)			—	—
		企　业　管　理　费(元)			505.12	479.81
		利　　润　(元)			234.36	222.62
		一　般　风　险　费(元)			45.51	43.23
	编码	名　称	单位	单价(元)	消　耗　量	
人工	001000040	彩画综合工	工日	150.00	18.961	18.011
材料	142302500	巴黎绿	kg	8.55	0.550	0.550
	142302800	群青	kg	6.84	0.140	0.140
	130305610	白乳胶漆	kg	7.26	0.720	0.720
	130105530	光油	kg	5.38	0.110	0.110
	130105420	黄调和漆	kg	11.97	0.400	0.400
	140101100	金胶油	kg	5.13	0.220	—
	142300300	大白粉	kg	0.34	1.800	1.800
	143110800	银珠	kg	76.68	0.010	0.010
	013500730	铜箔	张	0.07	253.000	—
	130100300	丙烯酸清漆	kg	19.23	0.220	0.220
	144101100	白乳胶	kg	7.69	1.100	1.100
	140300400	汽油 综合	kg	6.75	0.330	0.330
	142301900	化学铜粉	kg	5.98	—	0.470
	144107400	建筑胶	kg	1.97	—	0.200
	002000010	其他材料费	元	—	0.22	0.18

工作内容：1.起扎谱子、调兑颜色、绘制各种图案成活。2.贴铜（锡）箔包括支搭"金帐子"；打
"金胶油"贴铜箔或锡箔、描清漆。3.彩画贴铜（锡）箔包括彩画及铜（锡）箔的全部工作内容。　计量单位：10m²

定 额 编 号				BJ0103	BJ0104	BJ0105	BJ0106
项 目 名 称				天花、顶棚彩画井口板			
				方圆鼓子心金线彩画		六字真言天花	
				打贴铜箔、描清漆	刷化学铜粉、描清漆	打贴铜箔、描清漆	刷化学铜粉、描清漆
综 合 单 价 （元）				3169.14	2998.05	5652.93	5334.65
费用	其中	人 工 费 （元）		2443.20	2321.40	4358.85	4140.90
		材 料 费 （元）		51.62	35.95	91.04	50.87
		施工机具使用费 （元）		—	—	—	—
		企 业 管 理 费 （元）		433.91	412.28	774.13	735.42
		利 润 （元）		201.32	191.28	359.17	341.21
		一 般 风 险 费 （元）		39.09	37.14	69.74	66.25
编码	名 称	单位	单价（元）	消 耗 量			
人工	001000040	彩画综合工	工日	150.00	16.288	15.476	29.059	27.606
材料	142302500	巴黎绿	kg	8.55	0.550	0.550	0.500	0.500
	142302800	群青	kg	6.84	0.140	0.140	0.100	0.100
	130305610	白乳胶漆	kg	7.26	0.720	0.720	0.400	0.400
	130105530	光油	kg	5.38	0.110	0.110	0.100	0.100
	130105420	黄调和漆	kg	11.97	0.400	0.400	0.400	0.400
	140101100	金胶油	kg	5.13	0.220	—	0.500	—
	142300300	大白粉	kg	0.34	1.800	1.800	2.000	2.000
	143110800	银珠	kg	76.68	0.010	0.010	0.100	0.100
	013500730	铜箔	张	0.07	253.000	—	693.000	—
	130100300	丙烯酸清漆	kg	19.23	0.220	0.220	0.500	0.500
	144101100	白乳胶	kg	7.69	1.100	1.100	1.100	1.100
	140300400	汽油 综合	kg	6.75	0.330	0.330	—	0.330
	142301900	化学铜粉	kg	5.98	—	0.470	—	1.290
	144107400	建筑胶	kg	1.97	—	0.200	—	0.540
	002000010	其他材料费	元	—	0.22	0.18	0.35	0.25

工作内容：1.起扎谱子、调兑颜色、绘制各种图案成活。2.贴铜（锡）箔包括支搭"金帐子"；打
"金胶油"贴铜箔或锡箔、描清漆。3.彩画贴铜（锡）箔包括彩画及铜（锡）箔的全部工作内容。　计量单位：10m²

定 额 编 号				BJ0107	BJ0108	BJ0109	BJ0110
项 目 名 称				天花、顶棚彩画井口板			
				金琢墨岔角云五彩龙鼓子心彩画		烟琢墨岔角云五彩龙鼓子心彩画	
				打贴铜箔、描清漆	刷化学铜粉、描清漆	作染及攒退鼓子心	六字真言鼓子心
综 合 单 价 （元）				7385.83	6994.79	6293.14	5970.05
费用	其中	人 工 费 （元）		5737.35	5450.85	4893.00	4652.40
		材 料 费 （元）		64.97	39.51	49.67	33.58
		施工机具使用费 （元）		—	—	—	—
		企 业 管 理 费 （元）		1018.95	968.07	869.00	826.27
		利 润 （元）		472.76	449.15	403.18	383.36
		一 般 风 险 费 （元）		91.80	87.21	78.29	74.44
编码	名 称	单位	单价（元）	消 耗 量			
人工	001000040	彩画综合工	工日	150.00	38.249	36.339	32.620	31.016
材料	142302500	巴黎绿	kg	8.55	0.500	0.500	0.500	0.500
	142302800	群青	kg	6.84	0.100	0.100	0.100	0.100
	130305610	白乳胶漆	kg	7.26	0.700	0.700	0.700	0.700
	130105530	光油	kg	5.38	0.100	0.100	0.100	0.100
	130105420	黄调和漆	kg	11.97	0.400	0.400	0.400	0.400
	140101100	金胶油	kg	5.13	0.300	—	0.300	—
	142300300	大白粉	kg	0.34	1.800	1.800	1.800	1.800
	130100300	丙烯酸清漆	kg	19.23	0.500	0.500	0.300	0.300
	013500730	铜箔	张	0.07	416.000	—	253.000	—
	144101100	白乳胶	kg	7.69	1.100	1.100	1.100	1.100
	142301900	化学铜粉	kg	5.98	—	0.770	—	0.470
	144107400	建筑胶	kg	1.97	—	0.330	—	0.200
	002000010	其他材料费	元	—	0.26	0.20	0.21	0.17

工作内容：1.起扎谱子、调兑颜色、绘制各种图案成活。2.贴铜（锡）箔包括支搭"金帐子"；打
"金胶油"贴铜箔或锡箔、描清漆。3.彩画贴铜（锡）箔包括彩画及铜（锡）箔的全部工作内容。　**计量单位**：10m²

	定　额　编　号				BJ0111	BJ0112
	项　目　名　称				天花、顶棚彩画	
					新式天花金琢墨做法	
					打贴铜箔、描清漆	刷化学铜粉、描清漆
	综　合　单　价　（元）				**4011.99**	**3773.40**
费用	其中	人　工　费　（元）			3071.70	2917.95
		材　料　费　（元）			92.50	50.09
		施工机具使用费　（元）			—	—
		企　业　管　理　费　（元）			545.53	518.23
		利　　　　润　（元）			253.11	240.44
		一　般　风　险　费　（元）			49.15	46.69
	编码	名　　　　称	单位	单价（元）	消　　耗　　量	
人工	001000040	彩画综合工	工日	150.00	20.478	19.453
材料	142302500	巴黎绿	kg	8.55	0.500	0.500
	142302800	群青	kg	6.84	0.100	0.100
	130305610	白乳胶漆	kg	7.26	0.600	0.600
	130105530	光油	kg	5.38	0.100	0.100
	130105420	黄调和漆	kg	11.97	0.400	0.400
	140101100	金胶油	kg	5.13	0.500	—
	142300300	大白粉	kg	0.34	2.000	2.000
	130100300	丙烯酸清漆	kg	19.23	0.500	0.500
	013500730	铜箔	张	0.07	693.000	—
	144101100	白乳胶	kg	7.69	1.100	1.100
	142301900	化学铜粉	kg	5.98	—	1.290
	144107400	建筑胶	kg	1.97	—	0.540
	143110800	银珠	kg	76.68	0.100	0.100
	002000010	其他材料费	元	—	0.36	0.25

工作内容：1.起扎谱子、调兑颜色、绘制各种图案成活。2.贴铜（锡）箔包括支搭"金帐子"；打
"金胶油"贴铜箔或锡箔、描清漆。3.彩画贴铜（锡）箔包括彩画及铜（锡）箔的全部工作内容。　**计量单位**：10m²

	定　额　编　号				BJ0113	BJ0114
	项　目　名　称				天花、顶棚彩画	
					新式天花金线方圆鼓子心	
					打贴铜箔、描清漆	刷化学铜粉、描清漆
	综　合　单　价　（元）				**3329.98**	**3150.75**
费用	其中	人　工　费　（元）			2566.65	2438.40
		材　料　费　（元）			54.93	39.36
		施工机具使用费　（元）			—	—
		企　业　管　理　费　（元）			455.84	433.06
		利　　　　润　（元）			211.49	200.92
		一　般　风　险　费　（元）			41.07	39.01
	编码	名　　　　称	单位	单价（元）	消　　耗　　量	
人工	001000040	彩画综合工	工日	150.00	17.111	16.256
材料	142302500	巴黎绿	kg	8.55	0.500	0.500
	142302800	群青	kg	6.84	0.100	0.100
	130305610	白乳胶漆	kg	7.26	0.700	0.700
	130105530	光油	kg	5.38	0.100	0.100
	130105420	黄调和漆	kg	11.97	0.400	0.400
	140101100	金胶油	kg	5.13	0.200	—
	142300300	大白粉	kg	0.34	1.800	1.800
	143110800	银珠	kg	76.68	0.100	0.100
	013500730	铜箔	张	0.07	253.000	—
	130100300	丙烯酸清漆	kg	19.23	0.200	0.200
	144101100	白乳胶	kg	7.69	1.100	1.100
	142301900	化学铜粉	kg	5.98	—	0.470
	144107400	建筑胶	kg	1.97	—	0.200
	002000010	其他材料费	元	—	0.24	0.20

工作内容:1.起扎谱子、调兑颜色、绘制各种图案成活。2.贴铜(锡)箔包括支搭"金帐子";打
"金胶油"贴铜箔或锡箔、描清漆。3.彩画贴铜(锡)箔包括彩画及铜(锡)箔的全部工作内容。　　计量单位:m²

定　额　编　号					BJ0115	BJ0116
项　目　名　称					灯花彩画沥粉无金	灯花罩光油一道
	综　合　单　价　(元)				**455.15**	**8.46**
费 用	其 中	人　工　费　(元)			354.15	6.30
		材　料　费　(元)			3.25	0.42
		施 工 机 具 使 用 费　(元)			—	—
		企 业 管 理 费　(元)			62.90	1.12
		利　润　(元)			29.18	0.52
		一 般 风 险 费　(元)			5.67	0.10
	编码	名　　　称	单位	单价(元)	消　耗　量	
人 工	001000040	彩画综合工	工日	150.00	2.361	0.042
材 料	142300300	大白粉	kg	0.34	0.200	—
	144101100	白乳胶	kg	7.69	0.110	—
	142302500	巴黎绿	kg	8.55	0.060	—
	142302800	群青	kg	6.84	0.010	—
	143110800	银珠	kg	76.68	0.010	—
	311900920	高丽纸 980×980	张	0.45	1.600	—
	140100200	熟桐油	kg	6.84	0.010	0.060
	002000010	其他材料费	元	—	0.20	0.01

J.8 上下架构件彩画(编码:020909)

J.8.1 上架构件和玺彩画(编码:020909001)

工作内容: 1.起扎谱子、调兑颜色、绘制各种图案成活。2.贴铜(锡)箔包括支搭"金帐子";打"金胶油"贴铜箔或锡箔、描清漆。3.彩画贴铜(锡)箔包括彩画及铜(锡)箔的全部工作内容。　　**计量单位:**10m²

	定　额　编　号				BJ0117	BJ0118
	项　目　名　称				上架木件 金龙和玺、龙凤和玺	
					打贴铜箔、描清漆	刷化学铜粉、描清漆
	综　合　单　价　(元)				3157.07	2966.09
费用	其中	人　工　费　(元)			2394.15	2274.30
		材　料　费　(元)			102.13	64.08
		施工机具使用费　(元)			—	—
		企　业　管　理　费　(元)			425.20	403.92
		利　　润　(元)			197.28	187.40
		一　般　风　险　费　(元)			38.31	36.39
	编码	名　称	单位	单价(元)	消　耗　量	
人工	001000040	彩画综合工	工日	150.00	15.961	15.162
材料	142302500	巴黎绿	kg	8.55	1.380	1.380
	142302800	群青	kg	6.84	0.260	0.260
	130305610	白乳胶漆	kg	7.26	1.100	1.100
	144101100	白乳胶	kg	7.69	1.100	1.100
	130105530	光油	kg	5.38	0.190	0.190
	130105420	黄调和漆	kg	11.97	0.320	0.320
	140101100	金胶油	kg	5.13	0.660	—
	130100300	丙烯酸清漆	kg	19.23	0.660	0.660
	143110800	银珠	kg	76.68	0.090	0.090
	013500730	铜箔	张	0.07	599.000	—
	142300600	滑石粉	kg	0.30	1.580	1.580
	142300300	大白粉	kg	0.34	2.100	2.100
	140300400	汽油 综合	kg	6.75	0.110	0.110
	142301900	化学铜粉	kg	5.98	—	1.080
	144107400	建筑胶	kg	1.97	—	0.460
	002000010	其他材料费	元	—	0.42	0.32

工作内容：1.起扎谱子、调兑颜色、绘制各种图案成活。2.贴铜（锡）箔包括支搭"金帐子"；打
"金胶油"贴铜箔或锡箔、描清漆。3.彩画贴铜（锡）箔包括彩画及铜（锡）箔的全部工作内容。　　**计量单位：10m²**

	定　额　编　号				BJ0119	BJ0120
	项　目　名　称				上架木件　龙草和玺	
					打贴铜箔、描清漆	刷化学铜粉、描清漆
	综　合　单　价　（元）				**2702.43**	**2540.27**
费用	其中	人　工　费　（元）			2044.80	1942.95
		材　料　费　（元）			93.26	61.06
		施工机具使用费（元）			—	—
		企　业　管　理　费（元）			363.16	345.07
		利　　润　（元）			168.49	160.10
		一　般　风　险　费（元）			32.72	31.09
	编码	名　　称	单位	单价（元）	消　　耗　　量	
人工	001000040	彩画综合工	工日	150.00	13.632	12.953
材料	142302500	巴黎绿	kg	8.55	1.380	1.380
	142302800	群青	kg	6.84	0.260	0.260
	130305610	白乳胶漆	kg	7.26	1.100	1.100
	144101100	白乳胶	kg	7.69	1.100	1.100
	130105530	光油	kg	5.38	0.190	0.190
	130105420	黄调和漆	kg	11.97	0.320	0.320
	140101100	金胶油	kg	5.13	0.550	—
	130100300	丙烯酸清漆	kg	19.23	0.550	0.550
	143110800	银珠	kg	76.68	0.090	0.090
	013500730	铜箔	张	0.07	511.000	—
	142300600	滑石粉	kg	0.30	1.580	1.580
	142300300	大白粉	kg	0.34	2.100	2.100
	140300400	汽油 综合	kg	6.75	0.110	0.110
	142301900	化学铜粉	kg	5.98	—	0.950
	144107400	建筑胶	kg	1.97	—	0.400
	002000010	其他材料费	元	—	0.39	0.31

工作内容：1.起扎谱子、调兑颜色、绘制各种图案成活。2.贴铜（锡）箔包括支搭"金帐子"；打
"金胶油"贴铜箔或锡箔、描清漆。3.彩画贴铜（锡）箔包括彩画及铜（锡）箔的全部工作内容。　　**计量单位：10m²**

	定　额　编　号				BJ0121	BJ0122
	项　目　名　称				上架木件　素做和玺彩画	
					龙凤和玺	龙草和玺
	综　合　单　价　（元）				**1933.63**	**1711.02**
费用	其中	人　工　费　（元）			1481.40	1306.95
		材　料　费　（元）			43.36	43.36
		施工机具使用费（元）			—	—
		企　业　管　理　费（元）			263.10	232.11
		利　　润　（元）			122.07	107.69
		一　般　风　险　费（元）			23.70	20.91
	编码	名　　称	单位	单价（元）	消　　耗　　量	
人工	001000040	彩画综合工	工日	150.00	9.876	8.713
材料	142302500	巴黎绿	kg	8.55	1.300	1.300
	142302800	群青	kg	6.84	0.300	0.300
	130305610	白乳胶漆	kg	7.26	1.100	1.100
	144101100	白乳胶	kg	7.69	1.100	1.100
	130105530	光油	kg	5.38	0.200	0.200
	130105420	黄调和漆	kg	11.97	0.300	0.300
	143110800	银珠	kg	76.68	0.100	0.100
	142300600	滑石粉	kg	0.30	1.600	1.600
	142300300	大白粉	kg	0.34	2.100	2.100
	002000010	其他材料费	元	—	0.22	0.22

工作内容:1.起扎谱子、调兑颜色、绘制各种图案成活。2.贴铜(锡)箔包括支搭"金帐子";打
　　　"金胶油"贴铜箔或锡箔、描清漆。3.彩画贴铜(锡)箔包括彩画及铜(锡)箔的全部工作内容。　　计量单位:10m²

定　额　编　号					BJ0123	BJ0124
项　目　名　称					上架木件 和玺加苏画(规矩活部分)	
					打贴铜箔、描清漆	刷化学铜粉、描清漆
综　合　单　价　(元)					**2267.84**	**2134.10**
费用其中		人　工　费　(元)			1713.75	1627.65
		材　料　费　(元)			81.10	57.22
		施工机具使用费　(元)			—	—
		企　业　管　理　费　(元)			304.36	289.07
		利　　　润　　　(元)			141.21	134.12
		一　般　风　险　费　(元)			27.42	26.04
	编码	名　　称	单位	单价(元)	消　　耗　　量	
人工	001000040	彩画综合工	工日	150.00	11.425	10.851
材料	142302500	巴黎绿	kg	8.55	1.380	1.380
	142302800	群青	kg	6.84	0.260	0.260
	130305610	白乳胶漆	kg	7.26	1.100	1.100
	144101100	白乳胶	kg	7.69	1.100	1.100
	130105530	光油	kg	5.38	0.190	0.190
	130105420	黄调和漆	kg	11.97	0.320	0.320
	143110800	银珠	kg	76.68	0.090	0.090
	140101100	金胶油	kg	5.13	0.440	—
	130100300	丙烯酸清漆	kg	19.23	0.440	0.440
	142300600	滑石粉	kg	0.30	1.580	1.580
	142300300	大白粉	kg	0.34	2.100	2.100
	013500730	铜箔	张	0.07	376.000	—
	140300400	汽油 综合	kg	6.75	0.110	0.110
	142301900	化学铜粉	kg	5.98	—	0.700
	144107400	建筑胶	kg	1.97	—	0.290
	002000010	其他材料费	元	—	0.35	0.29

J.8.2 上架构件旋子彩画(编码:020909002)

工作内容:1.起扎谱子、调兑颜色、绘制各种图案成活。2.贴铜(锡)箔包括支搭"金帐子";打
"金胶油"贴铜箔或锡箔、描清漆。3.彩画贴铜(锡)箔包括彩画及铜(锡)箔的全部工作内容。　　　　计量单位:10m²

定 额 编 号					BJ0125	BJ0126
项 目 名 称					上架木件 金琢墨石碾玉彩画	
					打贴铜箔、描清漆	刷化学铜粉、描清漆
综 合 单 价 (元)					**3736.04**	**3514.80**
费用其中	人 工 费 (元)				2847.00	2704.50
	材 料 费 (元)				103.27	63.86
	施工机具使用费 (元)				—	—
	企 业 管 理 费 (元)				505.63	480.32
	利 润 (元)				234.59	222.85
	一 般 风 险 费 (元)				45.55	43.27
	编码	名 称	单位	单价(元)	消 耗 量	
人工	001000040	彩画综合工	工日	150.00	18.980	18.030
材料	142302500	巴黎绿	kg	8.55	1.270	1.270
	142302800	群青	kg	6.84	0.370	0.370
	130305610	白乳胶漆	kg	7.26	1.270	1.270
	144101100	白乳胶	kg	7.69	1.100	1.100
	130105530	光油	kg	5.38	0.150	0.150
	130105420	黄调和漆	kg	11.97	0.320	0.320
	140101100	金胶油	kg	5.13	0.660	—
	130100300	丙烯酸清漆	kg	19.23	0.660	0.660
	143110800	银珠	kg	76.68	0.070	0.070
	013500730	铜箔	张	0.07	627.000	—
	142300600	滑石粉	kg	0.30	1.050	1.050
	142300300	大白粉	kg	0.34	2.210	2.210
	140300400	汽油 综合	kg	6.75	0.110	0.110
	142301900	化学铜粉	kg	5.98	—	1.170
	144107400	建筑胶	kg	1.97	—	0.490
	002000010	其他材料费	元	—	0.42	0.32

工作内容:1.起扎谱子、调兑颜色、绘制各种图案成活。2.贴铜(锡)箔包括支搭"金帐子";打
　　"金胶油"贴铜箔或锡箔、描清漆。3.彩画贴铜(锡)箔包括彩画及铜(锡)箔的全部工作内容。　　计量单位:10m²

定 额 编 号					BJ0127	BJ0128
项 目 名 称					上架木件 金线烟琢墨石碾玉彩画	
					打贴铜箔、描清漆	刷化学铜粉、描清漆
综 合 单 价 (元)					**2596.81**	**2448.09**
费用	其中	人 工 费 (元)			1978.05	1878.75
		材 料 费 (元)			72.82	50.80
		施 工 机 具 使 用 费 (元)			—	—
		企 业 管 理 费 (元)			351.30	333.67
		利 润 (元)			162.99	154.81
		一 般 风 险 费 (元)			31.65	30.06
	编码	名 称	单位	单价(元)	消 耗 量	
人工	001000040	彩画综合工	工日	150.00	13.187	12.525
材料	142302500	巴黎绿	kg	8.55	1.210	1.210
	142302800	群青	kg	6.84	0.370	0.370
	130305610	白乳胶漆	kg	7.26	1.270	1.270
	144101100	白乳胶	kg	7.69	1.100	1.100
	130105530	光油	kg	5.38	0.150	0.150
	130105420	黄调和漆	kg	11.97	0.260	0.260
	140101100	金胶油	kg	5.13	0.330	—
	130100300	丙烯酸清漆	kg	19.23	0.330	0.330
	143110800	银珠	kg	76.68	0.050	0.050
	013500730	铜箔	张	0.07	351.000	—
	142300600	滑石粉	kg	0.30	1.050	1.050
	142300300	大白粉	kg	0.34	1.580	1.580
	140300400	汽油 综合	kg	6.75	0.110	0.110
	142301900	化学铜粉	kg	5.98	—	0.630
	144107400	建筑胶	kg	1.97	—	0.270
	002000010	其他材料费	元	—	0.31	0.25

工作内容:1.起扎谱子、调兑颜色、绘制各种图案成活。2.贴铜(锡)箔包括支搭"金帐子";打
　　"金胶油"贴铜箔或锡箔、描清漆。3.彩画贴铜(锡)箔包括彩画及铜(锡)箔的全部工作内容。　　计量单位:10m²

定 额 编 号					BJ0129	BJ0130
项 目 名 称					上架木件 金线大点金	
					打贴铜箔、描清漆	刷化学铜粉、描清漆
综 合 单 价 (元)					**2546.43**	**2400.04**
费用	其中	人 工 费 (元)			1937.25	1840.20
		材 料 费 (元)			74.49	51.95
		施 工 机 具 使 用 费 (元)			—	—
		企 业 管 理 费 (元)			344.06	326.82
		利 润 (元)			159.63	151.63
		一 般 风 险 费 (元)			31.00	29.44
	编码	名 称	单位	单价(元)	消 耗 量	
人工	001000040	彩画综合工	工日	150.00	12.915	12.268
材料	142302500	巴黎绿	kg	8.55	1.100	1.100
	142302800	群青	kg	6.84	0.370	0.370
	130305610	白乳胶漆	kg	7.26	1.100	1.100
	144101100	白乳胶	kg	7.69	1.100	1.100
	130105530	光油	kg	5.38	0.150	0.150
	130105420	黄调和漆	kg	11.97	0.260	0.260
	140101100	金胶油	kg	5.13	0.330	—
	130100300	丙烯酸清漆	kg	19.23	0.330	0.330
	143110800	银珠	kg	76.68	0.090	0.090
	013500730	铜箔	张	0.07	362.000	—
	142300600	滑石粉	kg	0.30	1.260	1.260
	142300300	大白粉	kg	0.34	1.370	1.370
	140300400	汽油 综合	kg	6.75	0.110	0.110
	142301900	化学铜粉	kg	5.98	—	0.670
	144107400	建筑胶	kg	1.97	—	0.280
	002000010	其他材料费	元	—	0.32	0.26

工作内容:1.起扎谱子、调兑颜色、绘制各种图案成活。2.贴铜(锡)箔包括支搭"金帐子";打"金胶油"贴铜箔或锡箔、描清漆。3.彩画贴铜(锡)箔包括彩画及铜(锡)箔的全部工作内容。　计量单位:10m²

定 额 编 号					BJ0131	BJ0132	BJ0133	BJ0134
项 目 名 称					上架木件 金线大点金 加苏画 （规矩活部分）		上架木件 墨线大点金	
							龙锦枋心	
					打贴铜 箔、描清漆	刷化学铜 粉、描清漆	打贴铜 箔、描清漆	刷化学铜 粉、描清漆
综 合 单 价 （元）					2026.22	1910.32	2111.47	1991.79
费用	其中	人 工 费 （元）			1542.00	1464.45	1603.35	1522.95
		材 料 费 （元）			58.63	41.68	65.60	48.50
		施 工 机 具 使 用 费 （元）			—	—	—	—
		企 业 管 理 费 （元）			273.86	260.09	284.75	270.48
		利 润 （元）			127.06	120.67	132.12	125.49
		一 般 风 险 费 （元）			24.67	23.43	25.65	24.37
	编码	名 称	单位	单价(元)	消	耗	量	
人工	001000040	彩画综合工	工日	150.00	10.280	9.763	10.689	10.153
材料	142302500	巴黎绿	kg	8.55	1.100	1.100	1.100	1.100
	142302800	群青	kg	6.84	0.370	0.370	0.370	0.370
	130305610	白乳胶漆	kg	7.26	0.550	0.550	1.270	1.270
	144101100	白乳胶	kg	7.69	1.100	1.100	1.050	1.050
	130105530	光油	kg	5.38	0.150	0.150	0.150	0.150
	130105420	黄调和漆	kg	11.97	0.210	0.210	0.260	0.260
	140101100	金胶油	kg	5.13	0.330	—	0.330	—
	130100300	丙烯酸清漆	kg	19.23	0.260	0.260	0.330	0.330
	143110800	银珠	kg	76.68	0.050	0.050	0.050	0.050
	013500730	铜箔	张	0.07	266.000	—	268.000	—
	142300600	滑石粉	kg	0.30	1.050	1.050	1.050	1.050
	142300300	大白粉	kg	0.34	1.370	1.370	1.370	1.370
	140300400	汽油 综合	kg	6.75	0.110	0.110	0.110	0.110
	142301900	化学铜粉	kg	5.98	—	0.500	—	0.500
	144107400	建筑胶	kg	1.97	—	0.210	—	0.210
	002000010	其他材料费	元	—	0.25	0.21	0.29	0.24

工作内容：1.起扎谱子、调兑颜色、绘制各种图案成活。2.贴铜（锡）箔包括支搭"金帐子"；打
　　　　"金胶油"贴铜箔或锡箔、描清漆。3.彩画贴铜（锡）箔包括彩画及铜（锡）箔的全部工作内容。　　计量单位：10m²

定　额　编　号				BJ0135	BJ0136	BJ0137	BJ0138
项　目　名　称				上架木件 墨线大点金		上架木件 墨线小点金	
				一统天下枋心			
				打贴铜箔、描清漆	刷化学铜粉、描清漆	打贴铜箔、描清漆	刷化学铜粉、描清漆
综　合　单　价　（元）				**1804.81**	**1705.11**	**1512.36**	**1432.18**
费用	其中	人　工　费　（元）		1357.80	1289.85	1147.65	1089.90
		材　料　费　（元）		72.26	59.26	47.96	41.46
		施工机具使用费　（元）		—	—	—	—
		企　业　管　理　费　（元）		241.15	229.08	203.82	193.57
		利　　　润　（元）		111.88	106.28	94.57	89.81
		一　般　风　险　费　（元）		21.72	20.64	18.36	17.44
	编码	名　　称	单位	单价（元）	消　　耗　　量		
人工	001000040	彩画综合工	工日	150.00	9.052	8.599	7.651	7.266
材料	142302500	巴黎绿	kg	8.55	1.100	1.100	1.100	1.100
	142302800	群青	kg	6.84	0.370	0.370	0.370	0.370
	130305610	白乳胶漆	kg	7.26	1.270	1.270	1.270	1.270
	144101100	白乳胶	kg	7.69	2.820	2.820	1.050	1.050
	130105530	光油	kg	5.38	0.150	0.150	0.150	0.150
	130105420	黄调和漆	kg	11.97	0.260	0.260	0.210	0.210
	140101100	金胶油	kg	5.13	0.220	—	0.110	—
	130100300	丙烯酸清漆	kg	19.23	0.220	0.220	0.110	0.110
	143110800	银珠	kg	76.68	0.050	0.050	0.050	0.050
	013500730	铜箔	张	0.07	207.000	—	103.000	—
	142300600	滑石粉	kg	0.30	1.050	1.050	1.050	1.050
	142300300	大白粉	kg	0.34	1.260	1.260	1.160	1.160
	140300400	汽油 综合	kg	6.75	0.110	0.110	0.110	0.110
	142301900	化学铜粉	kg	5.98	—	0.390	—	0.190
	144107400	建筑胶	kg	1.97	—	0.160	—	0.080
	002000010	其他材料费	元	—	0.33	0.30	0.23	0.21

工作内容: 1.起扎谱子、调兑颜色、绘制各种图案成活。2.贴铜(锡)箔包括支搭"金帐子";打"金胶油"贴铜箔或锡箔、描清漆。3.彩画贴铜(锡)箔包括彩画及铜(锡)箔的全部工作内容。　　　**计量单位:**10m²

定 额 编 号					BJ0139	BJ0140
项 目 名 称					上架木件 墨线小点金 夔龙、黑叶子花	
					打贴铜箔、描清漆	刷化学铜粉、描清漆
综 合 单 价 (元)					**1607.30**	**1522.51**
费用	其中	人 工 费 (元)			1222.05	1160.70
		材 料 费 (元)			47.96	41.46
		施工机具使用费 (元)			—	—
		企 业 管 理 费 (元)			217.04	206.14
		利 润 (元)			100.70	95.64
		一 般 风 险 费 (元)			19.55	18.57
	编码	名 称	单位	单价(元)	消 耗 量	
人工	001000040	彩画综合工	工日	150.00	8.147	7.738
材料	142302500	巴黎绿	kg	8.55	1.100	1.100
	142302800	群青	kg	6.84	0.370	0.370
	130305610	白乳胶漆	kg	7.26	1.270	1.270
	144101100	白乳胶	kg	7.69	1.050	1.050
	130105530	光油	kg	5.38	0.150	0.150
	130105420	黄调和漆	kg	11.97	0.210	0.210
	140101100	金胶油	kg	5.13	0.110	—
	130100300	丙烯酸清漆	kg	19.23	0.110	0.110
	143110800	银珠	kg	76.68	0.050	0.050
	013500730	铜箔	张	0.07	103.000	—
	142300600	滑石粉	kg	0.30	1.050	1.050
	142300300	大白粉	kg	0.34	1.160	1.160
	140300400	汽油 综合	kg	6.75	0.110	0.110
	142301900	化学铜粉	kg	5.98	—	0.190
	144107400	建筑胶	kg	1.97	—	0.080
	002000010	其他材料费	元	—	0.23	0.21

工作内容: 1.起扎谱子、调兑颜色、绘制各种图案成活。2.贴铜(锡)箔包括支搭"金帐子";打"金胶油"贴铜箔或锡箔、描清漆。3.彩画贴铜(锡)箔包括彩画及铜(锡)箔的全部工作内容。　　　**计量单位:**10m²

定 额 编 号					BJ0141	BJ0142	BJ0143	BJ0144
项 目 名 称					上架木件 雅伍墨彩画		上架木件 雄黄玉彩画	
					一统天下枋心	夔龙、黑叶子花枋心	素枋心	夔龙枋心
综 合 单 价 (元)					**1243.76**	**1329.33**	**1269.47**	**1360.01**
费用	其中	人 工 费 (元)			950.25	1017.30	980.25	1051.20
		材 料 费 (元)			31.25	31.25	18.68	18.68
		施工机具使用费 (元)			—	—	—	—
		企 业 管 理 费 (元)			168.76	180.67	174.09	186.69
		利 润 (元)			78.30	83.83	80.77	86.62
		一 般 风 险 费 (元)			15.20	16.28	15.68	16.82
	编码	名 称	单位	单价(元)	消 耗 量			
人工	001000040	彩画综合工	工日	150.00	6.335	6.782	6.535	7.008
材料	142302500	巴黎绿	kg	8.55	1.100	1.100	0.440	0.440
	142302800	群青	kg	6.84	0.370	0.370	0.260	0.260
	130305610	白乳胶漆	kg	7.26	1.270	1.270	0.840	0.840
	144101100	白乳胶	kg	7.69	0.770	0.770	0.880	0.880
	143110800	银珠	kg	76.68	0.050	0.050	—	—
	142300300	大白粉	kg	0.34	0.530	0.530	0.530	0.530
	002000010	其他材料费	元	—	0.16	0.16	0.09	0.09

J.8.3 上架构件苏式彩画（编码:020909003）

工作内容:1.起扎谱子、调兑颜色、绘制各种图案成活。2.贴铜(锡)箔包括支搭"金帐子";打
"金胶油"贴铜箔或锡箔、描清漆。3.彩画贴铜(锡)箔包括彩画及铜(锡)箔的全部工作内容。　　计量单位:10m²

定　额　编　号					BJ0145	BJ0146
项　目　名　称					上架木件 金琢墨苏式彩画（规矩活部分）	
					打贴铜箔、描清漆	刷化学铜粉、描清漆
综　合　单　价　（元）					**4116.64**	**3888.35**
费用	其中	人　工　费　（元）			3162.30	3003.75
		材　料　费　（元）			81.55	55.56
		施工机具使用费　（元）			—	—
		企　业　管　理　费　（元）			561.62	533.47
		利　　　润　（元）			260.57	247.51
		一　般　风　险　费　（元）			50.60	48.06
	编码	名　　称	单位	单价(元)	消　耗　量	
人工	001000040	彩画综合工	工日	150.00	21.082	20.025
材料	142302500	巴黎绿	kg	8.55	0.940	0.940
	142302800	群青	kg	6.84	0.420	0.420
	130305610	白乳胶漆	kg	7.26	0.550	0.550
	144101100	白乳胶	kg	7.69	1.100	1.100
	130105530	光油	kg	5.38	0.060	0.060
	130105420	黄调和漆	kg	11.97	0.320	0.320
	140101100	金胶油	kg	5.13	0.550	—
	130100300	丙烯酸清漆	kg	19.23	0.550	0.550
	143110800	银珠	kg	76.68	0.120	0.120
	013500730	铜箔	张	0.07	403.000	—
	142300600	滑石粉	kg	0.30	1.050	1.050
	142300300	大白粉	kg	0.34	1.650	1.650
	140300400	汽油 综合	kg	6.75	0.110	0.110
	142301900	化学铜粉	kg	5.98	—	0.750
	144107400	建筑胶	kg	1.97	—	0.320
	142301400	氧化铁红	kg	5.98	0.210	0.210
	002000010	其他材料费	元	—	0.35	0.28

工作内容:1.起扎谱子、调兑颜色、绘制各种图案成活。2.贴铜(锡)箔包括支搭"金帐子";打"金胶油"贴铜箔或锡箔、描清漆。3.彩画贴铜(锡)箔包括彩画及铜(锡)箔的全部工作内容。　计量单位:10m²

定 额 编 号					BJ0147	BJ0148
项 目 名 称					上架木件 金线苏画片金箍头卡子(规矩活部分)	
					打贴铜箔、描清漆	刷化学铜粉、描清漆
综 合 单 价 (元)					**2790.52**	**2634.23**
费用其中		人 工 费 (元)			2133.30	2026.95
		材 料 费 (元)			68.44	47.84
		施工机具使用费 (元)			—	—
		企 业 管 理 费 (元)			378.87	359.99
		利 润 (元)			175.78	167.02
		一 般 风 险 费 (元)			34.13	32.43
	编码	名 称	单位	单价(元)	消 耗 量	
人工	001000040	彩画综合工	工日	150.00	14.222	13.513
材料	142302500	巴黎绿	kg	8.55	0.940	0.940
	142302800	群青	kg	6.84	0.420	0.420
	130305610	白乳胶漆	kg	7.26	0.440	0.440
	144101100	白乳胶	kg	7.69	0.880	0.880
	130105530	光油	kg	5.38	0.060	0.060
	130105420	黄调和漆	kg	11.97	0.260	0.260
	140101100	金胶油	kg	5.13	0.370	—
	130100300	丙烯酸清漆	kg	19.23	0.370	0.370
	143110800	银珠	kg	76.68	0.120	0.120
	013500730	铜箔	张	0.07	326.000	
	142300600	滑石粉	kg	0.30	1.050	1.050
	142300300	大白粉	kg	0.34	1.470	1.470
	140300400	汽油 综合	kg	6.75	0.110	0.110
	142301900	化学铜粉	kg	5.98	—	0.610
	144107400	建筑胶	kg	1.97	—	0.260
	142301400	氧化铁红	kg	5.98	0.210	0.210
	002000010	其他材料费	元	—	0.29	0.24

工作内容：1.起扎谱子、调兑颜色、绘制各种图案成活。2.贴铜（锡）箔包括支搭"金帐子"；打
　　　　　"金胶油"贴铜箔或锡箔、描清漆。3.彩画贴铜（锡）箔包括彩画及铜（锡）箔的全部工作内容。　计量单位：10m²

定　额　编　号					BJ0149	BJ0150
项　目　名　称					上架木件 金线苏画片金卡子（规矩活部分）	
					打贴铜箔、描清漆	刷化学铜粉、描清漆
综　合　单　价　（元）					**2689.54**	**2539.25**
费用	其中	人　工　费　（元）			2057.55	1954.35
		材　料　费　（元）			64.11	45.50
		施 工 机 具 使 用 费　（元）			—	—
		企　业　管　理　费　（元）			365.42	347.09
		利　　　　润　（元）			169.54	161.04
		一　般　风　险　费　（元）			32.92	31.27
	编码	名　　称	单位	单价（元）	消　　耗　　量	
人工	001000040	彩画综合工	工日	150.00	13.717	13.029
材料	142302500	巴黎绿	kg	8.55	0.940	0.940
	142302800	群青	kg	6.84	0.420	0.420
	130305610	白乳胶漆	kg	7.26	0.440	0.440
	144101100	白乳胶	kg	7.69	0.880	0.880
	130105530	光油	kg	5.38	0.060	0.060
	130105420	黄调和漆	kg	11.97	0.210	0.210
	140101100	金胶油	kg	5.13	0.280	—
	130100300	丙烯酸清漆	kg	19.23	0.280	0.280
	143110800	银珠	kg	76.68	0.120	0.120
	013500730	铜箔	张	0.07	299.000	—
	142300600	滑石粉	kg	0.30	1.050	1.050
	142300300	大白粉	kg	0.34	1.470	1.470
	140300400	汽油 综合	kg	6.75	0.110	0.110
	142301900	化学铜粉	kg	5.98	—	0.560
	144107400	建筑胶	kg	1.97	—	0.230
	142301400	氧化铁红	kg	5.98	0.270	0.270
	002000010	其他材料费	元	—	0.28	0.23

工作内容:1.起扎谱子、调兑颜色、绘制各种图案成活。2.贴铜(锡)箔包括支搭"金帐子";打
"金胶油"贴铜箔或锡箔、描清漆。3.彩画贴铜(锡)箔包括彩画及铜(锡)箔的全部工作内容。　　计量单位:10m²

定 额 编 号					BJ0151	BJ0152	BJ0153	BJ0154	BJ0155
项 目 名 称					上架木件 金线苏画 色卡子(规矩活部分)		上架木件 黄线苏画	上架木件 海漫苏画	
					打贴铜箔、描清漆	刷化学铜粉、描清漆	规矩活部分	有卡子	无卡子
费用	综 合 单 价 (元)				2816.51	2646.59	1785.07	2704.80	1123.64
	其中	人 工 费 (元)			2158.05	2037.60	1373.85	2094.90	855.75
		材 料 费 (元)			62.84	46.61	32.03	31.71	31.71
		施工机具使用费 (元)			—	—	—	—	—
		企 业 管 理 费 (元)			383.27	361.88	244.00	372.05	151.98
		利 润 (元)			177.82	167.90	113.21	172.62	70.51
		一 般 风 险 费 (元)			34.53	32.60	21.98	33.52	13.69
	编码	名 称	单位	单价(元)	消 耗 量				
人工	001000040	彩画综合工	工日	150.00	14.387	13.584	9.159	13.966	5.705
材料	142302500	巴黎绿	kg	8.55	0.800	0.800	0.940	1.100	1.100
	142302800	群青	kg	6.84	0.370	0.370	0.420	0.420	0.420
	130305610	白乳胶漆	kg	7.26	0.660	0.660	0.440	0.440	0.440
	144101100	白乳胶	kg	7.69	1.100	1.100	0.880	0.770	0.770
	130105530	光油	kg	5.38	0.530	0.530	—	—	—
	130105420	黄调和漆	kg	11.97	0.160	0.160	—	—	—
	140101100	金胶油	kg	5.13	0.220	—	—	—	—
	130100300	丙烯酸清漆	kg	19.23	0.220	0.220	—	—	—
	143110800	银珠	kg	76.68	0.120	0.120	0.120	0.120	0.120
	013500730	铜箔	张	0.07	261.000	—	—	—	—
	142300600	滑石粉	kg	0.30	0.840	0.840	0.840	—	—
	142300300	大白粉	kg	0.34	1.160	1.160	0.840	—	—
	140300400	汽油 综合	kg	6.75	0.110	0.110	—	—	—
	142301400	氧化铁红	kg	5.98	0.160	0.160	0.210	0.160	0.160
	142301900	化学铜粉	kg	5.98	—	0.470	—	—	—
	144107400	建筑胶	kg	1.97	—	0.200	—	—	—
	002000010	其他材料费	元	—	0.28	0.24	0.16	0.16	0.16

J.8.4 上架构件其他传统彩画(编码:020909004)

工作内容:1.起扎谱子、调兑颜色、绘制各种图案成活。2.贴铜(锡)箔包括支搭"金帐子";打
"金胶油"贴铜箔或锡箔、描清漆。3.彩画贴铜(锡)箔包括彩画及铜(锡)箔的全部工作内容。　　计量单位:10m²

定 额 编 号					BJ0156	BJ0157
项 目 名 称					上架木件 掐箍头彩画	
					打贴铜箔、描清漆	刷化学铜粉、描清漆
综 合 单 价 (元)					1292.37	1225.43
费用	其中	人 工 费 (元)			996.30	946.50
		材 料 费 (元)			21.09	17.70
		施工机具使用费 (元)			—	—
		企 业 管 理 费 (元)			176.94	168.10
		利 润 (元)			82.10	77.99
		一 般 风 险 费 (元)			15.94	15.14
	编码	名 称	单位	单价(元)	消 耗 量	
人工	001000040	彩画综合工	工日	150.00	6.642	6.310
材料	142302500	巴黎绿	kg	8.55	0.400	0.400
	142302800	群青	kg	6.84	0.180	0.180
	130305610	白乳胶漆	kg	7.26	0.290	0.290
	144101100	白乳胶	kg	7.69	0.240	0.240
	130105420	黄调和漆	kg	11.97	0.070	0.070
	140101100	金胶油	kg	5.13	0.150	—
	130100300	丙烯酸清漆	kg	19.23	0.110	0.110
	143110800	银珠	kg	76.68	0.050	0.050
	013500730	铜箔	张	0.07	45.000	—
	142300600	滑石粉	kg	0.30	0.230	0.230
	142300300	大白粉	kg	0.34	0.270	0.270
	140300400	汽油 综合	kg	6.75	0.200	0.200
	142301900	化学铜粉	kg	5.98	—	0.080
	144107400	建筑胶	kg	1.97	—	0.030
	002000010	其他材料费	元	—	0.27	0.26

工作内容:1.起扎谱子、调兑颜色、绘制各种图案成活。2.贴铜(锡)箔包括支搭"金帐子";打
"金胶油"贴铜箔或锡箔、描清漆。3.彩画贴铜(锡)箔包括彩画及铜(锡)箔的全部工作内容。　　计量单位:10m²

定 额 编 号					BJ0158	BJ0159
项 目 名 称					上架木件 掐箍头搭包袱彩画(规矩活)	
					打贴铜箔、描清漆	刷化学铜粉、描清漆
综 合 单 价 (元)					2696.60	2556.14
费用	其中	人 工 费 (元)			2089.20	1984.50
		材 料 费 (元)			30.78	23.92
		施工机具使用费 (元)			—	—
		企 业 管 理 费 (元)			371.04	352.45
		利 润 (元)			172.15	163.52
		一 般 风 险 费 (元)			33.43	31.75
	编码	名 称	单位	单价(元)	消 耗 量	
人工	001000040	彩画综合工	工日	150.00	13.928	13.230
材料	142302500	巴黎绿	kg	8.55	0.400	0.400
	142302800	群青	kg	6.84	0.180	0.180
	130305610	白乳胶漆	kg	7.26	0.590	0.590
	144101100	白乳胶	kg	7.69	0.240	0.240
	130105420	黄调和漆	kg	11.97	0.100	0.100
	140101100	金胶油	kg	5.13	0.330	—
	130100300	丙烯酸清漆	kg	19.23	0.260	0.260
	143110800	银珠	kg	76.68	0.050	0.050
	013500730	铜箔	张	0.07	90.000	—
	142300600	滑石粉	kg	0.30	0.460	0.460
	142300300	大白粉	kg	0.34	0.530	0.530
	140300400	汽油 综合	kg	6.75	0.200	0.200
	142301900	化学铜粉	kg	5.98	—	0.170
	144107400	建筑胶	kg	1.97	—	0.070
	002000010	其他材料费	元	—	0.31	0.29

工作内容：1.起扎谱子、调兑颜色、绘制各种图案成活。2.贴铜(锡)箔包括支搭"金帐子"；打"金胶油"贴铜箔或锡箔、描清漆。3.彩画贴铜(锡)箔包括彩画及铜(锡)箔的全部工作内容。　　**计量单位**：10m²

定　额　编　号				BJ0160	BJ0161
项　目　名　称				上架木件	
				黄线掐箍头	黄线掐箍头搭包袱彩画(规矩活部分)
综　合　单　价　(元)				**841.61**	**2397.25**
费用	其中	人　工　费　(元)		651.00	1868.40
		材　料　费　(元)		10.93	13.17
		施工机具使用费　(元)		—	—
		企　业　管　理　费　(元)		115.62	331.83
		利　　润　(元)		53.64	153.96
		一　般　风　险　费　(元)		10.42	29.89
	编码	名　称	单位	单价(元)	消　耗　量
人工	001000040	彩画综合工	工日	150.00	4.340	12.456
材料	142302500	巴黎绿	kg	8.55	0.400	0.500
	142302800	群青	kg	6.84	0.180	0.200
	130305610	白乳胶漆	kg	7.26	0.290	0.600
	144101100	白乳胶	kg	7.69	0.240	0.300
	130105420	黄调和漆	kg	11.97	0.070	—
	142300600	滑石粉	kg	0.30	—	0.300
	142300300	大白粉	kg	0.34	0.270	0.300
	140300400	汽油 综合	kg	6.75	0.200	—
	142301400	氧化铁红	kg	5.98	—	0.100
	002000010	其他材料费	元	—	0.05	0.07

工作内容：1.起扎谱子、调兑颜色、绘制各种图案成活。2.贴铜(锡)箔包括支搭"金帐子"；打"金胶油"贴铜箔或锡箔、描清漆。3.彩画贴铜(锡)箔包括彩画及铜(锡)箔的全部工作内容。　　**计量单位**：10m²

定　额　编　号				BJ0162	BJ0163	BJ0164	BJ0165	BJ0166
项　目　名　称				上架木件				
				白活 人物及法线	白活 动物及翎毛花卉	白活 山水画	白活 枋心	白活 聚锦
综　合　单　价　(元)				**4881.72**	**3521.05**	**3665.57**	**1580.64**	**576.96**
费用	其中	人　工　费　(元)		3689.70	2623.35	2736.60	1179.60	424.65
		材　料　费　(元)		173.66	173.66	173.66	75.47	35.11
		施工机具使用费　(元)		—	—	—	—	—
		企　业　管　理　费　(元)		655.29	465.91	486.02	209.50	75.42
		利　　润　(元)		304.03	216.16	225.50	97.20	34.99
		一　般　风　险　费　(元)		59.04	41.97	43.79	18.87	6.79
	编码	名　称	单位	单价(元)	消　　耗　　量				
人工	001000040	彩画综合工	工日	150.00	24.598	17.489	18.244	7.864	2.831
材料	142302500	巴黎绿	kg	8.55	2.000	2.000	2.000	1.000	0.400
	142302800	群青	kg	6.84	0.500	0.500	0.500	0.300	0.100
	130305610	白乳胶漆	kg	7.26	7.000	7.000	7.000	3.000	0.300
	144101100	白乳胶	kg	7.69	1.500	1.500	1.500	0.700	0.500
	143110800	银珠	kg	76.68	0.500	0.500	0.500	0.200	0.100
	142301400	氧化铁红	kg	5.98	1.000	1.000	1.000	0.200	0.100
	311700110	墨块	块	4.02	5.000	5.000	5.000	2.000	2.000
	142302400	国画色	袋	0.85	30.000	30.000	30.000	15.000	10.000
	002000010	其他材料费	元	—	0.86	0.86	0.86	0.38	0.18

工作内容：1.起扎谱子、调兑颜色、绘制各种图案成活。2.贴铜（锡）箔包括支搭"金帐子"；打
　　　　　"金胶油"贴铜箔或锡箔、描清漆。3.彩画贴铜（锡）箔包括彩画及铜（锡）箔的全部工作内容。　　计量单位：10m²

定　额　编　号					BJ0167	BJ0168	BJ0169	BJ0170
项　目　名　称					上架木件 斑竹彩画		上架木件 金线海漫锦彩画	
					打贴铜箔、描清漆	刷化学铜粉、描清漆	打贴铜箔、描清漆	刷化学铜粉、描清漆
综　合　单　价　（元）					**3680.23**	**3490.07**	**3552.63**	**3345.70**
费用	其中	人　工　费　（元）			2835.60	2694.15	2706.60	2571.45
		材　料　费　（元）			62.01	52.33	99.01	64.53
		施工机具使用费　（元）			—	—	—	—
		企　业　管　理　费　（元）			503.60	478.48	480.69	456.69
		利　　　　润　（元）			233.65	222.00	223.02	211.89
		一　般　风　险　费　（元）			45.37	43.11	43.31	41.14
	编码	名　称	单位	单价（元）	消　　　耗　　　量			
人工	001000040	彩画综合工	工日	150.00	18.904	17.961	18.044	17.143
材料	142302500	巴黎绿	kg	8.55	3.300	3.300	1.210	1.210
	142302800	群青	kg	6.84	0.100	0.100	0.530	0.530
	130305610	白乳胶漆	kg	7.26	0.500	0.500	0.880	0.880
	144101100	白乳胶	kg	7.69	1.100	1.100	1.100	1.100
	130105530	光油	kg	5.38	0.100	0.100	0.150	0.150
	130105420	黄调和漆	kg	11.97	0.200	0.200	0.320	0.320
	140101100	金胶油	kg	5.13	0.300	—	0.550	—
	130100300	丙烯酸清漆	kg	19.23	0.300	0.300	0.440	0.440
	142300300	大白粉	kg	0.34	1.100	1.100	1.680	1.680
	143110800	银珠	kg	76.68	—	—	0.150	0.150
	013500730	铜箔	张	0.07	144.500	—	551.000	—
	142300600	滑石粉	kg	0.30	—	—	1.580	1.580
	142301900	化学铜粉	kg	5.98	—	0.300	—	1.030
	144107400	建筑胶	kg	1.97	—	0.110	—	0.430
	140300400	汽油 综合	kg	6.75	—	—	0.220	0.220
	142301400	氧化铁红	kg	5.98	—	—	0.210	0.210
	002000010	其他材料费	元	—	0.29	0.26	0.41	0.32

工作内容: 1.起扎谱子、调兑颜色、绘制各种图案成活。 2.贴铜(锡)箔包括支搭"金帐子";打"金胶油"贴铜箔或锡箔、描清漆。 3.彩画贴铜(锡)箔包括彩画及铜(锡)箔的全部工作内容。　　　**计量单位:** 10m²

定 额 编 号					BJ0171	BJ0172	BJ0173
项 目 名 称					上架木件 明式彩画		
					打贴铜箔、描清漆	刷化学铜粉、描清漆	无金
综 合 单 价 (元)					**2615.21**	**2478.13**	**1658.30**
费用	其中	人 工 费 (元)			2004.30	1904.40	1268.25
		材 料 费 (元)			57.73	48.12	40.02
		施 工 机 具 使 用 费 (元)			—	—	—
		企 业 管 理 费 (元)			355.96	338.22	225.24
		利 润 (元)			165.15	156.92	104.50
		一 般 风 险 费 (元)			32.07	30.47	20.29
	编码	名 称	单位	单价(元)	消	耗	量
人工	001000040	彩画综合工	工日	150.00	13.362	12.696	8.455
材料	142302500	巴黎绿	kg	8.55	1.210	1.210	1.210
	142302800	群青	kg	6.84	0.370	0.370	0.370
	130305610	白乳胶漆	kg	7.26	1.270	1.270	1.270
	144101100	白乳胶	kg	7.69	1.100	1.100	1.100
	130105420	黄调和漆	kg	11.97	0.110	0.110	—
	143110800	银珠	kg	76.68	0.100	0.100	0.100
	140101100	金胶油	kg	5.13	0.330	—	—
	130100300	丙烯酸清漆	kg	19.23	0.220	0.220	—
	142300600	滑石粉	kg	0.30	0.530	0.530	0.530
	142300300	大白粉	kg	0.34	0.530	0.530	0.530
	013500730	铜箔	张	0.07	138.000	—	—
	142301400	氧化铁红	kg	5.98	0.210	0.210	0.210
	140300400	汽油 综合	kg	6.75	0.110	0.110	—
	142301900	化学铜粉	kg	5.98	—	0.260	—
	144107400	建筑胶	kg	1.97	—	0.110	—
	002000010	其他材料费	元	—	0.27	0.24	0.20

J.8.5 上架构件新式彩画(编码:020909005)

工作内容: 1.起扎谱子、调兑颜色、绘制各种图案成活。 2.贴铜(锡)箔包括支搭"金帐子";打"金胶油"贴铜箔或锡箔、描清漆。 3.彩画贴铜(锡)箔包括彩画及铜(锡)箔的全部工作内容。　　　**计量单位:** 10m²

定 额 编 号					BJ0174
项 目 名 称					上架木件 新式各种
					无金彩画
综 合 单 价 (元)					**1375.90**
费用	其中	人 工 费 (元)			1041.75
		材 料 费 (元)			46.63
		施 工 机 具 使 用 费 (元)			—
		企 业 管 理 费 (元)			185.01
		利 润 (元)			85.84
		一 般 风 险 费 (元)			16.67
	编码	名 称	单位	单价(元)	消 耗 量
人工	001000040	彩画综合工	工日	150.00	6.945
材料	142302500	巴黎绿	kg	8.55	0.400
	142302800	群青	kg	6.84	0.100
	130305610	白乳胶漆	kg	7.26	3.500
	144101100	白乳胶	kg	7.69	0.800
	143110800	银珠	kg	76.68	0.050
	130105530	光油	kg	5.38	0.100
	142300300	大白粉	kg	0.34	1.800
	142302300	广告色	袋	1.15	5.000
	002000010	其他材料费	元	—	0.23

工作内容:1.起扎谱子、调兑颜色、绘制各种图案成活。2.贴铜(锡)箔包括支搭"金帐子";打
"金胶油"贴铜箔或锡箔、描清漆。3.彩画贴铜(锡)箔包括彩画及铜(锡)箔的全部工作内容。　**计量单位**:10m²

定　额　编　号					BJ0175	BJ0176
项　目　名　称					上架木件 新式局部贴金彩画	
					打贴铜箔、描清漆	刷化学铜粉、描清漆
综　合　单　价　(元)					**1730.55**	**1629.77**
费用	其中	人　工　费　(元)			1296.45	1231.35
		材　料　费　(元)			76.28	58.57
		施工机具使用费　(元)			—	—
		企　业　管　理　费　(元)			230.25	218.69
		利　　润　(元)			106.83	101.46
		一　般　风　险　费　(元)			20.74	19.70
	编码	名　称	单位	单价(元)	消　耗　量	
人工	001000040	彩画综合工	工日	150.00	8.643	8.209
材料	142302500	巴黎绿	kg	8.55	0.400	0.400
	142302800	群青	kg	6.84	0.100	0.100
	130305610	白乳胶漆	kg	7.26	3.500	3.500
	144101100	白乳胶	kg	7.69	0.800	0.800
	130105530	光油	kg	5.38	0.100	0.100
	130105420	黄调和漆	kg	11.97	0.400	0.400
	140101100	金胶油	kg	5.13	0.400	—
	130100300	丙烯酸清漆	kg	19.23	0.220	0.220
	143110800	银珠	kg	76.68	0.050	0.050
	013500730	铜箔	张	0.07	260.000	—
	142300300	大白粉	kg	0.34	1.800	1.800
	140300400	汽油 综合	kg	6.75	0.040	0.040
	142301900	化学铜粉	kg	5.98	—	0.380
	144107400	建筑胶	kg	1.97	—	0.160
	142302300	广告色	袋	1.15	5.000	5.000
	002000010	其他材料费	元	—	0.34	0.29

工作内容:1.起扎谱子、调兑颜色、绘制各种图案成活。2.贴铜(锡)箔包括支搭"金帐子";打
"金胶油"贴铜箔或锡箔、描清漆。3.彩画贴铜(锡)箔包括彩画及铜(锡)箔的全部工作内容。　**计量单位**:10m²

定　额　编　号					BJ0177	BJ0178
项　目　名　称					上架木件 新式金琢墨彩画	
					素籁头、活枋心打贴铜箔、描清漆	素籁头、活枋心刷化学铜粉、描清漆
综　合　单　价　(元)					**2363.28**	**2217.43**
费用	其中	人　工　费　(元)			1774.05	1685.40
		材　料　费　(元)			99.60	66.85
		施工机具使用费　(元)			—	—
		企　业　管　理　费　(元)			315.07	299.33
		利　　润　(元)			146.18	138.88
		一　般　风　险　费　(元)			28.38	26.97
	编码	名　称	单位	单价(元)	消　耗　量	
人工	001000040	彩画综合工	工日	150.00	11.827	11.236
材料	142302500	巴黎绿	kg	8.55	0.400	0.400
	142302800	群青	kg	6.84	0.100	0.100
	130305610	白乳胶漆	kg	7.26	3.500	3.500
	144101100	白乳胶	kg	7.69	0.800	0.800
	130105530	光油	kg	5.38	0.100	0.100
	130105420	黄调和漆	kg	11.97	0.400	0.400
	140101100	金胶油	kg	5.13	0.600	—
	130100300	丙烯酸清漆	kg	19.23	0.440	0.440
	143110800	银珠	kg	76.68	0.050	0.050
	013500730	铜箔	张	0.07	516.000	—
	142300300	大白粉	kg	0.34	1.800	1.800
	140300400	汽油 综合	kg	6.75	0.050	0.050
	142301900	化学铜粉	kg	5.98	—	0.960
	144107400	建筑胶	kg	1.97	—	0.400
	142302300	广告色	袋	1.15	5.000	5.000
	002000010	其他材料费	元	—	0.42	0.33

工作内容:1.起扎谱子、调兑颜色、绘制各种图案成活。2.贴铜(锡)箔包括支搭"金帐子";打"金胶油"贴铜箔或锡箔、描清漆。3.彩画贴铜(锡)箔包括彩画及铜(锡)箔的全部工作内容。　　**计量单位:**10m²

定　额　编　号					BJ0179	BJ0180
项　目　名　称					上架木件 素籠头、素枋心	
					打贴铜箔、描清漆	刷化学铜粉、描清漆
综　合　单　价　(元)					**3186.21**	**3004.87**
费用	其中	人　工　费　(元)			2427.00	2305.65
		材　料　费　(元)			89.36	62.86
		施　工　机　具　使　用　费　(元)			—	—
		企　业　管　理　费　(元)			431.04	409.48
		利　　　润　(元)			199.98	189.99
		一　般　风　险　费　(元)			38.83	36.89
	编码	名　称	单位	单价(元)	消　耗　量	
人工	001000040	彩画综合工	工日	150.00	16.180	15.371
材料	142302500	巴黎绿	kg	8.55	0.400	0.400
	142302800	群青	kg	6.84	0.100	0.100
	130305610	白乳胶漆	kg	7.26	3.500	3.500
	144101100	白乳胶	kg	7.69	0.800	0.800
	130105530	光油	kg	5.38	0.100	0.100
	130105420	黄调和漆	kg	11.97	0.400	0.400
	140101100	金胶油	kg	5.13	0.500	—
	130100300	丙烯酸清漆	kg	19.23	0.300	0.300
	142300300	大白粉	kg	0.34	1.800	1.800
	143110800	银珠	kg	76.68	0.050	0.050
	013500730	铜箔	张	0.07	416.000	—
	140300400	汽油 综合	kg	6.75	0.050	0.050
	142301900	化学铜粉	kg	5.98	—	0.770
	144107400	建筑胶	kg	1.97	—	0.330
	142302300	广告色	袋	1.15	5.000	5.000
	002000010	其他材料费	元	—	0.38	0.31

工作内容:1.起扎谱子、调兑颜色、绘制各种图案成活。2.贴铜(锡)箔包括支搭"金帐子";打"金胶油"贴铜箔或锡箔、描清漆。3.彩画贴铜(锡)箔包括彩画及铜(锡)箔的全部工作内容。　　**计量单位:**10m²

定　额　编　号					BJ0181	BJ0182
项　目　名　称					上架木件 新式满金琢墨彩画	
					打贴铜箔、描清漆	刷化学铜粉、描清漆
综　合　单　价　(元)					**2688.61**	**2516.18**
费用	其中	人　工　费　(元)			2021.40	1920.30
		材　料　费　(元)			109.31	65.88
		施　工　机　具　使　用　费　(元)			—	—
		企　业　管　理　费　(元)			359.00	341.05
		利　　　润　(元)			166.56	158.23
		一　般　风　险　费　(元)			32.34	30.72
	编码	名　称	单位	单价(元)	消　耗　量	
人工	001000040	彩画综合工	工日	150.00	13.476	12.802
材料	142302500	巴黎绿	kg	8.55	0.400	0.400
	142302800	群青	kg	6.84	0.100	0.100
	130305610	白乳胶漆	kg	7.26	3.500	3.500
	144101100	白乳胶	kg	7.69	0.800	0.800
	130105420	黄调和漆	kg	11.97	0.400	0.400
	140101100	金胶油	kg	5.13	0.700	0.700
	130100300	丙烯酸清漆	kg	19.23	0.500	0.500
	142300300	大白粉	kg	0.34	1.800	1.800
	013500730	铜箔	张	0.07	693.000	—
	140300400	汽油 综合	kg	6.75	0.050	0.050
	142302300	广告色	袋	1.15	5.000	5.000
	142301900	化学铜粉	kg	5.98	—	1.290
	144107400	建筑胶	kg	1.97	—	0.540
	002000010	其他材料费	元	—	0.44	0.33

工作内容:1.起扎谱子、调兑颜色、绘制各种图案成活。2.贴铜(锡)箔包括支搭"金帐子";打
"金胶油"贴铜箔或锡箔、描清漆。3.彩画贴铜(锡)箔包括彩画及铜(锡)箔的全部工作内容。　　**计量单位**:10m²

定　额　编　号					BJ0183	BJ0184
项　目　名　称					上架木件 新式油地沥粉贴金彩画(满做)	
					打贴铜箔、描清漆	刷化学铜粉、描清漆
综　合　单　价　(元)					**2607.35**	**2442.79**
费用	其中	人　工　费　(元)			1983.75	1884.45
		材　料　费　(元)			76.09	38.23
		施工机具使用费　(元)			—	—
		企　业　管　理　费　(元)			352.31	334.68
		利　　润　(元)			163.46	155.28
		一　般　风　险　费　(元)			31.74	30.15
	编　码	名　　称	单位	单价(元)	消　　耗　　量	
人工	001000040	彩画综合工	工日	150.00	13.225	12.563
材料	144101100	白乳胶	kg	7.69	1.320	1.320
	130105420	黄调和漆	kg	11.97	0.420	0.420
	140101100	金胶油	kg	5.13	0.660	—
	130100300	丙烯酸清漆	kg	19.23	0.550	0.550
	142300300	大白粉	kg	0.34	2.420	2.420
	013500730	铜箔	张	0.07	600.000	—
	140300400	汽油 综合	kg	6.75	0.220	0.220
	142301900	化学铜粉	kg	5.98	—	1.120
	144107400	建筑胶	kg	1.97	—	0.470
	130105530	光油	kg	5.38	0.320	0.320
	142300600	滑石粉	kg	0.30	2.100	2.100
	002000010	其他材料费	元	—	0.29	0.19

工作内容:1.起扎谱子、调兑颜色、绘制各种图案成活。2.贴铜(锡)箔包括支搭"金帐子";打
"金胶油"贴铜箔或锡箔、描清漆。3.彩画贴铜(锡)箔包括彩画及铜(锡)箔的全部工作内容。　　**计量单位**:10m²

定　额　编　号					BJ0185	BJ0186
项　目　名　称					上架木件 新式油地沥粉贴金彩画 掐箍头	
					打贴铜箔、描清漆	刷化学铜粉、描清漆
综　合　单　价　(元)					**989.89**	**921.36**
费用	其中	人　工　费　(元)			749.25	711.60
		材　料　费　(元)			33.84	13.35
		施工机具使用费　(元)			—	—
		企　业　管　理　费　(元)			133.07	126.38
		利　　润　(元)			61.74	58.64
		一　般　风　险　费　(元)			11.99	11.39
	编　码	名　　称	单位	单价(元)	消　　耗　　量	
人工	001000040	彩画综合工	工日	150.00	4.995	4.744
材料	144101100	白乳胶	kg	7.69	0.440	0.440
	130105420	黄调和漆	kg	11.97	0.140	0.140
	140101100	金胶油	kg	5.13	0.220	—
	130100300	丙烯酸清漆	kg	19.23	0.150	0.150
	142300300	大白粉	kg	0.34	0.740	0.740
	013500730	铜箔	张	0.07	337.000	—
	142301900	化学铜粉	kg	5.98	—	0.630
	144107400	建筑胶	kg	1.97	—	0.260
	130105530	光油	kg	5.38	0.110	0.110
	142300600	滑石粉	kg	0.30	0.700	0.700
	002000010	其他材料费	元	—	0.12	0.07

J.8.6 下架构件彩画(编码:020909006)

工作内容:1.起扎谱子、调兑颜色、绘制各种图案成活。2.贴铜(锡)箔包括支搭"金帐子";打
"金胶油"贴铜箔或锡箔、描清漆。3.彩画贴铜(锡)箔包括彩画及铜(锡)箔的全部工作内容。 计量单位:10m²

定 额 编 号					BJ0187	BJ0188	BJ0189	BJ0190	BJ0191
项 目 名 称					下架木件 柱子金琢墨彩画(沥粉)		下架木件 柱子片金彩画(沥粉)		下架木件
					打贴铜箔、描清漆	刷化学铜箔、描清漆	打贴铜箔、描清漆	刷化学铜箔、描清漆	柱子素做沥粉彩画
综 合 单 价 (元)					3634.85	3416.24	2274.49	2112.41	1091.08
费用	其中	人 工 费 (元)			2774.55	2635.65	1696.65	1611.75	834.30
		材 料 费 (元)			94.53	53.15	109.56	55.81	26.51
		施工机具使用费 (元)			—	—	—	—	—
		企 业 管 理 费 (元)			492.76	468.09	301.33	286.25	148.17
		利 润 (元)			228.62	217.18	139.80	132.81	68.75
		一 般 风 险 费 (元)			44.39	42.17	27.15	25.79	13.35
	编码	名 称	单位	单价(元)	消	耗		量	
人工	001000040	彩画综合工	工日	150.00	18.497	17.571	11.311	10.745	5.562
材料	142300300	大白粉	kg	0.34	4.310	4.310	4.310	4.310	4.300
	144101100	白乳胶	kg	7.69	1.760	1.760	1.760	1.760	1.800
	130105530	光油	kg	5.38	0.530	0.530	0.530	0.530	0.500
	140101100	金胶油	kg	5.13	0.330	—	0.440	—	—
	130100300	丙烯酸清漆	kg	19.23	0.330	0.330	0.330	0.330	—
	130305610	白乳胶漆	kg	7.26	2.750	2.750	2.750	2.750	
	013500730	铜箔	张	0.07	690.000	—	896.000		
	142301900	化学铜粉	kg	5.98	—	1.280	—	1.670	
	144107400	建筑胶	kg	1.97	—	0.540	—	0.700	
	130105420	黄调和漆	kg	11.97	—	—	—	—	0.700
	002000010	其他材料费	元	—	0.37	0.27	0.42	0.28	0.14

J.9 斗拱、垫拱板、雀替、花活、楣子、墙边彩画(编码:020910)

J.9.1 斗拱彩画(编码:020910001)

工作内容:1.起扎谱子、调兑颜色、绘制各种图案成活。2.贴铜(锡)箔包括支搭"金帐子";打
"金胶油"贴铜箔或锡箔、描清漆。3.彩画贴铜(锡)箔包括彩画及铜(锡)箔的全部工作内容。　　**计量单位:**10m²

定 额 编 号					BJ0192	BJ0193	BJ0194	BJ0195
项 目 名 称					斗拱			
					打贴铜箔、描清漆	刷化学铜粉、描清漆	平金做法	黄线、墨线
费用		综 合 单 价 (元)			**606.93**	**567.43**	**606.25**	**603.72**
	其中	人 工 费 (元)			462.30	439.65	452.85	452.85
		材 料 费 (元)			17.04	6.44	28.41	25.88
		施 工 机 具 使 用 费 (元)			—	—	—	—
		企 业 管 理 费 (元)			82.10	78.08	80.43	80.43
		利 润 (元)			38.09	36.23	37.31	37.31
		一 般 风 险 费 (元)			7.40	7.03	7.25	7.25
	编码	名 称	单位	单价(元)	消 耗 量			
人工	001000040	彩画综合工	工日	150.00	3.082	2.931	3.019	3.019
材料	142300300	大白粉	kg	0.34	0.200	0.200	—	—
	140101100	金胶油	kg	5.13	0.220	—	—	—
	130100300	丙烯酸清漆	kg	19.23	0.220	0.220	—	—
	013500730	铜箔	张	0.07	165.000	—	—	—
	142301900	化学铜粉	kg	5.98		0.310	—	—
	144107400	建筑胶	kg	1.97		0.130	—	—
	144101100	白乳胶	kg	7.69	—	—	1.100	1.100
	142302500	巴黎绿	kg	8.55	—	—	1.000	1.000
	142302800	群青	kg	6.84	—	—	0.420	0.420
	130305610	白乳胶漆	kg	7.26	—	—	0.660	0.660
	130105420	黄调和漆	kg	11.97	—	—	0.210	—
	140300400	汽油 综合	kg	6.75	—	—	0.160	0.160
	002000010	其他材料费	元	—	0.06	0.03	0.14	0.13

J.9.2 垫拱板彩画(编码:020910002)

工作内容:1.起扎谱子、调兑颜色、绘制各种图案成活。2.贴铜(锡)箔包括支搭"金帐子";打
"金胶油"贴铜箔或锡箔、描清漆。3.彩画贴铜(锡)箔包括彩画及铜(锡)箔的全部工作内容。　　计量单位:10m²

定　额　编　号					BJ0196	BJ0197	BJ0198
项　目　名　称					填拱板沥粉龙凤彩画		
					打贴铜箔、描清漆	刷化学铜粉、描清漆	黄线素做
综　合　单　价　(元)					1967.38	1870.85	1144.25
费用	其中	人　工　费　(元)			1522.95	1446.60	887.10
		材　料　费　(元)			24.09	24.98	12.31
		施工机具使用费　(元)			—	—	—
		企　业　管　理　费　(元)			270.48	256.92	157.55
		利　　润　(元)			125.49	119.20	73.10
		一　般　风　险　费　(元)			24.37	23.15	14.19
	编码	名　称	单位	单价(元)	消　　耗　　量		
人工	001000040	彩画综合工	工日	150.00	10.153	9.644	5.914
材料	142300300	大白粉	kg	0.34	1.010	1.010	1.000
	140101100	金胶油	kg	5.13	0.550	—	—
	130100300	丙烯酸清漆	kg	19.23	0.550	0.550	—
	130305610	白乳胶漆	kg	7.26	0.660	0.660	0.700
	142301900	化学铜粉	kg	5.98	—	1.210	—
	142300600	滑石粉	kg	0.30	1.010	1.010	1.000
	013500730	铜箔	张	0.07	65.100	—	—
	144107400	建筑胶	kg	1.97	—	0.510	—
	130105530	光油	kg	5.38	0.110	0.110	0.100
	130105420	黄调和漆	kg	11.97	—	—	0.500
	002000010	其他材料费	元	—	0.11	0.13	0.06

工作内容:1.起扎谱子、调兑颜色、绘制各种图案成活。2.贴铜(锡)箔包括支搭"金帐子";打
"金胶油"贴铜箔或锡箔、描清漆。3.彩画贴铜(锡)箔包括彩画及铜(锡)箔的全部工作内容。　　计量单位:10m²

定　额　编　号					BJ0199	BJ0200	BJ0201
项　目　名　称					填拱板三宝珠彩画		
					打贴铜箔、描清漆	刷化学铜粉、描清漆	黄线素做
综　合　单　价　(元)					1918.74	1803.77	1157.23
费用	其中	人　工　费　(元)			1471.95	1398.45	896.55
		材　料　费　(元)			40.53	19.35	13.23
		施工机具使用费　(元)			—	—	—
		企　业　管　理　费　(元)			261.42	248.36	159.23
		利　　润　(元)			121.29	115.23	73.88
		一　般　风　险　费　(元)			23.55	22.38	14.34
	编码	名　称	单位	单价(元)	消　　耗　　量		
人工	001000040	彩画综合工	工日	150.00	9.813	9.323	5.977
材料	142300300	大白粉	kg	0.34	1.010	1.010	1.000
	140101100	金胶油	kg	5.13	0.440	—	—
	130100300	丙烯酸清漆	kg	19.23	0.330	0.330	—
	130305610	白乳胶漆	kg	7.26	0.110	0.110	0.100
	142301900	化学铜粉	kg	5.98	—	0.610	—
	142300600	滑石粉	kg	0.30	1.010	1.010	1.000
	013500730	铜箔	张	0.07	329.000	—	—
	144107400	建筑胶	kg	1.97	—	0.260	—
	130105420	黄调和漆	kg	11.97	—	—	0.400
	144101100	白乳胶	kg	7.69	0.660	0.660	0.600
	142302500	巴黎绿	kg	8.55	0.220	0.220	0.200
	142302800	群青	kg	6.84	0.050	0.050	0.100
	002000010	其他材料费	元	—	0.15	0.10	0.07

工作内容:1.起扎谱子、调兑颜色、绘制各种图案成活。2.贴铜(锡)箔包括支搭"金帐子";打
　　　　"金胶油"贴铜箔或锡箔、描清漆。3.彩画贴铜(锡)箔包括彩画及铜(锡)箔的全部工作内容。　　计量单位:10m²

定　额　编　号					BJ0202	BJ0203
项　目　名　称					填拱板无图案	
					金边	素边
综　合　单　价　(元)					**208.64**	**110.69**
费用	其中	人　工　费　(元)			150.75	84.90
		材　料　费　(元)			16.29	2.35
		施工机具使用费　(元)			—	—
		企　业　管　理　费　(元)			26.77	15.08
		利　　润　(元)			12.42	7.00
		一　般　风　险　费　(元)			2.41	1.36
	编码	名　　称	单位	单价(元)	消　耗　量	
人工	001000040	彩画综合工	工日	150.00	1.005	0.566
材料	142300300	大白粉	kg	0.34	0.100	0.100
	144101100	白乳胶	kg	7.69	0.300	0.300
	013500730	铜箔	张	0.07	130.000	
	130105420	黄调和漆	kg	11.97	0.400	
	002000010	其他材料费	元	—	0.06	0.01

J.9.3 雀替(包括翘拱、云墩)、雀替隔架斗拱及花芽子彩画(编码:020910003)

工作内容:1.起扎谱子、调兑颜色、绘制各种图案成活。2.贴铜(锡)箔包括支搭"金帐子";打
　　　　"金胶油"贴铜箔或锡箔、描清漆。3.彩画贴铜(锡)箔包括彩画及铜(锡)箔的全部工作内容。　　计量单位:10m²

定　额　编　号					BJ0204	BJ0205
项　目　名　称					花活大边、套环贴金或花纹攒退做法	
					打贴铜箔、描清漆	刷化学铜粉、描清漆
综　合　单　价　(元)					**1494.67**	**1407.82**
费用	其中	人　工　费　(元)			1121.10	1065.30
		材　料　费　(元)			64.14	48.50
		施工机具使用费　(元)			—	—
		企　业　管　理　费　(元)			199.11	189.20
		利　　润　(元)			92.38	87.78
		一　般　风　险　费　(元)			17.94	17.04
	编码	名　　称	单位	单价(元)	消　耗　量	
人工	001000040	彩画综合工	工日	150.00	7.474	7.102
材料	142300300	大白粉	kg	0.34	1.500	1.500
	144101100	白乳胶	kg	7.69	1.650	1.650
	140101100	金胶油	kg	5.13	0.500	—
	130100300	丙烯酸清漆	kg	19.23	0.500	0.500
	142301900	化学铜粉	kg	5.98	—	0.420
	013500730	铜箔	张	0.07	227.000	—
	144107400	建筑胶	kg	1.97	—	0.180
	142302500	巴黎绿	kg	8.55	0.990	0.990
	142302800	群青	kg	6.84	0.210	0.210
	130305610	白乳胶漆	kg	7.26	0.500	0.500
	130105530	光油	kg	5.38	0.160	0.160
	130105420	黄调和漆	kg	11.97	0.500	0.500
	140300400	汽油 综合	kg	6.75	0.150	0.150
	142301400	氧化铁红	kg	5.98	0.200	0.200
	002000010	其他材料费	元	—	0.29	0.24

工作内容:1.起扎谱子、调兑颜色、绘制各种图案成活。2.贴铜(锡)箔包括支搭"金帐子";打
"金胶油"贴铜箔或锡箔、描清漆。3.彩画贴铜(锡)箔包括彩画及铜(锡)箔的全部工作内容。　计量单位:10m²

定　额　编　号					BJ0206	BJ0207
项　目　名　称					花活大边、套环贴金或花边纠粉	
					打贴铜箔、描清漆	刷化学铜粉、描清漆
综　合　单　价　(元)					**1393.19**	**1311.32**
费用	其中	人　工　费　(元)			1044.60	992.70
		材　料　费　(元)			60.28	44.64
		施 工 机 具 使 用 费　(元)			—	—
		企 业 管 理 费　(元)			185.52	176.30
		利　　润　(元)			86.08	81.80
		一 般 风 险 费　(元)			16.71	15.88
	编码	名　　称	单位	单价(元)	消　耗　量	
人工	001000040	彩画综合工	工日	150.00	6.964	6.618
材料	142300300	大白粉	kg	0.34	1.500	1.500
	144101100	白乳胶	kg	7.69	1.400	1.400
	140101100	金胶油	kg	5.13	0.500	—
	130100300	丙烯酸清漆	kg	19.23	0.500	0.500
	142301900	化学铜粉	kg	5.98	—	0.420
	013500730	铜箔	张	0.07	227.000	—
	144107400	建筑胶	kg	1.97	—	0.180
	142302500	巴黎绿	kg	8.55	0.990	0.990
	142302800	群青	kg	6.84	0.210	0.210
	130305610	白乳胶漆	kg	7.26	0.400	0.400
	130105530	光油	kg	5.38	0.160	0.160
	130105420	黄调和漆	kg	11.97	0.500	0.500
	140300400	汽油 综合	kg	6.75	0.150	0.150
	002000010	其他材料费	元	—	0.27	0.22

工作内容:1.起扎谱子、调兑颜色、绘制各种图案成活。2.贴铜(锡)箔包括支搭"金帐子";打
"金胶油"贴铜箔或锡箔、描清漆。3.彩画贴铜(锡)箔包括彩画及铜(锡)箔的全部工作内容。　计量单位:10m²

定　额　编　号					BJ0208	BJ0209
项　目　名　称					花活黄大边	
					花边纠粉	花边攒退
综　合　单　价　(元)					**1057.83**	**1172.84**
费用	其中	人　工　费　(元)			811.65	887.10
		材　料　费　(元)			22.16	40.90
		施 工 机 具 使 用 费　(元)			—	—
		企 业 管 理 费　(元)			144.15	157.55
		利　　润　(元)			66.88	73.10
		一 般 风 险 费　(元)			12.99	14.19
	编码	名　　称	单位	单价(元)	消　耗　量	
人工	001000040	彩画综合工	工日	150.00	5.411	5.914
材料	144101100	白乳胶	kg	7.69	1.200	1.600
	142302500	巴黎绿	kg	8.55	1.000	1.000
	142302800	群青	kg	6.84	0.200	0.200
	130305610	白乳胶漆	kg	7.26	0.400	0.500
	130105420	黄调和漆	kg	11.97	—	0.500
	142301400	氧化铁红	kg	5.98	—	0.200
	143110800	银珠	kg	76.68	—	0.100
	002000010	其他材料费	元	—	0.11	0.20

J.9.4 楣子彩画(编码:020910006)

工作内容:1.起扎谱子、调兑颜色、绘制各种图案成活。2.贴铜(锡)箔包括支搭"金帐子";打"金胶油"贴铜箔或锡箔、描清漆。3.彩画贴铜(锡)箔包括彩画及铜(锡)箔的全部工作内容。　　**计量单位:**10m²

定　额　编　号						BJ0210
项　目　名　称						装修 吊窗、地脚窗
						彩画
综　合　单　价　(元)						**925.02**
费用	其中	人　工　费　(元)				707.85
		材　料　费　(元)				21.80
		施 工 机 具 使 用 费 (元)				—
		企 业 管 理 费 (元)				125.71
		利　　润　(元)				58.33
		一 般 风 险 费 (元)				11.33
	编码	名　称	单位	单价(元)	消　耗　量	
人工	001000040	彩画综合工	工日	150.00	4.719	
材料	142302500	巴黎绿	kg	8.55	0.700	
	142302800	群青	kg	6.84	0.300	
	130305610	白乳胶漆	kg	7.26	0.400	
	144101100	白乳胶	kg	7.69	0.400	
	143110800	银珠	kg	76.68	0.100	
	002000010	其他材料费	元	—	0.11	

J.10　国画颜料、广告色彩画(编码:020911)

J.10.1　国画颜料、广告色彩画(编码:020911001)

工作内容:1.起扎谱子、调兑颜色、绘制各种图案成活。2.贴铜(锡)箔包括支搭"金帐子";打"金胶油"贴铜箔或锡箔、描清漆。3.彩画贴铜(锡)箔包括彩画及铜(锡)箔的全部工作内容。　　**计量单位:**10m²

定　额　编　号					BJ0211	BJ0212	BJ0213	BJ0214
项　目　名　称					国画颜料宣传色彩画			
					在油漆面上绘制			
					旋子彩画	和玺彩画	苏式彩画	其他
综　合　单　价　(元)					**200.76**	**212.81**	**224.88**	**194.83**
费用	其中	人　工　费　(元)			141.45	150.90	160.35	136.80
		材　料　费　(元)			20.27	20.27	20.27	20.27
		施 工 机 具 使 用 费 (元)			—	—	—	—
		企 业 管 理 费 (元)			25.12	26.80	28.48	24.30
		利　　润　(元)			11.66	12.43	13.21	11.27
		一 般 风 险 费 (元)			2.26	2.41	2.57	2.19
	编码	名　称	单位	单价(元)	消　　耗　　量			
人工	001000040	彩画综合工	工日	150.00	0.943	1.006	1.069	0.912
材料	142302900	宣传色	支	1.15	16.000	16.000	16.000	16.000
	130105440	醇酸调和漆	kg	12.82	0.060	0.060	0.060	0.060
	311700100	墨汁	瓶	4.02	0.250	0.250	0.250	0.250
	002000010	其他材料费	元	—	0.10	0.10	0.10	0.10

J.11 基层处理打地仗

J.11.1 地仗

工作内容：包括调制灰料、油满、基层的清理铲除、砍斧迹、撕缝、陷缝、汁浆、捉缝、分层使灰、钻生油、砂石或砂布打磨、麻灰类、布灰类地仗还包括亚麻或糊布。

计量单位：10m²

定 额 编 号					BJ0215	BJ0216	BJ0217	BJ0218
项 目 名 称					打底（地仗）			
					一麻五灰	一布五灰	一布四灰	一布三灰
综 合 单 价 （元）					**1876.92**	**1845.44**	**1041.71**	**947.15**
费用	其中	人 工 费 （元）			1324.38	1204.13	616.50	555.13
		材 料 费 （元）			187.01	308.97	255.06	238.81
		施 工 机 具 使 用 费 （元）			—	—	—	—
		企 业 管 理 费 （元）			235.21	213.85	109.49	98.59
		利 润 （元）			109.13	99.22	50.80	45.74
		一 般 风 险 费 （元）			21.19	19.27	9.86	8.88
	编码	名 称	单位	单价（元）	消 耗 量			
人工	000300140	油漆综合工	工日	125.00	10.595	9.633	4.932	4.441
材料	040900100	生石灰	kg	0.58	0.660	0.570	0.370	0.370
	311700120	血料	kg	1.28	75.150	68.940	50.300	40.240
	140101800	灰油	kg	1.68	19.300	17.170	11.640	10.480
	311700130	砖灰	kg	0.26	82.050	75.870	51.940	46.750
	130105530	光油	kg	5.38	3.930	3.840	3.130	3.130
	142300300	大白粉	kg	0.34	3.050	2.900	2.500	2.500
	140300400	汽油 综合	kg	6.75	0.120	0.170	0.100	0.100
	311700140	精梳麻	kg	3.62	3.540	—	—	—
	155501810	玻璃布	m	2.65	—	55.680	52.000	52.000
	002000010	其他材料费	元	—	0.87	1.48	1.24	1.16

工作内容：包括调制灰料、油满、基层的清理铲除、砍斧迹、撕缝、陷缝、汁浆、捉缝、分层使灰、钻生油、砂石或砂布打磨、麻灰类、布灰类地仗还包括亚麻或糊布。

计量单位：10m²

定 额 编 号					BJ0219	BJ0220	BJ0221
项 目 名 称					单皮灰		溜布条
					木基层面层	混凝土面层	
综 合 单 价 （元）					**1094.44**	**655.45**	**233.64**
费用	其中	人 工 费 （元）			782.38	440.50	156.38
		材 料 费 （元）			96.12	93.37	34.10
		施 工 机 具 使 用 费 （元）			—	—	—
		企 业 管 理 费 （元）			138.95	78.23	27.77
		利 润 （元）			64.47	36.30	12.89
		一 般 风 险 费 （元）			12.52	7.05	2.50
	编码	名 称	单位	单价（元）	消 耗 量		
人工	000300140	油漆综合工	工日	125.00	6.259	3.524	1.251
材料	311700120	血料	kg	1.28	40.670	36.740	2.800
	140101800	灰油	kg	1.68	7.320	7.440	1.240
	040900100	生石灰	kg	0.58	0.260	0.250	0.040
	155501810	玻璃布	m	2.65	—	—	10.660
	311700130	砖灰	kg	0.26	49.250	45.680	—
	130105530	光油	kg	5.38	3.030	2.770	—
	142300300	大白粉	kg	0.34	2.410	1.860	—
	040100120	普通硅酸盐水泥 P.O 32.5	kg	0.30	—	3.540	—
	144105000	乳液	kg	3.42	—	1.100	—
	140300400	汽油 综合	kg	6.75	0.180	0.150	—
	002000010	其他材料费	元	—	0.47	0.45	0.16

K 措施项目

说　明

一、脚手架工程

脚手架工程(编码:021001)未编制,根据施工组织设计(方案)按《重庆市房屋建筑与装饰工程计价定额》单项脚手架相应定额子目执行。

二、垂直运输

1.垂直运输包括单位工程在合理工期内完成全部工程项目所需要的垂直运输机械台班,不包括机械的场外往返运输,一次安拆及路基铺垫和轨道铺拆等台班。

2.本定额多、高层垂直运输按层高3.6m以内进行编制,层高超过3.6m(超高不足1m按1m计算)时,该层垂直运输按每增加1.0m增加系数10%计算。

3.檐高3.6m以内的单层建筑,不计算垂直运输机械。

4.单层建筑物按不同结构类型及檐口高度20m综合编制,多层、高层建筑物按不同檐口高度编制。

5.建筑物檐高以设计室外地坪至檐口滴水高度为准,如有女儿墙者,其高度算至女儿墙顶面,带挑檐者算至挑檐下皮。

6.楼、阁、轩、斋、廊、榭、亭、古戏台垂直运输按本章殿、堂、厅相应定额子目执行。

7.砖木结构、木结构垂直运输执行砖混结构相应定额子目。

8.建筑物垂直运输定额子目不包含基础施工所需垂直运输费,基础施工时按批准的施工组织设计按实计算。

9.本定额垂直运输缺项时,按《重庆市房屋建筑与装饰工程计价定额》中相应定额子目执行。

三、超高施工增加、大型机械设备进出场及安拆、施工排水降水未编制,按《重庆市房屋建筑与装饰工程计价定额》中相应定额子目执行。

工程量计算规则

一、垂直运输

1.建筑物垂直运输的面积执行《重庆市房屋建筑与装饰工程计价定额》中"建筑面积计算规则"。

2.殿、堂、厅、楼、阁、轩、斋、廊、榭及亭等建筑物垂直运输,区分不同建筑物结构及檐高按建筑面积计算。

3.牌楼、塔垂直运输以座计算,超过规定高度时,再按每增加1m定额子目计算,其增加不足1m时,亦按1m计算。

4.本定额按泵送混凝土考虑,如采用非泵送,垂直运输费按以下方法增加:相应定额子目乘以调整系数5%,再乘以非泵送混凝土数量占全部混凝土数量的百分比。

K.1 垂直运输(编码:021003)

K.1.1 殿、堂、厅(编码:021003001)

工作内容:单位工程在合理工期内完成全部工程项目所需要的垂直运输机械。　　　　　　　　　　　计量单位:100m²

定　额　编　号					BK0001	BK0002
项　目　名　称					塔吊施工	
					砖混结构	框架结构
					檐高20m(6层)以内	
综　合　单　价　(元)					**2299.46**	**3143.84**
费用	其中	人　工　费　(元)			365.30	499.20
		材　料　费　(元)			—	—
		施工机具使用费　(元)			1436.79	1964.62
		企　业　管　理　费　(元)			320.05	437.58
		利　　润　(元)			148.49	203.02
		一　般　风　险　费　(元)			28.83	39.42
	编码	名　　称	单位	单价(元)	消　耗　量	
人工	001000010	仿古综合工	工日	130.00	2.810	3.840
机械	990306005	自升式塔式起重机 400kN·m	台班	522.09	2.752	3.763

工作内容:单位工程在合理工期内完成全部工程项目所需要的垂直运输机械。　　　　　　　　　　　计量单位:100m²

定　额　编　号					BK0003	BK0004	BK0005
项　目　名　称					塔吊施工		
					框架结构		
					结构檐高 (m以内)30	结构檐高 (m以内)40	结构檐高 (m以内)70
综　合　单　价　(元)					**2908.84**	**3383.23**	**4314.70**
费用	其中	人　工　费　(元)			256.10	403.00	582.40
		材　料　费　(元)			371.70	412.95	505.95
		施工机具使用费　(元)			1732.26	1924.81	2402.51
		企　业　管　理　费　(元)			353.13	413.42	530.12
		利　　润　(元)			163.84	191.81	245.96
		一　般　风　险　费　(元)			31.81	37.24	47.76
	编码	名　　称	单位	单价(元)	消　耗　量		
人工	001000010	仿古综合工	工日	130.00	1.970	3.100	4.480
材料	002000010	其他材料费	元	—	371.70	412.95	505.95
机械	990306005	自升式塔式起重机 400kN·m	台班	522.09	2.323	2.581	—
	990306010	自升式塔式起重机 600kN·m	台班	545.50	—	—	2.467
	990506010	单笼施工电梯 1t提升高度75m	台班	298.19	1.742	1.936	—
	990507020	双笼施工电梯 2×1t提升高度100m	台班	510.76	—	—	2.069

K.1.2 塔(编码:021003007)

工作内容:单位工程在合理工期内完成全部工程项目所需要的垂直运输机械。　　　　　　　　　　　　　　**计量单位:**座

定　额　编　号					BK0006	BK0007
项　目　名　称					檐口高度(m以内)20	每增1m
费用		综　合　单　价（元）			**13167.10**	**657.46**
	其中	人　工　费（元）			5470.40	273.00
		材　料　费（元）			—	—
		施工机具使用费（元）			4848.65	242.25
		企　业　管　理　费（元）			1832.66	91.51
		利　　　润（元）			850.29	42.46
		一　般　风　险　费（元）			165.10	8.24
	编码	名　　称	单位	单价(元)	消　　耗　　量	
人工	001000010	仿古综合工	工日	130.00	42.080	2.100
机械	990306005	自升式塔式起重机 400kN·m	台班	522.09	9.287	0.464

K.1.3 牌楼(编码:021003008)

工作内容:单位工程在合理工期内完成全部工程项目所需要的垂直运输机械。　　　　　　　　　　　　　　**计量单位:**座

定　额　编　号					BK0008	BK0009
项　目　名　称					牌楼檐口高度（m以内）30	每增1m
费用		综　合　单　价（元）			**17596.52**	**596.51**
	其中	人　工　费（元）			4186.00	141.70
		材　料　费（元）			—	—
		施工机具使用费（元）			9604.37	325.78
		企　业　管　理　费（元）			2449.17	83.03
		利　　　润（元）			1136.33	38.52
		一　般　风　险　费（元）			220.65	7.48
	编码	名　　称	单位	单价(元)	消　　耗　　量	
人工	001000010	仿古综合工	工日	130.00	32.200	1.090
机械	990306005	自升式塔式起重机 400kN·m	台班	522.09	18.396	0.624

附　　录

仿古建筑术语注释

一、砖作工程

1.陡板：台基土衬之上、阶条之下包砌的砖石构造部分，有砖砌陡板和石制陡板两种。

2.砖细：指将砖进行锯、截、刨、磨等加工的工作名称。

3.影壁箍头枋子：影壁上部，线枋子之外，横贯于柱子之间的砖件。

4.影壁柱子(角柱)：影壁座底以上墙体组成部分，位于马蹄磉之上。

5.线枋子：沿方砖心四周摆砌的看面宽度为6cm左右条砖并起线。

6.马蹄磉：影壁或看面墙立柱之下，突出墙体呈凹凸状的装饰构件，有方形、圆形之分。

7.影壁三岔头：影壁箍头枋子突出柱外部分的装饰构件。

8.影壁耳子：影壁箍头枋子突出柱外部分的装饰构件。

9.廊心墙穿插档：排山构架的抱头梁与穿插枋之间，用三块砖(方砖开条)按这个位置的大小砍出以干碰头方式结合，又称为砖穿插。

10.廊心墙小脊子：位于穿插枋下部，用灰泥堆制或用砖砍制成的圆混。

11.半墙坐槛面：将亭、廊周边的栏杆，改用砖砌矮墙，在矮墙顶面铺一平整的坐板，此坐板称为"坐槛"，用砖细做成的坐槛即为坐槛面。

12.雀簧：指小连接木，坐槛面与木构件(如木柱、木栏等)连接时应在砖的背面剔凿槽口以安连接木。

13.线脚：指在坐槛面砖的观看面的装饰线条。

14.坐槛栏杆：用砖栏杆代替矮墙，并在其上设有坐板的称为"坐槛栏杆"。

15.四角起木角线坐槛面砖：指在砖的四个角起线的坐槛砖。

16.栏杆槛身芯子砖：指坐槛面砖之下，栏杆柱之间，"双面起木角线拖泥"之上的栏杆部分。

17.双面起木角线拖泥：栏杆最底部的砖，《营造法原》称露台下的金刚座之底脚石为"拖泥"，拖泥砖只有两个外露角，这两个角都起木角线。

18.平面抛方：指对砖面进行刨磨加工，包括截锯成需要尺寸、表面刨光、孔隙补油灰、打磨截面等。

19.平面带枭混线脚抛方：指不仅进行平面加工，并还按需要的线脚形式，加工成一定形体，线脚的形式有枭形、半混、圆混、炉口等。

20.台口抛方：泛指对砖露台、砖驳岸等最上层边缘的砖进行平面加工，将其边缘做圆混线者称为圆线台口。

21.八字垛头：指大门两旁连接有八字拐角的砖柱。

22.拖泥锁口：指台基边缘的锁口砖。

23.下枋：指门洞顶上的过梁，在砖细墙门中，门顶过梁先用横木担置，再在其上包清水砖作枋形。

24.上下拖混线脚：带圆弧形凸出的断面称为浑面，覆盖者为仰浑，仰置者为托浑，将两者上下对称砌置，称为上下拖混线脚。

25.宿塞：带状矩形的条砖，置于上下托混之间，起着过渡变形的效果。

26.木角小圆线台盘浑：大镶边最外框的一道线脚。

27.大镶边：指外框线的砖细。

28.兜肚：指大镶边两端的方块砖。

29.字碑：大镶边中间部分用以雕刻字文的砖细，字碑四周再围以镶边。

30.上枋：与下枋相同是用来承托屋顶以下重量的横枋。

31.斗盘枋：承托斗拱的平面板。

32.五寸堂：上枋上面第一根横隔条，是上枋与其上构件之间的过渡物体，高度不超过5寸。

33.一飞砖木角线、二飞砖托浑、三飞砖晓色：分别为挑出砖细线角的名称。

34.将板砖：套信荷花柱之顶，与斗盘枋紧密相连接的构件。

35.挂芽砖：附在荷花柱旁的装饰构件。

36.靴头砖:在三飞砖檐两端侧面的装饰构件。

37.砖细包檐:指做细清水砖包檐墙的檐口,包檐墙的檐口一般采用三匹砖逐匹挑出,称为"三飞砖",即定额中的砖细包檐三道。

38.屋脊头:放在正脊两个端头的装饰物。

39.垛头:门墙两边的砖柱,或山墙伸出廊柱外的部分。

40.博风板头:博风板的两个端头。

41.雀替:又名梁垫,位于额枋下面、并与柱相交,用来加强额枋与柱的边接的构件。

42.细灰:细灰即为油灰,又称玻璃腻子,一般以熟桐油与石灰或石膏调拌而成。

二、石作工程

1.阶条石:台基四周上面之石块。

2.踏跺:台阶一级一级的阶石称踏跺。

3.砚窝:踏跺最下一级,只略比地面高出而与土衬平之石。

4.如意踏跺:由正面及左右皆可升降之踏跺,无垂带的叫如意踏跺。

5.陡板石:台基阶条石以下,土衬石以上,左右角柱之间之部分。

6.土衬石:在台基陡板以下与地面平之石。

7.锁口石(连礤):在柱脚间用石做一连接礤(柱础)条石。

8.地伏石:栏杆最下层之横石。

9.埋头:又称为台明的角柱石,位于台明转角处好头石(抱角石)之下。

10.垂带:踏跺两旁由台基至地上斜置之石。

11.象眼:①建筑物上直角三角形部分之通称。②台阶下三角形部分。③悬山山墙上瓜柱梁上皮及椽三者所包括之三角形部分。

12.礓礤:不用踏跺而将斜面做成锯齿形之升降道。

13.须弥座:上下皆有枭混之台基或坛座。(枭,凸面之嵌线如突出弧形。混凹面之嵌线,其断面作凹入弧形。)

14.石望柱:栏杆月栏板间之短柱,即指栏杆柱,一般为方形截面,柱头雕刻成不同的花样形式,常用的石柱头形式有:龙凤头、狮子头、莲花头、素方头等。

15.台基的石栏板常用的形式有:寻杖栏板、罗汉栏板等。其中,"寻杖栏板"是指在望柱之间,栏板的最上面为以横杆扶手,在横杆下用雕饰花瓶作承托,与其下裙板连接。按其不同高度套用定额;"罗汉栏板"是指在望柱之间,直接使用以石料制作的横板,在罗汉栏板平台进出口处,一般采用抱鼓石加以配合。

16.撑鼓:带有台阶的栏杆的垂带上一般装有斜栏板和望柱,其尽端置抱鼓石将望柱扶住稳固,加工精度一般要求达到二遍剁斧等级。

17.角柱石:指用于砖砌墙身的下肩部位转角处的护角石,其形式可做成混沌角柱、厢角柱。

18.压砖板:又称"压面石",它是指砖砌转角处,下肩与上身分界面平面上的转角石。

19.腰线石:指砖砌墙身下肩与上身分界线的分界石,与压面石齐平。

20.挑檐石:"挑檐石"是硬山角柱墀头梢子部位,用来代替砖梢子挑出的石构件。

21.门窗券石:又称门窗碹石,它是门窗洞顶的拱形石过梁,处在最外层的称为"碹脸石",里层的称为"碹石",碹脸石可雕刻花纹图案,较朴素的图案为卷草或卷云带子,较豪华的图案为莲花或龙凤。常用于佛教寺庙中的山门。

22.菱花窗:指用石料雕刻成菱花纹样的封闭石窗扇,是象征性装饰作用的石门窗。

23.石墙帽:指用石料雕琢的墙顶盖帽,又称为"压顶",一般为兀脊形。

24.过门石:指设在正开间中线门槛下面的地面石,与门槛垂直放置;分心石是指设在有前廊地面,正开间中线上,由台阶至门槛处的地面石,若已设置了过门石后,就不再设置分心石;槛垫石是指承托大门门槛下面的铺垫石,依铺垫方式分为:通槛垫、掏当槛垫、带下槛垫等。

25.柱顶石:柱顶石是用于柱子下面的承托石;覆盆柱顶石是较高级的柱顶石,它的轮廓形状相似于倒盆轮廓形式,多用于装饰程度较高的建筑;磉石是指置于鼓蹬石下面的垫基石,一般用于方砖地面,以代替鼓蹬下面的地板砖。

26.鼓径:柱顶石露明的部分,在清代建筑中,一般作为鼓径或写作"古镜"。(古镜:柱顶石上圆形凸起承柱之部分。

27.门枕石:大门转轴下承托转轴之石。

28.门鼓石:将外部做成鼓形之门枕石。

29.夹杆石:夹在旗杆或楼住脚之石。

30.台明:台基露出地面的部分。清式又把小型基座叫作台明。

31.廊柱:柱之用于廊下前列,承之屋檐者。

32.月台:①高大尊崇的主要建筑,除了使用小于上出檐的台基外,台基周围又建有宽大的月台,有的月台周围绕以汉白玉栏杆,最崇贵的建筑造成三层重叠的须弥座形式。在殿堂等建筑中,特别是皇家园林中的主要殿堂前常有宽敞的月台,上陈设着铜制的兽、缸、鼎等,成为建筑与庭院之间的过渡。②楼上作为平台、露天者。

33.环丘台:是一种平地上垒起来的圆形高台,多为三层,台面逐层向上收缩,是封建社会中一种祭祀礼拜用的建筑物。

34.莲花头:莲柱上部,雕莲花形之部分。

35.阶沿石:沿街台四周之石,包括踏步。

36.侧塘石:以塘石侧砌,用于阶台及驳岸者。(驳岸:凡滨河房屋,以石条逐皮驳砌成墙岸者。)

37.锁口石:石栏杆下之石条,或驳岸顶上一皮石料。

38.地坪石:铺于露台、石牌坊地面之石板。

39.砷石:将军门旁所置之石鼓,上如鼓形,下有基座之饰物,亦用于牌坊及露台阶沿旁。

40.云头:梁首伸出廊桁外雕云形装饰,以承桁条者,或十字科之拱头作云头装饰者。

41.墀头:山墙伸出至檐柱外之部分。

42.筑方快口:均发生在有看面的部位,石料相邻的有两个面经加工后形成的角线称为快口。

43.板岩口:均发生在石料内侧不露面的部位。其石料相邻的两个面经加工后形成的角线称为板岩口。

44.线脚:在加工石料的边线部位雕成突出的角,圆形称为圆线脚,方形称为方线脚。

45.坡势:凡将石料相邻两个面剥去其两个面相交的直角,而成为斜坡的形势称为坡势。

三、混凝土工程

1.瓜柱:位于梁或顺梁上,将上一层梁支起所用的小矮柱,瓜柱本身的高度要大于本身的长或宽,起支撑梁架的作用。

2.垂莲柱:用于垂花门或垂花牌楼门的四角上、下部悬空的垂柱,端头上常有莲花雕饰。

3.桁:平行于开间,上承排列之椽,桁条位于屋面基层,又称檩条或檩子。其作用同现代木屋架的檩木,所不同的是根据其所处位置不同又有不同的叫法,靠背顶部叫脊檩,靠檐口部位叫檐桁,在背桁和檐桁之间的叫金桁。

4.枋:又叫枋子或穿枋,指仿古建筑中起横向连接作用的方木,故又称"枋木"。枋有两种类型:1)连接梁架,将所有梁架连接或整体,它与桁配套成对使用,分别称为檐枋、脊枋、金枋;2)连接檐柱,将所有柱子连接成为稳固的木构件,依其所处位置不同,分别为额枋、间枋、廊枋、穿插枋。

5.连机:位于桁下,起加强桁抗弯作用的构件,其形状似枋,只是与枋的断面大小和所处位置有所区别。

6.戗翼板:实际上是椽望板的特殊情况,它是用在屋面转角部位的起翘处,连有摔网椽的起翘翼角板。

7.驼峰又名眉川、骆驼川,老角梁又名老戗、龙背,仔角梁又名嫩戗、大刀木,鹅颈靠背又名吴王靠、美人靠,斗拱又名牌科。

四、木作工程

1.童(瓜)柱:指重檐建筑中不落地的上层檐柱。

2.雷公柱:①庑殿山太平梁上承托桁头并正吻之柱。②斗尖亭榭正中之悬柱。雷公柱下面作雕饰,或风摆柳,或垂莲。

3.牌楼:两立柱之间施额枋,柱上安斗拱。檐屋,下可通行之纪念性构筑物。

4.圆梁:指用圆木制作的承受桁(檩)荷载的构件。

5.矩形梁:矩形梁又称扁梁,指用仿木制作的承受桁(檩)荷载的构件。

6.柁墩、交金墩:在梁或顺梁上,将一层梁垫起,使达到需要的高度的木块,其本身之高小于之长宽者为柁墩,大于本身之长宽者为瓜柱。

7.桃尖梁及桃尖假梁头:指在斗拱建筑中,将梁的端头做成桃尖轮廓形式的横梁。常用于檐柱和金柱之间,作为承托挑檐桁和檐桁的横梁,也可将步梁、顺梁等梁端做成桃尖形式,称为桃尖步梁或桃尖顺梁。在有些地方不做桃尖梁,而只在普通横梁与柱交接的外侧,另行安装一个桃尖梁头,此称为"桃尖假梁头"。

8.桁檩:"桁"即指桁条,"檩"即指檩木或檩条,他们都是沿房屋面阔方向,搁置在脊柱和各个架梁的梁端上,将各排木构架连接成整,以使承托望板以上屋面荷重的圆形条木。一般在斗拱建筑或规模较大建筑中称为"桁",在普通建筑或规模较小建筑中称为"檩",也有的为了方便通称为檩。

9.大额枋:檐柱与檐柱头间之联系材,并承平身斗拱。

10.扶脊木:承托脑椽上端之木,脊桁之木,与之平行,横断面作六角形。

11.搁栅:木搁栅在这里是指楼房中两承重梁之间的次梁,是作为楼板的承托木。

12.承重:承托楼板重量之梁。承重是特指楼房建筑中,楼板下面的主梁承重梁,它沿房屋进深方向布置,插入前后通柱上。

13.茶壶当轩(椽):轩式之一种,其轩椽弯曲似茶壶档者,多用于廊轩。

14.飞椽:又称为"椽飞",它是指叠置在檐口直椽上的椽子。钉于出檐椽之上,椽端伸出,稍翘起,以增加屋檐伸出之长度。

15.翘飞椽:是指翼角部分的飞椽,它的后尾叠置在翼角椽或其望板上,前段挑出起翘,其规格与飞椽相同,而根数按单数布置。

16.立脚飞椽:戗角处之飞椽,作摔网状,其上端逐根立起,与嫩戗之端相平者。

17.翼角椽:指在除正身范围以外的转角部分椽子,与正身直椽一样,依其截面也分为:圆翼角椽和方翼角椽。

18.弯椽:轩深以轩桁分作三界,其顶界较小,顶界安椽,上弯,称作弯椽,亦名顶椽。

19.戗角:歇山或四合舍房屋转角处之房屋结构。

20.老戗木:房屋转角处,设角梁,置于廊桁与步桁之上者。

21.嫩戗木:竖立于老戗山之角梁。

22.摔网椽:出檐及飞檐,至翼角处,其上端以步柱为中心,下端依次分布,逐根伸长成曲弧,与戗端相平者,似摔网状者,称摔网椽。椽数成单,自九、十一以至十三根。

23.眠檐:俗称面沿,钉于出檐椽及飞椽尽头,厚同望砖之扁方木条,以防望砖下泻。

24.老角梁:上下两层角梁中居下而较短者。

25.仔角梁:两层角梁中之在上而较长者。

26.踩步金:歇山大木,在梢间顺梁上,与其他梁架平行,与第二层梁同高,以承歇山部分结构之梁。两端做假桁头,与下金桁交,放在交金墩上。

27.戗山木:摔网椽下所填之齿形斜木。是承托摔网椽的底座木,它是按照摔网椽位置和托面形式挖成托槽。

28.千斤销:指硬木木销,它是用于老嫩戗连接的固定插销,由老嫩端头底下穿入,固定嫩戗的木销子,一般用比较结实的硬杂木制作。

29.里口木：位于出檐椽与飞檐椽之条木，以补椽间之空隙者。用于立脚飞椽下者名高里口木。

30.鳌壳板："鳌壳"是指屋顶脊尖处装有弧形弯椽（又称回顶）的结构，此部分结构有钉在双脊桁上的弯椽所形成，在弯椽上所钉之望板称为鳌角壳板。

31.隔椽板：带廊子建筑作装修时，由于隔开檐椽及花架椽，免留空隙鸟雀入屋之板。

32.平身科斗拱：在柱头与柱头之间，立于额枋上之斗拱。

33.柱头科斗拱：在柱头上之斗拱。

34.角科斗拱：在角柱上之斗拱。

35.一斗三升斗拱：不出踩得斗拱，无昂、翘，大斗上只有一层拱件，正心拱上用三个槽升子承托正心枋，外观上是一个坐斗三个槽升及一个正心拱，故名为一斗三升。

36.一斗二升麻叶斗拱：与一斗三升做法相似，但中间不置槽升而是在坐斗纵中线上向里外出麻叶头，具有较强的装饰效果。

37.攒：斗拱之全部统称"攒"。

38.单翘：在斗拱前后中线上，自斗伸出一翘谓之单翘。

39.隔架斗拱：在规模较大的建筑中，在大梁与随梁或天花梁与天花枋之间常安一攒或两攒斗拱状的构件，叫作隔架科，或称隔架斗拱，他的装饰性很强，也有多种式样，如十字斗、荷叶墩、雀替等。官式做法常用一斗三升带荷叶雀替的做法，其最下为翻荷叶，中为一斗三升（有的用两层拱，下为瓜拱、上为万拱），上架雀替。

40.单昂：在斗拱前后中线上，自斗口伸出一昂谓之单昂。（昂：斗拱上在前后中线上，向前后伸出，前端有尖向下斜垂之材。）

41.踩：斗拱上每出一拽架谓之一踩。

42.三踩单翘斗拱、三踩单昂斗拱：斗拱若向里外各出一踩，里外均用翘，叫三踩单翘斗拱。若里外全用昂，就叫三踩单昂斗拱。这种里外一致的做法，前者叫留字斗拱，后者多用于牌楼，叫牌楼斗拱。自五至十一踩斗拱，常用单翘单昂、单翘重昂、重翘重昂、重翘三昂等。

43.重昂：斗拱上用两重昂谓之重昂。

44.重翘：斗拱上用两重翘谓之重翘。

45.品字斗拱：这种斗拱里外相同，在出挑的方向上只有用翘不用昂，仰视如"品"字形，用于大殿内部金柱头上，它的两侧可承接天花枋。

46.垫拱板：正心枋以下，平板枋以上，两攒斗拱间之板。

47.外拽：斗拱柱中心线以外之部分。

48.拽枋：里外万拱上之枋。

49.里拽：斗拱正心线以内之拽架。

50.单才拱：不在正心线上之拱。

51.拱眼：拱上三踩升分位与十八斗分位之间，弯下之部分。

52.盖斗拱：每斗拱一空，一拽架，计一块。

53.垫拱板：两牌科间所垫雕刻漏空花卉之木板。

54.枕头木：南北说法不同。南方回顶建筑，枕头木是指屋脊回顶上的鳌壳弯椽，它是支持鳌角壳板的弧形木，矩形截面。

55.梁垫：梁端之下垫木材，搁于柱或坐斗。

56.三幅云、山雾云：牌科两旁依山尖之形式，左右捧以木板，刻流云飞鹤等装饰。

57.棹木：架于大梁底两旁蒲鞋头上之雕花木板，微倾斜，似抱梁云。有时升口前后架棹木，形似枫拱，以为装饰。

58.水浪机：机常雕以花纹，如水浪，即称机为水浪机。

59.丁头拱（蒲鞋头）：梁垫之下，复有拱状之垫木，以增梁端搁置之稳固。

60.角云、捧（抱）梁云：梁之两旁，架于升口，抱于桁两边之雕刻花板。

61.雀替:指横枋端头的垫木,为加强其装饰性,一般都雕刻有花草图案。依其位置和图案不同分为:云龙大雀替、卷草大雀替、卷草骑马雀替等。

62.云龙大雀替和卷草大雀替:指其雕刻分别为云龙和卷草花纹,多是用于大额枋下的雀替。

63.卷草骑马雀替:指用于廊子和垂花门转角处的通雀替。

64.花牙子:是倒挂楣子下边转角处的装饰构件,一种轻型雀替。常用形式有:普通花牙子和骑马花牙子。

65.雀替下云墩:指在雀替下面承托云拱,并在云拱下托一木雕饰块作脚墩,该脚墩雕饰花纹一般为云纹状,故称此为"云墩",常用于牌楼上。

66.壶瓶牙子:在抱鼓石与柱子之间常施用壶瓶牙子作为辅助的支撑稳定构件。壶瓶牙子有石质与木质二种。

67.大连檐(里口木):飞檐头上之联络材,其上安瓦口。

68.小连檐:檐椽头上之联络材,在飞椽之下。

69.闸挡板:椽头间之板。

70.瓦口板:锯成瓦楞起伏状之木板,钉于檐口,以稳瓦间空隙。里口木、瓦口板俱能一锯二用,借以节省物力。

71.勒望:钉于界椽上,以防望砖下泻之通长木条,形同眠檐。

72.闸椽:椽与桁间隙处所钉之间断木板。

73.椽碗板:椽与桁间空隙处所钉之通长木板。

74.垫拱板:两牌科间所垫雕刻漏空花卉之木板。

75.夹樘板:连机与枋子间之木板,厚约半寸,中置蜀柱分隔之。窗两横头料间之木板,亦称夹樘板。

76.蜀柱:分隔夹樘板之短木柱。

77.望板:椽上所铺以承屋瓦之木板,代望砖之用。

78.裙板:装于窗下栏杆内之木板;又长窗中夹堂及下夹堂横头料间之木板。

79.山花板:歇山屋顶两端,前后两博缝间之三角形部分。"山花板"是指房屋山尖部分的木挡板,依房屋建筑不同分为:立闸山花板、镶嵌象眼山花板。其中,"立闸山花板"是指歇山建筑封护山面桁檩端头、草架柱、横穿、踏脚木等的木挡板。"镶嵌象眼山花板"是指硬、悬山建筑山面屋架梁上,填补山面木构架之间空挡的木挡板。因为有些悬山建筑的山面,只将山墙砌到大梁下皮,让木屋架暴露在外,以丰富山面不同的质感,而对屋架空挡部分,填补木板以便遮风挡雨。另有些硬山建筑虽然山面砖墙砌到顶,将山面屋架封护起来,但室内构架空挡部分用木板填补起来,以作为装饰。

80.清水望板:指椽子上所铺的木望板(即普通望板)

81.挂檐、滴珠板:在古式店面和宅院平台廊子檐下,以及楼房的平座外檐,要围一挂檐板,即起到遮挡外檐构件的作用,又有很强的装饰性,挂檐板通常为扁宽的统长木料,在店面使用,一般做雕刻。平屋顶用的挂檐板上接兵盘檐,挂檐板在楼房则用于楼层交接处。

82.博缝板:悬山或歇山屋顶两山沿屋顶斜坡钉在桁头上之板。它又称博风板,是歇山建筑和悬山建筑房屋的山墙面,钉在桁檩端头起保护和装饰作用的木板。

83.博脊板:用于重檐建筑下檐承椽枋之上,长按建筑物博脊部位周长,高按琉璃瓦件。

84.棋枋板:重檐下檐,承椽枋之下挑尖头以上之板。

85.槛框:指檐额枋以下,为形成门扇或窗扇洞口木外框,组成外框的横构件称为"槛",竖构件称为"框",故通称为"槛框"。

86.抱框:是紧贴柱外皮的竖木,上下与横槛连接,是组成门窗外框的侧边料。

87.什锦(多宝)窗:指院墙围墙上的牖窗,有各种各样的洞口形式,如扇形、海棠、六角等。但总的分为直折线形和曲线形两大类。

88.将军门:门之装于门第正间脊桁之下者。

89.实榻门:是用厚木板拼接而成的大规格门。

90.撒带门:是较实榻门板稍薄,其背面有 5 根穿带,穿带一端插入门轴攒边中,另一端撒着。

91.棋盘(攒边)门:是一种较撒带门薄的大门,门板的背面,上下左右都钉有木框加以固定。

92.直拼库门:库门又称为"墙门",它是指装于门楼上的大门。一般用较厚的木板实拼而成,因拼缝不裁企口而是直缝,故取名为"直拼库门"。

93.贡式堂门:"贡式"即拱式,贡式樘子对子门是一种窗形门,因安装在大门两侧成对安装,故取名为对子门。

94.直拼屏门:是用薄板拼接而成的轻便门扇,上下用抹头与木板连接,背面用较少的穿带加以固定,没有攒边门轴,它的开启靠安装鹅颈和碰铁等铁件,多用于园林院子内的墙洞门。

95.将军门竹丝:在外门板面上,钉以竹条镶成万字或回纹等"福、禄、寿、喜"图案,此作称为门上钉竹线。

96.门簪:大门中槛上,将连楹系于槛上之材。它是将门枕固定于中槛上的销木,簪头呈六角形,簪尾呈扁形,穿过中槛和门枕插孔后,用插销固定。

97.窗塴板:槛墙上风槛下所平放之板,即窗台板。

98.门头板余塞板:填补门框、抱框、腰枋之间空挡的填空板,也可用玻璃代替以便透光。

99.木门枕:垫在门下槛和承接门扇转轴下端的承托木。

100.坐凳及倒挂楣子:"楣子"即指横向花格网状装饰构件,依其位置分为倒挂楣子和坐凳楣子。

101.飞罩:与挂落相似,花纹较为精致,两端下垂似拱门,悬装于内部者。称为"几腿罩",它是分割室内空间的装饰构件。它是悬挂在室内木柱之间,枋木之下的花形网格装饰架。北方根据其花纹图案分为:宫万式、葵式、藤径、乱纹嵌桔子等。

102.落地罩:是将飞罩两端的罩脚做成落地,使之形成圈洞形式。因其芯子可做成各种花纹图案,故又称为"落地花罩"。

103.藻井天花:在尊贵建筑室内顶部中央升起的穹隆形构造物叫作藻井。藻井象伞盖一样,高于天花之上,是一种特别的小木作结构,也是室内装饰的重点。

104.匾额:横位匾,竖为额。安置在建筑物明间的檐下。

105.明间:建筑物正面两柱之间部分。

五、地面工程

1.地面钻生:细砖地面的面层用桐油进行浸润,以使地面砖件耐磨延年,也可使地面光亮生辉。

2.细墁方砖又名砖细方砖。

六、屋面工程

1.筒瓦屋面:用于盖瓦垄,覆盖两列板瓦的接缝之上,又称盖瓦,一端作熊头与另一块筒瓦连接。它是用板瓦作底瓦,筒瓦作盖瓦所组成的屋面,将瓦件由下而上,前后衔接成一长条形称为"瓦垄",整个屋面由板瓦沟和筒瓦垄,沟垄相间铺筑而成。

2.正脊:是指坡屋顶正中,前后坡面交界处的压顶结构。

3.滚筒脊:正脊下部分呈圆弧形之底座,用两筒瓦对合筑成者。

4.筒瓦过垄脊:是卷棚筒瓦屋顶的正脊,它是一种圆弧形的屋脊,有的称它为"元宝脊"。筒瓦过垄脊的两端没有吻兽,脊身由与筒瓦相应的罗锅瓦、续罗锅瓦,和与板瓦相应的折腰瓦、续折腰瓦等件相互搭接而成。过垄脊:即"卷棚"的做法,亦称"元宝脊",其两坡瓦面通过圆弧形瓦件(罗锅筒瓦、续罗锅筒瓦、折腰板瓦、续折腰板瓦)连接,脊部不突出来。

5.垂脊:是指从正脊两端,顺屋面坡度垂直而下的压边结构。

6.戗脊:有的称为"岔脊",是歇山建筑屋顶四角的斜脊,它与垂脊呈 45°相交,对垂脊起着支戗作用。角脊是指重檐建筑中,下层檐屋面四角处的斜脊,其构造与戗脊相同。所以也有将戗脊称为角脊。歇山戗脊做法与庑殿垂脊大致相同。自博缝至套兽间的一般叫戗脊,与垂脊在平面上成 45°角。

7.围脊:是重檐建筑中,上下层交界处,下层屋面上端的压顶结构,该脊是在围脊板或围脊枋之外的一种半边脊。四条围脊形成一个方形,合角吻在方形的四角。

8.博脊:指歇山建筑中,两端山面山花板下屋面上端的压顶结构。它也是在山花板之外的半边脊。在歇山撇头和小红山相交的地方,为防止雨水浸入,有一条脊砌在那里,这条脊叫博脊。

9.披水梢垄:自博缝之上,只砌一层披水砖檐,砖檐上放筒瓦。这种只用一层筒瓦的垂脊叫作"梢垄"。采用这种简易做法的建筑只限于墙帽或古建筑群中极不重要的房屋。

10.斜沟:指两个坡屋面相交时,会沿屋坡形成阴角,沿此角用蝴蝶瓦或沟筒瓦或铁皮做成淌水沟,此淌水称为斜沟。

11.筒瓦排山:歇山侧面,竖带之下,博风板之上,所筑之一排屋檐。

12.窑制吻兽:吻兽简称"吻",即指与条脊接触的大嘴兽。吻的类型有:正吻或望兽、垂兽或戗兽、合角吻或合角兽、小兽或小跑等,它们都是定型的窑制品。

13.中堆、宝顶、天王座:有多种样式,大体分为宝顶座和顶珠两部分,是整个建筑极有装饰意味的部件。

14.琉璃屋面:由琉璃筒瓦垄和琉璃板瓦垄,或者琉璃竹节筒瓦垄和琉璃竹节板瓦垄等所构成的屋面。

15.琉璃瓦剪边:指屋面檐头采用琉璃瓦,而其他屋面部分采用布瓦的一种做法。

16.星星瓦钉瓦钉、安钉帽:指对屋面面积较大、或屋面坡度较陡的屋面,为防止瓦垄过长而产生下滑现象,需要在每条瓦垄上,每间隔适当距离安插一块星星瓦(即带有钉孔的琉璃瓦),在钉孔中钉瓦钉以增强阻滑作用,然后在钉孔上用钉帽盖住以防雨水。

17.琉璃吻(兽):与布瓦吻兽相同,只是为琉璃构件,但吻兽之下,布瓦合角吻兽用施工砖作垫底,而琉璃吻兽之下用当沟、压当条、群色条等作垫底。

18.琉璃宝顶:琉璃宝顶由琉璃线脚砖和琉璃须弥座为底座,上砌琉璃宝珠而成。

七、油漆彩画工程

1.地仗:木质基层与油膜之间,由多层灰料组织组合,并钻进生油,是一层非常坚固的灰壳。这部分不仅包括各灰层,还包括麻层、布层,进行这部分工作便为地仗工艺。

2.彩画:建筑物上以彩色涂绘之装饰。彩画按画题之不同,可分为两大式:殿式和苏式。殿式的特征是程式化象征的画题,如龙、凤、锦、旋子、西番莲、西番草、夔龙、菱花等。这些都用在最庄严的宫殿庙宇上。

3.油满:将面粉倒桶内或搅拌机内,陆续加入稀薄的石灰水以木棒或搅拌机搅拌成糊状(不得有面疙瘩),然后加入熬好的灰油调匀,即为油满。

4.撕缝:大的裂缝,将缝口处用锋利的刀子修成八字口,在批灰时有利于灰料进入缝隙深处。

5.汁浆:又称支浆,为一种很稀的材料,由满、血料加水调成,用于地仗灰前,使地仗灰更易附于木材面上。

6.扎谱子:是将图案转移到构件上去。根据规则和设计方案,先将图案画在牛皮纸上,定稿之后,将牛皮纸上的图案扎成若干若干排密的小孔,使图案由连续的小孔组成,称谱子,运用时将谱子按于构件上,用粉包扣打,粉迹便透过针孔,附在构件上。

7.支搭金帐:在贴金前对一些有风部位进行遮挡,传统用布幔帐称金帐子。

8.金胶油:是把金箔贴到物面山的黏合剂。

9.库金:含金量为98%,故又称为九八金箔,其他2%为银及其他稀有材料,均是制作金箔必不可少的成份。由于含金量高,色彩表现为纯金色,色泽黄中透红,沉稳而辉煌,且耐晒、耐风化,不受环境影响,经久不变,用于室外,十数年宝色不见大减。贴金用的金箔,使一种经加工捶打很薄的金片,厚度只有0.13μm左右。

10.赤金:俗称大赤金,含金量为74%,另含银等物质24%(主要是银),赤金又称七四金箔。赤金色泽黄中偏青白,比库金浅,发白亦很光亮,但延年程度不如库金,如果用于室外容易受环境影响,逐渐发暗,光泽锐减,甚至发黑,一般光泽仅保持在三五年之内。

11.精梳麻:将麻截成800mm左右长,以麻梳子或梳麻机梳至细软,去其杂质和麻梗。

12.沥粉:是使彩画图线凸起的一种工艺。沥粉材料呈稠糊膏状,用大白粉、滑石粉、滑胶液及少量光油调成,将粉浆由粉尖子挤出,沥于花纹部位上。

13.一麻五灰:捉缝灰、扫荡灰(又名通灰)、使麻、压麻灰、中灰、细灰、磨细钻生等操作工艺。

14.白面:食用的面粉。

15.砖灰:青灰经碾压分箩后的不同粒度的粉末及颗粒,是地仗的填充材料。

16.捉缝:油浆干后,用箩帚将表面打扫干净,以捉缝灰用铁板向缝内捉之(横掖竖划)使缝内油灰饱满。

17.灰油:一种很黏稠的油质材料,由生桐油加土籽粉、樟丹、催干剂经熬炼制成(土籽分为二氧化锰金属催干剂)。

18.高丽纸:彩画用其性能绵软,洁白无杂质,有韧性、拉力强。

19.铜箔:极易氧化变黑,故需要在表面涂以保护材料,使其既有保护色泽,又防止氧化变黑,但延年程度仍然有限。

20.四道灰:多用于一般建筑物,下架柱子和上架连檐、瓦口、椽头、博缝挂檐等处;可节省线麻,但不耐久。操作过程,捉缝灰、扫荡灰、中灰、细灰、磨细钻生。

21.三道灰:多用于补受风吹雨淋的部位,如室内梁枋、室外挑檐桁、椽望、斗拱等。操作过程:捉缝灰、中灰、细灰、莫言钻生。

22.群青:半透明、色泽鲜艳的蓝色颜料。

23.银珠:又叫紫粉霜。

24.飞檐头黄万字:为绿色底、黄色万字图案,平涂,不沥粉贴金。

25.石黄:雄黄、雌黄。

26.红绿椽望:望板为铁红色,椽子分为椽帮与椽肚(侧立面为椽帮,底面为椽肚),其中椽帮上半部为铁红色、下半部为绿色,椽肚前大部分为绿色,根部为铁红色。翼角、翘飞处的分色为色同正身,按比例斜伸展过去即可。红绿分色主要为使檐头部分色彩更丰富。

27.片金图案:为成片金的意思,不施任何颜色,图案完全由沥粉贴金的较宽金色条带组成。

28.枋心、箍头、盒子:清式彩画绝大多数在构图上常将檩、垫、枋(其中主要是指檩枋)横向分成三段进行安排。其中中间一段体量较大,占全枋长的三分之一,称枋心。枋心画彩画的主要内容或为彩画划分等级的主要表达部位。枋心左右两端各占枋长的三分之一,其中靠梁枋端部各画有一条或两条较宽的竖带子形图案,称箍头,箍头是确定彩画构图和进行色彩排列的重要部位。其中较长的构件在梁枋的一端画两条有一定距离的箍头,两条箍头之间的部位呈方形,可在其中构图,这部分称盒子。

29.素箍头:又称死箍头(退晕者为死箍头)。

30.包袱心:苏式彩画最有代表性的构图是将檩、垫、枋三件连起来构图。主要特征为中间有一个半圆形的部位,体量较大,上面开敞称"包袱",包袱内画各种画题。由于绘画时需要将包袱涂成白色,所以行业中又称这部分为"白活"。

31.池子心:在卡子与包袱之间,靠近包袱的垫板上绘画部分称"池子"。

32.聚锦心:在檩部与枋子,也就是靠近包袱的部分,有一个小体量的绘图部位,形状不定,称"聚锦",聚锦与池子也可称"白活"。

33.金线大点金加苏画:处理方法同和玺加苏画,即用大点金彩画的格式,旋子大线、旋花找头、大点金的贴金退晕规则(包括金线大点金与墨线大点金两种),将其中枋心、合资中龙锦等内容改成山水、人物、花鸟等内容,配色规则按大点金进行,只在绘图部位涂白色。

34.绘"博古":苏式彩画的图案,即一切古董的统称,如青铜器、古瓷器、文玩等。博古可用于栀头、垫板。

35.藻头:箍头与枋心之间为藻头。

36.卡子:苏式彩画的构图又常在包袱与箍头之间有一重要图案,靠近箍头的称"卡子",卡子也分软硬,分别由弧线与直线画成。

37.包袱线:包袱的轮廓线称"包袱线",由两条相顺,有一定距离的线画成,每条线均向里退晕,其里边的退晕部分称"烟云",外层称"托子",有时将这两部分统称"烟云"。

38.聚锦线、枋心线、池子线、盒子线:如果梁枋较长,在梁枋的两端常加油两条平行分割的箍头,中间的部位称盒子,划分这些部位的主要线条称"锦枋线",简称大线。

39.掐箍头:只画箍头、柱头、柁头(包括柁头侧面、底面),其余刷红油漆。掐箍头彩画包括箍头、副箍头、柁头、柁头帮、挂尖等。

40.斑竹彩画:杂式做法,有绿斑竹、黄斑竹两种,一般画在挂檐边、窗边和其他建筑物边上,也有整座建筑物满画斑竹者,各为"斑竹座"。

41.金琢墨:其轮廓线用金线者谓之金琢墨。

42.箍头线、岔口线:盒子的轮廓线分别称箍头线、枋心线、盒子线。在靠箍头与枋心头一端各画数条不同形状的平行线,包括枋心头线,每端各三条,其大部分彩画对三条中间一条分别称皮条线和岔口线,皮条线靠箍头,岔口线靠枋心头。

43.巴黎绿:商品名,又名洋绿。

44.退晕:色彩由浅至深,谓之"晕色",退晕可综合色彩的过度,使之不至感动突然、生硬。

45.烟琢墨:旋子彩画石碾玉之用墨线者。石碾玉是旋子彩画中之最华贵者,花瓣的蓝绿色都用同一色由浅至深,谓之退晕。旋子彩画其花纹多用以切线圆形为主的旋纹(菊花的变形图案),因而得名,等级次于和玺彩画。

46.金线大点金:旋子彩画用金色线条花心菱地涂金色者。因颜色的比例不同,可分为若干等级,例如,大点金、小点金是指旋子中心贴金多少定名,多的等级高,少的等级低;而大、小点金又各有金线墨线之别,金线高,墨线低。

47.墨线大点金:旋子彩画线道用墨、花心菱地用金者。

48.龙锦枋心:枋心的母题以龙及锦纹为最通常,称龙锦枋心。

49.一字枋心:枋心中间画一条黑杠者,名为一字枋心,又称一统天下。

50.墨线小点金:旋子彩画线道用墨,花心用金者。

51.夔龙枋心:一种变形的龙,在彩画中夔龙是按卷草形状画出来的,所以称草龙。

52.雅伍墨:旋子彩画之不用金色者,只用青、绿、黑、白四色,是旋子彩画中最下者。

53.素枋心:狭窄的枋心也可不画,即空素枋心。

54.金琢墨苏式彩画:是各种苏式彩画中最华丽的一种,主要特征为贴金部位多,色彩丰富,图案精致,退晕层次多。

55.苏式彩画:苏式彩画起源于苏州,因而得名。苏式彩画的特征是用写实的笔法以自然现象为画题,如花鸟、翎毛、人物、山水、器皿、书画、云、冰纹、楼台、殿阁等。南方苏式彩画,以锦为主。

56.白活:指在包袱心、枋心、池子心、聚锦心的白地上绘画山水、翎毛、人物、花卉等国画的做法。

57.金线苏画:凡箍头、卡子、聚锦、包袱等路线沥粉贴金者为"金线苏画"。

58.黄线苏画:不沥粉不贴金而用黄线者为"黄线苏画",又名墨线苏画。

59.海漫苏华:主要特征是无枋心、包袱、梁枋的箍头或卡子之间通画一些简单的花卉或流云等,多用于次要部位。

60.掐箍头搭包袱:在掐箍头的基础上,中间部位加包袱,包袱两侧至箍头之间仍然涂以较大面积的红油漆,这种彩画即包括图案,又包括包袱内的绘图两部分内容,构图较充实,形式也较掐箍头活泼。

61.荷包、眼边:拱眼部位即正心拱眼与拱眼部位,在彩画中称荷包。透空拱眼的下部,即各拱件的上坡枋处,彩画中称眼边。

62.斗拱掏里:斗拱各拱件的背面。

63.平金斗拱:不沥粉,不加晕,其他同金琢墨斗拱,即只沿着各拱件处轮廓贴金,其线的宽度一般在1cm左右。

64.墨线斗拱:用墨勾边墨线斗拱。

65.黄线斗拱:黄色轮廓线不贴金斗拱。

66.垫拱板三宝珠彩画:三个宝珠呈"品"字形排列,退晕,三宝珠的外圈即火焰部分沥粉贴金,垫板的底色为红油漆。

67.纠粉:是一种极简单的表达退晕的技巧,其退晕没明显的层次,而是由白至深逐渐过渡,渲染色彩,此做法多用于雕刻的部位,按雕刻花纹的轮廓线进行,以突出图案的立体效果。

68.大边:大门门扇的结构,左右竖立大边。

69.鼓子心:天花板由外至内分别由大边、岔角云、鼓子心三部分组成,划分这三部分的两层线分别为方鼓子线与圆鼓子线,方鼓子线内的部分也可称方光,圆鼓子线内也可称圆光。

70.团龙鼓子心:即蓝色的鼓子心内画一条坐龙,与一只凤,龙沥粉贴金。

71.龙凤鼓子心:即蓝色的鼓子心内画一条坐龙与一只凤,一般为升龙降凤,龙凤均沥粉贴金。(升龙:彩画内作向上升起势之龙。)

72.双龙鼓子心:鼓子心内画升降龙加宝珠,均沥粉贴金。

73.西番莲:彩画或雕刻之母题,尖瓣程式化之花。

74.西番草:彩画或雕刻之母题,藤形杆,两旁出卷叶之草。

75.支条燕尾彩画:在支条十字交叉处做燕形尾彩画。

76.井口线:支条边线。

77.清色匾:泛指各种透木纹的匾。这种匾木质均较好,依木质及上色的不同,也有深浅之分。匾字的色彩有多种,金、绿、白等色彩均有,一般多为艳绿色字,此种匾高雅清秀,古色古香,多用于斋馆外檐和室内厅堂。

78.灰刻纹字:是在地仗灰上刻出的字。

79.匾地扫青、扫绿:筛扫具有特殊的装饰效果,它没有笔道痕迹,没有贴金后金箔之间的搭接粘口,筛扫面层色彩均匀、鲜明,能保持颜料的本色,色彩沉稳庄重,像绒面一样,并经久延年。筛扫分扫青、扫绿等,其原理为利用油漆的黏性,把干粉颜料粘到匾面或匾字上。

80.正心桁:斗拱左右中线上之桁。

仿古图例

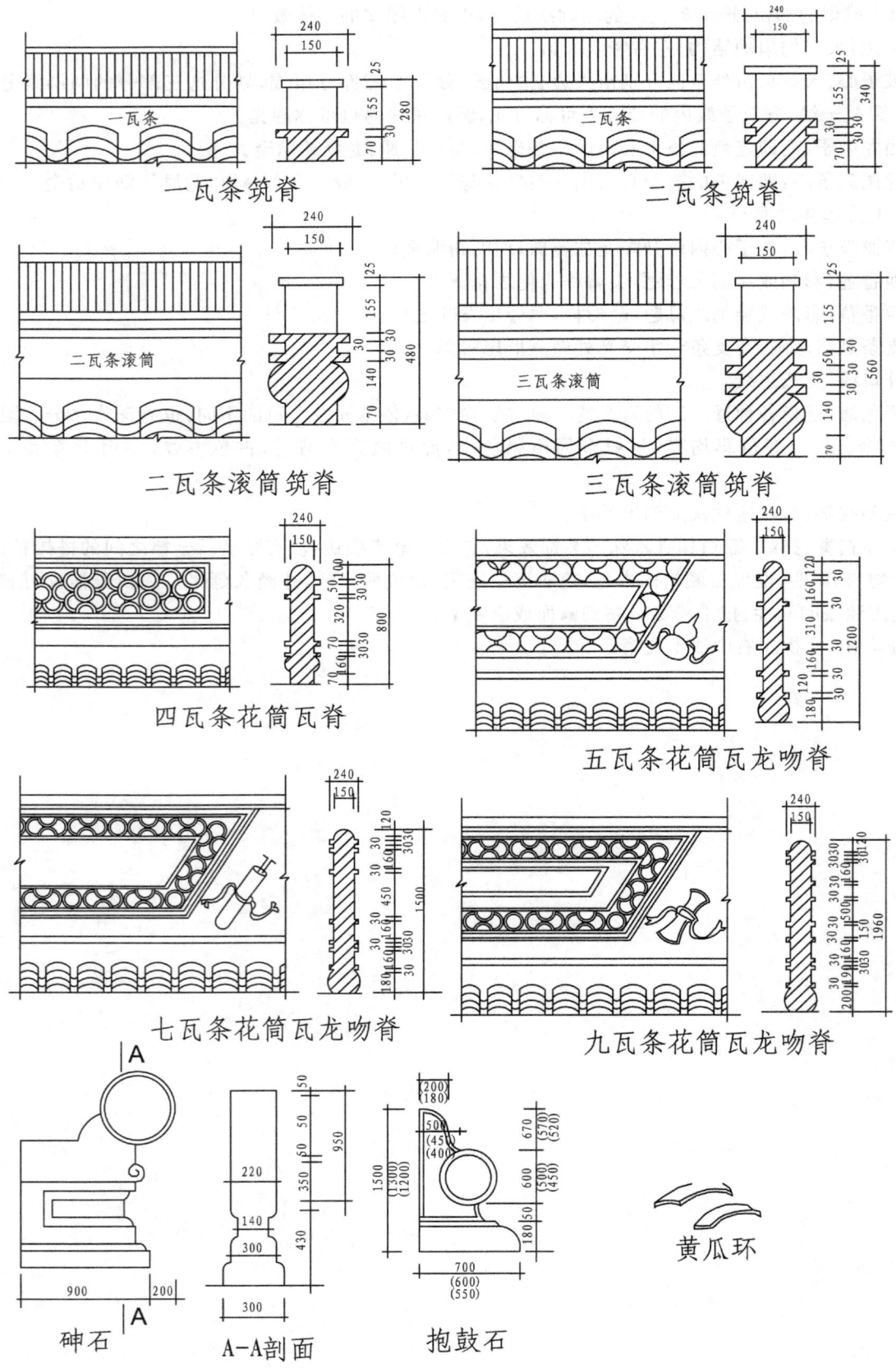

一瓦条筑脊

二瓦条筑脊

二瓦条滚筒筑脊

三瓦条滚筒筑脊

四瓦条花筒瓦脊

五瓦条花筒瓦龙吻脊

七瓦条花筒瓦龙吻脊

九瓦条花筒瓦龙吻脊

砷石

A-A剖面

抱鼓石

黄瓜环

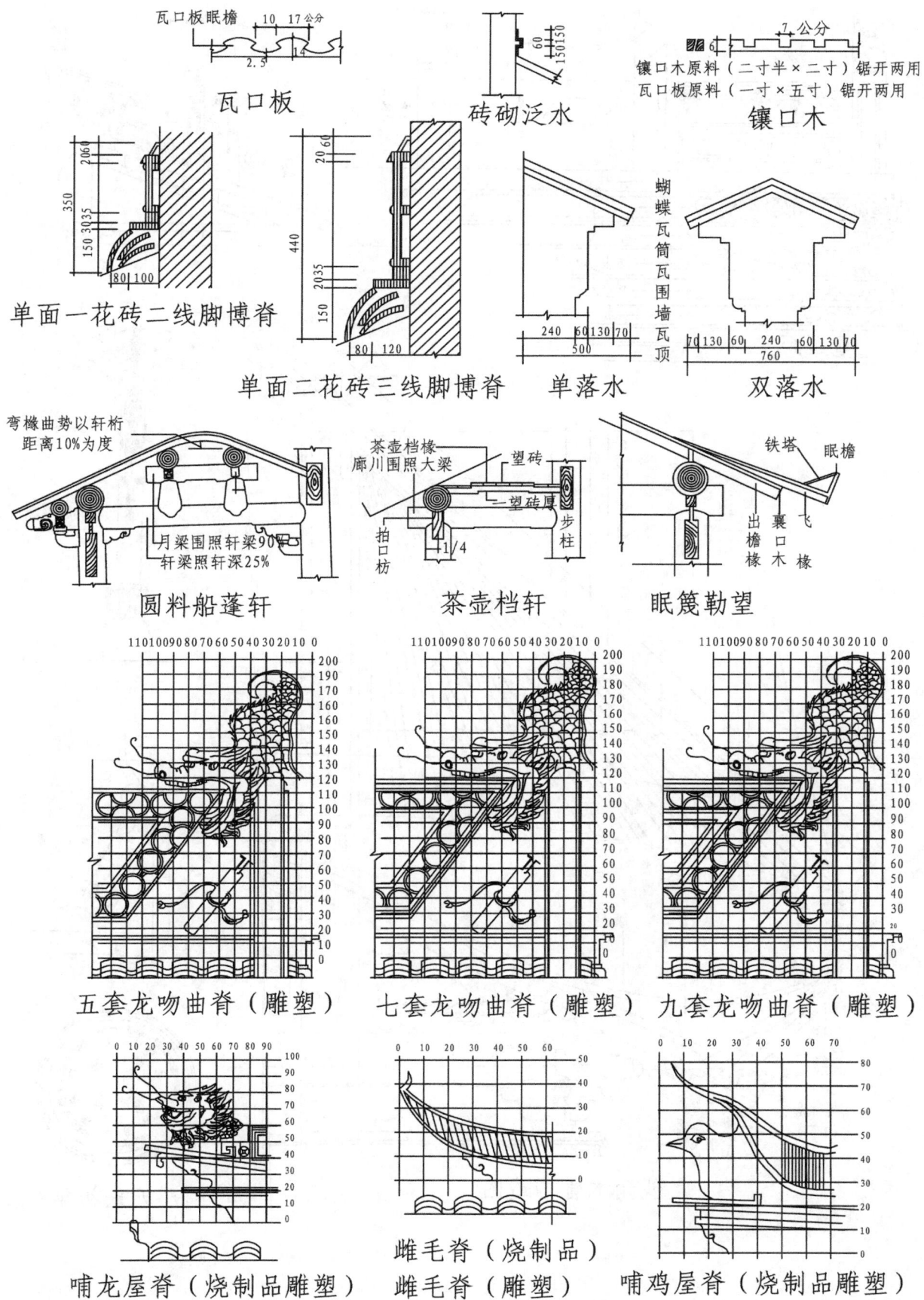

瓦口板

砖砌泛水

镶口木原料（二寸半×二寸）锯开两用
瓦口板原料（一寸×五寸）锯开两用
镶口木

单面一花砖二线脚博脊

单面二花砖三线脚博脊

单落水

双落水

圆料船蓬轩

茶壶档轩

眠簷勒望

五套龙吻曲脊（雕塑）

七套龙吻曲脊（雕塑）

九套龙吻曲脊（雕塑）

哺龙屋脊（烧制品雕塑）

雌毛脊（烧制品）
雌毛脊（雕塑）

哺鸡屋脊（烧制品雕塑）

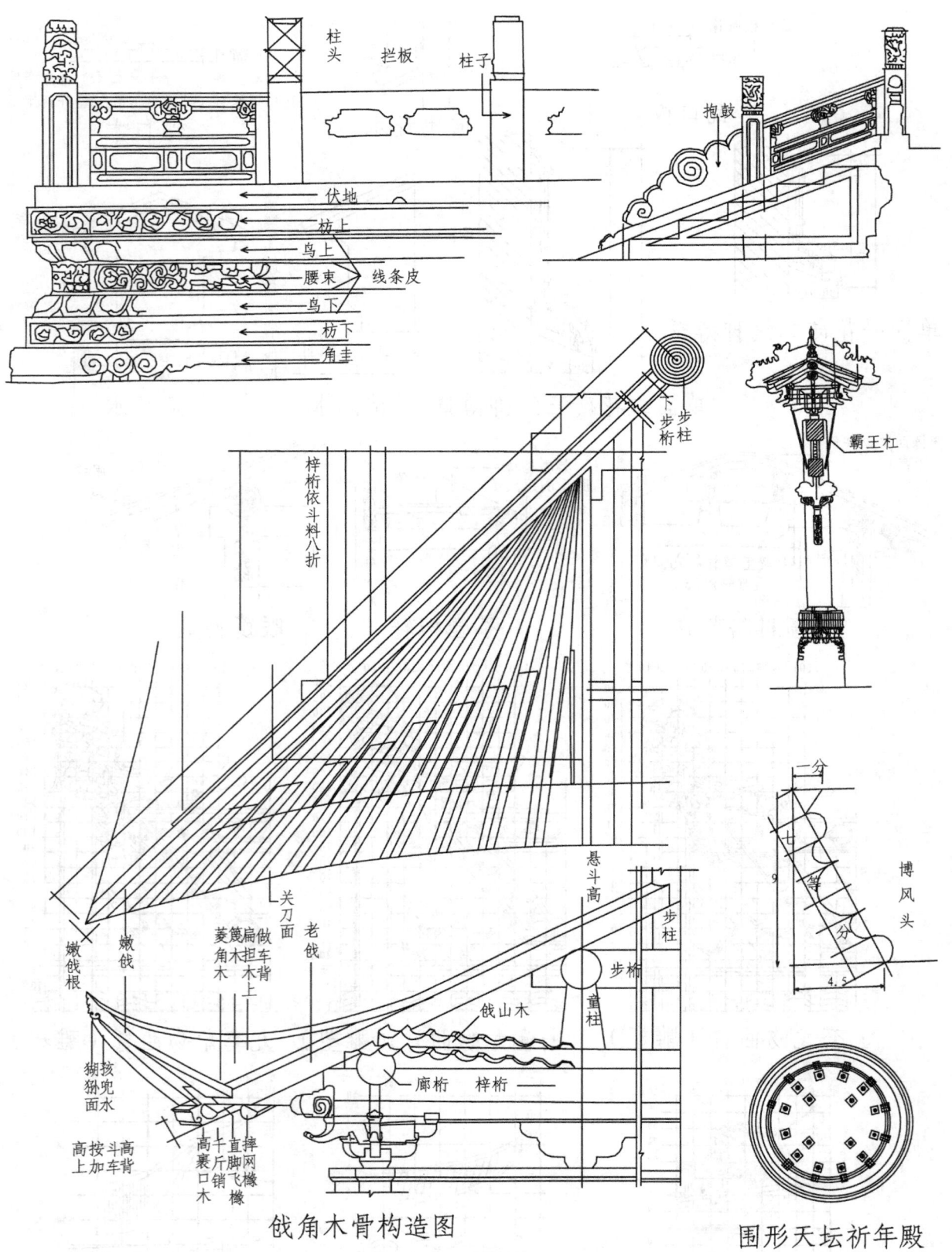

柱头　拦板　柱子

抱鼓

伏地
枋上
鸟上
腰束　　线条皮
鸟下
枋下
角圭

下步桁
步柱

梓桁依斗料八折

悬斗高
步柱
步桁
童柱
戗山木
廊桁　梓桁

关刀面
菱簋扁角木　做车背把木上　老戗

嫩戗根
嫩戗
狮孩狮兜面水
高按斗高上加车背
高裹口木　千斤销　直脚网飞椽　摔网飞椽

戗角木骨构造图

霸王杠

一分
七　等
9
分
4.5

博风头

围形天坛祈年殿

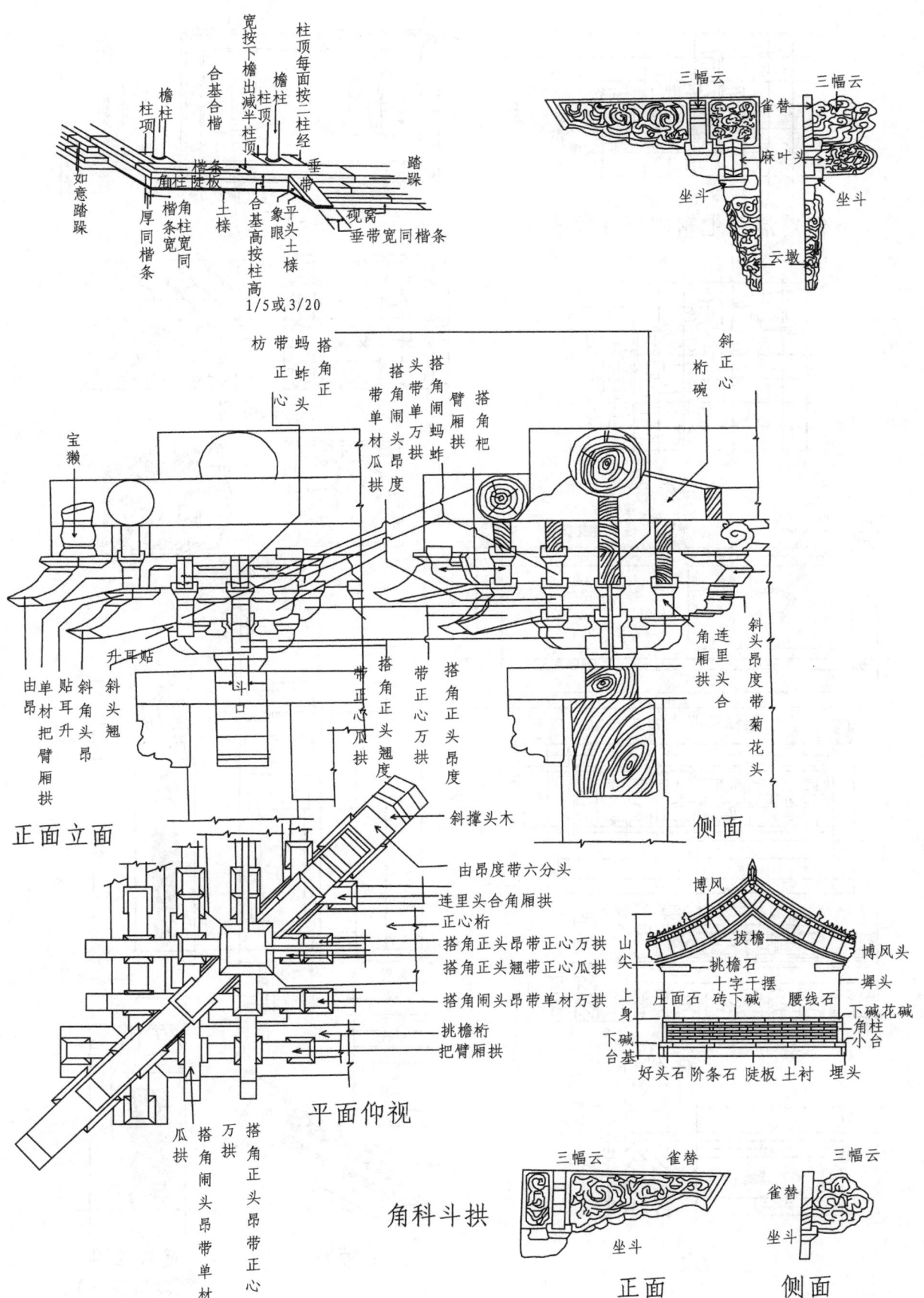

宽按下檐出减半柱顶
柱顶每面按二柱经
合基合楷
檐柱
柱顶
檐柱
柱顶
垂带
踏跺
如意踏跺
柱顶
厚同楷条
角柱
檐条
角柱提
土桥
象眼
平头土桥
砚窝
踏跺
合基高按柱高
角柱宽同
楷条宽
垂带宽同楷条
1/5或3/20

三幅云
三幅云
雀替
麻叶头
坐斗
坐斗
云墩

斜正心
桁碗

枋
蚂蚱
带
正心
搭角正
头带
正心
搭角闹
头带单材万拱
搭角闹头
带单材瓜拱
搭角闹蚂蚱
臂厢拱
搭角杷
宝瓶
连里头合
角厢拱
斜头昂度带菊花头

升耳贴
斗口
搭角正头翘度
搭角正头昂度
斜头翘
斜角
头昂
由昂
单材把
贴耳升
臂厢拱
带正心瓜拱
搭角正头万拱
带正心
连里头合角厢拱

正面立面
侧面

斜撑头木
由昂度带六分头
连里头合角厢拱
正心桁
搭角正头昂带正心万拱
搭角正头翘带正心瓜拱
搭角闹头昂带单材万拱
挑檐桁
把臂厢拱

瓜拱
搭角正头昂带正心
万拱
搭角闹头昂带单材

平面仰视

博风
山尖
上身
压面石
十字干摆
砖下碱
腰线石
拔檐
博风头
墀头
下碱花碱
角柱
小台
下碱
下台基
好头石 阶条石 陡板 土衬 埋头

角科斗拱

三幅云
雀替
坐斗
三幅云
雀替
坐斗

正面
侧面

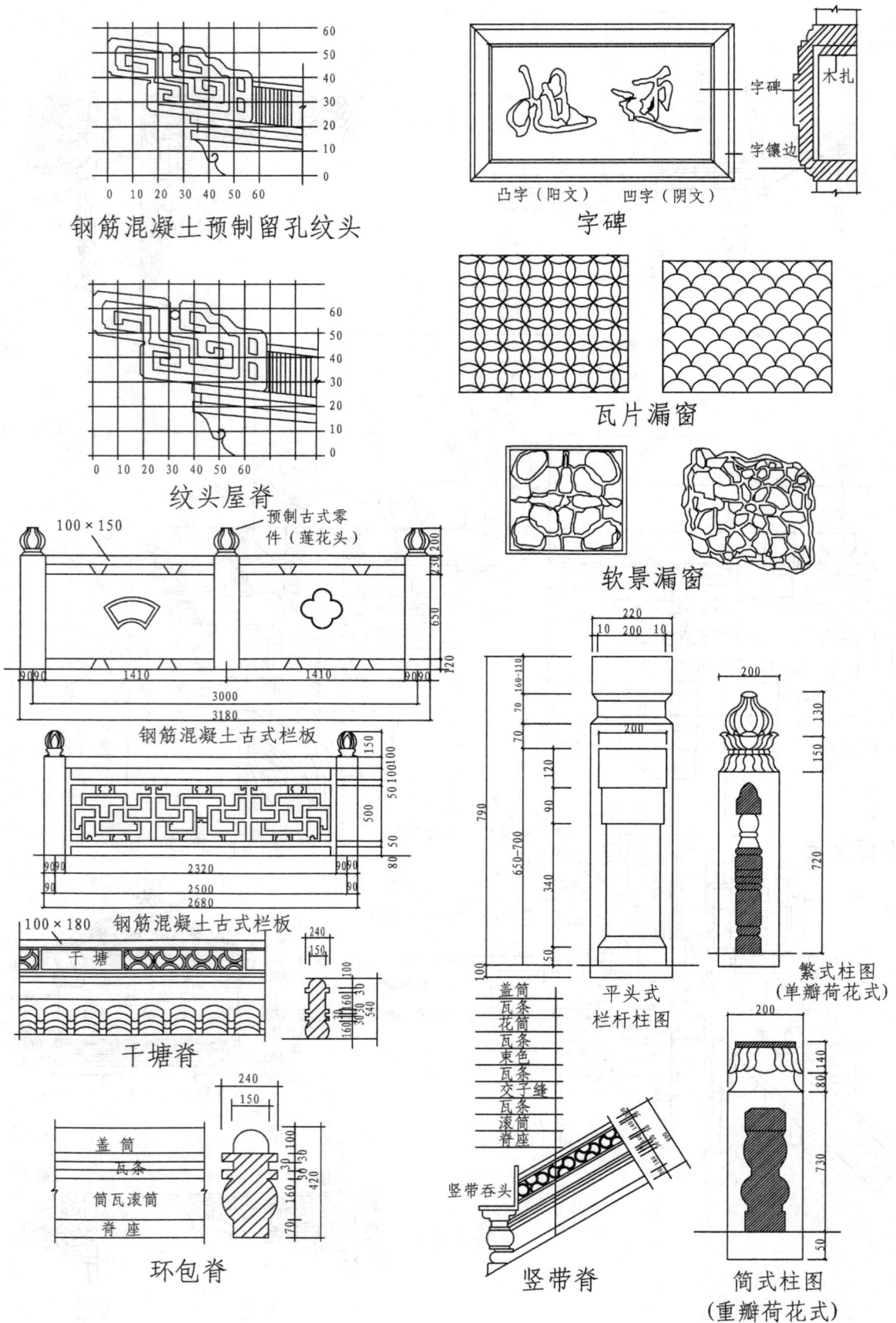

钢筋混凝土预制留孔纹头

纹头屋脊

字碑

凸字（阳文）　凹字（阴文）

瓦片漏窗

软景漏窗

钢筋混凝土古式栏板

钢筋混凝土古式栏板

干塘脊

环包脊

平头式
栏杆柱图

繁式柱图
（单瓣荷花式）

竖带脊

简式柱图
（重瓣荷花式）

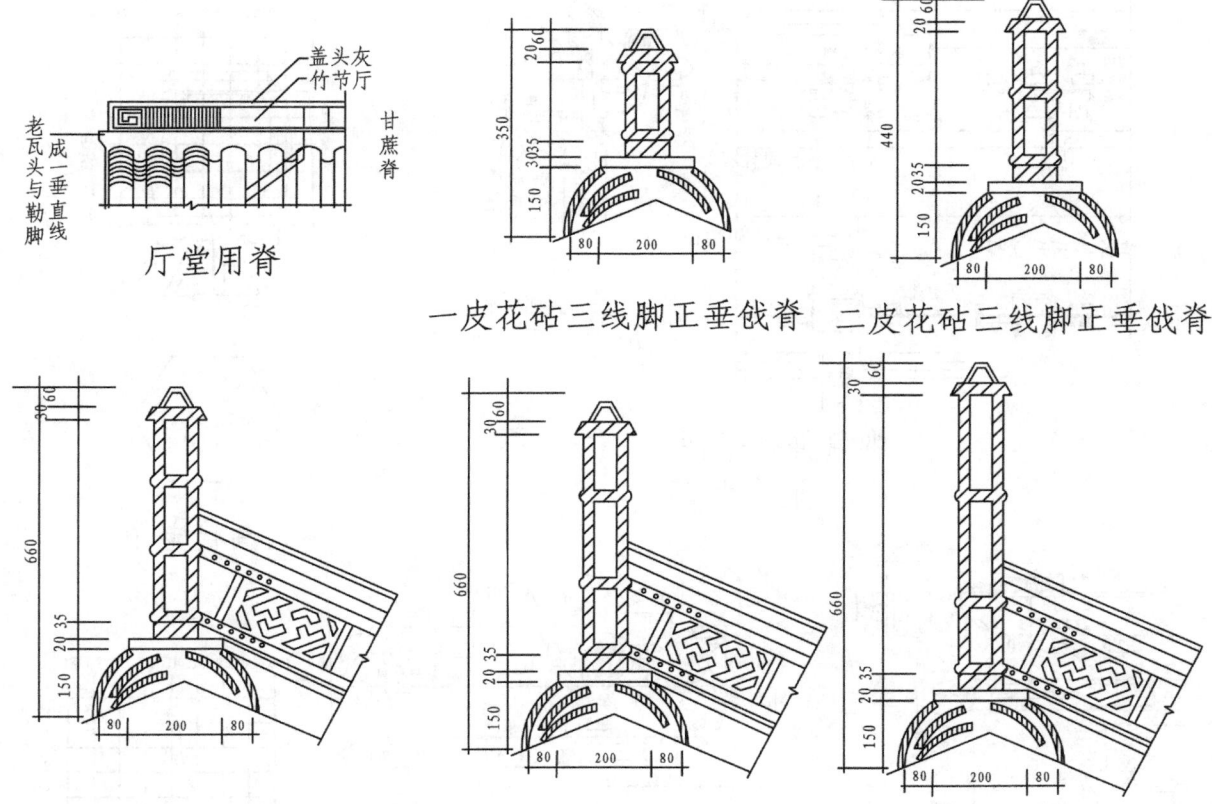

厅堂用脊

盖头灰
竹节厅
甘蔗脊
老瓦头与勒脚成一垂直线

一皮花砧三线脚正垂戗脊　　二皮花砧三线脚正垂戗脊

三皮花砧三线脚正垂戗脊　四皮花砧三线脚正垂戗脊　　五皮花砧三线脚正垂戗脊

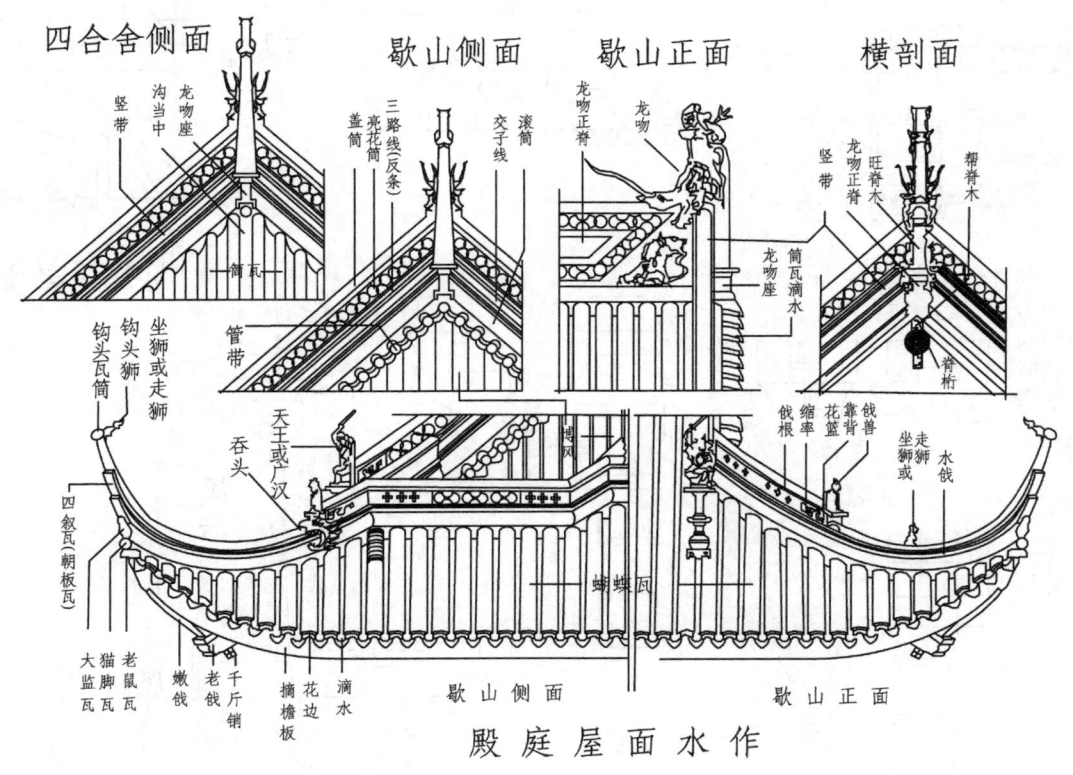

四合舍侧面　　　　歇山侧面　　歇山正面　　　横剖面

竖带
龙吻座
沟当中

三路线(反条)
亮花筒
盖筒

滚筒
交子线

龙吻正脊
龙吻
竖带
龙吻正脊
旺脊木
帮脊木

龙吻座
筒瓦滴水
脊桁

筒瓦
管带
坐狮或走狮
钩头狮
钩头瓦筒

戗根
缩率
花靠篮
戗昝
坐狮走狮或
水戗

博风
吞头
天王或广汉

四叙瓦(朝板瓦)
大监瓦
老猫瓦
老鼠瓦
老脚瓦
嫩戗
千斤销
老戗
摘檐板
花边
滴水

蝴蝶瓦

歇山侧面　　　　　歇山正面

殿庭屋面水作

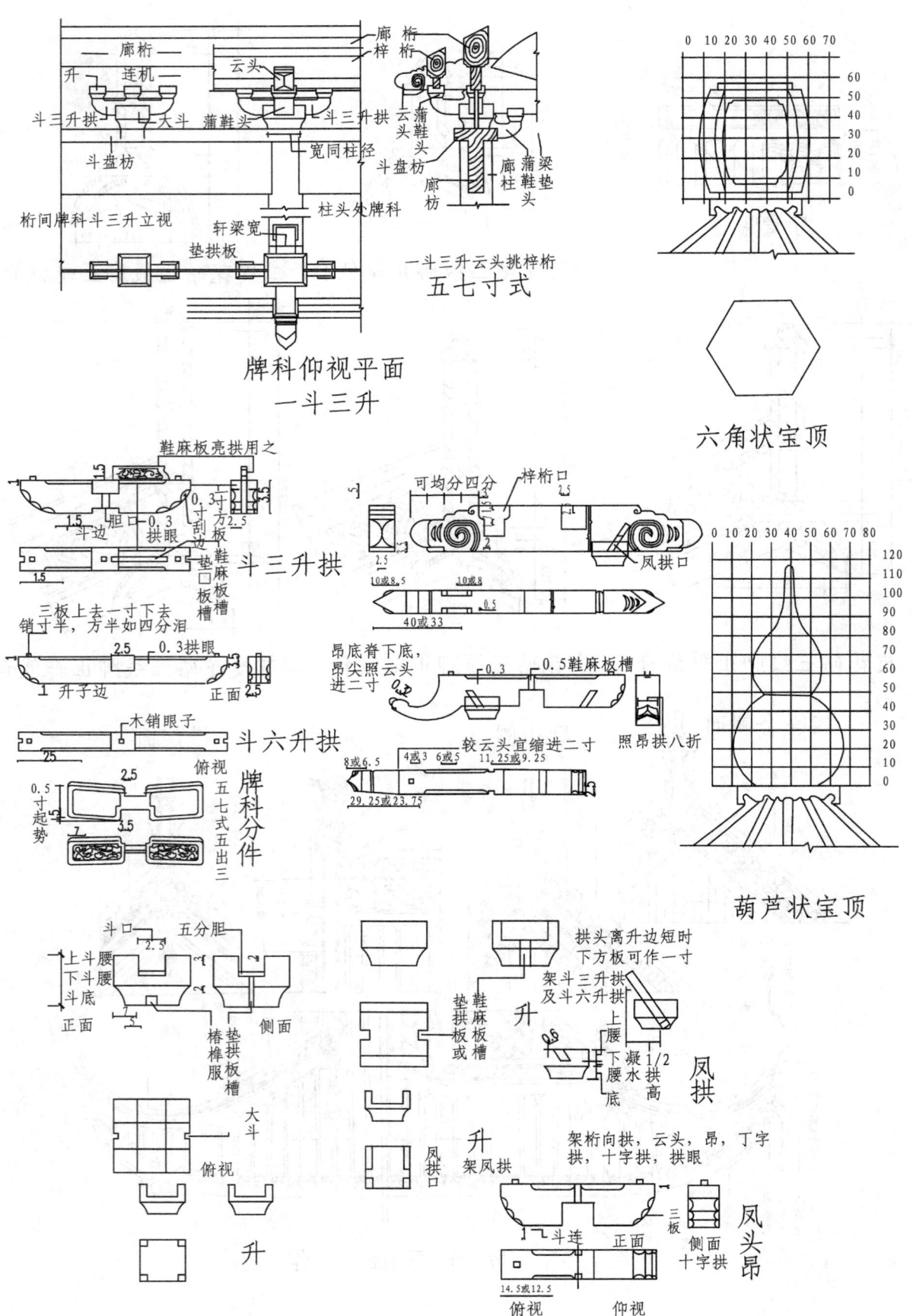

廊桁

升　连机

斗三升拱　大斗　蒲鞋头　斗三升拱

斗盘枋　宽同柱径

桁间牌科斗三升立视　柱头处牌科

轩梁宽　垫拱板

牌科仰视平面
一斗三升

桁
梓桁
桁

云头
云头
蒲鞋头
斗盘枋
廊柱
蒲梁垫头
廊枋

一斗三升云头挑梓桁
五七寸式

六角状宝顶

鞋麻板亮拱用之

1.5
0.3寸刮边　寸方板
1.5　斗边　胆口　拱眼
1.5　斗三升拱
鞋麻板
鞋麻板槽

三板上去一寸下去
销寸半，方半如四分泪
2.5　0.3拱眼
升子边　正面
斗六升拱

木销眼子
25
俯视五七式五出三
0.5寸起势　2.5
7　3.5
牌科分件

可均分四分　梓桁口
凤拱口
2.5
10或8.5　10或8
40或33
昂底脊下底，
昂尖照云头
进二寸
0.3　0.5鞋麻板槽
照昂拱八折
较云头宜缩进二寸
8或6.5　6或5　11.25或9.25
29.25或23.75

葫芦状宝顶

斗口　五分胆
2.5
上斗腰
下斗腰
斗底
正面　椿榫服　垫拱板槽　侧面
鞋麻板槽或
大斗
俯视
升

升
凤拱口
架凤拱

拱头离升边短时
下方板可作一寸
架斗三升拱
及斗六升拱
上腰
下腰
凝1/2水拱底　凤拱

架桁向拱，云头，昂，丁字
拱，十字拱，拱眼
三板
斗连　正面
俯视　仰视
14.5或12.5
侧面十字拱
凤头昂

• 440 •

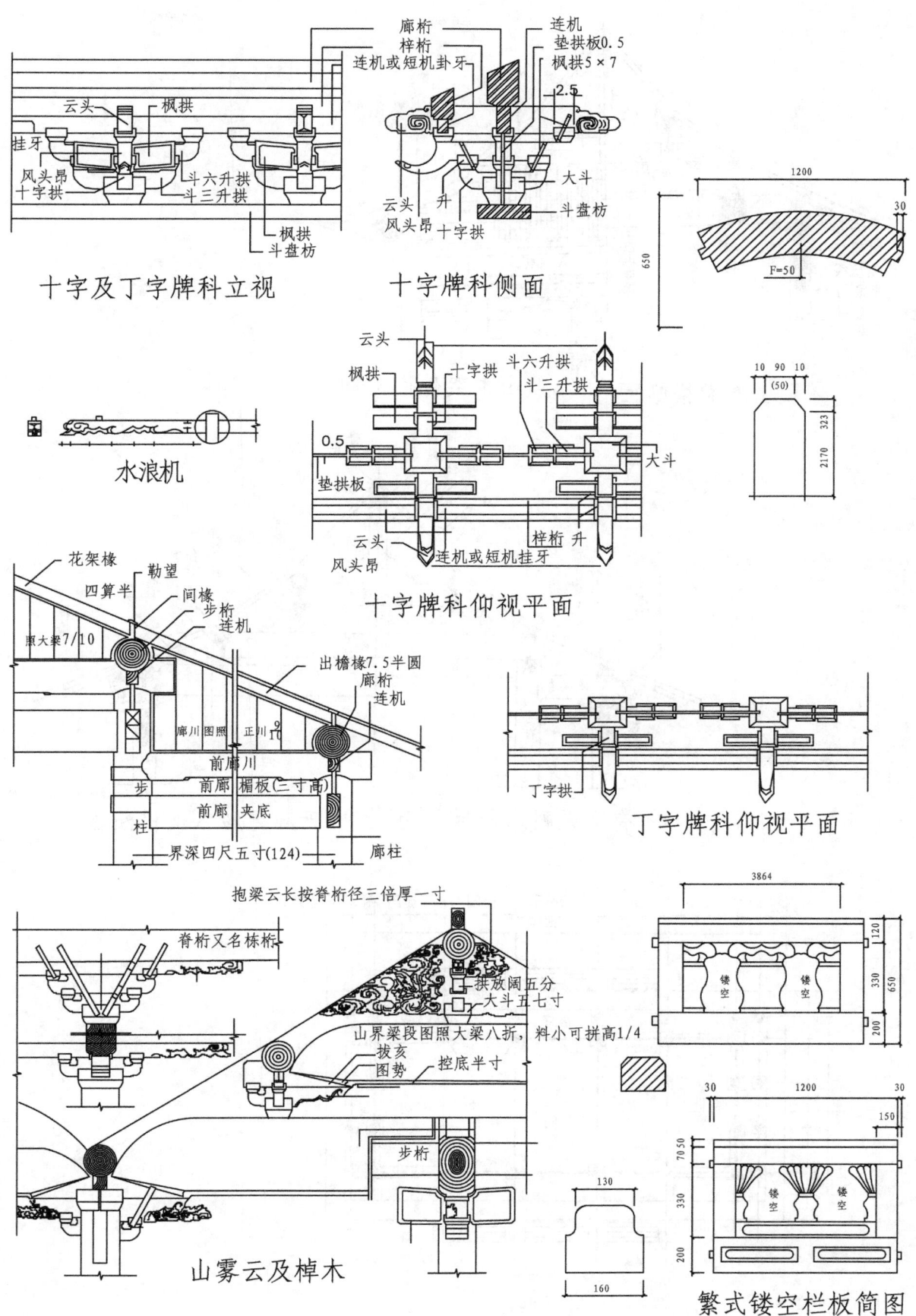

云头　枫拱
挂牙
风头昂
十字拱　斗六升拱
斗三升拱
枫拱
斗盘枋

十字及丁字牌科立视

廊桁
梓桁
连机或短机卦牙
连机
垫拱板0.5
枫拱5×7
2.5
云头
风头昂
十字拱
升
大斗
斗盘枋

十字牌科侧面

1200
30
F=50
650

水浪机

云头
枫拱
十字拱
斗六升拱
斗三升拱
0.5
垫拱板
云头
风头昂
连机或短机挂牙
梓桁　升
大斗

十字牌科仰视平面

10　90　10
(50)
323
2170

花架椽
勒望
四算半
间椽
步桁
连机
廊大梁7/10
出檐椽7.5半圆
廊桁
连机
廊川图照　正川
前廊川
步
前廊　楣板(三寸高)
柱
前廊　夹底
界深四尺五寸(124)
廊柱

丁字拱

丁字牌科仰视平面

抱梁云长按脊桁径三倍厚一寸
脊桁又名栋桁
拱放阔五分
大斗五七寸
山界梁段图照大梁八折，料小可拼高1/4
拔亥
图势
控底半寸
步桁

山雾云及棹木

130
160

3864
120
330
650
200
镂空　镂空

30　1200　30
150
70 50
330
200
镂空　镂空

繁式镂空栏板简图

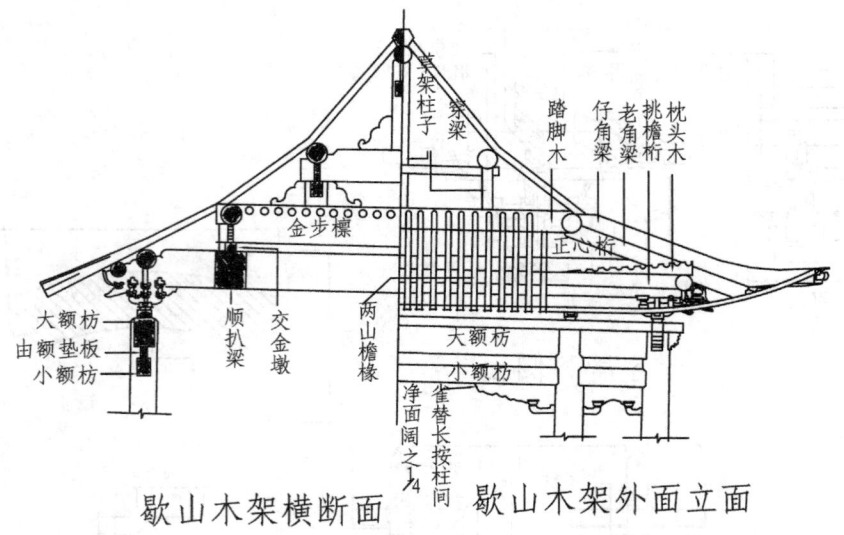

歇山木架横断面　　歇山木架外面立面

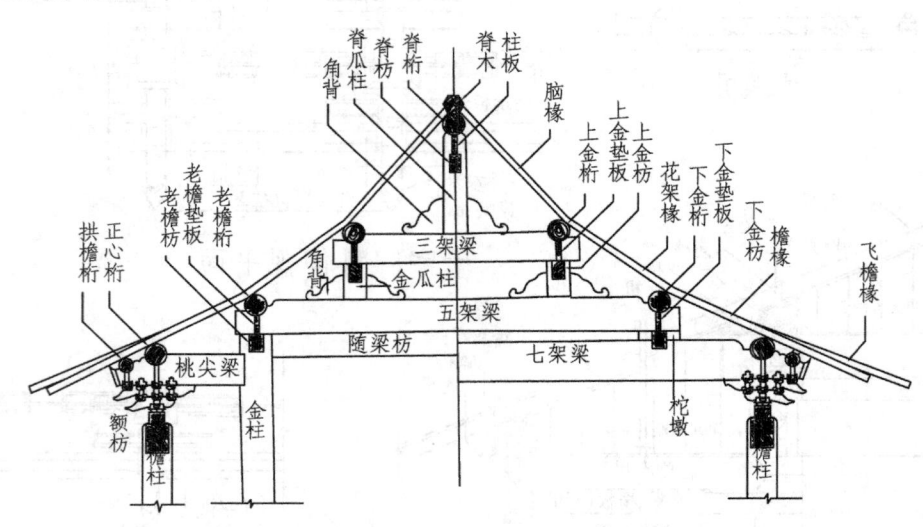

有廊无殿木架横断面　　无廊无殿木架横断面

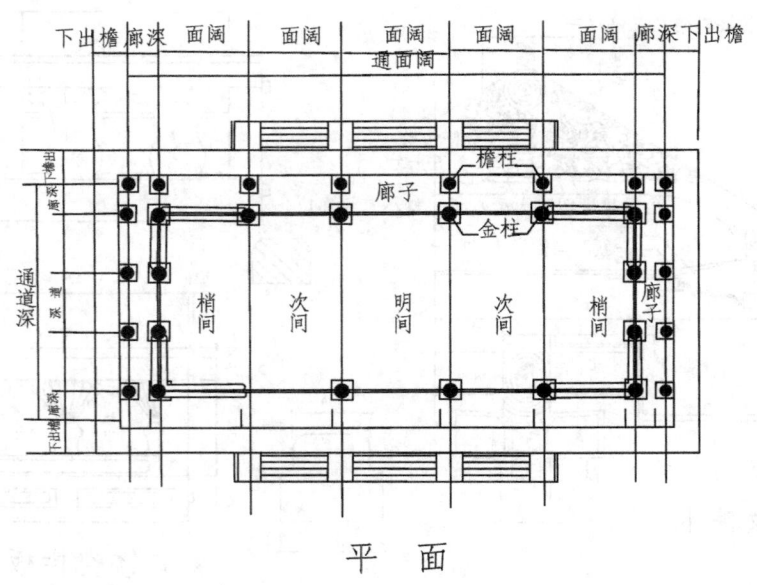

平　面

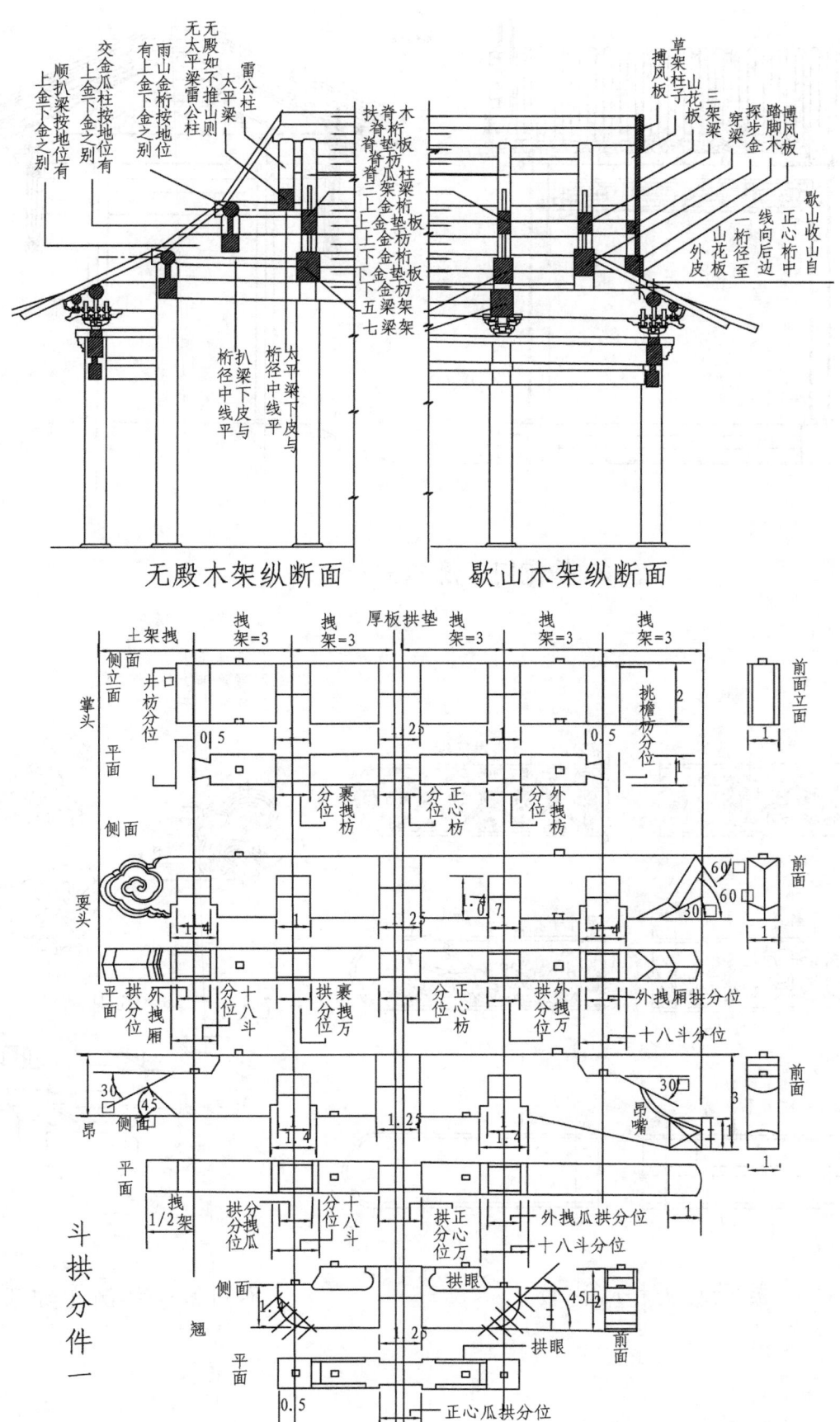

无殿木架纵断面　　歇山木架纵断面

斗拱分件一

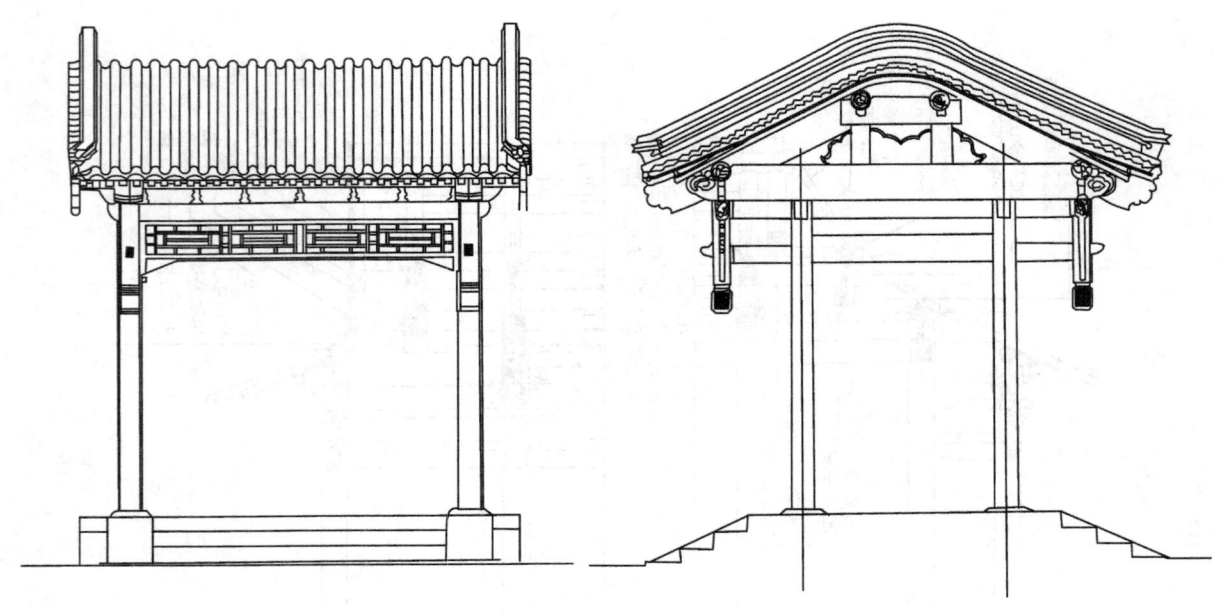

垂花门（廊罩式）

1 金球墨卡子
2 颜色卡子（粉卡子）
3 片金卡子

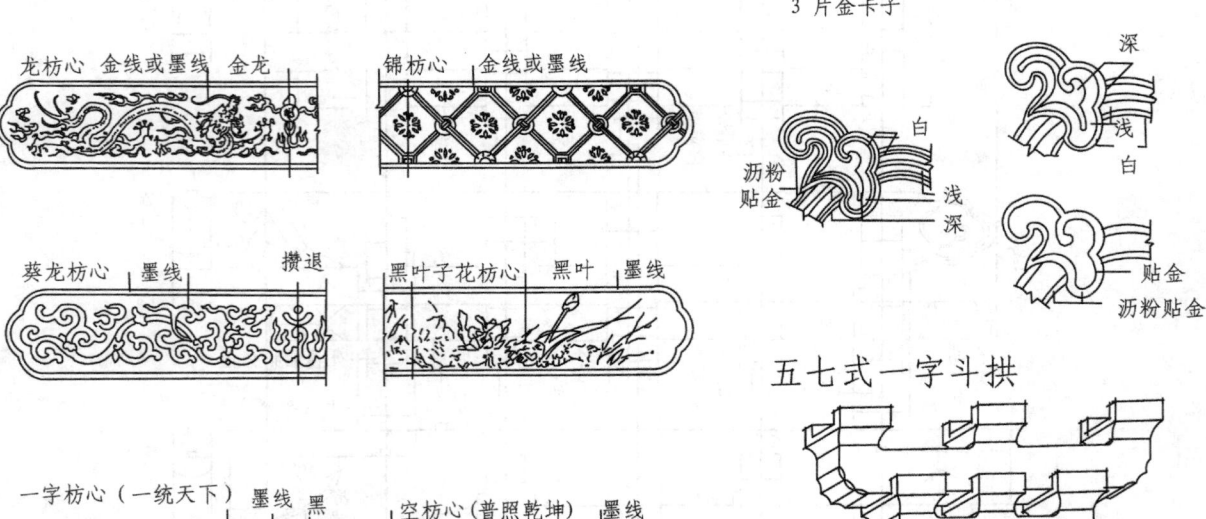

旋子彩画枋心比较

卡子不同做法举例（细部）

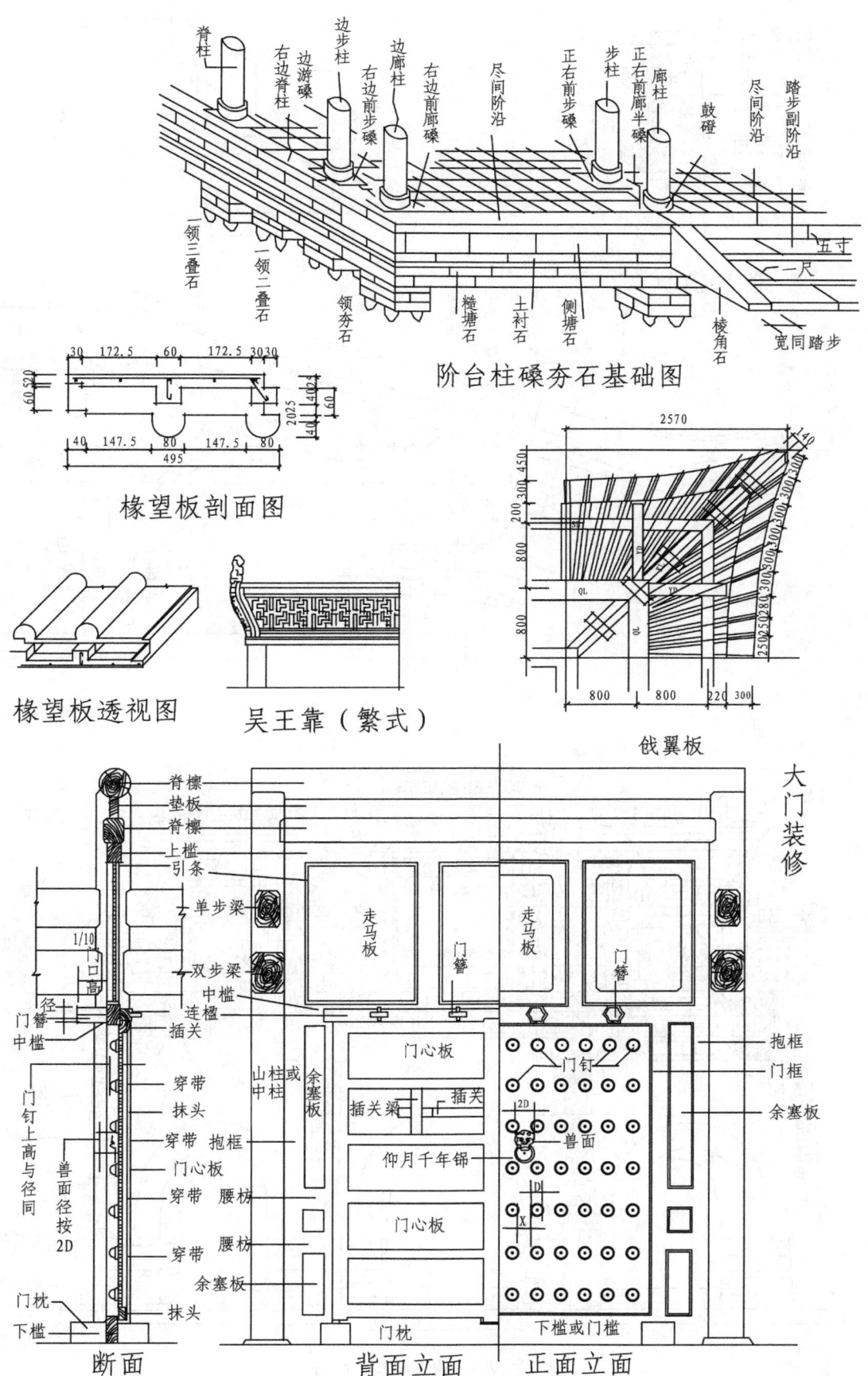

阶台柱磉夯石基础图

椽望板剖面图

椽望板透视图　　吴王靠（繁式）

戗翼板

大门装修

断面　　　　背面立面　　正面立面

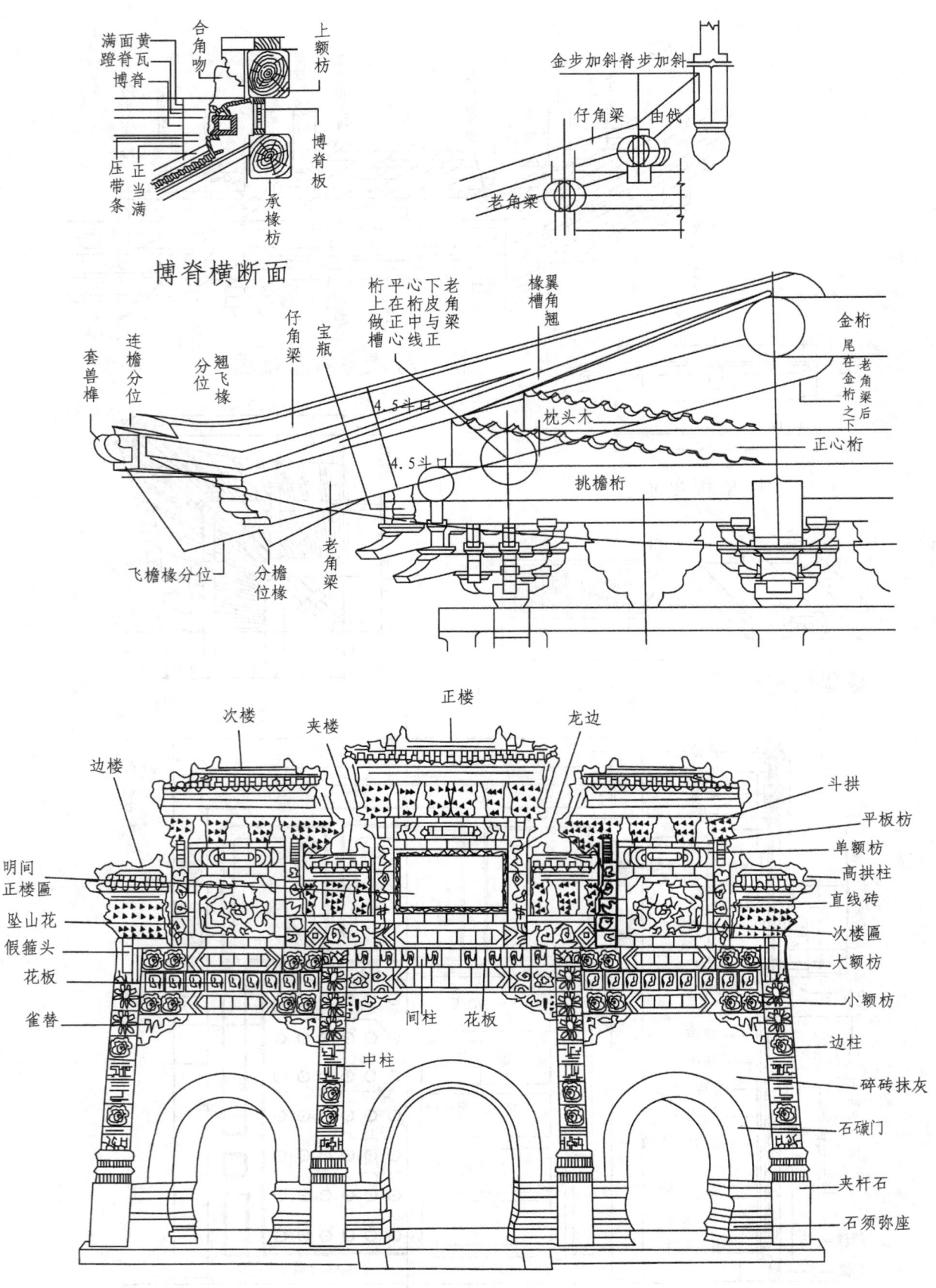

博脊横断面

上额枋
合角吻
满面黄瓦
满面蹬脊
博脊
博脊板
承椽枋
压带条
正当满

金步加斜脊步加斜
仔角梁
由戗
老角梁

套兽榫
连檐分位
翘飞椽分位
仔角梁
宝瓶
下桁皮与正心在正中线正
老角梁
平心桁上做槽
椽翼角翘
槽
金桁
尾在金桁之下
老角梁后
枕头木
正心桁
飞檐椽分位
分椽位椽
老角梁
挑檐桁

边楼
次楼
夹楼
正楼
龙边
斗拱
平板枋
单额枋
明间正楼匾
坠山花
假箍头
花板
雀替
高拱柱
直线砖
次楼匾
大额枋
小额枋
边柱
碎砖抹灰
石碹门
夹杆石
石须弥座
间柱
花板
中柱

琉璃牌楼各部分名称

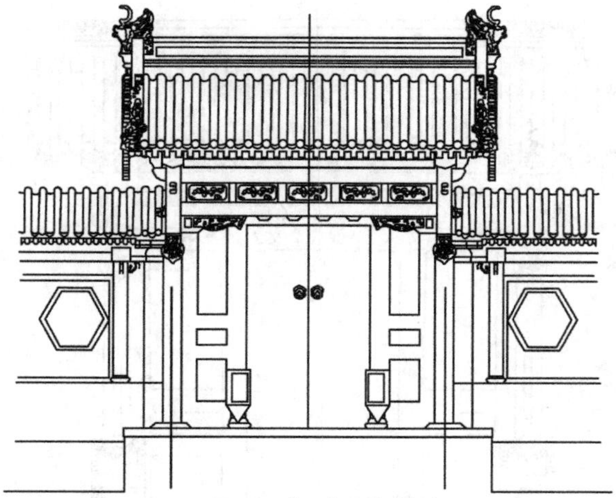

一殿一卷式垂花门

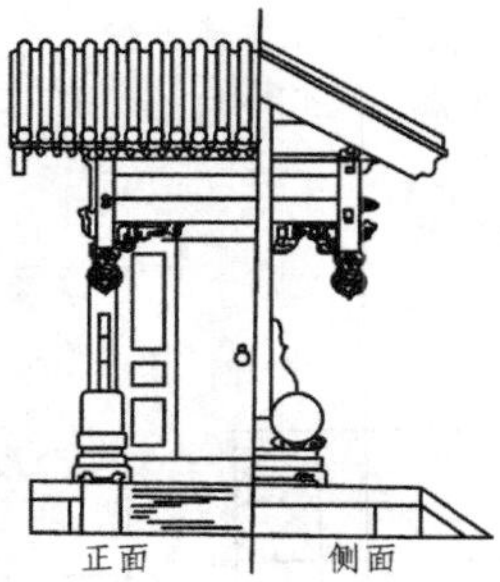
正面
侧面

垂花门

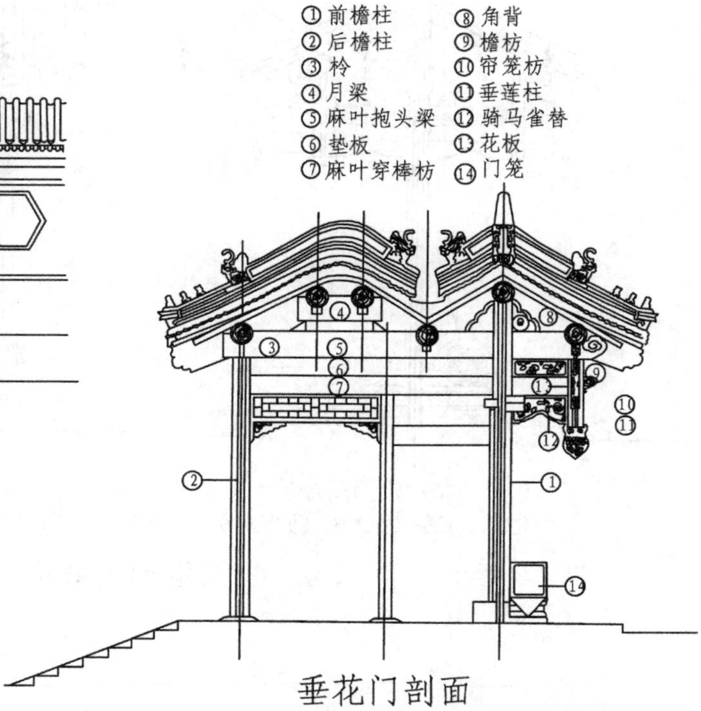
①前檐柱
②后檐柱
③檩
④月梁
⑤麻叶抱头梁
⑥垫板
⑦麻叶穿棒枋
⑧角背
⑨檐枋
⑩帘笼枋
⑪垂莲柱
⑫骑马雀替
⑬花板
⑭门笼

垂花门剖面
一殿一卷式

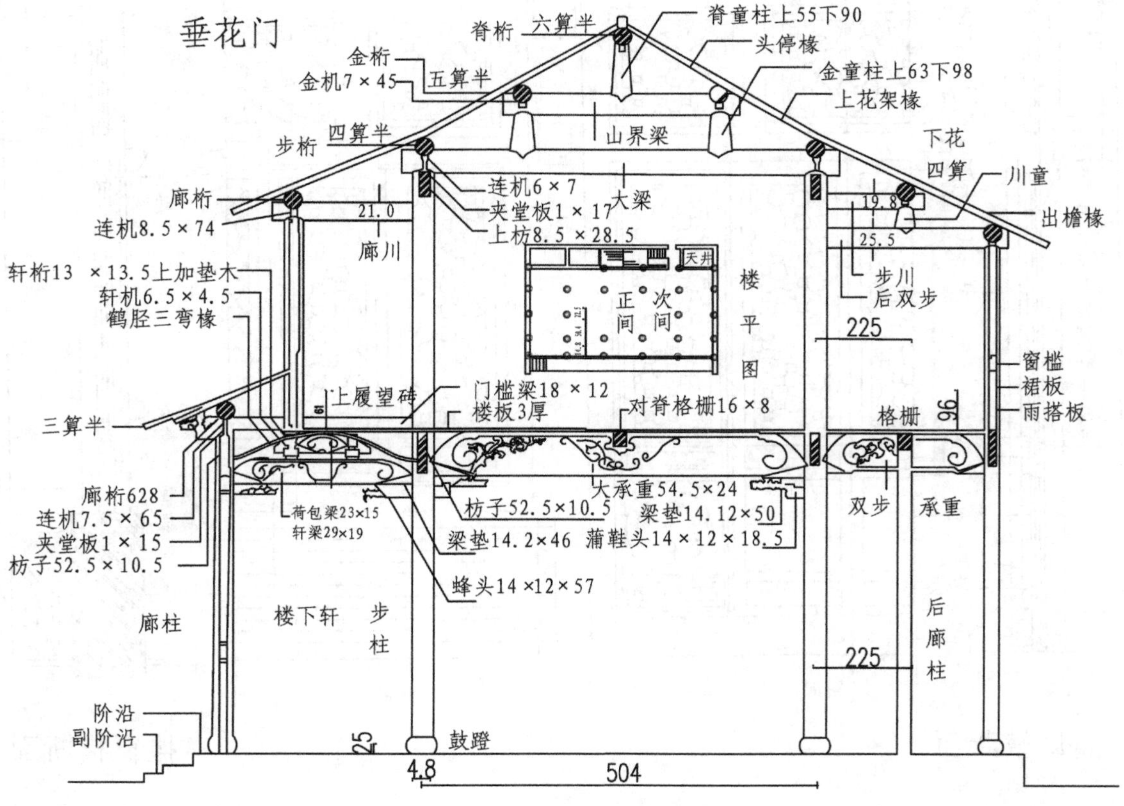
脊桁
六算半
脊童柱上55下90
头停椽
金桁
金机7×45
五算半
金童柱上63下98
上花架椽
步桁
四算半
山界梁
下花
四算
川童
廊桁
连机6×7
大梁
夹堂板1×17
连机8.5×74
21.0
上枋8.5×28.5
19.8
出檐椽
25.5
廊川
天井
楼
步川
轩桁13 ×13.5上加垫木
轩机6.5×4.5
鹤胫三弯椽
正间
次间
平
后双步
225
图
窗槛
裙板
上履望砖
门槛梁18×12
雨搭板
三算半
楼板3厚
对脊格栅16×8
格栅
96
廊桁628
连机7.5×65
夹堂板1×15
枋子52.5×10.5
荷包梁23×15
轩梁29×19
大承重54.5×24
枋子52.5×10.5
梁垫14.12×50
梁垫14.2×46
蒲鞋头14×12×18.5
双步
承重
蜂头14×12×57
廊柱
楼下轩
步柱
后廊柱
225
阶沿
副阶沿
25
鼓蹬
4.8
504

骑廊轩楼厅正贴式

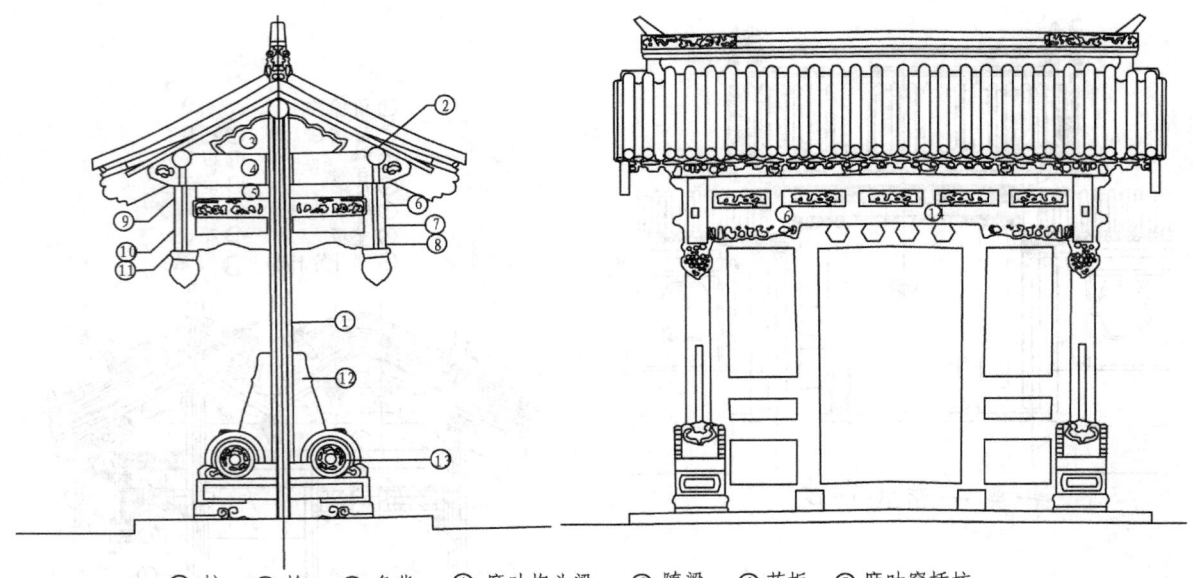

① 柱　② 枔　③ 角背　④ 麻叶抱头梁　⑤ 随梁　⑥ 花板　⑦ 麻叶穿插枋
⑧ 骑马雀替　⑨ 檐枋　⑩ 帘笼枋　⑪ 垂莲柱　⑫ 壶平牙子　⑬ 抱鼓石　⑭ 摺柱

三檩担梁式垂花门(独立柱式)

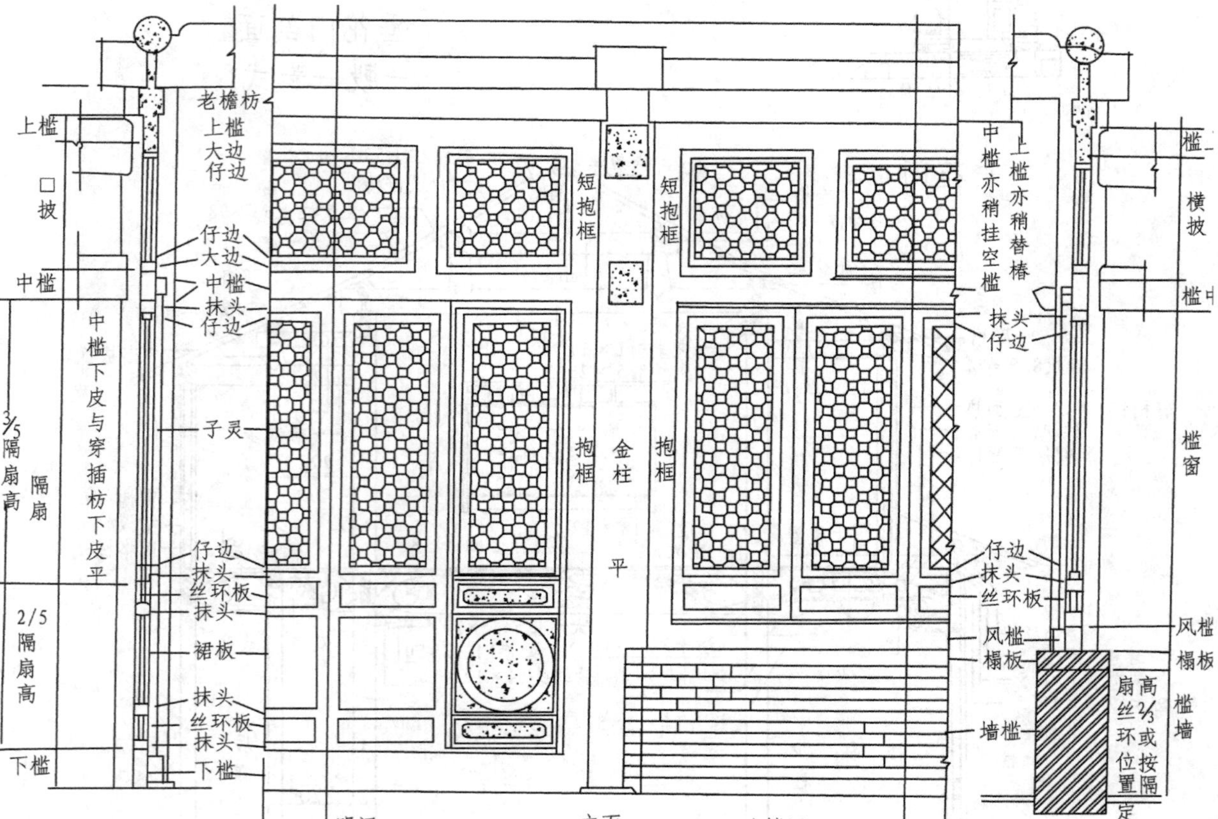

隔扇横断面

槛窗横断面

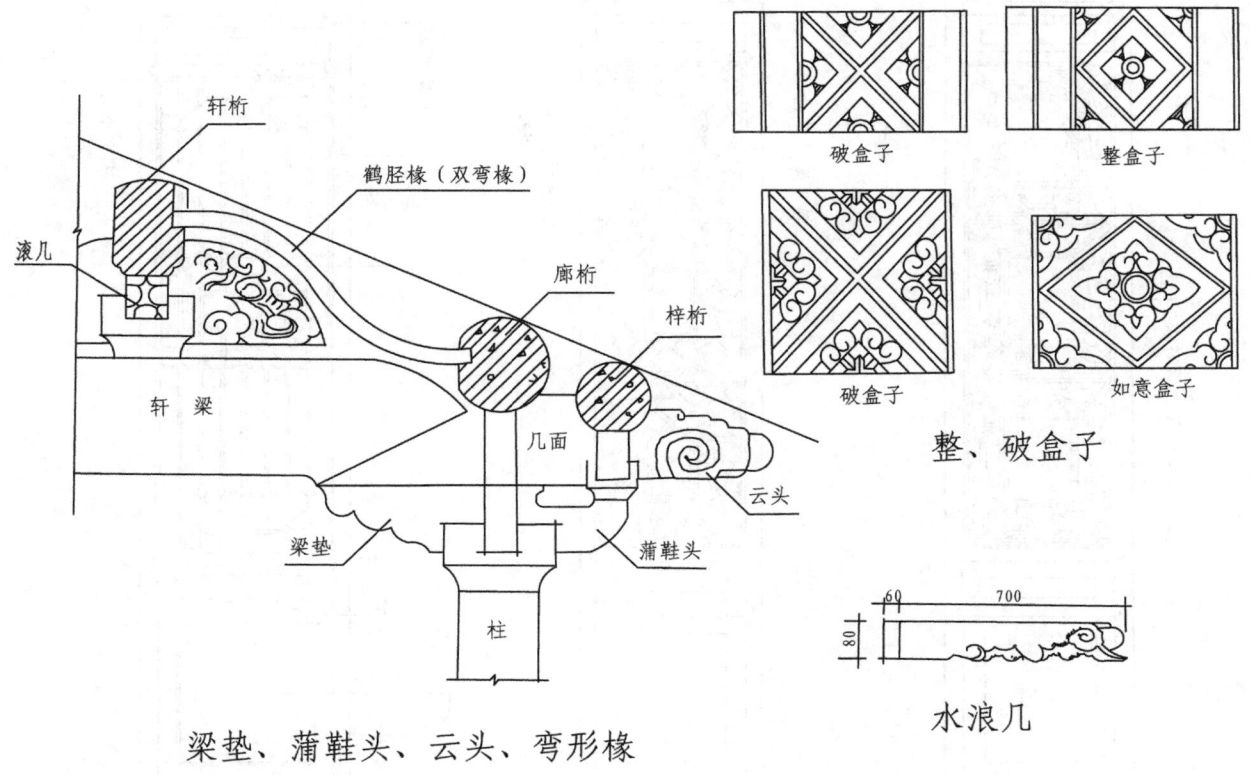

整、破盒子

破盒子　　　整盒子

破盒子　　　如意盒子

梁垫、蒲鞋头、云头、弯形椽

水浪几

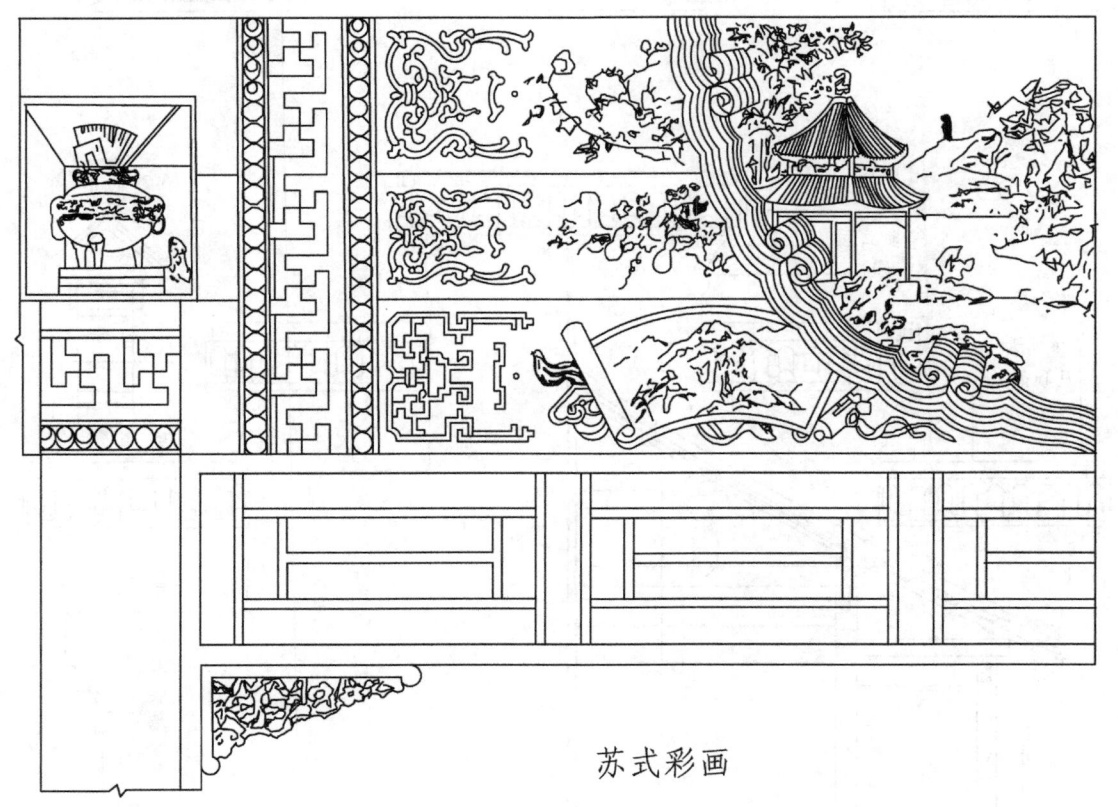

苏式彩画

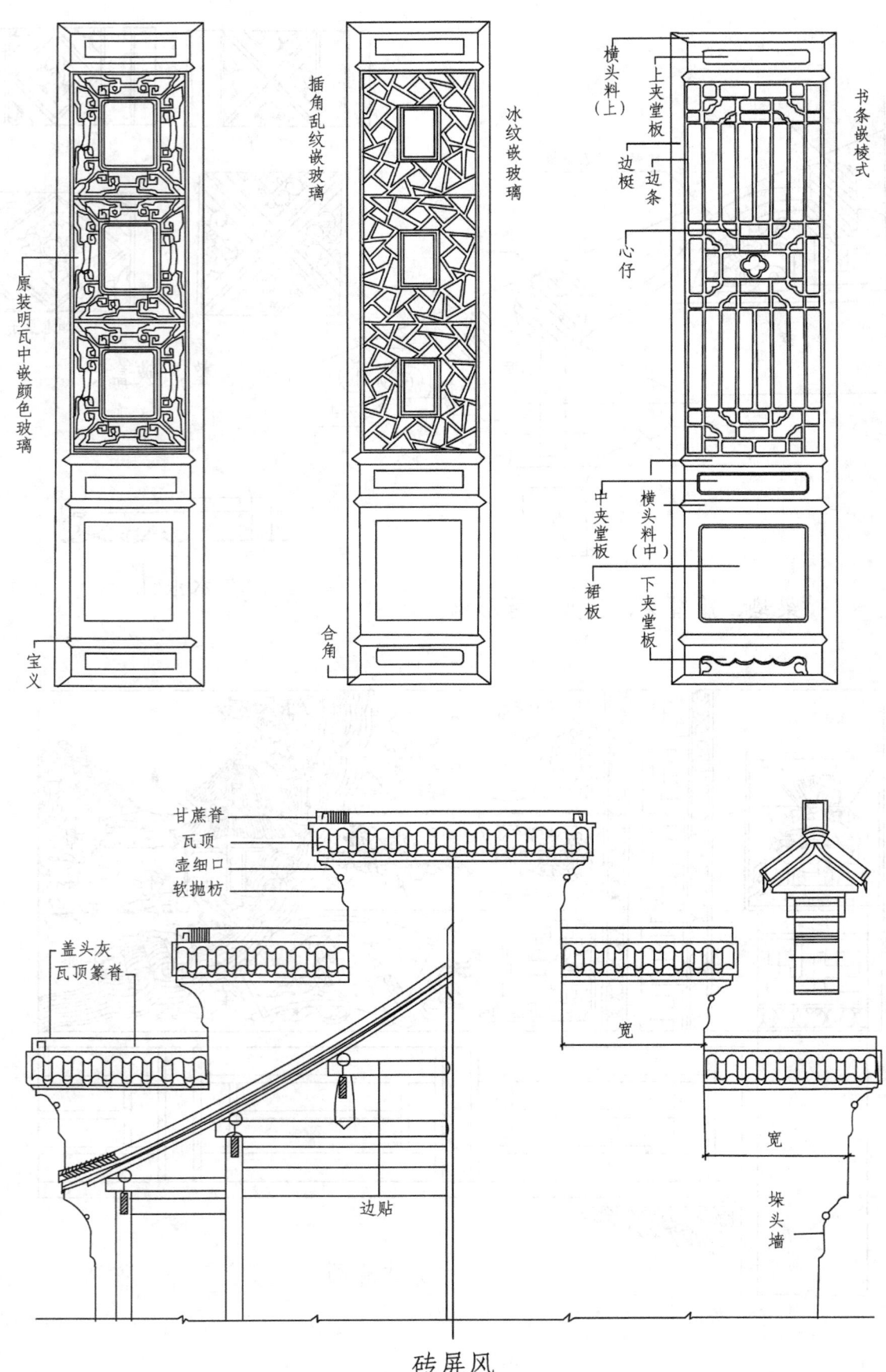

原装明瓦中嵌颜色玻璃

插角乱纹嵌玻璃

冰纹嵌玻璃

书条嵌棱式

横头料（上）

上夹堂板

边挺

边条

心仔

中夹堂板

横头料（中）

下夹堂板

裙板

宝义

合角

甘蔗脊

瓦顶

壶细口

软抛枋

盖头灰

瓦顶篆脊

宽

宽

垛头墙

边贴

砖屏风

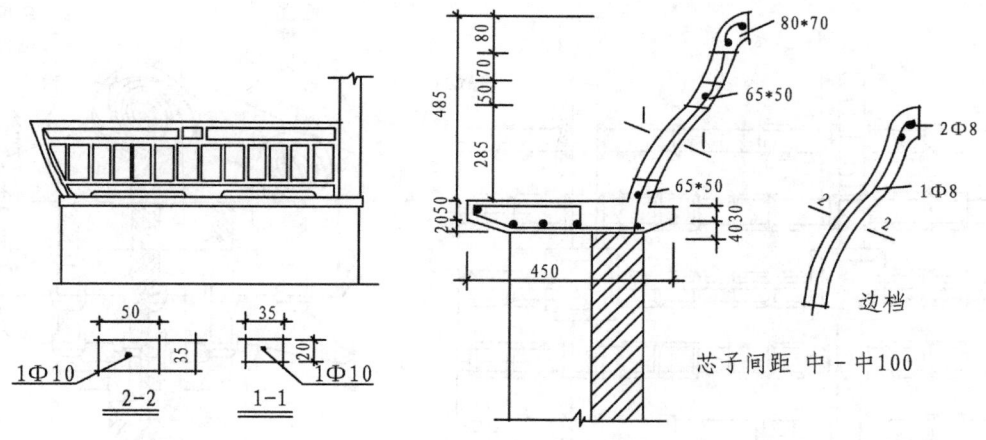

80*70

65*50

65*50

2Φ8

1Φ8

边档

485

150/70/80

285

2050

450

4030

芯子间距 中－中100

50

35

1Φ10

35

20

1Φ10

2-2

1-1

吴王靠（简式）

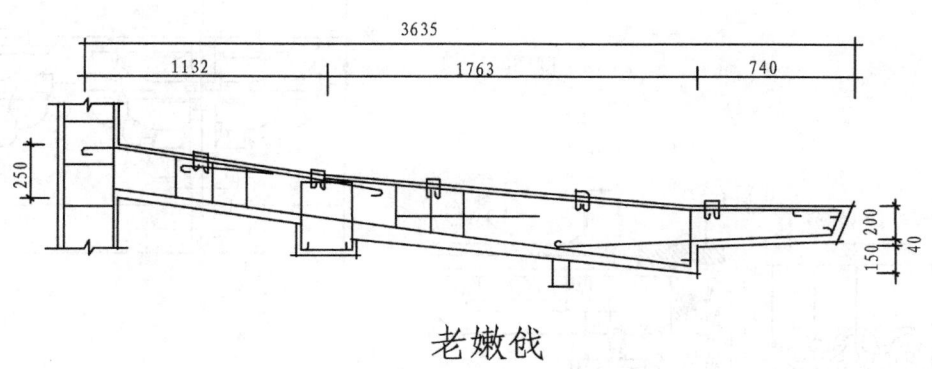

3635

1132

1763

740

250

150 200

40

老嫩戗

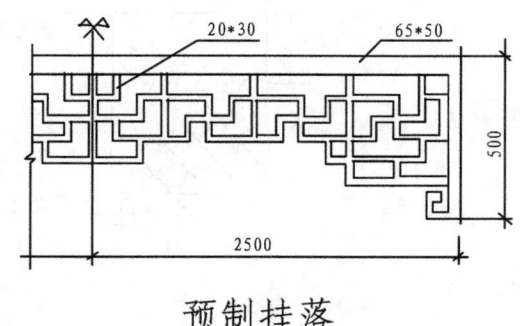

20*30

65*50

500

2500

预制挂落

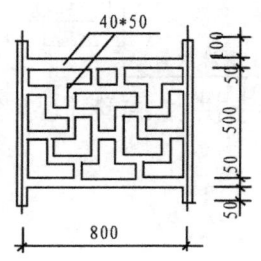

40*50

100

50

500

50

50

800

预制古式栏杆芯子（单元）

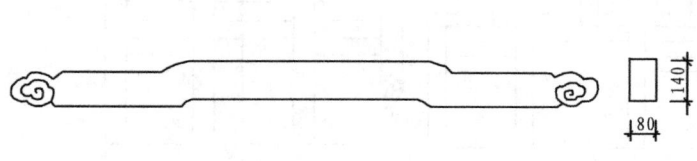

140

80

虾弓梁（虹梁）

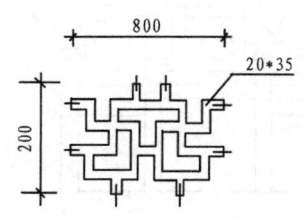

800

20*35

200

预制吴王靠芯子件

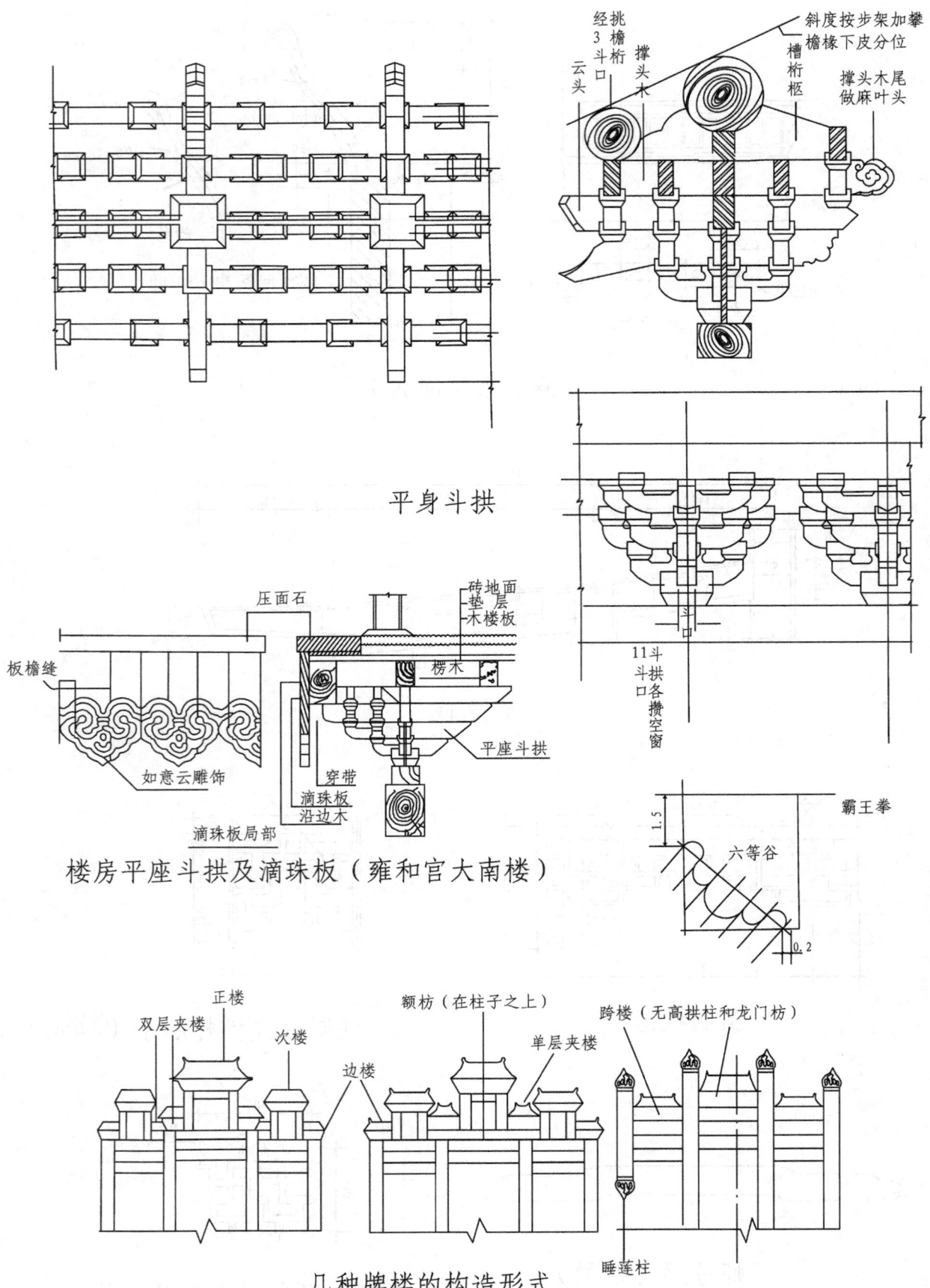

平身斗拱

斜度按步架加攀
檐椽下皮分位
槽桁枋
撑头木尾
做麻叶头
撑头木
经挑檐3斗口
挑檐桁
云头

11斗斗拱各攒空窗

板檐缝
如意云雕饰
滴珠板局部

压面石
砖地面
垫层
木楼板
楞木
平座斗拱
穿带
滴珠板
沿边木

楼房平座斗拱及滴珠板（雍和宫大南楼）

霸王拳
六等谷
1.5
0.2

双层夹楼
正楼
次楼
边楼
额枋（在柱子之上）
单层夹楼
跨楼（无高拱柱和龙门枋）
睡莲柱

几种牌楼的构造形式

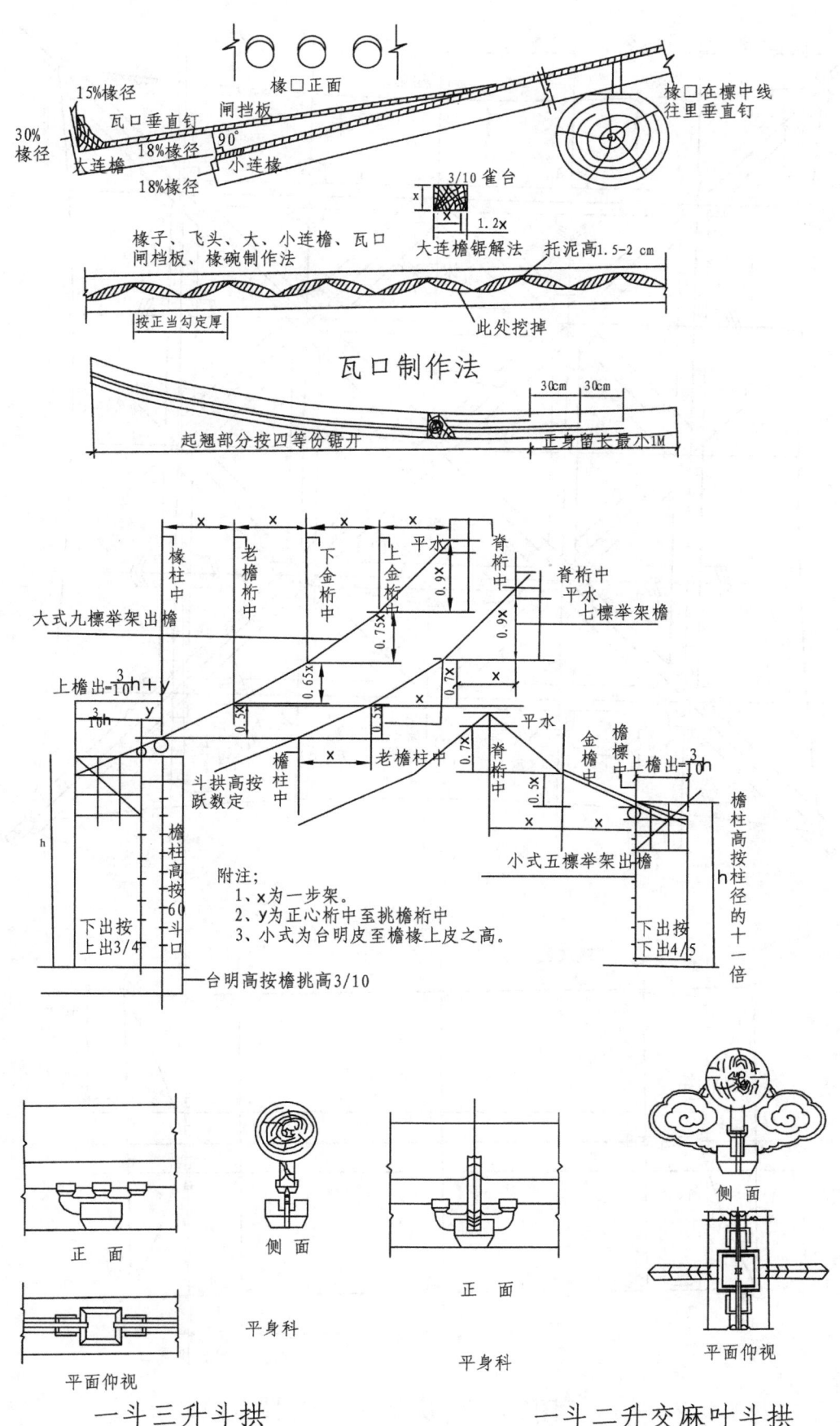

椽口正面

15%椽径
30%椽径
瓦口垂直钉　闸挡板
18%椽径　90°
大连檐
小连檐
18%椽径

椽口在檩中线往里垂直钉

椽子、飞头、大、小连檐、瓦口
闸档板、椽碗制作法

3/10雀台
x
1.2x

大连檐锯解法　托泥高1.5-2 cm

按正当勾定厚　此处挖掉

瓦口制作法

30cm 30cm

起翘部分按四等份锯开　正身留长最小1M

大式九檩举架出檐

七檩举架檐

椽柱中　老檐桁中　下金桁中　上金桁中　平水　脊桁中
脊桁中　平水

0.9x
0.9x
0.75x
0.65x
0.5x

上檐出=$\frac{3}{10}$h+y

$\frac{3}{10}$h　y

斗拱高按跃数定

檐柱中　老檐柱中　檐柱高按60斗口

平水　金檩中
脊桁中　0.7x
0.5x
檐檩　上檐出=$\frac{3}{10}$h

h

下出按上出3/4

台明高按檐挑高3/10

附注;
1、x为一步架。
2、y为正心桁中至挑檐桁中
3、小式为台明皮至檐椽上皮之高。

小式五檩举架出檐

下出按下出4/5

檐柱高按柱径的十一倍

正面　侧面　平身科　平面仰视

一斗三升斗拱

正面　平身科　侧面　平面仰视

一斗二升交麻叶斗拱

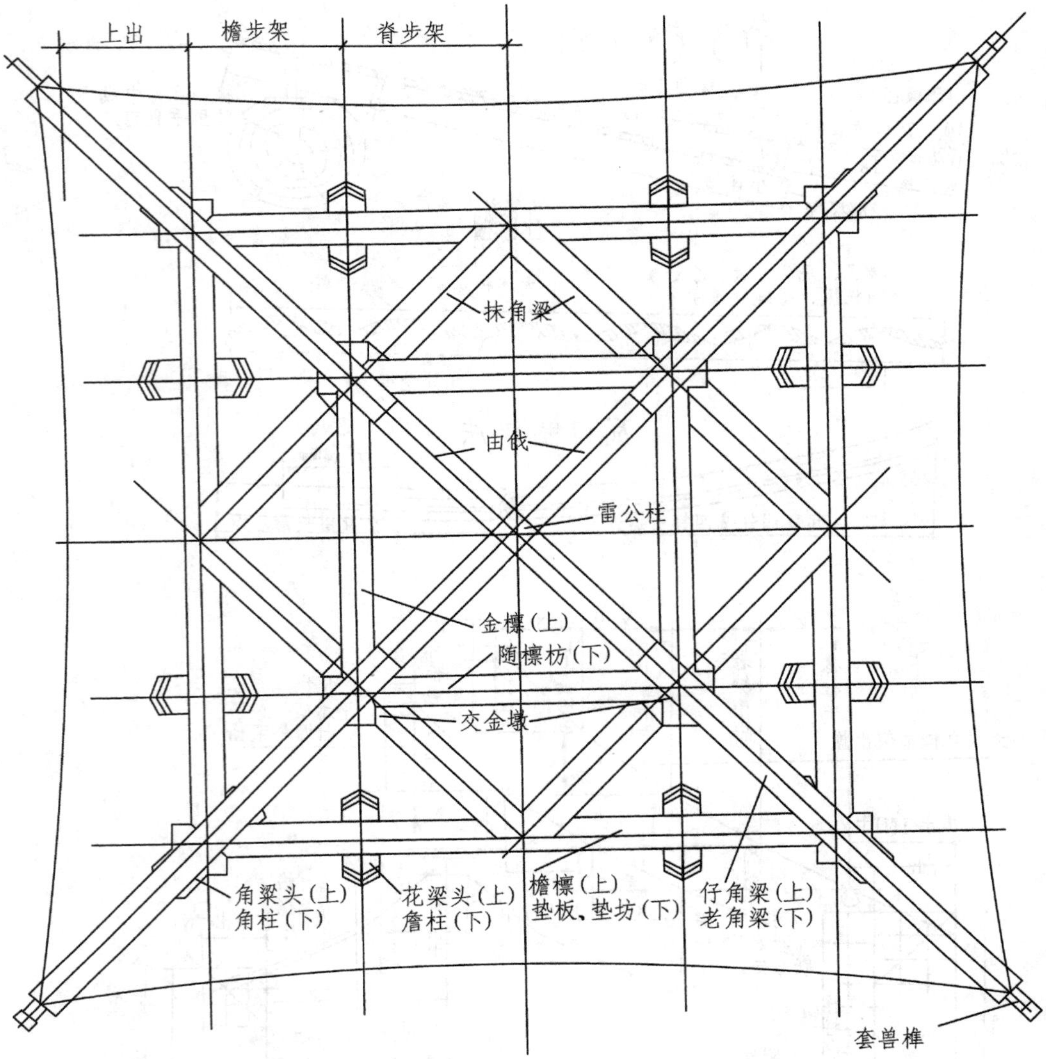

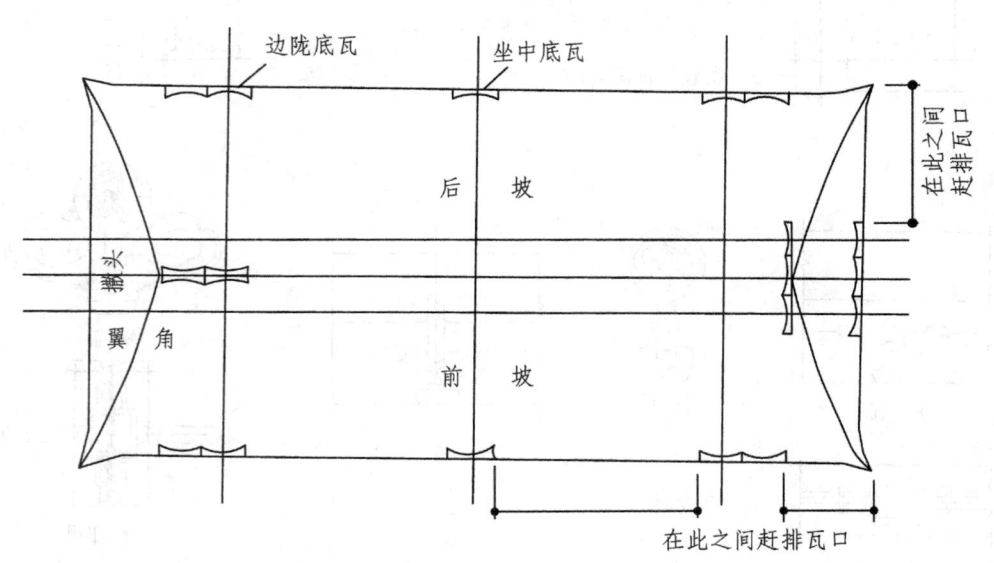

上出　檐步架　脊步架

抹角梁

由戗

雷公柱

金檩(上)
随檩枋(下)

交金墩

角梁头(上)　花梁头(上)　檐檩(上)　仔角梁(上)
角柱(下)　　詹柱(下)　垫板,垫坊(下)　老角梁(下)

套兽榫

边陇底瓦　　坐中底瓦

后　坡

翼角

前　坡

在此之间赶排瓦口

在此之间赶排瓦口

图96　　庑殿分中号陇

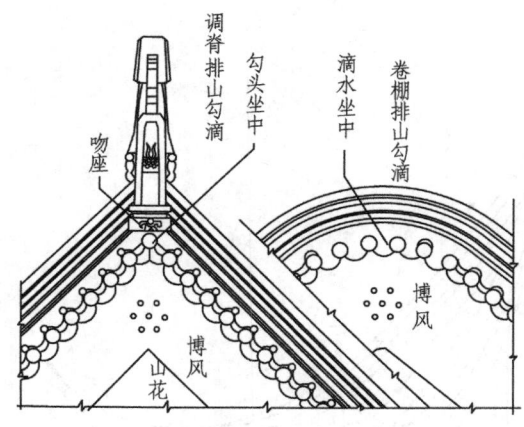

吻座
调脊排山勾滴
勾头坐中
滴水坐中
卷棚排山勾滴
博风
博风
山花

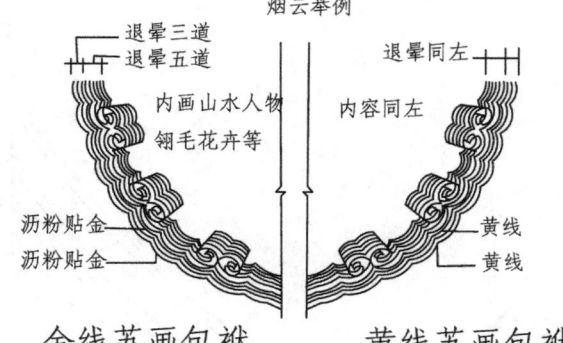

烟云举例

退晕三道
退晕五道
内画山水人物
翎毛花卉等
沥粉贴金
沥粉贴金

退晕同左
内容同左
黄线
黄线

金线苏画包袱　　　黄线苏画包袱

烟琢墨石碾玉
蓝绿退晕花心菱地点金
花瓣轮廓用墨线

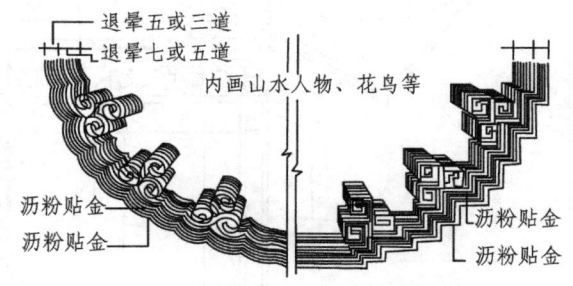

退晕五或三道
退晕七或五道
内画山水人物、花鸟等
沥粉贴金
沥粉贴金
沥粉贴金
沥粉贴金

金琢墨或金线苏画包袱

线大点金
脉路花心菱地点金
墨线大点金与此同惟线路用墨

藻头

墨线小点金
线路用墨花心点金
金线小点金与此同惟线路用金

枋心

新式彩画

椎伍墨
不用金

金琢墨石碾玉
花瓣上蓝绿色皆退晕
一切线路轮廓皆用金线

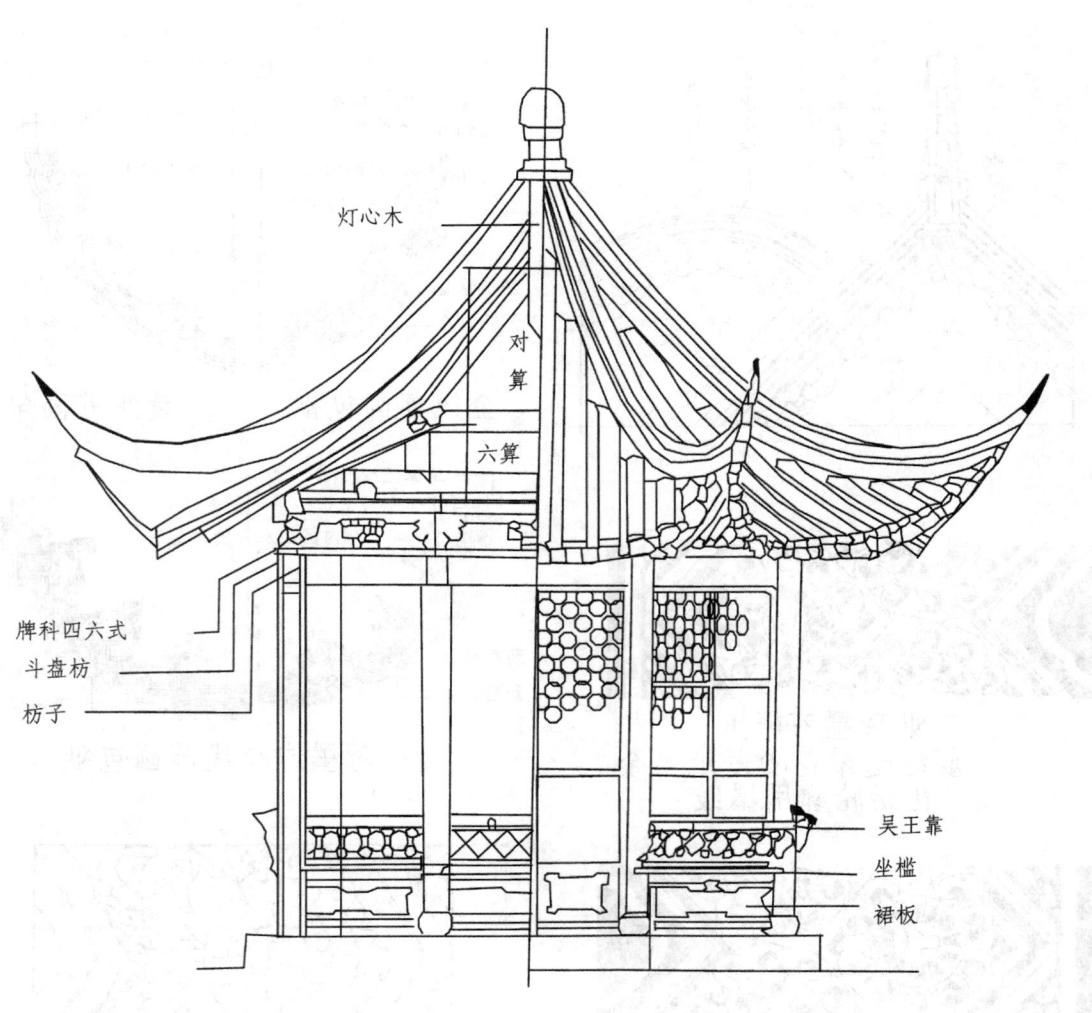

灯心木

对算

六算

牌科四六式
斗盘枋

枋子

吴王靠

坐槛

裙板

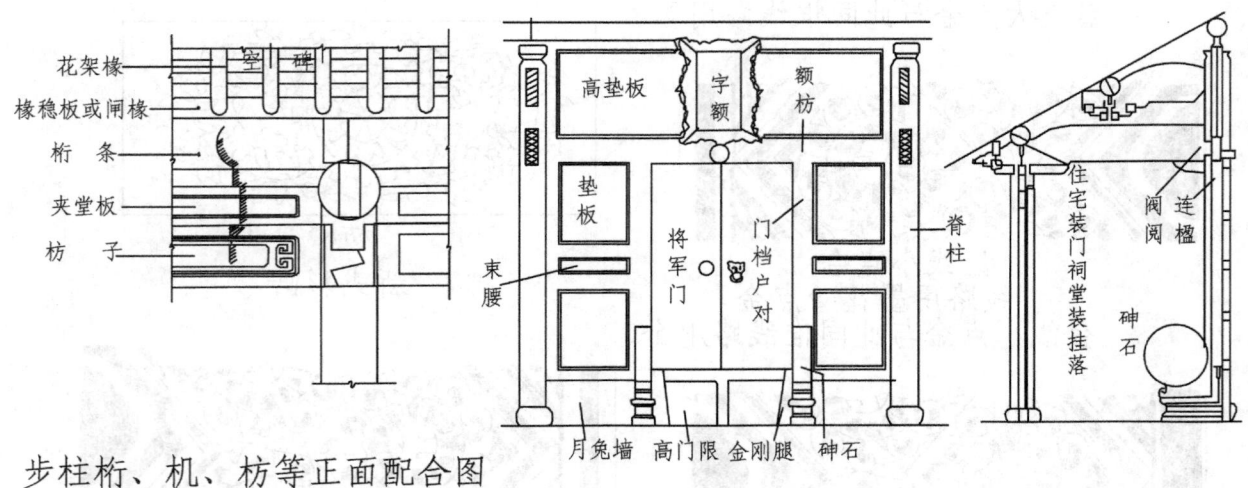

花架椽

椽稳板或闸椽

桁　条

夹堂板

枋　子

窑　砖

高垫板

字额

额枋

垫板

门档户对

脊柱

将军门

束腰

月兔墙　高门限　金刚腿　砷石

阀阅

连檐

住宅装门祠堂装挂落

砷石

步柱桁、机、枋等正面配合图

将军门

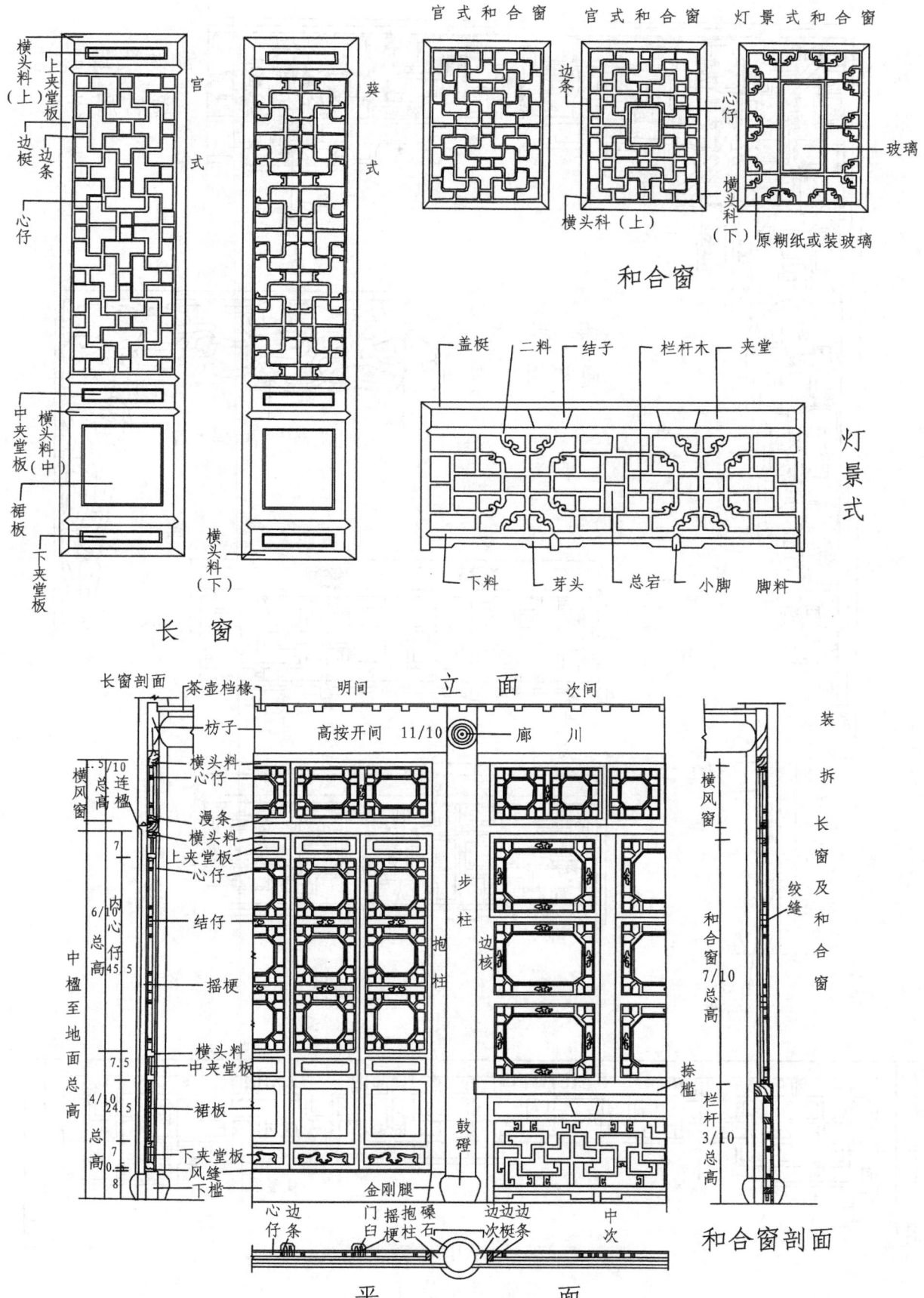

官式和合窗　　官式和合窗　　灯景式和合窗

横头料（上）
上夹堂板
边梃
边条
心仔

官式

葵式

心仔
横头科（上）
横头料（中）
中夹堂板
裙板
下夹堂板

横头料（下）

长窗

边条
横头科（下）
心仔
玻璃
原糊纸或装玻璃

和合窗

盖梃　二料　结子　栏杆木　夹堂

下料　芽头　总宕　小脚　脚料

灯景式

长窗剖面
茶壶档椽
枋子
横头料
心仔
漫条
横头料
上夹堂板
心仔
结仔
摇梗
横头料
中夹堂板
裙板
下夹堂板
风缝条
下槛

横风窗
连槛
3/10总高
7
内6/10心总高仔45.5
中槛至地面总高
7.5
4/10总高24.5
7
总高0.8
8

明间　　**立　面**　　次间
高按开间 11/10　　廊川

步柱
抱柱
边核
捺槛

心边仔条
门摇抱礩
臼梗柱石
次梃条
边边边
金刚腿
鼓磴
中次

平　　　面

装拆长窗及和合窗

横风窗
纹缝
和合窗7/10总高
栏杆3/10总高

和合窗剖面

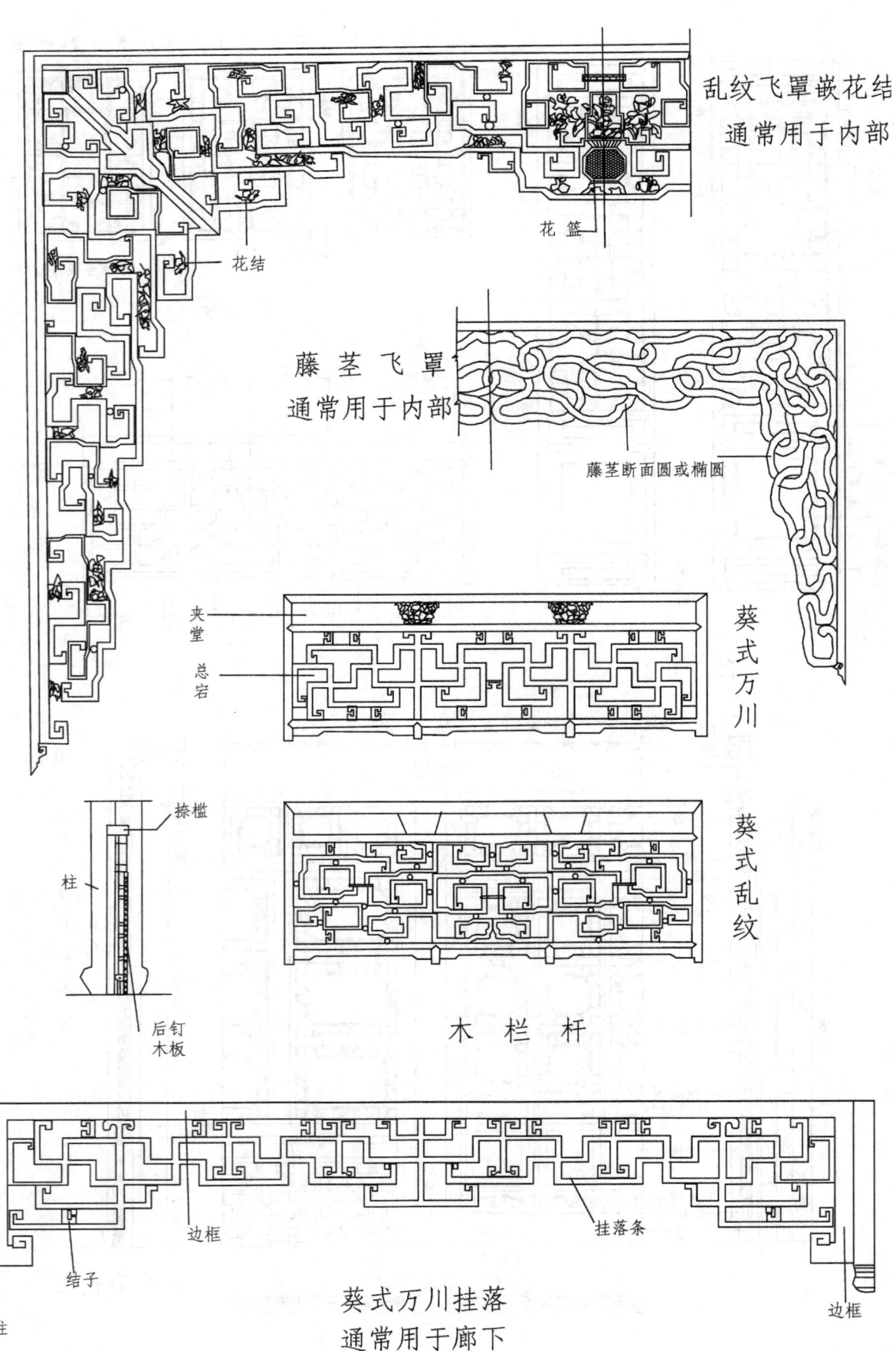

乱纹飞罩嵌花结
通常用于内部

花篮

花结

藤茎飞罩
通常用于内部

藤茎断面圆或椭圆

夹堂

总宕

葵式万川

捺槛

柱

后钉
木板

葵式乱纹

木 栏 杆

边框

结子

挂落条

边框

抱柱

葵式万川挂落
通常用于廊下

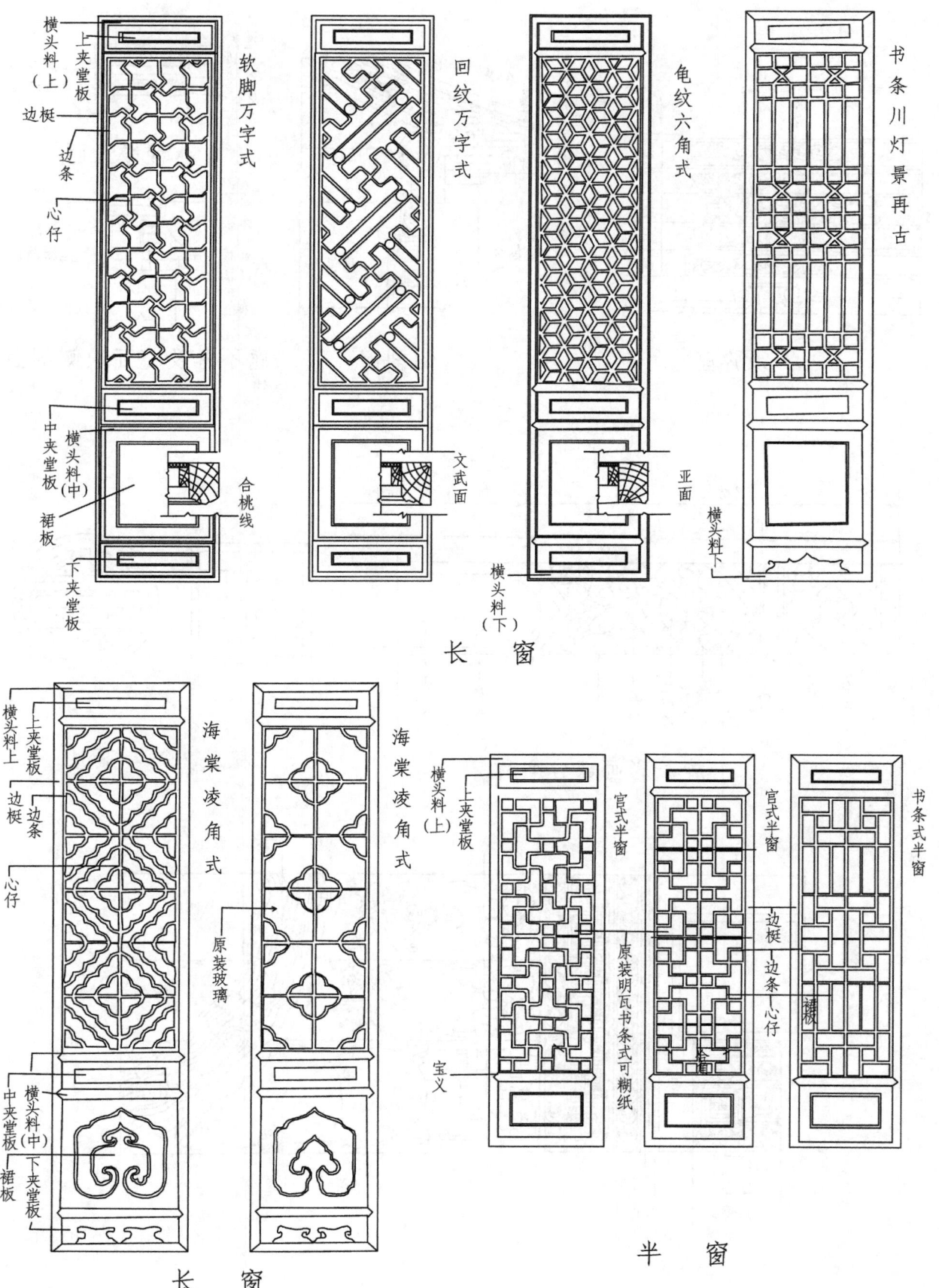

横头料（上）
上夹堂板
边梃
边条
心仔
软脚万字式
回纹万字式
龟纹六角式
书条川灯景再古
文武面
亚面
合桃线
中夹堂板
横头料（中）
裙板
下夹堂板
横头料（下）
横头料下

长 窗

横头料上
上夹堂板
边梃
边条
心仔
海棠凌角式
海棠凌角式
原装玻璃
中夹堂板
横头料（中）
裙板

长 窗

横头料（上）
上夹堂板
宫式半窗
宫式半窗
书条式半窗
边梃 边条 心仔
原装明瓦书条式可糊纸
裙板
合窗
宝义

半 窗

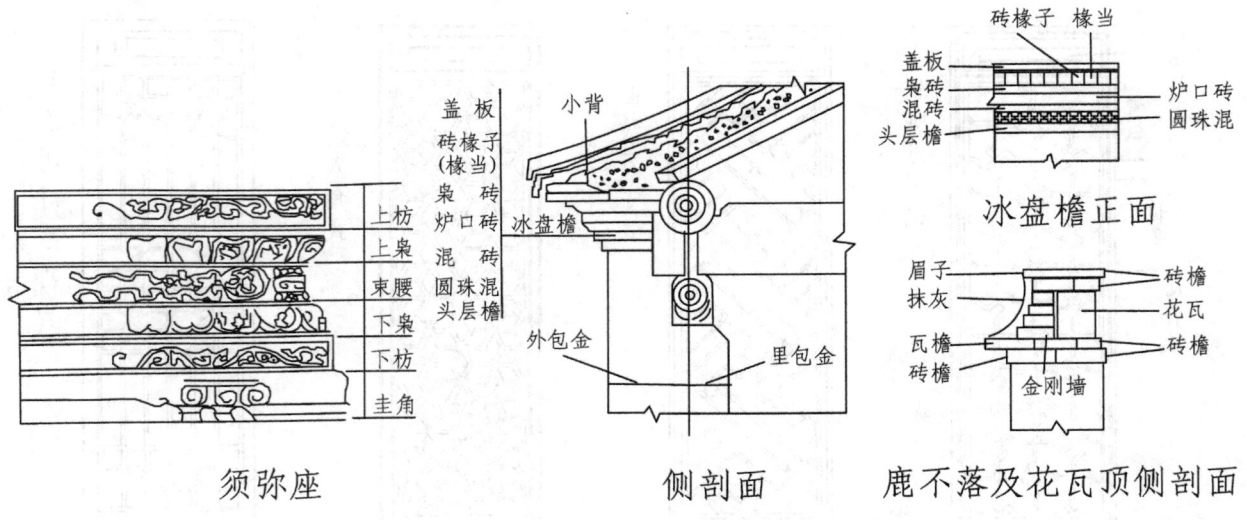

须弥座   侧剖面   鹿不落及花瓦顶侧剖面

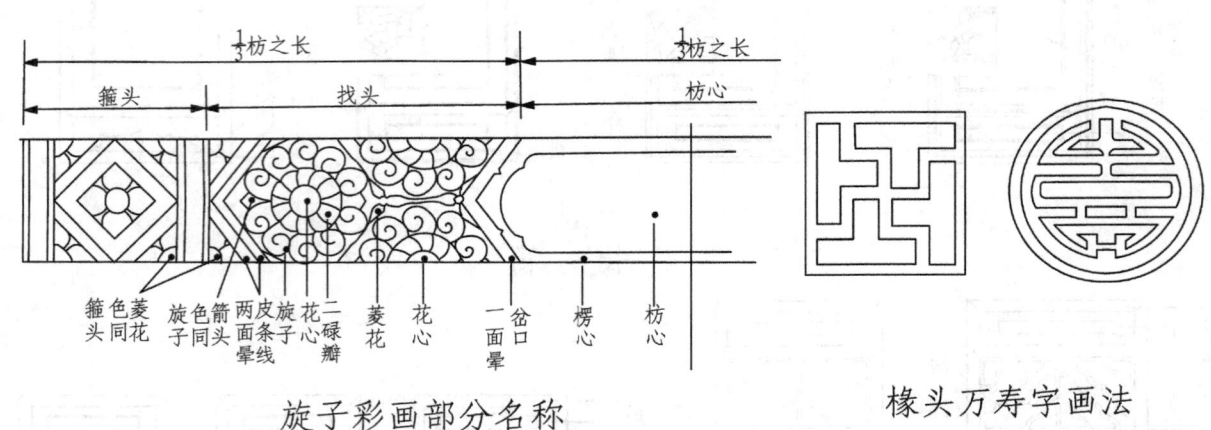

旋子彩画部分名称   椽头万寿字画法

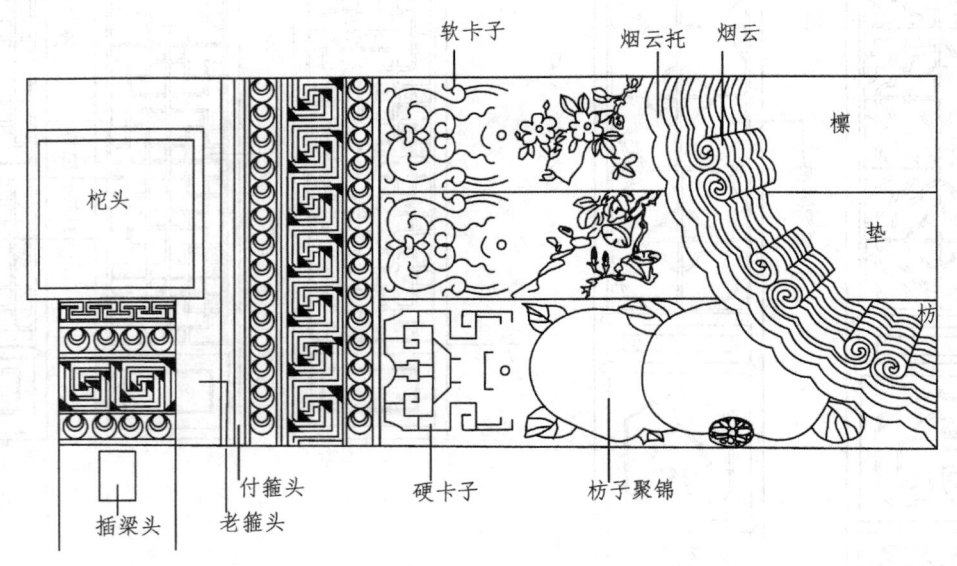

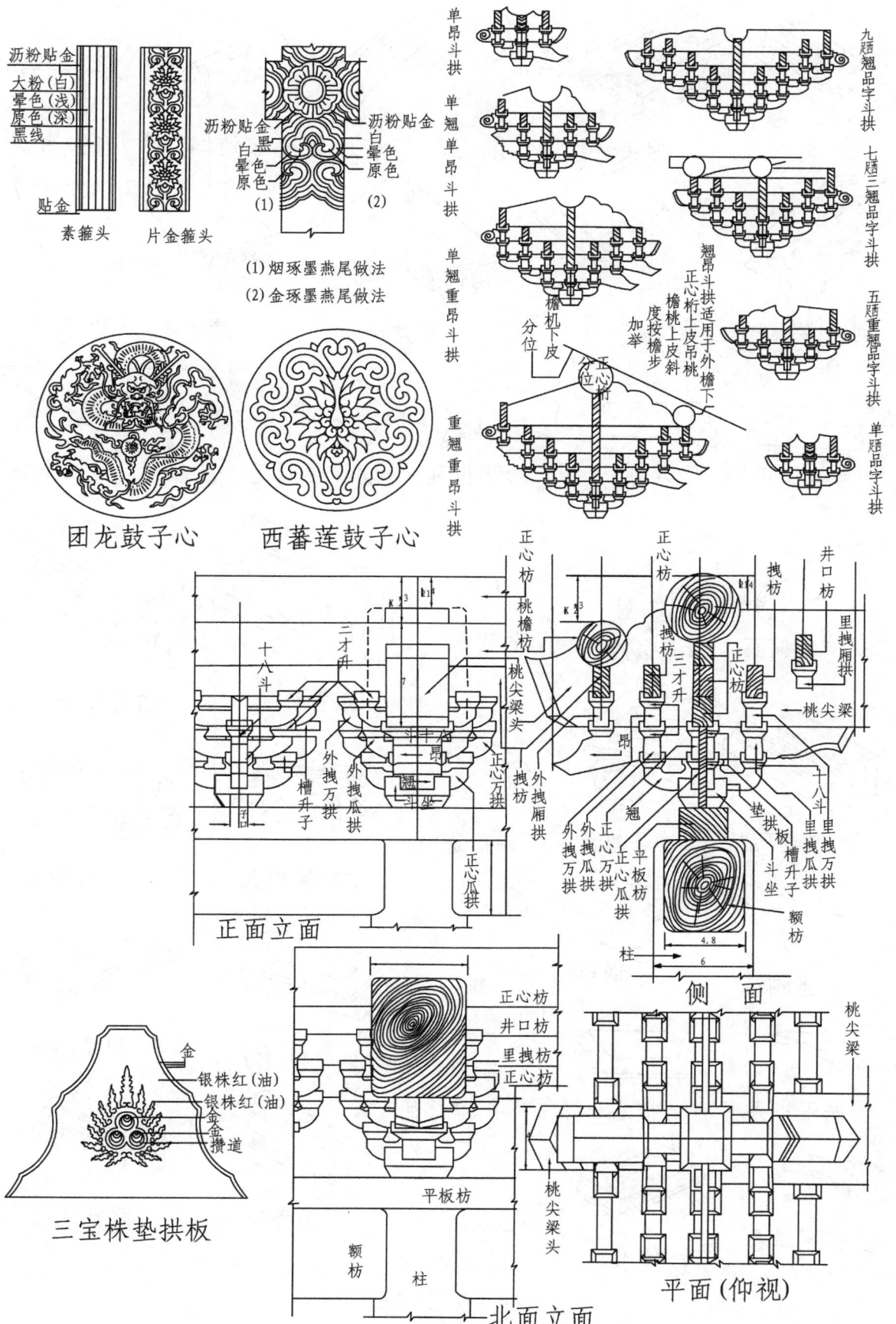

沥粉贴金
大粉（白）
晕色（浅）
原色（深）
黑线

贴金

素箍头　片金箍头

沥粉贴金
沥粉贴金
金
黑
白　晕色
色　原色
(1)
(2)
沥粉贴金
金
黑
白　晕色
色　原色

(1)烟琢墨燕尾做法
(2)金琢墨燕尾做法

团龙鼓子心　西蕃莲鼓子心

单昂斗拱　单翘单昂斗拱　单翘重昂斗拱　重翘重昂斗拱

檐机下皮

分位

正心桁

翘昂斗拱适用于外檐下
正心桁上皮吊斜
檐桃上皮吊斜
度按檐步
加举

九踩翘品字斗拱
七踩三翘品字斗拱　五踩重翘品字斗拱　单踩品字斗拱

正面立面

三才升
十八斗
斗
昂
翘
斗坐
外拽万拱
外拽瓜拱
槽升子
正心万拱
正心瓜拱
桃尖梁头

正心枋
桃檐枋
桃尖梁头
拽枋
外拽万拱

正心枋
拽枋
三才升
正心枋
昂
翘
外拽厢拱
外拽万拱
外拽瓜拱
平板枋
正心万拱
正心瓜拱
柱
额枋
4.8
6

拽枋
井口枋
里拽厢拱
桃尖梁
十八斗
里拽万拱
里拽瓜拱
垫拱板
槽升子
斗坐

侧面

三宝株垫拱板

金
银株红（油）
银株红（油）
金
金攒道

正心枋
井口枋
里拽枋
正心枋

平板枋

额枋　柱

北面立面

正心枋
井口枋
里拽枋
正心枋
平板枋

桃尖梁
桃尖梁头

平面（仰视）

三连砖　　　摧头　　　揣头　　　方眼勾头　　螳螂勾头　　托泥当沟

列角摧头　　遮朽瓦　平口条　　割角滴子　　　滴子　　　板瓦

筒瓦　　　勾头　　　正折腰板瓦　　续折腰板瓦　　正当沟　　压当条

正罗锅筒瓦　　续罗锅筒瓦　　钉帽　　　正脊筒子　　　垂脊筒子

承奉连砖　　　吻下当沟　　群色条　　续折腰板瓦　　罗锅脊筒

斜当沟　　　罗锅当沟　　蹬脚瓦　　列角盘子　　列角揣头

罗锅压当条　　披水　　　博脊瓦

罗锅平口条　　披水头　　满面砖　　围脊筒子　　博脊连砖

琉璃瓦件

仙人　　　垂兽　　　天马　　　狮　　　凤　　　龙

行什　　　斗牛　　　獬豸　　　押鱼　　　狻猊　　　海马　　　套兽

正吻　　　　　正脊兽　　　　　挂尖　　　　　合角吻

三仙盘子　　　戗尖脊筒　　　搭头脊筒　　　割角脊筒

竹节滴水　　　竹节筒瓦　　　兀扇瓦　　　竹节板瓦

竹节勾头

琉璃瓦件

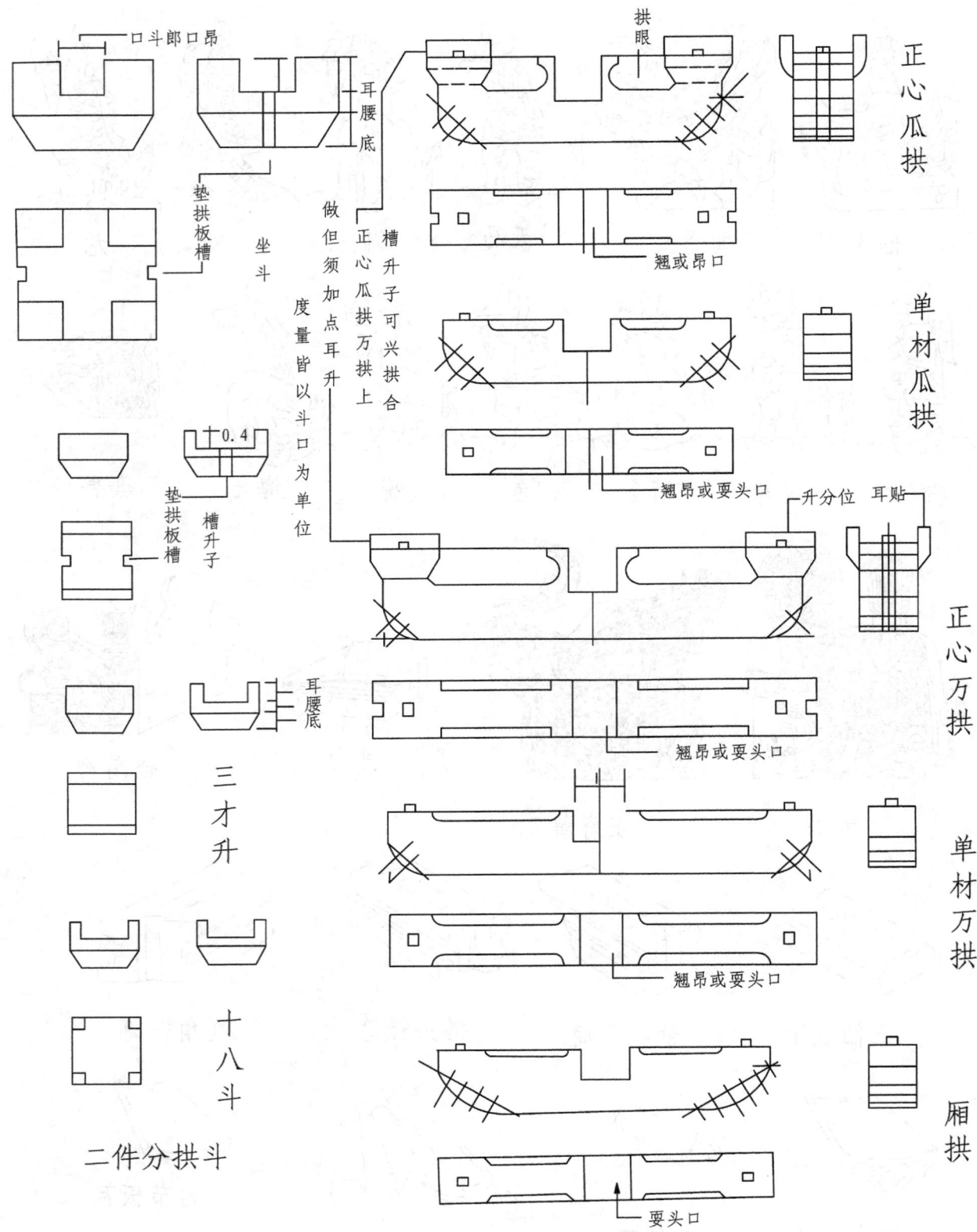

口斗郎口昂

耳腰底

垫拱板槽

坐斗

垫拱板槽

槽升子

+0.4

三才升

耳腰底

十八斗

二件分拱斗

做但须加点耳升
度量皆以斗口为单位

槽升子可兴拱合
正心瓜拱万拱上

正心瓜拱

拱眼

翘或昂口

单材瓜拱

翘昂或耍头口

升分位　耳贴

正心万拱

翘昂或耍头口

单材万拱

翘昂或耍头口

厢拱

耍头口

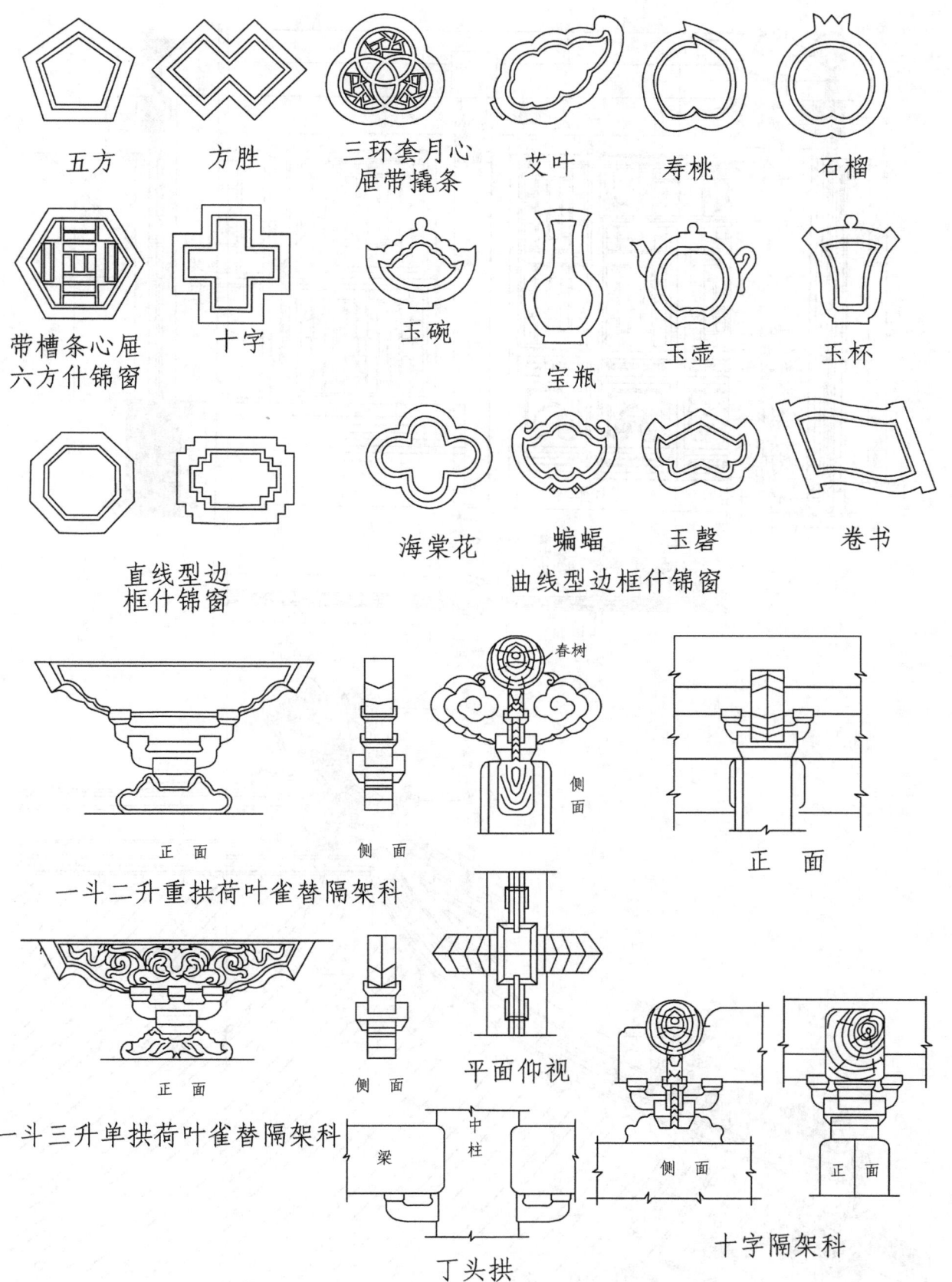

五方　　　　方胜　　　三环套月心　　　艾叶　　　寿桃　　　石榴
　　　　　　　　　　　屉带撬条

带槽条心屉　　十字　　　玉碗　　　　　　　　　玉壶　　　玉杯
六方什锦窗　　　　　　　　　　　宝瓶

直线型边　　　　　　　　海棠花　　蝙蝠　　　玉磬　　　卷书
框什锦窗　　　　　曲线型边框什锦窗

正面　　　　　侧面　　　　　　　春树

　　　　　　　　　　　　　　　　　侧
　　　　　　　　　　　　　　　　　面　　　　　　　正　面

一斗二升重拱荷叶雀替隔架科

正面　　　　侧面　　　平面仰视

一斗三升单拱荷叶雀替隔架科

梁　　中柱　　　　　侧面　　　正面

丁头拱　　　　　十字隔架科

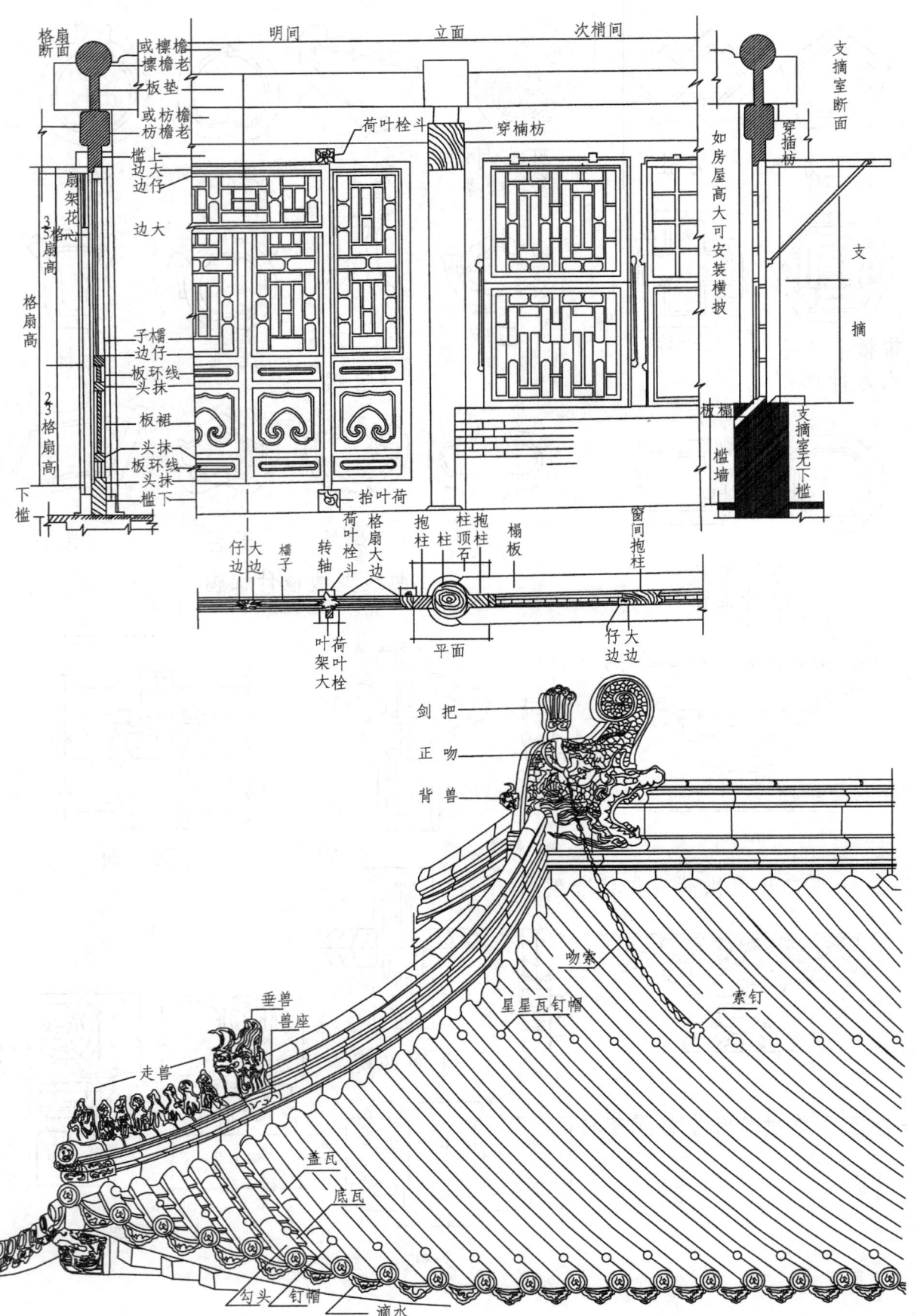

明间　　立面　　次梢间

格扇断面

或檩檐
或檩檐老
板垫
或枋檐
或枋檐老
槛上边大仔
边大
扇架花心
格扇高
格扇高
2/5格扇高
3/5格扇高
子檑
边仔
板环线
头抹
板裙
头抹
板环线
头抹
下槛
下槛

荷叶栓斗　　穿楠枋

抬叶荷
仔边
大边
檑子
荷叶栓斗
转轴
叶架大栓
荷叶栓斗

平面

格扇大边
抱柱
抱柱
柱顶石
抱柱
榻板
窗间抱柱
大边
仔边

支摘室断面

穿插枋
如房屋高大可安装横披
支摘
板榻
槛墙
支摘室无下槛

剑把
正吻
背兽

吻索
星星瓦钉帽
索钉

垂兽
兽座
走兽

盖瓦
底瓦

勾头　钉帽
滴水